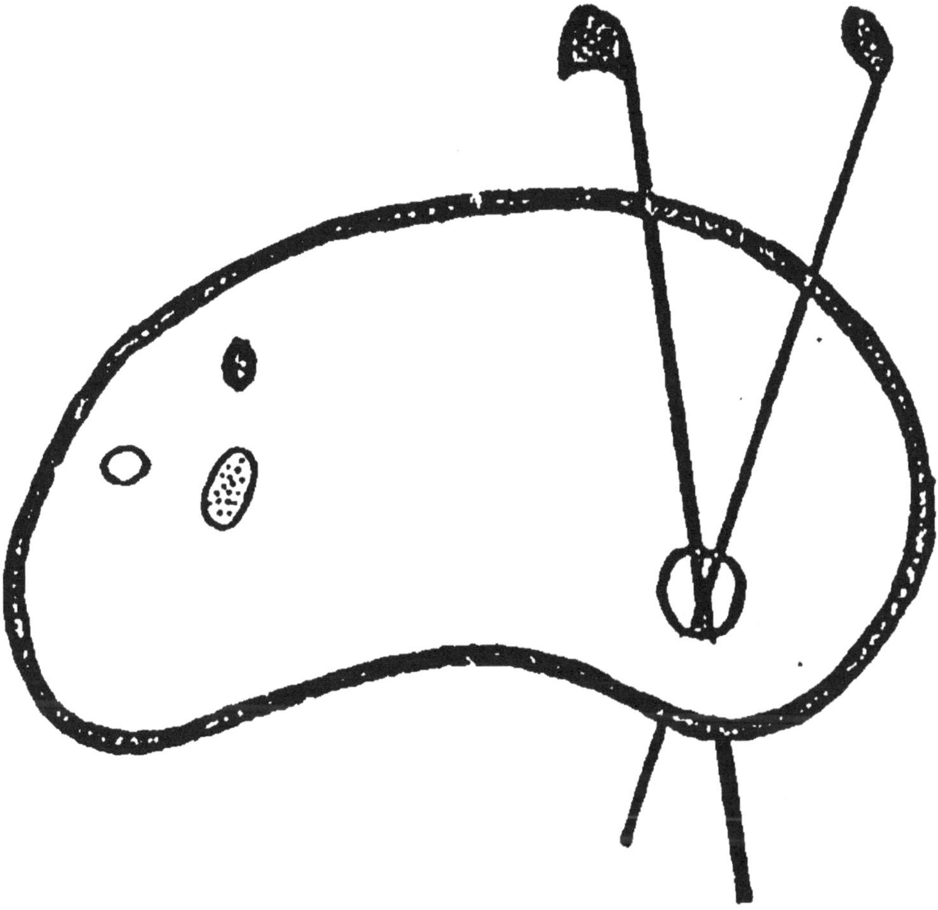

CONGRÈS DE L'ASSOCIATION FRANÇAISE POUR L'AVANCEMENT DES SCIENCES

CHERBOURG

ET

LE COTENTIN

CHERBOURG
IMPRIMERIE ÉMILE LE MAOUT
1905

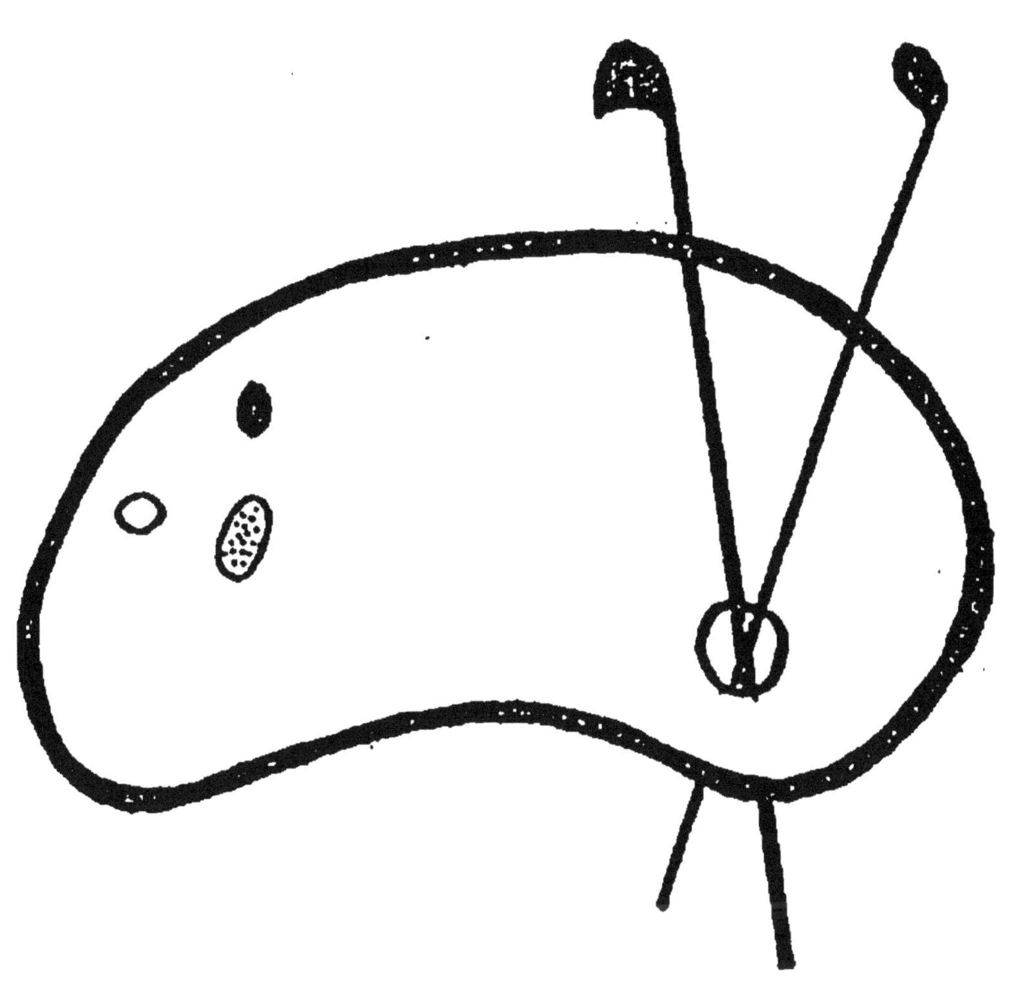

FIN D'UNE SERIE DE DOCUMENTS
EN COULEUR

CHERBOURG ET LE COTENTIN

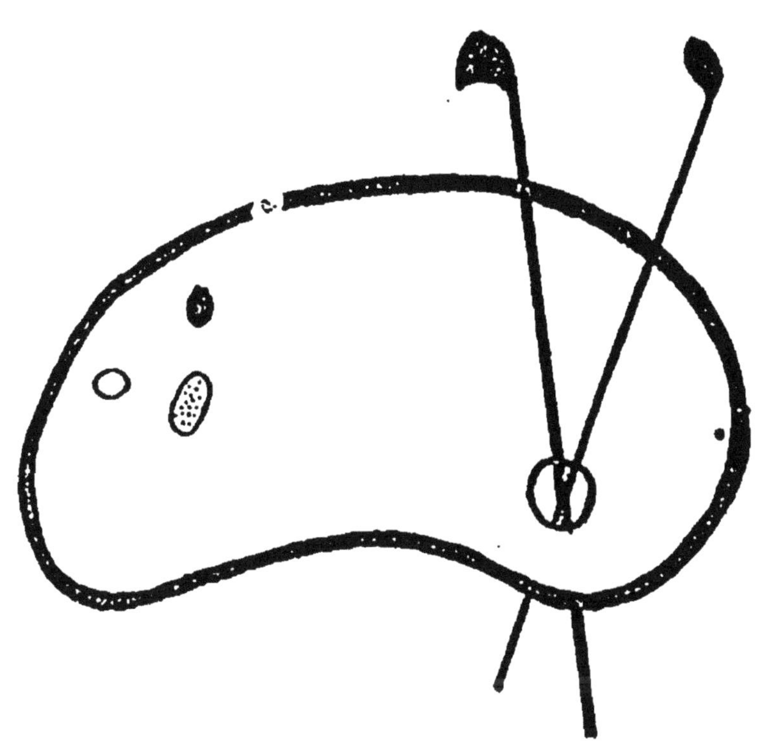

CONGRÈS DE L'ASSOCIATION FRANÇAISE
POUR L'AVANCEMENT DES SCIENCES (3-10 AOUT 1905)

CHERBOURG

ET

LE COTENTIN

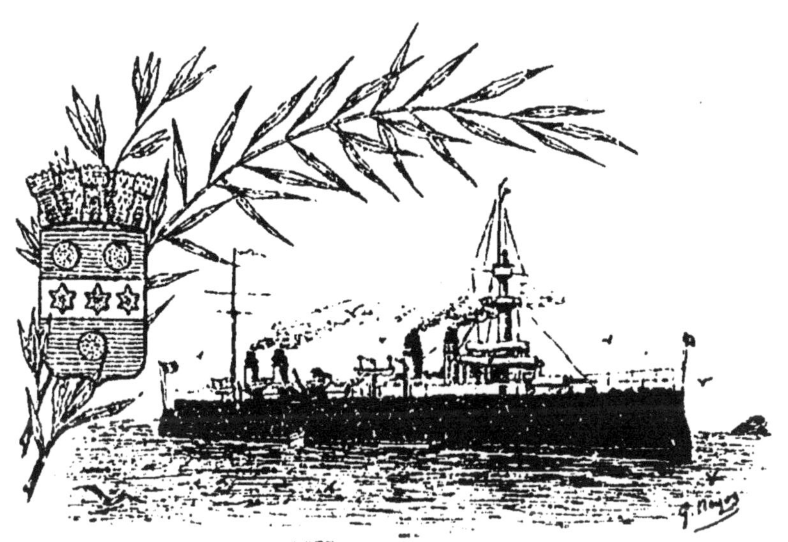

CHERBOURG
Imprimerie Émile LE MAOUT

1905

CONGRÈS DE L'ASSOCIATION FRANÇAISE

POUR L'AVANCEMENT DES SCIENCES

CHERBOURG 1905

L'Association française pour l'avancement des sciences tient chaque année son Congrès dans une ville du territoire français, désignée au moins deux ans d'avance. Il est d'usage qu'un Comité local, d'accord avec la Municipalité, se charge de la préparation matérielle de la session, organise les excursions qui permettent aux congressistes de se rendre compte des ressources de toutes sortes offertes par la région, et publie sur la ville et le pays environnant un ouvrage monographique qui serve en quelque sorte de guide aux membres de l'Association.

L'initiative du Congrès de Cherbourg revient à M. le Dr Collignon; il en soumit tout d'abord l'idée à la Société des Sciences naturelles et mathématiques de Cherbourg, dont les membres lui paraissaient devoir tout naturellement constituer le noyau du Comité local.

M. Corbière présenta le projet au Conseil municipal, qui en accueillit favorablement le principe (séance du 8 décembre 1902) et confia à l'Administration municipale « le mandat d'entrer en pourparlers à cet effet avec M. le Secrétaire général de l'Association ».

Le 11 août 1903, dans l'Assemblée générale tenue à Angers, l'Association française, répondant à l'invitation qui lui avait été faite par M. le Dr Renault, alors maire de Cherbourg, choisissait notre ville comme siège de son Congrès de 1905.

La nouvelle Municipalité, ayant à sa tête M. Mahieu, s'est empressée de ratifier les engagements pris par le Conseil précédent et a voté une subvention de 3.000 francs destinée à la préparation et à la tenue du Congrès : impression d'un livre sur Cherbourg et le Cotentin, frais de bureau et de propagande du Comité local, etc., — les dépenses du Congrès lui-même étant à la charge de l'Association française, qui seule profite des cotisations des Sociétaires. De son côté, le Conseil général de la Manche a bien voulu allouer au Comité une somme de 1.000 francs pour le même objet.

La première réunion du Comité d'organisation, à laquelle avaient été conviés les présidents et vice-présidents des diverses Sociétés scientifiques, littéraires ou artistiques de Cherbourg, les présidents de la Chambre de commerce et de la Ligue du commerce, les membres de l'Association française résidant à Cherbourg, se tint à l'Hôtel de Ville, sous la présidence de M. Mahieu, maire, le 19 décembre 1903. Elle fut suivie, à un mois de distance (17 janvier 1904), d'une autre réunion, présidée par M. le Dr Gariel, secrétaire du Conseil de l'Association française, et à laquelle assistaient les mêmes personnalités, sauf M. le Maire empêché. Après un échange de questions, d'observations et de vues entre les personnes présentes à ces deux réunions, le Comité local fut constitué ainsi qu'il suit, en tenant compte de quelques remaniements inévitables effectués ultérieurement.

COMITÉ DE CHERBOURG.

Présidents d'honneur : M. le Maire de Cherbourg; M. le Vice-Amiral Préfet Maritime; M. le Préfet de la Manche; M. le Recteur de l'Académie de Caen; M. le Général commandant la 5e subdivision; M. Cabart-Danneville, sénateur de la Manche; MM. Le Moigne et Villault-Duchesnois, députés ; MM. les Sous-Préfets de Cherbourg et de Valognes ; M. le commandant Jouan, capitaine de vaisseau en retraite, directeur honoraire de la Société nationale Académique ; M. Le Véel, statuaire.

Président : M. le Dr Collignon, médecin-major de 1re classe du 25e régiment d'infanterie.

Vice-Présidents : MM. les présidents des Commissions.

Secrétaire-général : M. F. Guillon, ingénieur civil.

Commission du livre.

Président : M. L. Corbière, professeur de sciences naturelles au Lycée, secrétaire perpétuel de la Société nationale des Sciences naturelles et mathématiques, président de la Société d'Horticulture.

Secrétaire : M. C.-Th. Quoniam, armateur, président de la Société « les Amis de la Bibliothèque ».

Membres : M. le Dr Hubert, président de la Société « les Amis des Arts de la Manche » ; M. H. Menut, président de la Société Artistique et Industrielle ; M. Sallé, secrétaire de la Société nationale Académique.

Commission des excursions.

Président : M. G. Féron, avoué, conseiller municipal.

Secrétaire : M. Eloy, directeur du Crédit foncier.

Membres : M. le Dr Debains, médecin à Saint-Vaast-la-Hougue ; M. Emanuelli, bibliothécaire-archiviste municipal ; M. Le Marquand, président de la Société Archéologique de Valognes ; M. le Dr Le Vionnois, médecin à Cherbourg.

Commission de propagande.

Président : M. Langlois, courtier honoraire, président de la Chambre de commerce.

Secrétaire : M. le Dr Thérault, médecin major du 15e d'artillerie à pied.

Membres : M. le Dr Ardouin, chirurgien ; M. Biard, directeur-propriétaire des journaux « le Réveil » et « Cherbourg-Éclair » ; M. Cadic, directeur-propriétaire du journal « la Croix » ; M. Cottel, agent maritime ; M. Dutot, propriétaire ; M. Jacques-Le Seigneur, commissaire principal de la Marine ; M. L'hotellier, directeur-propriétaire du journal « le Phare » ; M. Le Grin, avocat, directeur de la Société nationale Académique ; M. Loscul, directeur-propriétaire du journal « la Vigie »,

Commission des logements.

Président : M. Émile Le Pont, conseiller municipal.
Vice-Président : M. Le Brun, directeur du Crédit Lyonnais.
Secrétaire : M. Benoît, chef de bureau à la Mairie.

Commission des finances.

Président : M. Simon, directeur de la Banque de France.
Secrétaire : M. Bénard, sous-intendant militaire en retraite.
Membres : M. Boutron, directeur de la Société Générale; M. Louis Le Brun, directeur du Crédit Lyonnais; M. Pierre Le Brun, banquier.

Pour la rédaction du présent volume, la Commission du Livre s'est adressée aux personnes qui lui ont paru le plus compétentes. Elle a rencontré de toutes parts un accueil aussi aimable qu'empressé, et, au nom du Comité tout entier, elle est heureuse d'adresser ses plus sincères remerciements à tous les auteurs qui ont collaboré à cet ouvrage, ainsi qu'aux artistes qui ont contribué à son illustration, notamment notre jeune compatriote, M. Georges Noyon, lauréat du Salon de cette année, qui a bien voulu nous donner les trois dessins originaux qui commencent et terminent le volume. — Il va de soi que la Commission laisse à chaque auteur la responsabilité de ses écrits.

Quelques autres concours, également très désirés, n'ont pu s'affirmer et sont malheureusement restés à l'état de projets, en sorte que ce livre offre plus d'une lacune regrettable. Tel qu'il est, nous espérons cependant que MM. les Congressistes y trouveront de l'intérêt et lui feront bon accueil.

Au nom de la Commission du livre,

Le Président,

L. Cordière.

HISTOIRE NATURELLE

DE LA

PRESQU'ILE DU COTENTIN

I.

GÉOLOGIE

PAR

M. A. BIGOT,
Professeur à l'Université de Caen.

Le *Cotentin,* dont je vais esquisser l'histoire géologique, n'est qu'une partie du Cotentin des géographes et des historiens; la description suivante laisse volontairement de côté la racine — où est située Coutances — par laquelle le Cotentin péninsulaire se rattache à la Normandie continentale, et il n'en sera question qu'autant qu'il sera utile pour faire comprendre l'histoire de la dépression autour de laquelle se concentre tout l'intérêt géographique et géologique.

La partie nord, péninsulaire, du Cotentin est presque détachée de la partie continentale par une vaste dépression médiane, occupée par les *Marais de Carentan,* qui apparaissent comme d'anciens estuaires remblayés et non comme des fjords glaciaires. Les ramifications de ces marais pénètrent très loin au cœur des massifs qui les entourent; un affaissement de moins de 20^{m} créerait au travers de leur ceinture deux communications entre la baie des Veys et celle du Mont Saint-Michel, par la vallée de l'Ay et celle du ruisseau d'Olonde; le Nord du Cotentin reprendrait alors la situation insulaire qu'il a possédée à l'époque Miocène.

Cette dépression médiane forme ainsi au cœur du Cotentin un *Pays Bas,* un *Penesme,* dont les herbages constituent une des principales richesses de la région. Les cours d'eau qui s'y rassemblent ne trouvent d'écoulement que par l'échancrure des Veys, là où précisément se fait le changement de direction des côtes du Cotentin et du Calvados.

Or cette dépression est fort ancienne; sa situation presque au niveau de la mer accentue encore aujourd'hui son caractère, mais dès la fin des temps primaires elle constituait déjà une région basse, qui a été à plusieurs reprises envahie par les mers jurassiques, crétacées et tertiaires.

La ceinture actuelle des marais du Cotentin se trouve donc constituée à l'Ouest par des régions d'architecture plissée appartenant aux terrains primaires, et à l'Est par des régions d'architecture tabulaire dont nous donnerons rapidement la distribution et le caractère.

La Hague correspond aux deux synclinaux siluriens de Jobourg et de Siouville. C'était un plateau d'assises siluriennes plissées et de roches éruptives, aujourd'hui fortement incisé par de nombreuses vallées; il renferme le point le plus élevé du nord du Cotentin (180^{m} près de Jobourg). Une chaîne continue de grès armoricain limite la Hague au S. E. vers la *Vallée de la Divette,* et celle-ci en détache le synclinal silurien de Couville, lui-même soudé au Val-de-Saire.

La région dévonienne correspond à un changement dans l'orientation des plis anciens, qui de S. W. au Nord de la presqu'île reprennent la direction sensiblement E.W. des plis armoricains. On retrouve cette direction en reliant les tronçons de la chaîne discontinue de grès siluriens qui s'appellent Besneville, Taillepied, le Mont du Feu, Etanclin, qui accidentent le grand bassin dévonien de Portbail, et dans la *crête* silurienne *de Carteret,* qui sépare ce bassin du synclinal dévonien de la Seye. C'est également par une chaîne silurienne, alignée E. W., que se forme à l'Ouest la dépression médiane. Les éléments de cette chaîne percent ici les alluvions anciennes autour de Lessay ; l'un d'eux porte au Mont-Castre (122^{m}) un camp romain et les ruines de l'ancien château de Lithaire.

Le *Val-de-Saire* est un plateau (140^{m} au Mont Etelan) de grès et conglomérats triasiques reposant en couches horizontales sur les schistes précambriens, — dans lesquels la Saire et ses affluents ont encaissé leur vallée, — ou sur le granite de Barfleur qui forme la pointe N. E. du Cotentin.

La surface des terrains primaires et les couches triasiques s'abaissent vers le *bassin de Valognes,* ancien golfe par lequel la mer liasique venant du N. E. a envahi le Cotentin ; il est encore occupé en partie par l'Infra-Lias.

La chaîne Silurienne de Montebourg (118^{m} au Mont Castre), continuée en mer par les îles Saint-Marcouf, sépare le bassin de Valognes du plateau de Sainte-Mère-Église (25 à 35^{m}) ; celui-ci limite à l'E. les marais de Carentan ; il est formé d'assises liasiques horizontales, surtout de Lias inférieur, couronnées autour de Sainte-Marie-du-Mont par le Lias moyen et supérieur et par le Bajocien.

Le *Bauptois* (30^{m}), constitue sur la rive droite de la Douve une dépendance naturelle de ce plateau ; les couches liasiques horizontales y viennent s'accoler et se superposer à la chaîne silurienne de Lessay. L'ancienne extension de dépôts crétacés et tertiaires sur le Bauptois se traduit par un recouvrement de limon, qu'on retrouve sur le *plateau d'Orglandes* (26m), en relation avec les couches crétacées et tertiaires qui sont ici superposées à l'Infra-Lias ou aux terrains anciens.

TERRAINS PRIMAIRES.

Précambrien. — Le puissant étage des PHYLLADES DE SAINT-LO prend une part importante à la formation du bord méridional du Bassin du Cotentin. Les couches verticales de schistes bleu sombre dans lesquelles la Vire a creusé sa vallée s'étendent jusqu'à la mer au Sud de la lande de Lessay, interrompues de place en place par la *Syénite de Coutances*. Au Nord de Saint-Lô, sur les deux rives de la Vire, on exploite activement, pour la fabrication de la chaux à la Meauffe et à Airel, des calcaires qui paraissent appartenir au Précambrien [1].

Les Phyllades reparaissent au Nord de Valognes et forment le soubassement du Val-de-Saire. Le granite de Barfleur les a transformés à son contact en micaschistes (Anneville-en-Saire). Ils sont graphiteux vers Bretteville-sur-Mer, graphiteux aussi dans l'anse de Nacqueville, où des feuillets de quartz blanc alternent régulièrement avec les feuillets schisteux.

Dans la Hague, le granite a transformé les phyllades en gneiss grossiers, cornes feldspathisées, etc.; une bande presque continue de ces roches métamorphiques s'étend de Cherbourg à Omonville; on les retrouve de place en place jusqu'à Herqueville.

[1] P. LEBESCONTE, B. S. G. F. (3), IX, 1891, p. 15.

De Saint-Germain-le-Gaillard (Caudard) à Bricquebosq s'intercalent à ce niveau des brèches pétrosiliceuses, compactes ou schistoïdes, ordinairement très cristallines, qui annoncent des phénomènes éruptifs contemporains du Précambrien. Nous ne connaissons d'ailleurs qu'une partie des termes éruptifs ou sédimentaires de cette époque et on n'observera probablement jamais en place les roches qui ont fourni les galets des conglomérats Cambriens.

Cambrien. — Les sédiments grossiers déposés au début de la grande transgression marine du Silurien ont dans le Cotentin un aspect spécial. Les *conglomérats pourprés* sont remplacés ici par des arkoses grossières avec bancs de poudingues à galets de roches très variées (Couville, Gréville, etc.); ces galets, formés de granite, granulite, porphyres pétrosiliceux, jaspes, etc., proviennent du démantèlement de massifs précambriens dont nous ne connaissons de restes authentiques qu'à Aurigny. De Bretteville-sur-Mer à Tonneville, ces arkoses sont devenues schistoïdes par développement de *blaviérite ;* elles ont été désignées par les anciens auteurs sous le nom de *stéaschistes noduleux.*

Les changements de faciès des couches placées entre ces arkoses de base et l'Ordovicien indiquent des conditions de sédimentation très différentes. Une masse épaisse de schistes verts constitue cette série entre Cherbourg et le Rozel ; autour des Moitiers d'Allonne les schistes dominent encore[1] ; ils renferment des bancs de calcaire oolithique (Les Douits) ; on exploite à ce niveau, au Cap Carteret, des dalles avec longues pistes d'annélides ; au sommet, des bancs de grès grossiers et de schistes rouges séparent ces schistes du grès armoricain (Le Bosquet au N.

[1] *Palæactis vetula* G. Dollfus vient de ces schistes.

de Barneville) ; ces *grès feldspathiques* sont très épais au Nord de la Hague, notamment dans les landes de Beaumont et de Biville où leur puissance se développe aux dépens des schistes verts qui ne forment plus qu'une bande étroite au-dessus des arkoses de base.

La lande de Lessay, qui ferme actuellement à l'Ouest le golfe du Cotentin, est sur des grès feldspathiques rouges qui surmontent les schistes cambriens de la Feuillie et de Vesly ; de Saint-Germain-sur-Ay à Mobecq court une bande discontinue de poudingues appartenant à la base du Cambrien.

L'Ordovicien débute par une épaisse assise de quartzites blancs qui forment un horizon très net, grâce à l'importance que leur dureté leur permet de prendre dans l'orographie de la région. Ce *grès armoricain* forme notamment les parois de la cluse que la Divette traverse en arrivant à Cherbourg (Montagne du Roule et Roche-qui-Pend). C'est à ses dépens que sont établies la plupart des nombreuses carrières pour macadam et pavés, qui sont exploitées dans le Nord du Cotentin. — Les seuls fossiles qu'on ait recueillis à ce niveau dans le Cotentin sont la *Lingula Lesueuri* Rouault et des Tigillites ou Scolithes, c'est-à-dire des moulages de trous d'annélides qui traversent parfois en nombre considérable les bancs de grès.

Les *Schistes à Calymènes* surmontent fidèlement le grès armoricain. Ce sont des schistes bleus, contenant parfois de petits nodules; on a essayé autrefois d'exploiter pour ardoises quelques bancs plus fissiles (Cherbourg, Helleville). Ce niveau commence par un horizon de grès (Grès des Moitiers d'Allonne), généralement ferrugineux (le Riglon à Vasteville), et contenant même quelquefois de véritables couches de minerai de fer (Sauxmesnil, Tourlaville).

Dans ces grès on a recueilli, surtout aux Moitiers d'Allonne : *Calymene Tristani* Brongniart, *Homalonotus Vieillardi* de Tromelin, *Ascocrinus Barrandei* de Tromelin, *Didymograptus.*

Les schistes eux-mêmes contiennent la faune bien connue des schistes d'Angers et de Mortain. Les principales localités fossilifères sont : Brix (Le Petit-Moulin), Couville (tranchée du chemin de fer dite du Pont-aux-Etienne), Breuville (d'où provient l'un des types de *C. Tristani*), Helleville (Le Pont-Helland), première localité où *Calym. Tristani* fut trouvé en Normandie par de Gerville, Beaumont-Hague (bois du Château).

Les assises supérieures de l'Ordovicien, groupées autrefois sous le nom de *Grès de May,* forment un ensemble dans lequel il y aura lieu de distinguer plusieurs horizons.

Les grès de couleurs vives entremêlés de schistes bigarrés des environs de Sottevast, les grès de Carteret, de Besneville, le Valdecie, Saint-Sauveur-le-Vicomte, qui forment des buttes si caractéristiques au milieu de la région dévonienne, contiennent une faune voisine de celle du grès de May : *Homalonotus Bonissenti* Morière, *Codomia typa* de Trom., *Modiolopsis prima* d'Orb., *Orthis Budleighensis* Davidson, mais ils sont surmontés à Sottevast (Moulin Cabourg) par des schistes à *Trinucleus;* Dalimier a signalé *Trinucleus ornatus* dans les schistes de la Sangsurière près de Saint-Sauveur-le-Vicomte ; il n'est pas impossible que ces schistes correspondent aux schistes ordoviciens supérieurs (= Riadan). Quant aux schistes à *Trinucleus Grenieri* Bergeron et *Calymene Lennieri* Bergeron[1] de la baie d'Ecalgrain (Jobourg), ils sont intercalés dans les

[1] J. Bergeron, B. S. G. Norm., t. XV, pp. 42-47.

grès et correspondent vraisemblablement aux schistes à *Trinucleus Bureaui*.

Gothlandien. — Le Silurien supérieur comprend parfois à sa base une assise de grès noirs, représentant les *grès culminants* de de Tromelin. Plus constamment il est formé d'une succession de schistes alternant avec de petits bancs de grès; le tout, connu sous le nom d'assise des *schistes et quartzites*, se lie par en haut au Dévonien, mais la base est incontestablement gothlandienne; elle renferme un niveau très constant de schistes ampéliteux, avec gros nodules pyriteux et parfois lits calcaires (Saint-Sauveur-le-Vicomte). Ces schistes ampéliteux peuvent rarement être observés dans le fond des synclinaux, où ils sont généralement masqués par des éboulis ou des alluvions. Les principales localités sont: Saint-Sauveur-le-Vicomte, le Vrétot (Pont de la Venourie), Grosville (Moulin-Sorel), où l'on a recueilli *Cardiola interrupta* Broderip, *fibrosa* Sow., *Antipleura bohemica* Barr., *Monograptus* et de nombreux Orthocères.

Dévonien. — Les schistes et quartzites dont il vient d'être question relient le Dévonien au Silurien; vers leur sommet les bancs de grès deviennent plus nombreux et l'on passe aux *Grès à Orthis Monnieri* dont la faune a des affinités coblenciennes; une partie des *schistes et quartzites* représenterait par suite le Gédinnien.

Les Grès à *Orthis Monnieri* sont des grès grossiers, en petits bancs, parfois ferrugineux, parfois verdâtres, dont la faune est peu étudiée; on y trouve surtout l'*O. Monnieri* Rouault, *Leptæna Thisbe* d'Orb., des Spirifers, *Pleurodictyum problematicum* Goldf.

L'assise la plus fossilifère est celle des *schistes et cal-*

caires de Néhou. Elle est formée de schistes renfermant de petits bancs de grès sombre, un peu ferrugineux, véritables grauwackes parfois très fossilifères. Dans ces schistes se développent aussi des bancs calcaires qui arrivent à former des massifs importants. Les carrières de la lande du Part à Néhou, ouvertes dans ces calcaires, ont fourni autrefois de très nombreux fossiles décrits par d'Orbigny, de Verneuil, Barrande, Œhlert. Aujourd'hui Baubigny est la seule localité où ces calcaires soient exploités ; les carrières de Baubigny offrent en outre l'intérêt de montrer au milieu des calcaires de Néhou, sous leur aspect et sous leur faune typiques, l'intercalation de calcaires à crinoïdes et à polypiers contenant une faune assez spéciale dont le caractère d'ensemble rappelle celui de la faune des calcaires d'Erbray (Maine et Loire) et de Konieprus (Bohême). La présence sous le village des Roquelles d'un récif ruiné formé par des *Stromatoporides*, *Acervularia Namnetensis*, *Favosites*, etc., permet d'expliquer l'abondance de formes relativement rares dans le calcaire de Néhou typique, telles que : *Goldius Gervillei* Barr., *Pentamerus Œhlerti* Barrois, *Megalanteris inornata* (d'Orb.), *Spirifer Trigeri* de Vern., *S. Davousti* de Vern., *Wilsonia Henrici* (Barr.), etc.

Quant à la faune coblencienne du niveau de Néhou elle est bien connue et il suffira d'en rappeler les formes les plus caractéristiques : *Homalonotus Gervillei* de Vern., *Spirifer Venus* d'Orb., *Wilsonia sub-Wilsoni* (d'Orb.), *Leptæna Murchisoni* (d'Arch., Vern.), *Chonetes sarcinulata* Schloth. etc., etc[1].

[1] Une liste très complète de la Faune de ce niveau dans l'Ouest a été donnée par M. Barrois dans son mémoire sur Erbray. (Mém. Soc. Géol. Nord.).

Carbonifère — Le Carbonifère inférieur (Dinantien) n'existe dans la Manche qu'au Sud de Coutances (Calcaire de Regnéville à *Productus giganteus)*, dans une région qui est, par suite, au delà des limites que nous avons adoptées.

A l'époque du Carbonifère supérieur (Stéphanien), le golfe du Cotentin formait déjà une région déprimée où venaient s'accumuler les produits de l'érosion des massifs qui l'avoisinaient. Il est très vraisemblable que le fond de cette grande dépression est tapissé en totalité ou en partie par des dépôts houillers qui relient les affleurements du bassin de Littry (Calvados) à ceux du Plessis dans la Manche, mais aucun sondage n'a jusqu'à présent atteint la base des argiles et alluvions triasiques qui comblent cette cuvette. Seulement, près de Lison, il a fallu traverser 400^m de couches triasiques et permiennes pour atteindre le terrain houiller.

Le gisement de Littry, situé au bord du marais de Gorges, a été exploité irrégulièrement de 1757 à 1850. Il comprend trois lambeaux, séparés par deux massifs de porphyrite. La houille y formait deux couches dont l'épaisseur variait entre 0^{m}50 et 1^{m}60 ; c'était une houille grasse à longue flamme.

PERMIEN.

A Littry (Calvados) le Houiller supérieur se termine par des schistes noirs, avec empreintes pyritisées de poissons, rapportés au Permien ; ils sont surmontés par des calcaires magnésiens et des grès rouges micacés ; ceux-ci se lient intimement par leur partie supérieure à des argiles d'un rouge vif, exploitées pour les briqueteries (Airel, Saint-Fromond, Lison), et auxquelles sont subordonnés les conglomérats calcaires (Neuilly). Tout cet ensemble de couches rouges a été comparé au *Red marl*. Les affleurements de ces terrains dessinent déjà le contour du golfe de Carentan, en dehors duquel ils sont peu étendus.

ROCHES ÉRUPTIVES.

Les roches éruptives anciennes sont très répandues dans le Cotentin ; notamment l'allure de la côte nord est déterminée par la présence des trois massifs granitiques de Flamanville, de la Hague et de Barfleur.

MASSIF DE FLAMANVILLE[1]. C'est une *bosse* ou *culot*, de forme ellipsoïdale, qui a troué sa place comme à l'emporte-pièces, et sans les déranger, dans les assises du flanc Sud du synclinal de Siouville, fortement métamorphisées à son contact.

Ce granite porphyroïde rosé, désigné souvent comme granite de Cherbourg, donne lieu à des exploitations plus ou moins actives. Il renferme souvent, surtout vers les bords du massif, des enclaves micacées et feldspathisées et n'est traversé que par des roches acides, filons *d'aplite* rose, eux-mêmes croisés par des filons de *microgranulite*.

Au contact du granite, les roches sédimentaires, de plus en plus récentes, qu'il coupe de l'E. à l'O., sont fortement métamorphisées : les schistes Cambriens de la Vallée de la Divette peuvent être transformés en micaschistes ; plus ordinairement ils sont simplement décolorés et chargés de petits bâtonnets charbonneux (pseudo-mâcles) ; — les schistes d'Angers ont subi les mêmes modifications, et contiennent encore parfois des empreintes de Calymènes ; — le grès de

[1] MICHEL-LÉVY, Bull. Serv. Carte Géol. Fr., n° 36.

May est devenu micacé et cristallin (Leptynolithe), mais c'est surtout sur le Dévonien que l'action métamorphique est particulièrement nette. Les couches de Néhou, qui bordent le granite du côté de la mer, se montrent fréquemment en contact avec cette roche éruptive qui y lance de nombreux filons (notamment près de Diélette). Sous le Hameau de la Mer, ces couches renferment des lentilles calcaires à polypiers et des lits de grauwacke fossilifère à faune de Néhou. En approchant du granite, ces couches deviennent de plus en plus cristallines, se transforment en grès cristallisés (Leptynolithes), cornes pyroxéniques et amphiboliques avec mouches et lentilles de grenat, celui-ci provenant de la transformation des calcaires. C'est dans ces couches que le minerai de fer de Diélette est intercalé.

Massif de la Hague. — Il se présente sous la forme d'une traînée discontinue, alignée suivant la direction des plis armoricains; sa constitution est complexe. La roche la plus ancienne est le *granite à amphibole* d'Omonville et Herqueville ; le *granite porphyroïde* de l'anse Saint-Martin, Beaumont, rappelle celui de Flamanville ; la *granulite* forme un petit massif à l'Ouest de l'anse Saint-Martin. Les filons sont nombreux : *microgranulites*, parfois fluidales et avec sphérolithes feldspathiques ; *diabases* ophitiques ou porphyroïdes, *porphyrites*, etc.

L'action des divers granites sur les couches sédimentaires n'est qu'incomplètement étudiée ; c'est à cette action qu'il faut rapporter la transformation en pseudo-gneiss des schistes précambriens à Jobourg et entre Omonville et Hainneville ; ce métamorphisme s'est étendu aux assises ordoviciennes, par exemple au Grès de May du Sud de l'anse d'Ecalgrain.

Massif de Barfleur. — Le *granite* de ce massif est rougeâtre, porphyroïde, avec tendance à la texture granulitique ; il renferme d'ailleurs de nombreux filons de pegmatite et de granulite. A son contact, près d'Anneville-en-Saire, les schistes précambriens, qui le bordent partout au Sud, sont fortement métamorphisés et gneissiques.

Massif de Coutances. — La *syénite* du nord de Coutances vient toucher au Sud de Périers le bord méridional du golfe de Carentan, produisant dans les schistes de Saint-Lô des modifications rappelant celles qui sont dues au granite, mais avec développement prédominant d'amphibole dans les roches gneissiques.

Filons divers. — De nombreux filons traversent les roches sédimentaires en dehors des massifs qui viennent d'être cités. Au massif de Flamanville se rattachent les *microgranulites* de Benoistville, Le Rozel, Surtainville, etc. ; le *kaolin* des Pieux et de Grosville provient de la décomposition de filons de microgranulite. Les *kersantites* et *porphyrites micacées* sont surtout fréquentes dans la région dévonienne. C'est à une *porphyrite* qu'on doit rapporter la roche éruptive rencontrée dans le bassin houiller du Plessis. Les filons de *quartz* sont nombreux, mais prennent rarement quelque puissance ; les plus remarquables sont le filon de quartz gras blanc de Hérqueville, dans le granite, et le filon de quartz calcédonieux de Hainneville, dans le Précambrien métamorphique. Signalons enfin les filons de *barytine* de Saint-Vaast et du Val-de-Saire qui pénètrent dans le Trias.

TRIAS.

On observe sur le plateau du Val-de-Saire un manteau de poudingues et de grès horizontaux, présentant parfois à la base une couche de silice de 2m50 à 3m d'épaisseur. Les conglomérats, — qui contiennent des galets de grès armoricain, et qui par suite ne peuvent être les conglomérats pourprés, comme Dalimier l'avait pensé, — sont exploités près de la Pernelle.

Ces couches se relient au Sud aux couches analogues de Montebourg et de Carentan, d'où elles passent dans le Bessin et s'avancent jusqu'à Falaise. On a signalé des troncs de végétaux dans les grès d'Éroudeville, mais il n'y a pas d'autres fossiles, et cette formation correspond au remblayage de dépressions creusées à la surface du massif ancien pendant la période continentale qui a succédé au carbonifère inférieur.

TERRAINS JURASSIQUES[1].

LIAS.

L'Infra-lias s'est déposé dans deux dépressions des terrains anciens, séparées par la crête de grès siluriens qui va de Montebourg aux îles Saint-Marcouf; ces deux golfes s'ouvraient à l'Est. Les affleurements du Golfe de Valognes se continuent par les lambeaux autrefois signalés à Saint-Martin d'Andouville, Octeville et Videcosville; le golfe de Carentan est plus étendu ; il forme autour du Bassin du

[1] E. E. Deslongchamps, Et. Jur. inf. Norm. (*M. S. L. N.* XIV, 1865.

Cotentin une ceinture qui s'étend à peine sur le Calvados (Osmanville).

L'existence du **Rhétien** est très problématique. De Caumont et E. E. Deslongchamps rapportent à ce niveau les sables et grès dolomitiques avec lignites et fougères de l'arrondissement de Saint-Lô (Le Désert, Coigny); M. Lecornu leur compare les couches inférieures du sondage de Valognes[1].

L'**Hettangien** comprend, à la base, des *Marnes à Mytilus minutus et oursins*, formant un niveau d'eau auquel s'arrêtent les exploitations du *Calcaire de Valognes*. Celui-ci offre une grande ressemblance avec les grès d'Hettange dont il renferme de nombreuses espèces : *Arietites Johnstoni* (Sow.), *Cardinia infera* Agass., *Pecten Valloniensis* Def., *Lima Valloniensis* Def., etc.

L'Hettangien se termine par un banc durci et perforé *(banc de fer)* avec *Cardinia copides* de Ryck.

Le **Sinémurien** *(Calcaire à Gryphées arquées)* n'existe pas dans le golfe de Valognes, mais il est très développé dans le Golfe de Carentan et s'étend à l'Est dans le Bessin. Sous une épaiseur de 35^{m} environ il comprend une série très uniforme de petits bancs de calcaires marneux séparés par de petits lits d'argiles qui fournissent (Emondeville) une excellente pierre à chaux. La faune est très pauvre, formée d'espèces de fonds vaseux : *Ostrea arcuata* Lamk. et sa var. *Macculochi* dans les couches supérieures, *Lima gigantea* (Sow.), *Mactromya liasina* Agass., *Zeilleria cor* (Lamk.), *Spiriferina Walcotti* (Sow.), *Arietites bisulcatus* (Brug.).

[1] Bull. Soc. Linn. Norm. (4), t. II, 1889, p. 84.

Le **Charmouthien** (*Lias à Belemnites*) n'existe qu'aux environs de Sainte-Marie-du-Mont, où il est formé d'argiles et marno-calcaires comme dans le Bessin.

A la chaussée du Grand-Chemin, entre Sainte-Marie et Boutteville, on observait de bas en haut les assises suivantes : 1° Calcaires marneux et argiles à *Zeilleria numismalis* (Lamk.), *Terebratula punctata* Sow., *Spiriferina pinguis* (Zieten) ; — 2° Calcaires marneux et argiles à *Amaltheus margaritatus* (Montfort) ; — 3° Calcaires marneux et argiles à *Amaltheus spinatus* (Brug.), *Pecten æquivalvis*, (Sow.), *Zeilleria cornuta* (Sow.), *Rhynchonella acuta* (Sow.).

Le **Toarcien**, formé principalement de calcaires marneux à oolithes ferrugineuses, existe également dans les environs de Sainte-Marie-du-Mont. Bonnissent signale sa présence dans plusieurs abreuvoirs de ce plateau [1].

Les listes données par cet auteur et par Deslongchamps [2] permettent de reconnaître l'existence de plusieurs horizons : *Harpoceras falciferum* (Sow.), *H. bifrons* (Brug.), *Cœloceras Holandrei* (d'Orb.), des horizons inférieurs ; — *Grammoceras Toarcense* (d'Orb.), *Haugia occidentalis* (Haug), *Hammatoceras insigne* (Schubler), des couches moyennes ; — *Harpoceras opalinum* (Reinecke) et *Munieri* (Haug), des couches supérieures.

BAJOCIEN.

Le bourg de Sainte-Marie-du-Mont est bâti sur une roche siliceuse, que Bonnissent désigne sous le nom de *Grès de la Galie* et qu'il rapporte au Cénomanien. Il est plus probable que ces meulières représentent les argiles à

[1] Essai géologique, 2e édition, 1870, p. 300.
[2] Et. Jur. inf. de Norm. p. 82.

silex qui, dans le Bessin, résultent de la décalcification du Bajocien inférieur. La *mâlière* paraît d'ailleurs exister à Sainte-Marie et Biosville, où Bonnissent cite le *Pecten barbatus* Sow.

L'*oolithe ferrugineuse* de Bayeux, sous son aspect typique et avec ses fossiles caractéristiques, a été reconnue à Boutteville par de Gerville et Bonnissent ; il est probable que le Bajocien moyen est également représenté, car ce dernier auteur signale *Sphaeroceras Sauzei* (d'Orb.).

TERRAINS CRÉTACÉS.

On ne connaît pas dans le Cotentin d'assises jurassiques plus récentes que les assises bajociennes ; une lacune énorme les sépare des plus anciennes couches crétacées du bassin du Cotentin. Cette lacune n'est pas due seulement aux érosions qui ont précédé la transgression cénomanienne ; elle est due pour la plus grande part, sinon totalement, à la régression des mers jurassiques.

A partir du Cénomanien le Bassin du Cotentin va être continuellement soumis à des oscillations amenant des retraits et des invasions de la mer qui se traduisent par de nombreuses lacunes et des relations très variées entre les divers termes de la série géologique.

Le **Cénomanien**[1] repose tantôt sur l'Hettangien (Chef-du-Pont), tantôt sur le Sinémurien (Fresville), tantôt sur les grès siluriens (Rauville-la-Place). Il est formé de sables et grès glauconieux et micacés, souvent silicifiés, très peu fossilifères. Cependant *Orbitolina concava* (Lamk.) est

[1] VIEILLARD et DOLLFUS, B. S. L. N. (2), IX, 1875.

assez abondante. Le faciès de ce *grès vert à Orbitolines* rappelle celui des couches de Ballon (Sarthe) et du Devonshire.

Le **Campanien** *(Calcaire à Baculites)* déborde fréquemment le Cénomanien. Il repose sur le Lias à Orglandes, le Trias à la Bonneville, le Dévonien à Sainte-Colombe. Le retrait de la mer pendant le Turonien a été suivi à la fin du Sénonien par une transgression qui paraît avoir été encore plus importante que celle du Cénomanien, car Bonnissent[1] a indiqué dans les alluvions anciennes (?) des environs de Bricquebec (Les Riolleries, Le Foyer), des silex avec fossiles caractéristiques du Sénonien, et j'ai signalé d'autre part un lambeau d'argile à silex reposant à Flamanville sur le granite; ces faits témoignent de l'ancienne extension du Sénonien sur le massif paléozoïque.

Le calcaire à Baculites est formé de bancs sableux ou solides, de couleur jaune pâle ou blanche ; il débute généralement par un lit de cailloux roulés. Cette assise avait été classée dans le Danien; mais la faune, très riche, a des affinités incontestablement campaniennes[2].

Parmi les très nombreuses espèces de ce niveau, les suivantes sont les plus caractéristiques : *Belemnitella mucronata* (Schloth.), *Baculites anceps* (Lamk.), *Scaphites constrictus* (d'Orb.), *Pachydiscus Gollevillensis* (d'Orb.), *Neubergicus* (V. Hauer), *Gervilleia solenoides* (Def.), *Trigonosemus elegans* (d'Orb.), *Magas pumilus* (Sow.), *Rhynchonella difformis* (d'Orb.), *Thecidea papillata* (Bronn), *Crania antiqua* (Defr.), *C. Ignabergensis* (Retzius), *Rhynchopygus Marmini* (Desm.), *Cassidulus lapis cancri* (Lamk.), *Hemiaster prunella* (Lamk.), *Echinocorys vulga-*

[1] BONNISSENT, loc. cit., 2e édit.

[2] DE GROSSOUVRE, Recherches sur la craie supérieure, 1re partie, fasc. I, page 285. Imp. nat., 1891.

ris (Breyn), très nombreux Bryozoaires, *Amorphospongia globularis* (Goldfuss).

TERRAINS TERTIAIRES.

ÉOCÈNE.

Le golfe du Cotentin n'a pas été envahi par la mer au début de l'Éocène; l'Éocène inférieur fait défaut, les couches à Nummulites qui forment la base de l'Éocène moyen dans les environs de Nantes sont absentes, et la plus ancienne des assises lutéciennes est un calcaire dur, connu sous le nom de CALCAIRE NODULEUX OU CALCAIRE A ÉCHINIDES.

Ces calcaires sont bien visibles encore actuellement à Orglandes et à Fresville, où ils reposent sur le Campanien raviné; à Orglandes, les deux assises sont soudées d'une façon très curieuse. Les mollusques sont à l'état d'empreintes : *Terebellum sopitum* Brander, *Corbis lamellosa* Lamarck, *Crassatella plumbea* Chemnitz; les oursins assez abondants, *Pygorhynchus Desnoyersi* Desor, *Echinolampas Francii* Desor, *Linthia pomum* (Desor).

Ce calcaire est raviné par des FALUNS A ORBITOLITES COMPLANATA, renfermant de nombreux Foraminifères, des Brachiopodes à des stades embryonnaires, quelques empreintes de Mollusques et des Algues calcaires du groupe des *Lithothamnium*.

Au-dessus viennent les COUCHES A CÉRITHES de Fresville, Hauteville et Néhou, d'une très grande richesse en fossiles. Il existe certainement plusieurs horizons, s'étendant du Lutécien supérieur au Bartonien, mais dont les relations stratigraphiques ne sont pas clairement précisées; les faluns grossiers et jaunâtres à *Alveolina elongata* de Fresville ne sont certainement pas du même âge que les faluns fins et blancs à *Cerithium cornucopiæ* de Hauteville et Néhou, mais l'abandon des marnières rend difficile l'étude de ces relations.

La faune de ces faluns est très riche; MM. Cossmann et Pissarro en font actuellement la description[1]. Citons seulement parmi les espèces les plus remarquables : *Potamides Athenasi* Vasseur, *Delphinula princeps* Defrance, *Goniocardium Heberti* Vasseur, *Vasseuria occidentalis* Munier-Chalmas, qui sont des formes des faluns du Bois Gouet (Loire-Inférieure). Le grand *Cerithium cornucopiæ* Sow. était particulièrement abondant à Hauteville.

A Gourbesville, au-dessous du Redonien qui les ravine, on observe des calcaires avec lits d'argile verte contenant des Planorbes, des Lymnées et *Paludina Vasseuri* Carez; cette dernière espèce caractérise les marnes à *Lymnæa strigosa* du Bassin de Paris. La découverte d'une dent de *Palæotherium magnum* dans le conglomérat ossifère de Gourbesville confirme l'attribution de ces calcaires lacustres à l'Éocène supérieur (Bartonien supérieur = Ludien), admise par M. Vasseur.

OLIGOCÈNE.

L'âge exact des Argiles a Corbules de Rauville-la-Place, Néhou, Hauteville n'est pas bien fixé. Elles semblent reposer directement sur les faluns éocènes. Vasseur rapproche le *Cerithium plicatum* signalé par Hébert de la variété dite de Saint-Christophe, connue dans les marnes à *Cyrena convexa* du bassin de Paris. Ces couches seraient par suite sannoisiennes. — Les Marnes et Calcaires a Bithinia Duchasteli, autrefois visibles au Château du Lude, près de Saint-Sauveur-le-Vicomte, ren-

[1] Dans le Bulletin de la Société Géologique de Normandie.

formaient des couches de lignites à *Potamogeton thalictroïdes* (Brong.) et *Anectomeria Brongniarti* (Caspary). La *Nystia Duchasteli* Nyst était abondante dans les calcaires, qui ont été également signalés à Néhou. Vieillard et Dollfus ont reconnu dans ces couches l'équivalent du calcaire de Brie.

MIOCÈNE.

Des FALUNS A BRYOZOAIRES, de faciès *Savignéen*, contemporains de ceux de l'Anjou et des environs de Dinan, existent à Picauville ; mais ils se sont surtout étendus dans la région située au centre des marais de Carentan, que ne paraissent pas avoir atteint les mers tertiaires plus anciennes (Nay, Saint-Eny). Il est probable qu'à cette époque la pénétration dans le Cotentin de la faune Atlantique du détroit de la Rance se faisait par dessus le seuil de Lessay ; le nord du Cotentin était alors une île, comme la Bretagne occidentale.

A la fin du Miocène une transgression importante a permis à la mer de raviner les assises précédentes. Le CONGLOMÉRAT OSSIFÈRE DE GOURBESVILLE, que l'on a tenté d'exploiter pour la fabrication de phosphates agricoles, renferme des galets de roches anciennes et de nombreux ossements, fortement roulés (dents de *Dinotherium, Carcharodon,* Squales divers et surtout côtes d'*Halitherium*), enlevés à des dépôts Helvétiens.

Ces conglomérats sont recouverts par des sables calcareux très fossilifères (FALUNS DE GOURBESVILLE) ; leur faune est celle des sables d'Acigné (près Rennes), dont M. Dollfus a fait le type de son étage REDONIEN.

Le CONGLOMÉRAT DE SAINT-GEORGES DE BOHON à *Terebratula perforata* représente peut-être le même horizon sous un faciès différent.

PLIOCÈNE.

Les Marnes a Nassa prismatica du Bosq d'Aubigny (entre Carentan et Périers) ont été signalées dès 1830 par M. de Gerville. Elles marquent la dernière incursion des mers tertiaires dans le Golfe du Cotentin. Deslongchamps père, Hébert et Bell y ont reconnu la faune du Crag anglais.

M. G. Dollfus m'y signale les espèces suivantes : *Voluta Lamberti* (Sow.), *Nassa prismatica* (Brocchi) var., *limata* (Chemnitz), *gibbosula* (Lin.), *Desmoulinsia conglobata* (Brocchi), *Turritella incrassata* (Sow.), *Natica catena* (Da Costa), *millepunctata* (Lamk.), *Corbula gibba* (Olivi), *Artarte Burtini* (Delajonkaire).

Les petits plateaux de cette région sont couronnés par des sables fins, de couleur jaune roux; l'épaisseur de ce *limon inférieur stérile* (Vieillard et Dollfus) peut dépasser 10^{m} (sur le plateau d'Orglandes).

Ces sables représentent peut-être un limon pliocène, formé sur place par l'altération des sédiments tertiaires.

PLEISTOCÈNE ET ACTUEL.

Nous signalerons spécialement le grand développement des alluvions anciennes à galets et blocs roulés sur le pourtour de la dépression médiane ; parmi les galets, on trouve fréquemment des silex crétacés, provenant du démantèlement d'assises aujourd'hui complètement disparues.

Les côtes W. et N. sont ordinairement bordées d'une étroite terrasse formée à la base (quand celle-ci existe) par des graviers et des cordons de galets d'origine marine, s'élevant jusqu'à 3^{m} au-dessus du niveau des mers actuelles ; au-dessus est une accumulation de blocs anguleux, avec lits de limon, dont l'âge est daté par des instruments Acheuléens en silex (Omonville-la-Rogue). Cette assise supérieure de la terrasse correspond à une recrudescence de phénomènes de creusement, conséquence d'un abaissement du niveau de base à la fin de la période quaternaire. (Période du Mammouth).

Aujourd'hui la mer tend à reprendre ses contours primitifs par suite d'un affaissement. Les tourbières sous-marines rencontrées à Cherbourg à 6^{m} au-dessous des basses-mers renfermaient des objets de l'époque du bronze, et peut-être de la pierre polie; celles de Nacqueville ont donné des objets romains et une monnaie gauloise.

Ces phénomènes d'érosion et d'affaissement sont compensés par le comblement des baies, à l'abri des cordons littoraux. Les sables des vastes étendues que la marée basse laisse à découvert dans ces baies sont emportés par le vent; ils comblent les dépressions en arrière du cordon (Mare de Vauville) et viennent s'accumuler sur les collines littorales. Là ils forment de grandes *dunes*, développées surtout sur la côte W. (Biville, Carteret), et dont la propagation est momentanément ralentie par un ruisseau qui les longe en arrière. Au sommet de ces dunes, on a recueilli des silex néolithiques.

MINÉRAUX.

La statistique des espèces minérales que l'on trouve dans le Cotentin n'a pas été faite. Un certain nombre de ces espèces ne se rencontrent d'ailleurs que comme des curiosités minéralogiques : *Tourmaline* noire, dans les pegmatites et granulites de Barfleur, qui contiennent plus rarement du *Béryl; Amphibole* et *Epidote,* dans les fissures du granite de Flamanville; *Grenat commun,* dans les couches dévoniennes métamorphiques de Flamanville ; *Chlorite,* dans les fissures des filonnets de quartz qui traversent les schistes à séricite ; *Talc,* résultant de l'altération d'une roche amphibolique (Rocher du Ralet à Gréville, où l'on a tenté de l'extraire pour fabriquer de la craie de Briançon) ; *Calcite,* variétés diverses dans les fissures des calcaires ; *Barytine,* filons dans le granite de Saint-Vaast, les grès siluriens et les arkoses triasiques ; *Wavellite ?* dans les grès cambriens du Val-de-Saire.

MINERAIS.

On a signalé à la Chapelle-en-Juger du *Cinabre* associé à du sulfure de fer, dans deux filons de quartz traversant les phyllades ; de la *Malachite* dans le marbre de Bahais, les grès siluriens de Lieusaint et de Besneville.

Le fer est plus répandu : la *pyrite* a été signalée dans un grand nombre de roches ; l'*hématite* est connue en amas schistoïdes dans les grès cambriens d'Equeurdreville (Les Couplets), et en concrétions dans les grès siluriens ; l'*oligiste* écailleux dans les arkoses d'Auderville (La Roque) ; de petites couches d'*oligiste* compacte et schistoïde ont été rencontrées dans le Gothlandien de Siouville. Tous ces gîtes sont inexploitables.

D'ailleurs, toutes les exploitations minières qui ont existé jadis dans la région sont maintenant abandonnées.

La couche de minerai de fer placée vers la base des schistes d'Angers a été exploitée autrefois à Sauxmesnil (Ruffosse) et à Tourlaville (la Pierre-Buttée) ; on a exploité également du fer à Octeville-la-Venelle, au pied de la butte de Blémond.

Les seuls gîtes qui présentent un intérêt pratique sont

ceux qui ont donné lieu aux concessions de Diélette et Surtainville.

Diélette. — Le Dévonien métamorphique qui borde le granite de Flamanville au pied des falaises renferme des couches de minerai formé par un mélange de *magnétite* et d'*oligiste*, correspondant à une teneur moyenne en fer de 55,27 %. Le gisement est en mer, et le puits, de 100m de profondeur, creusé dans le granite au promontoire de la Cabotière, va atteindre les couches par une galerie de 250m. Les difficultés d'épuisement, le peu de sécurité du port et l'absence de voie ferrée reliant à la grande ligne ont fait abandonner l'exploitation.

Surtainville. — La concession de Surtainville, qui s'étend sur cette commune et sur Pierreville, correspond à des fentes minéralisées dans les calcaires dévoniens; ces fentes sont remplies par un mélange de *galène argentifère*, *blende* et *sidérose;* la sidérose a été récemment reconnue par des travaux ayant pour objet la remise en exploitation de cette concession; elle est blanche, contient un peu de pyrite et est transformée aux affleurements en limonite.

LISTE DES PRINCIPAUX DOCUMENTS RELATIFS A LA GÉOLOGIE DE LA RÉGION.

1835-38. DE CAUMONT (Arcisse). — Essai sur la distribution géographique des roches dans le département de la Manche. 1re partie (*Mém. Soc. Linn. Norm*, t. V, p. 239-289, 1 pl.); 2e partie (id., t. VI, p. 249-278, 2 pl.).

1862. DALIMIER (Paul). — Stratigraphie des terrains primaires dans la presqu'île du Cotentin. Paris, Martinet, 1861, in-4°, 140 p., 2 pl., 1 carte.

1865. DESLONGCHAMPS (Eugène-Eudes). — Études sur les étages jurassiques inférieurs de la Normandie. (*Mém. Soc. Linn. Norm.*, t. XIV, p. 1-296, pl. I et III et 49 fig.).

1870. BONNISSENT. — Essai géologique sur le département de la Manche. In-8° de 430 pages. Cherbourg, Feuardent, (réimpression d'un travail publié de 1858 à 1870 dans *Mém. Soc. Sc. nat. de Cherbourg*, t. VI, VIII à XI, XV).

1873. VIEILLARD (E.-F.). — Le terrain houiller de Basse-Normandie ; ses ressources et son avenir. (*Bull. Soc. Linn. Norm.*, 2° sér., t. VII, p. 230-389, 1 carte, 3 pl.).

1875. VIEILLARD (E.) et DOLLFUS (G.). — Etude géologique sur les terrains crétacés et tertiaires du Cotentin. (*Bull. Soc. Linn. Norm.*, 2° sér., t. IX, p. 5-181, 1 pl., 1 carte).

1881. VASSEUR (Gaston). — Recherches géologiques sur les terrains tertiaires de la France occidentale. Paris, Masson, 1881, (p. 392-398 pour le Cotentin).

1890. BIGOT (A.). — L'Archéen et le Cambrien dans le Nord du Massif Breton et leurs équivalents dans le pays de Galles. (*Mém. Soc. Sc. nat. Cherbourg*, t. XXVII, p. 1-179).

1893. LECORNU (L.). — Sur les plissements siluriens de la région du Cotentin. (Bull. Serv. Cart. Géol. France, N° 33, t. IV).

1893. MICHEL-LÉVY (A.). — Contribution à l'étude du massif granitique de Flamanville et des granites français en général. (Id., n° 36, t. V).

1896. BIGOT (A.). — Sur les dépôts pleistocènes et actuels du littoral de la Basse-Normandie. (*C. R. Ac. Sc. Paris*, août 1896).

CARTE GÉOLOGIQUE DÉTAILLÉE DE LA FRANCE.

Feuilles : Les Pieux, par A. BIGOT ; Barneville, par A. BIGOT et DE LAPPARENT ; Cherbourg, par L. LECORNU ; Saint-Lô, par L. LECORNU.

II.

ANTHROPOLOGIE

PAR

M. le Dr R. COLLIGNON,

Médecin-Major de 1re Classe du 25e Régiment d'Infanterie.

Le département de la Manche présente au point de vue anthropologique un intérêt réel dû aux conditions toutes spéciales que lui crée sa situation géographique.

Par son extrémité Sud, il est ethnographiquement breton, c'est-à-dire peuplé par une population où domine la race brachycéphale, race que Broca appelait *Celte* et que la prudence scientifique ne nous permet plus de baptiser d'un nom ethnique quelconque, puisqu'elle est antérieure sur le sol français à tous les noms qui ont échappé à l'oubli.

Au Nord, au contraire, et spécialement dans cette presqu'île du Cotentin dont Cherbourg est actuellement la ville la plus importante, le fond de sa population est la race blonde dolichocéphale, et cette race y conserve, sur certains points, une pureté relative absolument exceptionnelle en France.

Réduite à ces deux termes, l'ethnographie de notre région se présente donc avec un caractère de simplicité très grand. Les deux races dominantes de France, anatomiquement distinguées, l'une par sa brachycéphalie, sa petite taille et ses cheveux foncés, l'autre par sa dolichocéphalie, sa haute taille et ses cheveux et yeux clairs, occupent les deux pôles du département, le centre de celui-ci (arr[ts] de Saint-Lô et Coutances) formant une zone mixte où cependant dominent les caractères blonds.

Mais race et peuple sont choses fort différentes. L'histoire primitive de notre Europe reste un chaos confus, faute aux historiens de ne s'être pas assez pénétrés de cette vérité. A son aurore, les grands groupements analogues aux états modernes n'avaient encore pu se constituer. Si quelques noms retentissants, qui nous en donnent l'illusion, tels qu'Ibères, Gaulois, Celtes, Germains ont surnagé, c'est souvent par la consécration d'une erreur analogue à celle qui nous fait appeler Indiens les naturels des deux Amériques et par une généralisation absolument incorrecte.

En réalité, aux temps où l'histoire écrite s'éveille, il n'existait en Europe que de minuscules tribus, perpétuellement en lutte les unes avec les autres, portant des noms différents, se combattant sans cesse pour la capture des subsistances ou des esclaves, sans nul souci, sauf exceptionnellement, des affinités ethniques capables de les réunir ou de les séparer.

Tels les çofs d'Algérie lors de notre conquête, telles les luttes des petites cités grecques, ou celles de Rome naissante contre ses voisins.

Néanmoins, par la force même des choses, de vastes régions étaient occupées par des peuplades de même sang et, comme de nos jours, ces races, au sens anatomique du mot, formaient les 9/10 au moins de la population de l'Europe.

Toutes les invasions, toutes les conquêtes rapportées par l'histoire ou la protohistoire doivent donc pour l'anthropologiste être considérées à un point de vue spécial. Il doit faire totale abstraction du *nom* historique du peuple conquérant et rechercher à quelle race réelle il appartenait.

Sous ce rapport, dans la région qui nous occupe, c'est-à-dire dans la partie du Cotentin qui forme presqu'île, le problème peut se poser ainsi.

Nous constatons, comme je le montrerai plus loin, que l'ensemble de la population actuelle est blond, grand et dolichocéphale (*Homo Europeus* « Linné » — Race Kymrique « Edwards », — Type des Reihengræbers — Race Nordique). Quelles sont les migrations, les conquêtes, voire même les transplantations de peuples qui ont pu conduire à ce résultat ?

Des races les plus primitives d'Europe, Néanderthal, Chancelade, Cro-Magnon, etc., nous ne trouvons ni restes primitifs, ni survivance dans la population actuelle.

A l'époque néolithique, même pénurie de documents; mais nous savons par le nombre et l'importance des monuments mégalithiques encore existants ou jadis signalés, par la fréquence des stations de silex ouvrés, qu'il y eut dans la région une population très dense. Tout le littoral est bordé de gisements de silex néolithiques; on rencontre des allées couvertes un peu partout. Nous connaissons l'œuvre, mais non l'ouvrier. Ce n'est cependant pas émettre une supposition téméraire que de le croire de même race que ses voisins exhumés des allées couvertes de l'Ile-de-France, de la Normandie et en général de l'Ouest de la France. Ceux-ci répondent en majorité à un type dolichocéphale très spécial que, pour ma part, je ne saurais consentir à rattacher au type Nordique blond, dont je parlais plus haut, et que je croirais volontiers avoir été brun, car tous les sujets vivants qu'il m'a été donné de rencontrer en France et qui, par les formes du crâne et du visage, rappelaient l'ossature bien spéciale de cette race dolménique, étaient toujours bruns.

Viennent ensuite les races brachycéphales. Celles-là ont survécu. Leur sang représente au moins le 1/3 de la population actuelle, mais elles ne sont pas en cause.

Après elles, exception faite de la conquête romaine, qui apportait dans la région une civilisation nouvelle, mais non une race définie, car légionnaires et fonctionnaires romains étaient, sous l'Empire, des gens venus de tous les points de celui-ci, et voués par suite, même s'ils prenaient leur retraite dans le pays, à y noyer leur sang dans la collectivité autochtone ; après elles, dis-je, nous ne voyons plus d'autre élément envahisseur que des blonds.

Mais leurs noms diffèrent. Aux Celtes blonds, se superposent les Gaulois, d'autres non connus peut-être, se succédant par bonds, comme les flots sur le rivage. Les Romains transplantent à Bayeux une véritable colonie saxonne qui essaime si bien que la région prend le nom de « Litus saxonicum » ; puis viennent les grandes invasions du cinquième siècle. Le Cotentin reçoit largement sa part de barbares, puisque, par une singulière anomalie, on voit à la mort de Clovis, en 511, l'Avranchin rattaché au royaume de Metz, à l'Austrasie, et lui rester attribué pendant près d'un siècle. Enfin viennent les invasions par mer et la définitive conquête normande.

C'est de cette série d'émigrants ou d'envahisseurs, tous de race dolichocéphale blonde (gardons-nous bien encore de vouloir les nommer politiquement) que descend pour les 2/3 au moins la population actuelle de notre péninsule.

Est-il possible de serrer le problème de plus près et d'arriver à déterminer avec quelque chance d'exactitude celui ou ceux de ces flots d'immigrants dont la descendance domine dans le pays.

Nous le pensons, mais cette courte notice n'étant pas un mémoire de démonstration, nous demanderons qu'il nous soit permis de laisser de côté toute la partie technique de la discussion, qui trouvera sa place dans un mémoire détaillé et étendu, intéressant pour les spécialistes seuls. Il suffira de dire que notre opinion se base sur les mesures de plusieurs milliers de sujets représentant toute la population mâle âgée de 21 ans telle qu'elle se présente aux conseils de révision, et que cette opération a été répétée 2 et, par places, 3 fois, ce qui assure pour chaque canton pris comme unité d'abord une représentation égale et ensuite une très grande fixité de résultats due au nombre relativement élevé des mensurations cantonales.

Les caractères relevés et les mesures prises sont ceux dont une longue expérience m'a prouvé la valeur pratique : la méthode, celle que j'ai introduite dans mes études anthropologiques sur les Côtes-du-Nord et sur les dix départements qui composent les XIIe et XVIIIe corps d'armée.

Ce sont : couleur des yeux et des cheveux, forme du nez, taille, diamètres crâniens, antéro-postérieur maximum, et transversal maximum, hauteur du crâne du bregma au centre du trou auditif, largeur bizygomatique, hauteur totale de la tête en projection, hauteur de l'ophryon, hauteur et largeur du nez[1].

[1] Pour ceux de nos lecteurs qui ne sont pas familiarisés avec les méthodes anthropologiques nous résumerons brièvement les principes sur lesquels elles se basent. Le plus essentiel consiste à exprimer en chiffres des données purement anatomiques.

Ces diverses données servent à calculer de nombreux *indices* individuels, dont on établit les moyennes pour chaque canton. Celles-ci à leur tour permettent de dresser pour chacun de ces indices des cartes de répartition cantonales, grâce auxquelles on peut apprécier d'un coup d'œil les variations et les groupements, les rapports géographiques, en un mot, que les tableaux numériques les plus parfaits ne sauraient laisser entrevoir.

En comparant ces cartes les unes aux autres, il est facile de mettre en lumière les associations de caractères, et par

Prenons par exemple un caractère descriptif, comme la couleur des cheveux ou des yeux. Nous relevons exactement à l'aide de planches en couleurs, telles que celles de Broca ou de Topinard, la coloration de ceux de tous les individus examinés et les classons en bleus, bruns et intermédiaires ; roux, blonds, bruns, noirs et intermédiaires. Nous comptons combien il y a des uns et des autres et faisons le % par rapport au total des sujets relevés. Nous saurons ainsi qu'une population donnée compte, je suppose, 25, 3 % d'yeux bleus, contre 12, 3 % d'yeux bruns, etc., se différenciant ainsi d'une autre qui compterait 10 % d'yeux bleux, contre 32 % de bruns.

De même, pour apprécier les dimensions du crâne, on prend au compas d'épaisseur un certain nombre de mesures. Pour en obtenir des données comparables, on les rapporte successivement à l'une d'entre elles, prise pour unité. Ainsi l'Indice Céphalique est le rapport de la largeur maximum du crâne à sa longueur antéro-postérieure prise pour unité.

$$\text{I. Céph.} = \frac{\textit{D. Transv. Max.} \times 100}{\textit{D. Ant. Post.}}$$

L'Indice Nasal celui de la largeur du nez prise au maximum des ailes du nez à sa hauteur totale.

$$\text{I. Nasal} = \frac{\textit{Largeur du nez} \times 100}{\textit{Hauteur du nez}}, \text{ etc.}$$

Tous ces chiffres, visant un grand nombre de mesures et d'indices, diffèrent naturellement suivant les individus et suivant les groupes d'individus, mais se ressemblent beaucoup dès que ceux-ci sont de même race. Il s'ensuit qu'il est facile de rapprocher ou de séparer suivant leurs affinités ethniques, soit les individus isolés, soit les populations de régions quelconques.

suite de voir sur quels points la ou les races se sont concentrées et sont restées les plus pures, ceux au contraire où des types mixtes de fusion, plus ou moins fixés par l'hérédité, se sont formés au voisinage des précédents.

Il semblerait que ces groupements dussent être désordonnés. Loin de là ils affectent un grand caractère de constance. Il est exceptionnel de trouver dans une région habitée par une race *A* un ilot peuplé par une race *B* ou *C*. Lorsque le fait se produit, il est rare qu'on ne puisse pas trouver, soit dans l'histoire locale, soit dans les conditions économiques de la région, les causes perturbatrices qui ont produit cette anomalie. Ce sont de petits problèmes intéressants à étudier mais d'importance toute locale.

Bien au contraire, et c'est chose très remarquable, on voit se constituer sur ces cartes des centres compacts caractérisés par des chiffres moyens d'indices presque identiques, entourés de zones mixtes où se révèle le mélange de races, sortes de « *marches* » dans lesquelles s'est opérée leur fusion, ou sur lesquelles elles coexistent.

La Manche est à cet égard une région typique. Assurément elle l'est moins que la Dordogne où la rivière est une véritable frontière ethnographique ; mais, sous une autre forme, elle se présente comme une zone de contact où l'on peut nettement apprécier la façon dont deux races rivales peuvent se pénétrer, montrer comment, dans les croisements survenus, les divers caractères anatomiques propres à chacune d'entre elles se dissocient et se partagent, et enfin rechercher les causes pour lesquelles, ou mieux par lesquelles, l'état actuel s'est établi.

Toutes les cartes dressées pour le département concordent en effet dans leurs grandes lignes. Sur chacune d'entre elles, qu'il s'agisse de la taille, de la fréquence des yeux bleus ou foncés, des cheveux blonds ou bruns, ou des divers indices crâniens et faciaux, nous voyons toujours se dessiner deux groupes, l'un au Nord, l'autre au Sud du département, caractérisés, l'un par le chiffre maximum, l'autre par le chiffre minimum de ceux qui expriment le fait anatomique étudié. Entre les deux une zone de

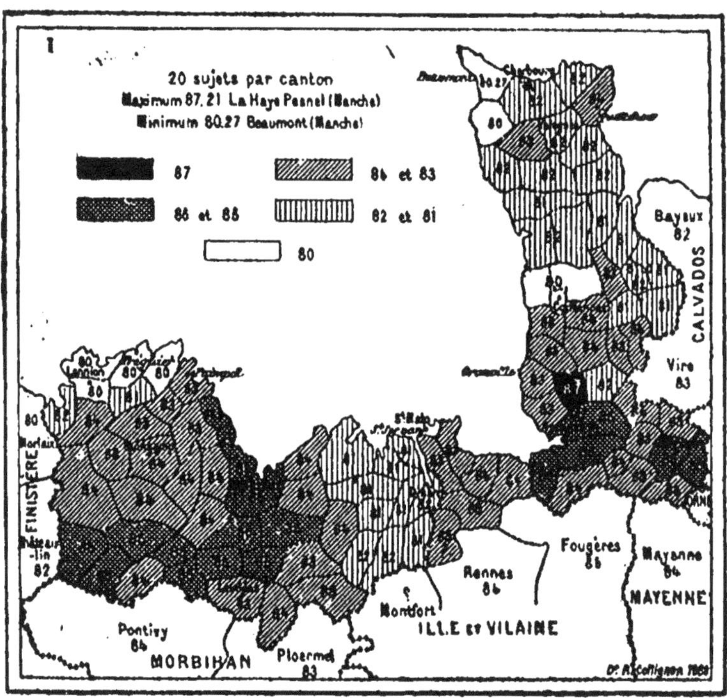

Répartition cantonale de l'Indice céphalique dans la Manche, l'Ille-et-Vilaine et les Côtes-du-Nord.

mélange variable, tantôt plus, tantôt moins étendue, suivant les cas. Seules certaines particularités affectent un type erratique et divergent. Tels les cheveux franchement noirs, qui ne caractérisent aucune des deux races en présence et représentent un élément méridional dû à des immigrés et qui n'atteignent une certaine fréquence que dans les centres urbains, notamment à Cherbourg et Saint-Lô, à Villedieu-les-Poëles (centre industriel) et aussi au Teilleul (?), pour une cause qui m'échappe.

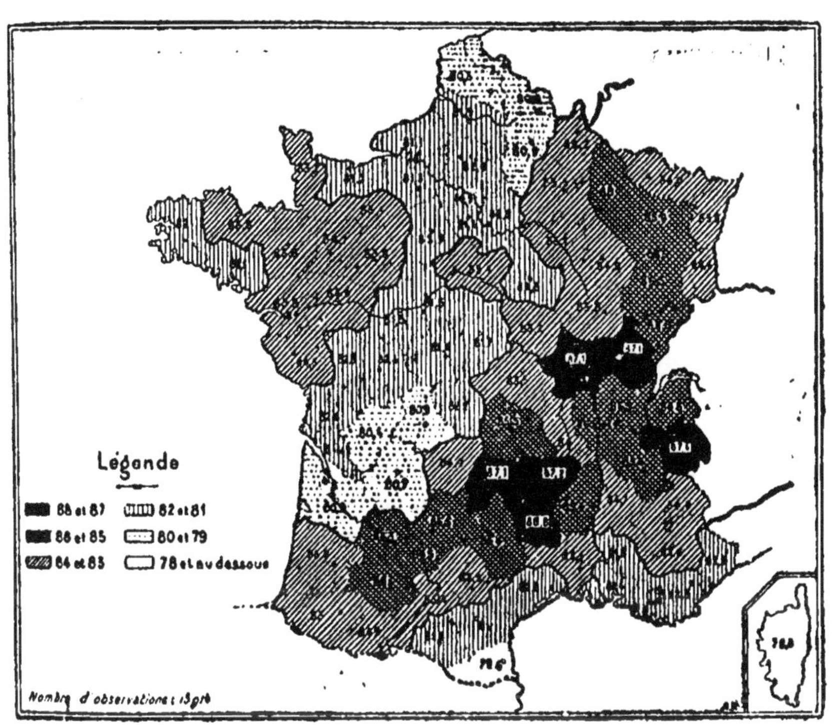

Répartition de l'Indice céphalique en France.

Tels aussi les cheveux roux qui dans notre département, comme en France, et même dans l'Europe entière, constituent un élément capricieux dont la signification n'est pas établie[1]; telle enfin la forme, si caractéristique parfois, de la courbure du nez. Il est vrai que la forme du nez est dans une large mesure fonction de la taille, et que partout, par rapport à la moyenne générale de France, la taille est élevée dans la Manche, en sorte qu'en ce cas la divergence est plus apparente que réelle.

Mais de toutes ces cartes la plus parlante aux yeux, celle qui reproduit le plus nettement et le plus exactement la position des deux races en présence, est celle qui donne la répartition de l'Indice céphalique, c'est-à-dire du rapport numérique par lequel s'exprime la forme de la boîte crânienne, vue en projection du haut en bas. Ce rapport se calcule en prenant pour unité la longueur antéro-postérieure maximum du crâne et en lui comparant sa largeur maximum. Il donne des chiffres qui, en France, sur des individus, oscillent entre 72 pour les plus longs et les plus étroits que nous appelons dolichocépales, et 97 pour les plus courts et les plus larges que nous nommons brachycéphales.

Lorsqu'il s'agit de moyennes, tous ces chiffres tendent naturellement vers la médiane. En France, celle-ci est d'environ 83,5, différant peu de celle de la Manche qui est 83,1, mais présentant des écarts qui vont en France de 78 à 86, dans la Manche, de 80,2 (Les Pieux) à 86,2 (Isigny). C'est dire qu'en petit notre département présente les mêmes oppositions et les mêmes fusions de races que la France entière, et ce n'est pas une des moindres causes d'intérêt qu'en offre l'étude.

[1] Dans la presqu'île, quatre des cantons les plus blonds (Beaumont, Les Pieux, Sainte-Mère-Eglise, Saint-Sauveur-le-Vicomte, n'en comptent pas un en deux ans d'observation ; en revanche, les cantons voisins de Barneville et de Quettehou en comptent respectivement 5,6 et 3,7 %, etc.

Si donc nous considérons, pour faciliter l'exposé, tous les indices inférieurs à 83 comme dolichocéphales, tous ceux qui sont supérieurs à ce chiffre comme brachycéphales, nous voyons le département se partager en deux zones bien tranchées, sans empiètement réciproque, et qui le coupent obliquement suivant une ligne passant au Sud des landes de Lessay, contournant Coutances et venant aboutir au Calvados, un peu au-dessus de Villedieu-les-Poëles. Tout ce qui est au Nord de cette ligne est dolichocéphale, et l'est d'autant plus qu'on se rapproche du Nord-Ouest ou de l'Est. Nous dirons bientôt pourquoi. Tout ce qui est au Sud est brachycéphale, surtout aux environs d'Avranches et en général dans la région accidentée qui sépare la Sée de la Cance.

Toutes les autres cartes ne sont que des variantes de celle-ci, plus ou moins nettement reproduites suivant la fixité ethnique du caractère envisagé ou suivant le degré de précision que comporte la mesure elle-même[1]. Toujours nous avons opposition nette entre la région Sud d'une part, les régions Nord et Nord-Est de l'autre.

C'est ainsi que la première se caractérise par une fréquence plus grande des yeux et des cheveux foncés, une rareté relative des teintes claires de la chevelure, une taille moins élevée (fréquence des moyennes de 1^{m}62), par un crâne court et élevé, une face moins longue et plus large. Inversement dans la zone Nord et Nord-Est prédominence des hautes tailles, des crânes allongés et bas, des faces longues et étroites, chevelures plus blondes, yeux bleus.

Ce n'est que la vérification en chiffres de ce que j'énonçais au début de cet exposé. Nous savons que la race blonde

[1] Les diamètres crâniens se prennent au millimètre, la taille au centimètre. La couleur est encore plus difficile à évaluer avec précision.

dolichocéphale, *Homo Europeus* (Linné), prédomine dans notre presqu'île, mais nous ignorons toujours auquel des flots envahisseurs elle doit sa fréquence et sa supériorité numérique actuelle.

Plusieurs hypothèses pourraient être admises :

1° Les conquérants blonds protohistoriques, Celtes ou Gaulois, auraient solidement occupé le pays et, grâce à sa situation péninsulaire, n'y auraient pas été sérieusement troublés au cours des siècles suivants. Nos blonds actuels descendraient d'eux. Ils seraient donc de souche préromaine.

2° Ils descendraient des Saxons transplantés par les Romains au IVe siècle aux environs de Bayeux, comme nous l'apprend la *Notitia dignitatum*. Ceux-ci, bien que rien ne nous renseigne positivement sur leur zone exacte de pénétration pacifique, et par suite ne nous dise si oui ou non ils se sont infiltrés jusque dans le Cotentin, s'étaient étendus très loin peu à peu en suivant les côtes. « Venan- » tius Fortunatus[1], le célèbre évêque de Poitiers, dit DES- » JARDINS, félicite Félix, évêque de Nantes, d'avoir converti » ces peuples établis sur les limites de son diocèse ». « Grégoi- » re de Tours (Hist. de France, V et X), les appelle *Saxones* » *Bajocassini* ». Nous savons enfin que, jusqu'à la conquête normande, ils avaient conservé leur langue au point de pouvoir comprendre celle des nouveaux venus, de même souche qu'eux. D'où nous pouvons conclure qu'ils formaient une véritable colonie de peuplement, venue avec femmes et enfants, car, sans la femme, la langue dite maternelle (et ce n'est que justice) s'éteint en quelques générations, et que par suite ceux qui avaient poussé leurs rameaux de

[1] DESJARDINS. Géog. de la Gaule romaine, t. I, p. 295.

Bayeux à Guérande *avaient pu sans peine, sinon dû* s'étendre dans notre presqu'île, leur proche voisine.

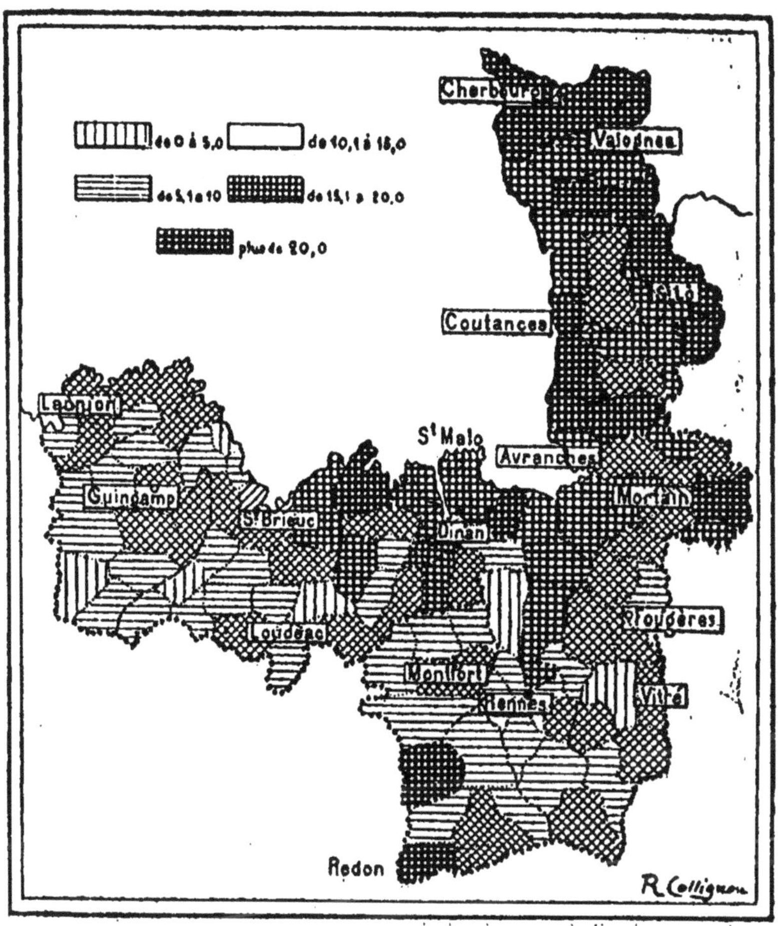

Répartition cantonale centésimale des hautes tailles (plus de 1m70) dans la Manche, l'Ille-et-Vilaine et les Côtes-du-Nord.

3° Enfin, ils seraient normands, au sens strict du mot, et auraient pour aïeux les pirates du IXe siècle.

Que disent nos cartes et peuvent-elles nous aider à éclaircir le débat?

Sur toutes, dans la région en question, s'accusent deux groupements, deux ilots de race blonde particulièrement pure. L'un est situé à la pointe Ouest du Cotentin ; il est formé par les cantons de Beaumont et des Pieux et la partie occidentale de celui d'Octeville. Je laisse de côté Cherbourg, milieu cosmopolite et urbain, où la panmixie, due à l'introduction journalière d'éléments de toutes provenances, rend une telle recherche illusoire.

L'autre borne la partie Nord-Ouest du Calvados, semblant avoir son centre du côté de Saint-Clair, descendant au Sud vers Percy, poussant une pointe à l'Ouest sur Coutances (ancienne voie romaine de Bayeux « *Civitas Baïocassiorum* » à Coutances « *Constancia* ») et gagnant Valognes « *Alauna* » par les cantons de Sainte-Mère-Église et de Montebourg, eux aussi traversés par une voie romaine, ce chemin de fer du temps.

Entre ces deux régions, où l'indice céphalique s'abaisse à 80 et 81, existe une zone où il remonte à 82 et même 83, constituée par les cantons de Barneville, Bricquebec, Valognes, Saint-Pierre-Église et Quettehou. Ce dernier situé à la pointe Est du Cotentin forme donc un contraste frappant avec celui de Beaumont, qui lui fait pendant à l'Ouest, et qui est presque le plus dolichocéphale du département.

Cette répartition est de la plus haute importance. Il en ressort que le groupe Est n'est que le prolongement de la région saxonne de Bayeux[1] auquel il se rattache sans discontinuité et qu'inversement la Hague constitue un groupement autonome, séparé du précédent par toute une ligne mixte, une véritable « *marche* » interposée entre les deux.

[1] Le type dolichocéphale blond est très net dans tout l'arrondissement de Bayeux, dont l'indice céphalique moyen n'est que 81,7.

Nous pensons donc pouvoir admettre que les blonds de l'Est du département tirent leur origine des Saxons de Bayeux. Assurément, après la conquête, ceux-ci se croisèrent avec les Normands dans la plus large mesure, cette fusion se trouvant facilitée par la communauté d'origine, si lointaine fût-elle, et surtout par la quasi-identité du langage, les uns comme les autres parlant un dialecte germanique. Il y a donc certainement là du sang normand ; mais l'importance numérique, dans la région considérée, du sang saxon a dû, suivant une loi aussi connue que fatale, assimiler rapidement l'élément nouveau-venu en le fondant dans sa masse, et en outre, lors de l'arrivée des Normands, les Saxons occupaient pacifiquement le pays depuis cinq siècles et avaient eu tout le temps de faire tache d'huile aux environs.

Cette pénétration pacifique et progressive nous semble bien indiquée par les faits schématisés sur nos cartes. Les parties les plus dolichocéphales de la région que nous étudions sont précisément celles que traversaient les voies romaines qui partaient de Bayeux pour aboutir aux deux villes les plus importantes d'alors, *Alauna et Constancia,* et par suite celles qui se prêtaient le mieux à la diffusion ethnique.

Je n'ai pas parlé de l'influence qu'aurait pu avoir en ce cas la conquête franque.

Lors des grandes invasions, la proportion relative des *Barbares* par rapport aux Gallo-Romains, si ravagée et si dépeuplée qu'on suppose la Gaule à cette époque, était si faible qu'en dehors d'une aristocratie dont le sang put être conservé relativement pur, pendant quelques siècles, grâce au *in and in* et aux mariages entre égaux, et qui, d'ailleurs, a depuis longtemps disparu, il est difficile de lui accorder une part sérieuse dans l'ensemble de la population française.

Nous n'avons aucune raison pour supposer qu'il en ait pu être autrement dans le Cotentin.

Resterait donc à déterminer l'origine de la population de la Hague.

Qu'est-elle? Préromaine, saxonne, franque, ou normande?

Problème difficile, mais que, en ce qui me concerne, je trancherais en faveur de la dernière hypothèse.

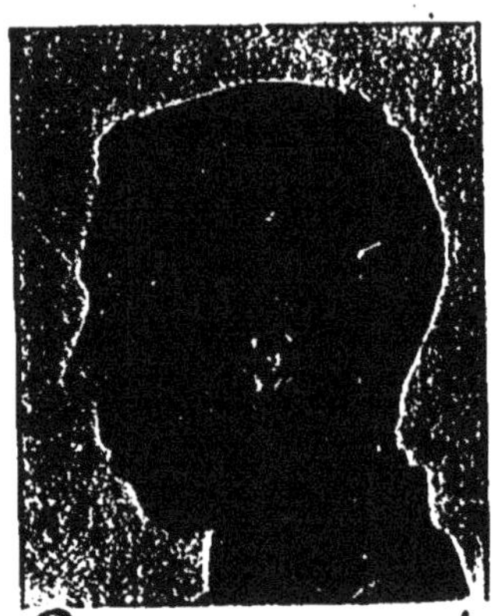

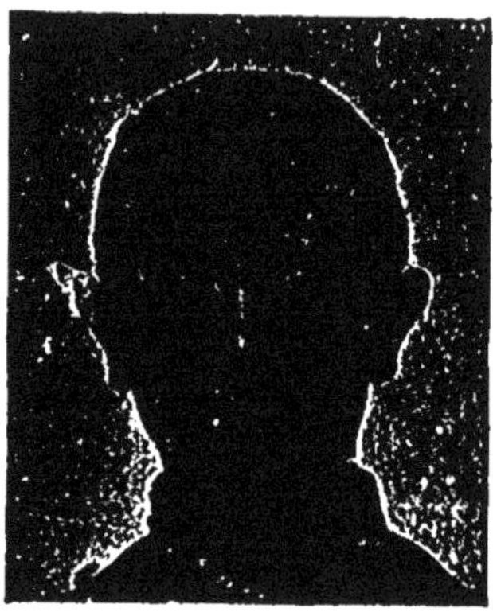

Type normand (Est du Cotentin).

J'écarte tout d'abord l'idée d'une origine franque pour les raisons données plus haut; l'origine purement saxonne ne me semble pas plus acceptable en raison même de la séparation en deux lots des deux régions blondes.

Nous devrions en effet trouver une ligne continue de populations de cette race et non pas une « marche » intermédiaire. Enfin, pourquoi dans cette pointe aride, inhospitalière, privée alors de voies de communication, les Saxons de Bayeux auraient-ils fondé une colonie et surtout une colonie assez importante pour qu'à l'heure actuelle elle reste peut-être la région de France où le type nordique s'est le mieux conservé.

Il en serait tout autrement de pirates venus par mer, s'installant dans un endroit isolé, de facile défense, propre à servir de base d'opérations pour des incursions par terre, donnant pendant celles-ci un abri sûr aux non-combattants.

Si cette idée était juste, elle pourrait se vérifier par quelques constatations anthropologiques. Plus une race, plus un groupe d'émigrants est proche historiquement de ses origines, plus il a de chances de conserver la pureté de son sang. Plus au contraire son arrivée est lointaine, plus se sont multipliées les chances de croisements, de métissage, voire même de transformations dues au milieu (abaissement de la taille sous l'influence de la misère, élimination par la sélection naturelle des individus mal acclimatables et de leur descendance, etc.).

Par conséquent lorsque sur un fond de population donné nous rencontrons à l'état de colonies, d'éclaboussures ethniques, suivant le mot de Quatrefages, plusieurs groupes d'une race différente et venus à des époques diverses, le dernier arrivé doit, si les conditions de milieu géographique et social ne diffèrent pas sensiblement, reproduire avec le plus de pureté les éléments importés, c'est-à-dire la race immigrée.

Tel est précisément le cas qui nous est soumis. Nous connaissons de la façon la plus exacte, non-seulement par les textes anciens, mais surtout par les sépultures fouillées tant dans nos régions que dans les pays d'origine, Scandinavie, Danemark, Allemagne du Nord, le type anatomique des Barbares, identique à celui des Normands. Ce type présente une netteté parfaite. Il est, pour quiconque l'a étudié, absolument caractéristique, je ne dirai pas seulement par ses mesures anthropologiques, exprimables en chiffres, mais surtout par la nature même de ses courbes crâniennes. On ne saurait pas plus le confondre avec tout autre que prendre une amphore grecque pour un vase chinois. Depuis dix, quinze ou vingt siècles qu'il habite notre sol, juxtaposé et croisé à ses premiers habitants de race profondément différente, il a dû s'altérer de maintes manières, surtout par suite des croisements avec l'élément féminin adverse. L'un des groupes étudiés est-il plus altéré que l'autre, toute la question est là.

A cet égard il n'y a nul doute à avoir.

Le type des populations de l'Est du département est fin, adouci, presque féminisé, dirais-je, dans certains cas ; rien en lui ne rappelle les traits durs, anguleux, farouches du prototype. Les rapports numériques des divers diamètres restent voisins de ceux de la race primitive, mais à l'œil l'aspect général s'est estompé et urbanisé.

Il n'en est pas de même des populations de la Hague. Nous y trouvons en grand nombre des sujets dont les traits accentués, heurtés, taillés à coups de hache, accusent avec énergie le type primitif. J'en ai même vu, *et n'en ai vu que là*, dont les courbes crâniennes se fussent superposées à celles de n'importe quel crâne tiré des sépultures mérovingiennes ou des Reihengrœber d'Allemagne. Tous ceux qui ont fait des recherches ethnographiques *in vivo* savent combien il est rare de trouver, même en étudiant des tribus sauvages, qu'on pourrait croire moins croisées que des groupes européens quelconques, l'individu typique capable de représenter avec précision les traits moyens de sa race. Or il s'en rencontre dans la Hague, et leur fréquence relative est suffisante pour prouver combien cette petite région a conservé avec fidélité le type primitif.

Je ne crois donc pas qu'il faille en rattacher la population à une autre souche qu'à la race normande, c'est-à-dire aux invasions scandinaves, sans en préciser la date, bien entendu.

A l'appui de cette opinion je ne ferai que signaler, pour ne pas empiéter sur le territoire d'un des collaborateurs de ce volume, la profonde différence qui existe entre les patois des côtes Est et Ouest de la presqu'île du Cotentin, le patois du Val-de Saire et celui de la Hague. Ce dernier est plus profondément imprégné de « nordisme », si j'ose m'exprimer ainsi, que son proche voisin; il emploie des sons tout scandinaves, un å qui n'est ni un a ni un o ; il abuse du tch, appelant un chien un tchien et non un quien, etc., etc. Donc probabilité d'une différence de souche originelle.

Dans toute la zone intermédiaire entre nos deux groupes, l'un saxon, l'autre normand, la race brachycéphale, primitive occupante du sol, s'est mieux défendue, bien qu'elle ne figure plus guère que comme appoint dans le total. Pressée par le Nord-Ouest et par le Sud entre les deux courants dolichocéphales, elle n'a conservé quelque importance que dans l'extrême Est de la péninsule, comme l'accuse l'indice céphalique relativement élevé (83,7) du canton de Quettehou. Néanmoins, même sur ce point, nous la trouvons profondément altérée par les croisements avec ses voisins; les hautes tailles y sont peut-être un peu plus rares; mais pour le reste, hormis la forme arrondie de la boîte crânienne, ils ne diffèrent plus guère de ceux-ci. C'est un type mixte à peu près fixé, bien que plus près du sang blond que n'est par exemple le type lorrain qui, bien que formé des mêmes éléments, accuse cependant une tendance manifeste à ressembler à la souche brachycéphale.

Il semble donc que nous puissions nous représenter les origines ethnographiques de notre département sous la forme concise suivante.

Sur un fond de population franchement brachycéphale et peu altéré par des croisements tant avec les races préhistoriques qu'avec les Gaulois et autres conquérants blonds analogues, encore moins modifié par la conquête romaine, sauf dans les villes, sont venus se greffer deux courants successifs d'envahisseurs de race dolichocéphale blonde nordique. Les uns, apportés par transplantation au IVe siècle ont opéré, au cours des temps, une colonisation pacifique de l'Est à l'Ouest et du Sud au Nord en suivant les voies de pénétration du temps ; ce sont les Saxons de Bayeux, grossis au cours des siècles par quelques Francs, puis postérieurement par une aristocratie normande. Les seconds se sont établis par la force à l'extrémité Nord-Ouest du département en l'envahissant par mer et y ont fondé vers le IXe siècle une colonie normande qui, grâce aux conditions géographiques du pays, a pu conserver jusqu'à nos jours une véritable autonomie de race. Peut-être, probablement même, dirons-nous, ne fut-elle pas la seule sur nos rivages, mais partout ailleurs les facilités de fusion étaient trop grandes, ces colonies n'ont pas survécu et nous les ignorerons à jamais.

III.

LA FAUNE

PAR

M. Pierre FAUVEL,

Professeur à l'Université catholique d'Angers.

Le département de la Manche est formé, pour la plus grande partie, d'une presqu'île longue et étroite s'avançant dans la mer de ce nom. Les côtes, aux aspects très variés, présentent un grand développement.

Nous aurons donc à considérer une faune terrestre et une faune marine; cette dernière étant d'ailleurs, de beaucoup, la plus riche et la plus intéressante.

Le Cotentin, terre normande, fait géologiquement partie du massif breton. La nature du sol, composé principalement de terrains anciens, où abondent des roches cristallines, est la même qu'en Bretagne et que dans l'Ouest de la Normandie et du Maine, comprenant la Mayenne, une partie de l'Orne et du Calvados. Le climat, humide et tempéré, est à peu près identique à celui des côtes septentrionales de la presqu'île armoricaine.

Par suite de cette identité de climat et de constitution

géologique, la faune terrestre du Cotentin est presqu'exactement celle de la Bretagne et de la Normandie occidentale ; elle ne s'en distingue guère que par l'absence ou la rareté d'un certain nombre d'espèces.

Ces caractères négatifs sont dus principalement à la situation quasi-insulaire du département, ce qui rend plus difficiles les échanges et les migrations des espèces terrestres avec les régions voisines.

L'absence de lacs, de grands étangs et de cours d'eau importants entraîne également une pauvreté relative de la faune d'eau douce.

Nous passerons rapidement en revue d'abord la faune terrestre et ensuite la faune marine.

FAUNE TERRESTRE.

MAMMIFÈRES.

M. Gadeau de Kerville dans sa « Faune de Normandie » (88)[1] a donné une liste très complète de ces animaux, et il est probable que l'avenir n'y ajoutera que bien peu d'espèces.

Il y a lieu de remarquer que le Loir commun, *Myoxus glis* L., n'a pas été signalé d'une façon certaine dans notre département. Le Rat noir, *Mus rattus* L., rare dans les villes, est encore extrêmement commun dans les campagnes. La Marte des pins, *Martes abietum* Rag., y existe, mais à l'état de grande rareté.

[1] Les chiffres entre parenthèses renvoient à l'index bibliographique à la fin de l'article.

Par contre la Belette vison, *Mustela lutreola* L., signalée dans tous les départements limitrophes n'a pas encore été capturée dans la Manche.

Le Chat sauvage, *Felis sylvestris* Briss., après s'être fait de plus en plus rare a probablement totalement disparu du département.

Le Loup, *Lupus vulgaris* Briss., tend aussi à disparaître ; il doit en tous cas être devenu bien rare puisque, d'après les états fournis par les lieutenants de Louveterie, il n'en a été tué, par ce service, que 6 seulement de 1870 à 1887, et encore ces 6 loups ont tous été tués dans le même hiver, en 1877-1878.

Si le Sanglier, *Sus Scrofa* L., fait de temps à autre quelques incursions chez nous, il n'y est jamais bien abondant.

Le Phoque veau-marin, *Phoca vitulina* L., vient de temps en temps se faire capturer sur nos côtes. On en a pris de vivants sous Sainte-Marie-du-Mont et à la pointe de Réville, près Saint-Vaast-la-Hougue.

C'est le groupe des Cétacés qui nous fournit les mammifères les plus intéressants. Bien que moins fréquents sur nos côtes que sur celles du Calvados et dans la baie de Seine les échouages de cétacés n'y sont pas rares cependant.

Le Marsouin commun, *Phocœna communis* F. Cuvier, est une espèce banale qui n'est que trop commune, malheureusement pour les pêcheurs auxquels il cause de graves préjudices quand il abonde.

Le Dauphin souffleur, *Delphinus tursio* O. Fabr., et le Dauphin commun, *Delphinus delphis* L., ne sont pas très rares, le second surtout.

Le *Globicephalus melas* Traill., Globicéphale conducteur, a été pris jadis au Mont Saint-Michel et dans le Couesnon.

C'est dans la même localité que fut tué un *Grampus griseus* G. Cuv., le seul spécimen pris sur les côtes de Normandie.

Enfin signalons encore parmi les Cétacés de grande taille, que le vulgaire confond indistinctement sous le nom de Baleines, les espèces suivantes, presque toutes étudiées par M. le Commandant H. Jouan : l'*Hyperoodon rostratus* Chenn., relativement fréquent, puis le *Balænoptera musculus* L., le Rorqual des anciens (Querqueville 1899), le *Balænoptera borealis* Cuv., Rorqual du Nord (Morsalines 1893) ; et le *Balænoptera rostrata* O. F. Müll., Rorqual à museau pointu.

OISEAUX.

Certains ordres, tel celui des Rapaces, sont assez mal représentés, tandis que d'autres, celui des Palmipèdes par exemple, présentent une grande richesse en espèces et en individus, grâce au développement du littoral maritime.

Renvoyant à la Faune de Normandie de M. Gadeau de Kerville pour l'énumération des espèces, nous signalerons seulement la présence des plus intéressantes et l'absence de certaines.

Rapaces.

Les espèces suivantes, bien que se trouvant en Normandie, paraissent faire jusqu'ici complètement défaut à notre département :

Asio bubo L. Le Grand duc.
Asio scops L. Le Petit duc.
Aquila gallica Gm. Aigle Jean-Le-Blanc.
Aquila pennata Gm. Aigle botté.

Milvus niger Daud. Milan noir.
Vultur monachus L. Vautour moine.

Les espèces suivantes, bien que présentes, sont plutôt râres :

Stryx nyctea L. Chouette harfang.
Aquila haliætus L. Balbusard fluviatile.
Aquila albicilla L. Aigle pygargue.
Aquila leucocephala L. Aigle à tête blanche.
Aquila nævia Briss. Aigle criard.
Aquila chrysætos Klein. Aigle doré.
Milvus regalis Briss. Milan royal.
Vultur fulvus Briss. Vautour fauve. (Jobourg).

Passereaux.

Dans cet ordre également plusieurs espèces normandes n'ont pas été observées dans le département de la Manche. Telles sont :

Nucifraga caryocatactes L. Le Casse-noix.
Pastor roseus L. Martin roselin.
Coracias garrula L. Rollier ordinaire.
Tichodroma muraria L. Tichodrome échelette.
Bombycilla bohemica Briss. Jaseur de Bohême.
Cinclus aquaticus Behst. Cincle d'eau.
Accentor collaris Scop. Accenteur des Alpes.
Anthus campestris Briss. Farlouse rousseline.
Anthus Richardi Vieill. Farlouse de Richard.
Alauda brachidactyla Leisl. Alouette calandrelle.
Emberiza lapponica L. Bruant montain.
Emberiza cia L. Bruant fou.
Emberiza hortulana L. Bruant ortolan.

Les espèces suivantes, sans être complètement absentes, ne se rencontrent que rarement :

Merops apiaster L. Guêpier commun.
Graculus eremita L. Crave commun.
Picus canus Gm. Pic cendré.

Turdus aureus Holl. Grive dorée.
Monticola saxatilis Briss. Pétrocincle de roche.
Erithacus tithys Scop. Rubiette titys.
Alauda alpestris L. Alouette alpestre.
Emberiza nivalis L. Bruant des neiges.
Œgriothus linarius L. Sizerain boréal.
Linaria montana Briss. Linotte de montagne.
Loxia curvirostra L. Bec croisé.

Gallinacés.

Il n'y a guère à signaler que la capture occasionnelle du *Syrrhaptes paradoxus* en assez grande quantité en 1888-1889, lors d'une sorte d'invasion de cette espèce sur une partie de la France, et la rareté relative de la Perdrix rouge, *Perdrix rubra* L.

Echassiers.

L'Outarde barbue, *Otis tarda* L., est très rare, et l'Ibis falcinelle, *Ibis falcinellus* L., est rare. Le *Phalaropus cinereus* L., Phalarope cendré, est accidentel.

Palmipèdes.

Cet ordre très nombreux est très bien représenté, nous en citerons seulement les espèces les plus remarquables :

Larus glaucus. Goëland glauque. Très rare.
Puffinus gravis. Puffin. Très rare.
Puffinus anglorum. Temm. Puffin des Anglais. Très rare.
Sula bassana Briss. Fou de Bassan. Très fréquent.
Cygnus ferus Ray. Cygne sauvage. Rare.
Cygnus Bewicki Yar. Cygne de Bewick. Rare.
Cygnus mansuetus Ray. Cygne domestique. Rare.
Mergus merganser L. Harle bièvre. Rare.
Mergus serrator L. Harle huppé.
Colymbus maximus L. Grand plongeon.
Colymbus arcticus L. Plongeon lumme. Rare.
Colymbus minor L. Petit plongeon. Commun.

Uria troïle L. Guillemot troïle. Commun.
Mergulus alle L. Mergule nain. Rare.
Fratercula arctica L. Macareux moine. Assez commun.

En résumé notre faune ornithologique est surtout caractérisée par le petit nombre des Rapaces et l'abondance des Palmipèdes. Certains Rapaces, existant cependant en Normandie, font défaut dans la Manche et beaucoup d'espèces présentes ne sont représentées que par de très rares individus. Cette pauvreté de l'ordre des Rapaces est due, sans doute, en grande partie à l'absence de montagnes et de grandes forêts. Le pays, où dominent les prairies et les herbages, est peu giboyeux et par là même peu favorable à la multiplication des oiseaux de proie. Un fait semble bien appuyer cette interprétation, c'est que beaucoup de nos rares espèces de Rapaces proviennent des falaises, des landes incultes, de la région de la Hague où elles trouvent à la fois la solitude et l'abondance des rongeurs dont elles font leur nourriture.

On peut faire une constatation analogue en ce qui concerne les Passereaux. Dans cet ordre également, ce sont surtout les espèces de montagne et les formes de l'intérieur du continent qui font défaut.

Les Palmipèdes, formes essentiellement aquatiques, trouvent au contraire des conditions particulièrement favorables dans le grand développement des côtes et l'existence de marais fort étendus. Les rochers, les falaises et les récifs de la côte leur offrent des abris précieux. Aussi le nombre des espèces septentrionales qui fréquentent ces côtes est-il considérable.

REPTILES.

La faune des Reptiles est très pauvre. Les Tortues terrestres, fluviatiles et palustres font complètement défaut.

Parmi les Tortues de mer, il est possible que la Tortue luth (*Sphargis coriacea*), assez souvent capturée sur les côtes de Bretagne, vienne au voisinage des nôtres, mais il ne paraît pas qu'elle y ait encore été mentionnée.

Le Lézard vert (*Lacerta viridis* L.), espèce méridionale, rare dans le reste de la Normandie, est commun aux environs de Granville et au Mont Saint-Michel.

Parmi les Ophidiens on constate l'absence des espèces suivantes, qui pourtant se rencontrent dans d'autres parties de la Normandie :

Coluber longissimus Laur. (*Elaphis Æsculapii* Host). Couleuvre d'Esculape.
Tropidonotus viperrinus Schl. Couleuvre vipérine.
Zamenis viridi-flavus Lacep. Couleuvre verte et jaune.
Vipera aspis Dum. et Bib. Vipère aspic.

Ces espèces sont plutôt méridionales ; tandis qu'on les rencontre toutes en Anjou, plusieurs manquent déjà dans l'Eure et le Calvados La Couleuvre d'Esculape ne se trouve que dans l'Orne, le plus méridional de nos départements normands. La Manche, trop septentrionale, est au delà de leur limite Nord.

La Vipère à trois plaques (*Pelias berus* Dum. et Bib.) n'est que trop commune, comme dans tout l'Ouest de la France.

BATRACIENS.

Dans ce groupe, les espèces suivantes paraissent manquer à notre faune :

Pelobates fuscus Wagl. Pélobate brun.
Pelodytes punctatus Duges. Pélodyte ponctué.
Bombinator pachypus Fitz. Sonneur à pieds épais.

La Rainette verte (*Hyla viridis* Dum. et Bib.) est extrêmement commune dans les mares des dunes de l'anse de Vauville.

La Salamandre terrestre (*Salamandra maculosa* Lam.), peu commune dans certaines parties de la France, est fort répandue aux environs de Cherbourg où elle est connue sous le nom populaire de « Mouron » et est l'objet d'une crainte superstitieuse.

INSECTES.

Les Insectes de notre région semblent avoir été peu étudiés jusqu'ici. En dehors de quelques notes de A. Fauvel (**64-74**), Le Jolis (**61**), Bertrand-Lachênée (**54-56**) et de Gadeau de Kerville, il n'existe comme travail d'ensemble, spécial à notre département, que la « Liste des Coléoptères des environs de Cherbourg » de M. F. Nicollet (**95**), et la « Liste des Lépidoptères », du même auteur (**97**).

La presqu'île du Cotentin est divisée en deux parties longitudinales, assez inégales, par la ligne des collines de Normandie, qui part de la pointe de la Hague et passe par Coutances et Mortain.

D'après le travail d'A. Fauvel (**64**) : « Coup d'œil sur la distribution géographique en France des Insectes coléoptères carnassiers », la partie située à l'Ouest de cette ligne appartient à la Région Armoricaine, qui va jusqu'aux coteaux de la Loire et s'étend jusqu'à Saumur. La partie Est du département se rattache à la Région Séquanaise, tandis que les côtes appartiennent à la Région Océanique.

La faune entomologique est donc celle du bassin de Paris dans la plus grande partie du département, tandis qu'une bande relativement étroite, le long de la côte Ouest, possède une faune plus méridionale. Ces considérations paraissent s'appliquer également aux autres ordres d'insectes.

Les formes maritimes et littorales sont assez nombreuses, mais les plus intéressantes sont encore celles qui peuvent vivre complètement recouvertes par la mer ; il en sera question à propos de la faune marine.

D'après Nicollet (95) les Longicornes seraient en général assez rares aux environs de Cherbourg et le *Cerambyx heros* (le Grand Capricorne) y ferait même défaut. La Cétoine dorée *(Cetonia aurata)* serait dans le même cas. Cependant nous avons trouvé nous-même le *Cerambyx heros* dans le voisinage de la ville, à la Rondellerie, il y a déjà une quinzaine d'années, et l'an dernier nous avons recueilli la *Cetonia aurata* sur les roses d'un jardin situé en pleine ville.

Le Grand Paon de nuit *(Saturnia piri)* ne remonte pas jusqu'à Cherbourg, tandis que le Petit Paon *(Saturnia pavonia)* y est rare. Le *Papilio Machaon* semble y être inconnu. On le rencontre, mais assez rarement, plus au Sud, à Coutainville, par exemple, aux environs de Coutances.

D'ailleurs dans la région de Granville, des îles Chausey et encore sur la côte Ouest, jusque dans les dunes de Vauville vivent des formes méridionales d'Hyménoptères : des Scolies *(Scolia hirta)*, le *Sphex maxillosus* F., le *Bembex rostrata* L. et des Ammophiles *(Ammophila affinis* Kirk., *A. hirsuta* Scop., *A. sabulosa* L.*)* y ont été capturés par M. Gadeau de Kerville.

Depuis quelques années une nombreuse colonie de Mégachiles s'est installée dans un talus de sable de l'île Tatihou. Toutes les feuilles des Lilas et des Vignes-vierges de l'île sont découpées par elles comme à l'emporte-pièce.

Le *Machilis maritima*, espèce maritime de Thysanoure vivant dans la zone sub-littorale et si remarquable par ses caractères primitifs, ses rudiments de pattes abdominales, se rencontre en abondance à Saint-Vaast-la-Hougue.

Dans cette même zône sub-littorale on rencontre fréquemment deux Myriopodes intéressants : *Scolioplanes maritimus* Leach et *Schendyla submarina* Gr.

Une araignée nouvelle pour la France, *Hilaira reproba* (Cauch.) a été découverte aux îles Chausey par M. Gadeau de Kerville (**94**).

FAUNE MARINE.

Si la faune terrestre, exception faite de quelques espèces sub-littorales, n'est guère remarquable que par sa pauvreté, il n'en est pas de même de la faune marine dont la richesse est au contraire très grande. C'est dans cette faune, si variée, que se rencontrent les faits les plus intéressants et les plus caractéristiques.

Les animaux marins de nos côtes ont été depuis plus d'un siècle l'objet des recherches de savants nombreux et illustres. On pourrait presque dire qu'en France la zoologie marine est née sur les côtes du Cotentin. Notre presqu'île semble avoir été longtemps le champ d'observations de prédilection des zoologistes. Aussi, nombreux sont les travaux et les mémoires consacrés à l'étude des animaux marins de notre littoral. Dans un travail aussi succinct, il ne nous serait pas possible d'énumérer toutes les espèces qui furent décrites pour la première fois sur nos côtes, même en laissant de côté celles qui sont tombées depuis en synonymie.

Dans leurs « Recherches pour servir à l'histoire naturelle du littoral de la France » Audouin et Milne-Edwards (**34**) ont consigné une partie des résultats de la fructueuse exploration qu'ils firent des îles Chausey et de la région de Granville en 1826 et en 1828.

Jusque là, les animaux marins, dépourvus de coquille ou de squelette calcaire, avaient été assez négligés ; aussi nombreuses furent les espèces nouvelles récoltées, surtout parmi les Annélides Polychètes.

Quelques années plus tard, DE QUATREFAGES se fixait plusieurs mois aux îles Chausey et dans ses « Souvenirs d'un naturaliste » (**54**), il a raconté d'une façon charmante ce laborieux séjour dans une quasi-solitude. La découverte de nombreuses espèces et d'importants mémoires sur l'anatomie de ces animaux furent le résultat de cette nouvelle exploration.

Saint-Vaast-la-Hougue reçut aussi sa visite et dans son « Histoire des annelés » (**65**), il ne cite pas moins de 50 espèces d'Annélides Polychètes de cette localité, parmi lesquelles beaucoup étaient nouvelles pour la science.

D'ailleurs cette localité de Saint-Vaast-la-Hougue n'allait pas tarder à acquérir une véritable renommée, fort méritée du reste, dans le monde scientifique, par suite de la visite d'illustres savants étrangers qui y vinrent attirés par les travaux des savants français.

En 1862, KEFERSTEIN (**62**) y découvre de nombreuses espèces nouvelles de Méduses, Actinies, Géphyriens, Annélides, Némertiens et Turbellariés.

CLAPARÈDE (**63**), le savant naturaliste genévois, explora à la même époque cette localité, et ses découvertes dans les groupes les plus variés y furent encore plus importantes. C'est à Saint-Vaast qu'il découvrit ces formes aussi rares qu'étranges, types de groupes d'animaux dont la place est encore incertaine et discutée : le *Chætosoma ophicephalum,* le *Desmoscolex minutus,* l'*Echinoderes Dujardini,* et parmi les Polychètes : *Micronereis variegata, Ctenodrilus pardalis, Clymenides sulphurea.*

GRUBE (**68**) vint aussi à son tour à Saint-Vaast et il

nous a laissé un récit humoristique de son séjour fructueux.

Ainsi M. EDMOND PERRIER ne fit que continuer la tradition en créant à Saint-Vaast le beau laboratoire maritime de Tatihou qui a été fréquenté, depuis sa création, par un grand nombre de savants français et étrangers. De nombreux mémoires anatomiques et quelques travaux fauniques en sont déjà sortis, dans lesquels on trouve fréquemment la description d'espèces nouvelles.

C'est ainsi que les Hydraires y ont été étudiés par M. BILLARD (**04**), les Amphipodes par MM. CHEVREUX et BOUVIER (**93**), les Polychètes par AUDOUIN, MILNE EDWARDS (**34**), DE QUATREFAGES (**65**), KEFERSTEIN (**62**), CLAPARÈDE (**63**), GRUBE (**68**), DE SAINT-JOSEPH (**95-98**), GRAVIER (**96**), FAUVEL (**95-01**), MESNIL (**97**), les Tuniciers par M. PIZON, les Poissons par M. MALARD (**91**).

Depuis quelques années M. GADEAU DE KERVILLE a entrepris une série d'explorations de la faune marine de nos côtes. La relation de ses voyages à Granville, aux îles Chausey, aux îles Saint-Marcouf, à Omonville-la-Rogue, nous a fait connaître de nombreuses espèces dans tous les groupes. Parmi ces espèces, dont la détermination a été confiée pour chaque groupe à un spécialiste très compétent, il s'en trouve un certain nombre de nouvelles.

C'est en nous aidant de tous ces travaux que nous allons passer une rapide revue des différents groupes, en nous bornant à signaler les espèces les plus remarquables.

PROTOZOAIRES.

Les Protozoaires n'ont jusqu'ici donné lieu à aucun travail d'ensemble.

CLAPARÈDE a décrit un infusoire nouveau, *Plagiotoma actiniarum*. MM. MESNIL et CAULLERY ont découvert de nombreux Sporozoaires, pour la plupart parasites d'Annélides Polychètes de l'Anse Saint-Martin, dans la Hague :

Bertramia capitellæ Mesnil et Caullery.
Sphæractinomyxum Stolci Caull. et Mes.
Aplosporidium scolopli Caull. et Mes.
Aplosporidium heterocirri Caull. et Mes.
Siedleckia nematoïdes Caull. et Mes.
Gonospora longissima Caull. et Mes.
Glugea Laverani Caull. et Mes.

A ces espèces il faut encore ajouter la curieuse *Metchnikovella spionis* Mes. et Caull., parasite d'une Grégarine.

MÉSOZOAIRES.

C'est encore dans cette même localité de l'Anse Saint-Martin que les auteurs ont découvert plusieurs Orthonectides nouveaux :

Rhopalura ophiocomæ Caull. et Mes.
Rhopalura Julini Caull. et Mes.
Rhopalura Metchnikovi Caull. et Mes.
Stæchartrum Giardi Caull. et Mes.
Pelmatosphæra polycirri Caull. et Mes.

SPONGIAIRES.

Les Spongiaires n'ont été l'objet d'aucun travail spécial à notre presqu'île. On en trouve quelques-uns mentionnés dans les trois voyages de M. Gadeau de Kerville.

Sycon raphanus O. Schn., *Sycon ciliatum* O. Fabr. et *Grantia compressa* O. Fabr. abondent presque partout. Citons à Omonville et à Chausey *Esperella ægagropila* (Johnst.); *Pachymatisma Johnstonia* Bow. et *Suberites ficus* Johnst. se rencontrent également dans cette dernière localité. A Saint-Vaast et à Cherbourg on trouve encore assez fréquemment *Suberites domuncula* Olivi., servant d'abri à un *Eupagurus cuanensis* Thomps.

HYDROÏDES.

Les Hydroïdes sont nombreux sur nos côtes, à une certaine profondeur ; M. Billard (**04**) dans son récent travail « Contribution à l'étude des Hydroïdes » en donne une liste de 56 espèces qu'il a observées à Saint-Vaast-la-Hougue, Dans cette station beaucoup d'espèces peuvent être récoltées à marée basse. Le Rhun, les murailles des parcs à huîtres, les rochers de la Dent, derrière Tatihou, sont d'assez riches stations.

Aux environs de Cherbourg les espèces littorales sont peu nombreuses ; il semble en être de même à Omonville, la plupart des espèces citées par M. Gadeau de Kerville provenant de dragages. Aux îles Saint-Marcouf on trouve abondamment les *Clava* fixées sur l'*Ascophyllum nodosum*, tandis qu'elles manquent sur les autres points de la côte où croît cependant cette algue. La cause de cette absence serait, d'après M. Billard, due à la coupe du goëmon.

Les Tubulaires semblent peu répandues, sauf sur les bouées flottantes.

Keferstein (**62**) a trouvé à Saint-Vaast quatre espèces nouvelles de Méduses craspédotes : *Oceania polycirrha* Kef., *Sarsia clavata* Kef., *Eucopa gemmifera* Kef. et *Siphonorhynchus insignis* Kef.

ACALÈPHES.

Dans le groupe des Stauroméduses nous possédons la *Lucernaria campanulata* Lam. et l'*Haliclystus octoradiatus* Lamk. aussi bien sur la côte Ouest, à Chausey, qu'à Tatihou sur la côte Est. Ces méduses abondent, certaines années, sur les feuilles des zostères, puis elles disparaissent à peu près complètement pendant un certain temps.

Les Discoméduses sont représentées par un petit nombre

d'espèces. Le *Rhizostoma Cuvieri*, si abondant dans la baie du Mont Saint-Michel, est peu répandu à Saint-Vaast et à Cherbourg, où l'on trouve plutôt *Chrysaora isoceles, Aurelia aurita* et *Cyanea capillata*.

Les Siphonophores paraissent manquer; cependant les Vélelles existent sur les côtes de Bretagne et des marins auraient rencontré en mer à peu de distance de nos côtes la Physalie (? ?).

Les Madréporaires sont excessivement rares et représentés seulement par les *Balanophyllia regia* et *Caryophyllia Smithi* St.

ACTINIAIRES.

Les espèces que nous avons eu l'occasion d'observer nous-même et celles qui ont été décrites sur nos côtes sont les suivantes :

Actinoloba (Metridium) dianthus Ellis.
Sagartia bellis Ellis.
Sagartia sphyrodeta Gosse. — Chausey et Jobourg.
Sagartia nivea Gosse.
Sagartia parasitica Couch. (*Calliactis effœta* L.).
Sagartia troglodytes Gosse.
Adamsia palliata Bohadsch.
Aiptasia Couchii Gosse. — Chausey.
Anemonia sulcata Penn.
Actinia equina (var. *rubra, umbrina* et *fragacea*).
Bunodes gemmacea Ellis.
Bunodes Ballii Cocks. — Vauville.
Bunodes thallia Gosse. — Vauville.
Tealia felina L.
Ilyanthus (?). — Chausey.
Peachia hastata Gosse. — Saint-Vaast.
Halcampa chrysantellum Peach (= *Xanthiopus vittatus* Kef.).
Halcampa bilateralis Kef. — Tatihou.
Edwardsia Harassei Qfg. — Chausey.

Edwardsia Beautempsi Qfg. — Chausey.
Edwardsia timida Qfg. — Chausey.
'*Corynactis viridis* Allmann. — Jobourg.

Les trois *Edwardsia* ci-dessus ont été découvertes à Chausey par DE QUATREFAGES ; nous y avons aussi retrouvé l'*Edwardsia Beautempsi*.

ANDRES réunit les deux espèces de KEFERSTEIN, *Xanthiopus vittatus* et *X. bilateralis*, en une seule qu'il nomme *Halcampa Kefersteini*. FISCHER les réunit également et les identifie avec *Halcampa chrysantellum*. Ayant eu la bonne fortune de les retrouver toutes les deux à Tatihou nous avons pu nous convaincre qu'il s'agit bien de deux espèces distinctes, réagissant de façons différentes aux influences du milieu.

L'une, *X. vittatus*, ne paraît pas différer de l'*Halcampa chrysantellum* de GOSSE et doit être confondue avec elle, mais l'autre bien distincte, doit devenir l'*Halcampa bilateralis* Kef.

Les *Sagartia sphyrodeta, S. nivea, Corynactis viridis, Aiptasia Couchii* ne se rencontrent que sur la côte Ouest, à Jobourg et aux îles Chausey. Le *Bunodes gemmacea*, rare à l'Est de Cherbourg, devient de plus en plus commun à partir de ce point en allant vers l'Ouest. Les *Bunodes Ballii* et *B. thallia* ne se montrent qu'à partir de Jobourg ; ils abondent dans les creux des rochers de Vauville.

Nous ne possédons pas de *Cerianthus*, bien qu'il en existe aux Iles Anglaises.

ALCYONAIRES.

La *Gorgonia verrucosa* existe aux îles Chausey, où on en trouve même à mer basse, de petites, non encore ramifiées, en compagnie de *Caryophyllia Smithi* et de *Balanophyllia regia*.

Les *Alcyonium palmatum* et *A. digitatum* se rencontrent aussi bien à Chausey qu'à Saint-Vaast et il en est de même du *Sarcodictyon catenata* Forb.

CTÉNOPHORES.

Beroe et *Hormiphora* sont communs dans les pêches pélagiques.

ECHINODERMES.

Ce groupe n'est pas très richement représenté, ainsi que l'on en peut juger par la liste suivante.

Cribrella oculata Linck.
Cribrella sanguinolenta Mull.
Solaster papposus Forb.
Palmipes membranaceus Linck.
Asterina gibbosa Penn.
Asteracanthion rubens L.
Ophioglypha albida Forb.
Amphiura elegans Leach.
Amphiura squamata Delle Ch.
Ophiocoma neglecta.
Ophiothrix fragilis Abild.
Ophiocnida brachiata Forb.
Antedon rosacea (Blainv.).
Echinocardium cordatum (Amphidetus cordatus) Penn.
Spatangus purpureus O. Fr. M.
Echinocyamus pusillus O. Fr. M.
Psammechinus miliaris (Gm.).
Echinus melo ?
Thione fusus Q. F. M.
Thione raphanus D. K.
Phyllophorus Drumondi.
Colochirus Montagui.
Rabdomolgus ruber Kef.
Synapta inhœrens Qfg.

L'*Ophiocnida brachiata* est très commun dans les sables

vaseux de Saint-Vaast-la-Hougue. L'*Asterina gibbosa* après avoir entièrement disparu de Tatihou pendant quelques années s'y retrouve de nouveau mais moins abondamment qu'à Cherbourg.

La Comatule, *Antedon rosacea*, s'est montrée plusieurs années de suite en grande quantité dans les roches autour de Tatihou. On pouvait recueillir à mer basse des jeunes, encore fixés au stade Pentacrine, et des adultes de belle taille. Puis cette espèce disparut rapidement d'une façon presque complète. M. Gadeau de Kerville l'a retrouvée dans la région d'Omonville-la-Rogue, mais seulement par des profondeurs de 30 à 35 mètres.

Le *Psammechinus miliaris*, très commun à Saint-Vaast, le devient beaucoup moins à partir de Cherbourg. L'*Echinocardium cordatum* est caractéristique des grandes plages sableuses de Quinéville et de Réville. Les Holothuries sont peu communes, sauf dans les roches du Cava, à Saint-Vaast. Quant aux *Synapta inhærens*, décrites pour la première fois par de Quatrefages aux îles Chausey, elles abondent dans cette localité ainsi qu'à Tatihou et à Cherbourg, dans le sable vaseux.

L'*Asterias glacialis* et le *Strongylocentrotus lividus*, espèces océaniques si répandues sur les côtes de Bretagne, manquent, même sur la côte Ouest de la presqu'île [1].

CRUSTACÉS.

Copépodes.

M. Gadeau de Kerville, dans ses explorations, a recueilli une très grande quantité de Copépodes dont il a donné la liste dans ses ouvrages; plusieurs sont nouvelles

[1] C'est par erreur que nous avons mentionné jadis le *Strongylocentrotus lividus* à Saint-Vaast.

pour la France et deux sont nouvelles pour la science. Bornons-nous à citer ces espèces ainsi que celles créées à Saint-Vaast par GRUBE et par CLAPARÈDE :

Antaria lateritia Grube. — Saint-Vaast-la-Hougue.
Nereidicola bipartita Grube. — Saint-Vaast-la-Hougue.
Clausia Lubocki Clap. — Saint-Vaast-la-Hougue.
Monstrilla Danae Clap. — Saint-Vaast-la-Hougue.
Mesnilia martinensis Canu. — Anse Saint-Martin.
Asterocheres Kervillei Canu. — Saint-Marcouf.

En 1904 nous avons trouvé, vivant en commensal dans le tube des *Leiochone clypeata* de la plage des Bains de Mer, l'*Hersiliodes Pelseneeri* Canu.

Amphipodes.

Les Amphipodes de Saint-Vaast-la-Hougue ont été étudiés par MM. CHEVREUX et BOUVIER (**93**) qui en ont publié une liste de 50 espèces, dont une nouvelle : *Perierella crassipes* Chev. et Bouv. M. GADEAU DE KERVILLE en cite également un assez grand nombre, dont deux espèces nouvelles, découvertes par lui : *Parametopa Kervillei* Chev., d'Omonville-la-Rogue, et *Caprella erethizon* Mayer., des îles Saint-Marcouf.

Isopodes.

Le groupe des Isopodes n'a jamais été étudié spécialement dans notre région où ils semblent cependant abondants. Il y aurait sans doute des observations intéressantes et des découvertes à y faire.

Spheroma, Tanais, Apseudes, Praniza, etc., abondent dans les mares à *Lithothamnion.*

Les Stomatopodes sont représentés par la *Squilla Desmaresti* Risso; que l'on rencontre de temps en temps parmi les zostères à Cherbourg, à Saint-Vaast et aux îles Chausey.

Décapodes.

Les Décapodes sont représentés par une soixantaine d'espèces pour la plupart de la Manche et de l'Océan, dont les moins banales sont l'*Eurynome aspera* Penn., *Pirimela denticulata* Mont., rare sur la côte orientale, mais commun à partir de Cherbourg; *Polybius Henslowi* Leach, de l'Atlantique; *Thia polita* Leach, de la Méditerranée, qui abonde sur certains bancs de sable de Chausey; la grande *Galathea strigosa* Lin., l'*Axius stirhynchus* Leach que nous avons trouvé à Cherbourg (Flamands) et à Chausey; *Callianassa subterranea* Mont. et *Gebia deltura* qui creusent de longues galeries dans le sable vaseux de cette dernière localité ainsi qu'à la Hougue; l'*Athanas nitescens* Leach et surtout le *Pandalus annulicornis* Leach, dragué par M. Gadeau de Kerville à Omonville.

Le Homard (*Homarus vulgaris* L.), jadis si abondant sur toutes nos côtes rocheuses, diminue de plus en plus, bien qu'il soit encore assez commun. La Langouste (*Palinurus vulgaris*) que l'on trouve en si grande quantité sur les côtes de Bretagne est exceptionnelle chez nous, même aux îles Chausey.

L'*Eriphia spinifrons* Huls., les *Grapsus* et les *Xantho* qui pullulent sur la côte méridionale de la Bretagne semblent manquer totalement à notre faune, tandis que le *Gonoplax angulatus* et le *Nephrops norvegicus* y constituent de véritables raretés.

PYCNOGONIDES.

Les Pycnogonides sont représentés par les espèces suivantes dont l'une *P. cheliferum* a été créée par Claparède (63) pour une forme de Saint-Vaast.

Ammothea longipes Hodge.
Ammothea echinata Hodge.
Nymphon gracile Leach.
Pallene brevirostris Johnst.
Phoxichilus spinosus Mont.
Pycnogonum littorale Ström.
Phoxichilidium pygmæum Hodge.
Phoxichilidium cheliferum Clap.

ACARIENS.

Les Acariens marins appartiennent tous aux Halacharidæ. Les 26 espèces recueillies par M. Gadeau de Kerville ont été étudiées par M. Trouessart (1901) ; 4 sont nouvelles :

Simonognathus liomerus Trt. — Granville-Chausey.
Rhombognathus exoplus Trt. — Granville-Chausey.
Halacarus anomalus Trt. — Granville-Chausey.
Lohmannella Kervillei Trt.

Plusieurs autres espèces n'avaient pas encore été signalées dans la Manche.

D'après M. Trouessart la faune halacarienne est très uniforme du Portel à Saint-Jean-de-Luz et celle de la Méditerranée en diffère peu. Cependant, celle du Cotentin est plus riche que celle du Pas-de-Calais, moins riche que celle de l'Océan. Dans le Cotentin la faune la moins riche est celle de la Fosse de la Hague et d'Omonville ; cette pauvreté est due à la rapidité des courants. Granville et Chausey possèdent la faune la plus riche.

INSECTES.

Bien que les insectes soient des êtres essentiellement terrestres, pour la grande majorité, il en existe néanmoins un petit nombre d'espèces marines, susceptibles de vivre plusieurs heures et même plusieurs jours, complètement recouverts par une assez grande hauteur d'eau de mer. Quelques-uns peuvent rester sous les flots pendant tout l'intervalle qui sépare deux grandes marées. Notre faune est relativement riche en insectes marins ; on y a signalé jusqu'ici :

Coléoptères.

Æpus marinus.
Æpus Robini Lab.
Ochthebius marinus Payk.
Ochthebius Lejolisi Muls.
Micralymna marinum Stroem.

Diptères.

Actora spe.
Clunio marinus Halid.
Clunio bicolor Kieff.

Thysanoures.

Anurida maritima Guer.

Hémiptères.

Æpophilus Bonnairei Sign.

C'est au mois de septembre 1904 que nous avons eu la bonne fortune de trouver cette dernière espèce dans les rochers du Hommet à Cherbourg. Koehler, qui l'avait retrouvée aux îles Anglaises, en a donné une description détaillée en 1885.

Plusieurs de ces espèces ont été décrites pour la première fois sur des spécimens de nos côtes, telle par exemple l'*Ochthebius Lejolisi* dont on doit la découverte à notre regretté algologue cherbourgeois M. Le Jolis. Tout récemment M. Gadeau de Kerville a découvert à Chausey une larve marine d'*Actora* et à l'Anse Saint-Martin une espèce nouvelle de diptère marin, le *Clunio bicolor* Kieffer. Il est probable qu'on finira par rencontrer sur nos côtes le *Scopelodromus isemerinus* Chev., genre nouveau, découvert par M. Chevrel à Saint-Briac.

Nous avons déjà signalé le *Desmoscolex minutus* Clap., l'*Echinoderes Dujardini* Clap., le *Chœtosoma ophicephalum* Clap., découverts par Claparède à Saint-Vaast-la-Hougue et qui sont devenus les types des Desmoscolécidés, Echinodéridés et Chœtosomidés, groupes étranges dont la place est encore incertaine.

BRYOZOAIRES.

Les Bryozoaires sont nombreux ; on n'en trouve pas moins de 46 espèces citées par M. Gadeau de Kerville. La plupart sont des espèces recueillies dans des dragages à Saint-Vaast-la-Hougue et aux îles Chausey ; beaucoup peuvent être récoltées dans la zone des marées, tandis qu'à Cherbourg et aux environs ces espèces littorales sont très peu nombreuses.

Le *Loxosoma singulare* Kef., curieux type des Bryozoaires parasites des Annélides, a été découvert à Saint-Vaast par Keferstein (62) sur *Capitella rubicunda*.

PLATYHELMINTHES.

Claparède (63) a trouvé à Saint-Vaast deux espèces nouvelles : *Cercaria pachycerca* et *Onchogaster natator*.

TURBELLARIÉS.

La *Convoluta paradoxa* est commune à Tatihou, à la Hougue, à Cherbourg, à Chausey, où elle forme des plaques vertes sur le sable, au bas des rochers, à un niveau découvrant à toutes les marées. Le magnifique *Prosthece-*

ræus vittatus n'est pas rare sur les murs des parcs à huîtres à Saint-Vaast.

CLAPARÈDE (**63**) a trouvé également à Saint-Vaast les espèces suivantes qui étaient nouvelles :

Vortex hispidus Clp.
Macrostomum Schultzii Clp.
Prostomum Kefersteini Clp.
Convoluta minuta Clp.
Planaria dioïca Clp.

NÉMERTIENS.

Nous devons à KEFERSTEIN (**62**) la description de plusieurs espèces nouvelles provenant également de Saint-Vaast :

Borlasia splendida Kef.
Œrstedia pallida Kef.
Prosorochnus Claparedii Kef.
Nemertes octoculata Kef.
Cephalothrix ocellata Kef. = *C. bioculata* Œrsted.
Cephalothrix longissima Kef. = *C. linearis* Ratkhe.
Tetrastema marmoratum Clap. = *T. dorsale* (Abild).

La dernière espèce est due à CLAPARÈDE. Le *Cephalothrix linearis* est commun dans les grands bancs de sable. Le *Cerebratulus marginatus* préfère le sable vaseux des herbiers de zostères de Tatihou ; il en est de même de *Carinella polymorpha*, *Carinella annulata* (Montagu) et de *Eunemertes Neesi*.

Le *Linœus longissimus* et le *L. gesserensis* sont communs partout dans les rochers et sous les pierres. La *Malacobdella grossa* O. F. Müll. parasite fréquemment les *Mya truncata*. Aux îles Chausey on trouve dans les herbiers la magnifique *Valenciennesia longirostris* Qfg. qui y fut découverte par DE QUATREFAGES.

OLIGOCHÈTES.

Nous devons à Claparède la description de deux espèces nouvelles de nos côtes : *Tubifex papillosus* Clap. et *Heterochæta costata* Clp.

Le *Clitellio arenarius* est commun partout dans la zone sublittorale avec plusieurs autres espèces qu'il serait intéressant d'étudier.

GÉPHYRIENS.

Nous n'avons observé sur nos côtes que les espèces suivantes :

Echiurus Pallasi Guérin.
Phascolosoma vulgare (Blainville).
Phascolosoma elongatum Kef.
Phascolosoma punctatissimum Gosse.
Petalostoma minutum Kef.
Phascolion strombi Diesing.

L'*Echiurus Pallasi*, décrit jadis à Saint-Vaast par DE QUATREFAGES sous le nom d'*E. Gaertneri* Qfg. s'y trouve toujours en spécimens de grande taille, dans la vase de l'herbier de zostères, entre Tatihou et la jetée. Le *Ph. elongatum*, trouvé pour la première fois à Saint-Vaast par KEFERSTEIN, ainsi que le *Petalostoma minutum*, est commun partout où il y a du sable vaseux, tandis que le second ne se trouve que dans les fentes de rocher à Tatihou et à Cherbourg. Le *P. punctatissimum*, rare à Saint-Vaast, peu commun à Cherbourg, est assez répandu à Chausey.

Jusqu'à présent le *Sipunculus nudus*, la *Thalassema Neptuni*, espèces communes sur les côtes de Bretagne, semblent manquer complètement à notre faune.

Il y a quelques années un *Phoronis* spec. fut trouvé en certaine quantité dans une pierre des parcs de Saint-Vaast. Il ne paraît pas avoir été revu depuis.

POLYCHÈTES.

Le groupe des Annélides Polychètes est peut-être le plus riche qui existe sur nos côtes ; c'est en tout cas, de beaucoup, celui qui a été le plus étudié. Les spécialistes les plus autorisés, tels que : AUDOUIN, MILNE EDWARDS, DE QUATREFAGES, KEFERSTEIN, CLAPARÈDE, GRUBE, DE SAINT-JOSEPH en ont décrit de nombreuses espèces ; depuis, MALARD, GRAVIER, DARBOUX, MESNIL, FAUVEL ont également étudié ce groupe. En 1897 dans notre « Catalogue des Annélides Polychètes de Saint-Vaast-la-Hougue » nous énumérions, pour cette seule localité, 182 espèces appartenant à 103 genres et 27 familles.

Depuis de nombreuses espèces ont été décrites, et pour l'ensemble du département le nombre des espèces dépasse 230.

Nous donnerons seulement la liste de celles qui ont été découvertes pour la première fois sur nos côtes, sans tenir compte de nombreuses espèces anciennes tombées en synonymie.

Lepidonotus ornatus Quatrefages. — Tatihou.
Sthenelais Edwardsi Quatrefages. — Saint-Vaast.
Sigalion Mathildæ[1] Audouin et Milne Edwards. — Chausey.
Euphrosyne foliosa Audouin et Milne Edwards. — Chausey.
Syllis oblonga Keferstein. — Saint-Vaast.
Syllis divaricata Keferstein. id.
Syllis armoricana Claparède. id.
Syllis normannica Claparède. id.
Odontosyllis gibba Claparède. id.
Eurysyllis lenta Quatrefages. id.
Exogone Kefersteini Claparède. id.
Microsyllis brevicirrata Claparède. — Saint-Vaast.
Grubea clavata Claparède. id.

[1] DE SAINT-JOSEPH réunit cette espèce à *S. squamatum*, mais MC' INTOSH soutient qu'elles sont distinctes.

Grubea adspersa Claparède. — Saint-Vaast.
Sphærosyllis hystrix Claparède. id.
Sphærosyllis erinaceus Claparède. id.
Autolytus (Sylline) flavus Grube. id.
Heterosyllis brachiata Claparède. id.
Fauvelia martinensis Gravier. — Anse Saint-Martin.
Procerastea Perrieri Gravier. — Tatihou.
Eunice Harassi Audouin et Milne Edwards. — Chausey.
Marphysa Bellii Audouin et Edwards. id.
Lysidice Ninetta Audouin et Edwards. id.
Lysidice multicirrata Claparède. — Saint-Vaast.
Lumbriconereis Latreilli Audouin et Edwards. — Chausey.
Staurocephalus ciliatus Keferstein. — Saint-Vaast.
Nereis megodon Quatrefages. id.
Nereis crassipes Quatrefages. id.
Heteronereis Schmardei Quatrefages [1]. id.
Heteronereis migratoria Quatrefages. id.
Micronereis variegata Claparède. — Saint-Vaast, Cherbourg, Saint-Martin.
Kefersteinia cirrata Keferstein. — Saint-Vaast.
Eulalia aurea Gravier. id.
Eumida communis Gravier. id.
Eteone foliosa Quatrefages. id.
Glycera convoluta Keferstein. id.
Glycera fallax Quatrefages. id.
Ephesia peripatus Claparède. id.
Ctenodrilus pardalis [2] Claparède. id.
Cirroceros antennatus Claparède. id.
Cirratulus filiformis Keferstein. id.
Cirrinereis bioculata [3] Keferstein. id.
Nerine Girardi Quatrefages. id.
Scolelepis ciliatus Keferstein. id.
Pygospio elegans Claparède. id.
Spio martinensis Mesnil. — Anse Saint-Martin.
Polydora Caulleryi Mesnil. id.

[1] Forme épitoke de *Nereis irrorata*.
[2] Synonyme de *Ctenodrilus serratus* O. Schmidt ?
[3] Peut être identique à *Heterocirrus viridis* Langh. ?

Polydora Giardi Mesnil. — Anse Saint-Martin.
Aricia Latreilli Audouin et Edwards. — Chausey.
Notomastus rubicundus Keferstein. — Saint-Vaast.
Capitellides Giardi Mesnil. — Anse Saint-Martin.
Clymene Œrstedi Claparède. — Saint-Vaast.
Clymenides sulphurea [1] Claparède. — Saint-Vaast.
Clymenides incertus [2] Mesnil. — Anse Saint-Martin.
Clymenides ecaudatus [3] Mesnil. — Anse Saint-Martin et Cherbourg).
Micromaldane ornithochæta Mesnil. — Anse Saint-Martin.
Amphitrite Edwardsi Quatrefages. — Saint-Vaast.
Thelepus setosus Quatrefages. id.
Bispira punctata Quatrefages. id.
Oriopsis Metchnikowii Caullery et Mesnil. — Saint-Vaast.
Myxicola modesta Quatrefages. id.
Josephella Marenzelleri Caullery et Mesnil. — La Hague.
Spirorbis Malardi Caullery et Mesnil. — Tatihou.

En outre des espèces que nous venons d'énumérer on trouve à Saint-Vaast quelques formes remarquables, telles que : *Nerilla antennata* Schmidt., *Staurocephalus Kefersteini* Mc. Intosh, *Amphicteis Gunneri* Sars, *Ampharete Grubei* Mgr., la grande *Amphitrite Edwardsi* Qfg. Quelques espèces, communes dans l'Océan et sur la côte septentrionale de la Bretagne, y sont fort rares ; telles sont : *Lepidonotus clava* Mont., *Halosydna gelatinosa* Sars, *Eunice Harassi* Aud. Edw., *Glycera gigantea* Qfg., *Aricia Cuvieri* Aud. Edw., *Polymnia nebulosa* Mont. et *Terebella lapidaria* Käh.

A Cherbourg l'*Eunice Harassi* et la *Polymnia nebulosa* se rencontrent déja beaucoup plus fréquentes ; la *Terebella lapidaria* s'y rencontre côte à côte avec l'*Amphitrite graci-*

[1] Stade post-larvaire d'*Arenicola marina*.
[2] Stade post-larvaire d'*Arenicola (Branchiomaldane) Vincenti* Lgh.
[3] Stade post-larvaire d'*Arenicola ecaudata* Johnst.

lis à laquelle elle tend à se substituer à mesure que l'on avance vers l'Océan.

Aux îles Chausey ces espèces sont tout à fait communes et on y rencontre en outre la rare *Goniada emerita* Aud. Edw., la *Melinna palmata* Gr., l'*Ampharete Grubei* Mgr., l'*Armandia polyophthalma* Kük.

Nous avons trouvé à Cherbourg d'autres formes de la Méditerranée et de l'Océan : l'*Ophiodromus flexuosus* D. Ch., la grosse *Myxicola infundibulum* Ren. et depuis quelque temps le *Spirographis Spallanzani* Viv. qui s'est montré d'abord dans les mares des rochers de la Vigie de l'Onglet, puis a gagné, en 1904, la plage des Bains et les mares des Flamands. Il a fait aussi son apparition à Saint-Vaast en même temps que *Bispira volutacornis* Mont.

Outre les types nouveaux que nous avons énumérés on trouve à l'Anse Saint-Martin la *Nereis longipes* Saint-Jos.

La région de la Hague possède plusieurs espèces de Madère et des Canaries : *Microspio atlantica* Lgh., *Polydora armata* Lgh., *Branchiomaldane* (*Arenicola*) *Vincenti* Lgh., *Polycirrus tenuisetis* Lgh. et *Potamilla incerta* Lgh. ; il faut remarquer cependant que cette dernière espèce n'est qu'une forme jeune de *P. Torelli* Mgr., ainsi que nous avons pu nous en convaincre récemment.

MOLLUSQUES.

Dès 1825 de Gerville a publié un « Catalogue des coquilles trouvées sur les côtes du département de la Manche ». Macé, en 1860, publia celui des « Mollusques marins terrestres et fluviatiles des environs de Cherbourg et de Valognes » ; M. Gadeau de Kerville en cite aussi un certain nombre.

Les espèces les plus remarquables sont la *Cyprina islandica* L. que la drague ramène de plus en plus rarement devant Cherbourg, l'*Hinnites sinuosus* Gmel., assez fréquent à l'Est et à l'Ouest de cette ville, *Mactra helvacea* que l'on rencontre à Chausey ainsi que *Modiola adriatica* var. *tulipa, Cytherea chione* Lin. à Portbail. L'*Isocardia cor* Linné et *Pinna nobilis* ont été parfois dragués au large de Cherbourg. L'*Haliotis tuberculata* commence à se montrer à l'Ouest de Barfleur; on la trouve à Cherbourg, dans la Hague et à Chausey; *Lamellaria perspicua* Linné, *Velutina lœvigata* (Penn.), *Murex aciculatus* L. et *Murex tarentinus* L., rares dans le Calvados, sont assez fréquents sur nos côtes. On y trouve aussi l'*Aporrhais pespelecani* (Linné) var. *bilobatus* Loc. Signalons encore l'*Aplysia depilans* L. Jeffr., *Dendronotus arborescens* (Müll.), *Elysia viridis, Hermœa bifida, Triopa claviger, Goniodoris castanea, Doris coccinea* (Chausey), *Eolis coronata, Eolis tricolor* Forbes (Chausey), *Ancula cristata, Polycera quadrilineata* Mull. (Chausey), *Pleurobranchus membranaceus, Pleurobranchus plumulatus* Mart. (Chausey).

TUNICIERS.

Les Ascidies simples et les Ascidies composées sont très nombreuses autour de Tatihou, aussi bien à la côte que dans les dragages. Les rochers et les murailles des parcs à huîtres en sont abondamment garnis. Au Dranguet, le dessous des gros blocs de pierre est tapissé de larges plaques multicolores de Botrylles. Aux environs de Cherbourg la faune des Tuniciers paraît au contraire excessivement pauvre en individus et en espèces, tandis que les îles Chausey et la région de Granville sont d'une grande richesse en Ascidies de toutes sortes. Les rochers du Sacaviron sont couverts de grandes plaques d'Ascidies composées aux couleurs les plus brillantes et les plus variées; le rouge éclatant des *Diplosomides Lacazii* y alterne avec le jaune, le vert et le violet des Botrylles, le lilas, le blanc, le gris, le vermillon des *Leptoclinum, Aplidium, Morchellium, Diplosoma,* etc...

Parmi les nombreuses espèces de Chausey, nous pouvons citer :

Styela glomerata.
Polycarpa varians.
Polycarpoïdes sabulosum.
Ciona intestinalis.
Ascidiella aspersa.
Molgula oculata.
Perophora Listeri.
Clavelina lepadiformis.
Botryllus smaragdus.
Diplosomides Lacazii.
Leptoclinum punctatum.
Leptoclinum maculatum (var. *albicans*).
Aplidium zostericola.
Diplosoma Listeri.
Diplosoma spongiforme.
Polyclinum sabulosum.
Morchellium argus.
Parascidium elegans.
Amarœcium Nordmanni.
Amarœcium proliferum.

Notons encore comme importante trouvaille faite à Chausey par M. GADEAU DE KERVILLE une Salpe, la *Thalia democratica-mucronata* Forsk, forme solitaire.

ENTÉROPNEUSTES.

Le *Balanoglossus Koehleri* Mes., espèce nouvelle découverte à l'Anse Saint-Martin par MM. CAULLERY et MESNIL (**1900**), semble être le seul Entéropneuste signalé sur nos côtes, bien que plusieurs espèces se rencontrent sur les côtes de Bretagne et aux îles anglaises. Nous avons trouvé une fois, à Saint-Vaast-la-Hougue, dans une pêche pélagique, une larve de Bateson.

CÉPHALOCORDES.

L'Amphioxus, *Branchiostoma lanceolatum* Yarrell, est assez souvent dragué à Saint-Vaast-la-Hougue. Pendant le rude hiver 1894-1895 on l'y a même recueilli à la côte.

POISSONS.

Les poissons de Cherbourg ont été étudiés par M. H. JOUAN ; M. MALARD (91) a publié un catalogue des espèces de Saint-Vaast, et dans la Faune de Normandie de M. GADEAU DE KERVILLE on trouve une liste très complète, résumant les travaux antérieurs.

Nous en extrairons seulement les espèces qui présentent le plus d'intérêt par leur habitat ordinairement septentrional, océanique ou méditerranéen.

Alopias vulpes Gm.
Isurus cornubicus Gm.
Carcharias glaucus L.
Torpedo marmorata Risso.
Raia macrorhynchus Raf.
Myliobates aquila L.
Trygon pastinaca L.
Acipenser sturio L.
Hippocampus brevirostris Leach.
Orthagoriscus mola L.
Serranus cabrilla L.
Sciæna aquila Lacep.
Orcynus thynnus L.
Xiphias gladius L.
Polyprion cernium Cuv. et Val.
Gadus callarias L.
Gadus æglefinus L.
Gadus minutus L.
Raniceps raninus.
Cyclogaster liparis L.
Cyclogaster Montagui Dono.
Lepadogaster Gouani Lacep.
Lepadogaster bimaculatus.
Alosa pilchardus Walb.

La Sardine, poisson océanique, ne remonte la Manche que très exceptionnellement jusqu'à Cherbourg.

Si l'on étudie successivement les différents points du littoral de la presqu'île on trouve des différences assez marquées entre la côte Ouest et la côte Est.

De l'embouchure des Veys à Saint-Vaast-la-Hougue la côte, basse et calcaire, forme une immense plage sableuse et plate que la mer découvre sur une grande étendue à chaque marée. On y retrouve la faune caractéristique, et si pauvre, des grandes plages de sable de la Mer du Nord, du Pas-de-Calais et des côtes voisines du Calvados. Cette faune est caractérisée par le petit nombre des espèces et le grand nombre des individus de chacune. Ces immenses étendues ne renferment guère que des mollusques acéphales : *Mactra solida, Mactra stultorum, Cardium edule, Cardium echinatum, Donax vittatus, Tellina baltica*, etc., accompagnées de *Natica catenata, Philine aperta, Nassa*, de l'*Echinocardium cordatum* et de quelques annélides : *Lanice conchilega, Arenicola marina, Scoloplos Mulleri.* Le *Crangon vulgaris* y remplace le *Palæmon serratus* des côtes rocheuses.

A Saint-Vaast les habitats deviennent très variés et des plus riches. On y trouve toute la faune du sable vaseux dans le Cul de Loup et dans le port où abonde la belle *Euneris longissima*. Les grandes prairies de zostères donnent asile à l'*Echiurus Pallasii*, à l'*Amphitrite Edwardsi*, au *Cerebratulus marginatus*, à l'*Ophiocnida brachiata*, à la *Synapta inhærens*, aux Callianasses et aux Gébies, tandis qu'à la surface on récolte des Lucernaires, des *Eolis, Trivia europea* et des Ascidies.

Les grands rochers, autour de l'île Tatihou, et les murs des parcs à huîtres, sont particulièrement riches en Hydraires, en Bryozoaires, Turbellariés, Ascidies simples et composées, et leurs fissures renferment une quantité d'Annélides Polychètes. Les rochers du Cava ont une faune de mer battue et fournissent des espèces moins littorales, telles que les Holothuries. Les petites prairies de zostères, entre ces rochers, ont une faune intéressante : on y trouve les *Halcampa* et parmi les Annélides : l'*Amphicteis Gunneri*, l'*Ampharete Grubei*, les *Clymene lumbricoides* et *C. Œrstedi.*

L'immense banc de sable, très propre, qui s'étend entre Tatihou et Réville, et sur lequel on pêche le Lançon, est surtout riche en Annélides dont les plus intéressantes sont : *Leiochone clypeata, Lumbriconereis impatiens, Aricia Latreilli, Magelona papillicornis, Eteone foliosa, Sigalion squamatum, Travisia Forbesi.*

A partir de Saint-Vaast la faune commence à revêtir un aspect océanique, semblable à celui des côtes de la Bretagne. De Cherbourg à Brest nous sommes toujours géographiquement dans la Manche, néanmoins la faune est en réalité celle de l'Océan ; elle en possède la plupart des espèces, dont beaucoup manquent au contraire totalement dans la partie orientale de cette mer. A Saint-Vaast quelques-unes de ces espèces océaniques commencent à se montrer, mais à l'état tout à fait exceptionnel. Telles sont : *Pirimela denticulata, Phascolosoma punctatissimum, Lepidonotus clava, Halsodyna gelatinosa, Eunice Harassi* ? (*fide* de Quatrefages) *Glycera gigantea, Aricia Cuvieri, Polymnia nebulosa.*

La côte de Barfleur, très rocheuse, mais violemment battue par la mer, est riche en algues magnifiques et assez pauvre en animaux.

Du Cap Lévi à Landemer la côte est formée tour à tour de falaises, de plages de galets, de petites anses avec un peu de sable entre les rochers, puis l'Anse des Flamands forme une belle plage de sable comme nous en retrouverons une autre de Querqueville à Landemer. Entre les deux, la plage vaseuse sous la place Napoléon et les rochers du Hommet et de l'anse Saint-Anne fournissent des habitats très divers. A Landemer on retrouve les falaises avec des roches polies par la mer et par conséquent fort pauvres.

Cette région du cap Lévi à Landemer est caractérisée par sa pauvreté en Hydraires, en Bryozoaires et en Ascidies composées. Les rochers sous la batterie d'Urville font seuls exception à cet égard. Par contre la faune des Annélides est très riche. Les espèces océaniques, rares à Saint-Vaast, y deviennent beaucoup plus abondantes et il faut y ajouter : *Aricia fœtida, Terebella lapidaria* qui tend à se substituer à l'*Amphitrite gracilis* à mesure que l'on avance vers l'Ouest, la grosse *Myxicola infundibulum* et le *Spirographis Spallanzani* qui s'est établi dans les mares de la Vigie de l'Onglet, depuis quelques années, et qui a gagné en 1904 la plage des bains et les Flamands, *Bispira volutacornis, Potamilla Torelli,* l'*Ophiodromus flexuosus* et l'*Arenicola ecaudata.*

Parmi les Actinies signalons le *Bunodes gemmacea* et parmi les Mollusques l'*Haliotis tuberculata* et la *Cyprina islandica.*

Les mares à *Lithothamnion* sont communes dans les rochers, mais elles sont moins développées qu'à l'Anse Saint-Martin où elles ont une faune extrêmement riche.

Dans la Hague on trouve plusieurs espèces d'Annélides de la Faune de Madère et des Canaries : *Microspio atlantica* Langh., *Polydora armata* Langh., *Potamilla incerta* Langh.[1], *Polycirrus tenuisetis* Langh., *Branchiomaldane Vincenti* Langh. et sa forme post-larvaire, décrite d'abord sous le nom de *Clymenides incertus.*

L'Anse Saint-Martin est une localité véritablement privilégiée ; nous avons vu que plusieurs espèces d'Annélides y ont été découvertes pendant ces dernières années, parmi lesquelles : *Fauvelia martinensis* Gravier, *Spio martinensis* Mes., *Polydora Caulleryi* Mes., *Polydora Giardi* Mes., *Capitellides Giardi* Mes., *Micromaldane ornithochaeta* Mes., *Josephella Marenzelleri* Caull. et Mes.. En outre MM. Mesnil et Caullery y ont découvert le *Balanoglossus Koehleri* et une quantité de Sporozoaires et de Mésozoaires nouveaux, parasites des Annélides.

[1] Forme jeune de *Potamilla Torelli.*

Les *Clymenides ecaudatus* et *Clymenides sulfureus,* qui ne sont autre chose que les stades post-larvaires des *Arenicola ecaudata* et *Arenicola marina,* ainsi que nous l'avons établi (**98** et **99** *b*) s'y rencontrent aussi abondamment qu'à Cherbourg. Il faut y signaler encore la *Nereis longipes* découverte à Saint-Jean-de-Luz par le baron DE SAINT-JOSEPH et retrouvée depuis seulement au Croisic par FERRONNIÈRE.

C'est également à l'Anse Saint-Martin qu'ont été faites les études très intéressantes de MM. CAULLERY et MESNIL (**98**) sur l'épitokie du *Dodecaceria concharum.*

La petite Anse d'Escalgrain, enchassée dans les falaises de Jobourg, est formée d'une plage de sable tellement lavé et propre qu'on n'y rencontre guère que l'*Arenicola marina.* Dans les creux de rochers seulement, le sable plus vaseux, est un peu plus riche en Spionidiens, Ariciens, etc... Les rochers sont absolument polis par la mer, au-dessous de la zone des Balanes, et on n'y trouve rien. Dans les grottes seulement, ou dans les couloirs plus abrités des falaises, on trouve par endroits les parois tapissées d'énormes plaques d'éponges multicolores et de Botrylles variés. L'*Anemonia sulcata* y atteint une grande taille ainsi que l'*Actinia equina* dont la grande variété rouge tachetée de vert (var. *fragacea*) est fréquente ainsi que les *Sagartia nivea* et *Sagartia sphyrodeta.*

Le sable trop propre et trop lavé de l'Anse Vauville est surtout remarquable par son extrême pauvreté. Sous Vauville, dans les rochers polis par la vague, qui émergent de place en place, on recueille avec le *Bunodes gemmacea,* qui y abonde, les espèces moins communes : *Bunodes Ballii* et *Bunodes thallia.*

C'est aux îles Chausey que l'on trouve la faune la plus riche et en même temps la plus océanique. Nous avons déjà fait ressortir plus haut la richesse en Ascidies de cet archipel et mentionné la présence de *Thalia democratica-mucronata.*

Parmi les espèces les plus intéressantes que nous y avons rencontrées nous-même, citons comme Eponges : *Pachymatisma Johnstonia* et *Desmacidon œgagropila.* Les Cœlentérés les plus remarquables sont : *Actinoloba (Metridium) dianthus, Sagartia sphyrodeta, Aiptasia Couchii, Edwardsia Beautempsi* et *Ed. Harassei,* puis surtout les *Caryophyllia Smithi* et *Balanophyllia regia,* espèces manquant complètement sur la côte Est du département, ainsi que de jeunes *Gorgonia verrucosa* que l'on trouve à marée basse en leur compagnie.

Parmi les Géphyriens, *Phascolosoma vulgare, Ph. elongatum* et *Ph. punctatissimum* sont communs, mais nous n'avons trouvé ni *Sipunculus nudus,* ni *Thalassema Neptuni.*

Parmi les innombrables Annélides Polychètes citons seulement : *Staurocephalus rubrovittatus, Goniada emerita, Aricia Cuvieri* Aud., Edw., *Armandia polyophthalma* Kuk., *Melinna palmata* Gr., *Ampharete Grubei* Mgr. et l'abondante *Polymnia nebulosa.*

Parmi les Crustacés : *Galathea strigosa, G. intermedia, G. nexa, Axius stirynchus, Callianassa subterranea, Gebia, Pirimela denticulata* et *Thia polita,* espèce méditerranéenne ; puis de nombreux *Bopyrus, Phryxus, Peltogaster* parasites des Pagures.

Parmi les Mollusques : *Mactra helvacea, Haliotis tuberculata, Pleurobranchus plumulatus, Doris coccinea, Goniodoris castanea, Polycera quadrilineata, Eolis tricolor.*

Depuis longtemps la Fosse de la Hague, longue dépression en forme de bande un peu courbe de 14 kil. de longueur sur 1.200 mètres de large, située par le travers du Cap la Hague, à une distance d'environ 3 kil. de celui-ci, avait éveillé la curiosité des naturalistes, par sa profondeur relative de 60 à 110 mètres.

Grâce à l'exploration méthodique qu'en fit, en 1899, M. Gadeau de Kerville, nous commençons à connaître la nature de sa faune.

Le fond se compose de roches, de graviers, et le sable y est rare. Les dragages ont démontré que ces fonds balayés par des courants très violents sont relativement très pauvres. Comme division bathymétrique « il convient, dit M. Gadeau » de Kervile, de la rattacher à la zone connue sous la » très défectueuse appellation de zone des Corallines — car » ces algues n'y sont nullement limitées — zone que Paul » Fischer a nommée zone des grands Buccins ».

Nous empruntons à cet auteur la liste des animaux qu'il y a dragués.

Leucosolenia coriacea Mont.
Sycon ciliatum O. Fabr.
Sycon raphanus O. Schm.
Halichondria panicea Pall.
Stelletta Grubei O. Schm.
Sertularia operculata L.
Sertularia argentea Ell. et Sol.
Sertularia abietina L.
Cribrella sanguinolenta (Müll.).
Solaster papposus Forb.
Ophiothrix fragilis Abildg. var. *pentaphyllum* Ljg.
Psammechinus miliaris Gm.
Lysianax ceratinus A.-O. Walker.
Jassa pusilla G.-O. Sars.
Caprella linearis Bate.
Caprella fretensis Stebb.
Macromysis flexuosa Müll.
Virbius viridis Otto.
Pilumnus hirtellus L.
Palæmon (Leander) serratus Penn.
Porcellana longicornis Penn.
Nymphon gracile Leach.
Halacarus Basteri Johnst.
Halacarus loricatus Lohm.
Lohmanella Kervillei Trt.
Flustra foliacea L.
Cellepora avicularis Hcks.
Syllis prolifera Krohn.
Nereis pelagica L.
Gibbula cineraria L.
Ziziphinus conuloïdes Lm.
Phasianella picta da Costa.
Phasianella dubia Mtros.
Lacuna quadrifasciata Mont.
Lacuna pallidula da Costa.
Turbonilla lactea L.
Ocinebra aciculata Lm.
Buccinum undatum L.
Donovania minima Mont.

Dendronotus arborescens Müll.
Cynthia glomerata Ald.
Polyclinum aurantium M.-Ed.
Polyclinum sabulosum Giard.

et des Crustacés copépodes.

En résumé la faune terrestre du département de la Manche est plutôt pauvre, tandis que la faune marine est très riche et très variée. En suivant la côte de l'Est à l'Ouest et au Sud, on passe graduellement de la faune de la mer de la Manche à la faune de l'Océan; cependant quelques espèces de cette dernière, bien que se rencontrant sur la côte septentrionale de la Bretagne, paraissent, jusqu'ici, manquer à notre presqu'île.

INDEX BIBLIOGRAPHIQUE.

1862. D'Aigneaux. — Note sur le passage d'Oiseaux exotiques dans le Cotentin. (*Annuaire du département de la Manche*, p. 78).

1834. Audouin et H. Milne-Edwards. — Recherches pour servir à l'Histoire naturelle du littoral de la France.

1854. Benoist. — Catalogue des Oiseaux observés dans l'arrondissement de Valognes. (*Mém. Soc. nat. Sc. nat. et math. de Cherbourg*, t. II, 1854, p. 231).

1854. Bertrand-Lachénée. — Insectes trouvés à Cherbourg. (*loc. cit.*, t. II, p. 97).

1856. Bertrand-Lachénée. — Insectes trouvés à Portbail. (*loc. cit.*, t. III, p. 207, et t. VI, p. 383).

1904. Billard. — Contribution à l'étude des Hydroides. (*Annales des Sc. nat. zool.*, 8e série, t. XX).

1892. Bouvier. — L'Hyperoodon. (*Le Naturaliste*, Paris, 15 janvier 1892, p. 24, et 1er février, p. 37).

1843. Canivet, E. — Catalogue des Oiseaux du département de la Manche. (Saint-Lô, Rousseau, 1843).

1894. Canu. — Note sur les Copépodes et Ostracodes marins recueillis par M. Gadeau de Kerville. (In *Faunes marine et maritime de la Normandie*, 1er voyage, Paris, Baillère).

1898. CANU. — Note sur les Copépodes et Ostracodes marins des côtes de Normandie. *(loc. cit.*, 2e voyage, Paris, Baillère).

1901. CANU et CLIGNY. — Note sur les Copépodes marins de la région d'Omonville-la-Rogue (Manche) et de la fosse de la Hague. *(loc. cit.*, 3e voyage, Paris, Baillère).

1834. CHESNON. — Essai sur l'Histoire naturelle de la Normandie : 1re partie, quadrupèdes et oiseaux. (Paris, Lance).

1837. CHESNON. — Zoologie normande. — Reptiles et Poissons. *(Annuaire des 5 départements de l'ancienne Normandie.* Annuaire normand, Caen, 1837).

1841. CHESNON. — Catalogue des Oiseaux de la Normandie dressé d'après la méthode de Cuvier. (Bayeux, Nicolle).

1893. CHEVREUX et BOUVIER. — Les Amphipodes de Saint-Vaast-la-Hougue. *(Ann. des Sc. nat. zool.*, 7e sér., t. XV, p. 109-144).

1901. CHEVREUX. — Description d'un Amphipode nouveau de la famille des Sthenothoida. *(Parametopa Kervillei* nov. gen. et spec.). in *Faunes marine et maritime*, 3e voyage).

1863. CLAPARÈDE. — Beobachtungen ueber Anatomie und Entwikelungsgeschichte wirbelloser Thiere. (Leipzig).

1896. CAULLERY et MESNIL. — Note sur deux Serpuliens nouveaux. *(Oriopsis Metchnikowii*, n. g. n. sp., et *Josephella Marenzelleri*, n. g. n. sp.). (Zoolog. Anzeiger, 1896, n° 519).

1897. CAULLERY et MESNIL. — Études sur la Morphologie comparée et la Phylogénie des espèces chez les Spirorbes. *(Bull. scient. de France et de Belgique*, t. XXX, p. 185 à 233, 3 pl.).

1898. CAULLERY et MESNIL. — Les formes épitokes et l'évolution des Cirratuliens. *(Ann. de l'Univ. de Lyon*, fasc. XXXIX).

1898. CAULLERY et MESNIL. — Sur une grégarine cœlmique présentant dans son cycle évolutif une phase de multiplication asporulée. *(C. R. Soc. Biologie*, Paris, 15 janvier 1898).

1898. CAULLERY et MESNIL. — Sur un Sporozoaire aberrant *(Siedleckia* n. g.). *(loc. cit.*, Paris, 26 novembre 1898).

1899. CAULLERY et MESNIL. — Sur trois Orthonectides nouveaux, parasites des Annélides, et l'Hermaphrodisme de l'un d'eux *(Stœchartrum Giardi*, n. g. n. sp.). (C. R. *Acad. Sc.*, Paris, 13 février 1899).

1899. CAULLERY et MESNIL. — Sur le genre Aplosporidium nov,

et l'ordre nouveau des Aplosporidies. *(C. R. Soc. Biologie*, Paris, 14 octobre 1899).

1900. Caullery et Mesnil. — Sur une nouvelle espèce de *Balanoglossus (B. Kœhleri)* habitant les côtes de la Manche. (*loc. cit.*, Paris, 17 mars 1900).

1900. Caullery et Mesnil. — Sur les parasites internes des Annélides Polychètes et en particulier de celles de la Manche. *(A. F. A. S.*, C. R. du *Congrès de Boulogne-sur-Mer*, p. 491-496).

1901. Caullery et Mesnil. — Recherches sur l'*Hemioniscus Balani* Buchholz, parasite des Balanes. *(Bull. sc. de France et de Belgique*, t. XXXIV).

1904. Caullery et Mesnil. — Sur un organisme nouveau *(Pelmatosphæra polycirri* n. g. n. sp.), parasite d'une Annélide *(Polycirrus hæmatodes* Clap.) et voisin des Orthonectides. (C. R. *Soc. de Biologie*, Paris, t. LVI, p. 92).

1904. Caullery et Mesnil. — Sur un type nouveau *(Sphæractinomyxon Stolci* n. g. n. sp.) d'Actinomyxidies et son développement. (C. R. *Soc. de Biologie*, Paris, t. LVI, p. 408).

1888. Courtois. — Les Oiseaux de la Manche. (Saint-Vaast-la-Hougue, L. Josset).

1899. Dupont. — Les Zygènes de la Normandie. *(Bull. Soc. Études des Sc. nat.*, Elbeuf, 1899, p. 49).

1864. Fauvel, Albert. — Coup d'œil sur la distribution géographique en France des Insectes coléoptères carnassiers. *(Mém. Soc. Linn. de Normandie*, vol. XIV).

1867-70. Fauvel, Albert. — Résultats entomologiques de l'excursion à Saint-Vaast. *(Bull. Soc. Linn. de Normandie*, 2e sér., t. V, p. 402).

1873-74. Fauvel, Albert. — Insectes intéressants pour la faune du Cotentin trouvés dans l'excursion de Jobourg et dans celle de Gatteville. *(loc. cit.*, 2e sér., t. VIII, p. 440 et 495).

1895. Fauvel, Pierre. — Note sur la présence de l'*Amphicteis Gunneri* (Sars) sur les côtes de la Manche. *(loc. cit.*, 4e sér., t. IX).

1895. Fauvel, Pierre. — Contribution à l'Histoire naturelle des Ampharétiens français. *(Mém. Soc. nat. Sc. nat. et math. de Cherbourg*, t. XXIX).

1896. Fauvel, Pierre. — Catalogue des Annélides Polychètes de

Saint-Vaast-la-Hougue. *(Bull. Soc. Linn. de Normandie,* 4e sér., t. IX).

1897. Fauvel, Pierre. — Recherches sur les Amharétiens. *(Bull. Scient. de France et de Belgique,* t. XXX, p. 277-488. 11 pl.).

1898. Fauvel, Pierre. — Les Stades post-larvaires des Arénicoles. *(C. R. Acad. sc.,* Paris, t. 127, n° 19, p. 733-735).

1899. *(a)* Fauvel, Pierre. — Observations sur l'*Arenicola ecaudata. (Bull. Soc. Linn. de Normandie,* 5e sér., t. II, p. 64-93, pl. I).

1899. *(b)* Fauvel, Pierre. — Sur les Stades *Clymenides* et *Branchiomaldane* des Arénicoles. *(Bull. scient. de France et de Belgique,* t. XXXII, p. 283-316,.

1899. *(c)* Fauvel, Pierre. — Observations sur les Arénicoliens. *(Mém. Soc. nat. Sc. nat. et math. de Cherbourg,* t. XXXI, p. 101-166).

1900. Fauvel, Pierre. — Annélides Polychètes recueillies à Cherbourg. *(loc. cit.,* t. XXXI, p. 305-319).

1901. Fauvel, Pierre. — Les Variations de la Faune marine. *(Feuille des Jeunes Naturalistes,* IVe sér., 31e année, 1901, p. 78-81 et 101-104).

1888 à 1897. Gadeau de Kerville, H. — Faune de la Normandie. (Paris, Baillère, 1888-1890-1892-1897).

1894 à 1901. Gadeau de Kerville, H. — Recherches sur les Faunes marine et maritime de la Normandie : 1er voyage, région de Granville et iles Chausey (Manche) ; 2e voyage, région de Grandcamp-les-Bains et iles Saint-Marcouf ; 3e voyage, région d'Omonville-la-Rogue et fosse de la Hague. (Paris, Baillère, 1894-1898-1901).

1903. Gadeau de Kerville, H. — Matériaux pour la Faune des Hyménoptères de la Normandie. *(Bull. Soc. Amis des Sc. nat.,* Rouen, 1893).

1825. Gerville (de). — Catalogue des Coquilles trouvées sur les côtes du département de la Manche. *(Mém. Soc. Linn. de Normandie,* vol. II, p. 129, 1825).

1896. Gravier. — Recherches sur les Phyllodociens *(Bull. scient. de France et de Belgique,* t. XXIX).

1900. *(a)* Gravier. — Sur une nouvelle espèce du genre *Procerastea* Langh. *(Ann. des Sc. nat. zool.,* t. 8e, sér. XI).

1900. *(b)* Gravier. — Sur un type nouveau de Syllidien *Fauvelia* (nov. gen.) *martinensis* (n. spec.). *(Bull. du Muséum d'Histoire naturelle de Paris,* 1900, n° 7, p. 371).

1868. GRUBE. — Mittheilungen ueber Saint-Vaast-la-Hougue und seine Meeres, besonders seine Anneliden Fauna *(Abhand. de Schles. Ges. Naturwiss. Abth.*, 1868).

1859. *(a)* JOUAN, H. — Poissons de mer observés à Cherbourg. *(Mém. Soc. nat. Sc. nat. et math. de Cherbourg*, t. VII, p. 116).

1859. *(b)* JOUAN, H. — Note sur une petite Lamproie provenant de Sauxmesnil. *(loc. cit.*, t. VII, p. 367).

1874. *(a)* JOUAN, H. — Sur quelques espèces rares de Poissons de mer de Cherbourg. *(Bull. Soc. Linn. de Normandie*, 2e sér., t. VIII, p. 412).

1874. *(b)* JOUAN, H. — Additions aux Poissons de mer observés à Cherbourg. *(Mém. Soc. nat. Sc. nat. et math. de Cherbourg*, t. XXIII, p. 353).

1875. JOUAN, H. — Mélanges zoologiques. *(loc. cit.*, t. XIX, p. 233).

1884. JOUAN, H. — Notes ichthyologiques. Nouvelles espèces de Poissons de mer observées à Cherbourg. *(loc. cit.*, t. XXIV, p. 313).

1889. JOUAN, H. — Trois Oiseaux rares à Cherbourg. *(loc. cit.*, t. XXVI, p. 191).

1890. JOUAN, H. — Époques et modes d'apparition des différentes espèces de Poissons sur les côtes des environs de Cherbourg. *(Bull. Soc. Linn. de Normandie*, 1890, 4e sér., t. IV, p. 118).

1891. *(a)* JOUAN, H. — Apparition des Cétacés sur les côtes de France. *(loc. cit.*, 4e sér., t. V, p. 137).

1891. *(b)* JOUAN, H. — Les Hyperoodons de Goury. *(Mém. Soc. nat. Sc. nat. et math. de Cherbourg*, t. XXVII, p. 281).

1893. JOUAN, H. — La Baleine de Morsalines. *(Balænoptera borealis* Fischer*)*. *(loc. cit.*, t. XXIX, p. 37).

1893. JOUAN, H. — Communication à propos de la Baleine de Morsalines. *(Bull. Soc. Linn. de Normandie*, 4e sér., t. VII, p. 62).

1895. JOUAN, H. — Sur un Poisson rare à Cherbourg, le Cernier, *Polypnion cernium* Cuv. et Val. *(loc. cit.*, 4e sér., t. IX, p. 46).

1899. JOUAN, H. — Trois Animaux rares à Cherbourg. *(Mém. Soc. nat. Sc. nat. et math. de Cherbourg*, t. XXVI, p. 191).

1862. KEFERSTEIN. — Untersunchugen ueber niedere Seethiere. (Leipzig, 1862).

1861. LE JOLIS. — Découverte d'une espèce nouvelle d'*Ochthebius* marin. (*Mém. Soc. nat. Sc. nat. et math. de Cherbourg*, t. VIII, p. 390).

1878. LE MÉNICIER. — Catalogue des Oiseaux observés dans le département de la Manche, plus particulièrement dans l'arrondissement de Saint-Lô, depuis près de 25 ans. (*Bull. Soc. Agriculture, d'Archéologie et Hist. nat. du département de la Manche*, 4e vol., Saint-Lô, 1878, p. 113).

1859. LAFOSSE, Joseph. — Lettre relative à l'échouement d'un Cétacé femelle du genre Dauphin dans la baie des Veys (Manche), au commencement de novembre 1858. (*Bull. Soc. Linn. de Normandie*, 1858-1859, p. 10).

1860. MACÉ, J. — Essai d'un catalogue de Mollusques marins, terrestres et fluviatiles vivant dans les environs de Cherbourg et de Valognes. (*Congrès scientifique de France*, 27e session, 1860, p. 241-288).

1891. MALARD, A.-E. — Catalogue des Poissons des côtes de la Manche dans les environs de Saint-Vaast (*Bull. Soc. Philom.*, Paris, 1890-91).

1901. MAYER. — Description d'une nouvelle espèce de Crustacé Amphipode de la famille des Caprellidés (*Caprella erethizon*). (in *Gadeau de Kerville, Faunes marines et maritimes*, 3e voyage, p. 239).

1897. MESNIL. — Note sur un Capitellien nouveau (*Capellides* n. gen. *Giardi* n. spec. (*Zoolog. Anzeiger*, n° 545, p. 441-453, 1897).

1897. MESNIL et CAULLERY. — Sur trois Sporozoaires parasites de la *Capitella capitata* O. Fabr. (C. R. *Soc. Biologie*, Paris, 20 novembre 1897).

1898. MESNIL. — Les genres *Clymenides et Branchiomaldane* et les stades post-larvaires des Arénicoles. (*Zoolog. Anzeiger*, Bd. XXI, n° 575, p. 630-638).

1899. MESNIL. — Les genres *Clymenides* et *Branchiomaldane* et les stades post-larvaires des Arénicoles. (*Bull. Sc. de France et de Belgique*, t. XXXII, p. 318-328).

1896 à 1898. MESNIL. — Études de Morphologie externe chez les Annélides. Ire, IIe, IIIe et IVe parties. (*loc. cit.*, t. XXIX [1896], XXX [1897] et XXXI [1898]).

1895. NICOLLET, F. — Liste des Coléoptères trouvés dans les environs de Cherbourg. (*Mém. Soc. nat. Sc. nat. de Cherbourg*, t. XXIX, p. 53).

1897. Nicollet, F. — Liste des Lépidoptères trouvés aux environs de Cherbourg. (*loc. cit.*, t. XXX, 1896-97, p. 241-256).

1865. Noury. — Catalogue complet des Oiseaux de Normandie observés par Noury. (*Bull. Soc. Amis des Sc. nat.*, Rouen, 1865, p. 86).

1854. Quatrefages (de). — Souvenirs d'un Naturaliste. (Paris, Masson, 1854).

1865. Quatrefages (de). — Histoire naturelle des Annelés marins et d'eau douce. (Paris, Roret, 1865).

1895. Saint Joseph (de). — Les Annélides Polychètes des côtes de Dinard (4e partie). (*Ann. Sciences nat. zool.*, 7e sér., t. XX).

1898. Saint Joseph (de). — Les Annélides Polychètes des côtes de France (Manche et Océan). (*loc. cit.*, 8e sér., t. V).

1855. Sivard de Beaulieu. — Sur les Poissons du département de la Manche. (*Mém. Soc. nat. Sc. nat. et math. de Cherbourg*, t. III, p. 375).

1851. Sivard de Beaulieu. — Essai sur la multiplication des Poissons par les méthodes naturelles et artificielles, de son application sur les côtes et dans les rivières du département de la Manche. (Valognes, Carette-Bondessein, 1851, 8°, 32 p.).

1852. Sivard de Beaulieu. — Multiplication des Poissons de mer sur les côtes du département de la Manche. (Cherbourg. Thomine, 1852, 8°, 27 p.).

1894 à 1901. Trouessart. — Notes sur les Acariens marins (*Halacaridæ*) récoltés par M. Gadeau de Kerville. (in *Faunes marines et maritimes*, 1er, 2e et 3e voyages, 1894, 1898 et 1901).

IV.

LA FLORE

PAR

M. L. CORBIÈRE,

Professeur de Sciences naturelles au Lycée de Cherbourg.

Pris dans le sens un peu restreint que lui donnent les naturalistes, le *Cotentin* est la partie septentrionale du département de la Manche, baignée de tous côtés par la mer, sauf au Sud où elle est limitée par une suite de vastes marais qui, du fond de la baie des Veys, à l'embouchure de la Vire, se continuent par Carentan, presque sans interruption, jusque vers Lessay.

Ces marais semblent être « d'anciens estuaires remblayés[1] » qui, à l'Époque miocène, se rejoignaient et faisaient de la péninsule actuelle une île complète. Aujourd'hui encore, couverts en grande partie d'eau pendant l'hiver, par suite de leur très faible altitude et du manque de pente, ils continuent, dans une certaine mesure, d'isoler ce pays du reste du département, plutôt qu'ils ne l'y rattachent.

Tout le Nord et l'Ouest du Cotentin est d'origine fort ancienne et de nature essentiellement siliceuse. Emergé dès l'Époque primaire, il a subi sans cesse depuis lors

[1] A. BIGOT, p. 1 de ce volume.

l'action destructive des agents atmosphériques et les assauts continuels de la mer qui l'enserre. Il ne possède plus que la racine, pour ainsi dire, de ses montagnes de jadis, sous forme de collines dont le point culminant, dans la Hague, atteint seulement 180^{m}. Ses côtes, rongées et entaillées depuis tant de siècles, présentent les aspects les plus variés, les plus pittoresques, et, sur bien des points, peuvent rivaliser, en beauté sauvage, avec les falaises les plus renommées de la Bretagne. C'est, du reste, au massif armoricain que se rattache notre flore, comme notre sol.

La partie Sud-Est, de Valognes à Carentan, occupe le fond d'un golfe où se sont déposées, aux Époques secondaires et tertiaires, des assises calcaires, argileuses ou marneuses, sur lesquelles végète une flore qui, fort différente de la précédente, est, en somme, celle des régions calcaires du reste de la Normandie.

Le Cotentin doit à la mer, non-seulement sa configuration actuelle, mais encore la douceur relative de son climat, qui permet à de nombreuses plantes méridionales de vivre chez nous comme sur les bords de la Méditerranée. C'est aussi la mer qui, sur le sol éminemment siliceux de nos côtes Ouest et Nord, procure à toute une catégorie de plantes calcicoles le calcaire nécessaire à leur existence : c'est elle enfin qui enrichit notre flore de cette végétation spéciale pour laquelle le chlorure de sodium est un aliment indispensable.

Grâce à sa situation très particulière et aux causes géologiques que nous venons d'indiquer, le Cotentin, bien qu'il comprenne tout au plus le tiers du département de la Manche et que ses dimensions ne dépassent guère en largeur ni en longueur une cinquantaine de kilomètres, constitue une région très naturelle et, spécialement au point de vue botanique, l'une des plus intéressantes du territoire français. Elle est caractérisée comme nous allons le voir, par un certain nombre de plantes remarquables que l'on ne trouve nulle part ailleurs en Normandie.

Dans l'étude sommaire que nous entreprenons, et qui vise particulièrement la distribution géographique de nos espèces végétales, nous examinerons d'abord les Phanérogames — auxquelles nous joignons, selon l'usage, les Filicinées et les Characées — et nous les diviserons naturellement en deux séries : les *continentales,* sur lesquelles la mer, même quand elles sont soumises à son influence, ne paraît pas avoir d'action sensible, et les *littorales,* qui évidemment réclament le voisinage immédiat de la mer. Nous passerons ensuite aux principaux groupes de Cryptogames cellulaires : Muscinées, Lichens, Champignons et Algues.

PHANÉROGAMES.

A. — CONTINENTALES.

Les Phanérogames continentales de notre région peuvent être rangées en deux sections : les *xérophiles,* qui habitent les terrains plus ou moins secs, et les *hygrophiles,* qui vivent dans l'eau ou dans les sols très humides.

a. *Xérophiles.*

Nos espèces les plus intéressantes sont tout d'abord :

Erythræa portensis Hoffm. et Lk. (*E. diffusa* Woods, *E. scilloides* Chaub.), confinée exclusivement dans la Hague ; en dehors de notre région, on ne la rencontre que sur quelques points du Nord de la Bretagne, dans le S.-W. de l'Angleterre, au N.-W. de l'Espagne, en Portugal et aux Açores.

Elle est souvent associée chez nous à *Ulex Gallii* Planch, dont elle semble rechercher l'appui protecteur.

Erythræa capitata Willd., très grande rareté que l'on ne trouve ailleurs que sur deux ou trois points de la Bretagne et à l'île de Wight (Angleterre).

Ranunculus chærophyllos L. et *Trifolium Bocconei* Savi, localisés seulement, en Normandie, sur les falaises de Carteret.

Citons en outre :

Sagina subulata Pr., *Linum angustifolium* Huds., *Hypericum linarifolium* Vahl., *H. montanum* L., *Geranium purpureum* Vill., *Erodium moschatum* Lhérit., *Medicago minima* Lam., *Trigonella ornithopodioides* DC., *Trifolium scabrum* L., *T. suffocatum* L., *T. glomeratum* L., *Lotus angustissimus* L., *L. hispidus* Desf. ; *Rosa littoralis* Corb., *Agrimonia odorata* Mill. ; *Umbilicus pendulinus* DC. et *Sedum anglicum* Huds., très abondants surtout dans le Nord de la péninsule ; *Petroselinum segetum* Koch, *Rubia peregrina* L., *Artemisia Absinthium* L., *Hypochœris glabra* L., *Gentiana Amarella* L., *Verbascum virgatum* With., *Scrofularia Scorodonia* L., *Veronica spicata* L., *Phelipæa Millefolii* (Rchb.) Corb., *Salvia Verbenaca* L., *Romulea Columnæ* Seb. et M., *Juncus capitatus* Weig., etc. ; puis *Polystichum æmulum* (Sw.) Corb., très jolie fougère cantonée seulement, en France, aux environs de Cherbourg et dans le Finistère, et enfin les deux *Hymenophyllum tunbridgense* Sm. et *Wilsoni* Hook., qui exigent l'exposition Nord et une ombre très fraîche, de sorte qu'ils pourraient être rangés, à la rigueur, dans la section suivante.

b. *Hygrophiles.*

Les espèces les plus remarquables, dont plusieurs sont largement répandues dans les grands marais de Carentan à Lessay, sont :

Ranunculus ophioglossifolius Vill., signalé seulement au Ham; *Batrachium tripartitum* Dum. et *B. hololeucum* Garcke; les *Drosera rotundifolia* L. et *intermedia* Hayne, communs, et *D. longifolia* (L.) Hayne, assez rare; *Stellaria palustris* Retz, *Elatine hexandra* DC., *Elodes palustris* Sp., *Comarum palustre* L., *Isnardia palustris* L., *Œnanthe crocata* L., *Helosciadium repens* Koch, *Galium uliginosum* L., *Oxycoccos palustris* Pers., *Andromeda polifolia* L., *Gentiana Pneumonanthe* L., *Cicendia pusilla* Griseb., *Limnanthemum peltatum* Gm., *Menyanthes trifoliata* L., *Sibthorpia europæa* L., *Limosella aquatica* L., *Teucrium Scordium* L., *Utricularia neglecta* Lehm. et *U. minor* L., *Pinguicula lusitanica* L., *Myrica Gale* L.; *Potamogeton Zizii* M. et K., connu seulement à la mare de Vauville, et *P. Friesii* Rupr., un peu plus répandu; *Malaxis paludosa* Sw., signalé uniquement dans le marais de Gorges; *Juncus pygmæus* L.; *Schœnus nigricans* L., *Cladium Mariscus* R. Br.; *Rhynchospora fusca* R. et Sch.; *Scirpus pauciflorus* Lightf.; de nombreux *Carex*: *filiformis* L., *limosa* L., *canescens* L., *teretiuscula* Good., *dioïca* L., et surtout le très rare *C. Buxbaumii* Wahlenb.; *Leersia oryzoides* Sw., *Deschampsia setacea* (Huds.) Richt.; quelques Filicinées: *Equisetum silvaticum* L., *Polystichum Thelypteris* Roth, *Pilularia globulifera* L. et *Lycopodium inundatum* L.; — puis les *Chara connivens* Salzm. et *fragifera* Dur., et les *Nitella translucens* Ag. et *opaca* Ag.

B. — LITTORALES OU HALOPHILES.

Les côtes du Cotentin, plus ou moins basses depuis Cherbourg jusqu'à l'embouchure de la Vire, ne se relèvent qu'au Nord-Ouest et à l'Ouest, où elles offrent les falaises de la Hague (de Landemer à Vauville), puis de

Flamanville, du Rozel et de Carteret, séparées par des dunes généralement étendues ou des vases salées accumulées à l'embouchure des cours d'eau ou au fond des baies.

a. *Falaises.*

Parmi les espèces les plus notables, propres aux falaises ou rocailles du littoral, citons :

Raphanistrum maritimum Rchb. ; *Helianthemum guttatum* Mill. var. *maritimum* Lloyd ; *Silene maritima* With., qui se trouve parfois aussi dans les sables maritimes ; *Spergularia rupestris* Leb. ; *Erodium maritimum* Lhér. ; *Anthyllis Vulneraria* L. var. *maritima* Koch, *Polycarpon tetraphyllum* L., *Daucus gummifer* Lam., *Crithmum maritimum* L., *Inula crithmoides* L. ; *Armeria maritima* Willd., dont une forme existe aussi dans les vases salées ; *Rumex rupestris* Le Gall ; *Euphorbia portlandica* L. ; *Agrostis maritima* Lam., *Cynosurus echinatus* L. ; *Catapodium loliaceum* Link, *Festuca arundinacea* Schreb. var. *littoralis* Mascl., *Asplenium marinum* L.

b. *Sables maritimes.*

Cette station est particulièrement riche en plantes spéciales, halophiles ou du moins psammophiles. Je ne mentionnerai, dans la liste ci-après, que les espèces xérophiles à divers degrés ; les espèces hygrophiles seront groupées avec celles qui affectionnent les vases salées.

Ainsi comprise notre zone des sables et graviers maritimes comprend notamment :

Glaucium flavum Cr., *Cakile maritima* Scop., *Crambe maritima* L. (Chou marin), *Matthiola sinuata* R. Br., *Cochlearia danica* L. ; *Hutchinsia petræa* R. Br. et *H. procumbens* Desv., ce dernier avec sa var. *crassifolia* Corb. ; *Viola nana* DC., *Polygala dunensis* Dum. et sa var. *ciliata* (Leb.) Corb., *Frankenia lævis* L., *Cerastium tetran-*

drum Curt., *Arenaria Lloydii* Jord., *Honckenya peploides* Ehrh., *Alsine dunensis* Corb., *Sagina maritima* Don, *Spergularia marina* Bor., *Ononis maritima* Dum., *Rosa pimpinellifolia* L. var. *spinosissima; Corrigiola littoralis* L., *Bupleurum opacum* Lge, *Eryngium maritimum* L., *Diotis candidissima* Desf., *Matricaria maritima* L., *Pirola rotundifolia* L. var. *arenaria* Koch, *Erythræa Morierei* Corb., *Calystegia Soldanella* R. Br., *Linaria arenaria* DC., *Orobanche Paralias* Corb., *Beta maritima* L.; *Atriplex littoralis* L., *A. Babingtonii* Woods et *A. Tornabeni* Tin.; *Polygonum Raii* Bab. et *P. maritimum* L.; *Hippophae rhamnoides* L.; *Euphorbia Paralias* L. et *E. Peplis* L.; *Asparagus prostratus* Dum.; *Carex arenaria* L., *Phalaris minor* Retz, *Phleum arenarium* L., *Psamma arenaria* Rœm. et Sch. *Lagurus ovatus* L., *Kœleria albescens* DC., *Vulpia membranacea* Link, *Festuca oraria* Dum., *Bromus hordeaceus* L., *Elymus arenarius* L., *Agropyrum littorale* Dum., *A. pungens* Rœm. et Sch., *A. acutum* et *A. junceum* P. B.

c. *Vases salées et marécages saumâtres.*

Les plantes à la fois halophiles et hygrophiles de notre région sont également assez nombreuses.

Deux espèces phanérogames seulement habitent la mer: *Zostera marina* L., commun sur toute la côte où il est improprement appelé *varech*, et *Z. nana,* que l'on rencontre sur le littoral de Saint-Vaast et spécialement à l'embouchure de la Vire.

Les plus notables des plantes que l'on rencontre dans les vases salées et dans les marécages saumâtres du littoral sont:

Batrachium Baudotii F. Sch., *Cochlearia anglica* L., *Spergularia marginata* Bor., et aussi *S. marina* Bor. et *Frankenia lævis* L., qui s'accommodent également des terrains secs; *Aster Tripolium* L., les *Artemisia maritima* Willd. et *gallica* Willd.; *Erythræa tenuiflora* Link, *Glaux maritima* L.; les *Statice Limonium* L., *lychnidifolia* Gir. et *occidentalis* Lloyd (cette dernière espèce se rencontre aussi çà et là dans les falaises); *Plantago maritima* L., *Obione portulacoides* Moq.-T.; les *Salicornia fruticosa* L., *radicans* Sm. et *herbacea* L.; *Suæda fruticosa* Forsk. et *S. maritima* Dum.; *Rumex maritimus* L., *Triglochin maritimum* L., *Potamogeton pectinatus* L., *Ruppia rostellata* Koch et *R. spiralis* Dum.; les *Juncus maritimus* Lam. et *acutus* L.; *Scirpus pungens* Vahl et *S. Savii* Seb. et M.; les *Carex punctata* Gaud., *extensa* Good. et *divisa* Huds.; *Spartina stricta* Roth, *Alopecurus bulbosus* L.; *Polypogon monspeliensis* Desf. et *P. littoralis* Sm.; les *Glyceria maritima* Wahl., *distans* Wahl., *Borreri* Bab. et *procumbens* Dum.; *Hordeum maritimum* With., *Lepturus filiformis* Trin.; les *Chara contraria* A. Br., *aspera* Willd. et *crinita* Wallr.

Pour terminer cet aperçu rapide de la distribution géographique des plantes phanérogames dans notre région, il nous paraît indispensable de mentionner les plantes calcicoles qui ne se rencontrent sur notre sol éminemment siliceux que grâce aux sols calcaires contenus en dissolution dans les eaux de la mer et aux débris coquilliers accumulés sur les grèves ou dans les dunes.

Les plus typiques de ces plantes sont :

Diplotaxis muralis DC. et *D. tenuifolia* DC.; *Arabis hirsuta* Scop., *Viola hirta* L., *Hippocrepis comosa* L., *Anthyllis Vulneraria* L., *Poterium dictyocarpum* Spach, *Eryngium campestre* L., *Onopordon Acanthium* L., *Cirsium acaule* L., *Carduus nutans* L. et *C. tenuiflorus* Sm., *Centaurea Calcitrapa* L., *Helminthia echioides* Gaertn., *Specularia hybrida* DC., *Chlora perfoliata* L., *Anchusa italica* Retz, *Hyoscyamus niger* L., *Veronica spicata* L.,

Salvia Verbenaca L., *Thesium humifusum* DC., *Iris fœtidissima* L., *Ophrys aranifera* Huds., *Chara aspera* Willd., etc.

En comparant la flore spontanée du Cotentin à celle du reste de la Normandie, nous voyons que les espèces suivantes ne franchissent pas les limites de notre département:

Batrachium tripartitum (DC.) Dum. et *B. hololeucum* (Lloyd) Garcke; *Raphanistrum maritimum* Rchb.; *Matthiola sinuata* R. Br., *Hirschfeldia adpressa* Mœnch, *Hutchinsia procumbens* Desv., *Polygala dunensis* Dum. et sa var. *ciliata* (Lebel) Corb., *Alsine dunensis* Corb., *Sagina subulata* Presl., *Erodium maritimum* Lhérit., *Trifolium Bocconei* Savi et *T. suffocatum* L., *Lotus hispidus* Desf., *Rosa littoralis* Corb., *Diotis candidissima* Desf., *Arthemisia Absinthium* L.; les *Erythræa capitata* Willd., *littoralis* Fr., *Moricrei* Corb. et *portensis* Hoffm. et Link.; *Myosotis collina* Hoffm. var. *Lebelii* (Gren. et Godr.) Corb., *Scrofularia Scorodonia* L., *Linaria arenaria* DC., *Orobanche Paralias* Corb., *Statice lychnidifolia* Gir. et *S. occidentalis* Lloyd, *Salicornia fruticosa* L., *Rumex rupestris* Le Gall, *Polygonum maritimum* L. et *P. Raii* Bab., *Zostera nana* Roth, *Potamogeton Zizii* M. et K., *Ruppia spiralis* Dum.; *Romulea Columnæ* Seb. et M., *Asparagus prostratus* Dum.; les *Carex punctata* Gaud., *nitida* Host, *limosa* L., *Buxbaumii* Wahlenb., *dioïca* L.; *Phalaris minor* Retz, *Cynosurus echinatus* L., *Lagurus ovatus* L., *Vulpia membranacea* Link, *Elymus arenarius* L., *Polystichum æmulum* (Sw.) Corb., *Hymenophyllum Wilsoni* Hook.; les *Chara contraria* A. Br., *crinita* Wallr. et *connivens* Salzm.

Par contre, dans l'état actuel de nos connaissances, un certain nombre d'espèces, plus ou moins fréquentes dans les autres parties de la Normandie, nous font défaut. Je citerai, en particulier :

Myosurus minimus L., *Ranunculus auricomus* L., *Helleborus fœtidus* L., *Actæa spicata* L., *Turritis glabra* L., *Cardamine Impatiens* L., *Alyssum calycinum* L., *Iberis amara* L., *Polygala calcarea* Schultz, *Gypsophila muralis* L., *Rhamnus catharticus* L., *Genista sagittalis* L., *Astragalus glycyphyllos* L., *Herniaria glabra* L., *Chrysosplenium alternifolium* L., *Turgenia latifolia* Hoffm., *Galium anglicum* Huds., *Asperula odorata* L., *Lactuca perennis* L. et *L. saligna* L., *Pirola minor* L., *Verbascum Lychnitis* L., *Ajuga genevensis* L., *Platanthera chlorantha* Cust., *Nardurus Lachenalii* Godr. et *N. tenellus* Rchb.

Il est surtout digne de remarque que les îles anglo-normandes, qui géographiquement se rattachent au Cotentin, possèdent les sept espèces suivantes, dont la plupart se rencontrent aussi sur la côte Nord de la Bretagne, mais manquent sur notre territoire. Ce sont :

Silene noctiflora L., *Ononis reclinata* L., *Arthrolobium ebracteatum* DC., *Milium scabrum* Rich., *Gymnogramme leptophylla* Desv., *Ophioglossum lusitanicum* L. et *Isoetes Hystrix* Dur.

MUSCINÉES.

Le climat doux et humide dont jouit notre région, — également à l'abri des chaleurs et des froids excessifs, — favorise particulièrement la végétation et la reproduction des Muscinées. Les Hépatiques surtout, dont les organes ont une délicatesse très grande, trouvent chez nous, sur une multitude de points, leurs stations préférées : des lieux frais, humides ou ombragés, quantité de sources et de ruisselets ; de plus, sur toute l'étendue de nos côtes, elles vivent plongées à peu près constamment dans une sorte de buée qu'entretiennent des pluies fréquentes et l'évaporation des eaux de la mer.

On ne doit donc pas s'étonner du nombre relativement considérable d'espèces que nous possédons (plus de 300 Mousses et près de 100 Hépatiques[1]), ni de l'abondance des espèces méridionales qui remontent jusque chez nous, et parfois jusque sur les côtes Sud d'Angleterre et d'Irlande, où beaucoup atteignent leur limite septentrionale d'extension.

Nos espèces de Muscinées les plus notables à ce point de vue sont, parmi les Mousses : *Phascum rectum* Sm., *Fissidens decipiens* de Not., *F. algarvicus* Solms-L. ; *Pottia minutula* Schp., *P. Starkeana* C. M. avec ses var. *brachyoda* (Schp.) Lindb. et *leucodonta* Schp., *P. cavifolia* Ehrh. ; *Trichostomum flavovirens* Bruch (c. fr.), *T. mutabile* Br. eur. (c. fr.), *T. tophaceum* Brid., *T. crispulum* Br. ; *Barbula atrovirens* Schp., *B. canescens* Br., *B. acuta* Brid., *B. Hornschuchiana* Schultz, *B. squarrosa* Brid., *B. nitida* Grav. ; *Grimmia orbicularis* Br. eur., *G. leucophæa* Grev. ; Brid. *Zygodon viridissimus* (c. fr.) ; *Entosthodon Templetoni* Schwaeg., *E. ericetorum* Schp. ; *Funaria microstoma* Br. eur., *F. calcarea* Wahl. ; *Leptobryum piriforme* Schp. ; *Webera Tozeri* Schp., *W. carnea* Schp. ; *Bryum canariense* Brid., *B. torquescens* Br. eur., *B. Donianum* Grev., *B. murale* Wils. ; *Leptodon Smithii* Mohr (c. fr.) ; *Scleropodium Illecebrum* Br. eur. ; *Rhynchostegium algirianum* (Brid.) Lindb., *R. megapolitanum* Br. eur. ; *Eurhynchium circinatum* (Brid.) Br. eur., etc.

Et parmi les Hépatiques : *Madotheca obscura* (Nees)

[1] *Cfr* L. Corbière, Muscinées du dép. de la Manche *(Mém. Soc. Sc. nat. et math. de Cherb.*, t. XXVI, pp. 195-368, 1 pl.) et Supplément. *(loc. cit.*, t. XXX, pp. 277-292).

Boul., *M. Thuya* Dum.; *Cincinnulus argutus* Dum. (c. fr.); *Cephalozia Turneri* Lindb., *C. dentata* Lindb.; *Saccogyna viticulosa* Dum.; *Calypogeia ericetorum* Raddi; *Fossombronia angulosa* Raddi, *F. cæspitiformis* de Not. et sa var. *Husnoti* Corb.; *Sphærocarpus terrestris* Sm.; *Lunularia cruciata* Dum.; *Reboulia hemisphærica* Raddi; *Targionia hypophylla* L.; *Riccia crystallina* L., etc.

Vu la nature de notre sol, où les roches siliceuses ont une immense prédominance, nous n'avons que peu d'espèces franchement calcicoles. Celles-ci, d'ailleurs, ne se rencontrent guère que sur les murs, fixées aux pierres calcaires ou sur le mortier, ou bien encore dans les sables maritimes qui leur fournissent, grâce aux débris coquilliers et à l'embrun des vagues, le carbonate de chaux dont elles ont besoin. Citons à cet égard : *Phascum rectum; Eucladium verticillatum* Br. eur.; *Gyroweisia tenuis* Schp.; *Gymnostomum calcareum* N. et H.; les *Pottia minutula, Starkeana, lanceolata* C. M. et *cavifolia*; *Ditrichum flexicaule* Lindb.; *Didymodon luridus* Hornsch.; les *Trichostomum flavovirens, mutabile, tophaceum* et *crispulum; Barbula sinuosa* (Wils.) Braithw., *B. revoluta* Brid.; *Grimmia orbicularis*; *Orthotrichum saxatile* Wood; *Encalypta vulgaris* Hedw., *E. streptocarpa* Hedw.; *Funaria calcarea* Wahlenb.; *Bryum murale* Wils.; *Philonotis calcarea* Schp.; *Thuidium abietinum* Br. eur.; *Camptothecium lutescens* Br. eur.; *Eurhynchium circinatum;* les *Rhynchostegium algirianum* et *megapolitanum; Hypnum falcatum* Brid., etc. — Nous avons une seule Hépatique franchement calcicole, le *Pellia Fabroniana* Raddi (*P. calycina* Nees).

Deux mousses sont incontestablement halophiles : *Grimmia maritima* Turn. et *Pottia Heimii* Fürn.

D'autres, sans mériter ce nom, subissent cependant à différents degrés l'influence de la mer. De là résultent des variations plus ou moins profondes, mais que l'étude sur place permet de ramener au type continental. Aucun genre n'est plus intéressant sous ce rapport que le genre *Pottia*, et en particulier le groupe de formes que j'ai réunies sous le nom de *P. Mittenii (Musc. de la Manche*, pp. 234-236).

S'il est tout naturel que beaucoup de Muscinées de la région méditerranéenne remontent jusque sur nos rivages, grâce à notre climat privilégié, il est d'autre part assez surprenant de rencontrer, presque au niveau de la mer, des espèces caractéristiques de la région alpine, notamment *Rhacomitrium sudeticum* Br. eur. et *R. fasciculare* Brid.

A une altitude parfois inférieure à 10 mètres existent encore aux environs de Cherbourg : les *Bryum alpinum* L., *inclinatum* Br. eur. et *cirratum* Hornsch.; les *Webera albicans* Schp. et *nutans* Hedw.; *Oncophorus Bruntoni* Lindb.; *Rhacomitrium aciculare* Brid. et *R. protensum* A. Br.; *Mnium punctatum* Hedw.; *Hypnum uncinatum* Hedw., *H. falcatum* Brid. et *Andreœa rupestris* Roth, etc., que l'on est habitué à rencontrer assez haut dans les montagnes.

Il faut voir dans ces faits, il me semble, les restes persistants d'une ancienne flore, qu'il n'est sans doute pas téméraire de faire remonter jusqu'aux époques glaciaires.

Pour terminer cet aperçu concernant notre flore bryologique, mentionnons encore les espèces suivantes, intéressantes à divers titres :

Mousses. — *Dicranum Scottianum* Turn., *D. spurium* Hedw.; *Ditrichum pallidum* Lindb.; *Trichostomum littorale* Mitt.; *Zygodon Stirtoni* Schp., *Z. conoideus* H. et T.; *Ulota phyllantha* Brid.; *Orthotrichum pulchellum* Sm.; *O. rivulare* Turn.; *Bryum pendulum* Schp., *B. warneum* Brid., *B. intermedium* Br. eur., *B. uliginosum*

Br. eur., *B. Corbieri* Philib., *B. badium* Bruch; *Philonotis rigida* Brid., *Ph. Boulayi* Corb.; *Diphyscium foliosum* Mohr; *Scleropodium cæspitosum* Br. eur.; *Hyocomium flagellare* Br. eur.; *Eurhynchium pumilum* Schp.; les *Hypnum elodes* R. Spr., *polygamum* Schp., *intermedium* Lindb., *Sendtneri* Schp., *lycopodioides* Schwæg., *revolvens* Sw., *resupinatum* Wils., *giganteum* Schp., *stramineum* Dicks., *scorpioides* L.; *Hylocomium brevirostre* Br. eur.; les *Sphagnum medium* Limpr., *papillosum* Lindb., *molluscum* Bruch, *laricinum* R. Spr., *teres* Angstr., *cuspicatum* Ehrh., etc.

Hépatiques. — *Frullania fragilifolia* Tayl.; les *Lejeunea ulicina* (Tayl.), *minutissima* (Sm.), *hamatifolia* Dum. et *calyptrifolia* Dum.; *Madotheca lævigata* Dum., *obscura* (Nees) Boul., *Thuya* Dum. et *Porella* Nees; *Radula Lindbergiana* Gott.; les *Scapania resupinata* Dum., *irrigua* Dum. et *curta* Dum.; *Tricholea tomentella* Dum.; *Lepidozia pinnata* Dum., *L. setacea* Mitt. et *L. Trichoclados* C. M. frib.; *Odontoschisma Sphagni* Dum.; les *Cephalozia connivens* Spruce, *lunulifolia* Dum., *reclusa* Dum. et *Francisci* Dum.; *Plagiochila spinulosa* Dum.; les *Lophozia minuta* Schiffn., *gracilis* Steph., *incisa* Dum. et *inflata* Howe; *Aplozia autumnalis* (DC.) Heeg; *Fossombronia Dumortieri* Lindb.; *Blasia pusilla* L. (c. fr.); *Aneura sinuata* Dum., *A. major* (Lindb.) et *A. latifrons* (Lindb.); enfin *Riccia sorocarpa* Bisch. et sa var. *Raddiana* (Jack et Lev.), *R. commutata* Jack, *R. Hübeneriana* Lindenb. et *R. fluitans* L.

LICHENS.

Cette classe de végétaux cryptogamiques a été, dans notre région, l'objet des investigations du regretté M. Le Jolis. Ses *Lichens des environs de Cherbourg,* publiés en 1858 (Mémoires de la Soc. des Sc. nat., t. VI), ont fait oublier le *Catalogue méthodique des Lichens recueillis dans l'arrondissement de Cherbourg,* dû à M. P.-A. Delachapelle, et paru d'abord en 1826, puis réédité dans les Mémoires de la Société Académique de Cherbourg en 1856.

Les causes que nous avons signalées précédemment, surtout au sujet des Muscinées, ont ici des effets analogues.

L'action saline de la mer nous procure spécialement les *Lichina pygmæa* C. Ag. et *confinis* C. Ag.; les *Roccella phycopsis* Ach. et *fuciformis* Ach.; *Ramalina scopulorum* Ach.; *Physcia aquila* Nyl.; les *Verrucaria maura* Walhenb. et *halodytes* Nyl.

Le climat et la situation géographique expliquent la présence des *Sticta aurata* Ach. et *limbata* Ach.; des *Physcia flavicans* DC., *leucomela* Mich. et *speciosa* Nyl.; *Sphærophoron compressum* Ach.; *Pannaria rubiginosa* Del.; *Parmelia plumbea* Ach.; *Lecidea carneoluta* Nyl., *L. lutea* Schær., *L. intermixta* Nyl., *Arthonia spadicea* Leight.; *Normandina Jungermanniæ* Nyl., etc.

Les Lichens silicicoles sont naturellement en très grande majorité dans les environs immédiats de Cherbourg, explorés seuls par M. Le Jolis. Les espèces calcicoles en sont pour ainsi dire exclues : le petit nombre que l'on rencontre exceptionnellement se trouvent soit sur les mortiers et enduits de chaux, soit sur les pierres calcaires employées dans les constructions, soit enfin dans les sables maritimes.

Ephebe pubescens Fr., espèce montagnarde, existe dans les falaises de Gréville à 30 mètres à peine au-dessus du niveau de la mer, pour les mêmes causes sans aucun doute que celles qui nous procurent, à une altitude plus basse encore, les *Rhacomitrium fasciculare* et *sudeticum,* par exemple.

M. Le Jolis constate, non sans quelque étonnement (*loc. cit.,* p. 227), qu'il lui a été impossible de rencontrer dans ses explorations une seule espèce des genres *Umbilicaria, Alectoria, Cetraria* et *Coniocybe,* qui devraient cependant, selon toute probabilité, avoir des représentants dans notre pays.

CHAMPIGNONS.

Jusqu'à ce jour, cette classe de végétaux n'a été étudiée d'une facon spéciale dans notre région que par un seul botaniste.

M. J. GUILLEMOT, agent administratif de la Marine, explora presque sans relâche et avec une ardeur infatigable, de 1884 à 1892, tous nos environs. Sur le point de quitter notre ville pour aller se fixer à Toulon où l'appelaient ses fonctions (et où il devait mourir prématurément en 1902), il publia, dans le Bulletin de la Société des Sciences naturelles de l'Ouest de la France, le résultat de ses recherches sous le titre : *Champignons observés aux environs de Cherbourg.* Ce travail, dans lequel sont énumérées 459 espèces, dont 421 Hyménomycètes, est forcément incomplet, puisque les champignons inférieurs y sont à peine abordés. Toutefois, comme toutes les déterminations ont été faites par un botaniste de valeur, avec un soin scrupuleux, et que les cas embarrassants ont été soumis au contrôle de savants tels que MM. Gillet et Boudier, cette œuvre constitue une base très sérieuse sur laquelle pourront s'appuyer les mycologues à venir. Je ne puis qu'y renvoyer le lecteur qui s'intéresserait particulièrement à l'étude des Champignons.

Qu'il me soit seulement permis d'ajouter que, personnellement et au hasard de mes herborisations qui avaient un autre objet, j'ai constaté, ces dernières années, la présence à Cherbourg et aux alentours des espèces ci-après, non mentionnées par Guillemot :

Lepiota carcharias Pers. et *Tremella frondosa* Quél. — Bois du Roule.

Hydnum auriscalpium L. — Cherbourg : le Maupas, sur cônes de pins.

Hydnum velutinum Fr. et *H. melilotinum* (Quél.). — Nouainville : bord du bois du Mont-du-Roc.

Sparassis crispa Wulf. — Au pied des pins : la Glacerie et bois du Mont-du-Roc.

Geaster rufescens Pers. — Octeville, bois de la Prévalerie.

Geoglossum viride Pers. — Sauxmesnil, allée du château de Rochemont ; Nouainville, bois du Mont-du-Roc.

Elaphomyces granulatus Fr. — Mesnil-au-Val : coteau boisé entre Lorion et la ferme des Ecocheux.

Torrubia capitata Tul. — Parasite sur l'espèce précédente.

Lamproderma physaroides Rost. — Brix et Sauxmesnil (avec *Hymenophyllum tunbridgense*).

ALGUES.

Cherbourg est, au point de vue des Algues marines, une localité classique dans le monde entier, grâce aux découvertes et aux beaux travaux qu'y ont faits des savants universellement connus, comme MM. Thuret, Bornet, Rosanoff et Le Jolis.

Ce dernier, dans une œuvre très importante et modestement intitulée *Liste des Algues marines de Cherbourg*, a dressé l'inventaire de toutes nos richesses algologiques. Comme dans l'introduction de ce travail, le savant botaniste cherbourgeois trace, avec une compétence qui me fait défaut, les caractères les plus saillants de cette flore spéciale, je ne peux mieux faire que d'en reproduire ici les principaux passages.

« L'ensemble de la végétation sous-marine de notre côte se compose principalement de plantes pélagiennes, et peut se caractériser par certaines espèces, rares ailleurs, et remarquables ici par leur abondance sur tout le littoral, telles sont : le *Callithamnion floridulum* qui recouvre presque toutes les localités d'un tapis serré s'étendant depuis la limite des hautes marées jusqu'à celle des basses mers, les diverses espèces de *Punctaria* et d'*Asperococcus*, les *Phyllitis cæspitosa, Ralfsia verrucosa, Chordaria flagelliformis, Dictyosiphon fœniculaceus, Bifurcaria tuberculata, Tilopteris Mertensii, Rhodomela subfusca, Polysiphonia urceolata* et *atrorubescens, Melobesia Lenormandi, Lithothamnion polymorphum, Physactis pilifera, Cladophora repens, glaucescens, flexuosa*, etc.

» Quelques Algues sont intéressantes à signaler au point de vue de la géographie botanique. Ainsi, les *Chordaria flagelliformis, Dictyosiphon fœniculaceus, Ralfsia verrucosa, Phyllitis Fascia, Desmarestia viridis, Cladophora gracilis, Conferva collabens*, plantes du Nord de l'Europe, paraissent avoir ici leur dernière limite d'abondance vers le Sud, car elles manquent déjà ou sont rares sur les côtes de Bretagne. Par contre, on peut regarder notre presqu'île comme étant une des dernières stations vers le Nord de certaines espèces méridionales, telles que : *Bryopsis Balbisiana, Derbesia marina, Cladophora repens, Giraudia sphacelarioides, Liebmannia Leveillei, Padina Pavonia, Carpomitra Cabreræ, Bornetia secundiflora, Gracilaria compressa, Chondria tenuissima, Nitophyllum uncinatum, Laurencia obtusa, Gigartina pistillata* et *Teedii*, dont quelques-unes se rencontrent encore sur les côtes les plus méridionales de l'Angleterre. Il faut enfin citer quelques espèces inédites... : *Protococcus crepidinum* Thur., *Oscillaria colubrina* Thur., *Phormidium versicolor* Kütz., *Phyactis atropurpurea* Kütz., *Vaucheria piloboloides* Thur., *Punctaria Zosteræ* Le Jol., *Streblonema fasci-*

culatum Thur., *Ectocarpus elegans, glomeratus* et *Crouani* Thur., *Castagnea cæspitosa* et *contorta* Thur., *Porphyra leucosticta* Thur., *Bangia Lejolisii* de Not., *Chantransia corymbifera* Thur., et diverses formes et variétés notables non encore signalées... ». (LE JOLIS, *loc. cit.*, pp. 1-2).

Nos Algues d'eau douce n'ont fait, à ma connaissance, l'objet d'aucun travail.

PRINCIPAUX DOCUMENTS RELATIFS A LA FLORE DU COTENTIN.

1827. GERVILLE (DE). — Liste des plantes croissant naturellement dans le département de la Manche. *(Mém. Soc. Linn. de Norm.*, III, pp. 288-346).

1846. LE JOLIS. — Observations sur quelques plantes rares découvertes aux environs de Cherbourg. *(Mém. Soc. Acad. Cherbourg*, 1847, pp. 266-296).

1848. LEBEL, E. — Recherches et observations sur quelques plantes nouvelles, rares ou peu connues de la presqu'île de la Manche. (Valognes, 1848).

1853. LE JOLIS. — Observations sur les *Ulex* des environs de Cherbourg. *(Mém. Soc. Sc. nat. Cherb.*, t. I, pp. 263-279).

1855. LE JOLIS. — Examen des espèces confondues sous le nom de *Laminaria digitata* auct. *(loc. cit.*, t. III, pp. 241-312).

1856. DELACHAPELLE, P.-A. — Catalogue méthodique des Lichens de l'arrondissement de Cherbourg. *(Mém. Soc. Acad. Cherb.*, pp. 311-363).

1858. LE JOLIS. — Lichens des environs de Cherbourg. *(Mém. Soc. Sc. nat. Cherb.*, t. VI, pp. 225-332).

1860. LE JOLIS. — Plantes vasculaires des environs de Cherbourg. *(loc. cit.*, t. VII, pp. 245-360).

1861. BESNOU et BERTRAND-LACHÊNÉE. — Catalogue raisonné des plantes vasculaires de l'arrondissement de Cherbourg. *(Congrès scient. de Fr.*, 27e session, II, pp. 289-541).

1864. LE JOLIS. — Liste des Algues marines de Cherbourg. *(Mém. Soc. Sc. nat. Cherb.*, t. X, pp. 5-168, 6 pl.).

1868. LE JOLIS. — Mousses des environs de Cherbourg. *(loc. cit.*, t. XIV, pp. 173-214).

1881. BESNOU, Léon. — La Flore de la Manche. (Coutances, Salettes édit.).

1884. CORBIÈRE, L. — Herborisations aux environs de Cherbourg. *(Bull. Soc. Linn. de Norm.*, 3e sér., 8e vol. pp. 358-373).

1884. CORBIÈRE, L. — Note sur le Potamogeton Zizii. *(loc. cit.*, pp. 403-410).

1884. CORBIÈRE, L. — Coup d'œil sur la végétation dans la Hague. *(loc cit.*, pp. 422-436).

1887. CORBIÈRE L. — Erythræa Moriori et les Erythræa à fleurs capitées. *(Mém. Soc. Sc. nat. Cherb.*, t. XXV, pp. 269-276).

1888. CORBIÈRE, L. — Nouvelles herborisations aux environs de Cherbourg et dans le Nord du département de la Manche. *(Bull. Soc. Linn. Norm.*, 4e sér., 1er vol , pp. 97-124).

1888. CORBIÈRE, L. — Sur l'apparition de quelques plantes étrangères à Cherbourg et à Fécamp. *(loc. cit.*, pp. 321-330).

1889. CORBIÈRE, L. — Muscinées du département de la Manche. *(Mém. Soc. des Sc. nat. et math. de Cherb.*, t. XXVI, pp. 195-368, 1 pl.).

1890. CORBIÈRE, L. — La flore littorale du département de la Manche. *(Mém. Soc. Acad. Cherb.*, pp. 186-196).

1893. GUILLEMOT, J. — Champignons observés aux environs de Cherbourg. *(Bull. Soc. Sc. nat. de l'Ouest de la France*, III, pp. 115-192).

1894. CORBIÈRE, L. — Nouvelle Flore de Normandie. (Caen, Lanier édit., XVI-716 pages).

1895. CORBIÈRE, L. — Additions et rectifications à la nouvelle Flore de Normandie. *(Bull. Soc. Linn. de Norm.*, 4e sér., 9e vol., pp. 76-116).

1897. CORBIÈRE, L. — Supplément aux Muscinées du département de la Manche. *(Mém. Soc.Sc. nat. et math. Cherb.*, t. XXX, pp. 277-292).

1898. CORBIÈRE, L. — Deuxième supplément à la nouvelle Flore de Normandie. *(Bull. Soc. Linn. de Norm.*, 5e sér., 1er vol., pp. 150-200).

1900. CORBIÈRE, L. — Les landes de Lessay. *(loc. cit.*, 5e sér., 3e vol., pp. 84-91).

V.

LE PRÉHISTORIQUE

PAR

M. H. MENUT,

Président de la Société Artistique et Industrielle de Cherbourg.

Les Périodes et Époques de *l'Age de la Pierre,* dont je parlerai plus spécialement, sont actuellement bien représentées dans notre région. Naguère, faute de recherches suffisantes, les instruments et outils étaient tellement rares, ou si peu caractérisés, que BONNISSENT, dans son *Essai géologique sur le département de la Manche,* avait pu dire : « Qu'on n'y voyait nuls vestiges de l'homme ni » des ustensiles à son usage, ustensiles que l'on découvre » fréquemment et en grande abondance dans beaucoup » de localités plus favorisées que la nôtre ».

Cette lacune signalée par le savant géologue s'est trouvée comblée par ma découverte de la Station préhistorique de Bretteville en 1879[1].

[1] H. MENUT, Essai sur la Station préhistorique de Bretteville. *(Mém. de la Soc. nation. des Sc. nat. et math. de Cherbourg,* t. XXV, pp. 225-256, pl. I-XXIII).

M. Delambre, officier supérieur du Génie[1] et M. Clavenad, ingénieur de la Marine[2], m'avaient précédé dans cette voie en publiant le résultat de leurs recherches, qui se rapportent surtout à l'époque de la Pierre polie, ou Période néolithique, et à l'Age du Bronze. M. Clavenad fait allusion à mes recherches qui n'en étaient encore qu'à leur début.

Appelé à faire d'importants travaux de terrassement à 6 kilomètres de Cherbourg, à Bretteville, j'ai mis au jour après plusieurs années de travail et de recherches, une Station ou Atelier préhistorique de l'Age de la Pierre. Nous y sommes en présence de la longue Période paléolithique, bien caractérisée par les quatre Époques quaternaires :

1° Chelléenne ou Acheuléenne (pl. I),
2° Moustérienne (pl. II et III),
3° Solutréenne (pl. IV),
4° Magdalénienne (pl. V et VI);

Enfin la Période néolithique y comprend toute l'Époque Robenhausienne (pl. VII et VIII).

L'Atelier occupait portion d'un mamelon s'avançant dans la mer et connu sous le nom de Pointe du Heu. Le Génie y a construit une batterie.

Les gisements étaient localisés : Robenhausiens à la partie supérieure (cote 14^{m} au-dessus de la mer), avec accu-

[1] A. Delambre, Note relative aux objets découverts dans les fouilles de la batterie neuve de Nacqueville, en septembre 1878. (*Mém. Soc. Sc. nat. et math. de Cherbourg*, XXI, 1878, pp. 336-340).

[2] Clavenad, Note sur les objets préhistoriques trouvés dans les fouilles récemment opérées à Cherbourg ou dans les environs, et notamment dans les déblais du bassin des Subsistances de la Marine (*loc. cit.*, XXII, 1879, pp. 145-160).

mulation considérable de résidus ou déchets de fabrication. De l'Est à l'Ouest, types Magdaléniens. Du Nord au Sud, les gisements Chelléens et Moustériens.

Une autre particularité, c'est que l'ensemble du gisement procède en quelque sorte de celui des instruments des plateaux, par son peu d'épaisseur, et de celui des instruments d'alluvions, par la composition du sol recouvrant et par le voisinage.

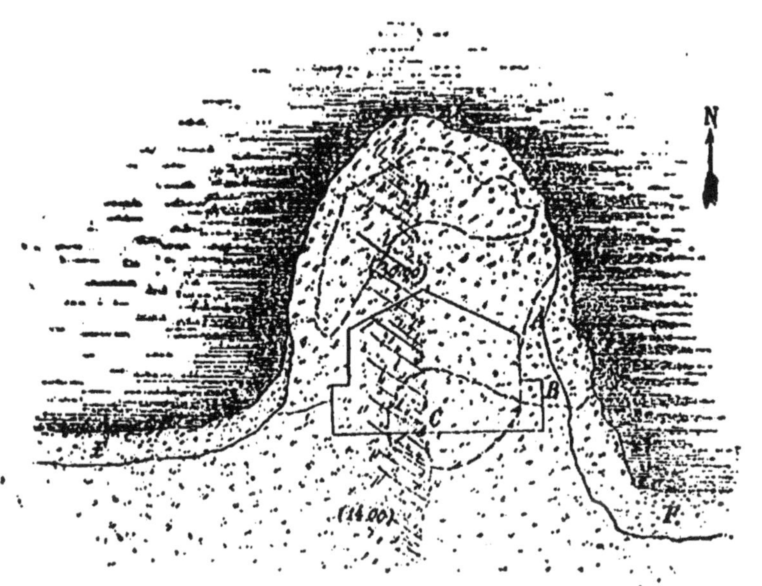

Pointe du Heu, à Bretteville.

En effet, à droite et à gauche de la Pointe-du-Heu, les falaises *FF* d'alluvions quaternaires, de 4 à 5 mètres de puissance, sont battues et désagrégées par la mer; elles sont d'une composition identique; un type Moustérien de la plus grande pureté en provient.

Peu ou point d'ossements ou de restes artistiques de la fin de l'Époque solutréenne ou de l'Époque magdalénienne, ce qui s'explique par le peu d'épaisseur du sol recouvrant. A noter, cependant, des débris d'ossements très altérés; quelques-uns fendus en long. Comme toujours l'Est était le versant le plus productif. Les pierres (silex) étonnées au feu ne sont que des accidents dus au contact des foyers et nullement des vestiges tertiaires.

La Station était admirablement choisie par l'homme du temps, protégée à droite et à gauche par les cours d'eau qui débouchaient des vallées du Petit-Val et de la Vieille-Écluse, et ainsi à l'abri de toute surprise; les matières premières (silex), charriées avec les pierres roulées, dans les alluvions, s'y trouvaient à proximité des ouvriers.

Non loin de là, à Bretteville-en-Saire, près du Douet-Picot, une allée couverte, monument mégalithique ou sépulture robenhausienne, établit une relation intime avec la description d'instruments ou d'outils datant de cette même époque.

J'insiste sur ce fait remarquable que tous les objets et instruments décrits provenant de Bretteville, ont été tous recueillis dans une étendue relativement restreinte; c'est une des rares successions rencontrées des quatre Époques quaternaires de la Période paléolithique, dans une seule Station.

La Période néolithique, ainsi qu'il a été dit, y est également admirablement représentée. Les différentes planches ne figurent qu'une très faible partie des richesses préhistoriques de Bretteville.

Pour qui voudrait bien étudier le Préhistorique dans notre région, il faudrait avoir recours :

1° A la brochure du Dr Renault, ancien maire de Cherbourg : *Inventaire des Découvertes préhistoriques et gallo-romaines dans les environs de Cherbourg,* en 1880;

2° A mes deux ouvrages : *Essai sur la Station préhistorique de Bretteville* (cité plus haut) et *Le Préhistorique en Basse-Normandie* (Cherbourg, 1890) ;

3° A l'*Inventaire des Découvertes archéologiques du département de la Manche* (Cherbourg, 1900), par M. Auguste Voisin, secrétaire-conservateur du Musée de la Société Artistique et Industrielle de Cherbourg.

ÉPOQUE CHELLÉENNE.

Très bien caractérisée par un instrument unique propre à tous les usages ; l'outil ou arme est généralement terminé par une base ou crosse, plus ou moins arrondie, opposée à la pointe.

On rencontre toutes les formes intermédiaires, depuis la pointe allongée jusqu'à l'ovale (pl. I).

ÉPOQUE MOUSTÉRIENNE.

Grande variété d'instruments ; tous ont une face lisse, détachée par éclatement du noyau. L'autre côté, plus ou moins bombé, est à arêtes plus ou moins retouchées, quelquefois avec une grande finesse et une extrême régularité. On y remarque, bien tranché, le caractère distinctif des deux Époques.

A l'Époque précédente, l'instrument était constitué par le nucleus ; à celle qui nous occupe, il l'est par l'éclat détaché (pl. II et III).

ÉPOQUE SOLUTRÉENNE.

Quelques instruments bien typiques à deux pointes, finement retaillés ; quelques beaux perçoirs-grattoirs à double courbure, quelques-uns à cran. Des grattoirs quaternaires, faciles à distinguer de ceux de la Période néolithique (Époque robenhausienne), puisqu'ils sont plus minces, plus allongés, et surtout moins discoïdes, indiquent l'Époque, cependant moins bien représentée que les précédentes (pl. IV).

ÉPOQUE MAGDALÉNIENNE.

Par suite de l'abaissement général de température, les instruments se rattachant à la fabrication des vêtements abondent : grattoirs, forets, alênes, en silex ; aiguilles en os avec chas. A la fin de l'Époque solutréenne apparaît la brillante phase artistique de la Madeleine. Les burins sont nombreux, les grattoirs sont, le plus généralement, retaillés à l'extrémité des lames ou éclats. Enfin nous avons aussi trouvé, absolument caractéristique, une sorte de racloir en forme de serpette (pl. V et VI).

TEMPS ACTUELS.

Période néolithique.

ÉPOQUE ROBENHAUSIENNE.

Cette époque se divise ici en deux parties :

1° la pierre taillée ; — 2° la pierre polie.

Dans les Ateliers étudiés et plus spécialement à Bretteville, c'est la première presque exclusivement qui est représentée. Il a été certainement recueilli de nombreux instruments polis, très disséminés ; beaucoup en matériaux étrangers, ils semblent donc importés et non fabriqués dans la région.

A l'Époque que nous passons en revue, l'homme renonce aux instruments qu'il retirait du renne, présentement disparu.

Il recommence à travailler la pierre, grossièrement d'abord, puis enfin à un tel degré de perfection que l'on comprend difficilement de pareils résultats obtenus avec des outils aussi rudimentaires.

L'outillage devient des plus complets et des plus variés, représenté surtout par des perçoirs, des tranchets, des grattoirs, des couteaux, dont une variété à dos bombé et à pédoncule semble spéciale à Bretteville.

Les scies à double encoche pour l'emmanchure, s'y remarquent ; les pointes de flèches sont en nombre considérable, quelques-unes finement dentelées et barbelées avec pédoncule. A remarquer une série très variée d'outils, de formes intentionnelles, cherchées, adaptés à des usages spéciaux qui nous échappent, et répétés à de nombreux exemplaires de différentes grandeurs (pl. VII et VIII).

Les percuteurs et les retouchoirs y abondent.

L'existence de l'homme préhistorique est également démontrée par les armes et outils de silex et autres matières, déposés au Musée de la Société Artistique et Industrielle de Cherbourg ; par les collections ou les trouvailles de MM. Bigot, Goubaut, Harmois, Le Marquand, Rouxel, Tollemer et Voisin, provenant exclusivement du Cotentin et plus spécialement des communes de Barfleur, Biville, Hainneville, Huberville, Le Mesnil-au-Val, Saint-Germain-des-Vaux, Saint-Vaast-la-Hougue, Siouville, Tourlaville, etc.

Comme Station d'étude, celle de Bretteville mérite une mention toute spéciale ; car elle a permis de reconstituer, et dans un terrain relativement peu étendu, la succession des quatre Époques quaternaires de la Période paléolithique, bien représentées par des types intacts et absolument caractéristiques ; de retrouver entière la Période néolithique, Époque robenhausienne.

Parmi des milliers d'échantillons, des mètres cubes de déchets de fabrication, deux cents pièces environ ont été réservées ; elles représentent bien le résumé de l'industrie de l'homme préhistorique à l'Age de la Pierre.

MÉGALITHES.

Les monuments mégalithiques ne peuvent rivaliser en nombre et en importance avec ceux de l'Anjou et surtout avec ceux de la Bretagne. Cependant on relève beaucoup de monuments détruits, et ceux qui subsistent encore méritent d'attirer l'attention des archéologues.

M. H. Jouan les a recherchés et étudiés avec soin, dans son ouvrage : *Matériaux pour servir à l'histoire primitive de l'homme.*

Chaque jour on doit déplorer la disparition de ces témoins de la préhistoire, respectés par les siècles et détruits par la main de l'homme.

La belle allée couverte de la Lande Saint-Gabriel, à 800 mètres de l'église de Tourlaville, sur des hauteurs dominant Cherbourg et la rade, vers le S.-E., vient de subir le même sort, par suite de la construction d'une batterie. Elle était connue dans le pays sous le nom de Pierres-Couplées (ou Encouplées) ; de 15 mètres de longueur environ, elle était assez bien conservée au Nord, où 8 supports étaient restés debout ; à l'Est il n'en existait plus que 5, une seule table gisait sur le sol. Aujourd'hui tout est disparu.

Le monument mégalithique de Bretteville-en-Saire, à 8 kilomètres de Cherbourg, a pu heureusement être conservé. Cette allée couverte est à 200 mètres environ de la route de Cherbourg à Barfleur, à droite d'un chemin vicinal conduisant à Bretteville. Elle est orientée N. O. et S.

E. Le côté O. est le mieux conservé, on y comptait 9 supports en place et 3 inclinés ou renversés. Vers l'E. on n'en compte plus que 7. La largeur du vestibule est de 0m80 à 1m. 4 tables sont encore en place et 3 autres inclinées ou tombées; l'une d'elles est perforée de trous de mines et fendue longitudinalement. Celle-là seule est en granit, les autres sont en une sorte de poudingue ou arkose qui abonde dans le pays. 2 supports sont en stéaschiste quartzeux. Les tables varient de 2m80 à 1m80 de longueur et de 0m40 à 0m60 d'épaisseur. Elle mérite de retenir l'attention, et est d'une visite facile.

A Vauville on relève les vestiges d'une très importante allée couverte, à 500m au N. O. du chemin de Beaumont à la mer, sur une lande, à 134m d'altitude. Connue sous le nom de Pierres-Pouquelées, son orientation est N. O. S. E. Quelques supports restent debout. Sept ou huit dalles énormes qui les recouvraient gisent à terre. Tout indique que ce devait être un des monuments mégalithiques les plus considérables de la contrée; mais il n'en reste plus que des ruines.

A visiter également le très intéressant mégalithe de Flamanville, circonscrit dans le poste sémaphorique, à 90 mètres au-dessus de la mer, sur la falaise granitique. Il porte le nom de Pierre-au-Rey, et s'élève à 2m65 au-dessus du sol. 3 supports de granit, enfoncés verticalement, soutiennent à 1m20 une table ovoïde de granit de 1m90 de largeur sur 1m60 d'épaisseur.

A l'Est, on remarquait quelques pierres formant un vestibule, de 1m de largeur; elles sont enfouies aujourd'hui.

Ce monument sert actuellement d'abri et de cabane à lapins aux gardiens du sémaphore (1).

J'arrête ici ce rapide aperçu qui suffira pour indiquer

que notre contrée peut rivaliser avec nombre d'autres pour l'importance de ses monuments mégalithiques[1].

AGE DU BRONZE.

ÉPOQUE DUFORTIENNE.

Les haches de cette époque sont relativement rares ; cependant, il y a peu d'années, 3 beaux types, actuellement dans la collection Goubaut (?) de Saint-Vaast-la-Hougue, ont été recueillis à la Montagne du Roule, commune de la Glacerie, par des ouvriers employés aux carrières. C'est bien le type plat contemporain de la fin du néolithique, et marquant les débuts du bronze.

ÉPOQUES LARNAUDIENNES ET MORGIENNES.

L'industrie du bronze de ces deux Époques, très mélangées, a laissé de nombreuses traces de son existence dans notre contrée.

On trouve au Musée de Cherbourg de beaux spécimens des localités suivantes :

De Beaumont-Hague (1850-1851) : une hache trouvée sur la lande et dans un tumulus ouvert lors de la construction d'un four à chaux (Lande-des-Hougues) ; une épée de 0m40 de longueur sur 0m05 de largeur ; à côté se trouvaient une dizaine de pointes de silex dentées sur les bords.

De Couville (1852) : quelques coins pris dans une collection de 280 (clos Houguet) ; on y remarquait 13 moules

[1] Pour une revue générale ou une étude complète, voir le *Bulletin* de la *Société normande d'Études préhistoriques*, t. III, année 1895.

différents, les longueurs variant de 0m04 à 0m05, 0m07 et 0m09. Quelques-uns gardaient dans leurs anneaux trace de ligature et 2 d'entre eux portaient des fragments de bois dans leur douille.

De Néville (1813) : un coin de bronze de 0m12 de long sur 0m42 de large, pris dans une quarantaine (ferme Herclat).

De Sainte-Croix-Hague, près Vauville, un coin en bronze, échantillon d'une centaine, trouvés dans une poterie, dans le voisinage de l'Épinette.

De Tourlaville, 1865, un type des 10 haches en bronze trouvées à la Mare de Tourlaville, sous une couche de 1m50 de tourbe.

On a également découvert des haches en bronze à Bretteville-en-Saire, à Carneville, à Cherbourg, en 1879, en creusant les fondations pour l'établissement des Subsistances de la Marine (M. Clavenad, ingénieur).

A Cosqueville, en 1831, on trouva dans un monument mégalithique détruit, 40 coins en bronze.

A Flamanville, en 1832 et 1833, même découverte.

A Gonneville, des haches en bronze ont été recueillies en différents points de la commune, l'une d'elles est figurée pl. VII, années 1827-1828, Atlas des Mémoires de la Société des Antiquaires de Normandie.

Gréville en a également fourni.

A Nouainville, 450 coins en bronze, dont une quinzaine de grand module; les autres, d'une moyenne grandeur, étaient renfermés dans un vase de terre qui se brisa au toucher.

A Querqueville, M. Périaux trouva, en 1865, une hache à douille de 0m12 de long avec bourrelet et filet en dessous et anneau latéral; elle fut déposée au Musée de Rouen.

A Réthoville, à 300 mètres de l'église, en 1845, dans un champ, 300 coins en bronze pesant ensemble 35 kilog. ; la douille des plus grands renfermait des fragments de bois pourri.

En 1830, à Sotteville, une trentaine de coins, près du hameau de Psalmonville.

Au Theil, plusieurs centaines de haches en bronze en mauvais état.

A Tollevast, 1.800 coins.

A Tonneville, une trentaine à douille et anneau, dans une carrière, leur longueur variait de 0m13 à 0m08, plusieurs portaient encore des traces de l'emmanchement.

A Tourlaville, à la Pierre-Buttée, une série de coins en bronze, vers 1789.

Au Vast, route de Cherbourg à Barfleur, en 1830, 26 haches en bronze.

Vauville a également fourni des haches de l'Age du Bronze.

Dans l'arrondissement de Valognes : Amfreville, Anneville-en-Saire, Bricquebec (un moule à haches en bronze) ; Brix, Fermanville, Huberville, Montaigu (un moule en grès pour coins de bronze) ; Picauville, Portbail, Saint-Germain-de-Tournebut, Sainte-Mère-Eglise, Saint-Vaast-la-Hougue, Tonneville, Vierville, Yvetot, ont fourni une ample récolte d'objets de l'Age du Bronze.

De cet examen rapide, il ressort que la population aux temps préhistoriques de l'Age de la Pierre et surtout de l'Age du Bronze était déjà très dense ; des recherches postérieures ne manqueront pas de multiplier le nombre des Stations de l'homme primitif dans le Cotentin.

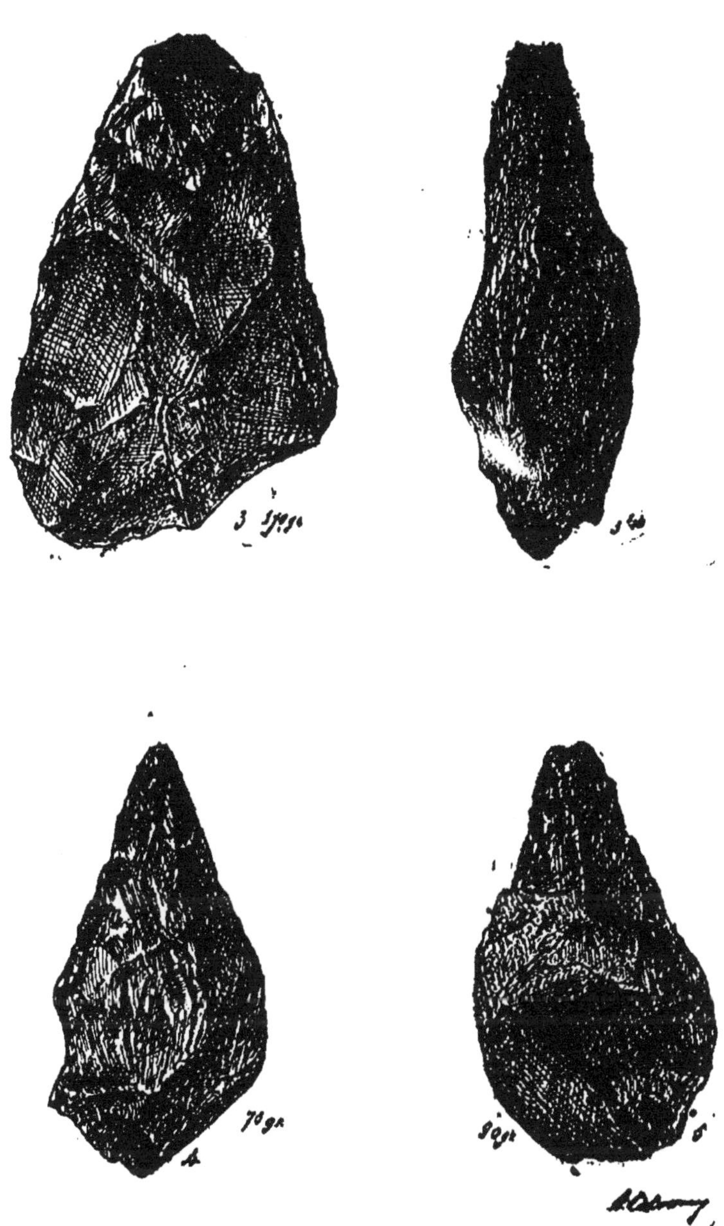

Pl. I. — Instruments chelléens.

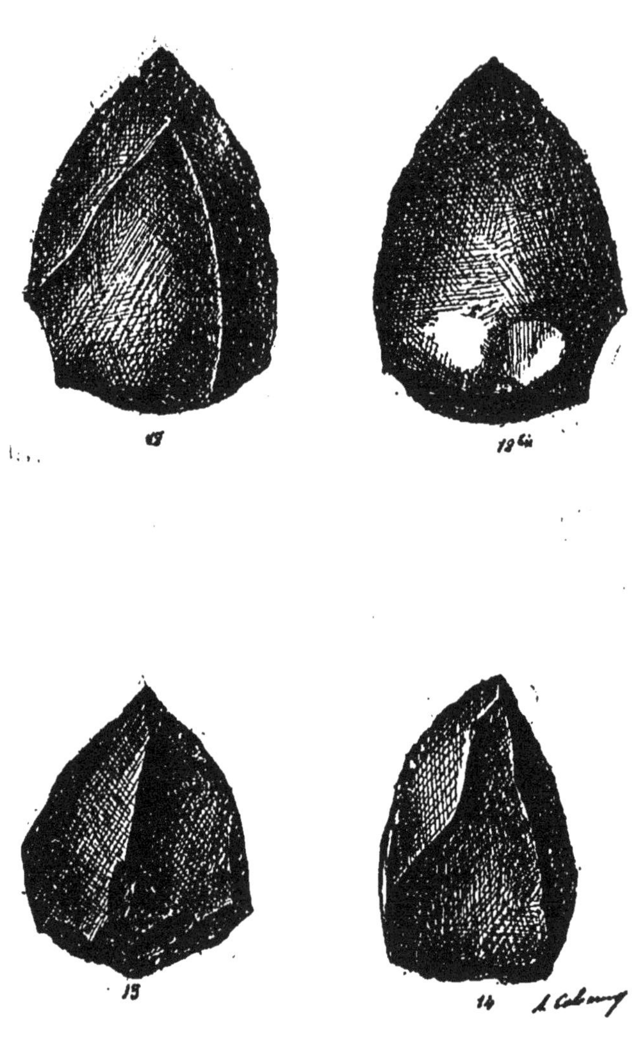

Pl. II. — Instruments moustériens.

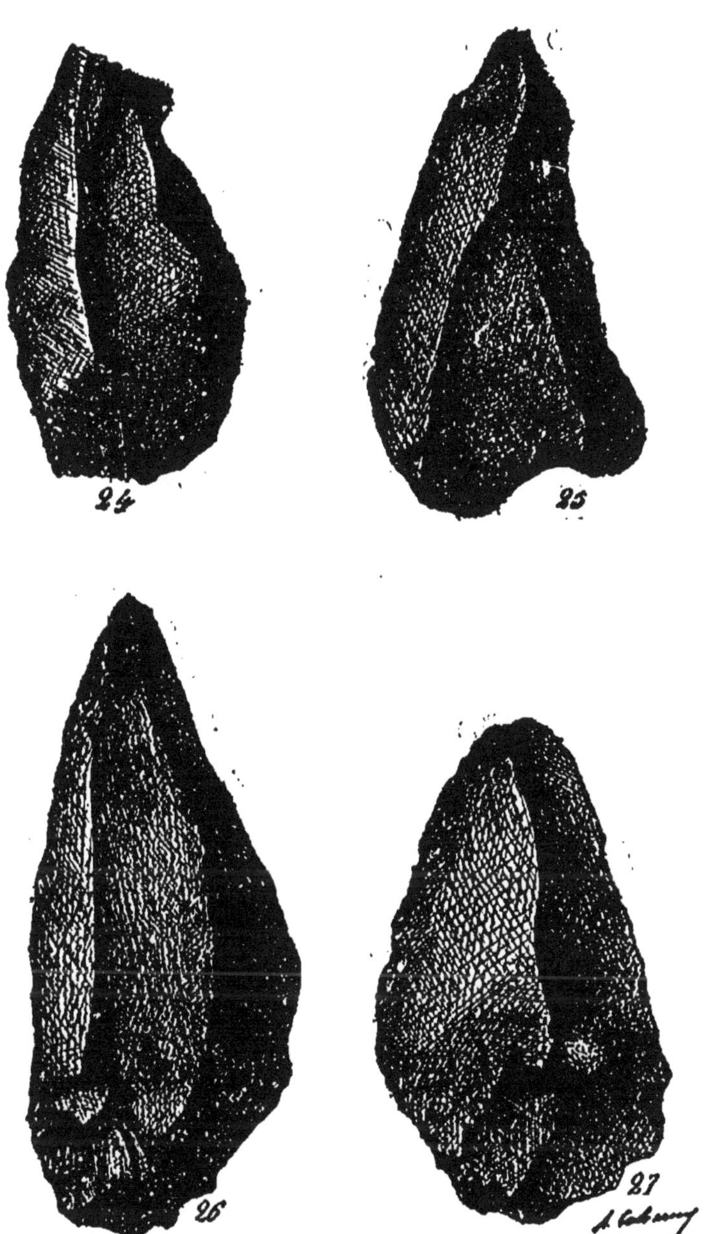

Pl. III. — Instruments moustériens.

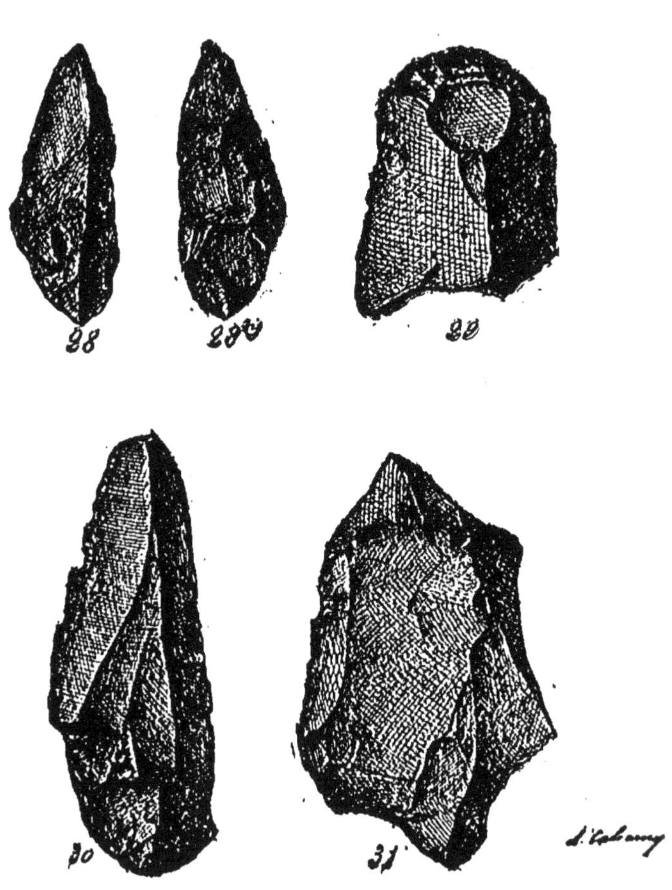

Pl. IV. — Instruments solutréens.

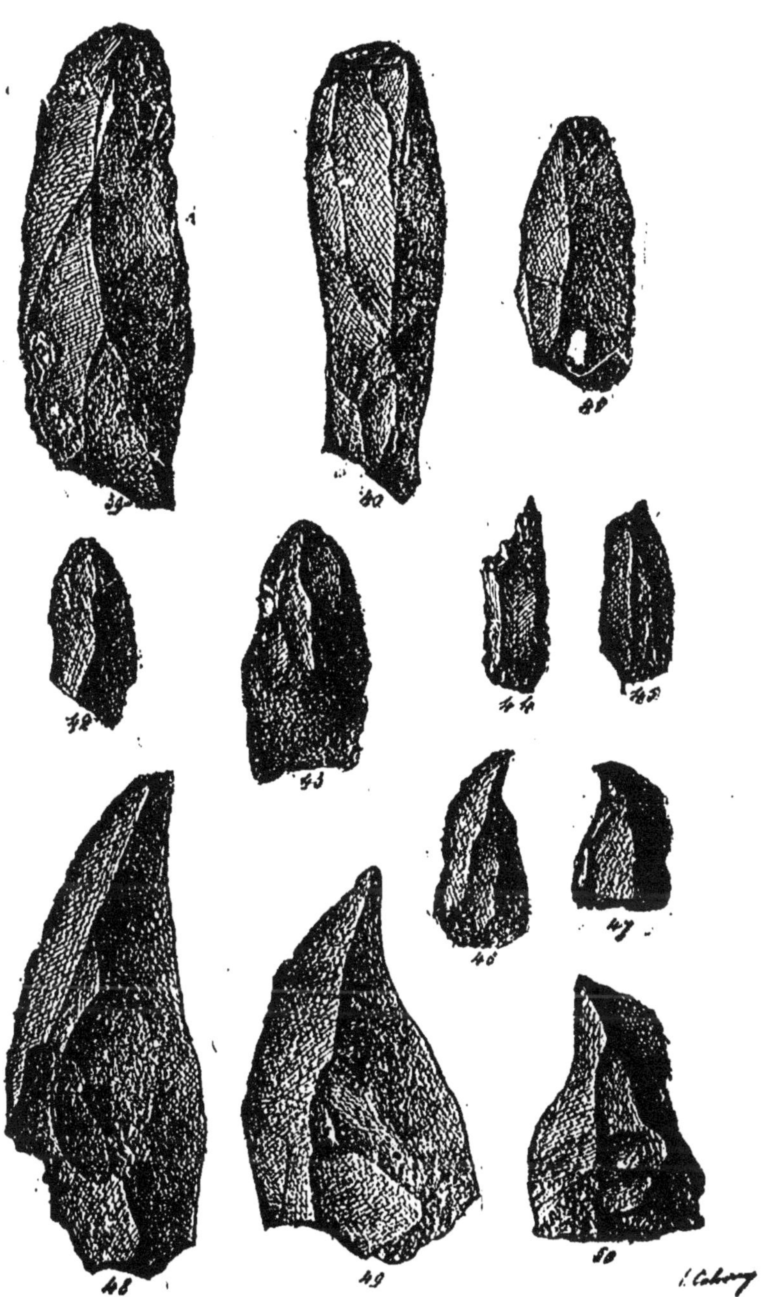

Pl. V. — Instruments magdaléniens.

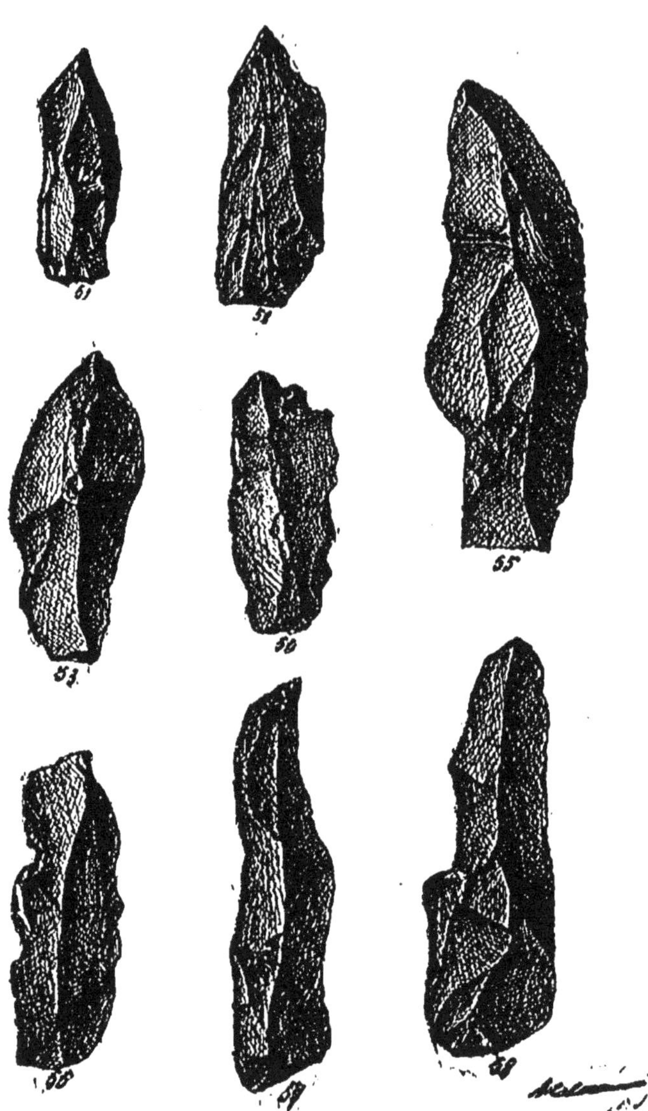

Pl. VI. — Instruments magdaléniens.

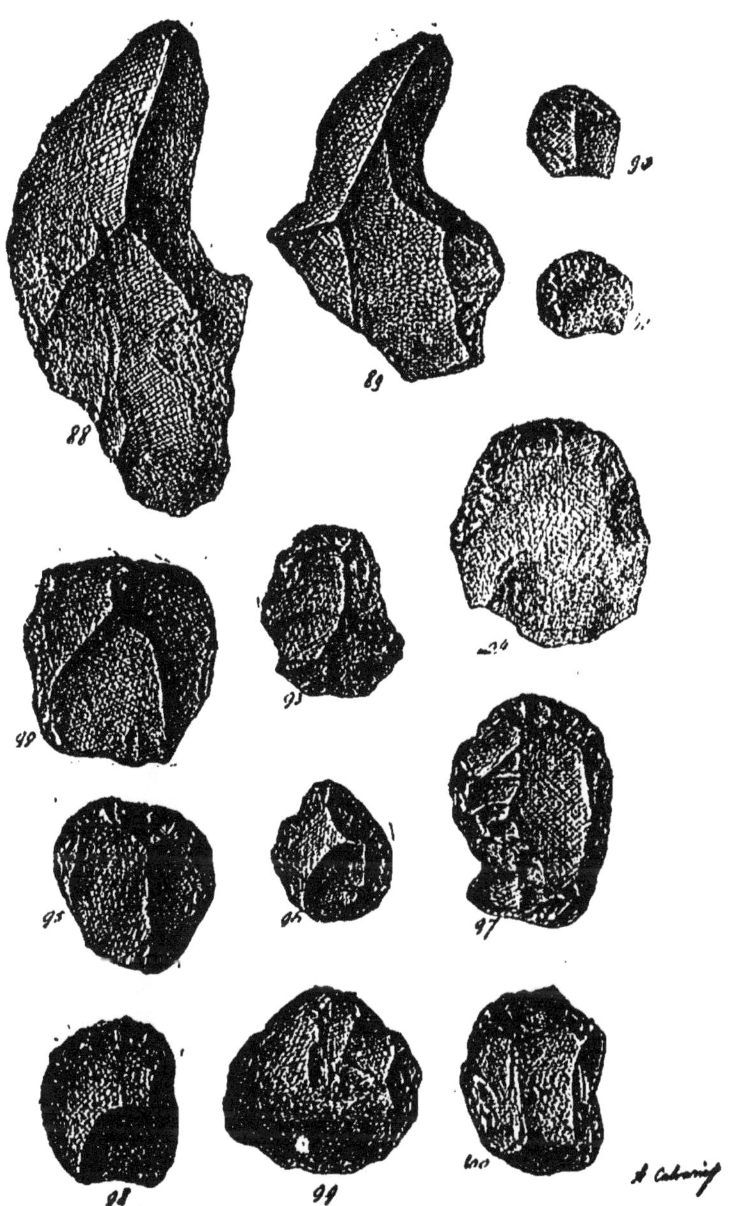

Pl. VII. — Instruments robenhausiens.

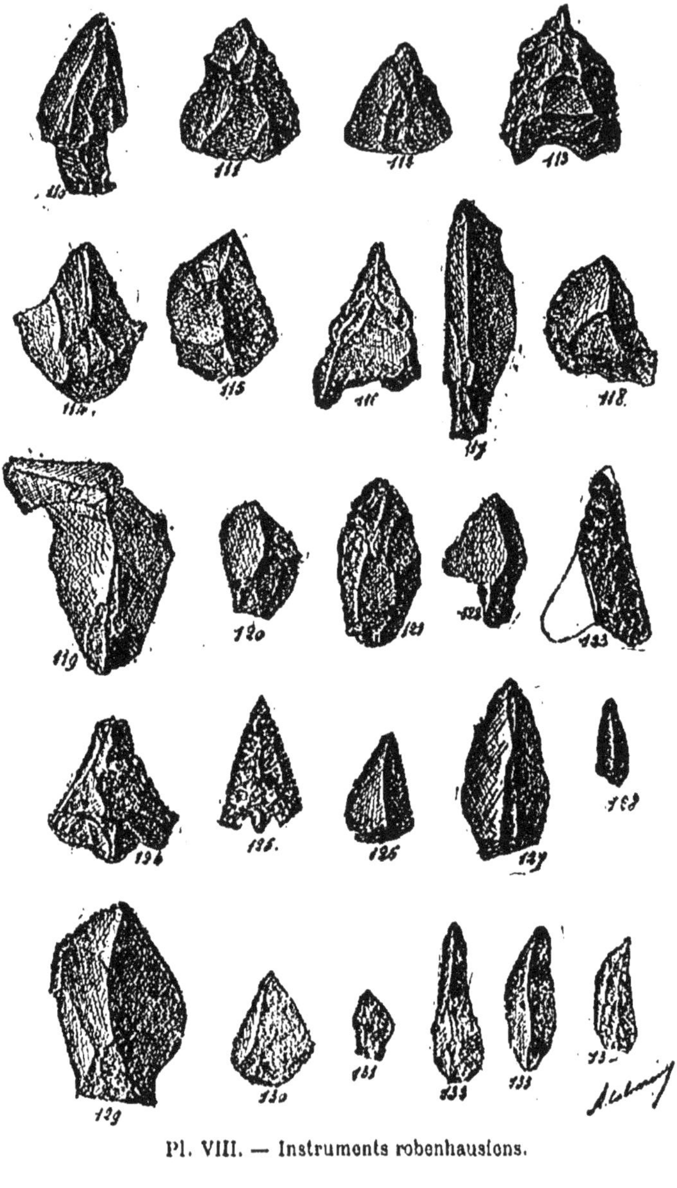

Pl. VIII. — Instruments robenhausiens.

COUP D'ŒIL

SUR

L'HISTOIRE DE CHERBOURG

PAR

M. Louis SALLÉ,

Avocat.

Raconter en quelques pages l'histoire de notre cité m'a paru être œuvre utile non-seulement pour nos concitoyens mais pour ceux mêmes qui s'intéressent à l'Histoire générale de la France.

La connaissance plus parfaite en effet des localités particulières, de leur origine, de leur passé, des événements par lesquels elles se sont plus mêlées à la vie nationale n'est-elle pas un moyen précieux d'investigation pour l'histoire du pays tout entier?

Telles sont les pensées qui ont inspiré notre travail.

Puisse ce simple coup d'œil répondre au but que nous nous sommes proposé.

I.

ORIGINE DE CHERBOURG.

Cherbourg, place de guerre et chef-lieu de notre 1er arrondissement maritime, est situé à l'extrémité de la presqu'île du Cotentin et à l'embouchure de la petite rivière Divette, dans la baie comprise entre le Cap Lévy à l'Est et le Cap de la Hague à l'Ouest, par le 49e degré 38′ 34″ de latitude Nord et le 3e degré 57′ 37″ de longitude Ouest, à 371 kilom. O.-N.-O. de Paris et vis-à-vis (à 115 kilom. au Sud) du premier établissement de la Marine anglaise, Portsmouth.

Il suffit de cette indication pour montrer l'importance stratégique de notre grand port militaire sur la Manche.

L'origine de Cherbourg, comme celle de tant d'autres villes, est totalement inconnue. Quelques traces d'établissements romains ont été trouvées dans les Mielles, sur l'emplacement actuel du quartier du Val-de-Saire. La voie romaine d'*Aluuna* à *Coriallo* se dirigeait vers ce point, mais sans qu'il soit possible d'affirmer qu'elle y aboutissait. Aussi l'identification de *Coriallo* avec Cherbourg reste très douteuse.

Ce n'est que sous les rois de la première race que pour la première fois notre ville se trouve mentionnée avec certitude sous le nom de *Chereburgum*, nom vulgaire romanisé au XIIe siècle en *Cæsaris burgus*.

Le Chereburgum du langage populaire ne tarda pas à secouer la forme latine pour se rajeunir et revêtir celle de la langue française.

En effet dans Robert Wace, auteur d'une histoire en vers de Guillaume le Conquérant, vers 1160, nous trouvons, à propos de la fondation de cent places de pauvres par le duc, dans les quatre hôpitaux de Cherbourg, Rouen, Caen et Bayeux, le passage suivant :

« A Chierebourg et à Roën,
» A Bayez et à Caën
» Encor y sont encor y durent
» Si com establis y furent ».

Et dans l'ancienne chronique de Normandie, Jean Nagerel rapporte le même fait dans ces termes :

« Le duc aumôna rentes pour le vivre et vôture de cent pauvres aveugles, partie à Chèrebourg, partie à Bayeux, partie à Caen et autre partie à Rouen où encore sont les hôtels ».

En 1318, dans une sentence du bailli du Cotentin à Valoingne (Valognes) rendue en faveur du prieur de l'Hôtel-Dieu, Jean Cabieul, on lit :

« Hosteil-Dié de Chierebourg... que pour cause de guer-
» re il convenist faire lardier des chars en chastel de Chie-
» rebourg » pour notre Syre le Roy... ».

Le célèbre historien et poète Froissart, dans sa *Chronique de France, d'Angleterre, d'Écosse et d'Espagne*, tableau presque universel de tout ce qui s'est passé en Europe depuis l'an 1322 jusqu'à la fin du XIVe siècle, parle d'une « grosse et très belle ville qui s'appelle Chierebourg » à l'occasion du siège de la ville par les Anglais en 1346.

Parlant plus loin du siège que soutint la ville, alors aux mains de Charles le Mauvais, roi de Navarre, contre le connétable du Guesclin, le même chroniqueur dit : « Chierebourg était imprenable ; ce fut l'an 1378 ».

En 1532, Jean de l'Ane, gouverneur de la place, commence ainsi le discours par lequel il salue Francois Ier, à son entrée dans la ville :

« Syre, les subites nouvelles de votre très joyeux advènement dans nostre ville de Cherbourg ont tellement récréé et réjoui les cœurs de ses habitants... ».

Par les citations qui précèdent, il est facile de voir les diverses transformations subies par le nom de Cherbourg et de constater également que, malgré la domination romaine qui imposa temporairement un nom nouveau à la ville, son nom primitif, son nom celtique, lui est toujours demeuré et lui demeure encore.

Le Cherebürgum ou le Caroburgum des Gallo-Romains, le Cherebourg du Moyen-Age, le Chierebourg de l'historien Froissart et des sentences des magistrats de Valognes, enfin le Cherbourg du discours au Roy de 1532 et de nos jours ne sont peut-être que le vieux mot celtique Kerburg (ville forte ou fortifiée), nom qui convient mieux qu'aucun autre à notre cité.

II.

DE L'AN 432 DE L'ÈRE CHRÉTIENNE A 1789.

Le premier fait précis se rapportant à l'histoire de Cherbourg remonte à l'an 432 de l'ère chrétienne.

A cette époque, en effet, le Christianisme pénétra chez nos pères. Sous le règne de Clodion, deuxième roi des Francs, saint Éreptiole entreprit la conversion de tout le pays appelé la Basse-Normandie ; il établit son siège épiscopal à Constantia et vint à Cheroburgum apporter les lumières de l'Évangile.

Ce fut dès lors dans toute la contrée une lutte incessante entre les évêques, ses successeurs, et les gouverneurs romains; ceux-ci souffraient malaisément l'importation des doctrines nouvelles qui, en divisant les esprits, contribuaient à l'affaiblissement et préparaient l'anéantissement de la puissance romaine dans les Gaules.

Vers ce même temps d'ailleurs (Ve siècle), les Francs envahirent ce pays qui, sous Clovis, premier roi chrétien, passa de la domination des Romains au pouvoir des rois francs. Après la mort de Clovis, l'Ager Constantinus (le Cotentin) et par suite le Chereburgum des populations indigènes échut à l'un de ses quatre fils, Clotaire. Depuis lors et jusqu'à Charles le Chauve, petit-fils de Charlemagne, l'histoire est muette sur notre cité, mais elle nous apprend que sous le règne de ce prince (823-877) et pendant la deuxième moitié du IXe siècle, les Scandinaves ou Northmans commencèrent leurs invasions sur notre littoral, ravagèrent tout le pays et en 841 s'emparèrent notamment de Chereburgum qu'ils détruisirent de fond en comble. A la guerre succédèrent presque aussitôt la famine et la peste et il fallut de longues années pour que notre ville se relevât de ses ruines.

Cependant, malgré les invasions fréquentes, notre pays était demeuré sous l'autorité des rois de France, lorsqu'en 876, Rollon, fils de Rogwald, seigneur de la Norvège septentrionale, banni de son pays par le roi Hérald Ier, aborda sur la côte de la Neustrie avec une flotte immense montée par des Danois et des Norvégiens. Rollon soumit nombre de provinces françaises et imposa à son vaincu, le roi Charles le Simple, le traité de Saint-Clair-sur-Epte (911). Aux termes de ce traité, il reçut à titre de duché, à la condition de l'hommage, la partie de la Neustrie appelée depuis Normandie, et, après son baptême à Rouen, épousa Gisèle, fille du roi. Chereburgum passa dès lors du domaine des rois de France à celui du premier duc de Normandie.

A Rollon succéda son fils Guillaume Longue-Épée ; ce

prince continua les travaux de restauration de la cité entrepris par son père et, dès cette époque, ce point du littoral paraissait tellement sûr qu'une grande partie de la flotte du roi de Danemark, Hérald II, victime d'une révolution suscitée par son fils, y aborda. Guillaume accueillit Hérald avec une grande bienveillance et lui abandonna pour jusqu'au jour où il recouvrerait son royaume le territoire entre Cæsar-burg et Carente (Carentan). Ceci ne dura que quelques mois. Hérald, en effet, ne tarda pas à remonter sur le trône; mais environ quatre ans après, Guillaume Longue-Épée étant mort et Louis VI, roi de France, voulant profiter de la minorité de son fils Richard pour s'emparer de la Normandie, Hérald, appelé par ce dernier à son aide, accourut avec une flotte de vingt-deux vaisseaux, débarqua à Cherbourg avec son armée et après avoir triomphé du roi de France regagna son pays.

Sous Richard II le Bon, fils du précédent, fut fondée en 998 la première église ou chapelle collégiale. Cette église, dédiée à saint Benoît, s'élevait dans le château de Cæsarburg. Elle fut érigée en paroisse par l'évêque Guillaume de Thieuville en 1332, sous le règne de Philippe VI. Cette église a subsisté jusqu'en 1688.

Vers l'an 1003, à l'occasion d'une guerre entre Richard II et Canut, roi d'Angleterre, et d'une descente des Anglais à Barofluctum (Barfleur), les habitants de Cæsar-burg contribuèrent grandement à repousser l'invasion; aussi Richard II et son fils Richard III, en reconnaissance, leur accordèrent-ils de nombreux privilèges. Richard III, redoutant une nouvelle descente des Anglais, releva les fortifications de la ville, et lors d'une visite qu'il y fit prononça cette parole: « Cy castel et Carus-burg por my »; d'où la nouvelle dénomination de Carus-Burgus qui avec Chierebourg remplaceront définitivement l'ancienne appellation latino-gauloise Cæsar-burg.

Aucun fait digne de remarque n'est signalé sous le règne de Robert Ier, fils du précédent; mais un fait prouve l'importance de la ville à cette époque : elle fut une des quatre dont Guillaume le Conquérant, fils illégitime de Robert Ier et d'Arlette, dota les hôpitaux de cent provendes pour le vivre et vêture de cent pauvres aveugles afin d'obtenir que l'excommunication dont il avait été frappé en raison de son mariage avec sa cousine-germaine, Mathilde, fille de Beaudoin V comte de Flandre, fût levée. En outre, Guillaume donna au prieur de l'Hôtel-Dieu un fief important (le fief du Lardier) et le fit seigneur de la ville, avec droit de franc panage dans les forêts avoisinantes.

Ces droits ont été confirmés par plusieurs des sentences des officiers chargés de veiller à la conservation des forêts, les Verdiers, de 1404 à 1553.

En 1066, la victoire d'Hastings fit passer l'Angleterre sous la domination des ducs de Normandie et par là même Chierebourg aux mains des rois d'Angleterre. A partir de cette date, la possession de cette ville sera l'objet d'une longue et constante rivalité entre la France et l'Angleterre.

Avec Robert, fils puîné de Guillaume, elle redevient ville normande ; peu après Henri Ier, son frère, s'en empare et la transmet à sa fille Mathilde, reine d'Angleterre et duchesse de Normandie. Bientôt son cousin, Étienne, comte de Boulogne, qui lui disputait la couronne d'Angleterre, vint mettre le siège devant Chierebourg. Il s'en empara en 1139, malgré l'héroïque résistance du gouverneur Richard de la Haye. Cette conquête fut de peu de durée, car Geoffroy Plantagenet, époux de Mathilde, reprend en 1142 Chierebourg au comte de Boulogne et l'expulse de la Normandie.

A cette guerre est due la fondation de l'Abbaye de Cherbourg. Voici dans quelle circonstance. Lors d'un voyage en Normandie pour demander secours contre son cousin, la reine Mathilde faillit être victime d'une effroyable tempête. Son navire allait être englouti, elle fit vœu si elle échappait au naufrage d'élever une abbaye à l'endroit où elle aborderait. Bientôt une accalmie succède à l'ouragan et le pilote s'écrie : « Cante Reyne, voici terre ». Quelques instants après, Mathilde et les siens débarquent un peu à l'Ouest de Cherbourg où sont aujourd'hui les remparts du port militaire, la reine donne à ce lieu le nom de « Chantereyne » et pose les premières pierres d'une chapelle devenue plus tard l'Abbaye du Vœu. Les derniers vestiges de cette abbaye (la vieille chapelle) ont subsisté jusqu'à l'établissement des fortifications, et lors de leur démolition, on a élevé au centre de la ville une église sous le vocable de Notre-Dame du Vœu, en commémoration de l'événement ci-dessus relaté.

En 1150, Algare, évêque de Coutances, préposa à l'administration de cette abbaye les chanoines réguliers de Saint-Augustin, et mit à leur tête Robert, abbé de Saint-Hélier. Treize ans après, Henri II d'Angleterre, fils de Mathilde, venant à Cherbourg (25 décembre 1163), augmenta les dotations faites par sa mère à l'Abbaye de Chantereyne, et en acheva même la construction. Elle reçut en 1182 un accroissement considérable aux dépens de celle de Saint-Hélier ; celle-ci fut supprimée et ses possessions attribuées à l'abbaye normande.

Au dire des chroniqueurs, sous le règne suivant, nombre d'habitants de Cherbourg prirent part à la troisième croisade sous les bannières de Richard Cœur de Lion ; ils se firent remarquer par leur valeur, notamment à la prise de Saint-Jean-d'Acre, à la bataille d'Antipatride et à la conquête de Chypre.

Cette croisade avait momentanément arrêté la guerre entre Richard et Philippe-Auguste, mais cette guerre redoubla après la mort de Richard (1199) entre Jean-sans-Terre, son successeur, et le roi de France. Au cours des hostilités, Philippe-Auguste mit le siège devant Cherbourg, qui se rendit sans résistance (1203) et fit ainsi retour à la couronne de France.

Philippe-Auguste augmenta les privilèges antérieurement concédés à l'Hôtel-Dieu ; il accorda, en 1207, aux marchands de la ville à l'exclusion de tous autres, ceux de Rouen exceptés, le droit de faire le commerce d'Irlande et de faire voile en cette île. Les marchands de Cherbourg pouvaient y envoyer tous les ans un vaisseau.

Au commencement du règne de ce prince naquit, vers 1186, à Biville, à 18 kilom. à l'Ouest de Cherbourg, Thomas Hélye que devaient rendre également célèbre et son amour des lettres humaines et son éminente sainteté. Prêtre et professeur, il ouvrit à Cherbourg une école où il enseignait le français et le latin, ainsi que le rapporte un auteur du temps, Jean de Saint-Martin, lequel, d'après M. Léopold Delisle, vivait à la fin du XIIIe siècle ou au commencement du XIVe; il jeta ainsi les premiers fondements de ce qui devait plus tard devenir notre établissement d'enseignement secondaire. Au XIVe, XVe et XVIe siècles, cette école demeura, mais plus spécialement destinée à la préparation des clercs ; cependant les belles-lettres y étaient professées à côté des sciences sacrées, et ce fut sans doute cette école qui, en se développant et en s'ouvrant à d'autres élèves que les jeunes clercs, devint un collège public, ainsi que le remarque judicieusement M. Auguste Lefèvre, professeur au Lycée, dans son *Histoire du Collège de Cherbourg*.

Depuis 1203 et jusqu'à la fin du XVIIIe siècle, les Anglais n'ont cessé de tenter de reconquérir Cherbourg. C'est ainsi que dès avant 1286 (lettre de Philippe de Valois au pape Jean XXII), on les voit faire une première tentative ; ils ne peuvent s'emparer de la ville, mais ils pillent et brûlent l'Abbaye. — En 1293, sous Philippe le Bel, nouvelle attaque ; Cherbourg n'était alors défendu que par son château où s'étaient réfugiés les habitants qui soutinrent vaillamment le siège, à ce point qu'ils forcèrent l'ennemi à se retirer. Tout fut livré au pillage et à l'incendie ; seules l'église et quelques maisons furent épargnées. — Il était nécessaire de prévenir de semblables retours et de fortifier ce point si important de notre territoire ; aussi Philippe le Bel ordonna-t-il d'entourer Cherbourg de murailles en 1300 (date des premières fortifications). La confiance ne tarda pas à renaître et la ville sortit alors de ses ruines, surtout vers l'Ouest, pour se mettre à l'abri du château vers lequel, en cas de nouvelles guerres, se porteraient les efforts de l'ennemi.

L'Hôtel-Dieu et l'Abbaye étaient, par suite, hors les murs ; l'abbé Humfroy et Jean Cabieul, prieurs de l'Hôtel-Dieu, pour éviter de nouveaux désastres, achetèrent dans l'intérieur de la ville de vastes habitations pour y établir un Hôtel-Dieu et une Abbaye de refuge (1304). Cet Hôtel-Dieu était situé près de l'église (Sainte-Trinité) et sa chapelle existait encore dans la moitié du siècle dernier. L'Abbaye de refuge, installée rue du Nouet (aujourd'hui rue au Blé), fut démolie plus tard et on édifia en sa place la prison du bailliage.

Les privilèges anciennement accordés à ces deux établissements, notamment par Philippe le Bel et Philippe de Valois, leur furent confirmés par Philippe V le Long (1320).

En juillet 1346, les Anglais recommencent leurs incursions ; après une descente à la Hougue et la prise de Barfleur, ils investissent Cherbourg, mais n'osent l'attaquer ; ils se retirent bientôt, non cependant sans en avoir brûlé les faubourgs.

Voici en quels termes Froissart relate ce fait de notre histoire locale :

« Allèrent les Anglais tant qu'ils vindrent en une bonne grosse et très riche ville qui s'appelle Chierebourg, si, en ardirent et robèrent une partie, mais dans le chastel ne purent y entrer, ils le trouvèrent trop fort et bien garni de gens d'armes, puis passèrent outre ».

Jean II dit le Bon céda Cherbourg à son gendre, Charles le Mauvais, roi de Navarre, qui l'entoura de fortes murailles, y installa une puissante garnison de Navarrais sous les ordres du gouverneur Spoletto. Il fit raser l'Abbaye Chantereyne, moins la chapelle, « pour doute que les ennemis du royaume y fissent forteresse ». En 1363, il demeura pendant deux mois dans la ville, s'occupant de surveiller lui-même les travaux des fortifications. Ce fut alors que le roi de Chypre, Pierre Ier, qui parcourait l'Europe, sollicitant partout des secours contre les Turcs, vint à Cherbourg pour tenter de déterminer le roi de Navarre à ne pas entrer en lutte contre le roi Jean qui lui avait promis son alliance.

Trois ans après (1366), lors d'un nouveau séjour à Cherbourg, Charles le Mauvais ennoblit tous les bourgeois de la ville, les créant pairs et barons. Aussi les anciens bourgeois de Cherbourg portaient-ils l'épée et étaient-ils exempts de « la taille » et des autres charges imposées aux roturiers. Quelques années plus tard, la nouvelle Abbaye rue du Nouët, appelée Abbaye de Sartrine, fut l'objet de sa munificence, en dédommagement de la destruction de ses héritages pris et occupés pour la clôture des murs et fossés de la ville.

Accusé, de concert avec le connétable Raoul, comte d'Eu et de Guine, d'entretenir des intelligences coupables avec les Anglais, il fut emprisonné après l'assassinat, à Laigle, de Charles de la Cerda, favori du roi de France. Philippe, son frère, et le comte d'Harcourt appelèrent alors les Anglais; Jean le Bon fut vaincu à Poitiers par le prince de Galles (1356) et emmené captif en Angleterre. Le roi de Navarre recouvra sa liberté et ne cessa dès lors de se faire l'allié des ennemis de la France. Sous Charles V (1378) il leur livrait Cherbourg.

En vain le connétable Duguesclin essaya-t-il d'en faire le siège. Après six mois de tentatives inutiles, il dut se retirer avouant son impuissance à s'en rendre maître. (Froissart, *Histoire de France*).

Cherbourg fut de nouveau sous la domination anglaise jusqu'en 1395, date de la trêve conclue par Richard II d'Angleterre avec la France et du mariage de ce prince avec Isabelle, fille de Charles VI. Cependant, la reprise de possession effective de la ville par les Français n'eut lieu que neuf ans après environ, c'est-à-dire après la renonciation définitive du roi de Navarre, fils de Charles le Mauvais, à ses droits sur la Normandie.

Le comte de Tancarville s'y établit alors au nom du roi (1404), mais ce retour à la France ne dura que fort peu de temps. Notre patrie était à cette époque désolée par la guerre civile. Henri V d'Angleterre en profita pour envahir la Normandie (1405-1415). Pendant trois mois la ville opposa à son armée une vigoureuse résistance; elle en eût peut-être même triomphé sans la trahison de Jean d'Angennes, son gouverneur (1418).

A cette date remonte la construction de la principale

église de Cherbourg (Sainte-Trinité); commencée un peu avant le siège dont il vient d'être parlé, elle ne fut achevée qu'en 1466, sous Charles VII.

A partir de la défaite des Anglais à Formigny (15 avril 1450), leur puissance diminua de jour en jour ; Cherbourg fut bientôt la seule ville normande demeurée en leur pouvoir. Sous les ordres du connétable de Richemont, les Français l'investirent en juillet 1450 ; opiniâtre fut la lutte de part et d'autre, cependant le 12 août suivant, le gouverneur Goevl se rendit. Deux jours après, les Anglais quittaient la place, un *Te Deum* était célébré dans l'église, et Charles VII, pour perpétuer à jamais le souvenir de cette mémorable victoire, ordonnait qu'une procession solennelle eût lieu chaque année le 12 août à Cherbourg et dans les autres villes normandes.

On en fait encore mémoire dans le diocèse de Coutances le jour de la fête de l'Assomption, à la procession du vœu de Louis XIII (1638).

Le tableau de l'Assomption, au haut de la voûte de la nef principale de l'église Sainte-Trinité, tableau qui remplace un mécanisme ingénieux construit vers 1466 et détruit à la Révolution, rappelle ce retour, après trente-deux ans, de Cherbourg à la France.

Jean III, seigneur du Bueil, comte de Sancerre, en fut nommé gouverneur. Il fit construire pour protéger Cherbourg vers l'Est une tour dite « des Sarrasins » ; cette tour, armée de dix-sept pièces de canon, s'élevait à l'endroit appelé aujourd'hui place Bricqueville ; elle fut rasée vers 1778.

Par une charte du 6 février 1464, Louis XI affranchit de toute taille les habitants de Cherbourg en récompense de leur fidélité, et ces privilèges furent toujours confirmés par ses successeurs.

Sous Charles VIII et Louis XII aucun fait digne de remarque n'est relaté.

Le 20 avril 1532, François Iᵉʳ avec le Dauphin, qui fut depuis Henri II, visita la ville ; elle avait alors pour gouverneur Jean de l'Ane.

Cette réception fut grandiose, mais le roi ne demeura que fort peu de temps.

Son petit-fils Charles IX divisa la bourgeoisie de Cherbourg en quatre compagnies, commandées par un capitaine de quartier (1562). Avec les guerres de religion qui ensanglantèrent ce règne, Cherbourg faillit retomber sous le joug anglais.

Le comte de Montgomery, un des chefs du parti protestant, soutenu par Élisabeth d'Angleterre, marchait contre la ville que Jacques de Matignon s'apprêtait à défendre au nom du roi, lorsque la paix d'Amboise (1563) arrêta momentanément les belligérants.

Onze ans après, les mêmes guerres civiles désolent la Normandie ; les deux mêmes généraux se retrouvent en présence ; Montgomery s'épuise en efforts inutiles ; vaincu par la tactique habile de son adversaire et par la valeur des habitants, il lève le siège, non sans avoir pillé avec une rage de sectaire, disent les Archives, l'Abbaye reconstruite en 1464 hors les murs.

Matignon, en récompense de ses services, fut nommé par Henri III lieutenant-général de Normandie et gouverneur de la cité. Ses descendants ont conservé cette charge jusque vers le milieu du XVIIIᵉ siècle.

Fidèle au roi pendant les guerres de religion, Cherbourg le fut aussi sous Henri IV ; ce prince reconnut son attachement par une Charte de 1594.

En l'année 1626 un terrible fléau, la peste, désola les faubourgs d'abord, puis la ville tout entière. Au cours de cette épidémie, l'Hôtel-Dieu fut détruit complètement par un incendie, il ne fut reconstruit que de 1639 à 1644.

Survinrent les troubles de « La Fronde ». Les révoltés avaient massé leurs troupes aux environs de Valognes et s'étaient même fortifiés dans cette ville ; la garnison de Cherbourg, commandée par le maréchal de Matignon et M. de Caillières, lieutenant du Roi, marcha contre eux et les fit rentrer dans le devoir.

Au nombre des personnages remarquables de cette époque on cite Jean Hamon, docteur en médecine, né à Cherbourg en 1618. Après avoir été précepteur d'Achille de Harley, il se retira à Port-Royal où il donna des leçons à Racine.

Vers 1687, Louis XIV confia à Vauban le soin de restaurer les anciennes fortifications et d'entourer Cherbourg d'une nouvelle enceinte.

On en jeta les fondations en 1688 ; puis, chose étrange, les travaux furent brusquement suspendus l'année suivante, et, ce qui est plus étonnant encore, l'ordre vint même de démanteler la ville.

» Les nouveaux ouvrages furent aussitôt ruinés, écrit le marquis de Caux dans son *Mémoire sur l'état de Cherbourg en 1775;* on culbuta jusqu'aux fondements, les murs, le château et le donjon.

» Cette destruction, continue-t-il, est incompréhensible, et l'ardeur avec laquelle elle fut effectuée fit croire que l'ennemi présidait lui-même à l'anéantissement de cette place ».

Quelle fut la cause de cette destruction ? Suivant les uns, une mésintelligence entre les ministres du roi ; suivant les autres, une intrigue de cour. Le motif réel n'en fut-il pas la crainte de Louis XIV, alors aux prises avec l'Europe (guerre de la Ligue d'Augsbourg), de voir l'Angleterre, qui avait adhéré à cette Ligue après le renversement de Jacques II et l'élévation de Guillaume III (1688), profiter de ces difficultés pour s'emparer de Cherbourg et s'y établir à demeure en raison même des fortifications nouvelles de la ville ?

On se rappelle qu'un semblable sentiment avait inspiré à Charles le Mauvais, en 1359, la destruction de l'Abbaye hors les murs.

En cette même année (1688), Jacques II, fuyant l'Angleterre, débarqua à Cherbourg pour de là gagner Paris et y solliciter l'appui du grand Roi.

Cédant à ses instances, Louis XIV équipa une flotte destinée à rendre à Jacques II sa couronne, mais le désastre de la Hougue (1692) vint à jamais anéantir les projets du monarque détrôné.

Lors de la défaite de Tourville, quinze de ses vaisseaux se retirèrent dans la baie de Cherbourg ; poursuivis par une division anglaise de beaucoup supérieure, ils furent brûlés en vue des côtes, et Jacques II, alors dans la ville, assista impuissant à l'effondrement de ses suprêmes espérances.

Nombreuses furent dès lors les tentatives des Anglais contre la ville, surtout pendant les années 1694, 1695, 1708 et 1710 ; mais ces croisières incessantes eurent cet avantage d'appeler l'attention sur la nécessité impérieuse de construire à Cherbourg un port pour la sécurité du royaume.

Ce ne fut cependant qu'en 1739 que, grâce au marquis de Caux, commença l'entreprise.

Un port et un bassin séparés par un pont tournant furent creusés, des quais construits, deux jetées élevées à l'entrée du chenal, l'ensemble de ces ouvrages terminé en 1742.

Notre commerce allait devenir florissant ; mais par une

triste coïncidence, c'était au moment où l'Angleterre accordait son appui à Marie-Thérèse, à l'heure même où tout le poids de la guerre de la Succession d'Autriche allait retomber sur nous.

Ce ne fut que six ans après, alors que le traité d'Aix-la-Chapelle eut rendu, pour quelque temps du moins, la sécurité aux navigateurs, que notre marine reprit un nouvel essor.

« En 1755, le port possédait plus de dix-huit vaisseaux de long-cours et beaucoup de cabotage. » (Marquis de Caux).

Par malheur la guerre de Sept-Ans allait encore remettre aux prises l'Angleterre et la France. La Marine anglaise, plus considérable et plus forte que la nôtre, intercepte alors sur l'Océan tous nos convois et s'empare de nos bâtiments marchands; elle se venge de nos projets de descente en Angleterre par des descentes sur nos côtes, à Saint-Malo (5 juin 1758), à Cherbourg le 7 août suivant.

Cent voiles anglaises, avec troupes de débarquement, bombardent la ville; l'ennemi s'en empare et détruit le port.

Toutes les maçonneries furent ruinées; les bajoyers des écluses, une partie des quais du port et du bassin, une superbe jetée de trois cents toises de long furent renversés. L'ennemi détruisit également les forts des environs; toutes les pièces de canon furent enclouées, mises hors de service ou emportées.

Les Anglais brûlèrent le pont-tournant, les portes des écluses et trente-cinq bâtiments marchands; ils emmenèrent les deux meilleurs, puis rembarquèrent le 16 août en emmenant des otages pour répondre d'une contribution de 44.000 livres taxées sur Cherbourg. (Marquis de Caux).

Les ennemis commencèrent à piller dans la nuit du 8 au

9 août et ne cessèrent leurs pirateries « que quand il n'y eut plus rien à prendre » écrit un bourgeois du temps, M. Mignot de Préval.

D'après les Archives municipales, le dommage éprouvé par les habitants excéda 800.000 livres.

M. de Rémond était alors gouverneur de Cherbourg.

On lui reproche d'avoir commis les fautes les plus graves dans cette circonstance; entre autres celles d'avoir laissé opérer le débarquement sans avoir opposé à l'envahisseur toutes les troupes dont il disposait, d'avoir négligé l'occupation des hauteurs voisines, enfin de n'avoir pas harcelé les Anglais alors qu'ils s'étaient disséminés aux alentours après la prise de la ville.

Cherbourg n'était plus qu'un amas de ruines, et, suivant l'expression d'un historien, « quelques jours avaient suffi pour anéantir l'industrie d'un siècle, et bouleverser les fortunes de toute une cité ».

Le traité de Paris (10 février 1763) ramena la paix et la sécurité. Mais pour réparer le désastre, des dépenses considérables étaient nécessaires et le trésor public était vide.

De 1766 à 1773 des travaux de restauration furent cependant entrepris. En 1774, on reconstruit les quais; l'écluse est rétablie; un nouveau bassin creusé. En 1775, on replace un pont-tournant entre l'avant-port et le bassin; on ouvre le canal destiné à conduire à la mer les eaux de la Divette; la route actuelle de Cherbourg à Valognes est commencée.

Un coup d'œil rapide permettra de juger de l'importance de la ville à cette époque.

La population n'était que de sept mille habitants environ.

Comme au temps de Charles IX, elle avait pour toute défense sa milice bourgeoise de sept à huit cents hommes, divisés en quatre compagnies, sous l'autorité d'un lieutenant du roi, d'un major et d'un aide-major, sans appointements et non astreints à la résidence.

Juridiction royale sous le titre de vicomté, elle fut alors réunie au bailliage de Valognes.

Le corps de ville était composé de cinq membres : un maire, deux échevins et deux conseillers électifs.

Son revenu principal (7 à 8.000 livres) était la taxe provenant de la vente du sel aux habitants.

L'industrie consistait presque uniquement dans la fabrication des draps et des toiles. Il y avait aussi quelques tanneries; le commerce produisait à peine 100.000 livres. La manufacture de glaces de Tourlaville, à l'Est de Cherbourg, occupait cinq cents ouvriers et son revenu dépassait 200.000 livres.

Le port comptait vingt vaisseaux de long-cours et cinquante de cabotage, mais point de port militaire et nos côtes restaient sans défense.

Instruction. — L'instruction y était alors peu florissante. Sans doute, l'école fondée au XIII° siècle par le saint prêtre Thomas Hélye, et où dès ce temps on commençait à enseigner le latin, avait survécu ; mais tandis qu'aux siècles précédents, elle s'était développée au point d'être, dès 1590, un véritable collège, où, vers 1657, quatre régents enseignaient depuis l'instruction primaire jusqu'à la rhétorique inclusivement, cet établissement était tombé vers la moitié du XVIII° siècle dans une complète décadence. Après 1759 il n'y eut plus que deux régents ; un seul même de 1671 à 1794, époque où le dernier régent et unique professeur, l'abbé Delacour, privé par la commune de la faible rente jusqu'alors attribuée aux Régents, fut réduit, faute de ressources, à fermer ce que l'on appelait « le Collège ».

Outre les enfants des bourgeois, l'école recevait huit à

dix pauvres instruits gratuitement. Deux autres écoles existaient : l'une, dirigée par les Frères de la Doctrine Chrétienne ; l'autre par les Sœurs de la Providence.

Dans la ville, une société savante, la *Société Académique,* fut créée en 1755. Ses fondateurs, au nombre de six, sont : l'abbé Anquetil, son premier Directeur ; Voisin-la-Hougue, professeur d'hydrographie, son premier secrétaire ; Delaville, docteur-médecin ; Groult, procureur de l'Amirauté ; Avoine Chantereyne, receveur de l'Amiral ; Pierre Fréret, artiste. La Société ne fut reconnue par le Gouvernement qu'en 1773.

Fortifications. — Louis XVI résolut en 1776 la création d'un grand établissement maritime à Cherbourg. Deux projets successifs furent présentés : l'un en 1777, par le capitaine de vaisseau de la Bretonnière ; l'autre en 1778, par le directeur du Génie marquis de Caux. Ce dernier projet comportait l'établissement de deux forts : l'un à l'Est, sur l'île Pelée (aujourd'hui fort National) ; l'autre à l'Ouest, sur le Hommet ; entre ces deux forts, une digue formée de caissons remplis de maçonnerie.

Le 3 juillet 1779, Dumouriez étant alors gouverneur de Cherbourg, ordre fut donné par le roi de commencer les travaux.

L'emplacement définitif de la Digue ne fut décidé que deux ans plus tard, après un voyage du prince de Condé et des ministres de la Guerre et de la Marine à Cherbourg.

Il ne nous paraît pas sans intérêt de donner ici quelques détails sur cet immense ouvrage. Nous les empruntons aux *Mémoires de M. le baron Cachin :*

« Point de rochers sur lesquels asseoir la Digue ; un ingénieur en chef des Ponts-et-Chaussées, à la généralité de

Rouen, M. de Cessart, imagina de couler en pleine mer une ligne de cônes tronqués ayant chacun 140 pieds de diamètre à la base inférieure et 60 pieds au sommet, sur 60 pieds de hauteur verticale et composé de 90 montants en bois de chêne réunis et assemblés au moyen de 4 ceintures de moise.

» 90 cônes devaient fermer la rade de façon que cette barrière laissât à l'Est une passe de 500 toises d'ouverture et à l'Ouest une de 1.200. M. de Cessart fut chargé de cette gigantesque entreprise.

» Le 1er cône fut mis à flot le 6 juin 1784 et coulé le même jour à 600 toises de l'île Pelée; le 2e, le 7 juillet suivant : ces deux opérations eurent un plein succès, mais une violente tempête, 18 août, démontra le danger de couler les caisses base à base. On espaça les cages et les intervalles furent remplis par des massifs en pierres perdues qui devaient s'élever jusqu'au niveau des basses marées.

» Cette même année fut achevé le fort de l'île Pelée; il était situé à 1.500 toises de la côte de Tourlaville.

» En 1785, trois nouvelles caisses coniques séparées les unes des autres par un intervalle de 30 toises furent coulées. On en assurait la stabilité au fond de la mer en les remplissant de pierres sèches jusqu'à 4 pieds au-dessous du sommet; il en fallait plus de 2.500 toises cubes par chaque cône. Ce fut pour embarquer ces pierres de remplissage, extraites des flancs de la Montagne du Roule, que l'on construisit en 1783 le petit port du Becquet, à six kilomètres de Cherbourg. Le coût de chaque cône était de plus de 400.000 francs et les dépenses nécessitées pour son échouage et son remplissage, d'environ 600.000.

» En 1785 fut terminé le fort du Hommet (appelé l'année suivante fort d'Artois).

» Le 15 mai 1786, le 6e cône fut coulé, et le 7e, 7 jours

après, en présence du comte d'Artois, frère de Louis XVI. Le roi, désirant visiter les travaux, vint à Cherbourg le 22 juin. Le lendemain il se rendit sur le 8e cône, échoué 10 jours auparavant, et assista de cet endroit à l'immersion du 9e, à l'extrémité de la Digue, sur la passe Est. Il inspecta successivement les forts de l'île Peléo (fort Royal) et du Hommet, et ordonna la construction immédiate du fort de Querqueville à 6 kilomètres environ à l'Ouest de Cherbourg.

» Le dernier cône fut immergé le 19 juin 1788 ».

On a vu que le plan de l'ingénieur de Cessart consistant à couler les cônes base à base avait dû être abandonné; ils furent espacés d'abord de soixante mètres, puis de deux cents et successivement jusqu'à trois cent quatre-vingt-dix.

Vingt cônes en tout furent placés à la Digue dans l'espace de cinq années.

On renonça alors à ce moyen, les cônes furent rasés au niveau de la basse mer et le système d'une Digue en pierres perdues, proposé en 1778 par M. de la Bretonnière, triompha. Un mémoire de ce dernier démontra alors que la rade de Cherbourg est assez profonde, même au temps des plus basses marées, que sa surface propre au mouillage (vingt-cinq pieds d'eau au moins) est de 1.200.000 toises environ; enfin qu'elle peut contenir cinquante-cinq à soixante vaisseaux de ligne, indépendamment d'un grand nombre de petits navires de transport. (*Mémoire de M. de la Bretonnière*).

Les travaux subirent alors un léger temps d'arrêt, mais ils reprirent dès le commencement de l'année 1789.

III.

CHERBOURG SOUS LA RÉVOLUTION ET LE Ier EMPIRE.

Nous essaierons dans les pages qui suivent d'esquisser à grands traits les faits principaux qui se déroulèrent à Cherbourg pendant la Révolution.

Aux États-Généraux, ouverts à Versailles le 5 mai, Cherbourg ne fut pas représenté, mais les événements de la capitale eurent immédiatement leur contre-coup dans la ville. Le 18 juillet, l'enthousiasme était tel que tous les bourgeois portaient la cocarde tricolore, voire même des cocardes en papier « grosses comme le poing ».

Le 20 juillet, plusieurs hôtels, des maisons particulières et les bureaux de la Douane furent livrés au pillage, sans que Dumouriez, commandant de place, osât sur l'instant s'opposer aux factieux. On prétend, non sans vraisemblance, qu'il agissait ainsi pour se concilier la faveur populaire et rester maître absolu dans Cherbourg où il ne tarda pas à confisquer à son profit la liberté des citoyens.

La journée du 4 août fit perdre à la ville ses anciennes franchises qui dataient des premiers temps de la monarchie.

Par suite de la nouvelle circonscription de la France, décrétée le 15 janvier 1790, Cherbourg devint un chef-lieu de district du département de la Manche, le siège d'un Tribunal civil et d'une Justice de paix.

Le 14 juillet y fut célébré le premier anniversaire de la prise de la Bastille.

La Constitution civile du clergé fut généralement mal accueillie, et grâce à la sagesse de l'ancien clergé, on n'eut pas à déplorer les crimes qui désolèrent tant d'autres villes.

En dépit des troubles, les travaux de la Digue continuaient. A la fin de 1790, 360.000 toises cubes environ avaient été coulées en rade. L'année suivante, le Gouvernement adopta le projet de recouvrir la surface supérieure de la Digue et le talus du côté du large jusqu'à trois et quatre mètres en contre-bas de la basse mer, en gros blocs depuis un demi-mètre cube jusqu'à un mètre cube. Ce nouveau genre de travail, commencé en juillet 1791, produisit les meilleurs résultats.

Un décret du 1er août 1792 de l'Assemblée Législative mit à la disposition du ministre de la Marine les fonds nécessaires à la continuation des travaux, mais, par suite des troubles qui agitèrent le pays, ils furent complètement arrêtés pendant les années suivantes.

A la Convention, le district de Cherbourg fut représenté par un marchand, Ribet, de Saint-Sauveur-le-Vicomte, qui avait son domicile politique dans la ville.

La nouvelle de la mort du roi (21 janvier 1793), produisit sur l'esprit public la plus triste impression. Le régime de la Terreur fut organisé, le commerce anéanti. Cherbourg n'avait plus alors un seul navire marchand ; la stupeur paralysait tout ; l'industrie était morte ; les marchés devinrent déserts ; des bandes de soldats indisciplinés parcouraient les campagnes et réquisitionnaient les paysans ; on souffrait d'une cruelle disette et, suivant l'expression d'un historien : « De par les terroristes, le peuple mourait de faim ».

Cette même année (en vendémiaire), Lecarpentier, commissaire de la Convention dans le département de la Manche, vint à Cherbourg. Ce fut le signal d'arrestations arbitraires et de sanglantes exécutions.

Le représentant du peuple Bouret (des Basses-Alpes) l'y suivit trois mois après avec mission d'anéantir tout ce qui pouvait rappeler la religion catholique. Une bande de malfaiteurs dirigés par lui et recrutés par le Club des Sans-Culottes de Cherbourg, que dominait une trentaine d'énergumènes, dévasta et profana l'église Sainte-Trinité le 30 nivôse an II (19 janvier 1794). Cinq mois après, ces mêmes Jacobins athées placardaient sur les portes du temple profané cette inscription : « Le peuple français reconnaît l'existence de l'Être Suprême et l'immortalité de l'âme ! » Et le 20 prairial an II (8 juin 1794), la Fête de l'Être Suprême était célébrée à Cherbourg.

Le 10 vendémiaire an IV (2 octobre 1795) la Constitution de l'an III, qui organisait le Directoire, fut proclamée dans la ville.

Le district de Cherbourg cessa d'exister ; Cherbourg et sa banlieue formèrent deux municipalités : l'une, dite canton rural, comprit les communes d'Octeville et d'Equeurdreville ; l'autre, la ville elle-même. Elle comptait douze mille habitants.

Au Conseil général de la commune succédèrent sept administrateurs municipaux élus par les assemblées primaires ; ils se constituèrent le 15 brumaire (6 novembre), choisirent leur président, leur vice-président et un commissaire provisoire du Gouvernement ; ce dernier fut remplacé le 23 décembre suivant par un commissaire définitif, l'ingénieur Noël. Tous les ans, le sort désignait les trois ou quatre officiers municipaux à remplacer en germinal par les assemblées primaires.

Terrorisés à la fois par les manœuvres extérieures des émigrés et par « l'anarchique fureur du Club dit Cercle Constitutionnel à l'intérieur », ces officiers municipaux étaient réduits à la plus complète impuissance ; aussi l'anarchie et la misère signalèrent-elles cette époque.

Depuis 1793, le pain ne se vendait pas dans la ville et

les habitants étaient rationnés ; on avait établi pour les céréales un magasin public et rigoureusement clos, alimenté par des réquisitions sur les cinq cantons ruraux du voisinage qui avaient à fournir deux mille deux cents quintaux de grain par mois et chaque citoyen devait se présenter à ce magasin avec un livret où on inscrivait, à chaque distribution, la quantité de blé qu'il recevait. Cet état de choses dura jusqu'au 30 mai 1796, date où la municipalité supprima tout marché clos des céréales. Le prix du pain fut taxé de manière à être accessible à tous et à permettre aux boulangers de réaliser un bénéfice suffisant.

Par suite de la loi du 28 pluviôse an VIII (17 février 1800) qui abolit la circonscription par districts et divisa le territoire en préfectures, sous-préfectures, cantons et communes, Cherbourg ne fut plus qu'un chef-lieu de canton de l'arrondissement de Valognes ; son tribunal fut supprimé ; il ne lui resta que son Tribunal de commerce, sa Justice de paix et ses administrations municipale, militaire et maritime.

Un arrêté des Consuls du 13 ventôse an X lui annexa une portion des communes suburbaines de Tourlaville, Octeville et Equeurdreville.

Le culte catholique fut réorganisé à Cherbourg en 1802.

Sur l'ordre du premier consul Bonaparte, les travaux de la Digue, depuis longtemps abandonnés, et ceux des fortifications furent poussés avec la plus grande activité.

La partie centrale de la Digue fut élevée à neuf pieds au-dessus du niveau des plus hautes marées sur cent toises d'étendue pour l'établissement d'une batterie de pièces d'artillerie du plus fort calibre.

Un arrêté des Consuls du 25 germinal an XI (15 avril 1803) décréta la création d'un port de guerre de 1re classe à Cherbourg. Le 19 floréal suivant (9 mai), les ingénieurs fixaient l'emplacement du premier bassin de ce port ; le 16 août une batterie de quatre pièces de canon et deux mortiers à grande portée furent établis sur la partie centrale de la Digue ; en mai 1805, vingt pièces de canon y furent placées ; au printemps 1806, une garnison de cent cinquante hommes y était logée, et, aux deux extrémités, deux batteries de campagne en protégeaient les passes.

Les travaux du port militaire avançaient rapidement. Le 3 septembre 1807, les deux môles de la passe d'entrée étaient terminés ; en 1809, les fossés furent creusés et les remparts élevés.

Le 26 mai 1811, Napoléon vint à Cherbourg avec l'impératrice Marie-Louise ; il visita les travaux de la Digue et du Port militaire, parcourut les hauteurs qui dominent la ville et y détermina l'emplacement de la plupart des forts.

Le 19 juillet, un décret de l'Empereur faisait de Cherbourg un chef-lieu d'arrondissement comprenant les cantons de Cherbourg, Beaumont, les Pieux, Octeville et Saint-Pierre-Eglise, distraits de l'arrondissement de Valognes.

Le même décret y établit un Tribunal de 1re instance installé le 1er janvier 1812. La Préfecture maritime est de cette même année.

Dans le courant de l'été 1813, l'Avant-port militaire fut terminé et le Bassin inauguré le 27 août par l'impératrice Marie-Louise.

IV.

DE 1814 A LA CHUTE DE LA SECONDE RÉPUBLIQUE.

Le 13 avril 1814, deux jours après l'abdication de Napoléon à Fontainebleau, le duc de Berry débarquait dans le Port militaire. En souvenir de cet événement fut érigé, le 17 février 1821, l'obélisque de la place d'Armes.

La ville n'eut pas à souffrir de l'invasion de 1815, grâce à l'énergie du général Proteau. Il réussit à en éloigner les Prussiens qui, le 10 août, avaient tenté d'y pénétrer.

De 1815 à 1825, aucun fait digne de remarque.

Revenant quelque peu en arrière, nous verrons ce que fut, de 1795 au commencement du règne de Louis-Philippe, l'instruction secondaire à Cherbourg.

On se rappelle qu'en 1794, le Collège fut fermé par la faute de la commune, devant laquelle l'enseignement du latin n'avait pas trouvé grâce et qui avait retranché aux régents la rente allouée jusqu'alors.

En 1795, une nouvelle école pour l'enseignement du latin fut fondée dans l'immeuble existant encore rue Tour-Carrée, n° 24, par le bibliothécaire du district, François-Hyacinthe Pépin, prêtre, né à Saint-Pierre-Église. Cette école devint bientôt prospère. Le procès-verbal de la distribution des prix du 18 septembre 1800 indique que l'établissement comprenait six classes et qu'on y enseignait la rhétorique.

Cette solennité fut célébrée dans la Maison de Ville. La Mairie consistait alors en un simple étage élevé en 1771 au-dessus de l'École des Frères qui occupait rue de la Paix l'emplacement de l'aile Sud de l'Hôtel de Ville actuel. Le bâtiment de la place d'Armes ne fut commencé qu'après 1793 et achevé seulement en 1804.

Le 10 thermidor an XI (29 juillet 1803), le maire demanda au Conseil d'État la conversion de cette école en école secondaire. Cette autorisation fut accordée le 3 frimaire an XII (25 novembre 1803) par le conseiller d'État Chaptal; le nombre des élèves s'élevait à cent, trois ans après.

L'état d'avancement des études et la prospérité de l'établissement porta la municipalité, en l'année 1807, à acquérir de M. de Bailly (tel est le nom de la rue où s'élève le Lycée) un terrain de vingt-huit ares sept centiares pour y construire un collège. Le devis de cette construction s'élevait à 9.000 francs, somme relativement importante, pour une ville de quatorze mille habitants, dont le budget n'était que de 80.000 francs à peine; elle fut achevée en 1811.

Dans les dernières années de l'Empire, le nombre des élèves diminua ; il en fut de même jusqu'en 1819. Un relèvement sensible se produisit alors et le nombre des régents, de quatre fut porté à six. En 1828, on créa une classe de rhétorique. Le progrès se maintint dans les années qui suivirent ; cependant le personnel de l'établissement demeura tel jusqu'en 1833.

De 1826 à 1829 furent achevés la grande jetée en granit à l'Est du chenal du Port de commerce et dans le Port militaire, le bassin du Hommet, et le 2e bassin, inauguré le 25 août 1829 par le dauphin, au nom du roi Charles X qui, par un triste retour des choses, devait l'année suivante (16 août 1830) traverser Cherbourg et s'embarquer en ce même endroit pour se rendre en exil avec sa famille.

En 1831, le Bassin de commerce fut livré à la navigation.

On commença cette même année l'installation du Musée, du Cabinet d'Histoire naturelle et de la Bibliothèque, composée uniquement au début d'ouvrages confisqués sur les émigrés pendant la Révolution. Elle fut augmentée en 1832 de l'acquisition faite par la ville de la curieuse collection d'un riche cherbourgeois M. Duchevreuil. D'après le catalogue dressé en 1837, le nombre des volumes était à cette date de deux mille trois cent huit.

L'église Notre-Dame du Roule (aujourd'hui 4e paroisse) fut consacrée en 1832 ; la Halle aux grains, élevée entre la place Divette et la place du Château, fut ouverte le 1er janvier 1833.

Du 1er au 5 septembre 1833, Louis-Philippe visita la

Ville, l'Arsenal et la Digue. Son arrivée (1er septembre) coïncida avec la transformation du *Journal de Cherbourg* créé le 3 mars précédent (aucun autre journal n'avait été publié jusqu'alors) ; cette feuille prit le titre de *Journal de Cherbourg et du département de la Manche.*

La visite du roi eut pour effet d'imprimer une nouvelle activité aux travaux de la Digue, dont le môle, dans toute son étendue, fut considérablement exhaussé pendant l'année 1835 ; la jetée Ouest de l'entrée du Port de commerce fut aussi commencée.

Pendant son séjour, le Roi reçut les membres de la *Société Académique.* Ils lui offrirent, 4 septembre 1833, un exemplaire du premier volume de leurs Mémoires, publié le mois précédent.

La Caisse d'épargne est de cette époque. Les statuts en furent approuvés par le Conseil d'Etat le 16 avril 1834 ; le 2 novembre marqua le début de ses premières opérations.

La Municipalité, on l'a vu plus haut, faisait sans cesse de généreux efforts pour soutenir son établissement d'enseignement secondaire ; bien que le nombre des élèves fût en 1834 seulement de cent quarante, elle n'hésita pas à s'imposer de nouveaux sacrifices et à annexer au Collège une École primaire supérieure, en exécution de l'art Ier de la loi du 28 juin 1833.

Malgré l'ouverture de ces cours primaires supérieurs et la création d'une chaire de philosophie (1839), le Collège périclita jusque vers 1841. Un élément nouveau, dont nous parlerons plus loin, lui donna un rapide essor.

Le 29 juillet 1835, M. Noël-Agnès, maire de Cherbourg, inaugurait solennellement le Musée de peinture.

La ville n'avait possédé jusque-là que quelques œuvres sans valeur ; mais ce musée primitif venait de s'enrichir d'une précieuse galerie offerte par un Cherbourgeois,

M. Henry, commissaire des musées royaux à Paris. Cette galerie, partie principale de notre Musée actuel, comprend des œuvres remarquables des écoles française, italienne, espagnole, flamande, hollandaise et anglaise, parmi lesquelles des tableaux de l'Albane, de Philippe de Champagne, de Teniers, de Coypel, de Murillo, de Ribeira, de Mallet, de Poussin, de Lesueur, de Lebrun, de David, de Girodet, etc.

Une société provisoire ayant pour but l'amélioration de la race chevaline dans le département de la Manche décida, le 15 juillet 1836, que des courses de chevaux auraient lieu pour la première fois à Cherbourg le 25 septembre. L'hippodrome fut établi sur la plage faisant face à l'établissement des bains Louis-Philippe (sur l'emplacement desquels a été édifié le Casino).

L'année 1838 nous fournit l'occasion de dire quelques mots de l'enseignement primaire à Cherbourg. Cet enseignement était depuis longtemps donné dans la ville par les Frères de la Doctrine chrétienne.

M. de Caux, dans son mémoire de 1775, nous les montre déjà comme d'infatigables pionniers de l'Enseignement populaire ; il signale aussi l'existence à cette époque des Sœurs de la Providence de Rouen donnant l'instruction aux jeunes filles pauvres ou riches de la cité ; elles s'y étaient d'ailleurs établies dès la fin du XVIIe siècle.

Chassés les uns et les autres par la tourmente révolutionnaire, ils revinrent lorsque le calme fut rétabli, et leurs écoles furent toujours prospères jusqu'au jour où de nouveaux orages les forcèrent à fermer leurs établissements et à s'éloigner (septembre 1903 et juillet 1904).

Outre ces écoles congréganistes, de nombreux établissements libres d'enseignement primaire pour les enfants des

Cet enseignement était donc alors florissant ; mais la ville manquait de salle d'asile. Le 2 juillet 1838, un établissement de ce genre pour les petits enfants fut ouvert dans un vaste local contigu au Temple protestant, construit en 1835, à l'angle des rues de l'Ancien-Quai et de l'Asile.

Les bâtiments où avait été installé en 1812 le Tribunal civil étant insuffisants, on avait songé à édifier un nouveau Palais de Justice (le Palais de Justice actuel) ; il fut terminé dans les premiers mois de 1840, et le 6 avril y furent tenues pour la première fois les audiences.

La fin de cette année 1840 fut marquée par un événement mémorable.

Le lundi 30 novembre la frégate la *Belle-Poule*, commandée par l'amiral prince de Joinville, rapportant de Sainte-Hélène les cendres de Napoléon Iᵉʳ, arrivait en rade de Cherbourg.

Il était 3 heures du matin.

A 8 heures, cent un coups de canon saluèrent les restes de l'Empereur. L'après-midi, vers 3 heures, au bruit d'une nouvelle salve, la *Belle-Poule* quittait son mouillage et entrait dans le Port militaire où devait se faire le transbordement du cercueil sur la *Normandie,* qui allait le transporter au Havre.

Ce transbordement n'eut lieu que le 8 décembre. Dès le lever du soleil, les navires de guerre et de commerce avaient mis leurs vergues en pantenne et leurs drapeaux à mi-mât ; le rappel battait dans les rues ; les drapeaux tricolores flottaient à toutes les fenêtres.

A 9 h. 1/2, la Garde Nationale, les troupes de terre et de mer commandées par leurs officiers en grande tenue, crêpe au bras et à l'épée, étaient rangées le long des quais du Port militaire. Le temps était pluvieux et froid ; cependant une foule immense encombrait le Port. A 10 heures l'aumônier de la *Belle-Poule,* assisté du curé de Cherbourg et de l'aumônier de l'Hôpital maritime, célébra une cérémonie religieuse à laquelle prirent part, rangés près du mât d'artimon, les principales autorités militaires et maritimes de la Ville, le Conseil municipal, les chefs de corps d'armée et les autorités judiciaires et civiles. Les musiques de la *Belle-Poule* et du régiment alternant jouaient des airs funèbres; l'arsenal et le stationnaire tiraient de minute en minute.

L'office divin terminé, aussitôt la *Belle-Poule* amène son pavillon du grand mât; les troupes présentent les armes; les tambours battent aux champs et en même temps toutes les batteries de la Marine, de la Digue et des forts ébranlent l'air d'une salve de vingt et un coups de canon.

Avant que le cercueil impérial quittât la frégate, le Maire de Cherbourg, entouré du Conseil municipal, déposa sur le cercueil une couronne et prononça un discours qui se terminait par ces paroles:

« Napoléon, tu fus le bienfaiteur de cette cité; nous te devons une éternelle reconnaissance; que ton ombre auguste reçoive ici nos hommages! Permets que nous ajoutions cette couronne à toutes celles qui ont ceint ton front, à la foule de toutes les couronnes que la postérité décernera à ta gloire. Que ton génie plane sur nous, que ton patriotisme nous inspire et que ta grande âme se réjouisse en voyant la France heureuse et puissante entre les nations! ».

Cependant la *Normandie,* qui avait accosté la frégate, venait d'arborer le pavillon impérial dans lequel était un N brodé d'or. Le cercueil recouvert du drap funèbre y fut transporté et placé sous la même chapelle ardente.

Après de nouvelles prières, la *Normandie* quitta le port pour aller mouiller en rade, suivie des navires le *Cour-*

rier et le *Véloce*. A 11 h. 1/4 la cérémonie était terminée.

Le canon continua à tonner de quart d'heure en quart d'heure jusque vers 2 h. 1/2, instant où l'escadrille levait l'ancre, saluée une dernière fois par une salve de vingt et un coups tirée par chacune des batteries de la Digue et des forts.

Nous avons dit que vers 1840 un élément nouveau était venu relever le prestige de notre Collège : ce fut l'annexion des cours préparatoires à l'École navale.

Ils débutèrent en 1841 avec un professeur et une douzaine d'élèves.

En 1843, quatre professeurs, trois pour les sciences et un pour les lettres, y donnaient à trente élèves l'enseignement divisé en trois années. Depuis lors cette école préparatoire a obtenu de continuels succès ; elle a fourni à notre Marine nationale une pléiade nombreuse d'officiers du plus grand mérite. En raison de cette création, la ville vota 85.000 francs destinés à l'agrandissement du Collège, agrandissement qui assurait pour toujours son développement régulier.

L'année 1844 marque les débuts d'une gloire artistique, l'illustre peintre Millet, né à Gréville près Cherbourg et pensionnaire de la Ville ; il venait d'exposer au Louvre une toile (Laitière de la Basse-Normandie) et un pastel (Enfants se donnant une leçon d'équitation) au sujet desquels un journal de l'époque écrivait :

« Tout porte à croire que, dans quelques années, l'arrondissement de Cherbourg aura donné à la France un grand peintre de plus ».

En cette année 1844 nous avons à signaler la création

de la *Société d'Horticulture,* ainsi que le vote par le Conseil municipal de l'éclairage au gaz, innovation qui ne fut réalisée toutefois que le 28 février 1846.

Depuis le 1er septembre 1833, le *Journal de Cherbourg* avait pris le titre de *Journal de Cherbourg et du Département de la Manche;* le 23 juillet 1846, il le modifia par ces mots : *Opposition Constitutionnelle.*

Ce changement nous révèle qu'à Cherbourg, aussi bien que dans la France entière, commençait déjà le mouvement qui devait aboutir à la Révolution de 1848.

Dans l'après-midi du dimanche 27 février 1848, la République fut proclamée à Cherbourg. A 2 heures, tous les gardes nationaux sont réunis sur la place d'Armes; le Maire prononce un discours, puis le bataillon défile devant la foule assemblée.

Deux clubs se formèrent presque aussitôt : le Club des Travailleurs et le Club Démocratique; le second différait du premier par le calme et l'ordre qui y régnaient.

Le 12 avril un imposant cortège, à la tête duquel le clergé, suivi du sous-commissaire du Gouvernement, du préfet maritime, du maire et de tous les corps constitués qu'entouraient les gardes nationaux et les soldats de la garnison, se rendait sur la place du Château où fut planté l'Arbre de la Liberté, porté solennellement en cet endroit par des ouvriers du Club des Travailleurs et des sergents de la garde nationale.

L'ordre le plus parfait ne cessa de régner pendant cette cérémonie populaire.

Les événements de 1848 furent moins une révolution qu'une évolution de la Monarchie constitutionnelle à la Monarchie plébiscitaire, et l'on peut se demander si cette transformation d'essence monarchique ne fut pas de longue main préparée par celui auquel elle devait profiter.

Dès 1846, en effet, les élections des députés se firent à Cherbourg, comme presque partout, sur des principes nettement tranchés : l'opposition constitutionnelle proposait une monarchie, mais avec le gouvernement du pays par le pays, c'est-à-dire ayant pour base le suffrage universel ; le ministère, au contraire, présentait ses candidats comme fidèlement attachés à la Monarchie de Juillet.

On sait que dès le 28 février 1848, le prince Louis-Napoléon Bonaparte écrivait aux membres du Gouvernement provisoire :

« J'accours de l'exil pour me ranger sous le drapeau de la République qu'on vient de proclamer. Je viens annoncer mon arrivée aux membres du Gouvernement et les assurer de mon dévouement à la cause qu'ils représentent, comme de ma sympathie pour leurs personnes ».

L'Assemblée Constituante lui ouvre aussitôt ses portes et fait de lui quelques mois après, 10 décembre, le Président de la République.

Nul à Cherbourg ne fut alors inquiété pour ses opinions politiques et religieuses, et ce fut même alors que l'on conçut le projet, en souvenir de l'antique chapelle votive de Chantereyne, de construire une nouvelle église (seconde paroisse) sous le vocable de Notre-Dame-du-Vœu. Commencée en 1849, cette église, qui par son architecture appartient au style roman du XIIe siècle, fut consacrée le mardi 8 février 1859 ; elle ne fut terminée, par l'achèvement des tours et du portail, qu'en 1863.

La plaque scellée dans les fondations de l'édifice porte qu'il fut élevé au moyen des dons des fidèles et avec l'aide du trésor de la Cité.

Sur l'ancienne place dite des Sarrazins fut inauguré, le 12 mai 1850, le buste en bronze, œuvre de David d'Angers, du colonel de Bricqueville, député de l'arrondissement de Cherbourg, mort le 19 mars 1844.

Cette même année, 5 septembre, le président Louis-Napoléon vint à Cherbourg.

Il nous plaît de rapporter ici un court extrait du discours du Maire à cette occasion ; nous y retrouvons déjà les doléances de nos concitoyens relatives à l'absence d'escadre sur notre rade :

« La rade de Cherbourg, devenue aujourd'hui un abri si sûr, est appelée peut-être à jouer le premier rôle dans nos destinées maritimes et cependant elle est depuis longtemps déshéritée de ce qui constitue la force vive d'un port militaire. Qu'il nous soit donné, Monsieur le Président, d'espérer que désormais quelques bâtiments de haut-bord y déploieront toujours leur glorieux pavillon ».

Le Maire exprimait en outre l'espoir de voir bientôt se réaliser l'exécution du chemin de fer de Paris à Cherbourg.

La visite présidentielle produisit dans la population le meilleur effet; aussi ne faut-il pas s'étonner que les élections des 20 et 21 décembre 1851, ayant pour but de modifier la Constitution, aient été favorables au Prince-Président.

Dans sa séance du 30 juin 1852, le Conseil municipal vote l'érection d'une statue équestre de Napoléon Ier. La souscription ne fut toutefois ouverte qu'en 1854. Le comité décida que la statue serait mise au concours et qu'appel serait fait aux artistes français par la voie de la presse. Notre concitoyen d'adoption, l'éminent statuaire, M. Armand Le Véel, né à Bricquebec, arrondissement de Valognes, obtint le premier rang, et c'est à lui que nous devons le chef-d'œuvre qui orne la place Napoléon.

V.

SECOND EMPIRE.

Le dimanche 5 décembre 1852, à 11 h. 1/2, sur la place d'Armes, devant les autorités et les troupes de terre et de mer, fut faite, par le Sous-Préfet, la proclamation de l'Empire aux acclamations de la foule.

C'est à l'année 1853 (19 juin) que se rapporte la pose de la première pierre de l'église Saint-Clément (3e paroisse), dans le quartier (de création récente) du Val-de-Saire ou des Mielles (les premières maisons de ce quartier ne datent que de 1811). Cette église, construite dans le style grec, fait face à l'Hôpital civil; elle fut consacrée le dimanche 5 octobre 1856.

Le 6 septembre 1855 fut pour Cherbourg l'occasion de grandes fêtes religieuses, militaires et civiles; on célébrait les succès de nos troupes en Crimée et spécialement la prise de Sébastopol. La nouvelle de cette victoire fut accueillie avec enthousiasme, et les habitants, par la voix du Maire, demandèrent à l'Empereur que le bronze nécessaire à la fonte de la statue équestre de Napoléon Ier (œuvre de M. Le Véel) fût fourni par les canons abandonnés par les Russes à Sébastopol.

Vers la fin de cette année 1855 un recensement de la population constata que le nombre des habitants avait plus que doublé depuis 1811. A cette dernière date en effet la ville ne comptait que 16.000 âmes; elle en comptait 38.271 en 1856.

Le 18 mai 1857, une découverte archéologique vint s'ajouter aux nombreux documents relatifs à l'établissement des Romains sur le sol de notre cité. Des ouvriers, en creusant un canal de dérivation de la rivière la Divette sur le territoire de Cherbourg, mirent au jour une certaine quantité de médailles d'or aux effigies d'Auguste et de Tibère. Elles étaient semées comme en un sillon de 3m de longueur et à 2m de profondeur dans un terrain d'alluvions. Une énorme pierre brute recouvrait l'emplacement et s'élevait presque au niveau du sol; ces médailles (deux cents environ) paraissaient neuves, tant leur état de conservation était parfait. On pensa alors qu'elles avaient été placées dans un tombeau établi en cet endroit; des débris de charbon et des traces d'oxydation de fer remarqués tout autour autorisaient cette supposition.

Les 17, 18 et 19 août, la reine Victoria, le prince Albert et leurs enfants vinrent en touristes à Cherbourg; ils continuèrent leur excursion jusqu'à Bricquebec, bourg à 20 kilomètres, remarquable par les ruines de son vieux château et par son donjon. On conserve encore dans l'hôtellerie certains souvenirs des augustes visiteurs.

Cette promenade de la reine était pour ainsi dire le prélude de la visite officielle qu'elle devait faire l'année suivante.

Le 4 août 1858, une imposante escadre anglaise saluait la terre de France en même temps que les salves de nos vaisseaux rendaient les honneurs à la reine d'Angleterre. L'après-midi de ce même jour, l'empereur Napoléon III arrivait par la ligne de chemin de fer nouvellement établie entre Paris et Cherbourg.

Dès l'arrêt du train on inaugura cette ligne, et le 8 août la statue de Napoléon Ier.

Entre ces deux solennités, une troisième eut lieu (le 7 août), mais d'un caractère beaucoup plus grandiose: l'immersion de l'arrière-bassin à flot du Port militaire. Cet important ouvrage, décrété le 15 avril 1803 par Napoléon Ier, commencé sous la monarchie de Juillet (28 juin

1836), continué depuis sans interruption, venait d'être terminé.

C'est un vaste rectangle pratiqué dans la direction N. et S. sur 420^m de longueur, 200^m de largeur et 18^m de profondeur, en contre-bas de l'arête des quais et de 9^m en contre-bas des plus basses mers d'équinoxe.

« La Digue est le plus bel ouvrage de main d'homme que j'aie vu », disait Humboldt à Arago lors de leur voyage à Cherbourg en 1838.

Un sentiment identique inspirait à un écrivain, à l'heure où les travaux de l'arrière-bassin s'avançaient (1856), les lignes suivantes :

« Après la Digue, véritable colline sous-marine de 4.000^m de longueur, détachée pierre à pierre de cette falaise escarpée qui domine la ville (la Montagne du Roule) pour être reconstruite à 4 kilom. du rivage, malgré les efforts destructeurs des éléments, après cette masse gigantesque qui est la sécurité de la rade, Cherbourg peut être fier de citer ce grand bassin à flot destiné aux vaisseaux de ligne.

» Cet ouvrage est tout entier creusé dans le roc ; les déblais ont fourni non-seulement le matériel des nombreux bastions qui défendent les approches du port militaire, mais ils laissent encore disponibles plus de trente mille mètres cubes de pierre avec lesquels l'Administration de la Marine comblera en partie l'Anse Sainte-Anne (à 5 kilom. à l'Ouest de Cherbourg), et protégera par ce moyen les propriétés contre l'empiètement de la mer ».

Le 20 novembre 1859 fut posée la première pierre de l'hospice Napoléon III (successivement appelé Hôtel-Dieu et Hôpital-Hospice). Terminé en 1862, il fut inauguré le 15 novembre par M. Pron, préfet de la Manche, au nom de l'Empereur.

En 1860, le Congrès scientifique de France tint ses assises, du 2 au 10 septembre, à Cherbourg.

Plus de six cents congressistes y prirent part.

Une médaille d'honneur en or, représentant une Minerve distribuant des couronnes, y fut décernée à une meunière-poète du Val-de-Saire, Madame Lecorps (Marie Ravenel), pour ses remarquables ouvrages. Née à Réthoville, commune à 20 kilom. environ à l'Est de Cherbourg, le 21 août 1811, elle est décédée à Fermanville, petit port voisin de sa commune natale, le 8 mars 1893. Un comité, à la tête duquel l'*Académie poétique de Cherbourg* et son président-fondateur, M. L. Sallé, avocat, s'est formé pour lui élever cette année même un monument à Fermanville.

Les nouvelles formes du Port militaire et le bassin dans lequel stationnent les bâtiments de servitude, et appelé pour cette raison Gare de la Mâture (cette dernière dans la partie de l'Arsenal au Nord du bassin à flot), furent achevés en 1861 en même temps que l'on commençait les travaux du fort Chavagnac situé entre la passe Ouest et la côte. La chapelle (monument de style ogival) du port militaire, à l'extrémité Nord de la rue des Casernes de la Marine, fut aussi commencée à cette époque.

On constate que les constructions, momentanément ralenties sur les chantiers du Bassin de commerce, reprirent alors une certaine activité; sept navires étaient en construction.

Nous avons signalé en 1836 l'institution des courses de chevaux. De 1850 à 1861 elles n'eurent pas lieu. Le 12 décembre 1861 fut réorganisée l'ancienne société des courses de Cherbourg sous le titre de *Société des courses du Cotentin.*

Le 7 septembre suivant, le polygone de Querqueville vit

pour la première fois cette fête hippique qui, nous l'avons indiqué, s'était tenue antérieurement sur la plage en face de l'établissement des bains de mer; et à ce sujet rappelons que, le 15 juin 1863, Cherbourg fut doté d'un nouvel établissement de ce genre, élevé sur l'emplacement des anciens bains Louis-Philippe.

En ce même mois se déroula à Cherbourg un épisode de la guerre de Sécession.

Un intrépide navire confédéré, l'*Alabama*, était venu relâcher sur notre rade. Il y était à peine mouillé que le *Kearsage*, de la Marine fédérale, se montra dans nos eaux. Aussitôt il envoya une provocation au capitaine de l'*Alabama* et s'établit en croisière au large de la Digue. Le défi fut accepté.

Le dimanche matin 19 juin, à 10 heures, l'*Alabama* quittait son mouillage. La frégate cuirassée la *Couronne*, ayant pour seule mission d'empêcher, par sa présence, un engagement dans les eaux territoriales, quittait la rade quelques minutes plus tard. Cette frégate devait revenir au mouillage au moment où les deux adversaires seraient en dehors des eaux françaises.

A peine l'*Alabama* avait-il doublé le musoir de la Digue que le *Kearsage* apparut dans le N.-E. du cap Lévy, à 9 milles environ.

L'*Alabama*, excellent marcheur, pouvait facilement éviter son adversaire et gagner la haute mer, mais l'honneur était en jeu. Le capitaine commanda immédiatement le branle-bas de combat et à toute vapeur dirigea son navire à la rencontre du *Kearsage*, avec l'intention bien évidente de l'aborder. A 11 heures, les deux adversaires étaient à portée de canon. Le *Kearsage* évite l'abordage et l'*Alabama* ouvre le feu; le *Kearsage* ne répond pas immédiatement et se rapproche de plus en plus; à deux cents mètres, il tire une première bordée. La lutte s'engage plus vive et les deux adversaires tournent l'un autour de l'autre avec acharnement dans un rayon de deux cents à huit cents mètres.

L'*Alabama* n'apparaissait plus qu'au milieu d'un épais nuage de fumée et tirait à outrance sur le *Kearsage;* celui-ci, probablement à cause de sa supériorité due au blindage qui mettait sa machine à l'abri des boulets, tirait lentement, mais avec une grande précision.

Vers midi, plusieurs voies d'eau se déclarent sur l'arrière de l'*Alabama;* la lutte n'en continue pas moins à outrance ; le vaillant équipage travaillait ou combattait ayant de l'eau jusqu'à la ceinture ; la machine, paralysée par une explosion de chaudière ne fonctionnait plus ; un boulet brise le gouvernail... le canon gronde toujours.

A midi 1/4, le capitaine, blessé à la main droite, n'a plus à songer qu'au sauvetage de son équipage. Quatre embarcations sont mises à la mer, mais l'une d'elles est aussitôt coupée par un boulet.

Au moment de quitter son bord, le capitaine remarque que son pavillon avait disparu ; il l'aperçoit sur le pont et le fait immédiatement hisser au grand mât.

A midi 25, l'*Alabama* s'engloutissait sans s'être rendu ; et le *Kearsage* cessait le feu.

Le capitaine, le second, douze officiers et vingt-six hommes d'équipage furent recueillis par un steamer anglais qui avait assisté au combat et qui fit immédiatement route pour l'Angleterre.

Le *Kearsage* prit cinquante-deux hommes à son bord ; un pilote cherbourgeois en recueillit douze dont cinq officiers.

A 4 heures du soir, le *Kearsage* mouillait sur rade et débarquait ses prisonniers.

L'*Alabama* avait eu six tués, dont un officier, et seize blessés ; le médecin du bord et un matelot s'étaient noyés.

Trois hommes seulement avaient été atteints à bord du *Kearsage*.

En 1865, le quai Ouest du Port de commerce reçut le nom de quai de Caligny en mémoire des services de l'ingénieur auquel est due la création de ce port.

La famille Hue de Caligny a fourni une longue suite d'ingénieurs remarquables dont trois ont dirigé des travaux à Cherbourg. Le second, celui dont nous venons de parler, est l'auteur d'un traité : *La défense des places fortes*.

Les bâtiments de l'ancien hospice occupaient encore en 1865 un vaste emplacement près l'église Sainte-Trinité. Le Conseil municipal en vota la démolition au cours de l'année et sur l'emplacement s'éleva presque aussitôt un quartier nouveau. Sur le côté Nord est maintenant édifié un important groupe scolaire, école primaire de filles.

Au mois d'août 1865, une escadre anglaise à bord de laquelle le prince de Galles, le duc de Somerset et la plupart des lords de l'Amirauté, vint à Cherbourg. Au cours des fêtes qui furent données, on posa la première pierre du magnifique hôpital maritime, rue de l'Abbaye, solennité présidée le lundi 14 août par le Ministre de la Marine.

L'Arsenal et la Digue furent visités en 1867 (juillet) par l'impératrice Eugénie, qui de Brest se rendait au Havre, et en 1868 (avril) par le prince impérial.

L'inauguration des fourneaux économiques, alors établis dans la partie centrale de l'ancienne Corderie de la Marine, rue de l'Abbaye, date de cette même année.

Nous touchons à la fin de l'Empire, et avant de signaler

les événements qui, à Cherbourg, en marquèrent la chute, complétons ce que nous avons dit sur les travaux de défense exécutés pendant ce règne.

L'Arsenal, son enceinte fortifiée, son avant-port, ses vastes bassins, onze cales de construction et huit formes de radoub furent terminés; les casernes de l'artillerie et de l'infanterie de marine, celles aussi de l'artillerie de guerre, construites.

Des élections mouvementées signalèrent les mois de mai et de juin 1869. M. le comte Daru, candidat de l'opposition, fut élu; les élections plébiscitaires du 8 mai 1870 furent défavorables à l'Empire.

Lorsque, le 15 juillet, arriva la dépêche annonçant la rupture entre la France et la Prusse, cette nouvelle, comme partout ailleurs, fut accueillie avec une joie frénétique. Des groupes nombreux, conduits par des officiers d'infanterie de marine, parcouraient les rues au chant de la *Marseillaise* et en criant: « A Berlin!... ». Le 24, l'impératrice régente, partie la veille de Paris, se rend à l'Arsenal et de là à bord de l'escadre dont, avec plusieurs amiraux, elle fait une inspection rapide.

VI.

DE LA PROCLAMATION DE LA IIIe RÉPUBLIQUE A NOS JOURS.

Le désastre de Sedan jeta la consternation dans nos murs; cependant la proclamation de la République, 4 septembre 1870, ne provoqua aucune manifestation bruyante.

Quatre jours après seulement, une adresse de confiance fut votée dans une réunion publique et envoyée au Gouvernement provisoire.

Le samedi 15 octobre, un décret prohibant l'exportation

de certaines denrées alimentaires, donna lieu à de légers troubles promptement réprimés par les troupes et la garde nationale.

Le 10 décembre, le général Laporte, commandant la subdivision de la Manche, lance de Cherbourg un ordre de mise en état de siège du département.

Si Cherbourg ressentit cruellement les angoisses de la guerre, son éloignement le mit à l'abri de l'invasion.

De nombreuses ambulances, organisées dans la ville, reçurent nos malades et nos blessés ; la population tout entière fut magnifique de dévouement à l'égard de nos soldats.

Le 24 janvier 1871, Gambetta revenant de Lille s'arrête à Cherbourg ; il visite le Port et l'Arsenal sous la conduite de l'amiral Rose, préfet maritime, puis repart le soir même pour Saint-Malo.

Le 19 juillet, Jules Simon, ministre de l'Instruction publique, en mission extraordinaire, arrivait à Cherbourg où il passait quelques jours avec le contre-amiral Krantz.

Tels sont les seuls événements qui marquèrent les années 1870-71.

A cette époque, l'enseignement primaire était donné dans six écoles communales de garçons, deux tenues par des Frères de la Doctrine chrétienne et quatre par des laïques ; il existait en outre un cours de musique vocale.

Les jeunes filles recevaient l'enseignement primaire dans quatre écoles communales tenues par des religieuses et dans un certain nombre d'écoles libres dirigées par des maîtresses laïques.

Cherbourg ne possédait point de Halles centrales ; pour en doter la ville, la Municipalité vota l'acquisition et la démolition de tous les immeubles formant un vaste quadrilatère entre les rues Grande-Rue, au Fourdray, au Blé et le boël Meslin.

De 1873 à 1874, quatre halles, au centre desquelles une vaste place, furent inaugurées.

La mort de M. Thiers (septembre 1877) fut l'occasion d'un deuil général à Cherbourg. La Municipalité invita la population et les bâtiments de commerce à pavoiser en signe de deuil, et une délégation fut envoyée à Paris pour assister aux obsèques.

Le mois précédent (18 août), le maréchal de Mac-Mahon avait fait son entrée dans la ville et l'avait visitée, ainsi que l'Escadre et la Digue.

Trois ans après (8 août 1880) son successeur à la première magistrature de l'État, M. Jules Grévy, vint à Cherbourg avec MM. Léon Say, président du Sénat, et Gambetta, président de la Chambre des députés.

Ce séjour, qui se termina le mercredi 11, fut pour Gambetta l'occasion d'un véritable triomphe. Ses harangues lui attiraient les ovations de la foule, qui oubliait pour lui le Chef de l'État et le président du Sénat.

Le lundi 9, de grandes fêtes vénitiennes eurent lieu sur le Bassin de commerce ; les trois présidents y assistaient. La fête terminée, ils passaient ensemble sans escorte devant l'un des principaux cafés (café du Grand Balcon), qui fait face au Bassin de commerce. Les commis-voyageurs présents à Cherbourg y offraient un punch à la presse républicaine. Gambetta, qui à maintes reprises avait témoigné de sa sympathie pour cette corporation, y avait été invité. Il abandonne soudain MM. Grévy et Say et monte au premier étage où se trouvaient les voyageurs et les journalistes. MM. Savary et Lavieille, députés, l'accompagnaient.

C'est là, qu'après une allocution d'un voyageur de commerce, Gambetta prononça deux remarquables improvisatons qui défrayèrent, pendant quelque temps, la presse tout entière.

A l'heure où se produisent les événements, il est impossible de porter sur eux et sur les hommes d'État qui y sont mêlés un jugement certain.

« C'est l'histoire qui rend les jugements définitifs sur les hommes et sur les choses ».

Les années qui suivirent ne justifièrent que trop, au sujet du président Grévy, dont il venait de faire l'éloge, cette parole de Gambetta dans sa deuxième harangue.

Le samedi 28 janvier 1882 fut inauguré le nouveau théâtre, place du Château. Pour cette solennité artistique avaient été conviés des pensionnaires de la Comédie Française et de l'Opéra, parmi lesquels une éminente cantatrice, Mme Richard, de Cherbourg.

Ce théâtre, un des plus beaux de province, a coûté près de 1.250.000 francs.

Le Collège n'ayant cessé de prendre de sérieux développements, le Conseil municipal avait songé à le transformer en Lycée. Ce projet devint définitif en 1879.

En 1880, après les études préliminaires, les crédits furent votés pour l'acquisition des terrains destinés à donner à l'établissement une superficie de douze mille mètres carrés. Enfin un décret de 1881 autorisa l'érection du Collège en Lycée. Les travaux, commencés en 1883, furent terminés en 1886 et l'ouverture fut fixée à la rentrée d'octobre de la même année.

Au cours du voyage que fit le président Carnot à Cherbourg, en septembre 1888, il se rendit à la Montagne du Roule. Sur le parapet du fort, l'amiral Krantz, ministre de la Marine, déploya une carte de la rade et expliqua au Président le danger de la largeur des passes : deux mille quatre cents mètres par la passe Ouest et onze cents mètres entre l'île Pelée et la côte. A ce moment furent décidés les travaux entrepris depuis pour la fermeture de la rade et des passes.

Ces travaux ont été terminés en 1895 pour la Digue qui ferme la passe Est, et en 1897 pour celle de l'Ouest.

Le dimanche 5 juin 1887, fête de la Trinité (fête patronale de la ville), le Jardin public, nouvellement créé, fut ouvert pour la première fois. Ce jardin, aux allées spacieuses, aux pelouses et massifs bien dessinés, est surtout remarquable par son heureuse disposition au pied de la Montagne du Roule. Au fond, sous les délicieux ombrages d'arbres séculaires, on peut admirer, sur un stèle en granit, un magnifique buste du peintre Millet.

Sur le côté Est, on remarque aussi l'ancien portail de l'Abbaye du Vœu, découvert en 1893 et restauré en cet endroit.

Depuis la fondation de la République, tous les Présidents, MM. Thiers et Casimir Périer exceptés, ont tour à tour visité Cherbourg.

A l'instar de leurs prédécesseurs, MM. Félix Faure et Loubet y vinrent aussi : le premier le 4 octobre 1896; le second, avec MM. Deschanel, président de la Chambre, Fallières, président du Sénat, Waldeck-Rousseau, président du Conseil, et de Lanessan, ministre de la Marine, le mercredi 18 juillet 1900.

Le but spécial du voyage de M. Félix Faure était de saluer, dès l'instant où ils toucheraient le sol français, nos alliés l'Empereur Nicolas II et l'Impératrice de Russie.

Le 5 octobre, à 7 heures du matin, l'escadre du Nord appareillait pour se rendre au devant des yachts impériaux, l'*Etoile Polaire* et le *Standard*, qui entrèrent en rade à

2 h. 1/2. A 3 heures, nos hôtes descendirent de l'*Étoile Polaire* dans le Port militaire où ils furent reçus par le Président entouré des ministres, de sa Maison militaire et des autorités.

L'Empereur, l'Impératrice et M. Félix Faure s'embarquèrent ensuite sur l'aviso l'*Élan* pour passer la revue de l'escadre.

Le départ des souverains pour Paris eut lieu vers 8 h. 1/2 du soir et le train présidentiel quittait Cherbourg à 7 h. 45.

En souvenir de cet événement, le dimanche 17 février 1899, remise officielle fut faite à la ville de Cherbourg d'une œuvre du peintre russe Tkatchenko, offerte par l'Empereur de Russie, et représentant l'arrivée de Nicolas II sur notre rade le 5 octobre 1896.

Aucun chef d'État n'est venu à Cherbourg plus souvent que la reine Victoria ; chaque année, et ce jusqu'à sa mort (22 janvier 1901), Cherbourg fut toujours le point favori du littoral où elle fit aborder son escadrille.

En 1898, le 14 avril, le roi des Belges, Léopold II, en cours de voyage maritime, descendit incognito dans la ville où il ne fit qu'une courte apparition.

Les derniers souverains qui aient passé à Cherbourg sont : le roi Edouard VII d'Angleterre, après sa visite en France (4 mai 1903) ; le roi Victor-Emmanuel III et la reine d'Italie (16 novembre 1903) ; enfin le roi de Portugal, Charles Ier, et la reine Amélie d'Orléans (lundi 14 novembre 1904). Leurs Majestés se rendaient en Angleterre et devaient revenir par Cherbourg ; la maladie de la duchesse d'Aoste, sœur de la reine, modifia leur itinéraire.

Quelques lignes suffiront, en terminant, pour indiquer, de 1895 à 1905, ce qui présente un certain intérêt relativement au commerce maritime, aux travaux maritimes et militaires, aux améliorations matérielles, aux monuments, aux sciences et à l'instruction, enfin au mouvement de la population et à l'extension de la ville, en un mot au développement de la cité.

Commerce maritime. — Au mois de mars 1895, la Cie transatlantique *Hamburg American Line*, après entente avec la Cie de l'Ouest, décide que ses paquebots feront escale à Cherbourg en allant de Hambourg à New-York et réciproquement.

En mars 1899, après le *Norddeutscher Lloyd* et la Cie précédente, une troisième Cie transatlantique l'*American Line* fait désormais escale sur notre rade.

Enfin (août 1902) la Cie allemande *Norddeutscher Lloyd*, qui assurait déjà le service de New-York, créait une nouvelle ligne à destination de l'Amérique du Sud (Montevideo, Buenos-Aires), avec arrêt à Cherbourg. Ce service était déjà assuré par la Cie Hambourgeoise Sud-Américaine et la Cie anglaise *Royal Mail steam packet*. Cette dernière fait actuellement seule le service sur l'Amérique du Sud.

Travaux maritimes et militaires. — Indépendamment des travaux de fermeture des passes et de la rade, les fortifications de l'île Pelée ont subi dans ces dernières années d'importantes transformations.

Dans l'Arsenal, une immense cale de construction, entièrement en fer, est édifiée ; elle permet de lancer les navires en pleine rade.

On reconstruit également en fer la scierie mécanique, (au-dessus de laquelle la salle des gabarits), détruite par un incendie avec l'atelier de la mâture et les magasins y attenant, dans la nuit du 6 au 7 décembre 1900.

Le 4 septembre même année, la Chambre de commerce vote la construction de trois appontements dans l'Avant-Port de commerce ; ils sont aujourd'hui terminés.

D'immenses travaux seront prochainement entrepris

pour l'établissement d'un Port de commerce en eau profonde.

Améliorations matérielles. — En mars 1896, le Conseil municipal vote la construction d'une ligne de tramways et adopte la traction mécanique avec le système à vapeur Serpollet.

L'inauguration partielle de la ligne allant de la place du Château à la place de Tourlaville eut lieu le 29 novembre, et le dimanche 23 mai 1897, l'inauguration officielle de la ligne entière, partant de ce dernier point situé à 4 kilom. à l'Est de Cherbourg, pour se rendre au point terminus à 6 kilom. à l'Ouest (Querqueville).

Cette ligne se prolongera dans un avenir prochain jusqu'à la délicieuse station balnéaire de Landemer, à 6 kilom. de Querqueville.

Le 14 juillet 1897, inauguration partielle de la lumière électrique.

Le 19 octobre 1900, vote par le Conseil municipal d'une subvention de 150.000 francs pour la construction du chemin de fer de Cherbourg à Barfleur. Cette ligne, sur le point d'être construite, sera le prolongement de la ligne Montebourg-Barfleur, et par elles toute la côte Est-Nord-Est de la presqu'île sera desservie.

Une ligne téléphonique, reliant Cherbourg à Valognes, Caen et Paris, a été ouverte au public le 20 février 1901.

Monuments. — De 1898 à 1900 on restaure l'église Sainte-Trinité ; une chapelle de style gothique remplace une informe construction située du côté Nord, et le collatéral Nord du chœur est refait en entier.

Des travaux plus importants encore devaient être entrepris ; en effet, en janvier 1900, le Conseil municipal avait décidé l'achat des trois immeubles faisant suite à l'église, place Napoléon, pour dégager complètement l'édifice. Il est à craindre que les événements actuels ne retardent l'exécution de ces projets.

Par suite de l'extension de la ville du côté de l'Ouest, l'église Sainte-Trinité étant devenue insuffisante pour le service de la paroisse, le quartier de la Bucaille a été pourvu d'une chapelle où le culte est célébré depuis le 25 juillet 1897.

Le 5 mars 1900, mort de M. Emmanuel Liais, maire de Cherbourg, astronome distingué, ancien directeur de l'Observatoire de Rio-Janeiro. Il lègue à la ville un vaste immeuble au centre de Cherbourg avec plusieurs terres et rentes pour l'entretien de cette propriété. Dans le parc, magnifiquement dessiné, s'élève d'un côté une tour, sorte d'observatoire ; de l'autre, d'immenses serres dans lesquelles les arbres et les plantes les plus variés et les plus rares des pays exotiques. Ce parc est ouvert au public.

Les appartements seront prochainement transformés en Muséum d'Histoire naturelle, et la *Société des Sciences naturelles et mathématiques de Cherbourg* aura à sa disposition un immeuble pour y placer sa riche bibliothèque et y tenir ses séances.

Sociétés savantes et Établissements d'instruction. — Outre la *Société Académique* (1755) et la *Société des Sciences naturelles et mathématiques* (1851), il existe à Cherbourg une *Société Artistique et Industrielle* (1870), une *Société des Amis des Arts de la Manche* (1896), une *Académie poétique* (janvier 1904), une *Société philharmonique* (1835) et plusieurs Sociétés musicales ; enfin une *Société d'Horticulture* (1844) et une *Société d'Agriculture.*

Indépendamment des nombreuses écoles communales de garçons et de filles, l'enseignement primaire est donné dans dix établissements libres ouverts la plupart depuis la fermeture des écoles congréganistes (1902, 1903, 1904).

Les établissements d'enseignement secondaire sont : le Lycée, l'Ecole secondaire libre « Institution Saint-Paul » pour les garçons, —et pour les jeunes filles, un cours secondaire qui semble devoir être prochainement transformé en Collège.

Population et extension de la ville. — Depuis quelques années, par suite de l'accroissement incessant de la population (42.900 habitants en 1905), de vastes quartiers nouveaux ont été créés ; des rues larges et spacieuses ouvertes surtout vers l'Ouest.

A l'Est, des constructions nombreuses, mais plutôt ouvrières, ont été aussi édifiées.

Cette extension de Cherbourg, à l'Est vers Tourlaville (7.200 habitants) et à l'Ouest vers Equeurdreville (6.300 habitants), paraît déjà ne faire de la ville et de ces deux faubourgs qu'une seule agglomération, qui ne formera, dans un avenir prochain, qu'une grande et populeuse cité.

Telle est, esquissée à grands traits, l'histoire de Cherbourg.

Nombre de faits et de détails manquent à cet abrégé qui parfois n'a été qu'un simple résumé chronologique ; il ne pouvait en être autrement, eu égard au peu d'étendue de ce travail.

Quel qu'il soit, nous pensons qu'il ne sera pas inutile, et que le lecteur aura par lui une connaissance, sommaire sans doute, mais cependant suffisamment précise, de notre histoire locale.

LE HAGUE-DICKE[1]

Le Hague-Dicke, ce long rempart qui isole la pointe Nord-Ouest de la presqu'île du Cotentin, a fait couler des flots d'encre. C'est une des questions que le Congrès aura à examiner et qu'il tranchera peut-être.

Des diverses opinions émises sur son origine, deux restent debout à l'heure actuelle. Pour les uns il est préromain, pour les autres normand.

En vue d'éclairer le Congrès, nous avons cru devoir reproduire, en les condensant, les arguments mis en ligne par les deux partis.

Le premier, représenté par M. J. Lucas, dont nous déplorons la perte récente, est extrait de son volume *La Hague*, paru en 1903 ; le second est de M. de Gerville qui consacra au Hague-Dicke un travail célèbre, paru en 1832 dans les *Mémoires de la Société des Antiquaires de Normandie*. Malgré leur grand âge, les arguments du savant archéologue conservent, nous semble-t-il, tout leur poids. Le lecteur ainsi documenté verra et jugera.

Nous commencerons par M. de Gerville.

LE COMITÉ LOCAL.

---

[1] Nous écrivons *Hague-Dicke*, comme les cartes de l'État-Major et du Ministère de l'Intérieur, comme aussi Desjardins (Géog. de la Gaule romaine). M. de GERVILLE écrit *Hague-Dike*, et M. LUCAS, *Hague-Dick*, formes que nous conservons dans les extraits ci-après de leurs mémoires respectifs.

I.

RECHERCHES SUR LE HAGUE-DIKE

ET LES

PREMIERS ÉTABLISSEMETS MILITAIRES DES NORMANDS

SUR NOS COTES

PAR

M. de GERVILLE[1].

Le département de la Manche est terminé au Nord par le Cap de la Hague, tout près de l'île anglaise d'Aurigny (Alderney).

Le promontoire, sur lequel est situé ce cap, est coupé à sa base par un retranchement qui s'étend d'une mer à l'autre, dans la longueur d'une lieue et demie.

Ce retranchement est bien plus considérable au centre qu'aux extrémités, où des coteaux escarpés forment une défense naturelle... La partie du promontoire ainsi isolée contient, suivant le géomètre en chef du cadastre, 4.550 arpens métriques...

Outre le Hague-Dike, dont le nom annonce une origine tudesque, il existe autour du port d'Omonville, mais trop loin pour y empêcher un débarquement, plusieurs petites

[1] *Mémoires de la Soc. des Antiq. de Normandie*, 1832, pp. 193 et suiv.

redoutes, dont les noms appartiennent à la même langue que celui du Hague-Dike.

On peut en dire autant d'une vingtaine de tombelles situées sur le promontoire, et notamment dans les paroisses de Jobourg, Auderville, Beaumont et Vauville.

C'est en essayant d'indiquer l'origine commune de ces trois espèces de monuments, que je vais tâcher de prouver qu'ils remontent tous aux pirates du Nord, qui, après avoir longtemps dévasté notre province, finirent par s'y établir et lui donnèrent leur nom...

J'essayerai d'établir que, dans leurs attaques sur les côtes de nos mers, les pirates du Nord occupèrent des îles très rapprochées de la grande terre, des péninsules dont ils occupèrent l'isthme, ou des promontoires, dont ils isolèrent la base; et que ces trois moyens revenaient à un seul et même.

Mais que, comme ils étaient maîtres de la mer, ils ne se fixaient pas dans des îles, des péninsules ou sur des promontoires, sans s'être ménagé un lieu de débarquement et un moyen de communication sûre avec leurs vaisseaux...

Parmi les anciens historiens qui parlent des stations des pirates normands, un seul à ma connaissance indique leur usage de se fortifier sur des promontoires et les raisons de cette tactique. Comme il en parle d'une manière courte et précise, je transcris le passage de cet auteur : *Sub diversis eorum irruptionibus consederant (Dani) in variis promontoriis, et locis ad munitiones aptis, et ea optimè munierant nullius incursum metuentes*[1].

Voici maintenant des exemples d'isolement de promontoires par les Normands sur les côtes d'Angleterre.

Le Cap nommé Flamboroug-Head, situé sur la côte du Yorkshire, au levant de la ville d'York, offre à sa base des

[1] Wallengford, apud Galbave, collect. script., pp. 528 et 529.

traces d'un retranchement analogue au Hague-Dick ; son nom même, de la conformité avec celui qui nous occupe : voici ce qu'en dit l'auteur de la description historique et topographique de ce comté [1].

« Le retranchement appelé Danes-Dike, est à peu près à » la base du triangle formé par le promontoire de Flambo- » roug. Il consiste en deux lignes de défense, l'une au-des- » sus de l'autre. Ces lignes ont à peu près une demi-lieue » de longueur. L'histoire ne dit pas l'origine de ce monu- » ment ; *mais la tradition locale le rapporte avec beaucoup* » *de probabilité aux Danois dont il porte le nom. Ces* » *barbares ont pu chercher à isoler ce promontoire* et à » en rendre l'accès impossible à leurs ennemis. Cette posi- » tion était extrêmement avantageuse pour recevoir des » provisions et des renforts de leur pays... ».

... Les côtes de la Manche opposées aux rivages de la Basse-Normandie et de la Bretagne, vont me fournir un grand nombre de postes semblables à celui du Hague-Dike.

Je pourrais commencer par Warcham, près des îles de Wight et de Portland ; mais je me hâte d'arriver aux promontoires de Cornwall qui ont avec celui de la Hague la plus grande analogie, et qui ont été cités par l'antiquaire excellent dont j'ai déjà parlé.

Plusieurs points de cette côte offrent des monuments tels que nous pouvons en désirer. Le comté de Cornwall a été longtemps et paisiblement occupé par les hommes du Nord. Ils y furent appelés comme alliés, comme les Saxons l'avaient été par les Bretons. Ils eurent le temps de s'y établir et de s'y retrancher, conformément à leur tactique ; ainsi nous aurons la certitude que les monuments analogues au Hague-Dike n'ont pu être élevés que par eux...

» Presque tous les fossés d'isolement du Cornwall sont

[1] BIGLAND, Histor. and topogr. Survey of Yorkshire, p. 146.

» dans le canton de Penwith, le plus occidental de tout le » comté ; un seul à ma connaissance se trouve à l'Est de » Falmouth, il se nomme Dead-Mans-Point[1] »...

Borlase indique encore près de Téhidy les restes d'un fossé semblable, après quoi il ajoute :

« Ces retranchements, destinés à *isoler des promontoires* » ayant leurs remparts vers la terre, servaient à protéger » les débarquements et les rembarquements. Le fossé tou- » jours tourné vers *la terre* fait voir qu'on craignait les » ennemis de ce côté-là seulement, et non du côté de la » mer[2].

» Aussitôt, continue-t-il, que les Normands avaient re- » connu un promontoire qui convenait à leurs projets, ils » commençaient par *en couper la base* afin d'éviter toute » surprise ; à la faveur de leur fossé d'isolement, ils se trou- » vaient bientôt en état de repousser les attaques des habi- » tants du pays. Dès qu'ils avaient pris possession, ceux » qui étaient restés à bord commençaient à débarquer leurs » hommes et leurs provisions. Bientôt ils pouvaient s'avan- » cer dans l'intérieur en laissant dans leurs retranchements » une force suffisante à portée de leurs navires. Il est donc » évident que ces retranchements sont l'ouvrage des pira- » tes, Saxons ou *Normands*. Mais comme les premiers n'a- » vaient jamais été très longtemps en force dans le Cornwall ; » comme *il est au contraire certain que les Normands y ont* » *séjourné très longtemps* (plus d'un siècle), il s'ensuit » qu'*on doit leur rapporter l'origine des retranchements* » *d'isolement à la base des promontoires*[3] ».

A des passages aussi décisifs si nous voulons ajouter quelques passages d'un de nos plus anciens et de nos plus

[1] BORLASE, p. 45.
[2] BORLASE, p. 345.
[3] BORLASE, pp. 45 et 46.

judicieux antiquaires, peut-être que l'évidence semblera encore plus grande.

« Le Cotentin, dit-il, longtemps habité par les Sesnes » (Saxons), pirates, et abandonné par les Carliens aux Nor- » mands et autres écumeurs de mer pour être cette terre » comme une presqu'île séparée de la terre ferme, etc...[1] ».

Le même ajoute ailleurs : « Or les Normands... pirates » qui semblent avoir tenu la presqu'île du Cotentin, mal » gardée par les rois Mérovingiens, et possible par les » Carliens, etc...[2] ».

Dudon et Guillaume de Jumiège parlent de dépôts ou stations dans lesquelles les pirates normands laissent derrière eux les malades, les infirmes, les prisonniers, etc. *Ut requiescere possent turmæ post terga nostra positæ... Ædificaverunt magalia instar burgi quo captivorum greges catenis astrictos asservarent ipsique pro tempore corpora a labore reficerent.* Ce passage est copié des écrits d'un contemporain des pirates normands[3].

Il me semble qu'il n'y a rien à opposer à de semblables autorités, cependant mon opinion a trouvé des contradicteurs ; je connais déjà sur ce sujet trois avis différents du mien. Deux archéologues font du Hague-Dike un monument gaulois ; un troisième l'attribue aux Anglais et lui donne une date postérieure à leur défaite en 1450...

L'auteur étudie alors les redoutes circulaires d'Omonville, toutes disparues aujourd'hui par le progrès de la culture ; il dit « qu'il en est parlé dans l'acte de mariage du duc de Norman- » die Richard III avec la princesse Adèle : *Pagum qui dicitur* » *Haga cum portu navis* ». Il cite leurs noms, tous d'origine nordique : *Jerd-Heue, Tourplin, Huch-Heue, Trent-Heue* et *Led-Heue*. Il rappelle que Borlase a également signalé dans

[1] FAUCHET, Ant. de Genève, 1611, p. 857.

[2] Ibid., ibid., apud franc. scriptores, p. 699.

[3] ADERWALD, De mirac. sancti Bened. apud Bouquet, collect. vol. 7, p. 360.

le Cornwall des redoutes *circulaires* semblables aux nôtres et dont l'origine saxonne est certaine.

Il rapporte également aux Saxons les tombelles de la Hague, rappelant que les Normands « brûlaient en général leurs morts » et couvraient leurs cendres d'un tumulus,... mais que parfois » aussi ils les inhumaient sans les brûler ». Puis il continue :

Je prends mon exemple dans un des plus anciens historiens du Danemark. Après une bataille sanglante où le roi Hacon fut tué, ainsi que le chef de ses ennemis, les matelots voyant sur le champ de bataille les corps de leurs compagnons et celui de leur roi, voulurent ériger un monument digne de sa valeur et de leurs regrets. Les expressions de l'auteur indiquent un tertre ou plutôt une colline remarquable par sa grandeur : « *Diluculo nautœ suorum cons-* » *picati cadavera, funerandi ducis gratia collem spetatœ* » *magnitudinis extruunt quem usque nunc* (l'auteur écri- » vait dans le XIIe siècle), *opinione celebrem Haconis* » *bustum fama cognominat*[1] ».

« Une pareille citation suffit ».

M. de Gerville insiste sur ce fait qu'en Angleterre « les lieux » les plus connus pour avoir été occupés par les Normands, » *pour avoir été le théâtre de leurs guerres et de leurs désas-* » *tres*, offrent le plus grand nombre de tumuli ; » puis il décrit ainsi celles de la Hague.

La forme des tombelles de la Hague est constamment la même ; sur plus de vingt que j'y ai reconnues, je n'en ai pas vu dont les formes différassent : il y en a quelques-unes en pierres, beaucoup en terre. Les proportions varient depuis 15 pieds de diamètre jusqu'à plus de 100 ; mais toutes sont d'une forme circulaire et d'un aplatissement considérable ; la hauteur perpendiculaire au centre n'est pas d'un pied sur 15 dans les tombelles en terre, mais elle excède un peu cette proportion dans les tombelles en pierre : il est assez probable que cette proportion de hauteur a été

[1] Saxo grammaticus. Dan. hist. éd. Wechel, p. 120.

originairement la même, et que la différence actuelle provient du tassement des terres. Quoi qu'il en soit, les tombelles de 15 à 20 pieds ont si peu d'élévation qu'on en soupçonnerait à peine l'existence, même dans les bruyères dont le pays est couvert, si elles n'étaient bien révélées par la couleur de l'herbe qui croît dessus; mais on conçoit qu'elles aient entièrement disparu dans les terres cultivées, ce qui en reste ne doit sa conservation qu'à l'existence des landages dont le pays est couvert.

La plus grande de ces tombelles a environ 100 pieds de diamètre et 7 d'élévation; le diamètre des autres varie depuis 15 pieds jusqu'à 80; le groupe le plus considérable est d'une dizaine, réunies dans une lande aux confins de Jobourg et de Saint-Martin d'Omonville.

Plusieurs fouilles ont été faites dans les tombelles de la Hague, à la connaissance de personnes encore vivantes. En plantant ses bois, il y a une soixantaine d'années, M. de Beaumont en fit ouvrir quelques-unes à Jobourg, sous la direction de M. l'abbé Luce; il n'y trouva, m'a-t-on dit, que des cendres et du charbon.

En 1810, M. Duchevreuil et moi, nous en fîmes ouvrir une en pierres qui est dans une pièce en lande de la cour d'Auderville; trois journées de quatre ouvriers furent employées à déblayer un large passage de la circonférence au centre où nous trouvâmes, au niveau de la terre vierge, une petite chambre carrée, ayant un pied en tout sens, formée par quatre grosses pierres brutes, mais ayant leurs faces unies intérieurement. Une cinquième les couvrait. L'aire de cette concamération était semée de sable de mer et de cailloux roulés; des cendres et des ossements brûlés en petite quantité étaient étendus sur cette aire: il n'y avait rien autre chose, pas même des débris de poterie ou de fer.

Il y a dix ans, dans une lande sise à Beaumont, et nommée la Hougue de Branville, appartenant à M. le comte de Beaumont, on en ouvrit une en terre ayant 60 pieds de diamètre et un peu plus d'un mètre de hauteur. Dans une espèce de chambre formée par deux grosses pierres, il y avait des traces de combustion, quelques fragments de poterie grossière, et d'un instrument en fer qu'on présuma provenir d'une épée : cette tombelle était en terre assez légère, j'en ai examiné les restes en octobre 1831. M. de Vauquelin, qui avait fait la fouille, en fit son rapport à M. d'Estourmel, alors préfet.

M. de Gerville combat aussi l'opinion qui attribue le Hague-Dicke aux Anglais battus à Formigny en 1450 ; nous n'insisterons pas. Il termine par l'examen de celle qui lui donne une origine préromaine.

L'opinion que je viens d'examiner donne évidemment une origine trop moderne au Hague-Dick ; c'est une conjecture dénuée de preuves et de vraisemblance Il en existe une tout à fait opposée, et qui fait remonter ce retranchement aux Gaulois antérieurs à César. Celle-ci est soutenue par deux membres distingués de cette compagnie ; un d'eux appuie son opinion sur un passage des commentaires *De Bello gallico*, liv. III, ch. XII. Mais tout ce que prouve ce passage, c'est qu'avant les pirates normands, les Vénètes, peuples plus puissants sur mer que sur terre, employèrent une tactique analogue à celle que ceux-ci adoptèrent plusieurs siècles après pour défendre des promontoires, et se retirer en sûreté à bord de leurs vaisseaux quand ils y étaient forcés. J'accorde que les Vénètes ont donné l'exemple, mais je dis qu'on a eu tort d'étendre cette tactique aux autres parties de la Gaule ; rien dans César n'autorise à le faire.

J'arrive à la partie la plus délicate de ma défense, celle où j'ai à combattre quelques passages d'un ouvrage estimé, fait par un de mes amis dont les leçons contribuèrent beaucoup à l'avancement de la science en Normandie.

Sa théorie sur le Hague-Dike et sur les tombelles voisines les fait remonter aux anciens Gaulois : je vais citer quelques passages de son cours, et y joindre de courtes observations.

Après avoir répété le morceau de César dont je viens de parler, et lui avoir donné aussi une application générale que rien ne justifie, il ajoute :

« L'opinion de ceux qui rapportent aux Normands quel-
» ques-unes de ces places, a paru moins fondée encore.
» Comment croire que des pirates qui remontaient les ri-
» vières en pillant, sans chercher à faire *des établissements*
» *durables*, se soient occupés de travaux aussi pénibles
» pour eux. Ce serait admettre une conjecture gratuite
» et contraire à toutes les probabilités [1].

Affirmer que les pirates pillaient sans intention de former des établissements, c'est contredire tous les auteurs contemporains. Dire qu'ils ne voulaient ni ne devaient élever de retranchements, c'est nier ce que j'ai prouvé dans ce mémoire : c'est nier ce qui s'est passé en Angleterre et chez nous qui portons leur nom. Dans un mémoire où j'accumule les preuves, je réponds d'avance à l'accusation de me livrer à des *conjectures gratuites*. Si les pirates avaient, comme on le dit, tant de répugnance pour le travail (ce qu'on ne prouve pas), n'avaient-ils pas leurs *captivorum greges?* Dira-t-on qu'ils répugnaient à les faire travailler?

A ma citation d'un contemporain anglais (Wallingford), j'en ajoute une de Dudon, le plus ancien de nos historiens du Moyen-Age ; il indique un retranchement très étendu formé par Rollon le long de la Seine. *Munimentum... prolixæ magnitudinis... in modum castri per girum avulsæ terræ*[2]. Voyons ce qu'ajoute l'auteur du *Cours* (p. 187) :

[1] Cours d'antiquités monumentales professé à Caen, en 1830, par M. de Caumont, pp. 185 et 186 (1re partie).

[2] Duchesne, norm. script.

« On n'a pu assigner aucun motif plausible pour attribuer » à d'autres qu'aux Gaulois l'origine de ces forteresses ».

Après les preuves que j'ai données, ne serais-je pas fondé à retorquer l'argument? Je reprends la suite des assertions. *(Cours,* p. 199).

« On a souvent attribué aux Romains, aux Saxons, aux » Normands, de longues lignes de fossés, que beaucoup » d'antiquaires regardent aujourd'hui comme gaulois... » On croit qu'ils ont servi de limites ou de frontières entre » des tribus gauloises; il serait possible qu'on dût attribuer » à la même époque le fossé du Hague-Dike, arrondisse- » ment de Cherbourg ».

En réponse, je prie d'observer comment on procède : « Il serait possible qu'on dût ». Si cela est possible, ce que je ne nie pas, il faut convenir que cela n'est pas probable, ce serait un bel ouvrage pour une tribu reléguée sur un promontoire aussi petit et aussi stérile; mais poursuivons.

« On a aussi attribué ces enceintes aux Normands, dans » *l'Ouest de la France,* mais *depuis que le flambeau d'une* » *saine critique est venu éclairer la science des antiquités,* » *ces opinions trop légèrement admises n'ont pu soutenir* » *un examen sérieux* ».

Cette censure est sévère; on la trouvera peut-être un peu trop légère, elle ne peut s'adresser qu'à moi, je suis le seul qui ait traité cette question : mon mémoire existe manuscrit depuis plusieurs années, je l'ai communiqué il y a six ans à notre confrère, M. Auguste Le Prévost. L'auteur du Cours en connaissait l'existence; s'il ne l'a pas lu, il était libre de le faire, et de ne pas critiquer sans savoir. S'il l'a lu, je n'ai rien à dire.

II.

LE HAGUE-DICK

ET

LES CAMPS INTÉRIEURS

PAR

M. Jules LUCAS [1].

Le Hague-Dick est une levée de terre qui, en 1821, avait encore 15 à 20 mètres de large sur 10 mètres de haut.

Il allait à cette époque, et va encore, du parc du château de Beaumont au Val Ferrand, en Eculleville. Il se continuait entre le parc et la mer par l'escarpement naturel du mont de Crèvecœur, et entre le Val Ferrand et la mer par l'escarpement non moins raide de la hauteur d'Eculleville. Dans cette dernière direction, il rencontrait un ravin formé par un ruisseau venant d'Eculleville même. C'est le seul endroit où ce rempart formait un ravin. Entre le château et la mer, il contournait au contraire plusieurs ravins pour venir rejoindre la pente rapide de la vallée du Houguet.

Il reliait ainsi la vallée de la Sabine à la vallée du Hou-

[1] Extrait de *La Hague jusqu'aux temps de Guillaume le Conquérant*, pp. 76 et suiv. Paris, E. Leroux, 1903.

guet, toutes deux profondément encaissées, et protégeait les hauts plateaux.

Ce retranchement, en y comprenant le prolongement que lui donnaient les escarpements naturels qui le terminaient, avait 5.700 mètres de long et couvrait 3.500 hectares renfermant aujourd'hui huit paroisses. Dans cette enceinte se trouvent trois forts naturels : Goury, Omonville et l'anse Saint-Martin, qui est la seule baie profonde et sûre existant sur nos côtes de Dunkerque à Granville.

Le célèbre Huet, évêque d'Avranches, signalait déjà le Hague-Dick, sous le nom de « Vallum militare »[1].

Masseville conteste son importance militaire, et cependant cette importance devait être fort grande, surtout à l'époque de sa construction, puisque, même sous Henri III, le duc de Joyeuse vint sur les lieux, et fit raser quelques parties de ses lignes. M. de Chantereyne, à qui nous empruntons ces détails, dit qu'à cette occasion on y trouva (et on y trouve encore, dit-il), « beaucoup de charbons sains et entiers qu'on pense être du châtaignier ».

« On a aussi remarqué, ajoute-t-il, des dalles ou ponts couverts dans les parties où les lignes pouvaient être inondées, et qu'on avait pratiquées pour l'écoulement des eaux des terrains supérieurs. Ces ponts ont été construits avec des pierres rouges provenant d'une carrière dont l'espèce est unique dans les environs du camp. Les cheminées des fourneaux pour les troupes étaient pareillement des mêmes pierres, seulement la fumée leur avait donné de la noirceur. Ces pierres ont été voiturées d'une distance de trois quarts de lieue, quoiqu'il y eût des carrières plus voisines, parce qu'apparemment elles offraient plus de résistance au feu, ce qui fait penser que ces lignes n'avaient point été établies à la hâte et pour peu de temps ».

[1] *Origines de Caen et Statuts synodaux*, 1692.

Ce sont là les renseignements les plus anciens que nous ayons sur le Hague-Dick[1].

M. de Chantereyne, dont le récit date de 1788, ne dit pas où il les a puisés. Mais une note de ce manuscrit semble indiquer qu'il les avoit empruntés à un mémoire manuscrit d'un sieur Michel de Montreuil, seigneur de la Chaux, qui commandait à Cherbourg pour le Roy sous Henri III et Henri IV. Ce manuscrit, dit la note, renferme beaucoup de détails intéressants sur notre région...

Le Hague-Dick domine, comme nous venons de le dire, deux vallées, et ajoute ainsi son élévation à celle de leurs coteaux escarpés. En sorte que les rivières, aujourd'hui probablement fort réduites, qui coulent dans le thalweg de ces vallées, forment avec la déclivité des coteaux, qui paraît avoir été accentuée par le travail de l'homme, et le talus du Hague-Dick, une ligne de défense admirablement choisie. Le côté intérieur du Hague-Dick est peu élevé au-dessus des hauts plateaux.

Le Hague-Dick est encore visible aujourd'hui sur une grande étendue entre la route de Cherbourg à Omonville, au lieu dit « Le Moulin de la Sabine », et le château de Beaumont, sur la route de Beaumont à Jobourg. Il s'est affaissé ou effondré en bien des endroits : dans d'autres, des arbres vigoureux et superbes y ont enfoncé leurs racines, et ont dénaturé son aspect. Néanmoins il est facile de le parcourir d'un bout à l'autre en suivant son sommet.

La position occupée par le Hague-Dick concorde avec l'étranglement qui sépare la pointe de la Hague du reste de la presqu'île du Cotentin. Cette pointe, vulgairement connue sous le nom de Cul de la Hague, ne présente aucun lieu possible d'embarquement ou de débarquement, en dehors des trois endroits que nous avons cités plus haut.

[1] *Histoire de Cherbourg*, Bibliothèque de Cherbourg, Mss.

Un manuscrit, qui paraît dater du XVIIIe siècle, retrouvé dans les papiers de M. de Gerville[1], décrit ainsi le Hague-Dick.

« Il commence sur les bord de l'anse de Vauville, au pied de la rude montagne de Crèvecœur, entre Herqueville et Beaumont. Là, il fait plusieurs redents pendant l'espace d'une demi-lieue. Il continue toujours à mi-côte de la partie septentrionale de la vallée, passant ensuite entre le village des Gallos et le Val Ferrand où il disparaît. Il est probable que ce retranchement n'a jamais été poussé plus loin et que l'intention devait être arrêtée de le continuer en le faisant passer sous Eculleville ; puis, tournant tout à coup au Nord-Ouest, on l'aurait poussé jusqu'à Omonville : car au Sud-Ouest du fort d'Omonville on voit, dans l'espace d'un demi-quart de lieue, les restes d'un retranchement qui, à mon avis, devait rejoindre le précédent. On ne peut pas dire qu'il l'ait rejoint effectivement, car on en verrait les restes, l'espace qui est entre deux n'ayant jamais été cultivé ni employé à aucune chose qui eût pu le détruire ».

Il est clair que le Hague-Dick, d'un bout à l'autre, faisait face à un ennemi venant du côté de terre. Comme conséquence, il couvrait et protégeait nécessairement une population maritime occupant les ports et anses dont nous avons parlé. Pour s'acculer ainsi dans cette impasse que bordent de toutes parts les terribles raz Blanchard et d'Omonville, il fallait que les maîtres du Hague-Dick fussent les maîtres de la mer avoisinante.

C'est pour cela que l'on a fait de ce Hague-Dick une fortification destinée à protéger les razzias que les pirates normands opéraient dans nos régions, et dont les produits auraient été embarqués par eux à Goury ou à Omonville. Cette supposition que rien ne vient appuyer dans l'histoi-

[1] Mss. Bibl. de Cherbourg, Papiers de M. de Gerville.

re a pour elle la terminologie des noms du Hague-Dick lui-même et de certaines localités du voisinage. Nous examinerons plus loin cette terminologie scandinave, mais pour nous l'argument n'est pas décisif.

Que les hommes du Nord aient occupé nos régions, ce n'est pas discutable ; qu'ils aient baptisé, en s'en servant, le Hague-Dick, en même temps qu'ils brûlaient les villes romaines, nous ne le nions pas. (C'est à eux aussi qu'il faut faire remonter le nom de Hague, qui n'apparaît pour la première fois dans les chartes qu'après leurs invasions, et cependant la Hague existait avant eux). Mais, de là à la construction d'un camp retranché, travail formidable qui suppose, chez ces vagabonds de la mer, un séjour prolongé, et surtout l'intention d'une occupation permanente qui seule peut expliquer un pareil effort, il y a bien loin. Malgré nos recherches nous n'avons pu trouver nulle part ailleurs, d'après les documents, pareille trace d'un nid de pirates, le propre des pirates étant de ne résider que dans leur pays d'origine.

Se figure-t-on quelle population en armes il eût fallu pour défendre contre l'ennemi un front de cinq kilomètres et demi !

Le Hague-Dick a exigé un effort de plusieurs milliers de bras et de plusieurs années pour le construire. Il demandait une force considérable pour le défendre avec les lances, les javelots et les flèches qui étaient les seules armes du temps. Est-ce une troupe de pirates, si nombreux qu'on les suppose, qui pouvait disposer de tant de bras et de tant de loisirs ?

Mais combien satisfaisante, au contraire, est l'explication que César va nous donner lui-même dans ses « Commentaires », des camps retranchés des Vénètes :

« Les Vénètes, dit-il, comptaient sur les difficultés de

la navigation dans ces parages inconnus où les ports sont peu nombreux et les flots toujours en courroux. Leur détermination prise, ils fortifièrent les « oppida » de leur contrée et y transportèrent le blé des campagnes. Ces oppida étaient des lieux de refuge pour les habitants. La plupart de ces forteresses de la côte des Vénètes étaient situées à l'extrémité de langues de terre ou promontoires. Aussitôt que les Romains s'étaient emparés d'un oppidum, ou quand les Vénètes croyaient leur sûreté compromise, ils évacuaient la place, s'embarquaient avec tous leurs biens sur leurs nombreux vaisseaux et se retiraient dans les oppida voisins, dont la situation leur offrait les mêmes avantages pour une résistance nouvelle »[1].

Les « oppida », camps fortifiés, étaient situés dans les « civitates » ou nations. Devant l'invasion romaine, après les victoires de Brutus sur les vaisseaux celtes, et de Sabinus sur les Unelles du Cotentin, on conçoit facilement que les populations effrayées aient, suivant leur coutume, cherché un refuge sur un promontoire, en abandonnant les plaines et les vallées favorables à la cavalerie et aux légions de César.

Aucun lieu sur les côtes armoricaines ne leur présentait les avantages de la pointe de la Hague. Ports d'embarquement, vallées herbeuses pour les bestiaux, eaux douces abondantes, protection de la mer terrible qui les environnait. Et enfin, au cas où l'ennemi eût forcé les retranchements, les îles voisines leur offraient un lieu de refuge assuré où les Romains n'eussent osé les poursuivre.

Alors tout s'explique ; les réfugiés, hommes, femmes et enfants, travaillent pour le salut commun au vaste et large épaulement du Hague-Dick. Les guerriers campent à son

[1] César, *De Bello Gallico*, III, 12, 16.

sommet sur toute sa longueur et veillent à la sécurité de l'oppidum et des populations qu'il renferme.

Un fait négatif qui confirme encore cette version, c'est que le Hague-Dick a été entamé, a même disparu sur bien des points et nulle part il n'a été trouvé de médailles, de débris de poteries, ni d'armes d'aucune sorte. Certainement, s'il eût été construit après la conquête romaine, les milliers d'hommes employés à sa construction eussent laissé, dans quelque partie de ce gigantesque travail, tomber de ces effigies romaines que nous trouverons plus tard sur tous les points de la Hague quand la monnaie des empereurs sera devenue commune en Gaule.

Nous n'hésitons donc pas à croire que le Hague-Dick, malgré son nom scandinave (peut-être celtique), a été élevé contre les Romains, après la bataille du Chastellier ou du Mont Castre vers l'an 54 avant Jésus-Christ.

Dernier refuge des habitants du Cotentin contre les invincibles légions de César !

On peut rapprocher de ce Hague-Dick la cité gauloise de Limes près de Dieppe. Limes aussi est bâti sur une hauteur en promontoire ; les murs qui l'entourent sont faits en terre et la description qu'en donne H. Martin[1] le fait singulièrement ressembler, avec ses tumuli intérieurs, à notre oppidum haguard.

Cette opinion que le Hague-Dick est celte et non scandinave a recueilli l'adhésion de M. de Rostaing[2] et de M. A. Dumont, auteur d'un remarquable travail démographique sur diverses communes de la Hague.

Aux raisons données ci-dessus, nous ajouterons que, d'après la chronique de Rhéginon[3], rapportée par M. Lehé-

[1] *Histoire de France*, I.
[2] *Ports celtiques.*
[3] *Historia Normanorum scriptorum*, p. 7.

richer, les pirates normands étaient accoutumés de se retrancher derrière un fossé creusé à trois pieds de profondeur et rempli de fascines.

Ce n'est point évidemment une preuve péremptoire, mais tout au plus une indication, et la forte raison de trancher la question en notre sens est toujours que le Hague-Dick ne saurait avoir été un camp volant, à l'usage des pirates, instables par condition, mais l'œuvre de toute une population refoulée par l'ennemi qui vient de terre, et prête à prendre la mer si son dernier refuge est forcé.

M. de Gerville, qui a voulu y voir une fortification élevée par les pirates danois ou saxons se contredit lui-même dans une lettre qu'il écrivait le 7 juillet 1810 et où il déclare « que le Hague-Dike n'est certes pas l'œuvre d'une poignée d'hommes obligés de rester sous les armes [1] ».

A l'argument tiré du nom scandinave de Hag-Dick pour en faire une œuvre saxonne ou normande, il convient peut-être d'opposer le fait que le Hag-Dick est longé dans plus de moitié de sa longueur par un cours d'eau qui porte le nom de la Sabine. Ce nom, si évidemment romain, ne se prêterait-il pas à quelque rapprochement avec celui du général romain, Titurius Sabinus, dont les légions parvinrent « in fines Unellorum », nous dit César [2] ? N'est-ce pas le camp de Sabinus posé sur ses rives qui a donné son nom au cours d'eau, nom singulier dans un pays aux noms presque exclusivement scandinaves ?...

L'abbé Hamard *(Gisements du Mont Dol,* 1865, Bibliothèque nationale, L. j. 9), s'appuyant sur les « Commentaires », appelle l'attention sur ce fait très caractéristique, que les villes des côtes de la Gaule étaient presque toutes sur des promontoires ou des langues de terre entourées de mer, et

[1] Mss. Bibl. de Cherbourg.
[2] *De Bello Gall.*, III.

par suite accessibles par eau seulement, deux fois le jour. Cette opinion est trop généralisée. Mais il est certain que l'enceinte du Hague-Dick, comprenant une surface de 3.500 hectares, trois ports dont l'un accessible à toute marée, des eaux douces et des herbes en abondance, un étranglement à sa base formé par les estuaires de la Sabine et du Houguet, constituait un promontoire unique, en ses ressources comme en ses moyens de défense, et dont le semblable ne se retrouve pas sur les côtes Nord et Nord-Ouest de la France. De plus en cas de défaite, les îles voisines offraient un lieu de refuge facile à atteindre pour ces rudes marins qu'étaient les Celtes armoricains. Il est impossible, après ce que nous dit César, qu'ils ne l'aient pas utilisé. Ils ont commencé par ajouter l'énorme fossé du Hague-Dick à la défense naturelle que présentaient les deux vallons profondément encaissés et se continuant presque l'un l'autre, de la Sabine et du Houguet. A l'intérieur, les camps, les tumuli isolés et surtout la nécropole celtique dont nous avons parlé, signalent leur présence en grand nombre et celle de leurs chefs. Et voilà l'*Oppidum* celtique, l'Oppidum maritime de nos ancêtres, le seul que nous possédions en France et peut-être en Europe ! Il est regrettable que la science s'en soit si peu occupée.

LA BATAILLE DE LA HOUGUE

PAR

M. le Dr E. T. HAMY,[1]

Professeur au Muséum,
Membre de l'Institut et de l'Académie de médecine.

« Les ennemis confus par mer et par terre dans la campagne précédente (1690), dit un mémoire contemporain[2], » ont poussé leurs efforts à bout en celle-cy pour restablir » leur réputation sur la mer où ils ont plus de ressources » que sur terre. Il a esté de la prudence de la Cour de réduire à néant tout leur grand appareil sans s'exposer au » moindre inconvénient tant pour les costes que pour l'armée navale du Roy. Pour cet effect, M. le comte de Tourville a reçeu des ordres positifs de ce qu'il avoit à faire » et de la partie de la mer qu'il devoit occuper, afin que » l'on pust à point nommé trouver l'armée du Roy si celle » des ennemis entreprenoit quelque chose d'important sur » nos costes ».

Les ordres ainsi donnés à Tourville par l'indigne successeur de Seignelay, Phelippeaux de Pontchartrain, lui enjoignaient de « croiser à l'ouvert de la Manche, afin d'y

[1] Extrait de *François Panetié, premier chef d'escadre des armées navales (1626 - 1696)* pp. 119 et suiv. Boulogne-sur-Mer, 1903.

[2] *Arch. Nat. Marine*, B[1] 13, f° 245.

» pouvoir entrer si le service le demandoit... d'éviter les » ennemis s'ils sortoient de la Manche en nombre supérieur » en ménageant la réputation des armes du Roy et profi- » tant des occasions favorables ». Il devait attaquer si l'adversaire était à nombre égal ou inférieur et en quelque nombre que ce fût, s'il venait sur les côtes de France ou d'Irlande.

L'armée navale de France comptait 68 à 69 vaisseaux, les flottes réunies des Anglais et des Hollandais, commandées par Russell, ont varié pendant cette campagne de 84 à 96 navires de haut-bord.

Panetié, monté à bord du *Grand,* de 82 canons et de 630 hommes d'équipage, commandait sous Château-Renault, son chef de Bantry, la troisième division de l'avant-garde[1].

La campagne, désignée dans notre histoire navale sous le nom de *Campagne du large,* à duré cinquante jours à la mer[2]. Tourville rentra à Brest le 25 août à midi[3] après avoir manqué la flotte marchande dite de Smyrne, mais enlevé celle des Antilles, tandis que Russell, qui cherchait à le surprendre avec des forces bien supérieures, subissait une horrible tempête qui lui coulait bas deux vaisseaux et en désemparait bien d'autres.

L'illustre marin avait suivi à contre-cœur sans doute, mais avec une respectueuse exactitude, les instructions de Pontchartrain. Le rapport sur sa campagne n'est point

[1] *Arch. Nat. Marine,* B[4] 13, f°s 196, 689. — Château-Renault est à bord du *Dauphin-Royal,* de 96 canons. La première division de l'avant-garde est sous Villette, qui monte le *Victorieux* de 92 pièces; au corps de bataille Tourville, sur le *Soleil-Royal,* avec Flacourt et Forant; à l'arrière-garde, d'Amfreville avec Langeron et Nesmond.

[2] Rapport de Tourville. (*Ibid.*, f° 214.)

[3] *Ibid.*, f° 85, v°.

d'ailleurs sans quelque amertume, et l'on sent bien que les relations ne sont pas excellentes entre le chef suprême de la flotte et l'administration dont il relève. Il a en effet gardé rancune aux bureaux des mauvais traitements qu'ils lui ont fait subir l'année dernière, malgré sa victoire de Bévesiers ; il a aussi le sentiment confus des appréciations fâcheuses qu'ils répandent à la Cour et à la Ville sur sa conduite prudente de cette dernière campagne et tout cela va exercer une influence profonde sur ses résolutions dans la tragique aventure qui se prépare.

« M. de Tourville, dit un des acteurs de ce grand dra-
» me[1], ayant eu des ordres très pressans de partir de Brest
» avec les vaisseaux qui se trouveroient prests, appareilla
» le 9 de May et moüilla à Bertaume le 12, les vents estans
» vers l'Est et par conséquent contraires pour entrer dans
» la Manche. Il ne laissa pas de faire voile[2] avec trente-
» cinq vaisseaux de guerre, des brûlots et des bastiments de
» charge.

» Nous navigasmes bord sur bord jusqu'au 24, ayant
» presque toujours eu si mauvais temps que nous ne pûmes
» gagner jusqu'à ce jour là que le cap Goustar[3]. La *Perle*

[1] *Mercure Galant*, juin 1692, p. 114.

[2] Ses instructions portent qu'il doit mettre à la voile le 25 avril « en quelque estat que soit le *Soleil Royal* qu'il doit monter avec le nombre de vaisseaux de guerre, les brûlots et les bastimens de charge qui seront en estat de le suivre... (Sa Majesté) luy repete... que s'il y a quelques vaisseaux qui, par quelque accident imprévu, ne soient pas en estat d'appareiller en mesme temps que luy, Elle veut qu'il les laisse... ». On trouvera le texte complet des instructions données à Tourville par le Roi, et un grand nombre d'autres documents inédits sur la campagne maritime de 1692, dans un fort intéressant mémoire, publié récemment par M. G. Toudouze (*La bataille de la Hougue*, 29 mai 1692. Paris, 1899, br. in-8, 91 pp., 2 pl.)

[3] L'armée navale de Tourville se composait, au moment de la bataille, de 44 vaisseaux et 11 brûlots, 3.158 canons et environ

» et le *Modéré* qui estoient dans la Manche avant nous et qui » croisoient sur le cap La Hougue nous joignirent le 19, » ayant esté chassez par une escadre ennemie de douze vais- » seaux qu'ils trouvèrent dans ces parages là. Le 25, M. de » Villette nous joignit avec cinq autres.

» Le 27 les vents s'estant rangez vers l'Ouest, nous fis- » mes vent arrière le long de la coste d'Angleterre. Sur le » soir le *Courtisan* et le *Saint-Esprit* nous joignirent. » Ainsi nous nous trouvasmes alors quarante-quatre[1].

» Le 28 sur le soir, Portland[2] nous restoit au Nort à » huit ou dix lieues et nous partions à l'Est 1/4 d'Est pour » aller à La Hougue, les vents estant sur l'Ouest.

» Le 29 à trois heures du matin nous apperçumes les en- » nemis sous le vent qui prolongeaient une ligne vers le » Cap Barfleur, desquels, quand nous les joignismes, nous » estions bien à dix ou douze lieües ».

Les vaisseaux anglais et les hollandais étaient au nombre de 88, « plus de 36 desquels étaient à trois ponts ». Devant un ennemi deux fois supérieur, Tourville, qui tient le vent, peut encore éviter le combat. Mais il a sous les yeux cette instruction au bas de laquelle le Roi a écrit de sa main que ce *qu'elle contient est sa volonté* et qu'il veut *qu'on l'observe exactement*[3]. Et cette instruction déplorable porte que s'il rencontre les ennemis à *La Hougue*, « Sa Majesté veut qu'il les combatte en *quelque nombre qu'ils soient* ». Et il se conformera d'autant plus strictement à *la lettre* de ce document que sa rédaction contient des allusions désobli-

20.000 hommes d'équipage. La division de Panetié comptait sur ses 4 vaisseaux 294 canons et 1.760 hommes.

[1] Le Cap Goustart, à la pointe Sud du Devon.

[2] La pointe Sud de l'île de Portland.

[3] Il n'avait d'ailleurs été rencontré par aucune des 10 corvettes qu'on lui avait envoyées pour modifier ses ordres.

geantes à ses deux dernières campagnes et semble mettre en doute ses talents et même son courage [1].

Tourville est au corps de bataille, au centre de l'escadre blanche, monté sur son magnifique *Soleil Royal* de 106 pièces et de 900 hommes d'équipage [2] ; Villette est sur l'*Ambitieux* (100 canons, 750 hommes) à sa droite, Langeron à sa gauche, sur le *Souverain* (86 canons, 550 hommes). D'Amfreville, Nesmond et Relingues conduisent l'escadre d'avant-garde, blanche et bleue, sur le *Merveilleux* (92 canons, 630 hommes), le *Monarque* (92 canons, 630 hommes) et le *Foudroyant* (90 canons, 600 hommes). L'escadre bleue ou arrière-garde est commandée par Gabaret, Panetié et Coëtlogon qui montent l'*Orgueilleux* (94 canons, 650 hommes), le *Grand* et le *Magnifique* (96 canons, 650 hommes).

Du côté de l'ennemi l'escadre rouge au centre de la ligne est sous les ordres de l'amiral Russell, avec Ralph Delaval et Cloudesly Shovel ; l'avant-garde composée des Hollandais marche sous van Almonde et Schoutbynaet ; l'arrière-garde enfin formée de l'escadre bleue obéit à John Ashby, à Georges Rook et à Richard Carter.

Les vaisseaux français arrivent hardiment sur les vaisseaux ennemis, et tandis que Tourville, Villette et Langeron gouvernent directement sur Russell, Delaval et Shovel, Nesmond gagne la tête des Hollandais pour l'empêcher de tourner notre ligne par la droite tandis que d'Amfreville et de Relingues restent un peu en arrière afin que l'ennemi ne puisse couper l'avant-garde du corps de bataille. Un feu terrible éclate sur toute la ligne.

« Il n'y eut aucun vaisseau de cette esquadre, dit une re-

[1] G. Toudouze, *op. cit.*, p. 28.

[2] Le *Soleil Royal* avait été construit en 1669, la poupe en avait été dessinée par Lebrun (*Archiv. nat.*, B[3] 9, 549).

» lation destinée au Roi [1], qui n'eut affaire à deux ou trois » de ceux des ennemis, principallement dans la division de » M. de Tourville et de M. de Villette, et cela est aisé à » comprendre, d'autant qu'entre l'admiral d'Angleterre » qui attaquoit M. de Tourville et le vice-admiral rouge » qui attaquoit M. de Villette, il y avait seize des plus gros » vaisseaux de leur armée et que de nostre costé, entre » M. de Tourville et M. de Villette, il n'y en avoit que six. » M. de Tourville soutenoit tout le feu de l'admiral rouge » et de ses deux matelots qui estoient des vaisseaux de cent » pièces de canon chacun et il répondoit si bien qu'il fit » arriver deux fois le premier...

« Dans nostre arrière-garde, continue le narrateur offi- » ciel, MM. de Gabaret et de Coëtlogon avec leurs divisions » se portèrent dans la ligne et arrivèrent sur les ennemis » qui leur estoient opposez, mais M. Panetié [2] et sa division » qui estoit la dernière de l'arrière-garde, s'estant trou- » vé le plus éloigné de toute l'armée lorsqu'on commença » de se mettre en ordre de bataille ne put arriver aussitôt » que les autres, bien qu'il eut forcé de voilles pour se met- » tre dans son poste... l'esquadre bleue des ennemis com- » posée de 25 vaisseaux anglais, profitant de ce retarde- » ment et du changement de vent quy estoit alors venu au » Nord-Ouest... et passant dans l'intervalle que M. Pane- » tié [3] laissoit entre sa division et celle de M. de Gabaret, elle » le coupa et le sépara de nostre arrière-garde. Cette ma- » nœuvre pouvoit produire deux effets très dangereux : le » premier, que M. Panetié ainsy séparé et ayant vingt-

[1] Bibl. nat., Ms. fr., nº 20.597, fºˢ 137 et suiv.

[2] L'auteur écrit « Pantier ».

[3] On remarquera qu'à La Hougue, comme à Béveziers et Bantry, Panetié occupe une des extrémités de la ligne. C'est un poste particulièrement difficile qui est ainsi confié à son habileté manouvrière.

» cinq vaisseaux ennemis entre luy et nous tomberait vray-» semblablement entre leurs mains; le second, que les » vingt-cinq vaisseaux ennemis nous ayant doublez nous » mettroient entre deux feux. M. Panetié évita le premier » inconvénient en prenant le party de forcer de voiles et » de tenir toujours le vent pour s'aller joindre à nostre » avant-garde et M. de Gabaret remedia au second en en-» voyant dire à tous les vaisseaux de son esquadre de tenir » le vent pour empescher les ennemis de mettre notre corps » de bataille entre deux feux, mais cette dernière précau-» tion n'eut son effect que pour quelques heures seulement » et n'en auroit eu aucun sans la faute que firent ces vingt-» cinq vaisseaux ennemis, car après nous avoir doublé (ce » qui arriva sur les deux heures) ils s'attachèrent à suivre » M. Panetié dans ses eaux au lieu de venir tomber d'a-» bord sur nostre corps de bataille et s'amusèrent ainsy » jusques à 6 heures du soir... » [1].

La division de Panetié comprenait les quatre derniers vaisseaux de la ligne française, le *Grand* (86 canons), le *Saint-Esprit* (76 canons), le *Courtisan* (66 canons) et la *Sirène* (66 canons).

« Si tôt que le vent se calmoit, dit un autre récit[2], les » Anglois approchoient à veüe d'œil, et dès qu'il ventoit » un peu plus fort les nostres les éloignoient ».

« La brume estoit si épaisse de temps en temps, continue » le correspondant du *Mercure*, que nous ne nous voyions » pas les uns les autres. Elle ne nous fut pas désavanta-» geuse, puisqu'elle fit momentanément cesser le combat. » On fut bien quatre heures sans tirer que très peu. On » voyoit souvent de grosses fumées qui s'élevoient des » brûlots qu'ils envoyoient sur nos vaisseaux.

[1] V. aussi la *Relation* de Gabaret *(loc. cit.*, p. 410).

[2] *Merc. Gal.*, juin 1692, p. 120.

» M. de Tourville ayant esté obligé de moüiller à cause » du flot, lorque le temps s'éclaircit un peu, le combat re- » commença sur les cinq heures du soir [1] tout de plus belle. » Les vingt-cinq vaisseaux qui chassoient M. Panetié [2] » cessèrent leur chasse au premier bruit et arrivèrent aussi » tost vent largue. Estant tombez sur nostre corps de bataille » qu'ils trouvèrent à l'ancre, ils moüillèrent incontinent et » firent un feu si terrible [3] que c'est une chose surprenante » comment M. de Tourville, ses matelots et ceux qui es- » suyèrent ce feu ne furent ny coulez bas ny brulez. Ils » envoyèrent sur notre général jusques à quatre brûlots à » la fois. Il les évita en coupant ses câbles et leur donnant » ses bordées. Ils sautoient en l'air autour de luy.

» Le second combat continua jusqu'au jour couché. » Les quatre vaisseaux de l'arrière-garde se rallièrent à » M. d'Amfreville [4] qui avoit esté obligé aussi de moüiller » et il estait impossible à cause des courans de flot qu'il » se ralliast à notre corps de bataille. Il appareilla vers » les dix heures et demie du soir au commencement du » jusant et s'estant élevé un peu de vent, il fit la meilleure » manœuvre que l'on puisse faire en se ralliant à M. de » Tourville sur les cinq heures du matin, nonobstant le » broüillard épais qu'il faisoit ».

Vers les neuf heures du soir, l'ennemi avait plié, les Anglais de l'escadre rouge d'abord, puis les Hollandais. L'escadre bleue anglaise, que ses chefs avaient si mal à propos engagée contre Panetié, commettait alors la faute de passer, pour s'éloigner, portée par le jusant entre les intervalles de la ligne française et subissait de grandes

[1] Le manuscrit que je viens de citer parle de 6 heures du soir.
[2] Ici appelé « M. Le Pannetier ».
[3] Ces 25 vaisseaux portaient ensemble 2.268 canons.
[4] D'Amfreville commandait, je l'ai dit, l'avant-garde.

pertes dans cette manœuvre insensée. Ce fut la fin de la bataille. Elle avait coûté 5.000 hommes et 2 vaisseaux à l'ennemi ; nous avions perdu 1.700 soldats et marins et 80 officiers ; aucun de nos vaisseaux n'avait disparu, mais beaucoup étaient fort abîmés.

« Nous fismes route à l'Ouest, continue notre récit qui » émane assurément de l'un des capitaines de Panetié. Le » temps s'estant un peu éclaircy, nous comptasmes nos » vaisseaux et nous n'en trouvasmes que 32. Parmy ceux » qui nous manquoient il y avoit trois officiers généraux : » M. de Gabaret, M. de Nesmond et M. de Langeron.

» Le 30, dès le matin, on apperceut les ennemis qui ve- » noient sur nous et qui nous donnèrent chasse jusque sur » les cinq heures du soir que nous fusmes obligez de moüil- » ler à cause du flot, et ayant beaucoup gagné sur nos » vaisseaux et n'en estant plus qu'à une demy lieue de » nous, ils moüillèrent comme nous. On doit juger en » quelle extrémité on se voyoit. La pluspart des navires » qui avaient combattu estoient sans poudre et d'ailleurs » poussez à bout. Le *Soleil Royal* estant hors de combat, » nostre général estoit obligé de l'abandonner pour aller » sur celuy de M. de Villette. Quel party prendre ? Il n'y eut » que celuy de passer entre le cap de la Hague et l'isle » d'Ornay [1], ce qu'on appelle le Ras-Blanchard [2] et cela à la » pointe du jour avec un reste de jusant et le vent contraire. » M. de Tourville appareilla sur les dix heures du soir, » sans faire aucuns signaux, afin de tâcher de primer un

[1] Aurigny.

[2] « Le Ras Blanchard est un canal qui est formé d'un costé de la coste de Constantin (Cotentin) jusques à Flamanville et de l'autre par les iles d'Origny (Aurigny) et de Gernezé (Guernesey) ; il a environ 5 lieües de long et une lieüe et demy de large, les courants y sont très violents et le fond mauvais ». *(Relation citée,* Bibl. Nat., Ms. fr., 20.597).

» peu la marée avant les ennemis qui, effectivement, ne
» firent leur signal d'appareillage que quand nous fusmes
» sous voiles. Comme il venta assez gros vent du Sud-Oüest,
» il y eut de nos vaisseaux qui prirent le party d'aller à
» O.-N.-O., afin de doubler les roches qui sont à l'Ouest
» d'Ornay et qu'on appelle les Casquets. Il y en eut une
» vingtaine qui donnèrent dans le ras, et le jusant leur
» ayant manqué, ils furent obligez d'y moüiller : mais les
» courants du flot qui sont d'une violence extrême en cet
» endroit firent dérader tous nos plus gros vaisseaux », en sorte qu'ils se trouvaient à trois lieues de là sous le vent des ennemis, séparés définitivement du reste de la flotte. Incapables de manœuvrer, sans ancres et sans câbles, et les coques trouées de boulets, il ne leur restait qu'une ressource, celle de s'échouer à la côte.

Tandis que Tourville, Villette, Amfreville, Coëtlogon, Relingues se défendaient de leur mieux à Cherbourg et à Tatihou, contre les brûlots de l'ennemi, Panetié, seul officier général qui se trouvât en tête de colonne, arborait le pavillon de ralliement, franchissait le raz avec les onze premiers vaisseaux, retrouvait plus loin les onze autres qui avaient contourné les Casquets et venait mouiller devant le fort de la Latte à quatre lieues de Saint-Malo.

Ashby poursuivait les fugitifs avec une trentaine de vaisseaux. Il donna une preuve de plus de son étourderie, en virant brusquement de bord par le travers des Casquets à la vue d'un convoi escorté par le marquis de la Porte qu'il prenait pour la flotte de d'Estrées. Cette dernière faute sauva les vingt-deux navires de Panetié.

HISTOIRE D'UNE STATUE

PAR

M. A. LE VÉEL,[1]

Statuaire.

La ville de Cherbourg, dans un avis inséré au *Moniteur*, avait convié tous les artistes français à prendre part à un concours pour l'exécution d'une statue équestre de Napoléon Ier.

Enfant du pays auquel cette statue était destinée, cet avis ne pouvait me laisser indifférent, mais je ne me dissimulais pas qu'un travail de cette importance, l'œuvre difficile entre toutes, ne pouvait être disputé avec quelque chance de succès que par de plus savants et de plus expérimentés que je ne pouvais l'être.

D'autre part, semblable en cela à la plupart de mes

[1] Nous avions prié notre grand artiste de vouloir bien écrire quelques lignes pour le volume du *Congrès*. Il nous a exprimé tous ses regrets de ne pouvoir, vu son état de santé et ses 84 ans, nous donner satisfaction; mais, avec une bienveillance dont nous lui sommes vivement reconnaissant, il nous a autorisé à puiser dans ses *Mémoires* inédits ce qui serait à notre convenance. Nous en avons détaché les pages relatives à l'histoire de la statue de Napoléon Ier, qui nous ont paru offrir un intérêt artistique et local tout particulier. Nous sommes heureux de les publier, convaincu qu'elles auront le plus légitime succès. (LE COMITÉ LOCAL).

confrères anciens et nouveaux, j'étais complètement étranger à la connaissance du cheval; aussi fis-je auprès de mes quelques amis de Cherbourg de sérieuses tentatives pour qu'on abandonnât l'idée de statue équestre et qu'on y substituât tout autre genre de monument.

Heureusement je ne fus point écouté; je dus donc faire contre fortune bon cœur, et, plutôt par acquit de conscience qu'avec le moindre espoir de réussite, je commençai un projet sur le programme suivant que je m'étais donné à moi-même :

« L'Empereur au bord de la mer couvre l'Océan du regard et du geste et semble commander à l'élément que doit dompter son génie » .

Mon projet terminé, je l'envoyai, bien avant les délais, à la Direction des Beaux-Arts, qui avait été constituée juge du concours et qui refusa de l'admettre : plusieurs lettres adressées au Directeur des Beaux-Arts, alors M. Romieu, étaient restées sans réponse ; le dernier délai approchait et par suite, le jugement; je résolus de brûler mes vaisseaux.

Une belle après-midi je fis venir à mon atelier un commissionnaire nanti de son crochet, sur lequel j'installai ma maquette, et me rendis avec lui au Ministère de l'Intérieur, qui était à deux pas de chez moi ; je montai à la Direction des Beaux-Arts et demandai au garçon de service :

« Monsieur le Directeur?

— Monsieur le Directeur n'y est pas.

— Mais je l'entends parler dans son cabinet; vous me permettrez de m'en assurer moi-même ».

J'avais repoussé le garçon assez vivement et non sans quelque tumulte ; je mettais la main sur le bouton de la porte, quand elle sembla s'ouvrir d'elle-même : c'était M. le Directeur en personne. Il embrassa la petite scène d'un rapide coup-d'œil, aperçut mon projet sur le dos du commissionnaire et, sans autre explication, me dit : « Entrez ».

Je trouvai dans le cabinet deux personnages que je ne connaissais point.

M. le Directeur ne me fit aucune observation sur ma façon assez insolite de forcer la consigne ; le projet semblait l'occuper exclusivement. Après l'avoir examiné quelques instants, s'adressant à mes deux inconnus :

« Vous savez peut-être qu'il est question d'élever à Cherbourg une statue équestre de Napoléon Ier ; cette statue doit être placée au bord de la mer, en regard des immenses travaux de la rade et du fort ».

Et il ajouta, non sans quelque intention :

« En face de l'Angleterre. Que trouvez-vous de ce projet ?

— Étant données les conditions que vous venez de nous dire, ce projet nous semble y satisfaire pleinement ; nous ne voyons pas en quoi l'on pourrait faire mieux ».

Ces Messieurs prirent congé et nous restâmes seuls.

« Vous connaissez ces Messieurs ? me dit M. Romieu.

— Nullement, Monsieur le Directeur.

— Horace Vernet et son gendre, Paul Delaroche. Voilà pour vous de bons garants ; mais il y a un malheur : j'ai écrit hier au maire de Cherbourg pour lui désigner l'élu du concours, et cet élu est M. Paul Gayrard. Mais il n'y a peut-être encore rien de perdu ; je vais lui récrire immédiatement et me déjuger en votre faveur ».

M. Romieu me garda fort longtemps dans son cabinet. Il avait été page de l'Empereur Napoléon Ier, et tout le temps il me raconta, sur l'intimité du grand homme, de bien curieuses histoires, dont quelques-unes de saveur toute particulière. Enfin il me reconduisit, et en me quittant :

« Je suis enchanté d'avoir fait la connaissance d'un artiste qui, au besoin, sait se servir de sa plume comme de son ébauchoir ».

C'était une allusion aux lettres auxquelles il n'avait pas répondu.

Il m'avait tenu parole. Très peu de jours après, le maire de Cherbourg qui, du reste, était bien disposé pour moi, m'écrivit pour m'annoncer que j'étais l'élu de la Direction des Beaux-Arts et m'engager à venir pour les dispositions à prendre m'entendre avec les intéressés.

Je me rendis à son appel et me trouvai en face d'un comité dont les membres, je ne tardai pas à le voir, ne m'étaient rien moins que favorables ; j'avais un grand tort à leurs yeux, celui d'être du pays ; mais ils ne pouvaient pas aller à l'encontre de leur propre décision. J'étais l'élu du juge désigné par eux-mêmes, ils durent me subir.

En fin de compte et sans prendre d'autres dispositions, il fut arrêté qu'une somme de 10.000 francs me serait envoyée sous quinze jours pour commencer les travaux.

Les quinze jours écoulés, il me fut donné avis que, par suite de circonstances de force majeure, la somme avait dû être détournée de son emploi et qu'il y serait pourvu dans le plus bref délai possible.

J'attendis un mois, puis deux, puis trois, et je finis par comprendre que l'affaire était enterrée...

Un mois environ après ma première rencontre avec lui, M. Romieu, pour je ne sais plus quelle cause, quitta la Direction des Beaux-Arts et fut en quelque sorte disgracié ; je perdis en lui un appui certain et d'autant plus précieux que je ne l'avais point recherché.....

Quatorze mois s'étaient écoulés depuis la malheureuse issue du concours dont le bénéfice, comme je l'ai dit précédemment, m'avait été adjugé par la Direction des Beaux-Arts.

A mes réclamations des premiers mois je ne reçus que des réponses évasives et des fins de non recevoir, puis le silence se fit de part et d'autre, complet.

Je devais croire et croyais en effet l'affaire bien finie, dûment enterrée, et j'avais repris, non sans regrets, le cours de mon travail ordinaire, trop longtemps interrompu par la poursuite incessante de cette affaire qui avait été mienne et qui m'avait échappé par une sorte de fatalité.

J'y pensais bien encore, mais le moins possible, quand un de mes amis m'apporta un matin un numéro du *Moniteur* qui, en ravivant toutes les misères et tous les déboires que j'avais éprouvés, vint y mettre le comble.

La ville de Cherbourg conviait à nouveau tous les artistes à prendre part à un concours pour l'exécution de la statue équestre de Napoléon Ier, et comme le programme que je m'étais imposé à moi-même, et dont j'avais envoyé copie, se trouvait être à sa convenance, elle le joignait à l'invitation, appelant par cela même mes rivaux à travailler sur un thème que j'avais créé et qui était ma propriété.

Un délai de six mois était fixé pour l'exécution des projets et on prenait cette fois des précautions en annonçant que le jugement se ferait à Cherbourg par un jury local.

Très découragé, on peut le croire, et surtout indigné, mon premier mouvement fut de m'abstenir ; mais une nuit de sommeil, en ramenant un peu de calme dans mes idées, me donna, comme en maintes autres circonstances, la faculté de rebondir ; je résolus de continuer la lutte.

Je recommençai donc un nouveau projet, toujours dans la même donnée comme composition, mais plus important, me permettant comme exécution de le soigner et de l'avancer autant que possible.

Les six mois écoulés, je me rendis à Cherbourg pour le jour du jugement. Entré dans la salle de l'Hôtel de Ville, qui les contenait, j'y trouvai vingt-deux sujets rangés en file sur une longue table d'école.

Quelques-uns étaient aussi très importants et très étudiés, et dès l'abord je fis la remarque que presque tous avaient le bras étendu comme le mien, mais avec la main indicatrice au lieu de la main étendue comme pour une prise de possession; aucun n'avait osé pousser le plagiat jusque là [1].

Cette différence, peu sensible pour un jury de province, ne frappa heureusement personne et je ne fus point reconnu.

Le Jury entra en séance, fit le tour de la table et, après un examen assez court, décerna le prix, à l'unanimité, au n° 10, à peu près au centre de la rangée.

Dans son inexpérience, le Jury avait fait les choses, non pas comme elles se font d'habitude, mais comme elles devraient se faire, correctement.

Si poussés comme exécution que fussent certains des projets, profitant de l'expérience acquise au premier concours, j'avais soigné le mien peut-être davantage. Aussi, grande fut la stupéfaction quand on ouvrit la lettre portant le signe correspondant au projet, d'y trouver le nom de son auteur, le mien.

On essaya bien encore de contester; mais j'avais pour moi le maire, M. Ludé, homme de grande énergie, étranger à la ville et à ses petitesses, qui amena, non sans peine, les membres du Jury à me reconnaître comme définitivement élu et sans retour.

[1] Parmi les concurrents, il s'en trouvait plusieurs très dangereux, entre autres Seurre aîné, de l'Institut, auteur de la belle statue en redingote de la Colonne Vendôme; Gayrard fils, le sculpteur hippique à la mode; les frères Rochet, auteurs du Guillaume le Conquérant de Falaise, etc... (A. Le V.).

Mais il restait à résoudre la grosse question, la question de dépense ; il y avait là une occasion de revanche à prendre, on ne la négligea pas.

« Maintenant, me dit le chef du Jury, il nous reste à savoir ce que cette statue nous coûtera ».

J'aurais pu faire observer que c'était par là qu'on eût dû commencer avant d'ouvrir un concours et de mettre en besogne un nombre considérable d'artistes ; je ne le fis pas et me contentai de répondre :

« Sous la Restauration, il y a trente ans à peine, la statue de Henri IV était payée à Lemot, par le gouvernement d'alors, 500.000 fr. ; il avait mis dix ans à la faire. Celle de Louis XIV, avec son piédestal, les bas-reliefs, etc., lui était payée 1.600.000 fr. Il est vrai qu'à cette époque l'artiste mettait huit à dix ans à exécuter ce genre de travail et on estimait qu'il devait être traité en conséquence.

» Tout cela a bien changé ; aujourd'hui on accorde à peine une couple d'années pour l'exécution, et le prix moyen est tombé à 200 ou 250.000 francs.

» Je suis jeune, je suis votre compatriote ; ce sera mon œuvre de début, je me sens le courage et le vouloir de la faire pour 100.000 francs et de vous la livrer, comme vous le désirez, dans deux ans.

— 100.000 francs ! me fut-il répondu ; nous avions pensé que ce travail devait entraîner tout au plus une dépense d'une trentaine de mille francs.

— Je vous ferai observer, Messieurs, qu'il s'agit d'une statue de 5 mètres, la plus grande dimension ; que le moulage en plâtre du modèle en terre coûtera déjà de 4 à 5.000 fr. ; la fonte en bronze, de 38 à 40.000 francs, sans parler des dépenses de toute nature qu'entraîne l'exécution : armature en fer forgé, charpentes, matériel, chauffage d'ateliers, etc., etc.

— S'il en est ainsi, Monsieur, nous avons le regret de vous dire que nos ressources ne nous permettent pas d'entreprendre un travail aussi coûteux, et qu'il n'y faut plus penser »[1].

Après trois années dépensées presque uniquement à la poursuite de ce travail, à des études préparatoires improductives, c'était dur, on en conviendra, d'arriver à cette fin, surtout après l'avoir gagné deux fois.

Le maire me demanda ce que j'allais faire ; il était aussi contrarié que moi.

« Je retourne à Paris, lui dis-je ; je vais voir le mouleur, le fondeur, le charpentier, etc., et me rendre compte, autant que faire se peut, des frais de toute nature, et je reviens aussitôt que je le pourrai avec un compte aussi exact et aussi réduit que possible des déboursés ».

Je revenais en effet au bout de huit jours avec un devis de 58.000 francs qui fut accepté ; mais on n'arrondit pas la somme à 60.000 fr. : d'où il suit que le piédestal en granite exécuté sous ma direction par l'architecte de la ville, fort beau du reste, ayant coûte 59.616 fr. 80, comme il résulte du compte que j'ai entre les mains, ce piédestal a donc coûté 1.916 fr. 80 de plus que la statue qu'il porte.

Fait assez rare, si ce n'est unique en son genre.

EXÉCUTION DE LA STATUE.

Enfin le travail était à moi ; il restait à l'exécuter dans ces pauvres conditions.

[1] C'est ce qui nous fut répondu, à une vingtaine de confrères et à moi, il y a une trentaine d'années, à Vaucouleurs, dans les mêmes conditions et dans les mêmes termes. La ville avait ouvert un concours pour la statue équestre de Jeanne d'Arc, qui fut de même abandonnée. Il y eut procès en indemnité, que nous perdîmes : tous les magistrats de la région faisaient partie de la Commission du monument. (A. Le V.).

Rentré à Paris, il me fallut songer à me mettre à l'œuvre sans retard; je n'avais ni temps ni ressources à gaspiller.

J'obtins, non sans difficultés, de la Direction des Beaux-Arts un des ateliers de moyenne grandeur qu'elle met à la disposition des artistes pour certains travaux exceptionnels, dans l'enclos du Garde-Meuble, à l'angle de la rue de l'Université et du Champ de Mars. Un atelier spécial, un vieux local réservé tout particulièrement pour les grands travaux équestres, était alors occupé par Clésinger, qui y terminait, avec une douzaine de praticiens, sa fameuse statue de François Ier, venant chaque jour à cheval suivre le travail et en surveiller l'exécution, dépensant gaillardement et sans compter les larges subsides de l'État.

Il me fallait être plus modeste et ne compter que sur moi-même pour arriver sans encombre au bout de la tâche et de la responsabilité que j'avais assumées.

Un de mes confrères, le statuaire Ottin, me prêta un squelette de cheval qu'il possédait; j'avais de mon côté un squelette d'homme; je les installai dans mon atelier, l'un portant l'autre, dans la pose voulue.

Tout en me donnant des proportions, cela m'évitait des dépenses de modèles, que mes ressources ne me permettaient guère; pour l'étude des détails et le modèle vivant, je n'avais que l'embarras du choix.

Le Champ de Mars, mon voisin, qui était encore dans son état primitif, me fournissait, à toute heure de la journée, chevaux et cavaliers.

Cette façon de procéder, qui m'était imposée par la nécessité, me donnait, on le comprendra, un énorme travail; mais je n'eus point à le regretter: cela m'évita de tomber dans le portrait de cheval, comme cela me fût immanquablement arrivé si je n'avais eu sous les yeux, pendant toute la durée de mon travail, qu'un modèle unique.

Au bout de six mois j'avais terminé un premier modèle au tiers exact de la grande exécution de 5 mètres, avec toutes les études et la précision que cette grande exécution devait comporter. Ce ne devait plus être qu'une affaire d'agrandissement, question de temps et de mesures.

J'eus lieu de reconnaître plus tard combien j'avais été bien inspiré en employant ce mode de procéder, jusque alors inusité. Ce fut quand je me trouvai, pour la grande exécution, dans un local trop étroit où je n'avais pas la reculée nécessaire pour juger un ensemble que l'œil ne pouvait embrasser...

GRANDE EXÉCUTION DE CINQ MÈTRES.

Chargé à mes débuts, et après concours, d'un travail d'une importance et surtout d'un caractère exceptionnels, travail que bien peu atteignent et toujours vers la fin de leur carrière, tout cela n'était pas fait, c'est triste à penser, pour me concilier la bienveillance de mes confrères ni même celle de l'Administration. Aussi, à Paris comme à Cherbourg, ne rencontrai-je qu'entraves et mauvais vouloir.

Clésinger avait terminé sa statue de François Ier; le grand atelier était donc inoccupé et libre. Je le demandai, conformément à l'usage et comme c'était mon droit; je ne pus l'obtenir.

Mais on ne pouvait décemment me laisser dans la rue ayant à mener à bonne fin un travail gagné dans les conditions que l'on sait et pour le compte d'une ville et d'un département importants. On finit, non sans peine, par me concéder un local isolé, relativement assez vaste, partagé jusqu'au toit par une muraille qui en faisait deux ateliers dont avant tout il fallait n'en faire qu'un seul.

Je dus, dès l'abord, procéder à la démolition de la

dite muraille avec l'aide d'un ancien camarade d'atelier dont je m'étais assuré le concours pour une année.

Pour les travaux de cette importance et d'un volume aussi considérable, un aide est absolument nécessaire, ne fût-ce que pour le manœuvrement du matériel et des échafaudages, qui doivent être descendus et remis en place à chaque instant pour permettre de juger et de se rendre compte du travail.

Le mur démoli, ce qui nous demanda plusieurs jours, nous en employâmes les matériaux pour la construction du massif en maçonnerie destiné à porter le travail.

Il fallut ensuite s'occuper de l'armature en fer qui, en passant par tous les membres du cheval et du cavalier, devait maintenir et supporter tout l'ensemble.

Pour y donner toute la précision voulue, nous résolûmes de la faire nous-mêmes, et, durant tout un mois, à l'aide d'une forge portative, nous forgeâmes 1.500 kilos de fer de 0m05 carrés, en lui donnant les longueurs et les courbes nécessaires. Toutes les pièces furent reliées ensuite avec du fer de 0m01 carré, rougi à la forge et tourné rapidement en guise de fil de fer.

Il s'agissait de porter pendant une année, peut-être plus, et sans accidents autant que possible, une masse d'un poids énorme et toute en l'air.

L'armature mise en place sur son plateau de madriers de chêne, nous construisîmes, en *plâtre à la main,* une sorte de grand cheval apocalyptique dont les mesures générales étaient prises sur le petit modèle du tiers et dont toutes les valeurs de surface avaient été voulues à 20 °/° au-dessous des valeurs réelles.

Cette lacune fut ensuite comblée par des couches successives de terre glaise destinée à recevoir les valeurs et les formes de la musculature dont l'exécution du tiers nous fournissait le modèle.

Les mesures prises à l'aide du compas et triplées, le concours du fil à plomb nous avait donné un résultat mathématique et certain pour l'ensemble de la construction ; il ne restait plus ensuite que l'étude des détails et du modèle, en y apportant les modifications et les amendements qu'amènent toujours la différence de volume et le fait même d'une seconde exécution.

Mais c'était justement le point délicat dont, pour en sortir à son honneur, le compas et le fil à plomb ne pouvaient plus être d'aucun secours ; ce qui eût été nécessaire était ce qui me manquait le plus : la place et la distance.

Le travail entièrement monté, je me trouvais avoir tout autour moins de trois mètres de reculée ; l'œil ne pouvait l'embrasser d'aucun côté et je dus remédier tant bien que mal à ce grave inconvénient en plaçant, au long de chacune des murailles, une échelle de 4 mètres de haut de laquelle je pouvais du moins le voir par le centre.

Je sentis un peu moins le besoin instinctif qui me prenait à chaque instant d'enfoncer la muraille avec mon dos pour me faire de l'éloignement, et il me fut un peu moins amer de sentir tout à côté de moi, désert et inoccupé, un vaste local qui eût si bien fait mon affaire.

Au milieu de ces difficultés, que je n'avais pu prévoir et qu'il me fallait bien subir, j'eus grandement à m'applaudir de la marche graduelle que j'avais suivie. En effet, dans les conditions qui m'étaient faites, si j'eusse commencé par la grande exécution, il m'eût été impossible d'en sortir.

Enfin et en dépit de tout, le travail commencé dans les premiers jours de mai 1856, se trouva terminé au commencement d'avril 1857. Onze mois à peine.

Je n'eus pas à regretter les six mois dépensés à l'exécution du petit modèle.

C'était maintenant le moment, comme cela se fait toujours pour les travaux d'une importance exceptionnelle, de soumettre mon œuvre au jugement de mes confrères.

Comme je crois l'avoir dit, avant d'entreprendre ce grand travail, je n'avais jamais eu l'occasion ni les moyens de faire une statue grandeur nature. Pour beaucoup de mes confrères et non sans raison, je le confesse, je ne devais pas me tirer d'une tâche que n'abordent qu'avec crainte, et dans laquelle échouent quelquefois les plus expérimentés.

Un grand nombre donc se rendit à mon appel, curieux pour la plupart de ce qu'ils s'attendaient à voir.

L'attente de ces derniers fut trompée, je ne prêtai point à rire.

Mais il est une des visites du dernier moment dont je tiens à parler d'une façon toute particulière, celle de M. le comte de Nieuwerkerke, surintendant des Beaux-Arts.

Arrivé dans mon atelier, après les compliments d'usage, il tourna pendant un quart d'heure autour de la statue, sans mot dire ; puis tout à coup :

« Ma foi, Monsieur Le Véel, j'ai fait pour Lyon une statue de Napoléon qui ne vaut pas grand chose ; mais vous pouvez vous vanter d'en avoir fait une excellente. Malheureusement vous êtes tombé dans l'écueil où tout le monde tombe ».

Je voyais la direction de son regard, et répondis :

« Je comprends, Monsieur le Comte ; vous voulez parler de la flexion du cou du cheval, je l'ai faite et refaite vingt fois sans pouvoir la réussir complètement, car vous remarquerez que j'ai fait un progrès, un côté seulement me semble critiquable.

— En effet, c'est un progrès, mais votre cheval est tellement complet qu'il ne faut pas y laisser cette tache, il faut essayer à nouveau.

— Je ne le puis, Monsieur le Comte ; le mouleur et son équipe d'ouvriers sont commandés pour après-demain, je n'ai pas le temps d'ici là d'essayer un changement qui, vous le savez aussi bien que moi, peut m'entraîner bien loin, et dont, après toutes mes tentatives, je n'espère que bien peu.

— Qu'à cela ne tienne ! décommandez votre mouleur et venez chez moi, au Louvre, à 6 heures du matin. A cette heure, la place du Carrousel est déserte ; j'ai un bel arabe, nous le ferons manœuvrer à l'aise et à nous deux nous trouverons le joint ».

Cette insistance, qui, à coup sûr, partait d'un premier mouvement parfaitement sincère, me toucha, et il n'était pas parti de quelques instants que, le cœur un peu gros, je procédais à la démolition complète du cou du cheval.

Le lendemain, à 6 heures du matin, j'étais exact au rendez-vous, M. le Comte ne put me recevoir ; le lendemain, même exactitude de ma part, même réception.

J'eus lieu de me convaincre une fois de plus que M. le Comte était un homme de premier mouvement et que ce premier mouvement était le seul bon.

Je me remis en besogne avec une sorte de rage et d'acharnement, et je réussis, je n'ai jamais su ni comment ni pourquoi....

Quelques jours plus tard, le mouleur arriva avec une douzaine d'ouvriers pour procéder à l'exécution du moulage en plâtre, lequel, soigneusement réparé et retouché, doit servir au moulage en sable pour la fonte du bronze.

J'avais choisi un mouleur qui, quoique habile, manquait de l'expérience de ce genre de travail qu'il n'avait jamais eu l'occasion de faire ; je l'ignorais, et bien peu s'en fallut que cela ne me coutât bien cher.

Le moule terminé, la maîtresse pièce qui embrassait

tout un côté de la statue fut, à tort et non sans de grands risques, renversée sur le sol, quand elle eût dû rester en place, debout et le moule entier reconstruit dans cette position verticale.

On fit malheureusement le contraire, et il fallut de toute nécessité relever ce moule pour le coulage du plâtre ; mais quand on voulut, à l'aide d'instruments de force, essayer de relever cette masse énorme, on sentit bien vite que la grande pièce, insuffisamment armaturée pour une semblable opération, menaçait d'éclater de tous côtés.

J'étais tout simplement à la veille de perdre en un instant le fruit de cinq années de travail.

Je n'avais plus d'espoir que dans le père Moulin, le charpentier des artistes, qui avait déjà fait mes travaux d'installation.

C'était un petit homme boiteux, de grande ressource et de grande expérience ; depuis quarante années toute la statuaire de deux générations d'artistes, pierres et marbres, avait passé par ses mains ; c'était l'homme des cas difficiles.

Je le fis venir. A première vue de la besogne à accomplir, il me parut rien moins que rassuré et il me donna peu d'espoir.

Par un hasard heureux, un petit chariot très bas, qui s'était trouvé engagé par mégarde sous l'une des extrémités de la grande pièce du moule et qu'on n'avait pu dégager, l'isolait un peu du sol et permit de glisser dans le vide trois ou quatre forts madriers de chêne qui furent le commencement de tout un système de charpente.

Cela prit deux jours ; le troisième jour fut employé, à l'aide de crics puissants, au redressement, qui se fit avec une prudence et une lenteur exaspérantes pour le principal intéressé.

Je n'en menais pas large. Qu'on me pardonne cette expression triviale, qu'aucune autre ne peut remplacer pour bien rendre les sensations que j'éprouvai.

Enfin l'opération réussit. J'étais sauvé, et j'eus la chance de n'en point faire une maladie.

Je ne crois pas avoir dépassé les bornes de ce qui convient en mettant sous les yeux du lecteur tous ces détails techniques et certains incidents qui pourront paraître vulgaires malgré leur côté dramatique, et qui sont plus fréquents qu'on ne pourrait le croire au courant de l'exécution des grands travaux de statuaire.

Cela tend à démontrer quelle somme de volonté, de patience et de persévérance l'artiste doit dépenser pour mener à fin une œuvre de quelque importance, et combien il a droit à une certaine indulgence, quand sur la place publique, cette œuvre, pour le spectateur indifférent, semble n'avoir demandé aucun effort, et même pour certains y être poussée toute seule.....

Avant de reprendre l'historique de la statue de Napoléon, je demande au lecteur de reproduire ici une petite étude que j'ai eu l'occasion de publier à la suite de l'installation, dans une salle du Musée, des modèles dont je fis don à la ville de Cherbourg, en quittant Paris après quarante-trois ans de séjour, pour venir l'habiter.

Cette étude contient sur ladite statue et sur la statuaire équestre en général quelques observations qui pourront l'éclairer sur des points spéciaux ignorés de tous et de la plupart des artistes eux-mêmes qui n'ont pas eu l'occasion de faire de cette partie de la statuaire une étude particulière et approfondie.

Elle mettra en même temps le lecteur au courant de certaines difficultés d'ordre intime et tout personnel qu'il m'a fallu surmonter pour mener à fin un travail pour l'exécution duquel j'étais bien insuffisamment préparé.

Voici cette étude.

SIMPLES NOTES CONCERNANT LA STATUE ÉQUESTRE DE NAPOLÉON Ier ET LES BRONZES DE LA VILLE.

Après deux concours entourés de nombreuses et dangereuses péripéties, je fus enfin chargé de l'exécution de la statue équestre de Napoléon Ier.

Il restait à l'exécuter.

Peut-être n'est-il pas hors de propos de dire quelques mots touchant l'exécution d'un travail si considérable, sa conception, les éléments qui le constituent.

Cette œuvre, considérée avec raison comme la plus difficile de la statuaire, n'est point une œuvre dans laquelle l'imagination puisse avoir une grande part; sa composition, renfermée dans le cadre étroit de trois à quatre types, à bien peu de chose près identiques, ne donne guère à l'artiste les moyens ni l'occasion de l'exercer; d'autre part, l'interdiction rigoureuse de toute espèce d'accessoires, prive l'artiste des nombreuses ressources qui viennent en aide à la composition des groupes ordinaires de la statuaire en y apportant l'équilibre, la pondération et l'harmonie.

Un cavalier et son cheval, rien autre.

Aussi l'œuvre réalisée ne vaut-elle que par la grandeur et la beauté des lignes, la parfaite homogénéité de l'exécution, la grande harmonie de l'ensemble.

Avant et surtout, cette œuvre est une œuvre de science, d'expérience et de patience.

Aux esprits curieux, qui sont en droit de s'inquiéter si, pour ainsi dire au début de ma carrière, j'étais suffisamment armé pour l'accomplissement d'une tâche aussi ardue, je ne ferai nulle difficulté de confesser que, ne devant me rendre compte de tout cela que beaucoup plus tard, je ne songeai point heureusement à m'en préoccuper ; enfin, qu'abordant bien prématurément et de primesaut le grand art, je n'avais eu ni le temps ni l'occasion d'acquérir les précieuses facultés jugées par moi-même plus tard nécessaires, pour ne pas dire indispensables.

Mon modèle arrêté, j'attaquai la grande exécution avec la superbe confiance de la jeunesse, un immense désir de bien faire et, par dessus tout, l'heureuse inconscience du danger.

Depuis bientôt quarante années la statue est debout ; tous ont le droit de la juger, sauf celui qui l'a créée. Qu'il lui soit au moins permis de constater, non sans quelque fierté, que, le premier, il a inscrit dans le bronze, face à l'Angleterre, la haine séculaire qu'un ministre anglais se chargeait de nous rappeler il y a quelques jours à peine, cette haine de deux nations entre lesquelles se dressent, depuis bientôt cinq siècles, le souvenir inoubliable des hontes et des misères de la guerre de Cent Ans, le bûcher de Jeanne d'Arc, Sainte-Hélène et les pontons.

Cette note, un peu chauvine peut-être mais française, introduite dans la conception de ma statue, m'a coûté tout mon avenir d'artiste ; j'estime ne l'avoir pas payée trop cher.

Si les lignes qui précèdent ont réussi à démontrer que les ressources de la jeunesse, une certaine dose d'énergie et de volonté ont pu, dans une mesure quelconque, suppléer à l'insuffisance du savoir, elles sont bien loin de prouver qu'il puisse en être ainsi en toute autre circonstance.

Ces qualités, bonnes surtout pour mettre le savoir en valeur, n'en tiennent pas lieu.

Instruit de cette vérité, dans l'accomplissement même de

mon travail, par les nombreuses difficultés que j'y rencontrai du fait même de mon inexpérience et, disons-le sincèrement, de mon ignorance de ses conditions essentielles, je résolus de continuer, sérieusement et avec suite, l'étude de cette branche si spéciale de la statuaire, de rechercher les lois qui lui sont propres en dehors des lois générales, d'en acquérir la science certaine.

Pendant douze années j'ai poursuivi cette étude, dont la ville de Cherbourg possède les résultats sous forme de chevaux nus, tels que, à mon sens, ils doivent être compris pour leur emploi, et de divers projets de monuments équestres. Dans l'un de ces derniers, celui de François Ier, je me suis efforcé, au point de vue de la conception et de la construction, de résumer la somme des connaissances acquises.

Il va de soi que tous ces projets ne pourront être sérieusement jugés et compris que lorsque, dans un local plus vaste, on pourra faire le tour de chacun d'eux[1].

En effet, un des points qui différencie le plus la statue équestre des groupes ordinaires de la statuaire, c'est de ne pas avoir de côté principal, les quatre côtés devant contenir une somme d'intérêt, sinon tout à fait égale, au moins suffisante ; en sorte que l'on pourrait dire que les quatre côtés sont principaux.

La statue équestre est l'œuvre *ronde bosse* par excellence et ne saurait, en aucun cas, s'appliquer contre un mur ; baignant, pour ainsi dire, dans l'air ambiant, c'est là, et là seulement, qu'elle accuse ses défauts et fait valoir ses qualités.

[1] Tous ces bronzes, dans une salle malheureusement trop restreinte, quoique assez vaste pourtant, ont dû être rangés au long des quatre murs, en attendant la construction d'un nouveau musée dont le besoin s'impose à tous égards. (A. LE V.).

Cet ensemble d'études, résultat d'un travail de longue haleine, de pensées et de tendances voulues, à défaut d'autres mérites, constitue au moins une œuvre toute personnelle et sans similaires.

En l'acceptant, en lui donnant surtout par le bronze les conditions de durée, la Ville de Cherbourg l'a sauvé d'une destruction certaine et s'est acquis des droits à la reconnaissance de l'artiste.

Si les modèles qui le composent, comme le Charlemagne, les Jeanne d'Arc, le François Ier, le Marceau, ont en eux, comme je le crois, les éléments d'œuvres grandes et monumentales, le Napoléon est là, tout à côté, pour démontrer qu'il n'a manqué à l'artiste que des circonstances heureuses pour les mener à bonne fin en tant que grande exécution.

FONTE DU MODÈLE EN BRONZE DE LA STATUE DE NAPOLÉON.

La statue était terminée; le modèle en plâtre était soigneusement réparé, mis en état pour la fonte.

Il ne me restait plus que cette dernière étape à franchir; ce ne fut ni la moins laborieuse ni la moins difficile. Les ressources pécuniaires mises à ma disposition, mesurées avec la parcimonie que l'on sait, se trouvaient fortement entamées, et le disponible se trouvait notoirement insuffisant pour subvenir aux frais si considérables de la fonte en bronze.

Et pourtant il fallait en sortir.

J'aurais pu m'adresser à certaines maisons qui travaillent à tout prix et vous en donnent, bien entendu, pour votre argent.

Je fus tout droit aux fondeurs en renom, MM. Eck et

Durand, les mêmes qui avaient fondu toutes les œuvres des artistes le plus en vue : David d'Angers, Rude, etc.

Ces messieurs, sur le point de quitter les affaires, tenaient à honneur, comme fin de carrière, de fondre cette grande œuvre et aussi peut-être à ne pas la laisser à d'autres ; ils avaient même, dans cette intention, un peu reculé le moment de leur retraite.

Je le savais ; aussi fut-ce pour moi l'occasion de dépenser toutes les ressources de ma diplomatie pour suppléer à celles qui me manquaient en numéraire.

Cela prit du temps et de la peine. Enfin au bout de cinq à six semaines de pourparlers et de débats, on consentit à se contenter de mon disponible qui, tout insuffisant qu'il fût, formait encore de beaucoup la plus grosse part de l'allocation. L'accord fut fait, le marché conclu.

J'étais sorti de mon travail horriblement fatigué, sentant comme un invincible besoin de tomber à plat, que je maîtrisai pendant toute la durée des négociations ; aussi fut-ce avec un véritable soulagement que je pus un soir annoncer chez moi que nous allions pouvoir enfin partir pour rejoindre ma famille et y prendre le repos dont j'avais si grand besoin.

Deux jours après, en effet, nous prîmes la diligence, laquelle, hissée sur le chemin de fer, nous conduisit jusqu'à Caen, extrême limite en ce moment de la voie ferrée. La diligence remise sur ses pieds, ou plutôt sur ses roues, reprit sa voie et ses moyens naturels et nous déposa le lendemain soir à notre destination.

Nous étions attendus ; je pris part gaiement à un repas qui nous avait été préparé ; enfin je me mis au lit à mon heure ordinaire, pour n'en plus relever de trois semaines.

Au cours de ce séjour dans ma famille, qui dura environ deux mois, il m'arriva une de ces aventures qui aurait pu être pour moi une cause de fortune et qui, par une sorte de fatalité et en suite d'événements nés de circonstances extraordinaires, causa la ruine de ma vie d'artiste.

LA REINE D'ANGLETERRE A BRICQUEBEC.

Il y avait un mois environ que j'étais à Bricquebec; l'inaction, malgré tout, commençait à me peser un peu et je ne m'amusais que très médiocrement.

Je fumais ma pipe mélancoliquement une belle après-midi sur la porte de la maison paternelle, quand tout à coup apparut à l'extrémité de la grande rue de la bourgade, paraissant venir de Cherbourg, un cortège de vieilles guimbardes [1] déterrées on ne sait où, menées par des chevaux du train et contenant des personnages de tournure et d'apparence quelque peu exotiques, du genre que l'on qualifie du titre de *nobles étrangers*.

Tous les habitants se mirent comme moi sur le pas de leurs portes, ébahis, cherchant à comprendre; je ne comprenais pas davantage.

Le cortège s'arrêta presque en face de moi; tout le monde mit pied à terre, et je reconnus au bout de peu d'instants, au nombre des voyageurs, le sous-préfet de Cherbourg, dont j'avais fait la connaissance peu de temps auparavant.

Il m'aperçut de son côté et vint à moi.

« Qui nous amenez-vous là? lui dis-je sans autre préambule.

— Comment, vous ne savez pas?

— Et comment le saurais-je?

[1] Cherbourg ne possédait pas encore, ce qu'il a maintenant en abondance, des voitures de place pour l'intérieur, et même des voitures à quatre places pour les excursions à la campagne. (A. Le V.).

— Eh bien! c'est tout simplement la reine Victoria, le prince Albert et leurs trois filles [1]; tout ce monde est débarqué ce matin à Cherbourg; on a visité la ville et, comme il restait du temps à dépenser avant de pouvoir reprendre la mer à cause de la marée, on a décidé de pousser une pointe dans l'intérieur du pays, et votre endroit a été choisi comme possédant un vieux château intéressant à visiter. Mais figurez-vous, ajouta-t-il, que je me trouve dans un certain embarras; j'ai envoyé chez le maire, pas de maire; chez les adjoints, pas d'adjoints; tous ces braves gens semblent se dérober, et je ne sais comment je vais conduire nos visiteurs dans le dédale de ces vieilles ruines que je ne connais pas ».

Je vis en un instant une excellente occasion de me donner un peu de distraction.

« Je vais, Monsieur le sous-préfet, vous tirer d'embarras, si cela peut vous faire plaisir. Je connais mon vieux château de vieille date; c'est un vieil ami dont je sais tous les détours; présentez-moi à la reine, et je lui serai un cicerone aussi intéressant que M. le maire et MM. les adjoints, qui sont là, mais qui tout simplement redoutent un contact qu'ils jugent embarrassant pour leur modestie ».

Je fus présenté tel quel, vêtu du costume de velours jadis brun qui m'avait rendu de bons et loyaux services pendant toute la durée de mon travail, moucheté en maint endroit d'éclaboussures de plâtre et ayant pris avec le temps et le travail cette teinte indéfinissable de velours exténué que tout le monde connaît.

Je fus donc présenté à la reine, qui accueillit mes servi-

[1] L'aînée de ces trois filles était celle qui épousa plus tard le prince de Prusse et devint la mère de Guillaume, l'empereur actuel. (A. Le V.).

ces d'une façon assez distraite ; elle n'avait pas le choix, d'ailleurs.

La visite, au courant de laquelle la reine avait paru prendre un certain intérêt, touchait à sa fin ; tout à coup un détail que je lui donnai lui fit dresser l'oreille.

« Votre Majesté, lui dis-je, ignore peut-être que ce vieux château a appartenu à sa nation et a été habité par une de ses grandes familles.

— Comment cela ? fit-elle.

— Au temps de l'occupation, Madame, et, si je ne me trompe, par la famille de Sussex.

— Eh ! dit-elle d'un ton tout guilleret, presque familier, c'est une branche de ma famille ; ce vieux château m'a donc un peu appartenu ».

Moi, sur le même ton :

« Eh ! Madame, l'histoire nous force d'en convenir. Nous n'en sommes pas plus fiers pour cela ».

La reine se recula un peu et, me toisant des pieds à la tête :

« Eh ! qui êtes-vous donc ?

— Artiste, Madame.

— Artiste, et vous habitez ce pays-ci ?

— Non, Madame, j'habite Paris, et je me repose en ce moment dans ma famille d'un long travail que je viens d'exécuter pour la ville où Votre Majesté a débarqué ce matin.

— Quel travail ?

— Une statue équestre de Napoléon.

— Napoléon III ? dit-elle.

— Oh ! non, Madame, de Napoléon Ier ».

J'avais réussi sans le chercher, par l'enchaînement du dialogue à exciter chez la reine, le prince Albert et les princesses une vive curiosité.

Les questions se pressèrent alors ; la reine surtout me parut désirer en savoir davantage.

« Mon Dieu, Madame, lui dis-je, si Votre Majesté désire connaître ce travail, qu'elle veuille bien me permettre d'aller tout à côté chez mon père ; j'en ai de très belles reproductions, je lui demanderai la permission de lui en offrir une ».

Ma proposition fut accueillie, me parut-il, avec un certain empressement. Je me rendis chez mon père, où je pris une grande photographie, sur laquelle j'inscrivis une dédicace suivie du nom de l'auteur de la statue, et je la présentai à mon retour à la reine, qui la reçut simplement et sans phrases.

Le moment du départ approchant, je dus prendre congé, et on se quitta dans les meilleurs termes. Ni la reine ni moi n'avions prévu, assurément, les suites futures d'un acte en quelque sorte improvisé et amené par les circonstances : l'offrande de part et d'autre avait été faite et reçue sans arrière-pensée.

La reine, le prince Albert et leurs trois filles se promenèrent ensuite tout bourgeoisement au milieu des habitants qui vinrent offrir des fleurs. Enfin il fallut songer au départ ; la marée n'attend personne, et on avait deux grandes heures de route pour regagner Cherbourg.

Tout le monde avait repris sa place sur le pas des portes ; le cortège descendait lentement la longue rue qui mène à la route de Cherbourg, comme pour se prêter quelques instants de plus à la curiosité des habitants, qui s'était montrée plutôt sympathique et discrète.

La reine tenait étendue sur ses genoux ma photographie, qu'elle paraissait examiner curieusement ; elle m'aperçut une dernière fois à la porte de la maison de mon père, elle tira le prince Albert par la manche, et tous deux me firent de la main un dernier salut.

Si je raconte ces détails assez insignifiants, c'est surtout pour que le lecteur puisse, plus tard, se faire une opinion sur les grosses conséquences qui résultèrent de cette rencontre, qu'une sorte de fatalité semble avoir mise sur mon chemin pour bouleverser ma vie et perdre mon avenir, que tout devait faire croire des mieux assurés.

Très peu de temps après cette visite de la reine d'Angleterre à Cherbourg et à Bricquebec, de retour à sa résidence de l'île de Wight, elle avait envoyé des remerciements et même des souvenirs aux quelques personnages de la ville de Cherbourg qui avaient eu à lui rendre quelque service au cours de son voyage : le sous-préfet, le maire, voire même le commissaire central.

J'avais, moi aussi, rendu à la reine un petit service, dont l'obligation ne m'était imposée par une fonction quelconque ; elle avait accepté de moi une offrande, tant modeste fût-elle ; je fus seul oublié.

Cet oubli me préoccupa peu, mais je devais plus tard en comprendre la cause et la signification.

La reine, de retour chez elle, s'était empressée de narrer à son entourage le curieux incident de son voyage en France, la rencontre en pays perdu d'un artiste dont elle s'était peut-être exagéré l'importance et la valeur, en les mesurant à l'importance du travail dont on l'avait chargé. A l'appui de ces dires, elle avait nécessairement montré la photographie, dont le geste fut vite interprété : une menace à l'Angleterre. L'artiste avait tout simplement voulu se moquer de Sa Majesté.

Simple hypothèse, mais, à coup sûr, on ne peut plus vraisemblable et que, d'ailleurs, les événements ultérieurs viendront pleinement justifier.

Tous les faits que je viens de raconter se passaient le 18 août de l'année 1857.

L'inauguration de la statue de Napoléon devait avoir lieu une année après, presque jour pour jour, le 8 août de l'année 1858.

Dans l'exposé des événements qu'il me reste à raconter sur cette étrange période de ma vie, mes assertions seront quelquefois basées sur de simples hypothèses, mais ces hypothèses se trouveront toujours confirmées et appuyées dans leurs déductions par des faits certains et des documents authentiques, entre autres la correspondance du général Fleury et du maire de Cherbourg un mois avant les fêtes, correspondance dont j'ai pu prendre connaissance.

GRAVES INCIDENTS POLITIQUES.

Rentré à Paris, après deux mois de séjour dans ma famille, je voulus me remettre à certains de mes travaux d'autrefois ; à ma grande surprise, je ne pus m'y adonner ; les facultés visuelles, le travail de la main, s'étaient modifiés à l'embrassement et à l'incessante manipulation de l'énorme masse que j'avais construite et terminée en un temps si court et presque sans aide.

Je ne m'en préoccupai guère. J'avais trouvé les opérations de la fonte en bon train ; j'avais bien assez à faire que de les surveiller et de les activer autant que possible, car on n'avait devant soi, pour les mener à fin, que le temps rigoureusement nécessaire.

Il m'arrivait bien quelquefois de repenser à ma rencontre avec la reine d'Angleterre et de rechercher quelles pouvaient être les causes de ce silence qu'elle avait gardé pour moi seul.

Mon élève Dukor me faisait bien comprendre, de temps à autre, que les journaux de son pays s'occupaient beaucoup de la statue de Cherbourg, quelques-uns pour en faire l'éloge, mais le plus souvent avec des commentaires dont je ne pouvais alors compendre toute la portée.

En somme, j'étais plein de confiance et d'espoir.

Le jour de l'inauguration était définitivement arrêté; elle devait avoir lieu, comme je l'ai dit, le 8 août 1858.

Les fêtes données à cette occasion devaient durer huit jours et comprendre : en première ligne l'inauguration de la statue équestre de Napoléon Ier, l'inauguration de la ligne du chemin de fer de Paris à Cherbourg, le lancement de deux vaisseaux, enfin l'immersion de deux bassins creusés dans le roc et auxquels on travaillait depuis vingt ans.

L'époque approchait; la grosse opération de la fonte touchait à sa fin, quand tout à coup, un mois environ avant la date des fêtes, surgirent des bruits de guerre avec l'Angleterre, bruits qui, en très peu de jours, prirent assez de consistance pour faire baisser la bourse assez sérieusement et jeter une sorte de panique dans le monde des affaires.

Il faut se rendre compte qu'à cette époque l'Empire était loin d'être affermi et que l'empereur ne pouvait voir avec indifférence tout ce qui pouvait en entraver la consolidation.

Les fêtes de Cherbourg étaient proches; composées d'éléments dont la réunion ne s'était pas encore vue, ces fêtes promettaient d'être grandioses; l'empereur songea à en profiter en y conviant la reine d'Angleterre.

Si sa démarche était favorablement accueillie, ce serait déjà une marque de bon vouloir et de bonnes dispositions de la part de son gouvernement; comme effet général aux yeux des autres nations, ce serait encore d'une importance considérable; enfin, et par surcroît, on aurait l'occasion de régler son différend sur le meilleur terrain possible, presque sous le manteau de la cheminée.

Il adressa son invitation.

« Comment, dut-il lui être répondu, comment voulez-vous que nous assistions à des fêtes dont le principal objet doit être l'inauguration d'un monument qui est à la fois une insulte et une menace pour notre pays? »

L'empereur ne s'attendait pas à cette objection...

Il réitéra son invitation, en y ajoutant, selon toute vraisemblance, cette excuse et cette explication: le monument que vous me rappelez est l'œuvre d'une ville et d'un département, mon gouvernement n'y est pour rien et n'y peut rien; mais pour vous montrer combien je désire votre présence à Cherbourg et faire disparaître entre nous tout motif de désaccord, je devais inaugurer ce monument et de ce fait en assumer la responsabilité, je ne l'inaugurerai pas.

On avait voulu se faire prier et imposer des concessions dans un moment où on était réellement en froid; on avait obtenu plus qu'on n'aurait cru pouvoir espérer, presque le reniement de son origine.

L'invitation fut acceptée.

Le maire de Cherbourg recevait alors du général Fleury l'information suivante:

« Monsieur le Maire,

« La Reine d'Angleterre, sur l'invitation de l'Empereur, a bien voulu consentir à honorer de sa présence les fêtes de Cherbourg; je viens donc vous informer que, par suite de la visite de la Reine, l'Empereur se trouvera y manquer de temps pour inaugurer la statue de Napoléon Ier ».

Cette stupéfiante nouvelle, répandue en ville à dessein, y produisit un effet foudroyant. Comment! l'Empereur viendrait à Cherbourg inaugurer le chemin de fer, présider au lancement des vaisseaux, à l'immersion des bassins, toutes choses qui ne nous regardent en rien, nous, ville de Cherbourg, et il passerait à côté de la statue, qui est notre fête, à nous qui payons toutes les fêtes, même celles des autres; à côté de la statue de son oncle, celui sans lequel il ne serait rien! Cela ne se passera pas ainsi. Qu'il vienne, etc. On devine le reste.

Le maire, homme énergique et avisé, avait produit l'effet qu'il voulait, et il répondit le jour même au général Fleury :

« Général,

« Vous m'aviez demandé pour l'Empereur une bonne réception à Cherbourg, j'avais pu vous l'assurer aussi excellente que possible; mais la nouvelle de son abstention lors de l'inauguration de la statue de Napoléon, connue en ville, y a produit l'effet le plus déplorable, et il m'est impossible maintenant de vous répondre de l'accueil réservé non-seulement à l'Empereur, mais à sa visiteuse ».

Les choses prenaient une tournure sérieuse et embarrassante, et ce fut à partir de ce moment surtout que l'Empereur dut maugréer contre la statue et son auteur, qui n'en pouvait mais, puisque son œuvre avait été acceptée et consacrée par deux concours, dont le premier avait eu la sanction de la Direction des Beaux-Arts.

Sous le coup de ces ennuis qui menaçaient tout simplement de mettre à néant toutes les combinaisons de sa politique, l'Empereur dut se dire :

« Tout le monde sait que je vais à Cherbourg et ne voit que Cherbourg, lequel, en réalité, n'est que la première étape d'un voyage beaucoup plus important pour moi : le voyage de Bretagne.

» A l'aide des moyens dont tout gouvernement dispose, on a dû m'y préparer d'ores et déjà une réception qui permettra de proclamer au retour que cette vieille et irréductible Bretagne elle-même est acquise à l'Empire.

» L'Europe entière a les yeux fixés sur Cherbourg, dans l'attente des événements qui s'y préparent.

» Une mauvaise réception qui m'y serait faite au début même de mon voyage ne peut être que d'un mauvais exemple pour la suite de ce voyage, et renverser tous mes projets ».

Le maire de Cherbourg recevait donc incontinent, toujours du général Fleury, la dépêche qne voici :

« Monsieur le Maire,

« L'Empereur est revenu *sur sa détermination*, il inaugurera la statue ; seulement au lieu de l'inaugurer le premier jour des fêtes, comme cela avait été réglé dans le programme arrêté entre nous il y a un mois, l'Empereur ne l'inaugurera que le dernier jour, c'est-à-dire le dimanche »[1].

La reine d'Angleterre devait arriver le premier dimanche et repartir le mercredi ; on s'arrangeait de façon à inaugurer la statue après son départ.

Cet arrangement ne satisfit personne ; on y vit toujours une concession humiliante, une reculade ; mais on se tint pour satisfait, faute de mieux, de ce qu'on avait obtenu par

[1] Je n'ai point la prétention de donner comme littéralement conforme la curieuse correspondance que je viens de mettre sous les yeux du lecteur et qui me fut communiquée alors confidentiellement, mais je puis au moins en affirmer le sens rigoureusement exact. Tout ce qui s'accomplit, du reste, en ces mémorables circonstances, en confirme surabondamment l'exactitude. (A. Le V.).

la contrainte, et ce ne fut pas sans commentaires aussi variés que désobligeants pour *celui* auquel on l'avait imposée.

Le court exposé que je viens de faire des graves et curieux incidents qui ont précédé l'inauguration de la statue de Napoléon Ier peut donner matière à quelques réflexions.

Comment se peut-il faire qu'un homme, héritier du nom de l'Empereur, Empereur lui-même, *ipso facto* et de par la magie du nom et des souvenirs, que cet homme ait pu avoir un instant la pensée qu'il pouvait, aux yeux de l'Europe entière, attentive, et dans des circonstances uniques, procéder à des inaugurations qui ne pouvaient être pour lui que d'un intérêt au moins secondaire, et passer, indifférent et sans regard, à côté de la statue de son oncle, de Napoléon Ier, une de ces œuvres qui ne s'accomplissent qu'une ou deux fois par siècle?

Qui se fût attendu à trouver chez cet homme, qu'on s'était représenté comme l'homme immuable, le *tenacem propositi* d'Horace, à trouver, dis-je, ces revirements soudains, cet abandon, du jour au lendemain, de ses résolutions?

Tout cela tend à démontrer qu'un chef de Gouvernement, à l'aide de son entourage et des mille moyens à sa disposition, peut, à son gré, paraître ce qu'il a intérêt à paraître, jusqu'à ce qu'une circonstance imprévue vienne mettre au jour sa vraie valeur, sa réelle personnalité.

TRANSPORT DE LA STATUE A CHERBOURG.

Au cours de tous ces événements la statue s'était achevée, et il restait bien juste le temps nécessaire pour la conduire à destination et l'y mettre en place.

Ici se présentent de nouvelles difficultés.

Avant l'établissement des chemins de fer, ces grands

monuments étaient menés à destination sur un grand chariot à quatre roues dont les jantes mesuraient 0m50 à 0m60 de largeur; ce chariot était conduit par un attelage de 15 à 20 chevaux, avec la noble lenteur des chars à bœufs des monarques mérovingiens.

C'était à travers le pays une sorte de marche triomphale qui ne se reproduira plus.

Les routes nationales, coupées de ci et de là par les viaducs des chemins de fer, de hauteur insuffisante, ont rendu désormais impossible ce mode de transport.

C'était la première fois qu'on avait à transporter par les voies nouvelles un bronze de cette hauteur et de cette importance.

La statue était arrivée en gare ; on s'apprêtait à la hisser sur un de ces vastes plateaux, ou wagons plats, qui servent à transporter les matériaux lourds et encombrants, quand on eut heureusement la pensée de se préoccuper d'abord de la hauteur des tunnels: on reconnut qu'il s'en fallait de 0m50 à 0m60 de l'élévation nécessaire.

Le cas était embarrassant; on s'évertuait à chercher des moyens qu'on ne trouvait pas, quand tout à coup l'idée me vint que le wagon plat, débarrassé de son parquet, permettrait peut-être l'introduction dans son cadre de charpente de la statue, que l'on ferait descendre à la hauteur voulue.

Ce fut le cas d'appeler le père Moulin, l'homme des cas difficiles et presque désespérés.

Mon idée, toutes ses mesures prises, fut trouvée réalisable. Le parquet enlevé, il ne restait plus que le cadre, dans lequel la grue fit entrer la base du monument, en le laissant descendre à 0m20 du sol; le cheval fut soutenu sous le ventre par de forts madriers de chêne, et le tout relié et maintenu à l'aide de chaînes et de cordages.

Tous ces détails pourront paraître au lecteur peu intéressants et même un peu puérils; mais ils ont peut-être ce mérite de lui montrer à quelles difficultés se heurte à chaque pas un artiste chargé d'un travail important, quand il doit jusqu'à la fin tout faire par lui-même, les moyens lui ayant été mesurés avec trop de parcimonie.

Le lendemain de l'embarquement de la statue, nous pûmes, mes fondeurs et moi, prendre avec elle le chemin de fer de Paris à Cherbourg, que nous étrennâmes tous ensemble, et nous arrivâmes à destination sans accidents et sans encombre.

Le jour même de l'arrivée, la statue fut menée sur des rouleaux jusqu'à pied d'œuvre, et introduite sous un vaste baraquement en planches que l'architecte avait fait élever pour la construction du piédestal. La mise en place fut laborieuse et demanda trois à quatre jours, au bout desquels on releva le côté du baraquement abattu pour l'introduction.

C'était le soir; fatigué, je regagnais la modeste auberge où je prenais mes repas, par une rue qui se trouve dans l'axe du monument; à une distance de deux à trois cents mètres, je me retournai machinalement et aperçus le baraquement se détachant tout entier sur le ciel, dominant la mer et l'horizon, et ne laissant rien voir de son contenu.

A cette distance, et tranchant sur ce vaste horizon, cela me fit l'effet d'une vaste guérite de soldat; un factionnaire, qui se promenait au pied, complétait l'illusion.

Comment! me dis-je en moi-même, si, dans ce cadre démesuré, le contenant perd ainsi son volume, que sera le contenu? Et je fus pris d'un immense découragement qui ne me quitta que le jour de l'inauguration, quand je pus voir, comme tout le monde et en même temps que tout le monde, la statue débarrassée de son enveloppe de planches et de ses voiles.

LES FÊTES DE CHERBOURG.

1er AOUT 1858.

Les fêtes étaient commencées, l'affluence était énorme; les hôtels, les cabarets, les moindres auberges étaient bondés; la plupart des habitants avaient déserté leur demeure pour la louer à bon prix; heureusement la saison était superbe, et bon nombre de visiteurs, venus dans leurs carrioles, couchaient dans les terrains vagues ou à la belle étoile dans les champs des alentours.

La reine d'Angleterre était arrivée, escortée de toute une escadre et suivie de deux cents membres du Parlement et de quantité de personnages de l'aristocratie, qui avaient à accompagner leur souveraine et à venir faire montre de leur morgue et de leur orgueilleuse condescendance.

Le monument, débarrassé de son enveloppe de planches, dominait la rade, la statue recouverte de deux voiles de navire rapprochées par une cordelette glissant dans des anneaux de métal. Il resta ainsi pendant toute la durée des fêtes dont, dès le premier jour, il aurait dû être le principal ornement.

La première journée, sous l'influence de la brise de mer, la tête du cavalier se dégagea des voiles mal ajustées, puis ce fut le bras droit étendu dans la direction de l'Angleterre, enfin la tête du cheval. L'enveloppe prit alors une tournure de suaire et donna à l'ensemble un aspect spectral et fantastique.

Les parties découvertes avaient vite fait comprendre la signification de la statue: aussi fut-ce pendant toute la durée des fêtes une bordée de lazzis, un délugo de commentaires rien moins qu'obligeants pour les fils d'Albion, reconnaissables partout, et qui, par leur affluence, donnaient à la ville comme un avant-goût d'une invasion de Barbares.

Dans mon cœur de Français et de vieux patriote j'éprouve ici le besoin d'une courte digression pour, avec le pays où je passe les dernières années de ma vie, faire entendre mon cri d'alarme :

Mal armés, mal défendus dans notre presqu'île trop abandonnée, nous avons tout à redouter des convoitises de la moderne Carthage, et nous n'avons pour nous défendre, ni Scipion l'Africain, ni Jeanne d'Arc, ni le génie du grand Empereur.

Ces grandes figures ne sont plus...

INAUGURATION DE LA STATUE DE NAPOLÉON Ier.

8 AOUT 1858.

La reine d'Angleterre, arrivée le dimanche, avait quitté Cherbourg le mercredi, laissant derrière elle les deux cents membres du Parlement et les autres personnages venus à sa suite pour surveiller probablement l'exécution des engagements contractés.

Une estrade élevée devant la face antérieure du Monument devait être occupée par l'Empereur, l'Impératrice et quelques personnes de leur suite.

Une vaste tribune avait été tout spécialement construite, parallèlement à la statue, pour y recevoir les membres du Parlement et les autres personnages de l'aristocratie anglaise.

C'était dimanche, le temps était splendide, les eaux de la rade disparaissaient sous le nombre infini des escadres pavoisées ; et les navires de toutes les nations, la vaste étendue où se dresse la statue, les quais, les rues aboutissantes étaient noirs de monde.

C'était un spectacle qui, par la diversité des éléments qui le composaient et un concours de circonstances rares et absolument exceptionnelles, avait un grandiose, une ampleur qui ne peuvent plus guère se reproduire et dont le souvenir reste inoubliable.

J'étais au pied du monument, face à l'estrade de l'Empereur, au milieu des membres du Conseil général, ayant à mes côtés le préfet de la Manche, M. Dugué, et le maire de Cherbourg.

Après les préliminaires d'usage, le moment arrivé, le préfet me dit : « Venez, je vais vous présenter à l'Empereur ».

Je le suivis et gravis à ses côtés les degrés de l'estrade, bien convaincu que j'allais y recevoir la récompense qui m'avait été annoncée officieusement peu de temps auparavant et qui, d'ailleurs, était de règle pour le genre de travail que j'avais accompli, sans parler des circonstances du moment qui en faisaient presque une obligation[1].

L'Empereur était debout, l'Impératrice à ses côtés.

« Sire, lui dit le préfet, j'ai l'honneur de présenter à Votre Majesté M. Le Véel, l'auteur de la statue.

— Monsieur, je vous félicite, répondit-il sans lever ses yeux abrités sous de longues paupières ».

J'attendais. L'Impératrice, mon ancienne visiteuse, le poussa du coude ; il répondit par une sorte de grognement sourd et un mouvement d'impatience.

Tout à coup s'élevèrent de la foule des cris nombreux ;

[1] J'avais toutes les raisons possibles de compter sur cette récompense : je ne fus pas même prévenu du revirement, que l'on pouvait attribuer, avec une apparence de raison, à la nécessité des circonstances. (A. Le V.).

Cliché communiqué par M. Em. Brochérioux, éditeur.

STATUE DE NAPOLÉON Ier A CHERBOURG
Vue de face.

Neurdein frères, Phot.

STATUE DE NAPOLÉON Ier A CHERBOURG

Vue de côté.

ceux qui me voyaient de dos : « Il l'a, il l'a » ; ceux qui me voyaient de profil : « Mais non, il ne l'a pas, il ne l'a pas ».

L'Impératrice blêmit et son visage prit la teinte des eaux de la rade, l'Empereur demeura impassible.

Je mis brusquement mon chapeau sur ma tête et, sans prendre congé, je descendis l'escalier.

Je n'étais pas encore arrivé au bas, qu'à je ne sais quel signal, l'artillerie des vaisseaux, la musique des régiments, les hourras de la foule se confondirent en un tumulte indescriptible.

Les voiles de la statue tombèrent, et elle m'apparut par son plus grand aspect...

Je fus envahi par une joie immense, et me retournant irrésistiblement vers l'Empereur, je lui dis en dedans de moi-même : « On n'en fera jamais de toi une pareille ».

Qu'on veuille bien me pardonner ce mouvement d'orgueil tout spontané et peu réfléchi peut-être, mais que je payais bien cher.

Il dut me comprendre, comme un instant auparavant j'avais lu dans toute son attitude l'avenir qui m'était réservé et qui ne s'est que trop réalisé.

Je repris ma place au milieu du Conseil général.

La cérémonie touchait à sa fin ; l'Empereur descendit de l'estrade, il lui restait à faire sa distribution de croix[1].

Il commença par le maire de Cherbourg, M. Ludé, qui, recevant la croix d'officier, lui dit crânement : « Sire, cette

[1] Ceux qui contribuèrent à la composition et aux grandes attractions des fêtes : les ingénieurs du chemin de fer, des vaisseaux, des bassins, et l'auteur de la statue, chacun eut son jour de fête. Le lancement des vaisseaux ne réussit qu'à moitié, l'immersion des bassins rata complètement. — L'auteur de la statue, dont la fête dépassa de beaucoup en grandeur et en éclat toutes les fêtes des autres, *seul* ne fut pas décoré. (A. Le V.).

croix doublerait de valeur à mes yeux si elle était accompagnée de celle de M. Le Véel ».

Le préfet, auquel il s'adressa ensuite, lui fit un compliment à peu près semblable ; il le paya un mois après de sa révocation.

Enfin la cérémonie se termina.

Au lieu de regagner la Préfecture maritime, sa demeure, par l'intérieur de la ville, comme il était venu, il s'embarqua dans une baleinière commandée au dernier moment, qui l'attendait au pied même de la statue et qui par un assez grand détour le conduisit au port militaire d'où il regagna son gîte par des rues presque désertes.

En suite des manifestations qui s'étaient produites, il n'avait pas jugé à propos de se mêler à la foule et de traverser de nouveau la ville, dont toutes les rues de son parcours avaient été, dès le commencement, couvertes d'une épaisse couche de sable.

Le soir même, il montait à bord du vaisseau la *Bretagne*, chargé de le conduire au véritable but de son voyage.

Je venais de perdre en un instant le fruit de cinq années d'efforts, de persévérance et de travail ; au lieu de la brillante vie d'artiste que semblait me promettre un semblable début, je ne voyais plus devant moi qu'un sombre avenir.

De quelque sorte de tempérament que l'on soit doué, il est des événements qui vous font douter de tout et surtout de vous-même.

Le lendemain de l'inauguration, le vaste emplacement où se dresse le monument au bord de la mer était aussi calme et désert qu'il était, la veille, plein d'animation, de grondements, de clameurs.

Je me promenais assez tristement autour de la statue, seul, cherchant les défauts qu'elle pouvait avoir, comme si ces défauts, en tant qu'ils existassent, avaient pu être pour quelque chose dans ma catastrophe.

Un promeneur matinal vint rompre ma solitude, et m'adressant la parole :

« Vous avez été bien mal traité hier, Monsieur Le Véel; mais, qu'importe, vous pouvez être fier, vous avez fait une grande œuvre et l'avenir vous dédommagera. Vous ne me reconnaissez pas, et pourtant vous avez eu l'occasion de me voir plus d'une fois à Bricquebec chez un ami commun, Victor L...., au moment des vacances. Je suis M. F..., chef des sténographes du Sénat; je suis en ce moment chez mon beau-frère, M. M..., négociant, que vous connaissez assurément.

— En effet, Monsieur, lui répondis-je, vous me revenez en mémoire; quant à M. M..., c'était un fournisseur et un ami de la maison paternelle.

— Maintenant, me dit-il, écoutez ce qui nous est arrivé, à mon beau-frère et à moi, il y a trois jours, c'est-à-dire vendredi soir.

» Nous assistions au feu d'artifice dans la grande tribune, à côté de deux Anglais qui parlaient avec une grande animation, animation qui parut redoubler quand apparut votre statue dans un embrasement final.

» Quand le spectacle eut pris fin, nous laissâmes s'écouler la foule et au moment de partir nous-mêmes, je sentis sous mes pieds, à la place qui venait d'être occupée par les deux Anglais, un objet que je ramassai : c'était un étui à cigares, très riche et armorié.

» Lorsque nous fûmes un peu dégagés de la cohue :

» Tu n'as pas entendu, me dit mon beau-frère, ce que disaient ces deux Anglais, quand apparut dans le feu d'artifice la statue de Napoléon ?

— Assurément, répondis-je, puisque je ne les comprends pas; que disaient-ils ?

— Je ne te l'ai pas dit plus tôt, car je te connais et tu aurais pu faire un esclandre, et ce n'eût pas été le cas dans les circonstances présentes. Au moment où a paru l'image de la statue, le plus grand a dit à l'autre : « Le » voilà donc, le grand Napoléon, celui dont on est allé » chercher la carcasse à Sainte-Hélène. Dimanche, nous » verrons l'autre, et nous verrons aussi comment il s'en » tirera.

» Cela, vous le comprenez, augmenta notre envie de rechercher le propriétaire de l'étui et de connaître son nom.

» Ce ne fut pas chose difficile, on n'eut qu'à s'adresser au premier hôtel de la ville ; or il appartenait à lord Talbot ».

Ce fut aussi un Talbot qui présida au supplice de Jeanne d'Arc.

Bien des choses m'étaient expliquées.

A l'âge où j'écris ces lignes, arrivé presque à la dernière limite d'une existence déjà longue, je me demande si tout cela a bien pu m'arriver, et si jamais ma modeste individualité a pu se heurter à tant de hauts personnages, à d'aussi gros événements.

Après avoir dit mes déboires, il est assez naturel que je dise aussi les quelques compensations que j'ai rencontrées.

L'Empereur fut sévèrement jugé dans le pays, et j'y gagnai plus de sympathie qu'il n'en remporta d'estime.

Les temps n'étaient pas alors ce qu'ils sont devenus.

On se passionnait encore pour une cause juste, surtout quand cette cause s'appuyait sur les souvenirs d'un passé qui était encore bien voisin, souvenirs que se chargeaient d'entretenir les nombreux acteurs de l'épopée impériale, les vieux soldats de l'Empire, dont le nombre était encore considérable, et qui, dans la circonstance, ne se montrèrent pas les moins sévères pour le moderne Augustule.

Je reçus d'eux maints témoignages de sympathie touchante et quelquefois naïve ; il arriva à plus d'un de me demander, le plus naturellement du monde, où et comment j'avais pu connaître *son* Empereur.

L'Empereur était mort juste l'année de ma naissance, j'ai été son contemporain, mais cinq mois seulement.

Dans le monde des artistes je ne rencontrai pas que des indifférents ou des hostiles ; très peu de temps après l'inauguration, je reçus une douzaine de lettres de sympathie et d'encouragement, que je garde depuis quarante ans, et qui sont signées de noms d'artistes comme E. Delacroix ; Ad. Yvon, le peintre des batailles ; Jeanron, un des brillants représentants de la période de 1830 ; de Gleyre, de Glaise, de Mouilleron ; enfin de trois membres de l'Institut, Duret, Jouffroy, Barye, tous statuaires.

Quelques-unes de ces letttres, outre les marques de sympathie, contiennent sur mon travail des considérations et des jugements très flatteurs mais dont les développements m'interdisent la reproduction.

Je me borne à quelques-unes, dont la brièveté et la haute compétence de leurs auteurs décident, seules, mon choix.

« Paris, 20 septembre 1858.

» Monsieur,

» Vous désirez à nouveau mon sentiment sur la statue équestre de Napoléon Ier que vous avez faite pour Cherbourg. Je me fais un plaisir de vous répéter ce que j'ai dit à tous les artistes, c'est que vous vous êtes acquitté avec honneur d'une des œuvres les plus difficiles de la statuaire, et que le talent que vous y avez mis doit vous mériter les encouragements du Gouvernement et vous assurer un bel avenir.

» F. DURET,

» Statuaire, membre de l'Institut ».

« MON CHER MONSIEUR LE VÉEL,

» Je suis heureux de pouvoir vous renouveler aujourd'hui les éloges que je vous fis en voyant à l'île des Cygnes votre belle statue équestre de Napoléon Ier, sujet difficile et dont, je vous le dis alors, vous vous êtes tiré en grand maître.

» Vous savez que l'opinion que je vous exprime n'est pas seulement la mienne, mais celle de la majorité des artistes.

» Je désire que la réussite de vos espérances soit complète et que le consciencieux travail que vous avez mis dans cette œuvre soit couronné d'un plein succès.

» Votre dévoué camarade,

» BARYE ».

» Paris, 12 janvier 1858.

» MON CHER MONSIEUR,

» Je serais heureux qu'en vous exprimant par écrit ce que j'ai eu le plaisir de vous dire sur votre travail de Cherbourg, mon opinion pût avoir quelque poids dans le public. Je vous renouvelle donc ici mes félicitations sur les qualités qui se trouvent dans un travail aussi important. Ce n'est pas l'œuvre d'un jeune homme mais bien d'un véritable artiste.

» Mille amitiés.

» Votre tout affectionné de cœur.

» JOUFFROY,

» de l'Institut ».

Delacroix, qui n'avait pu se rendre à mon appel quand je conviai mes confrères à se rendre à mon atelier après l'achèvement de mon travail, m'avait écrit quelque temps après :

« Monsieur Le Vérl,

» A peine convalescent d'une maladie de quatre mois, et devant quitter Paris, je n'ai pu encore, et bien contre mon gré, vous rendre la visite que vous aviez bien voulu me demander.

» Je le regrette sincèrement et je ne doute pas que vous n'ayez rempli votre programme comme votre esquisse donnait le droit de l'estimer.

» Je suis très heureux de ce que vous me dites d'obligeant sur la part que j'ai pu avoir dans la réussite de votre affaire, et vous prie bien de me croire votre tout dévoué.

» E. Delacroix.

» 27 avril 1857 ».

Tout ceci pour démontrer que c'était bien à tort que, désespéré, je cherchais les défauts de ma statue pour m'expliquer mes déboires à moi-même.

A l'époque du premier concours j'avais 32 ans; j'étais alors dans ma 37e année.

POÈTES ET PROSATEURS
AU XIXᴱ SIÈCLE

PAR

M. Édouard DUPRÉ,

Professeur de Rhétorique au Lycée de Cherbourg.

Un prisme aux bords ébréchés, à l'arête dentelée, incline la claire émeraude de ses pentes vers l'émeraude sombre de la mer. Il s'est fait, avec le temps, une ceinture de falaises rocheuses, de récifs noirâtres, de grèves et de dunes, qui sépare les prairies sous-marines, où pullulent les poissons variés, des prairies terrestres, où paissent les brebis, les vaches et les chevaux.

C'est le Cotentin.

Si l'on trace horizontalement une ligne sinueuse, qui le sectionne du hâvre de Portbail aux bouches de la Vire et aux roches de Grand-Camp, on isole la presqu'île dont la pointe audacieuse brave tous les vents et tous les flots de la Manche.

Ce sont les deux arrondissements septentrionaux de la Basse-Normandie, avec leurs chefs-lieux : Cherbourg, la ville maritime, ancrée, comme une flotte à l'hivernage, sous la falaise du Roule, dernière cassure du prisme ; Valognes, la terrienne, petit Versailles endormi, sans souvenir de grand palais et de parc royal, sans ombre gracieuse de Trianon.

La campagne alentour se montre pittoresque et diverse : tourmentée, âpre et nue vers la Hague ; riche et plantureuse ailleurs, sans que sa fécondité lui coûte beaucoup plus d'efforts que sa stérilité : à la paresse chauve des landes répond la luxuriante indolence des herbages.

Il semble que les grands et robustes habitants de ces contrées gardent aussi en réserve plus de forces qu'ils n'en dépensent. Quand on les rencontre sur les routes lointaines, coureurs de foires et de marchés, acheteurs de bétail, trafiquants aussi actifs qu'habiles, on songe à leurs ancêtres aventuriers et conquérants, que n'effrayaient ni les longues expéditions, ni les rudes batailles, ni l'insomnie, ni le labeur sans trêve. Mais le nombre des routiers est restreint ; presque toute la postérité des compagnons de Guillaume et de Wace a pris pied dans la terre natale, n'aime plus à s'expatrier.

A ces paysans autochtones pourquoi les écrivains de même origine ressemblent-ils si peu, sauf exception ? C'est la faute de la centralisation littéraire. Prosateurs ou poètes, on voudrait les voir naître du sol, croître sans culture et fleurir avec autant d'inconscience et de facilité que l'argent de leurs pommiers ou l'or de leurs ajoncs. Mais les circonstances, les nécessités de la vie les ont déracinés, ou bien leur esprit s'est donné beaucoup de mal pour respirer un autre air et vivre en *horsain*. Sans doute, ils ne s'exilent jamais définitivement, reprennent de temps en temps contact avec l'âme du pays et laissent pénétrer dans leurs œuvres les sucs nourriciers du terroir. Toutefois il est en général difficile de reconnaître les traits distinctifs de la race dans le mélange de la grande âme nationale.

I.

Marie Ravenel, fille de meunier, femme de meunier, a traversé tout le XIXe siècle, de 1811 à 1892, sans quitter, pour ainsi dire, le coin du Val-de-Saire où elle est née : ces moulins de Réthoville qui reposent dans le calme de la terre, mais d'où l'on entend, les jours de tempête ou de grande marée, la houle accourir et les vagues déferler. Les occupations de sa vie l'ont tenue attachée à son lieu d'origine et aux vieilles mœurs de sa province. Durant son enfance, les femmes employaient encore leurs loisirs à filer ; sa mère lui enseigna de bonne heure cet exercice « harmonieux et poétique. Le bruit léger et doux du rouet, le mouvement régulier et perpétuel du corps la mettaient à son aise et l'invitaient à chanter ». C'est elle-même qui le dit dans de courts mémoires, où sont moins précisées que confirmées les révélations involontaires de ses poésies. Elle commençait aussi à prendre part à la surveillance du moulin ou aux travaux des champs, double besogne à laquelle la vieillesse seulement devait mettre fin. Ajoutez à cela qu'elle était entourée de gens, dont le langage habituel était le patois local, ou bien plus tard, devenue mère, se plaisait à écouter le babil de ses trois enfants, « langue fraîche et gracieuse, presque entièrement formée de voyelles ».

Y eut-il jamais conditions plus favorables pour faire éclore une âme de poète originale et naïve, toute imprégnée des sentiments et de la langue du pays? Existence bornée par les limites mêmes d'un vallon, monotonie des labeurs imposés, humbles fréquentations de chaque jour, prolongement dans le mariage des habitudes de la famille, devoirs héréditaires qui maintiennent le pli de la pensée ancestrale, impression continue d'un paysage qui ravive, le lendemain, l'image de la veille, comme une hallucination des yeux : n'était-ce pas assez pour faire de Marie Ravenel, quand elle éprouverait l'obsession de la rime, un écho de la Basse-Normandie.

Et cependant, des quatre écrivains dont je veux parler, elle est celui qui possède le moins de caractère.

Peut-être ses admirateurs — elle en a beaucoup — le lui ont-ils attribué. Elle, en tout cas, a vécu dans l'illusion d'une spontanéité, qui lui fait défaut, d'une communion intime avec son hameau et avec son entourage. Voici un premier aveu. Elle commence par quelques vers, de description banale, de généralité trop vague pour paraître sentis, et surtout pouvoir être localisés :

> Entends-tu ce ruisseau sous sa voûte de roses?
> En fuyant solitaire, il nous dit tant de choses !
> Le caillou qui l'excite à ce chant argentin,
> Ne l'empêcha jamais d'aller à son destin...
> Et ces petits oiseaux épars dans nos vallées,
> Qu'ils remplissent si bien de leurs chansons perlées...
> Ont-ils moins d'éloquence ?

puis bientôt elle ajoute, et voilà l'illusion :

> Ce fut de ces beautés la touchante harmonie
> Qui, pour former des vers, me tint lieu de génie[1].

Elle ne se trompe pas moins sur son propre compte, quand elle écrit :

> J'ignore le vernis d'une riche peinture
> Et vais sans hésiter tout droit à la nature[2].

Non, elle n'y va pas tout droit, mais par des détours, par une déformation dont nous aurons bientôt le secret.

[1] *Œuvres complètes de Marie Ravenel*, chez Emile Le Maout, Cherbourg, 1898, t. I, pp. 56-58.
[2] *Ibid.*, t. I, p. 64.

Elle n'a pas cette heureuse ignorance et cette ingénuité, dont elle se vante encore plus tard :

> Aux brises de la Manche, au beau soleil des champs,
> Dans un heureux oubli propice à ses penchants,
> Sans ombre de littérature,
> Ma jeune Muse, ainsi que le ramier des bois,
> Ouvrait son aile agile et s'inspirait sans lois
> Dans l'infini de la nature[1].

Sans ombre de littérature étonnera tous ceux qui parcourront ses œuvres poétiques. On serait plus tenté de croire, je ne dirai pas à la sincérité — tout est également sincère dans cette âme honnête et loyale — mais à la justesse de cette indication :

> Le tic-tac du moulin me donnait la mesure[2].

Malheureusement, la régularité du tic-tac n'a pu que préparer l'oreille à se satisfaire d'un rythme monotone, sans changement d'allure, sans soubresauts, sans liberté et sans variété de métrique tout au moins ; et d'ailleurs, ce métronome n'est pas plus la propriété d'une femme de la Manche que de toutes les meunières de France et de Savoie, et c'est ce qu'il importe de constater en ce moment.

Maintenant, si on se demande pourquoi la couleur locale est absente de la plupart de ces poésies, on en trouvera la cause dans les lectures de Marie Ravenel, puis dans la nature de son esprit.

Ses lectures lui ont, il me semble, porté un grand préjudice. On peut dire d'elle, qu'elle a trop lu, et qu'elle n'a pas assez lu. Si le goût des livres ne lui était pas venu si tôt, sans doute elle eût été moins française, moins quelconque, plus normande. Elle épelait encore, lorsqu'elle décou-

[1] *Ibid.*, t. II, p. 37.
[2] *Ibid.*, t. I, p. 42.

vrit la mythologie ; ce fut une fascination. Pouvait-elle par elle-même se douter que le règne d'Ovide était passé ? Un jour vient où un cousin, plus averti en littérature, la presse de renoncer à son engouement. C'est en vain. Elle a bien l'intention de lui obéir, mais ne peut s'empêcher de rimer, comme réponse, une longue pièce qu'elle intitule « La Semaine mythologique »[1], et où elle laisse percer des regrets analogues à ceux de Madame de Sévigné, dont le bon sens se révolte contre l'inexplicable attrait des romans d'aventures. Pouvait-elle également se méfier de l'autorité de Boileau, quand on le lui mit malencontreusement entre les mains ? Il est vrai qu'elle ne comprit rien à l'*Art poétique,* s'il faut l'en croire ; ou du moins elle n'y saisit « qu'une chose qu'elle a déjà faite trop amplement, chanter Flore, les champs, Pomone, les vergers, changer Narcisse en fleur, couvrir Daphné d'écorce... » Et après les mythes, voilà l'allégorie entrée dans ses vers ; voilà plusieurs pièces qui nous ramènent aux descriptions abstraites et froides des pseudo-classiques : « Le Passé », « L'Hiver », « Le Temps », et d'autres encore sur les Saisons, qui sont un thème favori des poètes à court d'idées et de sensations personnelles.

Pour un auteur qui se forme dans les livres, il n'y a pas de plus grand malheur que d'être égaré, mal influencé par ses lectures. Quand c'est un Lamartine qui est ainsi dévoyé au début, parce qu'il prend sa pâture intellectuelle au hasard des rencontres et sur les conseils dangereux de ses prédilections enfantines, le mal n'est pas irrémédiable : de l'imitation qui le retiendra, dans son isolement et son inconscience, autour des petits vers railleurs à la Gresset, des badinages à la Voltaire, de l'érotisme à la Parny, la fréquentation des contemporains le sauvera bientôt, et surtout,

[1] *Ibid.*, t. II, p. 13.

avec l'impulsion du génie latent, l'éveil de la véritable passion. Mais il n'en va pas de même chez les esprits dénués d'originalité native, de personnalité : le mensonge d'Ossian n'a peut-être donné que plus de charme vaporeux à la mélancolie des « Méditations » ; est-ce ce que l'on retrouve dans ces strophes de Marie Ravenel ?

Que de fois sur la grève avec ma Muse inculte,
Je crus vraiment entendre, à travers le tumulte
Des voix de l'Océan,
La voix pleine d'échos, à l'octave argentine,
Du vieux barde écossais qu'adorait Lamartine,
Du sublime Ossian.

L'immensité berçait d'éternelles bruyères,
Fingal et Malvina, des chevreuils et des pierres,
Des camps et des torrents ;
L'espace était peuplé d'apparitions vagues,
De guerriers vaporeux chevauchant sur les vagues,
Bataillant sur les vents.

Je démêlais, le soir, dans la brume irisée,
Des vierges d'outre-tombe aux cheveux de rosée,
Aux voiles de brouillards ;
Et, dans les mille plis de ses nuages fauves,
Souvent le crépuscule offrait des têtes chauves,
Des bustes de vieillards [1].

Voilà, certes, des vers honnêtes, en dépit de certaines impropriétés d'expression et de quelques platitudes ; mais la sincérité en est absente, et l'à-propos contestable : quand on a vingt ans de moins que Lamartine, dix de moins que Victor Hugo, que l'on est contemporaine de Musset, de Théophile Gautier et de Madame Ackermann, sans parler de tant de prosateurs illustres qui peuvent aussi donner le *la* pour les œuvres d'imagination, il est regrettable qu'on s'en tienne au démodé. Il conviendrait, comme je l'ai dit

[1] *Ibid.*, t. I, page 13.

plus haut, d'avoir lu davantage, d'avoir eu à sa disposition un meilleur et un plus vaste choix. Imaginons Marie Ravenel, non plus confinée dans son moulin, puisqu'elle a eu la mauvaise chance d'en franchir les limites et d'aller aux idées de tout le monde, mais entourée d'une bibliothèque, où les précurseurs auraient été mieux représentés que sur sa modeste étagère, et aussi les nouveaux venus, les Romantiques, même les Parnassiens, toute la lyre moderne, et quelques historiens, et quelques romanciers : avec l'intelligence exceptionnelle dont elle a fait preuve en ruminant les connaissances restreintes qu'elle a pu brouter, en s'assimilant les ressources courantes de la langue, en s'instruisant, par ses propres remarques, de la variété des rythmes, on ne peut douter qu'elle n'eût enrichi son imagination et corrigé les défauts de son esprit.

Ses défauts ne sont en effet que trop visibles. Les uns viennent de son éducation et de son milieu ; les autres lui sont tout personnels.

Ce qui frappe tout d'abord — et ici l'entourage et l'éducation doivent surtout être mis en cause — c'est la candeur naïve des sujets de poèmes et des idées. De la candeur on pourrait encore s'arranger, même persistante, même survivant à la jeunesse et s'étendant jusqu'à l'âge mûr et à la vieillesse : l'année entière peut demeurer candide, quand elle n'est secouée ni de perturbations atmosphériques, ni de révolutions d'Etats, ni de guerres violentes. Mais la naïveté ne convient qu'au printemps. Pour transformer Marie Ravenel en un poète plus en rapport avec la vie, il aurait fallu la transplanter dans un autre milieu, lui faire une existence moins unie, moins régulière, moins calme, plus tourmentée, la mettre en face des passions, la jeter en pleine crise du cœur dès l'apparition de la première rime :

L'homme est un apprenti, la douleur est son maître.

(A. de Musset).

On sait de quelle douleur il s'agit. Ne commettons pas ce sacrilège, même sous forme de simple regret rétrospectif, de souhaiter un tel apprentissage à la meunière, de la soustraire à ses prêtres auxquels elle a voué une reconnaissance qui semble méritée, à sa maîtresse de couture qui prêchait si bien, à ses amies d'opinion conforme. L'une d'elles cependant osa, un jour, formuler un desideratum et lui demander pourquoi, dans ses vers, elle ne brûlait jamais « l'encens que l'on doit à l'amour ». La réponse est une raillerie en style mythologique, où s'étalent les plus purs sentiments [1]. Remarquons seulement que si Madame Desbordes-Valmore, dont les élégies et les maternelles effusions ne sont pas sans rapport avec les poésies de Marie Ravenel, avait limité l'amour ainsi que le fait la meunière de Fermanville, elle n'occuperait pas dans la littérature française la petite place que lui a réservée Sainte-Beuve.

Le milieu aussi a été responsable du faible développement de la pensée : qui pourrait sans injustice réclamer une métaphysicienne dans une meunière ? Nos grands poètes ont réfléchi sur la destinée humaine, tous ont eu leur conception de la vie, et les inquiétudes, les tourments que l'obsession des grands problèmes a jetés dans leur conscience ont donné à la mélancolie de chacun sa langueur ou son âpreté caractéristique. Mais ils fréquentaient ou observaient, d'une retraite prochaine, le cénacle des intellectuels et la foule des agités ; après le dogme indiscuté du catéchisme, ils parcouraient les contradictions des philosophies ; ils n'étaient pas, comme Marie Ravenel, enfermés dans le cercle du travail manuel, de la fatigue physi-

[1] *Ibid.*, t. II, pp. 70-74.

que, dans le cercle des ouvriers de la terre et de la mer, dont l'horizon visuel est immense, dont l'horizon mental est rétréci ; car pour le paysan et pour les pêcheurs, appliqués à des besognes étroitement localisées, il n'y a pas d'au-delà, par conséquent pas de trouble, pas d'angoisse dramatique. Il ne faut donc pas s'étonner que la meunière écarte, quand elle la rencontre par hasard, la douloureuse question du bien et du mal dans le monde, qui nous a valu nos grands pessimistes :

Hélas ! en descendant le chemin de la vie,
Si bien fleuri qu'il soit, maint objet nous convie
A d'amères réflexions !
Dans l'orchestre, en dépit de ses ondes brillantes,
Notre âme sent passer des notes larmoyantes,
De lugubres vibrations.

Dieu seul a le secret de ces maux sans remède ;
Son doigt va devant nous, l'espérance nous aide
A circuler dans les brisants ;
Ensuite l'humble nef, doucement transportée,
Descend avec le flot vers une anse abritée,
Vers des rivages bienfaisants.

Oh ! non, n'ajoutons pas aux peines du voyage !
Trop méditer rend triste, écartons le nuage,
Les chemins sont assez ardus !
A lutter noblement lorsque notre âme est forte,
La balance du bien penche, incline et l'emporte
De tout le poids de nos vertus [1].

C'est déjà quelque chose que d'avoir vu le nuage.

Voici maintenant, à mon avis, les défauts propres à Marie Ravenel : d'abord la perception vague et les sensations imprécises, d'où suit naturellement la tendance à l'idéalisation conventionnelle, comme dans la pièce intitulée « Le douanier », qui n'est pas une réalité vue [2].

[1] *Ibid.*, t. II, p. 100.

[2] *Ibid.*, t. I, p. 20.

Le poète est, avant tout, un être qui voit et sent plus justement et plus vivement que les autres. Vérité qui date d'Homère ; qui n'a pas même subi une éclipse totale aux époques où la philosophie sacrifiait la matière à la pensée ou bien le monde des phénomènes à celui des idées — car alors il y avait ou un La Fontaine ou un J.-J. Rousseau ; — qui a triomphé, en tout cas, depuis André Chénier et les débuts du romantisme.

Si Marie Ravenel n'avait pas les yeux d'un poète, avait-elle l'oreille d'un musicien, et même comprenait-elle que le don de la mélodie peut presque remplacer, en poésie, tous les autres talents? Sa phrase est, en général, fluide, rarement chantante ; elle coule plus qu'elle ne vibre, ne pleure ou ne retentit ; ni sonorités, ni échos, ni modulations ; ni éclats de cuivres, ni douceurs de flûtes, ni gémissements de violoncelles.

La rareté ou la vétusté des images est une conséquence forcée de cette atrophie des sons, car le monde extérieur ne fournit ses symboles qu'à ceux qui le voient et l'entendent, et peut-être est-ce la vertu que l'instruction peut le moins suppléer : « Le génie arrive à la vie, dit Renan, en prenant corps par nos nerfs et par nos muscles » ; il ne dit pas : par la suggestion de nos semblables, par l'imitation de leurs couleurs. Les images apprises ne font pas meilleur effet qu'une parure empruntée et qu'un affublement ; il faut qu'elles sortent des entrailles mêmes du poème et des entrailles du poète, par la communication avec la vivante réalité.

Cette communication ne manque pas à d'autres écrivains normands : vous trouverez chez eux la part de réalisme que vous chercheriez vainement dans nos deux volumes de poésies. Parcourez toute une série de pièces sur des choses qui, certainement, ont été aperçues, mais non vues, non regardées, « L'Orage » (I, p. 33), « Paysage » (I, pp. 59-61), « Une procession à Carneville » (I, 82)..., et beaucoup d'autres sujets du même genre : la banalité des descriptions vous rappellera l'école de l'abbé Delille, et parfois ses tours de force conventionnels.

C'est aussi un défaut de nature, si je ne me trompe, que la facilité excessive du développement, « l'abondance stérile », pour parler comme Boileau. Il ne faut pas voir là en effet une tendance particulière à la race, bien que nous devions la rencontrer également chez Henry Gréville. Les départements les plus opposés fourniraient de nombreux exemples de ce que nous trouvons ici : une imagination qui n'imagine pas, une faculté créatrice qui se souvient plus qu'elle ne crée, une source qui ressemble à un réservoir, et déverse sur commande, une fois la vanne levée, l'eau stagnante en courant passager, le calme habituel en fugitif bouillonnement.

Les œuvres, sur lesquelles la critique s'attarde pour en discuter la valeur, ne sont évidemment pas indifférentes. Il faut bien, même si la forme laisse à désirer, qu'il y ait quelque intérêt au fond. Ici, l'on sent que l'on est en présence d'une conscience délicate et forte. Le poète moral n'est sans doute pas aussi captivant que le poète des sens ou de la passion, mais c'est encore un poète. Aussi me semble-t-il que l'on goûtera spécialement, dans les deux volumes qui m'ont occupé, la vague tristesse dont n'a pu se défendre une âme résistante et bien équilibrée en face des devoirs ou auprès des tombeaux. Sa pitié est parfois touchante ; sa morale, toujours généreuse et noble jusqu'à une certaine éloquence. Parmi les meilleures pages, je note « La Nuit. — A mes enfants » (I, 102), « Sécurité » (I, 112), et quelques-unes de celles que l'âge a suggérées par les regrets, les espérances déçues, les affections brisées. La sincérité s'y reconnaît, la forme en est plus simple, plus naturelle, plus abandonnée.

Il serait surprenant que, dans l'œuvre poétique d'une femme, la grâce ne fût pas une qualité prédominante. Toutes les fois que Marie Ravenel imite, même involontairement, des modèles trop élevés ou des modèles trop médiocres, le charme et la suavité de sa délicatesse féminine disparaissent sous la parure empruntée ; l'allure a de la gaucherie sous le vêtement urbain, et le prosaïsme saillit des oripeaux. Qu'elle redevienne elle-même, aussitôt elle retrouve les mouvements souples de la paysanne qui n'est plus endimanchée. C'est alors qu'elle a le droit de dire, non sans charme et sans grâce :

Ma Muse est la petite abeille
Qui va gaiement de fleur en fleur,
Et qui choisit dans la corbeille
Du printemps, dont elle est la sœur.

C'est l'alouette des bruyères,
Qui ne respire qu'un air pur ;
La demoiselle des rivières,
Qui vit dans un rayon d'azur.

C'est l'antilope fugitive [1]
Dont nul chasseur n'a vu les pas ;
Son souffle, tant elle est craintive,
Se devine et ne s'entend pas.

Sur la mousse, avec nos mésanges,
Elle est née au soleil de juin ;
Elle a grandi parmi mes anges,
A l'ombre d'un petit moulin [2].

C'est alors qu'elle rime des « Conseils » en alertes couplets

[1] Evidemment, l'antilope est déplacée à Réthoville ; mais ce n'est qu'une tache sur ces vers simples, harmonieux et légers.

[2] T. I, p. 196.

de chanson morale (II, 103), ou souhaite la bienvenue « A ses petits-enfants » (I, 215), avec le demi-refrain, auquel elle se complaît, comme si elle était née pour la chanson élégiaque autant au moins que pour l'élégie lyrique.

On n'est plus disposé, en lisant de telles pièces, à chicaner sur quelques vieilleries de langue, sur quelques faiblesses de rimes où s'étalent trop d'adjectifs, de participes, ou de mots de même catégorie ; car ces raffinements ne sont de mise que si la prétention s'accuse de rivaliser avec les professionnels. Et l'on s'étonne, en fin de compte, que dans un coin isolé de la France, presque sans direction, malgré l'incohérence et souvent l'influence fâcheuse des lectures, une mère de famille, distraite des rêves qui la sollicitaient par les devoirs qu'elle subissait courageusement, ait pu donner à son intelligence un développement qu'envieraient beaucoup de femmes saturées de leçons savantes et bien fournies de bibliothèques, résoudre les difficultés de la versification et des rythmes divers, écrire enfin des pages qui feraient bonne figure dans les anthologies.

II.

Si l'on disait à M. Alfred Rossel qu'il mérite mieux le nom de poète que la meunière, il protesterait sans aucun doute, il se fâcherait peut-être. — Quelques chansons et quelques refrains, dirait-il, peuvent-ils être mis en comparaison avec deux volumes de poésies largement développées et, en quelque sorte, couronnées par l'approbation et les encouragements d'un Lamartine? — Et nous lui répondrions : Oui, l'œuvre de Marie Ravenel est plus vaste que la vôtre ; les questions de morale et de religion y tiennent une belle place, que naturellement elles n'ont pas dans vos couplets; mais à l'étendue n'est pas toujours unie la profondeur. Que votre domaine soit restreint, je vous l'accorde, mais vous l'avez exploré dans tous les sens; vous en connaissez la surface, vous en connaissez également le sol intime. Bien rendre un tout petit coin de nature, c'est être un vrai peintre; bien observer et bien traduire l'âme d'un microcosme, c'est faire preuve d'originalité :

Mon verre n'est pas grand, mais je bois dans mon verre.

Vous avez compris et reflété les sentiments, les mœurs et les traditions d'un lambeau de Basse-Normandie; vous avez fait mieux : le langage local est devenu, grâce à vous, un idiome presque littéraire, un objet de curieuse étude.

Cependant l'homme modeste, qui n'aurait pas obtenu le sourire de Lamartine, mais qu'ont applaudi depuis vingt-cinq ans ses compatriotes et nombre de *horsains* avides de saisir, au passage d'une villégiature, cet échantillon de vieille vie provinciale, l'homme obstinément modeste objecterait : Marie Ravenel savait ce qu'elle voulait faire; moi pas : ça m'est venu comme ça, par hasard, par occasions et circonstances. — Eh, tant mieux ! chanter sans faire exprès, c'est le vrai don poétique. — Vous n'avez pas de muse? — Tant mieux encore ! De croire que vous en aviez une, cela vous aurait guindé. C'est bon pour Musset de causer avec cet être imaginaire; car sa muse, à lui, n'a pas la froideur d'une figure allégorique, c'est une vraie femme, une maîtresse intérimaire, la maîtresse d'amour platonique qui guérit les blessures de l'autre amour, ou bien encore une sœur de charité pour poètes malades. Expulsons les muses de l'arrondissement de Cherbourg, laïcisons la poésie dans le Val de Saire. Vous m'avez dit, mon cher Monsieur Rossel, que vous aviez commencé à compter les syllabes et à assembler des rimes en faisant quelques médiocres vers français : un peu plus, vous aviez une muse ! vous l'avez échappé belle.

Heureusement, sauf une ou deux récidives, dont il faut bien vous donner l'absolution comme à tout pécheur repentant, vous avez esquivé la littérature ; la Renaissance vous a effleuré, non saisi et retenu ; vous n'êtes pas un moderne, vous êtes un ancien du Moyen-Age, ou plutôt vous êtes un moderne qui continue les anciens ; pas un poète puisque vous refusez le titre, un ménestrel — un ménétrier d'abord, presque un violoneux — puis un ménestrel, je veux dire le chanteur complet, qui compose les paroles et la musique, et qui, au besoin, chante lui-même ses chansons.

Comment vous trouvez l'air, je le sais, j'ai votre aveu : vous vous demandez de quelle façon vos paysans diraient, accentueraient les propos que vous leur prêtez, et vous cherchez en même temps, sur votre violon, la phrase musicale qui correspond le mieux à cette interprétation. Vous ne devez donc votre petite science à aucun conservatoire : vous n'en êtes que plus près de la nature. Si vous nous étiez revenu de la villa Médicis, que de belles choses vous auriez faites, comme tout le monde ! mais vous n'auriez pas fait vos chansons ou du moins vous ne les auriez pas faites toutes spontanément. J'ai noté qu'à celle qui est intitulée « Mes clios » vous avez adapté l'air des « Bœufs » de Pierre Dupont. C'est une exception soit ! mais je la regrette, car rien, pour ainsi dire, n'est plus normand dans votre recueil, rien plus éloigné des sentiments d'un Lyonnais.

Quant aux sujets de vos chansons, ils sont originaux au même degré : ni empruntés à des réminiscences, ni extirpés par force de l'imagination. Deux ou trois cantates officielles, telles qu'on en exige de tous ceux qui se sont fait un nom, sont loin d'augmenter votre gloire, mais elles ne l'entament pas non plus, puisqu'elles prouvent que vous devenez médiocre là seulement où vous subissez une commande et une contrainte. Il vous faut la liberté d'inspiration, et si le mot effarouche votre modestie, je dirai : la liberté de rencontre. Comme vos lointains ancêtres, trouvères et jongleurs, vous attendez, au lieu de forcer la veine, que l'idée passe et vous la saisissez au vol, dans la rue, sur les routes, en diligence, au marché, aux assemblées. Je vous ai demandé (car, avec les vivants, on devient, malgré soi, reporter), quelle occasion première avait décidé de votre vocation, et vous m'avez répondu en me racontant les réunions d'autrefois, sous le prolongement du Roule, au *Jardin d'amour* :

Y avait aôt' fois à Chid'bourg
Un' maison des mû r'noumées,
Ch'était le *jardin d'amour* ;
No z'y t'nait des assemblées ;
Tous les dinmanch' en été,
N'o z'y condisait sa bliondo ;
Acht'heu' ch'est d'un aôt' côté,
Quand no sort c'hest pour vai l'monde

Ah ! que d' chang'ments,
Que de chang'ments,
Mes effants,
A Chid'bourg ded pi trais chents ans !
Ah ! que d' chang'ments,
Que de chang'ments...
Ded pi man jeun' temps ! [1]

— Oui, je le conçois, vous regrettez la disparition du berceau où a commencé le balbutiement de votre... voyez les mauvaises habitudes : j'allais dire, de votre muse. L'ancien Cherbourg vous plaisait mieux que la ville nouvelle,

[1] *Le vû Chid'bourg.*

et vous trouviez plus de saveur aux simples fêtes d'autrefois qu'aux représentations d'un beau théâtre décoré par des messieurs de Paris. Vous ressemblez beaucoup à ce paysan qui voulut en vain payer son entrée, le jour où fut inaugurée la nouvelle salle de la place du Château, et qui se consola aisément d'être écarté de cette réunion purement officielle, quoique l'affiche annonçât « Mademoiselle Richard et Monsieur Coquelin ! » Il s'en consola d'autant mieux, je pense, que dans les annexes du même édifice on avait réservé de vastes *halls*, où ce bon normand pouvait envoyer son grain, son beurre et ses volailles, et remplir sa *pouquette,* au lieu de la vider[1].

Entre nous, vous paraissez craindre que les progrès modernes n'assimilent votre résidence à n'importe quelle autre ville sans caractère, et n'enlèvent au Cotentin sa vieille originalité. Le chemin de fer est banal, et vous lui préférez la diligence, plus intime, plus propre aux épanchements ou aux observations :

Oh ! mes amin', quand j'y pense,
Qu' j'ai v'yagi d'aveu Cliémence,
Cha m' fait magnirment d'effai ;
Viv' les v'yag' en diligence !
J'aim' mû cha que l' quemin d' fai,
J'aim' mû cha, j'aim' mû cha que l' quemin d' fai.

Vous n' counaissez pas Cliémence,
La pu joli d' not' endrait,
C'est un' fill' d'un' boun' prestance
Et qu'est bi prinz' tout à fait ;
D'aucuns la troû trop grossyre,
C'est prêchi mal à propos,
Car y a longtemps qu' j'entends dire,
Mé, qu' la chay est bell' su l' zos[2].

[1] *La Seyanche de gala.*
[2] *Le V'yage en diligence.*

Qu'adviendrait-il, si l'invasion des élégances parisiennes apprenait à cette bonne grosse fille l'art de maigrir et la métamorphosait en femme d'esthète? Et si elle « pédalait » en dépassant votre diligence de Barfleur?

Que les joun' fill' aim' à s' faire belles,
Pour man compte, j' n'y troû pas d' ma,
Et qui z'adopt' les mod's nouvelles,
Si zont l' moyen, ne comprend cha,
Mais quand j'en vais, sû bicyclettes,
D'valler la côt' du douai Picot,
J' les aim'rais mû sû lû caoffrettes,
En train d' coutre ou d' faire du tricot[1].

Vous êtes d'humeur trop bienveillante pour maudire les étrangers qui apportent ces façons nouvelles, mais narquois aussi, comme tout Normand, vous savez noter leurs ridicules[2].

Pour apprécier à leur juste valeur les chansons de M. Rossel, il faudrait se livrer à une étude approfondie du langage qu'il a adopté, et comparer entre eux les différents patois usités dans la presqu'île du Cotentin. Sans prétendre à cette érudition, on peut cependant constater que le parler populaire de Basse-Normandie ne mérite pas d'être appelé une langue régionale, ainsi que le soutiennent ses admirateurs, que ce n'est plus un dialecte comme le normand du Moyen-Age, mais bien plutôt un ensemble de patois, c'est-à-dire de déformations rustiques qui ont vicié la figure et la prononciation de l'ancien idiome provincial, tout en conservant certaines particularités expressives et savoureuses. En tout cas, si la malice, la gaillardise, la grivoiserie et la finesse ne lui font pas défaut, il est incapable de rivaliser pour la grâce, la douceur, la

[1] *Ya d' bell' fill' partout.*
[2] *Une Saison d' bains d' mé.*

suavité et la richesse poétique avec la langue sonore d'un Mistral. On ne se figure pas une « Mireille » écrite en patois de la Hague ou du Val de Saire. Il y a en effet, dans une œuvre de ce genre, ou des généralités de pensée, ou des intensités de passion, ou des élévations d'âme, ou des enveloppements de l'être humain par la nature, dont l'expression exige un vocabulaire étendu, souple, concret pour les sensations, abstrait pour les idées, énergique sans vulgarité, accessible à tous sans bassesse, un vocabulaire créé par la foule des humbles moins pour ce qui la maintient dans sa banalité quotidienne que pour ce qui la hausse au-dessus d'elle-même, pour quelque illusion fugitive d'idéal, et pour la triste mélancolie que verse dans le cœur des témoins l'éternelle victoire de la réalité sur l'idéal. Le Bas-Normand n'a pas reçu de la nature assez de prédispositions artistiques pour préparer à ses interprètes de telles ressources.

Parmi les trouvères actuels du Cotentin il s'en trouve un, M. Louis Beuve, qui laisse soupçonner parfois des aspirations plus ambitieuses que les autres, et dont la poésie atteint au vrai lyrisme. Lisez, à l'aide de la traduction littérale, deux strophes que j'emprunte à la très belle romance intitulée « La Graind' Lainde de Lessay » ; mais surtout tâchez de vous familiariser avec le texte même, car sous la forme française le charme a disparu. Pour peu que vous ayez parcouru l'édition où Mistral a mis en regard de son œuvre originale une translation en français, vous avez pu remarquer quelle distance il y a de « Mireille » à « Mireio ». Ici vous ferez à peu près la même constatation :

> Ver, dans les sombres gnits d' varouage,
> *Oui, dans les sombres nuits de loup garou,*
> Quaind nou z'entend les veints vyipaer,

Quand on entend les vents siffler,
Quaind les pour' geins qui sont en vyage
Quand les pauvres gens qui sont en voyage
D'vaint tei font l'soign' de la croué,
Devant toi font le signe de la croix,
Ch'est en vain qu' Cart'ret qui s'alloume
C'est en vain que le feu de Carteret qui s'allume
T'envie l' sourir' de san écliai,
T'envoie le sourire de son éclair,
T'es triste sous tan mantet d' breume,
Tu es triste sous ton manteau de brume,
Et ryien au münd ne te distrait,
Et rien au monde ne te distrait,
O ma bell' laind, graind' coumm' la mé,
O ma belle lande, grande comme la mer,
O ma Graind' Lainde de Lessay !...
O ma Grande-Lande de Lessay !...

M'n' âme, comme eun' vûl' tournyiresse,
Mon âme, comme une vieille mendiante,
Qui, sous les tent', vous teind la main,
Qui, sous les tentes, vous tend la main,
Revyint, ô Laind' de ma jeunesse,
Revient, o lande de ma jeunesse,
Te d'maindâer l'aômôn' d'eun' souv'nain...
Te demander l'aumône d'un souvenir...
Je te ressembl', car tout' les jouaies
Je te ressemble, car toutes les joies
Achteu maigi n' dur'nt pâé tq'cheu mei,
A cette heure ne durent pas chez moi,
Et ma poure âme tourmentâe
Et ma pauvre âme tourmentée
Est d'meurée triste tout coumm' tei,
Est demeurée triste tout comme toi,
O ma bell' lainde, graind' comm' la mé,
O ma belle lande, grande comme la mer,
O ma Graind' Lainde de Lessay ! [1]...
O ma Grande-Lande de Lessay !...

[1] *Anthologie des poètes normands contemporains*, en dépôt chez H. Floury, à Paris, 1, boulevard des Capucines.

Encore vous manquera-t-il, après cette lecture, un élément essentiel d'appréciation : il faudrait entendre chanter ces stances par un Coutançais, avec le bon accent. Mais trouveriez-vous un paysan capable de comprendre et d'exprimer cette mélancolie d'un poète qui a passé par le lycée de Caen, puis par la librairie parisienne, et a emprunté, sans le savoir, aux Lamartine et aux Musset un peu de leur tournure d'esprit et de leur maladie morale?

Les Normands dont l'instruction n'a pas franchi le cercle de l'école primaire saisiront mieux, je crois, les poésies de M. Alfred Rossel, car elles sont plus près d'eux, plus simples, c'est presque dire, plus saines et plus réalistes, plus conformes au langage fruste de la campagne. Très habilement M. Beuve a fait entrer son moi modifié dans le patois du pays où il est revenu s'enraciner de nouveau; M. Rossel au contraire est parti du patois même pour composer ses poésies. Il dit à qui veut l'entendre, que le refrain a toujours sonné à son oreille avant le reste de la chanson. Or, remarquez ceci : la plus grande difficulté de l'œuvre littéraire étant de maintenir l'unité dans la variété, de ne jamais perdre de vue l'idée maîtresse, de ne pas s'égarer hors des limites du sujet, le peuple a imaginé par une conception simpliste, de faire surgir à chaque instant le refrain en pensée prédominante, de le dresser comme une borne facilement aperçue et infranchissable. Il n'y a pas plus rudimentaire et plus naïve forme de combinaison et d'art : la chanson vaut la roue d'antique création, avec le titre pour axe, les couplets pour rayons, les répétitions du refrain pour jantes du cercle. La conséquence a été heureuse pour M. Rossel : le refrain, qui est presque toujours chez lui quelque locution du crû, quelque dicton du Val de Saire, quelque formule d'observation populaire ou rustique, l'a maintenu dans les idées et les sentiments de son entourage.

Par une autre suite non moins favorable, notre auteur a été obligé d'observer exactement et de bien voir. Il est probable que cela lui a peu coûté : il avait le don, et vous pouvez sans hésitation lui appliquer ce qu'il fait dire par un de ses personnages : « J' n'ai pas l' zurs dans ma pouquette »[1]. Et certes en cela il s'est montré supérieur à Marie Ravenel. Il suffirait, pour s'en assurer, de comparer son *Gab'lou* au *Douanier* de la meunière. Je n'irai pas jusqu'à dire qu'il a beaucoup mieux vu la nature ; car si les indications sont justes dans *Mais d'Avril* et *Cha que j'aime,* par exemple[2], elles ne sont pas assez appuyées pour révéler l'obsession du monde matériel. Un tel état d'âme ne paraîtrait-il pas d'ailleurs peu spontané ? Les Manchois observent plus les gens que les choses inutiles, et sont trop pratiques pour aimer la rêverie dans les vallons ou en face de l'Océan. M. Rossel est un écho rigoureux, non l'un de ces échos fantaisistes qui disent au delà de ce qu'ils ont entendu, parce qu'ils ajoutent à la parole envoyée certains souvenirs d'horizons étrangers.

Qu'il nous ait fait connaître au juste l'âme de la Basse-Normandie, c'est beaucoup. Ne lui demandons pas davan-

[1] M. P. Lecacheux (P. Lepesqueur) a fait, dans le patois un peu abscons de la Hague, une chanson très maligne et gauloise (ou normande ?) de sens analogue sous un titre contraire : *I faot fruma l'u.* Entendez qu'il faut fermer l'œil comme le pêcheur ou le chasseur pour mieux épier ou mieux viser.

[2] Je relève aussi cette stance gracieuse, où se mêle au sens du pittoresque l'espoir tout normand d'une bonne année de pommes :

Nos poumis qui sont superbes
P'tit à p'tit perdent lû flieurs ;
L' fruit noù sur les clios en herbe,
L'air est rempli de boun' z'odeurs ;
L' ciel est blieu, la mé moutonne
Et braüe en battant le terrain :
Entendou coume o marmionne ?
V'là l' vrai temps, mouillouz' un brin.

tage. Et contentons-nous d'aligner, pour finir, quelques citations probantes.

D'abord constatons qu'il ne veut pas flatter quand même des compatriotes qu'il aime d'instinct. Il ne veut pas, selon l'expression consacrée, *prêchi tout en bi:* il glisse ça et là des critiques, car il sait que *N'y a personne sans ohis,* même dans le Val de Saire. Sans doute les Normands ont trop l'habitude du franc parler pour être des hypocrites. Rusés, oui, comme tous les gens de commerce et d'affaires; mais la ruse est une adresse de lutteurs, non un mensonge, une malice des yeux, non un faux visage; ironiques aussi, mais l'ironie ne doit pas être confondue avec l'hypocrisie : la première n'est qu'une dissimulation qui s'attend à être dévoilée; l'autre, une simulation qui garde obstinément son masque. Cependant M. Rossel a vu des hypocrites autour de lui, et il leur dit leur fait, aussi bien à ceux qui feignent par intérêt la dévotion qu'à ceux qui troublent les ménages :

Si vos êt' mayé nouvell'ment,
Et qu' vot' jeûn' fanm', volage un' miette,
Pass' son temps agriablement
En visite ou d'vant sa mirette,
Vos en verrez v'nin d' zadoreux,
Tréjous d'un' politesse extrême,
Vous complimenter d' vot bonheux,
Et ver', mais défious en quand même.

Y a tréjous eu, yera tréjous,
P' têt' pas par chin, mais par tcheu nous,
Des fliabins et d' zhipocrit'
REFRAIN — Oh ! dit',
Y a tréjous eu, yera tréjous,
P' têt pas par chin, mais par tcheu nous,
Des fliabins et des guett' en d'ssous [1].

[1] *Fliabins et Guett' en d'ssous.*

Malgré cette exception, les embrassades des Manchois ne ressemblent en rien au baiser de Judas. Elles sont franches et copieuses : on se baise sur une joue, puis sur l'autre, enfin..... sur la troisième, comme dirait l'avare de Plaute. Lisez plutôt *F'ô qu'ne s'embrache.* — Respectons donc les vieux usages, ils sont sacrés ici, et embrassons toutes nos *counaissances,* mais de préférence toutefois les belles filles, car on a, dans la Manche, le culte de la beauté, de la beauté plantureuse. Rappelez-vous *Cliémence,* et écoutez encore ceci :

Y a d' belles' fill' partout,
Mais je n'en counais guère
D'aussi bi'n à man goût
Que couss' du Val de Saire ;

Ne sayez pé jaloux
Si je chant' devant vous
Les fill', les boun' gross' fill', les joun' fill' de t'chou nous[1].

La pointe gauloise ne pouvait être absente dans un sujet pareil. On la retrouve également dans *Le Journalyi,* où elle est encore mieux à sa place. Le bon Normand ne désarme pas, même avec l'âge.

Mais à la galanterie rustique, à la femme, à l'amour, il préfère son *bien,* sa *terre,* son *clos !*

J'ai deux, trais clios dans le Val de Saire
Qui me rapportent pu d'argent,
Pour chenne vous pouvez m'en craire,
Qu' bi des pliéch' du gouvern'ment ;
A t'chinz' francs l' chent j' vends d' la trémaine,
Chinq pistol' la corde de man bouais ;
J' touch' pu d' mes clios, en un' semaine,
Qu'un offici n' gangne en si mais,
S'il me fallait les vendre,

[1] *Y a d' bell' fill' partout.*

J'aimerais mû me pendre ;
J'aime bi ma fanme et mes p'tiots,
Et bi,
J'aimerais mû les l'ssi péri
Que de vendre mes clios ! [1]

La bigoterie d'Orgon, stylé par Tartufe, ne consentait pas à de pires sacrifices. Est-ce égoïsme ? ou bien cet attachement à la propriété et aux gains de la *faisance-valoir* n'est-il pas une faculté héréditaire, que tout le monde admire ici, parce qu'elle fait les bonnes maisons ? Le dédain pour qui n'amasse pas est général; les cigales n'ont pas beau jeu, ni ceux qui occupent *les places du gouvernement*, ni ces pauvres besoigneux d'officiers. Pendant que les hommes arrondissent leurs clos, les femmes se font une gloire d'emplir leurs armoires immenses. (Voy. *Le Trousseau de Rosalie*).

Le culte du corps va presque de pair avec celui des pistoles. La nature en est bien un peu responsable : pourquoi a-t-elle fait le sol si productif de chair et de boisson, les gosiers des habitants si larges et leurs estomacs si bons broyeurs ? Que Rabelais ressuscite et parcoure le Cotentin, il fera chorus avec ses hôtes quand ils entonneront le fameux refrain, qui n'est pas inventé par le poète, je vous assure :

Que ch'est boun le boun baire,
Ah ! que ch'est boun *(quater)* le boun baire,
Ah ! que ch'est boun *(quater)* le boun baire !

Il rendra visite confraternellement au curé de la *Myeure tisane,* qui donne à son vicaire mal en point cette consultation gratuite :

La myeur' des tisan' ch'est enco du pur jus !

[1] *Mes Clios.*

Il lira avec le plus grand respect la chanson de la *Bouillie* de sarrasin, et comme l'âme normande ne lui semblera pas complète sans la *Soupe à la graisse,* il notera cette précieuse recette :

Mettez dans c' qui vous faô d'iau
Un boun billot d' graisse,
Du saö, du poivre, un pouriau
De la grosse espèce.
Y en a qui veul' du persi,
Ch'est i nécessaire ?
D'aôcuns diz' naon, d'aôtres si,
Mé, je n'men s'cie guère.
Vot' iau, pendant que j' prêchons,
Crémill', je présumme,
V'là qu'o'bout à gros bouillons,
J'tez-y vot' légumme ;
Des feuv', parfais des souessons
Aveuque un' carotte,
Un mio d' céleri, j'en mettons,
Car cha ravigotte.
Tailliz un' miettain' menu
L' pain dans vot' soupyre.
Après, pour vai si ch'est tchu,
Prenez vot' quillyre,
N'y manq' ti ni poiv' ni saö,
Que ry n' vous arrête :
Trempez-la, tout est paré,
Ver', vot' soup' est faite.

Mais surtout il se gaudira à la vue des foires et des assemblées, qui sont la grande joie de Normandie. Peut-être se plaindra-t-il de n'y pas voir de joyeuses danses comme en pays de Touraine, ni assez de couples d'amoureux ; mais comme son œil s'allumera, comme son ventre tressaillira devant les rôtisseries en plein air, où sur deux étages de broches tournent des gigots de pleine graisse ! A la suite du poète, il s'en ira à la *Sainte Aône de Bricquebec,* et jurera qu'il n'y a pas de plus belle foire; mais s'il se laisse entraîner ensuite à la *Saint-Cliai* près de Cherbourg, il oubliera son serment, car la plus belle foire est toujours celle où l'on dîne :

Ah ! qu' no z'était byi dans l'herbe,
San couté byin éguchi,
Devant un gigot superbe
Dont j' me sy tréjoû véchi !
Le puchi posé par terre
Et les godiaux à l'entour,
J' dinnions là, ma fai d'ding vère,
Mû qu' dans les neuch' de t' Chidbourg.

Pour interpréter ces chansons et ces romances qui reproduisent si fidèlement les pensées, les sentiments, les goûts, les traditions et les coutumes de l'arrondissement de Cherbourg, il fallait rencontrer un homme habile à l'exacte imitation, un observateur intelligent et fin, un chanteur à la voix chaude, sûre et forte, mais souple également, car les nuances du patois parlé sont infiniment diverses. M. Rossel a eu la bonne fortune de trouver dans un de ses contemporains, dans M. Gohel, toutes ces qualités réunies. Rossel, Gohel ! harmonie préétablie : les noms riment, les figures aussi. Il y avait comme une prédestination de fraternité entre ces deux Normands droits et solides, aux joues larges, à la solide mâchoire, à l'œil ironique, aux lèvres malicieuses, et pourtant à la physionomie ouverte et sympathique. Le trouvère a dans son jongleur presque un autre lui-même. Ce que Rossel pense et compose, Gohel l'exprime sans additions, sans *cascades*, mais avec une justesse et une plénitude absolues : il ne met rien dans la chanson qui n'y soit implicitement contenu, mais il en fait sortir ce que nous n'apercevrions pas par nous-mêmes. Et cela, c'est la perfection.

Dans la variété infinie des comiques, grimaciers et simiesques, gesticulateurs et contorsionnistes, agités et brûleurs de planches, niais et calinos, idiots et gâteux, enroués et aphones, claironnants et braillards, M. Gohel a choisi la meilleure place, celle des sobres et des modérés, qui obtiennent, sans effort et sans outrance, tout l'effet, qui provoquent le rire sans s'esclaffer eux-mêmes, qui détaillent d'une inflexion de voix et soulignent d'un clignement d'yeux : de l'étude du patois, il a fait un des triomphes de la diction. Certes, il est plaisant, et il faut bien qu'il le soit, puisque presque toutes les chansons de M. Rossel sont plaisantes ; mais il ne nous prévient pas qu'il va l'être, il ne prend pas des attitudes de farce : il paraît en pantalon de droguet, en blouse courte et en petit chapeau à bords étroits, et l'on sent aussitôt qu'il porte le comique en lui-même, et qu'il le laissera suinter : on pourrait dire, en usant d'un mot local, qu'*il en dépure.*

Ah ! si vous pouviez obtenir de lui qu'il vous chante le *Trousseau de Rosalie,* vous verriez qu'il n'est pas moins habile sous le travesti et dans l'interprétation du féminin normand. Mais c'est un régal rarement accordé : il faut couper la moustache, qui est toute pareille à celle de M. Rossel.

Du moins, on ne refusera pas de vous montrer que l'on sait aussi faire naître l'émotion en pleurant la grande, l'admirable élégie poétique et musicale, *Sû la mé* :

Quand je si sû le rivage,
Bi tranquille, êt' oû coum' mé ?
J' pense à ceux qui sont en v'yage,
En v'yage au loin sû la mé,
En v'yage au loin,
En v'yage au loin sû la mé !

La mé, ch'est vraiment superbe,
Et j'aim' bi, quand i' fait biau,
L'été, sus nos clios en herbe,
La vai s'endormin un miau ;

Mais quand o s' fâch', la vilaine,
Et qu'no z'entend de t'cheu nous
La gross' vouai de la syraine,
No z'en a quasiment poux.

J'aim' bi, dans les jours de fête,
Quand nos batiaux sont à quai,
A l'abri de la tempête,
A Chidbourg coum' au Béquai.
Ch'est là qui sont l' mû sans doute,
Des trais couleurs pavouêsés ;
Mais, de gnit, dans la Déroute,
Hélas ! qui sont exposés !

Qnand o saôt' par sûs la digue,
Dont o fait tremblier les blios,
Qu'à l'ancre l' vaisseau fatigue,
Ah ! ver' je pense ès mat'los !
Reverront-i lûs villages,
Et pourront-i ratterri ?
J'avons de si mauvais parages,
De Barflieu jusqu'à Goury !

J'ai deux fyis dans la mareine,
— Deux forts et hardis gaillards —
L'un revi de Cochincheine,
L'autre de Madagascars.
Y rentrent lû corvée faite ; —
D'y penser no n'en vit pas... —
Mais que j' pliains, sans les counaite,
Ceux qui sont restés là-bas !

Quand je si sû le rivage,
Bi tranquille... [1].

Le jour où M. Rossel a composé cette lamentation si simple et si touchante, il ne savait pas sans doute qu'il signait, en face de Guernesey, son *Oceano nox*. C'est le seul éloge que la critique puisse jeter ici en passant, car elle ne doit pas toucher aux immortelles, que son analyse déflorerait.

[1] *Anthologie des poètes normands contemporains*, pp. 252-253.

*
* *

Les deux écrivains dont j'ai encore mission de parler ont laissé, chacun, la matière de cinquante volumes environ ; il semble donc que je leur devrais consacrer plus de pages qu'aux précédents. Mais l'insistance, nécessaire quand il s'agissait d'auteurs inconnus en dehors de leur région et à peine édités, paraîtrait inopportune, et même importune à des lecteurs qui ont accueilli les élucubrations de Henry Gréville avec le facile engouement de l'adolescence, puis ont fait amende honorable, en leur âge mûr, devant les envolées épiques et les sataniques inventions de Jules Barbey d'Aurevilly.

Pas de cabinets de lecture, pas de bibliothèques où ces noms ne soient connus. Pas de critiques non plus, depuis soixante ans, qui n'aient discuté la valeur des œuvres et revisé les titres à la renommée. L'arrêt en est porté ; il n'y a qu'à en résumer les considérants, tâche utile, mais brève.

Une seule préoccupation me fera outrepasser le modeste rôle d'enregistreur ; je veux poursuivre mon enquête sur les rapports des écrivains avec leur pays natal, et voir, cette fois, si l'influence de la première sève a persisté dans des arbres transplantés et greffés d'essences étrangères, et a conservé à leur floraison un peu de la couleur, à leur fructification un peu de la saveur originelle.

III.

Si l'on pouvait s'en tenir, pour résoudre cette question, aux aveux des intéressés, il n'y aurait plus de doute en ce qui concerne BARBEY D'AUREVILLY[1] : « Portrait dépaysé,

[1] Jules Barbey, né à Saint-Sauveur-le-Vicomte, arrondissement de Valognes, mort à Paris, rue Rousselet (1808-1889).

je cherche mon cadre », disait-il. Mais cela n'est peut-être qu'un regret; voici une déclaration fière, telle qu'il les aime : « Quand ils disent de partout que les nationalités décampent, plantons-nous hardiment, comme des Termes, sur la porte du pays d'où nous sommes et n'en bougeons pas ».

M. Grelé[1] note très justement que ce revenant du Moyen-Age, ce débris du XVIe siècle égaré dans le XIXe, dont il n'accepte ni les progrès ni les idées, se rattache toutefois au présent par l'amour du pays natal. Il ajoute que, de 20 à 40 ans, pendant ses années d'études à l'École de Droit de Caen et son initiation au romantisme à Paris, il fut vraiment un déraciné; mais qu'à partir de 1847 il eut la nostalgie de sa province, y revint aussi souvent que le lui permettait la nécessité de gagner sa vie par la collaboration aux journaux, et plaça dans la Manche la plupart des scènes dramatiques de ses nouvelles et de ses romans. Or c'est tout ce qu'il nous importe de savoir, car les œuvres antérieures à cette date *(Léa, L'amour impossible)* peuvent être omises comme des péchés de jeunesse. Ce qui restera, ce qui assurera l'immortalité de Barbey d'Aurevilly, c'est la production littéraire des quarante dernières années de sa vie, et c'est précisément là aussi que le Normand se révèle. Nous allons voir qu'il n'a pas été, autant qu'il le croyait, inspiré par son pays; mais du moins il lui a consacré le meilleur de lui-même.

Je crois qu'il s'est complètement trompé en écrivant dans la préface du *Chevalier des Touches* : « Je suis plus pa-

[1] M. Eugène Grelé a publié sur Barbey d'Aurevilly deux remarquables volumes à peu près définitifs, auxquels j'emprunte plus d'un utile renseignement : *Jules Barbey d'Aurevilly, sa vie et son œuvre*, 2 vol. gr. in-8°, chez Jouan et Lanier, à Caen. — Ces 2 vol. sont complétés par une bibliographie très exacte.

toisant que littéraire, plus Normand que Français ». En tout cas, son illusion était sincère ; M. Grelé en fournit d'abondantes preuves, jusqu'alors inédites : il a pu les puiser dans la relation intime d'un voyage que Barbey fit en Normandie, entre Saint-Sauveur et Valognes, en 1864. On y voit bien l'amour du pays natal et le regret d'écrire en la langue des *horsains*. Mais il resterait à prouver que cet amour et ce regret sont nés dans une âme vraiment normande.

Or il n'existe pas d'âme plus déconcertante que celle de ce Normand de poil et de teint espagnols. On voudrait savoir de quels éléments hétérogènes elle fut métissée. Mais les questions d'hérédité sont plus faciles à ouvrir qu'à conclure : problèmes à données incomplètes ou peu certaines, elles attirent par leur limpidité menteuse vers une solution qui recule toujours comme un mirage. Les biographies les plus consciencieuses éclairent le héros, laissant dans la pénombre tout l'atavisme de famille ou de race. Et nous voilà réduits aux conjectures.

Un soir dans la Sierra passait Campéador.
Sur sa cuirasse d'or le soleil mirait l'or
Des derniers flamboiements d'une soirée ardente
Et doublait du héros la splendeur flamboyante !
Il n'était qu'or partout, du cimier aux talons.
L'or des cuissards froissait l'or des caparaçons.
Des rubis grenadins faisaient feu sur son casque;
Mais ses yeux en faisaient plus encor sous son masque.
Superbe et de loisir il allait sans pareil,
Et n'ayant rien à battre, il battait le soleil ! [1].

Tel est l'idéal de Barbey dans sa jeunesse : cette apparition trop éblouissante d'or, de gemmes et de soleil, ce chevalier qui parade en grande tenue de *romancero* sans autre intention immédiate que de parader, ce matamore qui

[1] *Poussières*, 1 vol., Lemerre, 1897.

semble avoir balayé tous les ennemis terrestres et comble ses exploits en éclipsant la lumière dont les autres sont aveuglés, l'aristocrate d'Aurevilly l'a imité, autant qu'il le pouvait, en se parant de couleurs flamboyantes et se promenant, lui aussi, à travers l'ébahissement des badauds :

Et les pâtres penchés aux rampes des montagnes
Se le montraient flambant, au loin dans les campagnes,
Comme une tour de feu, ce grand cavalier d'or.

On sait que parvenu à l'âge où la pourpre ne serait plus une excentricité mais un affublement grotesque, il sut encore faire valoir l'avantage de sa haute taille et de sa sveltesse par la raideur d'un plastron et par la coupe toute militaire de sa redingote, et qu'il ne dédaignait pas certains autres artifices de rajeunissement. Il avait plus de 65 ans lorsqu'il présenta ainsi sa justification :

« On a dans le monde, et même dans les livres, l'habitude de se moquer des prétentions à la jeunesse de ceux qui ont dépassé cet âge heureux de l'inexpérience et de la sottise, et l'on a raison, quand la forme de ces prétentions est ridicule ; mais quand elle ne l'est pas, — quand au contraire elle est imposante comme la fierté qui ne veut pas déchoir et qui l'inspire, — je ne dis pas que cela ne soit pas insensé, puisque cela est inutile, mais c'est beau comme tant de choses insensées. Si le sentiment de la Garde qui *meurt et ne se rend pas* est héroïque à Waterloo, il ne l'est pas moins en face de la vieillesse, qui n'a pas, elle, la poésie des baïonnettes pour nous frapper. Or pour des têtes construites d'une certaine façon militaire, ne jamais se rendre est, à propos de tout, toujours toute la question, comme à Waterloo ! »[1].

[1] Extrait du portrait du vicomte de Brassard, qu'il faut lire en entier comme un portrait de l'auteur peint par lui-même. *Les Diaboliques*, édit. Lemerre, p. 8 et suiv.

Ainsi la *fierté* du Rodrigue vieilli *n'a pas voulu déchoir*, et celui qui battait le soleil ne se laisse pas battre par la vieillesse. Il porte toujours le même panache. Les Normands de la Manche ne manquent pas d'orgueil et l'on rencontre parmi eux des *fiérauds;* mais la vanité extravagante de Barbey semble plutôt un héritage de famille : elle faisait partie du patrimoine de bizarreries que le père légua plus consciencieusement à ses fils qu'une petite fortune fort ébréchée par la passion du jeu. L'influence du milieu doit aussi être mise en compte : il y a du romantisme dans les attitudes de Barbey d'Aurevilly ; il y a également du dandysme outré, car c'est en 1844 qu'il fit paraître pour la première fois, à Caen, son livre sur *Le Dandysme de Georges Brummel*, et il était encore assez jeune pour accorder sa conduite et ses manières avec le modèle qu'il présentait amoureusement au public. « C'était un dandy que le vicomte de Brassard. S'il l'eût été moins, il serait devenu certainement maréchal de France »[1].

N'oublions pas que Barbey fut appelé le *Connétable des lettres*, et qu'il a regretté d'être venu trop tard au monde pour porter un titre plus effectif. C'est à défaut d'épée qu'il s'est armé d'une plume. Dès son entrée dans la vie, il avait rêvé d'être un homme d'action, un légitimiste politique : « L'action, dit-il, l'emporte sur la pensée de toute la beauté de la volonté accomplie ». Et si l'action entraîne quelquefois les abus de la force, il accepte la conséquence jusqu'à absoudre Napoléon par ce mot violent : « En morale, le génie justifie tout ». C'est assez dire qu'il méprise l'homme de lettres qui ne songe qu'à son métier d'écrivain, surtout celui qui fait de l'art pour l'art. M. Edmond Haraucourt l'a fort ingénieusement rapproché de Leconte de Lisle, en disant que tous deux étaient « bâtis sur orgueil » ;

[1] *Ibid.*

mais il y a cette différence que, d'un côté, c'est un orgueilleux solitaire et presque muet, de l'autre, un orgueilleux remuant et tapageur, qui s'est embusqué dans les feuilletons littéraires des journaux en « franc-tireur » et en « chouan » : de ce buisson il aime à lancer les chevrotines de ses critiques paradoxales sur tous les imprudents qui passent ; mais il aime encore mieux à débûcher et à mettre flamberge au vent, seul contre tout un bataillon : les quarante de l'Académie n'effraient pas ce Cyrano [1].

On pourrait penser que, dans ce besoin d'agir et de transformer la littérature en œuvre pratique, se trahit le génie normand ; mais l'humeur agressive, le continuel sacrifice de l'intérêt personnel à la passion, le don quichottisme et l'aveuglement chevaleresque d'un prétendu redresseur de torts sont bien les qualités ou les défauts propres à l'admirateur du chevalier des Touches, qui n'était pas Normand.

La conclusion sera la même, si l'on veut expliquer l'intransigeance de sa foi, ou plutôt de sa posture religieuse ; car M. Grelé dit très justement qu'il fut plus catholique que chrétien et que la morale évangélique lui importait moins que le dogme : qu'il s'est mis du côté des ultramontains contre les gallicans, parmi les Jésuites contre les Dominicains, avec les absolutistes contre les libéraux (il exècre Lamennais, Lacordaire, Montalembert, de Falloux, Gratry, Dupanloup), qu'il applaudit à l'écrasement des huguenots (il bénit la Saint-Barthélemy) et à l'écrasement des jansénistes autant qu'il souhaite l'écrasement des libres-penseurs : ne disait-il pas? « L'église catholique est

[1] De 1862 à 1889 paraissent, sous ces titres *Les Œuvres et les Hommes*, etc., *Les quarante Médaillons de l'Académie*, une série de volumes qui réunissent ses articles de critique impitoyable, partiale presque toujours et insuffisamment informée, intéressante d'ailleurs par des intuitions merveilleuses.

un bloc dont on ne peut rien distraire ». Certainement cet étrange « apostolat laïque » s'accorde mieux avec l'outrance provocante de l'auteur qu'avec la prudence avisée de ses compatriotes.

Le satanisme même, qui fait partie de sa religion, et qui l'a porté à multiplier, parmi ses héros, les « possédés », les « ensorcelés », lui est tout personnel : c'est une conséquence, pour ainsi dire, nécessaire de sa foi étroite et superstitieuse, et si l'on peut dire qu'il suit la doctrine romantique en substituant les miracles à la psychologie, il convient d'ajouter qu'il atteint ce résultat par l'évocation fréquente de Satan, tandis que ses aînés et ses maîtres préfèrent la mystérieuse « anankė » de Claude Frollo ou la fatalité de la passion, et que ses successeurs recourront à la mode récente des « suggestions ».

Les contrastes de ses tendances morales ne révèlent pas moins d'originalité : le puritanisme fait bon ménage dans son âme avec les impudeurs, et le sadisme succède imperturbablement au mysticisme. Ceux de ses compatriotes qui l'admirent sur parole et uniquement parce qu'ils l'ont entendu vanter comme un écrivain de haute valeur, ne serontils pas surpris, après avoir lu les nuitées et les maléfices voluptueux de la Vellini ou les audacieuses descriptions des « Diaboliques », de rencontrer, dans ses poésies moins connues, cette angélique effusion ?

> Nénuphars blancs, ô lys des eaux limpides,
> Neige montant du fond de leur azur,
> Qui, sommeillant sur vos tiges humides,
> Avez besoin, pour dormir, d'un lit pur ;
> Fleurs de pudeur, oui, vous êtes trop fières
> Pour vous laisser cueillir... et vivre après.
> Nénuphars blancs, dormez sur vos rivières.
> Je ne vous cueillerai jamais !
>
> Nénuphars blancs, ô fleurs des eaux rêveuses,
> Si vous rêvez, à quoi donc rêvez-vous ?...

Car pour rêver, il faut être amoureuses,
Il faut avoir le cœur pris... ou jaloux ;
Mais vous, ô fleurs que l'eau baigne et protège,
Pour vous, rêver... c'est aspirer le frais !
Nénuphars blancs, dormez dans votre neige !
Je ne vous cueillerai jamais !

Nénuphars blancs, fleurs des eaux engourdies,
Dont la blancheur fait froid aux cœurs ardents,
Qui vous plongez dans vos eaux détiédies
Quand le soleil y luit, nénuphars blancs !
Restez cachés aux anses des rivières,
Dans les brouillards, sous les saules épais...
Des fleurs de Dieu vous êtes les dernières !
Je ne vous cueillerai jamais !

Que dire de son style ? « Il est violent et délicat, brutal et exquis ; c'est un mets d'enfer ; du moins il n'est pas fade ». Ainsi parle M. Anatole France. M. Grelé dit plus élogieusement et avec autant de vérité, que ce style a la soudaineté, l'imprévu, le pittoresque de l'expression, que la langue est fleurie, mais que l'accumulation des images sert uniquement à illuminer les idées. S'il ajoute qu'elle est naturelle et sans artifice, il dépasse sans doute un peu les limites d'une juste apologie : en réalité, la phrase de Barbey est travaillée, précieuse parfois, toute bourrée des souvenirs de lectures immenses, surtout de réminiscences religieuses et aristocratiques ; elle abuse des couleurs crues et du panache ; mais en somme, elle a le mérite d'être le vêtement qui convient au caractère de l'auteur, et ceux qui en blâment l'éclat rutilant, le « fier paroxysme »[1] et les coquetteries, sont précisément les esprits bourgeois les plus incapables de se parer ainsi et de prendre ces allures.

De toutes les observations précédentes nous conclurons,

[1] C'est le mot de Paul de Saint-Victor, l'un des disciples préférés de Barbey d'Aurevilly, avec M. Bourget.

avec M. Grelé, que la personne et l'œuvre de Barbey sont liées intimement, que l'auteur s'est mis tout entier dans ses écrits, y a développé une personnalité robuste et originale ; qu'il n'a imité ni prédécesseurs ni contemporains, car c'est un indépendant et un individualiste acharné. — Nous conclurons aussi, presque contre M. Grelé, que son génie n'est pas un produit du sol natal, que le Cotentin doit être fier de l'avoir vu naître et grandir, mais sans revendiquer trop obstinément des titres à la paternité directe : c'est « un poulet de haie », comme on dit ici des enfants dans la naissance desquels il y a un peu d'aventure.

D'ailleurs ne suffit-il pas qu'il ait glorifié le Cotentin dans toutes ses plus belles œuvres ? La date de 1847 a été indiquée plus haut comme l'instant où il a repris contact avec son pays : la première partie d'*Une vieille Maîtresse* était écrite alors ; la 2ᵉ partie se fit attendre jusqu'en 1851. Dans l'intervalle la révolution de 48 avait rejeté le contempteur de la démocratie vers l'un des foyers de la chouannerie légitimiste. Et voilà pourquoi Ryno de Marigny, qui a épousé à Paris Hermangarde de Polastron qui l'adore et qu'il croit aimer, vient passer la lune de miel à Carteret ; voilà pourquoi la laide et perverse senora Vellini, la vieille maîtresse, quitte la rue de Provence pour une masure de pêcheurs et ressaisit son ancien amant entre le port et les falaises qui font face aux Ecrehou et à Jersey ; voilà pourquoi le premier volume n'a plus qu'un médiocre intérêt à côté du second, où le réalisme des marines se mêle à l'éclat de la palette romantique, où le poète a retrouvé l'accent du pays et se plaît à faire patoiser les poissonniers et les chemineaux.

Dans l'*Ensorcelée* (1852), il va plus loin : il aborde l'histoire de son pays, ou plutôt il en commence le roman historique : le Cotentin devient pour lui une Ecosse dont il veut être le Walter Scott. Cette œuvre, aussi bien que le *Chevalier des Touches* (1864), est l'épopée en prose de la chouannerie normande. En 1852, admirable évocation de la lande de Lessay et des vagabonds qui surgissaient de son crépuscule comme des « goublins » ; pittoresque chevauchée, dans les ajoncs et la bruyère, de maître Tainnebouy et d'un Froissart romantique ; figure terrifiante de l'abbé de la Croix-Jugan, le chouan ressuscité, qui ensorcelle involontairement d'amour Jeanne de Feuardent, épouse de maître Le Hardouey, dédaigne cet amour, parce qu'il ne songe qu'à la revanche du drapeau blanc, pousse, par son indifférence, la malheureuse au désespoir et au suicide, et périt, fusillé par le mari, au moment où il célèbre la messe dans l'église de Blanchelande. En 1864, — dans un coin du Valognes aristocratique, le salon des sœurs Touffedelys, — le récit nocturne des incroyables exploits accomplis par le chevalier des Touches ou par ceux qui l'ont arraché aux Bleus ; la bataille endiablée des « pieds de frêne » à la foire d'Avranches, l'expédition furtive des chouans avec leur amazone et l'invasion de la prison de Coutances, enfin le supplice angoissant du traître attaché, comme un oiseau maudit, aux ailes de son moulin.

Abrégeons : le *Prêtre marié* (1864) a aussi pour cadre la Basse-Normandie, et Barbey, suivant son habitude, y poétise les êtres de son pays : rappelez-vous la sorcière convertie, la nourrice de Sombreval, la vieille Malgaigne. Dans les *Diaboliques* (1874), que les pudeurs de la Justice ont arrêtées au passage pour cause d'immoralité, ainsi que « Madame Bovary », c'est encore Valognes, ses vieux hôtels, sa belle église, qui forment le décor de ces nouvelles : « Bonheur dans le crime, Le dessous de cartes d'une partie de whist, A un dîner d'athées ». Disons en passant que, de l'aveu même de l'auteur, « elles n'ont pas la prétention d'être un livre de prières ou d'Imitation chrétienne... », qu'on ne les recommande pas aux jeunes filles, mais qu'il y a heureusement en Normandie des lecteurs d'âge assez mûr et de jugement assez éprouvé pour regarder franchement ces rares pièces d'art, que seul un Barbey d'Aurevilly pouvait ciseler. Enfin j'aurai terminé ce catalogue d'œuvres plantées en pleine terre normande, quand j'aurai rappelé que, si la dernière, éclose bien près de la fin, en 1883 *(Ce qui ne meurt pas)*, nous ramène à l'exaltation passionnelle du romantisme, elle nous retient dans les environs de Sainte-Mère-Église.

Telle fut la série de précieux cadeaux que fit à son pays celui qui en a toujours eu la nostalgie, et qui a écrit cette pensée significative : « Partir, c'est n'avoir pas assez d'atomes crochus pour rester ». M. Bourget l'a nommé tristement « un génie sans gloire » ; mais Balzac avait dit : « La gloire est le soleil des morts ». Il appartient aux compatriotes de Barbey d'Aurevilly de faire luire ce soleil ; et puisque la renommée se consacre aujourd'hui par le marbre ou le bronze, il ne sera pas difficile de trouver, dans le triangle de Valognes, Saint-Sauveur, Carteret, une place pour la statue du « connétable des lettres », ni d'imaginer les bas-reliefs qui orneront le piédestal.

IV.

Réclamer la même immortalité pour Henry Gréville serait un manque de discernement. Deux générations de jeunes filles lui ont assuré une vogue de trente années ; notre municipalité lui a octroyé une place pour l'inscription de son nom, de son titre et des dates qui limitent son existence (1842-1902) : c'est de l'immortalité... provisoire, et la mesure est bien dosée.

Il y a, non loin du milieu de Cherbourg, une petite place ronde, dont le centre est marqué par un refuge orné d'un bec de gaz : les piétons n'ont pas à s'y garer d'une circulation excessive de voitures, mais les cyclistes débutants peuvent s'exercer autour à des virages que l'expérience rétrécit graduellement jusqu'à la parfaite maîtrise. Ce carrefour, que remplit rarement la foule populaire, et que bordent des maisons peu aristocratiques, convenait à la romancière comme l'exactitude d'un symbole. N'a-t-elle point usé sa vie à répéter la même giration autour de la lanterne de l'hymen bourgeois, avec des aptitudes qui l'ont rendue de bonne heure experte en cet inoffensif passe-temps : bonne assiette, souplesse, confiance en soi-même ? N'a-t-elle pas présenté, dans toutes ses œuvres, des seigneurs et des grandes dames aux passions et au langage banal, des ouvrières et des paysans presque aussi distingués que les comtesses et les boyards ?

Parisienne de naissance, elle avait pour père Jean Fleury, né à Vasteville, dans le canton de Beaumont-Hague et l'arrondissement de Cherbourg, philologue et littérateur qui a écrit des pages intéressantes sur la Basse-Normandie : c'est par suite de cette origine qu'elle a pris pour pseudonyme le nom du village illustré par le grand peintre Millet, et qu'elle est revendiquée comme une des gloires locales. Elle avait quinze ans, lorsque son père alla s'établir à Saint-Pétersbourg. Bientôt elle épousa un professeur à l'École de Droit de la capitale russe : Alice Fleury devint Madame Durand à l'État civil, et Henry Gréville dans la République des lettres. Après la guerre et la Commune, en 1872, à l'âge de trente ans, elle se fixait à Paris, s'y faisait connaître par quelques modestes pièces de théâtre, par de non moins modestes pièces de vers, dont quelques-unes dataient de son adolescence. Très active et très instruite des langues étrangères, elle allait conférencier avec succès en Amérique, en Suisse, en Hollande, en Belgique, en diverses villes françaises, tout en publiant sans relâche la série de ses s[illegible]ante romans : deux par chaque année, en moyenne.

Ce qui la caractérise en effet, c'est l'abondance. Elle n'est pas sans talent, ni sans imagination, ni sans fécondité, ni sans grâce facile, ni sans esprit ; mais le talent est banal et fade, l'imagination monotone, la fécondité ressassseuse, la grâce provinciale, l'esprit sans mordant. Elle n'a ni la poésie, ni la philosophie de George Sand ; ce fut tout au plus une George Sand pour les jeunes filles de son temps. Car la génération nouvelle ne goûte plus, en général, les romans pour demoiselles, ni même Alexandre Dumas père, ni même Walter Scott. En tout cas, il y a beau temps que le règne de Madame Zénaïde Fleuriot est fini. On n'est plus « gobeur », ni romanesque ; la puérilité de nos jours est plus avertie. Après le réalisme, la rosserie ; avec les sports, le féminisme : que de causes ont changé le goût de nos *misses !*

On peut facilement diviser les romans de Henry Gréville en trois catégories : les parisiens, les provinciaux, les russes.

Les premiers ne doivent pas nous retenir longtemps, d'abord parce qu'ils sont les plus faibles, ensuite parce qu'ils ne nous transportent pas en Normandie, comme la *Vieille Maîtresse,* de Barbey. — La *Maison de Maurèze* aurait pu être une étude intéressante d'une famille noble au XVIIIe siècle ; mais la fantaisie remplace l'exacte documentation, la couleur locale fait défaut. Sans doute les scènes dramatiques ne manquent pas, mais le pathétique est obtenu par des procédés rebattus et par des invraisemblances romanesques. — *Madame de Dreux* nous maintient dans le grand monde, tout en nous transportant au XIXe siècle. Le progrès n'est pas considérable. Guy de Dreux est un homme politique nul, dont sa femme, Blanche, fait par ses conseils un génie, aux yeux du public.

Ce rôle d'Égérie qu'elle a commencé par amour, elle le continue par nécessité, après son désenchantement ; elle doit même poursuivre le mensonge quand elle est veuve, afin de ne pas détruire l'illusion des enfants, trop jeunes pour avoir reconnu la médiocrité de leur père. La donnée a quelque originalité. Malheureusement l'homme de valeur que l'héroïne rencontrera nécessairement dans l'entourage de son mari, et qu'elle aimera non moins nécessairement, le ministre, puis ambassadeur, Lucien de Fresnes, est trop parfait en tous ses mérites et trop correct dans le sacrifice ; et les personnages de second plan, un chaperon gouailleur, Meillan, une vieille amie qui fait des réussites et joue au besigue, la comtesse de Praxis, un savant, Gérard Lecomte, qui meurt héroïquement dans un sauvetage, sa veuve, Madeline, qui achève l'œuvre du défunt, forment une galerie de figures purement conventionnelles. — Le sujet d'*Aurette* ressemble beaucoup à celui du *Père de Famille* de Diderot : un rentier d'Angers[1], M. Leniel, a un fils, Charles, qui épouse, malgré ses avertissements et presque sa malédiction, l'intrigante Sidonie ; il a aussi une fille, Aurette, dont le mariage de Charles rompt les fiançailles avec le jeune sot qui s'appelle Raoul Bertholon. Rien à dire contre cette fable, si elle n'était pas gâtée par la peinture des vertus un peu fades de la jeune fille, par son dévouement niais à force d'être disproportionné, par la médiocrité sentimentale du père qui fait beaucoup de bruit pour peu de chose, par l'entremise du bon docteur Rozel, dont le portrait n'a certainement pas été copié sur nature. Le drame bourgeois tourne à la « berquinade » : or un Berquin qui deviendrait un Diderot, ce serait accepta-

[1] Je place ce roman à côté des parisiens, parce qu'il n'est pas plus nettement provincial que les précédents, et qu'il pourrait être situé dans quelque vieille maison avec jardin de la rue La Rochefoucauld sans que le cadre en fût sensiblement modifié.

ble ; mais un Diderot qui devient un Berquin !... Si l'on voulait absolument découvrir dans les œuvres de Madame Henry Gréville quelque idée générale et psychologique, on pourrait remarquer, dans *Aurette* comme dans *Madame de Dreux*, que les femmes d'élite sont entraînées par leur premier amour vers les sots.

Mademoiselle Alice Fleury a dû à l'émigration de son père à Saint-Pétersbourg l'avantage de connaître la société russe et peut-être de recueillir quelques anecdotes qui lui ont permis d'ouvrir à des lectrices accommodantes une source inconnue. L'acclimatation en France de Gogol, Tourgueneff, Dostoïevsky, Tolstoï, a fait beaucoup de tort à son exotisme fardé, et l'a dépossédée du monde slave. Nous ne devons pas nous montrer ingrats envers l'auteur qui a charmé notre jeunesse en nous initiant aux longs hivers blancs, au glissement des traîneaux, au patinage sur les lacs. Qui n'a aimé autrefois *Dosia* et *Sonia*, ces deux sœurs placées aux échelons extrêmes de la société russe ? Dosia Zaptine, la jeune noble, Sonia, la servante infime : toutes deux également extravagantes et rebelles ; mais l'une fantasque et capricieuse, capricante plutôt, par gâterie et par humeur indépendante ; l'autre sauvage et intraitable par fierté et protestation instinctive ; toutes deux, du reste, trop facilement assagies et disciplinées par l'amour. Le culte du maître donne bien à Sonia un peu plus d'originalité ; cependant sa conversion ne paraît guère plus vraisemblable, et le désir de ne pas déplaire à Boris Grégof la noie finalement dans la perfection azurée, comme la sagesse affectueuse de la princesse Sophie et la sagesse amoureuse de Platon Sourof font pousser des ailes bleues aux épaules rétives de Dosia.

C'est une remarque générale suggérée par la lecture de ces œuvres très nombreuses, peu variées : à savoir que Madame Gréville pose assez bien ses sujets, que ses débuts sont piquants, impressionnants même parfois, que la moitié du volume évite la banalité et le « déjà vu » ; puis, que la fée malicieuse du romanesque intervient régulièrement vers la 150e page et verse sur les visages, jusqu'alors individuels et divers, la même eau de rose, le même fard, la même poudre de riz. Les *Épreuves de Raïssa* sont tout d'abord dramatiques, grâce à l'explosion initiale de brutalité slave, à la morne résolution du père et de la fille poursuivant la vengeance, à la scène émouvante de confrontation qui amène la découverte des coupables, enfin à la cérémonie du mariage forcé entre le comte Grotsky et Raïssa. Puis tout change brusquement : l'héroïne devient un ange, qui guérit les malades, qui sauve sa débonnaire belle-sœur en déjouant et confondant un couple de traîtres mélodramatiques, qui envoie généreusement aux condamnés leurs trimestres, qui conquiert son mari par sa douceur et ses vertus. J'aime mieux *Résurrection* de Tolstoï !

De même l'*Expiation de Savéli* offre le tableau saisissant d'un village russe terrorisé par le cruel barine Bagrianof, puis la première conspiration avortée des moujiks pour mettre à mort leur tyran et, dans une scène tragique, le châtiment impitoyable des meneurs mourant presque sous le knout avant d'être déportés en Sibérie. Savéli, qui ne paraît qu'au tiers du volume, intéresse encore par l'âpreté de sa vengeance après le suicide de sa fiancée déflorée par le seigneur. Le meurtre de Bagrianof et l'incendie de sa maison font une belle conclusion à la première partie. Mais la seconde ne répond pas à ces vigoureux débuts. L'expiation que le titre fait attendre, est indigne de la victime et du criminel. On nous sert l'invention surannée des feuilletons et des mélodrames : Savéli s'est enrichi ; son fils, Philippe, s'éprend de Catherine, petite-fille de Bagrianof, est accueilli à titre de fiancé, puis apprend, un jour, le crime secret de son père. Alors les bonnos âmes sont priées de pleurer sur l'impossibilité de l'union attendue. Or sachez-le, madame ou mademoiselle, si vous avez éprouvé une vive émotion au dénouement de cette expiation banale, ainsi que des contes précédents, vous avez versé des larmes de qualité inférieure.

Il me semble que l'on peut préférer la triste nouvelle de la *Niania*, où se soutient le type d'une vieille servante, présentée à la fois comme la conscience extériorisée de l'honnête mais versatile Dournof, et comme l'ombre survivante de sa jeune maîtresse défunte. Surtout *Nikanor* a l'exceptionnelle valeur d'un intérêt progressif : la composition y est habilement conduite, et l'observation plus pénétrante que d'habitude. Les personnages n'ont pas figuré partout : âmes d'élite ou natures vulgaires, ils ont été saisis sur le vif : il n'est pas sans intérêt de voir le comte Batounine prendre peu à peu conscience d'une paternité qu'il a d'abord répudiée ; Lydia Kédrof s'éprendre inconsciemment du jeune pope de qui elle reçoit l'enseignement religieux ; Nikanor lui-même lutter, durant presque toute son existence, contre les aspirations qu'il doit à sa noble origine ignorée, se plonger dans le mysticisme sans pouvoir étouffer le besoin d'expansion et de vie active. Ce roman contient donc ce qui manque ordinairement chez Henry Gréville, des idées. Il contient en outre des descriptions originales, des paysages qui ne sont pas uniquement des rognures d'atelier.

Il existe pour un romancier plusieurs manières de peindre la nature : ou bien il la décrit sans la regarder, d'après des exemples classiques et suivant des procédés conventionnels, facture « de chic » qui n'a aucune valeur ; ou bien il se place en face du modèle même, et s'il possède, outre de bons yeux, un métier suffisant, il peut lutter avec les meilleurs photographes ; ou bien il rend les objets matériels, non plus directement, mais d'après la réfraction que le lac limpide ou trouble de son moi leur a fait subir, et cet impressionnisme a le double avantage d'être aussi varié que les états psychiques du descripteur et de communiquer aux lecteurs les émotions de l'interprète : nous ne lisons plus une phrase musicale sur une portée, nous entendons vibrer les cordes sous un archet personnel ; ou bien encore l'auteur ne se pose pas lui-même en intermédiaire entre le public et les apparences, mais fait passer le monde sensible par l'âme de ses héros et le déforme, en quelque sorte, — pourquoi ne pas oser dire..... le forme? — selon leurs sentiments et leurs pensées de la minute présente.

J'ai plaisir à signaler un exemple unique de cette dernière et suprême traduction de la nature chez Madame Gréville, dont les descriptions, même exotiques, sont généralement inexpressives. — Nikanor est à Interlaken avec le comte Batounine. Il aime Lydia, et il semble libre de l'aimer maintenant que sa femme Agathe est morte ; il l'aime cependant sans vouloir se l'avouer à cause des scrupules religieux qui l'éloignent d'elle, et son âme flotte entre le sombre renoncement et le lumineux désir : « Le jeune homme s'assit à son balcon, etc... » (Nikanor, édit. Plon, pp. 201-204).

J'ai gardé pour la fin les trois romans dont les événements se déroulent de Paris à quelque site de la Manche. Je ne me dissimule pas que l'invention en est peu variée. Dans les *Mariages de Philomène,* la veuve Crépin va chercher inutilement un nouveau mari dans « la capitale » et montrer sa naïveté provinciale aux habitués d'un petit théâtre. — Dans *Bonne-Marie,* l'héroïne croit aussi qu'elle rencontrera aux Champs-Élysées le prince charmant de ses rêves ambitieux, et la romanesque Madame Gréville la punit de sa chimère romanesque par un piteux échec, tout en lui permettant de rapporter son « capital » intact, ainsi qu'il convient à une bonne Normande. — Dans le *Moulin Frap-*

pier, la jeune veuve du meunier François Beauquesne se soustrait aux vexations intolérables de ses beaux-parents pour élever son fils à Paris, réussit miraculeusement à augmenter sa fortune en exploitant son art de dentellière, et revient visiter le pays à la majorité de Jean Frappier.

Mon intention n'est pas d'insister à nouveau sur les invraisemblances dont fourmillent ces intrigues, sur les créations de personnages à peine esquissés, de mauvaises têtes et bons cœurs, de traîtres convertis, de meuniers et servantes destinés aux prix montyons, de rosières qui chantent en des « beuglants », font broyer du bleu à des rapins et finissent par s'endormir sans dégoût dans les bras de rustres à l'âme délicate.

Non, ce qu'il faut marquer d'un signet, à défaut d'une insistance que les limites de cette notice ne permettent plus, c'est l'étude assez poussée des intrigues matrimoniales auxquelles se mêlent les calculs d'argent et les indiscrétions potinières d'un petit bourg (Les Mariages de Philomène) ; le portrait presque réaliste d'un vieux fraudeur impénitent, tué dans les rochers de Goury par un brigadier des Douanes (Bonne-Marie) ; la haine de Victoire Beauquesne pour la servante d'auberge qu'a épousée son fils, et la résistance que cette servante enrichie oppose à son fils épris d'une fille de serviteur (Le moulin Frappier). Sans doute les âmes rustiques ou mercantiles sont portraiturées avec une autre vigueur dans la « Comédie humaine » de Balzac ; mais ce n'est pas une raison pour dédaigner la gerbe d'une glaneuse que son nom d'adoption place sous le patronage de Millet. Sans doute aussi, à côté des descriptions de Barbey d'Aurevilly, celles de Henry Gréville paraissent bien pâles ; du moins elles mettent sous nos yeux des coins inexplorés : Diélette, Omonville-la-Rogue et la Hague. Le génie du Cotentin a merveilleusement illustré ses romans d'eaux-fortes à la Rembrandt, toutes prises sur l'arrondissement de Valognes; l'humble collaboratrice des Revues à la mode (je ne dis pas des Revues de modes) a parsemé de plus simples vignettes des épisodes localisés dans l'arrondissement de Cherbourg.

*
* *

Les quatre écrivains dont j'ai essayé d'apprécier en toute indépendance le talent et les œuvres, ont-ils contribué à la décentralisation littéraire? Un seul, le plus grand, il est vrai, y a songé délibérément: pour lui, décentraliser la production artistique, c'était réagir contre la division révolutionnaire de la France en départements, tous analogues et tous solidement reliés au pouvoir central, c'était reconstituer l'individualisme provincial de l'ancien régime. Mais — il l'a bien compris, — il aurait fallu, pour donner l'exemple et mener le chœur des « normanisants », ne pas mêler aux pensers restreints des Manchois les bizarreries personnelles et les conceptions romantiques, ne pas remplacer le langage de Saint-Sauveur par un style appris entre l'Institut et les boulevards; il aurait fallu être réellement « plus patoisant que littéraire, plus Normand que Français ». Ni lui, ni Henry Gréville n'y aurait vraisemblablement consenti: ils avaient été trop longtemps déracinés. Marie Ravenel n'a pas eu la bonne inspiration de tenter l'expérience, et apparemment elle n'avait pas les qualités puissantes qu'exigeait cette révolution au XIXe siècle. M. Rossel, dans le cercle réduit que décrit la chanson, a décentralisé, d'impulsion instinctive, et l'esprit et le verbe: c'est « un philosophe sans le savoir ».

L'ÉVOLUTION ARTISTIQUE

A CHERBOURG

AU XIXE SIÈCLE

PAR

M. le Dr P. HUBERT,

Président de la Société des Amis des Arts de la Manche.

Cette évolution est personnifiée tout entière par Thomas Henry, la famille Fréret, J.-F. Millet, A. Le Véel, tous peintres ou sculpteurs appartenant déjà à l'Histoire.

De milieux différents, qu'ils soient gentilshommes artisans comme les Fréret, employé au Ministère de la Marine comme Thomas Henry, robuste campagnard comme Millet, fils de petit boutiquier comme Le Véel, ils émanent tous du bon peuple de France; chacun avec son tempérament et des dons particuliers, ils illustrent le coin de Normandie qui les vit naître et le grand pays de France qui s'enorgueillit justement de leurs œuvres.

Une notice historique sur chacun d'eux indiquera leur apport personnel à cette évolution.

Enfin, nous consacrerons quelques lignes à la Société des Amis des Arts qui, depuis bientôt dix ans, tente vaillamment de remplir son programme, qui est de favoriser le développement des Beaux-Arts (Dessin, Gravure, Peinture, Sculpture, Architecture, Musique) par tous les moyens, tels que expositions, auditions, etc.

THOMAS HENRY [1].

« Thomas HENRY naquit à Cherbourg en 1766. Il quitta cette ville encore jeune et vint à Paris, où il fut placé dans les bureaux du Ministère de la Marine. Mais la nature l'avait fait artiste. Tout le temps que pouvait lui laisser son emploi, il le donnait à l'étude de l'art. Vous savez tous à quel rang il s'est placé parmi les paysagistes. Mais ce qui n'est pas aussi connu, c'est qu'il commença très tard, et sans avoir passé par aucun noviciat, la pratique de la peinture. A 35 ans, il prit le pinceau, et il fut peintre.

» Ayant analysé avec soin le travail technique et les procédés manuels des différents maîtres, il se livra particulièrement à la connaissance matérielle des tableaux. Il voyagea dans cette vue en Italie, en Allemagne, en Belgique, en Hollande ; il visita les galeries et les cabinets les plus célèbres de ces pays ; il perfectionna son goût par la comparaison et acquit un profond savoir, qui le rendit un des connaisseurs les plus éclairés en ce genre. Sa décision sur les différents mérites d'une peinture faisait loi. Il vous initiait dans tous les secrets du faire pratique, et comme il exprimait ses idées avec autant de clarté que d'agrément, vous le quittiez convaincu et toujours plus instruit. Les théories qu'il développait, les remarques qu'il faisait, les conseils qu'il donnait, ont été souvent utiles aux artistes eux-mêmes, et ce qu'il savait si bien démontrer, il l'appliquait avec un rare bonheur à la restauration des tableaux, art où il excella.

» Une spécialité aussi précieuse fit de lui un des arbitres les plus considérés dans le commerce des tableaux.

[1] Extrait de « *Notice sur feu M. Henri*, peintre, l'un des commissaires-experts des musées royaux, membre honoraire de la Société libre des Beaux-Arts », par M. MIEL, 1836.

C'est à lui que s'adressaient de toutes parts les souverains et les particuliers possesseurs d'une galerie et désireux de l'enrichir. Le Musée royal de Paris se l'attacha en qualité d'expert. Il s'acquitta de ces commissions et de ces fonctions avec autant de discernement que d'exactitude et de probité.

» Il avait observé dans ses compatriotes une aptitude naturelle aux arts du dessin, et surtout à la couleur, disposition dont il était lui-même une preuve très remarquable. L'idée lui vint d'en aider le développement par la vue de bons originaux en tous genres, c'est-à-dire, de fonder un musée à Cherbourg. La création d'un tel établissement par un simple particulier est une entreprise colossale, et dont il y a bien peu d'exemples dans l'histoire de l'art. Plus à portée que personne, par ses connaissances et sa position, de former une collection choisie, il se complaisait dans son projet. Cette occupation, toute patriotique, semblait adoucir la perte de deux fils enlevés à sa tendresse dans l'âge où leurs premiers succès réalisaient les espérances paternelles. C'était pour sa ville natale un don inappréciable. Il sut encore en relever la valeur par la manière dont il l'offrit.

» En 1831, l'autorité municipale de Cherbourg fut prévenue qu'une personne, qui désirait rester inconnue, avait l'intention de donner à la ville quelques tableaux pour servir de modèles aux jeunes gens qui se sentiraient du goût pour la peinture. On demandait si l'Administration consentirait à recevoir ces tableaux et à les placer convenablement. La réponse ne pouvait être douteuse. Les envois commencèrent ; ils se succédèrent sans interruption ; bientôt la grande salle de la Mairie se trouva trop petite, et les envois continuaient. Ces quelques tableaux s'élevèrent à plus de cent soixante, dans le meilleur état de restauration, richement encadrés, appartenant à toutes les écoles et à toutes les époques; trente-deux des écoles italiennes, sept de l'école espagnole, cinquante-un des écoles flamande et hollandaise, un de l'école anglaise, soixante-deux de l'école française. Quant aux maîtres compris dans la collection, nous citerons, entre autres : Fra Angelico di Fiesole, Ghirlandaio, l'Albane, le Guerchin, Michel-Ange, de Caravage, le Gaspre, Ribera, Murillo, Van Dyck, David Téniers, Philippe de Champagne, Paul Brill, Vandermeulen, Poussin, Lebrun, Lesueur, Joseph Vernet, Greuze, David, Girodet, Prud'hon...

» Un édifice spécial devenait nécessaire pour loger toutes ces richesses; la construction en fut votée par le Conseil municipal, et comme le donateur ne pouvait pas demeurer longtemps ignoré, le nom de Henry fut salué par d'unanimes acclamations. La reconnaissance publique lui décerna un buste en marbre, qui devait être exécuté par un de nos plus grands statuaires. Mais Henry, aussi désintéressé que modeste, refusa cet honneur, déclarant que le témoignage d'estime qu'il recevait de ses concitoyens était tout pour lui. Le Conseil, réduit à l'impossibilité d'exprimer autrement sa gratitude, décida que la galerie porterait le nom de Musée Henry. L'ouverture s'en est faite sous cet honorable patronage, le 29 juillet 1835, au milieu d'un immense concours de peuple...

» Depuis que cette notice a été présentée à la Société libre des Beaux-Arts, le Conseil municipal de la ville de Cherbourg, désireux d'honorer autant qu'il était en lui la mémoire de M. Henry, a fait célébrer, le 30 janvier 1836, un service solennel, auquel ont assisté toutes les autorités constituées et une grande partie des habitants.

» Le Conseil municipal a décidé en outre :

» 1° Qu'une tablette de marbre serait placée sur la façade

de la maison où M. Henry est né, avec une inscription indicatrice de cette circonstance.

» 2° Que le nom de Thomas Henry serait donné à la rue qui communiquera du faubourg au quai Ouest du Bassin, et dont l'alignement Sud-Est est déjà formé par la maison et les murs du jardin qui se trouvent à l'extrémité de la place Divette ».

Depuis quelques mois le musée Henry est bouleversé ; et, sous prétexte de mise en valeur, les œuvres qui le composaient sont dispersées en maint endroit, exposées à toutes sortes de dangers : accidents, vols. incendies. Nous osons espérer que l'Administration des Beaux-Arts voudra bien intervenir et mettre promptement un terme à un pareil état de choses.

FAMILLE FRÉRET.

Nous devons les notes qui suivent à un survivant de la famille Fréret. L'exactitude des souvenirs, la piété familiale avec laquelle ils sont évoqués en font une chose inestimable. Nous les publions tels que nous les avons reçues.

La famille Fréret est une des plus anciennes sinon la plus ancienne du pays. Dans le *Journal du sire de Gouberville* il est parlé de la famille Fréret.

Madame Armand Fréret, grand'mère des Fréret actuels, avait épousé en seconde noce Chasseloup de Chatillon, et possédait de son premier mari, Armand Fréret, une propriété au Mesnil-au-Val.

Les Fréret portaient blason d'or à une colonne d'azur ; au chef du même, chargé de trois étoiles du champ. Ce blason fut maintenu en 1666. (Élection de Carentan).

Pierre FRÉRET, un des quatre fondateurs de la Société Académique, en 1755, fut un sculpteur de grand talent auquel on doit la chaire de l'église Sainte-Trinité, morceau de sculpture de style Louis XV, d'une élégance remarquable, ainsi que l'ancien tombeau du bienheureux Thomas dans l'église de Biville.

Ce Fréret était lui-même fils d'artiste. On le prétend et cela se peut, mais nous n'oserions l'affirmer. Toujours est-il que son père fit le coup de feu et défendit Cherbourg contre les Anglais. Il habitait une maison située à l'emplacement actuel des écuries Faisant, rue de l'Ancien-Quai, n° 16. Cette maison fut abattue dans le courant d'avril 1865, alors que M. Vérusmor, rédacteur du *Phare de la Manche*, y logeait. Or, en la démolissant, on trouva le long d'une muraille, dans un vieux placard, une caisse contenant des pistolets, carabines, fusils et espingoles encore chargés, du style de la fabrication du règne de Louis XIV. Un de ces pistolets est en la possession de M. Armand Fréret.

Faut-il conclure de ce qui précède que cet ancêtre était soldat? Ou bien n'est-ce pas plutôt qu'ayant défendu la ville contre les Anglais, ce bourgeois de Cherbourg avait dû, la ville prise, pour éviter les représailles, cacher précipitamment ses armes?

Pierre Fréret eut quatre fils et une fille. Tous ses enfants furent artistes, peintres, sculpteurs, musiciens : Armand, sculpteur; Louis, peintre; Pierre, peintre; Hervé, sculpteur; Célina, musicienne.

Armand FRÉRET est le grand-père des Fréret actuels. Ce fut un artiste dans toute l'acception du mot. Ce qu'on a de lui à Cherbourg le prouve suffisamment. Il voyait grand et sa sculpture s'alliait admirablement aux lignes architecturales qu'il savait dessiner dans un style large et élégant. Dessinateur puissant, doué d'une imagination très vive, il composait facilement et n'arrêtait définitivement sa pensée qu'après avoir essayé, dans de nombreux dessins rehaussés de lavis, les différentes manières de l'exprimer.

Le maître-autel de l'église Sainte-Trinité en est un exemple. Les heureuses proportions de sa composition, qui tient tout le fond de l'église, semble la grandir et surélever les voûtes. Est-il rien de plus ingénieux, comme effet trouvé, que ce groupe du Baptême du Christ ; éclairé d'en haut par une lumière invisible frappant ces personnages qu'elle anime ; laissant dans une demi-teinte relative le reste de l'autel ? Un moment il eut l'idée de couronner sa composition par un groupe nombreux d'enfants dans des nuages de l'effet le plus pittoresque. Ce projet faisait partie des croquis et dessins que possédait Armand Fréret, le peintre actuel, et qui lui furent demandés par des amis architectes et sculpteurs. Malheureusement il est probable que la question d'argent le força à faire plus simple. C'est de lui aussi la statue de la Vierge qui se trouve dans la même église. Comme les maîtres du Moyen-Age il prit comme modèle l'être qui lui était cher : sa femme.

Jadis en parlant d'Armand Fréret, dans un journal, Jean Fleury le comparait à Puget. C'était peut-être aller un peu loin que d'établir un parallèle entre eux ; cependant, comme le grand artiste marseillais, sa sculpture conservait son caractère en plein air. Afin d'obtenir quand même des reliefs, malgré les reflets qui, venant de tous côtés, amollissent les formes, il savait exagérer certaines saillies et fouiller les creux davantage. C'est l'art du décorateur qui travaille pour que ses œuvres puissent êtres vues à distance.

La façade de la maison de la rue Christine (à M. Henri Menut) en est la preuve. Voyez ces guirlandes de fleurs attachées aux consoles du balcon. De près tout cela est gros et lourd ; mais aussi combien l'ensemble en est harmonieux lorsqu'on s'éloigne de quelques pas. Cette maison, ainsi que la Fontaine des Caveliers, peuvent donner une idée de son grand goût architectural.

En 1812, en raison du développement que prenaient les constructions navales à Cherbourg, on eut l'idée au Ministère de créer au Port un atelier de sculpture pour y former des élèves, et c'est Armand Fréret qui en fut chargé. Une lettre qui est en la possession de la famille, datée des Tuileries (31 août 1814) et signée du baron de Damas, l'informait qu'il était décoré de la Fleur de Lys. Cette lettre était adressée à M. Fréret (Armand), sculpteur en chef de la Marine royale à Cherbourg. Les navires dont il a exécuté les sculptures sont détruits, mais, dans les notices du Musée naval de Brest, il est indiqué que différentes parties, statues, etc., avaient été conservées.

Louis Fréret, frère du précédent, peintre de fleurs, savant botaniste ; talent très précis.

Il étudia et dessina les fleurs dans tous leurs détails. Une notice était jointe à chacun de ses dessins. Plusieurs ouvrages d'histoire naturelle ont été gravés d'après ses œuvres.

Il produisit des gouaches remarquables, soigneusement dessinées, finement exécutées. Il composa des motifs d'arabesques (dessin et aquarelle) d'un goût charmant. A notre avis, il s'est montré supérieur dans ce genre, et nous préférons de beaucoup ses gouaches à ses tableaux à l'huile.

C'est lui qui fut chargé par la reine de dessiner les plans

des jardins du Petit Trianon à Versailles. Du reste son jardin du Cauchin à Cherbourg donnait une idée, en petit, de celui de Versailles par la façon pittoresque dont il était tracé : rochers, grottes, vallons, le tout rempli de plantes, d'arbustes et de fleurs les plus rares. On y voyait surtout un cèdre du Liban superbe, provenant des Jardins royaux et que le climat de Cherbourg avait développé beaucoup mieux que celui du Jardin des Plantes de Paris. Louis Fréret vivait là, dans un pavillon caché sous les arbres, au milieu de ses fleurs qu'il cultivait avec amour et qui lui servaient de modèles.

A sa mort, vers 1833 ou 1834, la propriété fut vendue à un industriel qui, naturellement, en homme positif qu'il était, bouleversa tout cela. Comment, en effet, admettre dans un jardin des roches, des creux, des arbres et des plantes poussant au hasard, sans alignement ? Il fallait être un peu fou pour tolérer pareille incurie ; puis ce grand cèdre dont les branches tombant jusqu'à terre empêcheraient les légumes, qu'on planterait dessous, de pousser. Bref, tout fut arraché ; on combla les vides ; les rochers firent du cailloutis pour les routes et on coupa tellement les branches du pauvre cèdre qu'il en mourut.

Louis Fréret se plaisait à donner des leçons de peinture à quelques personnes de la ville. Mouchel fut un de ses élèves.

En 1785 la reine Marie-Antoinette, étant à Versailles, l'avait nommé *son peintre de fleurs*. Le brevet sur parchemin, signé de sa main, qui lui fut remis en cette occasion est en la possession d'Armand Fréret, le peintre actuel. A partir de ce moment, ses tableaux furent signés : *Fréret, peintre de la Reine.*

Pierre Fréret, peintre, frère de Louis et d'Armand. Talent très varié. Dessina et peignit également la Marine, le Paysage et la Figure. Ses croquis étaient spirituellement indiqués. Certaines de ses compositions rappellent les peintres du dix-huitième siècle, et ses paysages sont traités comme Lantara. On a beaucoup gravé ses dessins, que nous préférons, ainsi que ses gouaches, à ses tableaux à l'huile. Les combats de l'amiral Troude ont été gravés d'après ses dessins. A la Bibliothèque de Cherbourg se trouvent des gravures représentant certains grands travaux du Port de Cherbourg d'après ses dessins, composés dans le goût de Joseph Vernet. Il a fait également des compositions inspirées du roman « Paul et Virginie » qui ont été gravées en couleur. Un collectionneur de Cherbourg, M. Vibet, possède une marine à la gouache, signée Pierre Fréret, traitée dans la manière des vieux Hollandais, et la famille a une vue panoramique de Cherbourg prise des hauteurs du Cauchin, dessin lavé à l'encre de Chine excessivement intéressant. Il porte la date de 1805.

Hervé Fréret, frère des précédents, était sculpteur. Il dut mourir jeune, car nous ne connaissons rien de lui ou signé de son nom. Vraisemblablement il collabora aux travaux de son père, puisque le tombeau de Biville est signé : Fréret et ses fils.

Célina Fréret, la sœur de tous ces artistes, ne se maria pas. Très musicienne, et tenant sous le charme ceux qui l'écoutaient lorsqu'elle pinçait de la harpe, elle mourut vers 1838 ou 1840, à l'âge de 88 ans.

Armand Fréret eut un fils :

Louis-Victor Fréret. — Sculpteur comme son père, il ne pouvait avoir meilleur maître que lui. Après avoir étudié avec ce dernier, il passa par l'École des Arts et Métiers de Châlons, puis revint à Cherbourg où il occupa la place de maître sculpteur de la Marine. La place étant peu rétribuée, vers 1835 il quitta Cherbourg pour aller à Londres tenter fortune et essayer de s'y faire une situation. Peu à peu il s'y fit connaître, et son talent le spécialisant dans le modelage de l'orfèvrerie d'art, il trouva quelques travaux. Ses modèles eurent du succès, et bientôt les grands orfèvres de la Cité le chargèrent d'exécuter les pièces d'orfévrerie commandées par la Cour d'Angleterre, à l'occasion des grandes solennités.

C'est ainsi qu'il fit en 1850, entre autres choses, un candélabre superbe (femmes tressant des guirlandes de fleurs), pièce d'argenterie pesant mille onces, qui fut offerte par la reine d'Angleterre au roi de Suède, à l'occasion de son mariage, et qui fut reproduite par la gravure dans l'*Illustrated London New*, nº du 23 novembre 1850. Ce candélabre, qui figurait à l'exposition universelle de 1855, valut à la Maison Hancock, orfèvre, la plus haute récompense.

Un article du *Times* (septembre 1856) signale également de lui l'œuvre d'art offerte comme prix par la reine aux courses de Dancaster, représentant la statue équestre de Napoléon III, et en bas-relief l'entrevue de la reine et de l'Empereur.

Nous ne citons que ces deux exemples, parce que nous avons sous la main les coupures des journaux, mais, généralement, les journaux anglais ont reproduit toutes ses œuvres.

Peu de choses de lui à Cherbourg, sinon à l'atelier de sculpture du Port, où on a dû conserver quelques-unes de ses maquettes. Il a fait la chaire de l'église Saint-Malo de Valognes.

Enfin il est mort en Amérique où il avait été appelé pour exécuter des travaux importants.

De son mariage avec Mademoiselle Henriette Tison, de Brix, il eut trois fils : Louis-Léon, Armand et Édouard.

Louis-Léon Fréret. — Entra dans les bureaux de la Marine en sortant du Collège. Doué d'une très belle voix de basse, il étudia la musique et le chant avec le professeur de la ville.

En 1850, ayant appris qu'un concours allait avoir lieu au Conservatoire pour une place de pensionnaire, qui était vacante, il vint à Paris se faire entendre et fut choisi parmi ses nombreux concurrents. A cette époque il n'y avait que douze élèves pensionnaires, portant l'uniforme du Conservatoire, instruits, nourris et logés aux frais de l'État. En quittant le Conservatoire, au bout de trois ans, il fut engagé à l'Opéra (Académie impériale de musique) qu'il ne quitta qu'à sa retraite. Malgré les dons exceptionnels qu'il avait, malgré les instances du directeur et surtout de son ami Faure, qui l'avaient forcé à étudier les premiers rôles, il préféra rester au second plan « aimant, disait-il, son art et non les planches ». Ce qui ne l'empêchait pas de remplacer le principal sujet. Mais cela lui était égal, du moment qu'il n'était pas en nom. C'est lui qui fit entendre la dernière note au vieil Opéra de la rue Le Pelletier, et la première au Grand Opéra actuel. Il y chantait les secondes basses.

Très amateur d'art, il collectionne actuellement des tableaux. Il connaît tous les musées d'Europe et visite toutes les expositions de peinture. D'un goût très sûr, très connaisseur, il avait su apprécier, bien longtemps avant les amateurs actuels, les œuvres de génie. Il était lié avec les grands peintres du milieu et de la seconde moitié du dix-neuvième siècle. Les plus belles toiles de Troyon ont été entre ses mains; il aida suivant ses moyens ce grand artiste en lui achetant de ses œuvres. Il était aussi très ami avec Corot, et il achetait de ses tableaux et de ses études. Corot lui disait en parlant de ses toiles : « Vous voudriez vendre ceci qu'on ne voudrait jamais croire que c'est de moi : ça n'est pas un paysage ! ».

Il fréquente l'hôtel des ventes, dont il est une des figures connues, toujours à la recherche du tableau de maître qui augmentera sa collection.

Armand FRÉRET, peintre. Dès son enfance, a toujours rêvé d'être artiste, comme tous ses parents.

En quittant le Collège de Cherbourg, il entra dans l'atelier du professeur de dessin de la ville. En peu de temps, il fit des progrès rapides et ses premiers essais furent assez remarqués pour lui valoir de la part de la ville une subvention lui permettant d'aller étudier la peinture à Paris. Il entra dans l'atelier d'Adolphe Yvon, puis concourut pour l'école des Beaux-Arts où il fut admis.

Après les trois années de subvention de la ville, il revint à Cherbourg et y resta de 1852 à 1855.

La Société Archéologique de Normandie organisait à cette époque des expositions artistiques dans les villes. C'est ainsi qu'en 1852, il obtint à Saint-Lô une médaille de bronze et en 1854 la médaille d'or à Avranches.

Il quitta Cherbourg quelque temps après définitivement pour aller habiter Paris.

Pendant dix ans, Armand Fréret fit de la peinture, des pastels, des portraits, des sujets de genre Louis XV, dans le goût de Watteau, qu'il vendait facilement ainsi que des marines. Mais en même temps il étudiait les maîtres anciens, dont peu de peintres se préoccupent maintenant, ainsi que leurs différents procédés d'exécution, ce qui lui servit beaucoup par la suite. Il put ainsi avec les conseils d'un artiste italien, très savant dans l'art de la restauration, devenir habile lui-même et se créer une situation lucrative.

En passant la belle saison au bord de la mer, chaque année, il en rapportait de nombreuses études et préparait ainsi ses tableaux d'exposition. C'est en 1865 qu'il exposa pour la première fois, puis chaque année jusqu'en 1874. Ce fut tout et bien malheureusement !

Il avait trouvé sa voie. Enfant d'une terre maritime par excellence, il avait su reproduire sur ses toiles les différents aspects de nos côtes et de la mer. Son tableau la *Baie de Vauville* qui appartient actuellement à sa fille, Madame Vauvert, est très impressionnant avec cette immense grève, ce ciel gris où de longs nuages s'effilochent et cette mer qui s'abat en lourdes vagues. Il fit courir tout ce que Paris compte d'intelligences. Les journaux s'occupèrent de lui. Plusieurs toiles furent achetées par l'État. Le dictionnaire Larousse, qui se publiait à cette époque, signala son nom comme peintre de marine à l'article « France ». Lachauvinerie, dans son Dictionnaire de l'École française, donne la nomenclature de tous les tableaux exposés par lui. Mais, ainsi qu'il est dit plus haut, à partir de 1874, il n'expose plus. Ce qui ne l'empêche nullement de faire des études de marines, et des tableaux commandés et achetés immédiatement par les amateurs. Une de ces toiles, entre autres, représente un grain venant du large. Une partie de l'horizon en est obscurcie, l'autre partie s'embrume et le clapotis vient mourir sur les galets de la grève. Au milieu de tout cela, des clartés de soleil viennent jeter un peu de lumière sur le moutonnement de la mer.

En 1887 il prit l'initiative d'une exposition, à l'École des Beaux-Arts, des œuvres de notre illustre compatriote Millet. Dans sa pensée, c'était le plus grand hommage qu'on pût rendre à la mémoire de ce grand artiste, et pour cela il était indispensable, afin qu'elle réussît, de mettre cette entreprise sous le patronage des hautes personnalités de l'époque. Il fit les démarches nécessaires et obtint l'adhésion des grands artistes et écrivains, qui furent heureux de s'associer à cette manifestation. On sait le succès sans précédent de cette exposition qui permit, avec les recettes, les souscriptions et les dons recueillis, joints à ce qui fut voté par la ville de Cherbourg, d'ériger le monument à la mémoire de Millet. Armand Fréret fit également partie du Comité Barye et plus tard du Comité Vallon, formés dans le même but.

Sur la proposition du directeur des Beaux-Arts, le ministre le nomma, en 1888, membre de la Commission de conservation et de restauration des musées nationaux. C'était d'autant plus flatteur pour lui que ses collègues étaient tous de l'Institut, de l'Académie ou du Conseil supérieur des Beaux-Arts. En tout cas, cela montre combien il était apprécié de ses collègues. Cette Commission, qui se réunit au Louvre sous la présidence du directeur général des Musées, a pour but d'inspecter et d'examiner ce qu'il convient de faire pour sauvegarder les tableaux de nos collections. La nomination d'Armand Fréret s'explique par les services qu'il pouvait rendre au sein de cette Commission par ses études techniques et spéciales et la longue expérience qu'il avait acquise depuis longtemps. Il n'avait pas à regretter alors les années qu'il avait passées à étudier les maîtres anciens avec le vieil artiste italien. Aussi au cours des discussions, quelquefois assez vives, qui ont lieu entre les membres de cette Commission, Fréret fait prévaloir presque toujours sa façon de voir, et ses collègues votent dans le sens qu'il indique.

En 1896, deux délégués de la municipalité de Lille se présentèrent à son atelier pour lui demander s'il consentirait à assister à une réunion de la Commission des Beaux-Arts de cette ville, convoquée pour aviser au moyen de sauver les superbes collections artistiques du musée, compromises par la construction défectueuse du nouveau palais des Beaux-Arts. A noter que le musée de Lille est le plus beau de France après le Louvre. Il accepta, et le lendemain recevait une invitation officielle du maire, M. Géry-Legrand.

La même année, nommé expert du palais des Beaux-Arts par le Conseil municipal, il fit un rapport très détaillé sur les causes qui, selon lui, avaient occasionné les dégâts; sur ce qu'il convenait de faire pour remettre en état chacun des tableaux (450 environ); enfin il établit un devis approximatif de ce que coûterait cet important travail qu'il fallait commencer le plus tôt possible pour enrayer les dégâts augmentant chaque jour. Les procédés indiqués dans son rapport, les seuls qui pussent donner un résultat satisfaisant, pouvaient être dangereux pour les tableaux, s'ils étaient employés par des hommes inhabiles. Il dut prendre la direction des travaux dont il assuma l'entière responsabilité, à condition que tout fût exécuté selon ses instructions. La tâche était lourde, la réussite fut complète; le Conseil municipal lui vota des remerciements et demanda pour lui la croix de la Légion d'honneur qui lui fut accordée en 1898. Cette même année, il fit faire la restauration des peintures d'Eugène Delacroix au palais Bourbon, ainsi que celles du plafond du Salon de la Paix par Horace Vernet. Précédemment il avait fait mettre en état le grand plafond par Hein de la Salle des Conférences. Il dirigea aussi les travaux de restauration pour les musées de Lyon, Montpellier et Rochefort. Puis en 1900, il fut nommé membre du Comité de surveillance de l'École municipale de dessin pratique Germain Pilon.

J.-F. MILLET [1].

Jean-François Millet est né le 4 octobre 1814, (non le 8 octore 1815 comme on le croit communément), au

[1] Pour la rédaction de cette notice nous avons largement puisé dans *La Vie et l'Œuvre de J.-F. Millet*, par Alfred Sensier. Quantin, éditeur, Paris, 1881.

Neurdein frères, Phot.

BUSTE DE J.-F. MILLET AU JARDIN PUBLIC.

hameau de Gruchy, commune de Gréville, canton de Beaumont (Manche).

A 12 ans, alors qu'il allait à l'église de Gréville pour suivre le catéchisme de première communion, il reçut les premières leçons de latin de l'abbé Herpent. Plus tard, un autre abbé, M. Jean Lebrisseux, continua son instruction jusques et y compris Virgile, dont les Bucoliques remplissaient l'enfant d'admiration. Virgile, la Bible, il les relisait toujours en latin, et à l'âge viril il était un éloquent traducteur de ces deux livres. Son instruction s'était faite vite et plutôt par les yeux et par le raisonnement que par la grammaire. Quand il arriva à Cherbourg, il était déjà un homme instruit, rempli de lecture, et il ne confondait pas la littérature malsaine avec celle qui pouvait lui profiter.

A 18 ans, porteur de deux dessins qu'il avait imaginés, il va trouver à Cherbourg un peintre nommé Mouchel, élève de l'école de David et qui donnait des leçons en cette ville. Dès ce moment, la carrière de Millet fut décidée. Il resta deux mois chez Mouchel, puis entra à l'atelier de Langlois, premier peintre de la ville, élève de Gros. Ce dernier, dans une pétition adressée au Conseil Municipal de Cherbourg, le 19 août 1836, priait le Conseil de vouloir bien examiner trois dessins de Millet et de l'aider, par une somme de 5 ou 600 francs, à continuer ses études à Paris. Et il ajoutait :

« Permettez-moi, Messieurs, de soulever sans crainte le » voile de l'avenir et d'oser vous assurer une place dans » la mémoire des hommes pour avoir, des premiers en » cette occasion, concouru à doter la patrie d'un grand » homme de plus.

» Je regrette bien vivement d'avoir aussi peu de crédit » près de vous pour vous faire une pareille demande. Aussi » est-ce plutôt l'opinion de plusieurs d'entre nous, que je

» crois résumer à cet égard, qui m'a autorisé et me fait » espérer ». (Inédit).

Le Conseil municipal vota 400 francs ; plus tard, le Conseil général en vota 600 et Millet partit pour Paris, où il arriva un soir « par la neige », en janvier 1837. Muni de plusieurs recommandations, particulièrement une pour un M. L... qui lui proposa de le prendre chez lui et de chercher à le faire entrer dans l'atelier d'un peintre en renom. On le casa au 5° étage, dans une mansarde froide et nue. Ici se place un incident dont nous lui devons le récit et que nous reproduisons dans toute sa saveur :

« En arrivant à Paris, j'avais remis à Madame L... une » malle qui renfermait mes hardes, mon linge et quelques » centaines de francs. En un mois, j'en avais dépensé en» viron cinquante en dîners et en images.

» Un matin je demandai à Madame L... une avance de » 5 fr. Elle me répondit par une scène terrible, me disant » que si on réglait justement les comptes, c'était assuré» ment moi qui lui devrais de l'argent ; qu'elle et son mari » m'avaient rendu tant de services qu'ils dépassaient de » beaucoup la somme qu'elle avait à moi.

» Je sais bien, Madame, me hasardai-je à lui répondre » que je dois beaucoup à M. L..., mais je n'avais pas l'idée » que cettte dette-là se payât en argent.

» Et comme j'avais entre les mains la pièce de 5 francs » que j'avais demandée, je la jetai sur la table en disant :

» Eh bien, maintenant, nous sommes quittes ! Je m'en » allai, n'ayant sur moi que trente sous et les habits que je » portais... ».

Millet n'avait pas compris Madame L... Comme Joseph, il avait rencontré au début de la vie une nouvelle Madame Putiphar !

Il entre alors à l'atelier de Delaroche où il étonne son maître et est qualifié par ses camarades d' « Homme des

Bois », puis se lie d'amitié précieuse avec Marolle, amitié qui ne se démentit jamais.

En 1840, il envoie au Salon du Louvre, dont le Jury était exclusivement composé par l'Institut « avec ses doctrines et ses antipathies », deux portraits, celui de Marolle et celui de M. L. F., son parent. Ce dernier seul fut admis et passa inaperçu.

Il revient en Normandie et en 1841 se brouille avec le Conseil municipal de Cherbourg à propos du portrait de M. Javain, maire, qui venait de mourir fort vieux et qu'on lui commande sans autre document qu'une miniature de M. Javain, jeune homme et peu ressemblante.

« Pour peindre les mains de M. Javain il avait fait poser un garçon de bureau, un homme de peine de la mairie, qui avait été son serviteur, et cet homme de peine avait été condamné, il avait subi trois mois de prison ! Quel chagrin pour la famille et pour ses amis de savoir que ces mains criminelles étaient devenues les mains de M. Javain ».

Après deux délibérations, le Conseil, sur 300 francs qu'il devait payer le portrait, en fait offrir 100 à Millet (29 mai 1841). De guerre lasse, Millet offre à la ville son portrait, qui est bientôt appendu aux murs de la salle du Conseil, où on le voit encore.

A ce moment, Langlois, celui-là même qui avait demandé la subvention de Millet, cesse de le défendre et le proclame « un barbare ».

Désavoué et suspect, abandonné par les gens influents du pays, Millet retourne à Paris en 1842. Il avait épousé en novembre 1841 une honnête jeune fille de Cherbourg, Pauline-Virginie Ono, décédée très jeune à Paris, sans enfants, le 21 avril 1844.

Nous nous sommes peut-être un peu longuement étendus sur la jeunesse et les débuts de Millet.

Désormais nous n'enregistrerons guère que des dates, dates de luttes, de victoires, de deuil, souvent, presque toujours, de misère supportée avec une dignité et une résignation émouvantes.

Deux maladies graves, des migraines atroces, déprimantes et quasi-incessantes, un atelier humide et sombre à Barbizon, le boulanger refusant le pain, les autres créanciers refusant le reste : voilà le milieu dans lequel vécut et lutta notre grand peintre jusqu'en 1873, c'est-à-dire presque jusqu'à sa mort. Et cependant quelles étapes, quel labour ! pour celui dont la vie matérielle fut un combat de chaque jour. Il est juste de dire qu'il trouva dans l'amitié de Diaz, de Théodore Rousseau, de Sensier et de Tourneur, une affection et un dévouement sans bornes. Th. Rousseau, souvent aussi malheureux que lui, sut, s'oubliant lui-même, lui procurer des acheteurs et parfois même lui acheter, au prix de quels sacrifices ! l'œuvre dont le prix devait sauver pour un temps de la misère Millet et sa famille.

Ce fut en 1849 que Millet, fuyant pour les siens le choléra de Paris, alla se fixer à Barbizon. Il y devait rester jusqu'à sa mort.

C'est à Barbizon qu'il peignit son œuvre, celle qui devait le rendre immortel. Je cite, au courant des années, ses principales toiles : en 1851, le *Semeur* ; en 1853, *Moissonneurs*, une *Tondeuse de moutons ;* à l'Exposition universelle de 1855, *Paysan greffant un arbre ;* en 1856, le *Berger au parc la nuit ;* en 1857, les *Glaneuses*, que M. de Saint-Victor qualifiait d' « épouvantails de haillons plantés dans un champ. M. Millet, ajoutait-il paraît croire que l'indigence de l'exécution convient aux laideurs de la pauvreté : sa laideur est sans accent, sa grossièreté sans relief ». Le temps s'est chargé de venger Millet des critiques du critique. Le tableau fut peu demandé et trouva enfin acquéreur au prix de 2.000 francs. Cet acquéreur s'appelait M. Binder, de l'Isle-Adam. Nous savons le prix qu'il a atteint aujourd'hui : 350.000 fr. En 1859, l'*Angelus*. Spéculateurs et amateurs se récusaient ; enfin un homme de goût se hasarda et acquit l'Angelus au même prix que les Glaneuses : c'était M. Van Praet, ministre de Belgique ; dernièrement, il était payé 500.000 francs. En 1861, l'*Attente,* la *Tondeuse, Femme faisant manger son enfant ;* en 1863, le *Paysan se reposant sur sa houe,* le Paysan de la Bruyère, son chef-d'œuvre peut-être ; en 1866, un *Bout de village de Gréville.*

Le 13 août 1868, après dix-sept ans de maîtrise, Millet fut nommé chevalier de la Légion d'honneur, le maréchal Vaillant étant ministre des Beaux-Arts. A noter que ce dernier ignorait à peu près la valeur de celui qu'il décorait, son œuvre et presque jusqu'à son nom.

En 1870, la *Femme battant le beurre.*

Puis c'est la guerre et l'invasion. Millet part pour Cherbourg avec toute « la maisonnée ».

Le 29 septembre il écrit à son ami Sensier :

« Il m'est de toute impossibilité de faire seulement un » trait de crayon dehors ; je serais immédiatement écharpé » ou fusillé. J'ai été arrêté et conduit à un bureau militai» re, j'ai été relâché après qu'on a pris des informations » sur moi à la mairie ; mais il m'a été bien recommandé de » ne pas même faire le simulacre de tenir un crayon ».

Pendant ce temps, il habita rue Hervieu, 2, dans une maison appartenant à son ami, M. Félix Feuardent, le célèbre numismate.

Le 7 novembre 1871, il rentrait à Barbizon.

En 1872, il expose l'*Église de Gréville ;* en 1873, le *Vigneron au repos.*

A cette époque Millet avait atteint les grandes enchères. A la vente Laurent Richard, qui eut lieu le 7 avril 1873, la

Femme à la lampe fut vendue 38.500 fr.; la *Lessiveuse,* 15.350. Ces deux toiles appartenaient à M. Laurent Richard. Quelques jours plus tard, à la vente du marquis de la Rocheb..., le 5 mai, le *Troupeau d'oies* se vendait 25.000 fr. et la *Baratteuse,* 14.000.

Le 22 septembre, Millet écrivait à son ami Sensier :

« Depuis que je ne vous ai vu, j'ai beaucoup souffert.
» La toux m'a assassiné, je suis en bien grande démolition,
» je vous assure ».

Par une nuit de juin de la même année, il avait été pris d'une hémorrhagie terrible, et depuis la toux lui enlevait toute vigueur et toute énergie.

Le 12 mai 1874, M. de Chennevières, ministre des Beaux-Arts, signe un arrêté qui allouait à Millet une somme de 50.000 fr. pour l'exécution des peintures décoratives de la chapelle Sainte-Geneviève. Il devait peindre le *Miracle des Ardents,* la *Procession de la châsse de Sainte-Geneviève;* en tout huit sujets, quatre grands et quatre petits. La mort ne lui permit pas de les exécuter.

Ses dernières œuvres sont : l'*Ane dans une lande;* le *Prieuré de Vauville,* envoyé par lui en Amérique, et une esquisse, la *Leçon de couture.*

En décembre, la fièvre devint plus forte, amenant le délire et de longues prostrations. A la fin de décembre, il s'alita, et le 20 janvier 1875 il rendit le dernier soupir à 6 heures du matin.

Millet a été longtemps la victime, il est bon de le redire, des haines politiques et sociales. Bien qu'il n'ait jamais fait de politique et qu'il se soit refusé à prendre part aux mouvements sociaux, phalanstériens ou autres, on voulut voir dans son œuvre une critique de l'état social des paysans, une protestation violente de leur état misérable, et, de 1844 jusqu'à presque la fin de sa vie, on vit en lui un révolté, et sa peinture servit de thème aux revendications les plus lointaines de son idéal et de son œuvre.

Millet n'a jamais eu qu'un parti, son art; on le qualifia cependant de peintre de la « Sociale ».

Son pays lui a élevé deux monuments de conception et de valeur différentes. Le premier, dû à la collaboration de Chapu et de Bouteiller, au Jardin public de Cherbourg ; le second, à Gréville, œuvre de M. Marcel Jacques, enfant de Cherbourg.

ARMAND LE VÉEL.

A. Le Véel naquit à Bricquebec (Manche) en 1821. Il était l'aîné de treize enfants. Il entra de bonne heure à l'atelier de Rude et il était encore de cet atelier quand il donna son *Chant du départ* et sa *32e demi-brigade*, qui auraient suffi à sauver son nom de l'oubli et à faire sa fortune, s'il avait été moins... artiste.

Lui aussi connut les dures heures de lutte et de misère. Mais, d'énergie indomptable, il répondit aux coups du sort par une série de statues que l'on peut voir au Musée de Cherbourg, dans la salle qui porte son nom. La statue équestre fut pour ainsi dire sa chose : *François Ier, Marceau, Charlemagne, Jeanne d'Arc* et, la plus connue et la plus étonnante, *Napoléon Ier*, qui fait l'orgueil de notre ville. De sa plume alerte et incisive le vieux maître a retracé l'*Histoire* de cette statue. Vous la trouverez comme un haut régal en d'autres pages de ce volume.

De toute son œuvre, que M. Le Véel nous permette de réserver une admiration sans égale pour son masque de *Maître d'armes*. C'est un pur chef-d'œuvre de puissance, d'originalité et de facture.

Quand il eut des loisirs, A. Le Véel collectionna les

faïences, et sa collection de vieux Rouen, qu'il céda au Musée de Cluny, est la plus remarquable que possède ce Musée, si riche cependant en souvenirs artistiques.

Demain, le plus tard possible, A. Le Véel appartiendra à l'histoire. Nul doute que sa place n'y soit grande, ainsi qu'il le mérite.

SOCIÉTÉ DES AMIS DES ARTS DE LA MANCHE.

Vers le milieu de 1896, trois jeunes peintres cherbourgeois, assistés de notre regretté Moissenet, venaient me soumettre le projet de fondation d'une nouvelle société artistique. Nous étions convaincus tous les cinq. L'entente fut facile, et avec ce bel élan que donne la jeunesse nous nous mîmes à l'œuvre. Les statuts furent vite votés. Les concours ne nous firent pas défaut, les membres honoraires nous donnèrent leur appui sans compter et c'est ainsi que fut fondée la Société des Amis des Arts dont le but était de « favoriser le développement des Beaux-Arts par tous les moyens possibles ».

Notre première exposition eut lieu dans deux modestes salles de l'école de la rue au Blé. Elle dura trois jours, le succès en fut énorme, peut-être à cause de sa nouveauté et de sa... gratuité.

L'année suivante, nous prenions toute l'école : quatre grandes pièces divisées et les couloirs. Cette exposition eut les honneurs de la grande presse parisienne.

Depuis nous avons transporté nos pénates dans le gymnase du Lycée, salle superbe, fort bien éclairée et se prêtant à des motifs ornementaux — massifs de fleurs et de plantes vertes — qui donnent à nos salons un charme tout particulier. Nous y sommes demeurés et nous y resterons aussi longtemps que le bon vouloir et la courtoisie administratifs, qui ne nous ont jamais fait défaut, voudront bien se continuer à notre endroit.

C'est dans ces expositions que nous avons présenté à nos compatriotes les œuvres des artistes du département et aussi les envois de nos amis de Paris, dont l'apparition était une nouveauté pour la masse du public cherbourgeois. Henner, Roybet, Barillot, Guillemet, Beauvais, Iwill, Monziès, Tkatchenko, Legoût-Gérard, Orange, et nombre d'autres, ont bien voulu exposer chez nous.

Pendant chaque exposition, la Société donne quatre concerts, un par semaine, très goûtés et très applaudis. Frédéric Le Rey, à diverses reprises, y a fait entendre des œuvres inédites.

Enfin avec ses seules ressources, la Société achète à chaque Salon huit ou dix toiles, qu'elle répartit ensuite par voie de tirage au sort entre les sociétaires.

Cette année s'ouvre le 7e Salon. Il sera en tout point digne de ses aînés. La Société des Amis des Arts compte environ trois cents membres. Elle n'a aucun subside départemental ou communal. Réduite à ses seules forces, elle a su déjà faire beaucoup pour l'Art. Espérons que le succès continuera à couronner ses efforts et ceux de ses dévoués organisateurs.

COMMERCE, INDUSTRIE, NAVIGATION

I.

LES ORIGINES
DU PORT DE CHERBOURG
ET LE COTENTIN MARITIME

PAR

M. C.-Th. QUONIAM,

Armateur.

Malgré le développement de ses côtes et sa situation avancée dans la mer britannique, le Cotentin [1] ne semble avoir joué aucun rôle dans les relations actives qui s'établirent de bonne heure entre la Gaule et la Bretagne insulaire.

Les baies que la mer creuse dans les replis des falaises du littoral ou qui s'ouvrent à l'embouchure des cours

[1] « Nous désignons sous le nom de *Cotentin* la partie septentrionale du département de la Manche située au Nord des Vés et limitée par le cours de deux petites rivières l'Ouve et la Sie. C'est ce que nous appelons aujourd'hui la presqu'île du Cotentin et ce que d'anciens auteurs nommaient l'*île* ou le *clos* du Cotentin ». Léopold Delisle, *Mémoire sur les baillis du Cotentin.*

d'eau furent négligées des premiers navigateurs, malgré la tentation de leur abri facilement accessible : sans doute parce que nulle route ne pouvait y aboutir à travers la forêt impénétrable de l'intérieur et les bas-fonds marécageux du Sud. Les routes commerciales suivaient alors, de préférence, le cours des fleuves avant de se prolonger au delà de la mer.

Éloigné du grand courant des migrations continentales, c'est du large que vinrent les influences extérieures qui devaient, en modifiant profondément le caractère ethnique du Cotentin, accentuer la tendance de ses destinées historiques déterminées par ces deux conditions définitives : son isolement et sa proximité de la terre continentale.

Les premiers essaims du Nord choisirent, pour y tenir leurs quartiers d'hiver et y établir leurs repaires, les baies de cette côte où ils se sentaient assez éloignés pour être à l'abri de l'adversaire et assez rapprochés pour fondre sur lui à l'improviste.

Pour les mêmes causes, convoité ou possédé par l'ennemi extérieur, Cherbourg, — dont le nom apparaît dans l'histoire pour la première fois au Xe siècle, — fut, jusqu'à l'époque moderne, l'enjeu de guerres continuelles et vraiment « la clef du royaume de France ».

Un château s'est dressé là, dont on ne connaît pas l'origine. Malheur aux populations qui sont venues chercher un asile sous ses murs ! Il ne se passera pas un siècle sans qu'elles soient foulées aux pieds des assiégeants, anglais ou français, ligueurs ou révoltés, qui voudront s'assurer la possession de cette porte toujours ouverte pour l'invasion ou pour la fuite. Nous retrouvons dans les chartes du Moyen-Age l'écho de leurs plaintes douloureuses. Mais, malgré tout, *la mémoire de leur très grande misère étant du tout assopie et l'oubliance du passé ratifiée entre euro*[1], les malheureux habitants se reprenaient à espérer. Dans les anses du littoral, des ports connurent aussi des heures de prospérité : Omonville, Barfleur, la Hougue disputèrent à Cherbourg la prépondérance.

« De siècle en siècle, dit M. Charles de la Roncière, on proclamait la nécessité de créer un port de refuge dans la presqu'île du Cotentin, dont le promontoire, en s'avançant au large, semble faire une invite aux descentes anglaises. En 1327, une commission fait une enquête en vue de fortifier Barfleur. Vingt ans après, rien n'avait abouti. Toute une flotte de guerre surprise le long de la côte cotentinoise est brûlée : c'est l'invasion soudaine, c'est Crécy, l'écrasement de l'armée après l'anéantissement de la flotte. En 1417, la dernière escadre qui tienne tête à l'Angleterre succombe près de la Hougue : la Normandie est de nouveau conquise. Quand nous la reprîmes, l'amiral proposa de fortifier la Hougue. Louis XI tergiversa : deux siècles après, ces retards funestes transformaient en un désastre, faute d'un point d'appui, une victoire de Tourville ».

On comprendra que, pendant tant de siècles, Cherbourg soit resté dans un état précaire, *attendu qu'ils* (les habitants) *ne sont retenus en ladite ville que par les moyens des dits privilèges, lesquels leur estans retranchez, il serait à craindre qu'ils habandonnassent la dite ville qui deviendrait déserte*[2].

Et pourtant, nous retrouvons, éparses dans les documents qui nous ont été conservés ou dans les annales des cités plus florissantes, des preuves certaines que le Cotentin par-

[1] Voyage de François Ier à Cherbourg en 1532. Discours prononcé par Jeanot de Lasne, gouverneur de Cherbourg.

[2] Lettres patentes de Henri IV confirmatives des privilèges de la ville, données à Paris au mois de septembre 1594. Lettres de jussion, en date du camp de Trancey, le 31 mars 1596. (Arch. mun., AA, 16)

ticipa à l'expansion commerciale et à l'activité maritime de la Normandie.

Il serait intéressant de suivre dans l'histoire le cours des efforts, des luttes, des événements qui devaient aboutir à la création du premier port de guerre de la Manche.

Nous ne pouvons qu'indiquer, dans cette courte étude, les premières manifestations de l'activité maritime, commerciale et militaire, qui se produisirent sur les côtes du Cotentin avant que la faveur de l'État se fût particulièrement concentrée sur Cherbourg.

I.

Des temps antérieurs à la conquête romaine, il ne nous est parvenu aucun souvenir historique.

Le trafic important qui s'établit, bien des siècles avant notre ère, entre les nations maritimes de la Méditerranée et la Bretagne n'a laissé aucune trace dans la presqu'île où le lieutenant de César, Sabinus, devait aller réduire la cité des Unelli.

Sans nul doute, les relations devaient être fréquentes entre nos rivages et ceux de l'autre côté de la Manche. Mais, si elles avaient un caractère commercial, du moins elles ne pouvaient être le prolongement des voies terrestres que suivait le commerce à travers la Gaule.

On a essayé [1] d'identifier *Corbilo,* l'emporium celtique de la Loire, et *Coriallo,* ce mystérieux *Coriallum* dont on n'a pu fixer avec certitude l'emplacement et qui fut peut-être l'origine de Cherbourg. Outre que l'importance de Corbilo

[1] E. de Rostaing, *Etude géographique et hydrographique sur les ports de Coriallo, Cortilo et Ihstin,* 1860.

soit attestée par de nombreux voyageurs de l'antiquité et soit reconnue par les savants modernes[1], il ne paraît pas possible que nul point de notre littoral ait été choisi comme port de transit du trafic auquel donnait lieu l'exploitation de l'étain des Cassitérides. Vannes était alors le principal port du N.-O. de la Gaule, et les Venètes du Morbihan avaient la suprématie sur l'Océan. Ils n'étaient cependant pas les seuls à posséder une marine. Ils firent appel à leurs alliés, du Finistère à l'Escaut, dans leur résistance contre César[2], et les navires des Unelles durent combattre dans les rangs de leur flotte.

Après la soumission de la Gaule, les relations commerciales reprirent avec plus d'activité entre la Bretagne et Rome. Mais le commerce prit de préférence la voie de la Seine et du Rhône. Les routes maritimes passaient encore devant le Cotentin, sans y atterrir.

La civilisation romaine a laissé peu de traces dans la presqu'île cotentinoise. Les seules ruines romaines dignes de ce nom ont été découvertes à Valognes. Plus au Nord et le long des côtes, quelques médailles, monnaies ou poteries sont les seuls vestiges qui nous soient parvenus d'un passé qui a laissé, dans d'autres parties de la Gaule, tant de témoins de sa gloire. « Il n'est nullement démontré, dit M. Desjardins[3], que Cherbourg ait possédé un port à l'époque romaine ». Il est du moins certain qu'il n'avait aucune importance. Mais nous devons repousser cette assertion de M. Lucas[4] : « Cherbourg n'existait pas en tant que port; ce ne pouvait être qu'un estuaire envasé et inaccessible aux vaisseaux ».

[1] C. JULLIAN, *Journal des Savants*, Février 1905. Himilcon et Pytheas.

[2] LAVISSE, *Histoire de France*, t. II, p. 43.

[3] DESJARDINS, *Géographie de la Manche*, t. I, p. 333.

[4] LUCAS, *La Hague*, p. 114.

Nous verrons que les qualités naturelles de cet estuaire le désignèrent à l'attention des navigateurs aussitôt que le besoin d'un port dans le Cotentin se fit sentir. Dès cette époque, d'ailleurs, une voie romaine y aboutissait.

Il était naturel que les régions les plus éloignées du centre de l'empire fussent les premières à ressentir les effets de la décadence. Aussi, lorsque la paix romaine commença à être troublée, lorsque la flotte chargée de veiller à la sécurité du canal britannique fut désorganisée, les premiers pirates qui parvinrent sur nos côtes, les Germains, montés sur leurs barques d'osier garnies de peaux, choisirent-ils, pour hiverner, les rivages abandonnés du Cotentin. Ils y fondèrent des établissements fixes dès le IVe siècle.

Ainsi prit racine sur le sol gaulois la première souche de ces races du Nord, dont les rameaux devaient s'étendre un jour sur tout le N.-O. de la Gaule. Il semble que ces avant-coureurs des invasions prochaines n'y rencontrèrent pas de résistance. L'organisation de la défense des côtes en plusieurs grands commandements paraît avoir négligé la presqu'île, bien que Coutances fût le siège de l'un d'eux.

« La presqu'île du Cotentin, a écrit un historien du XVIe siècle, fut mal gardée par les Mérovingiens et semble avoir été abandonnée par les Charliens pour estre cette terre comme une presqu'île[1] ». L'influence de la Bretagne armoricaine y persista longtemps et ne céda que devant celle des hommes du Nord. L'autorité des rois de France n'y pénétra que plus tard et difficilement. Aussi, les efforts tentés par Dagobert et Charlemagne pour relever le commerce de la Gaule n'intéressent nullement ce pays, qui ne devait sortir de son obscurité qu'à la lueur des incendies allumés par les pirates envahisseurs.

[1] DE FRÉVILLE, *Histoire du commerce de Rouen*.

II.

Si l'activité maritime des habitants de nos côtes ne s'étendait pas au loin avant l'arrivée des Normands, du moins c'est à la mer qu'ils demandaient la plus grande partie de leur subsistance et leur principale source de richesse. Déjà, il y avait peu de points de la côte qui ne fussent tributaires des abbayes dont le nombre allait sans cesse croissant. En 832, une charte de Louis le Pieux confirmait aux moines de Saint-Denis la propriété des établissements qu'ils avaient dans le Cotentin, *ad capiendum cranum piscem* [1]. Ce fut surtout plus tard, quand l'établissement des Normands devint effectif et que les ducs accordèrent libéralement des privilèges aux monastères, que la pêche et l'industrie maritime devinrent plus florissantes.

L'arrivée des Normands, vers le milieu du IXe siècle, fut d'abord signalée par les dévastations des pirates dont M. Le Héricher croit retrouver le souvenir perpétué dans le suffixe *vast* si fréquent dans les noms de lieu du département de la Manche. Ils coupèrent l'extrémité N.-O. de la presqu'île d'un vaste fossé, dont on peut suivre encore les traces sur une longueur de six kilomètres, formant ainsi un vaste camp retranché de soixante kilomètres carrés de superficie. Le *Hague-Dike,* qui rappelle le Danevirk du Jutland et le Vat's Dike d'Angleterre, les abritait du côté de terre, tandis que, vers la mer, les petites baies de la côte offraient un refuge à leurs navires. La prudence des envahisseurs est en outre attestée par l'existence de nombreuses *hougues* ou vigies d'où ils observaient l'horizon.

La conquête de la Normandie, rendue définitive par le traité de Sainte-Claire-sur-Epte, en 912, une ère de prospérité renaît, avec la sécurité chèrement acquise. Mais,

[1] G. Dupont, *Les Droits de mer en Basse-Normandie.*

tandis que le langage, même, se perdait à la cour des ducs normands, le Cotentin restait le foyer le plus réfractaire au christianisme et conservait son caractère scandinave.

Dans toutes les baies ou *vicks* de la côte, les fils de vikings se sont établis et conservent une jalouse indépendance. Ils gardent précieusement le renom de vaillance et d'intrépidité que leur a légué leurs ancêtres, et lorsque, vers le milieu du Xe siècle, le duc Richard Ier voulut renvoyer les compatriotes qu'il avait appelés à son aide pour repousser une attaque du roi de France, c'est à des pilotes du Cotentin qu'il confia le soin de les conduire en Espagne (juin 966)[1].

Dès l'an 1000, ils repoussaient, sous les ordres de leur vicomte Néel, une flotte anglaise envoyée contre eux. Mais, le premier événement que nous devons retenir dans les annales maritimes du Cotentin est l'arrivée à Cherbourg, vers l'an 940, de la flotte de Haigrold, roi de Danemark, qui, chassé de ses états, vint demander protection et aide à Guillaume Longue-Epée.

De cette époque aussi, date le développement des industries maritimes côtières : pêches, pêcheries, salines, dont le bénéfice, grâce aux privilèges accordés par les ducs normands, revenait presque entièrement aux abbayes.

M. G. Dupont, dans une étude sur les droits de mer en Basse-Normandie au Moyen-Age, nous permet de retrouver les origines historiques des moindres villages qui s'abritent encore dans les replis de nos côtes. Cette question des pêches prenait alors une importance d'autant plus grande que le poisson entrait pour une plus large part dans l'alimentation des monastères. De plus, les huiles végétales étaient peu connues, et les poissons gras, les *graspois*, four-

[1] Ch. DE LA RONCIÈRE, *Histoire de la Marine française*, t. I, p. 111.

pissaient l'huile nécessaire à l'éclairage et à la nourriture même.

Les chartes du Moyen-Age nous rapportent souvent des donations de certaines parties de baleines prises sur la côte du Cotentin. « Nous voulons qu'il soit connu de tous, que moi Guillaume, par la grâce de Dieu comte des Normands, pour le salut de mon âme, celui de mes parents, surtout de mon père et de ma mère, de mon épouse et de mes héritiers, je concède à droit perpétuel, à Dieu et à saint Martin, c'est-à-dire aux moines qui servent Dieu sous l'abbé Albert, dans le monastère de Marmoutier, la langue entière d'une baleine, dans le comté de Cotentin, auprès de la ville de Valognes[1] » (vers 1055). Il y avait des coutumes spéciales qui réglaient les redevances pour la pêche des congres, des harengs, des maquereaux. L'abbaye de Cerisy, qui possédait le domaine de Saint-Marcouf, avait reçu, en donation, la nageoire droite du gras poisson, un travers du gras de ce même poisson et un autre travers du maigre. Guillaume le Batard avait donné aux prébendiers de la collégiale qui existait à Cherbourg avant la fondation de l'abbaye, la nageoire droite des gras poissons venus en *warec* depuis le Tharet jusqu'à la rivière le Thar. L'abbaye de Montebourg possédait des pêcheries à Morsalines. Les bateaux de pêche étaient souvent la propriété des seigneurs féodaux : l'abbaye de Cerisy, en vertu d'une donation qui lui avait été faite par Guillaume de Montpiquet vers la fin du XIe siècle, avait deux nefs sur la côte de la Hougue pour la pêche du poisson gras. Ils appartenaient aussi aux pêcheurs, qui formaient, notamment à Saint-Marcouf et à Réville, des associations.

Les établissements religieux qui possédaient des droits

[1] COUPPEY, *Le Prieuré d'Héauville à la Hague.*

de mer sur le littoral du Cotentin étaient nombreux : les abbayes de Sainte-Trinité de Caen, de Troarn, de Bayeux, de Cerisy, de Montebourg, de Lessay, de la Luzerne, de Blanchelande, de Savigny, du Mont Saint-Michel, de Cherbourg, et enfin les évêchés de Coutances et d'Avranches se partageaient ces précieux privilèges. Il ne faut pas oublier les salines, marquées encore en grand nombre sur les cartes du XVIIe siècle et dont certains noms de lieu conservent le souvenir. Mais le privilège le plus important était le droit de varech ou de pavage, que les religieux de Cherbourg exercèrent avec une telle persévérance qu'au XVIIIe siècle ils furent condamnés par le siège de l'amirauté à payer 2.000 livres « pour raison de pillage de vaisseaux échoués sur la côte quelques années auparavant ».

III.

Comme on le voit, pas une parcelle de côte n'était restée inexploitée. Mais, déjà, deux ports avaient acquis une importance particulière, et la question s'est posée de savoir lequel de Cherbourg ou Barfleur avait la prépondérance. Une polémique presque violente s'est engagée sur ce sujet, vers le milieu du siècle dernier, entre deux hommes éminents qui ont réuni les arguments qu'ils croyaient les plus décisifs à l'appui de leur thèse. M. de Gerville, dont on connaît les remarquables travaux sur tout ce qui concerne l'histoire du département de la Manche, avait affirmé la supériorité du port de Barfleur et n'accordait à Cherbourg qu'une importance secondaire. M. Asselin, armé d'une science moins sûre, répondit du moins avec un grand bon sens, tout en s'appuyant sur les documents historiques qu'il put rencontrer, mais en faisant valoir surtout les qualités naturelles du port de Cherbourg, par opposition au fiord dangereux où est situé Barfleur [1].

De la terrasse septentrionale de la Montagne du Roule. l'on peut embrasser d'un coup d'œil d'ensemble la ville et les faubourgs de Cherbourg. La ceinture de remparts qui entoure son arsenal, la digue fortifiée qui limite sa rade, la forme régulière du bassin à flot et de l'avant-port, enfin l'alignement à peu près régulier de ses rues, forment un ensemble de lignes géométriques dont la direction paraîtrait avoir été déterminée d'un seul coup, comme dans ces villes américaines qui couvrent de leur réseau de voies immenses la plaine où naguère paissaient les troupeaux. Il est impossible d'y retrouver l'aspect que ces mêmes lieux présentaient il y a encore moins de deux siècles. Alors, comme dans les temps les plus reculés, la mer pénétrait entre le Roule et la Fauconnière, refoulant à chaque marée les eaux des deux rivières Divette et Trottebec qui se réunissaient à cet endroit pour continuer de se frayer passage, à marée basse, entre les bancs de sable et de vase. La rivière faisait une courbe vers l'Ouest avant d'aller se perdre à l'ouverture actuelle des jetées. La haute mer couvrait toute cette partie de la ville que l'on nomme encore place Divette et se répandait jusqu'au pied de la montagne à travers les dunes basses ou *mielles,* vers l'Est, dans tout le quartier moderne du Val-de-Saire.

Jusqu'au milieu du XVIIIe siècle, telle fut la physionomie de ce port bien abrité des vents du N.-O. et même du N., que la pratique des gens de mer avait distingué bien avant que le génie de Vauban y eût tracé le projet d'un établissement maritime. Sans nul doute, les navigateurs de

[1] DE GERVILLE, *Recherches sur l'état des ports de Cherbourg et de Barfleur pendant le Moyen-Age.*
ASSELIN, *Détails historiques sur l'ancien port de Cherbourg.*

tous les temps apprécièrent les avantages de ce port d'échouage où ils trouvaient, dans un abri sûr, les plus grandes facilités pour réparer leurs vaisseaux. Cherbourg a toujours été un port de relâche ou d'escale par excellence, et vraiment l' « auberge de la Manche ».

Le plus ancien document historique où Cherbourg soit cité est l'acte par lequel Richard III, duc de Normandie, (au commencement du XIe siècle) apporte en dot à sa femme Adèle, fille du roi Robert, le château qui s'y élevait, depuis longtemps sans doute. Cherbourg n'y est point désigné comme port de mer, mais seulement ceux de Barfleur, Omonville et Port-Bail. Cette omission implique, d'après M. de Gerville, qu'il n'en existait point. Nous avons montré, au contraire, que ses avantages naturels devaient le rendre plus favorable que celui de Barfleur, dont l'approche est toujours rendue dangereuse par les écueils innombrables que bat sans cesse un raz violent.

A la vérité, Barfleur fut, sous les ducs de Normandie, le principal point de communication entre notre province et la Grande-Bretagne.

La plupart des monastères avaient dans ce port des dépendances où les religieux pouvaient attendre le moment propice pour passer la Manche. Ce fut surtout le lieu d'embarquement ou de débarquement favori de nos ducs, alors même qu'ils résidaient à Cherbourg. Le naufrage de la *Blanche-Nef* en a perpétué le dramatique souvenir.

En tous cas, MM. de Gerville et Asselin semblent avoir ignoré la charte par laquelle Henri Plantagenet, duc de Normandie, concède (vers 1150) à la ville de Rouen le droit d'équiper, seule, dans toute la Normandie des navires pour l'Islande, *à l'exception de Cherbourg*[1] *qui pourra en*

[1] DE FRÉVILLE, *Histoire du commerce de Rouen*. Arch. mun., AA, 1.

expédier un, une fois par an, pour cette contrée. Un privilège de telle importance n'implique-t-il point la reconnaissance d'une certaine vitalité commerciale et maritime?

Les moindres déplacements des princes ont été, même pour ces époques reculées, enregistrées par l'histoire. Les faits économiques négligés et oubliés se dégagent difficilement d'un passé troublé par les guerres civiles et les exploits des conquérants. Ce privilège fut d'ailleurs confirmé par des chartes de Henri II, roi d'Angleterre et duc de Normandie (vers 1174), et par Jean sans Terre (vers 1200). Le commerce était très actif entre la France et l'Angleterre. Rouen parvint alors à l'apogée de sa puissance. Le vin, le blé, le sel, l'étain, donnaient lieu à des transactions importantes. Mais, lorsque la Normandie retourna, sous Philippe-Auguste, à la couronne de France, les relations devinrent moins suivies avec l'Angleterre.

L'importance de Barfleur commença à déchoir. Ce ne fut point, cependant, au bénéfice de Cherbourg, qui, d'après M. de Gerville, « devint l'objet de la protection de nos rois », et si la charte dont nous parlions tout à l'heure nous fut en effet renouvelée (1207), elle fut moins précieuse pendant cette époque troublée où la mer fut livrée aux pirates de toutes races.

« La conquête de la Normandie, dit M. de la Roncière, n'eut pas de prise immédiate sur les hommes de la côte, assez indépendants des gouvernements et fort attachés dans l'espèce aux couleurs qui, pendant deux siècles, avaient flotté sur leurs vaisseaux. Plus d'un suivit la fortune de Jean sans Terre... [1]. D'ailleurs, le Cotentin était encore une fois abandonné aux déprédations des corsaires.

[1] Ch. de la Roncière, t. I, p. 301.

C'est alors que le nom de ce personnage presque fabuleux, Eustache le Moine, semait la terreur le long de nos côtes dévastées. De son repaire de l'île de Serk, où il avait établi garnison après la conquête des îles normandes, Eustache s'élance sur Barfleur qu'il frappe d'un impôt de trente marcs d'argent (1207). L'état d'abandon de la presqu'île resta tel, qu'en 1229, les marins de Barfleur étaient encore officiellement convoqués au service du roi d'Angleterre.

IV.

Avec Philippe le Bel commencent les grandes luttes maritimes entre la France et l'Angleterre. L'on sait avec quelle puissance de génie ce prince créa la première marine d'État de la France. Aux galères et nefs royales, qu'il fit sortir de ses *clos de galées*, vinrent se joindre les navires marchands de la Normandie qui, malgré ses récents désastres réussit à fournir deux cent vingt-trois bâtiments armés. Cherbourg y contribua pour neuf nefs. A cette armée navale formidable il ne manqua que des chefs expérimentés.

Pour venger le sac de Douvres par l'escadre de Montmorency, une flotte anglaise partie de Yarmouth vint aborder à Cherbourg. Le château résista. Des commissaires royaux en avaient auparavant dégagé les approches et pourvu à sa sécurité ; mais la ville et l'abbaye furent pillées sans merci. Une partie de l'escadre française accourut, vint mouiller dans le port et y compléter son armement, particulièrement en « pavois, lances, apparaux, fabriqués dans les forêts de Robert Bertran, sire de Bricquebec ».

Cette escadre, commandée par Oton de Toucy, quitta Cherbourg le 1er avril 1296, où le roi lui fit payer une somme de 8.832 livres pour le fait de sa charge et pour réparation de ses galères et galliottes [1].

Mais ce grand effort de Philippe IV ne fut pas continué par ses successeurs. La marine royale fut délaissée et le Cotentin abandonné aux coups de ses ennemis. Le 14 septembre « jour Sainte-Crois l'an MCCCXXVI, viendrent devant Barefleu sept-vinz quatorze nez et autant de bargiaux chargiés de gens armés qui ardirent le pais d'entour et robèrent et firent plusieurs maulx ». Cherbourg et son abbaye furent encore une fois livrés au pillage. Cette nouvelle épreuve attira l'attention du nouveau roi de France, Charles le Bel, d'ailleurs sollicité par une requête des habitants de Barfleur. Il fit examiner « quel profit serait tant aus habitanz (de Barfleur) comme à ceuls de dehors qui ont acoustumé de venir marchander en la dite ville, se elle estait close de murs et de fosséz » [2].

La guerre de Cent Ans allait être pour notre malheureux pays une période de plus grandes et plus profondes misères. Nous nous arrêterons au seuil de cette grande lutte pendant laquelle Cherbourg fut tour à tour possédé par Charles le Mauvais et occupé par les Anglais, — effectivement de 1418 à 1450. Mais, avant de terminer cette courte et insuffisante étude, nous rappellerons le nom des navires et de leurs capitaines, qui, armés dans les ports du Cotentin, prirent part, dans les rangs de la *Grande armée de la Mer*, à la bataille navale de l'Ecluse (1340) [3].

Chieresbourg, 4 nefs et 320 hommes :

Richart Le Mire, maistre de la nef Saint-Nicholas ;

Johan de Bourdeaulx, maistre et seingneur de la nef Saint-Jame ;

[1] Ch. DE LA RONCIÈRE.
[2] Arch. mun., EE, 95.
[3] Léopold DELISLE, *Ann. de la Manche*, 1900.

Pierres Le Marcheant, maistre et seingneur de la nef Nostre-Dame ;

Thomas Bastart, maistre et seingneur de la nef Jhesu Crist.

Barefleu, 9 nefs et 700 hommes :

Michiel Boudin, seingneur et maistre de la Riche ;

Pierres Le Flament, seingneur de la Gaaingne-pain ;

Sanson Fouache, maistre de la dite nef ;

Jehan Morin, seingneur de la Pelerine ;

Rogier Hébert, maistre de la dite nef ;

Sanson Martin, seingneur et maistre de la Fleurie ;

Raoul Mabre, seingneur et maistre de la Sainte-Huitane ;

Michiel Boudin, commis pour Richard Harengnier, maistre de la Notre-Dame.

Morice Fouache, seingneur et maistre de la Saint-Pierre.

Morice de la mer, seingneur et maistre de la Saint-Nicholas ;

Guillaume Bades, seingneur et maistre de la Saint-Nicholas.

La Hogue fournit 10 nefs avec 920 hommes.

II.

COMMERCE

PAR

M. A. LANGLOIS,

Président de la Chambre de commerce.

On contestera peut-être longtemps encore l'importance de Cherbourg comme ville et port de commerce au point de vue d'un trafic dont elle pourrait être le point de départ et d'arrivée. On objectera toujours sa situation *au bout du monde,* son trop grand éloignement du centre de la France et même de Paris, quoique de grandes améliorations se soient produites peu à peu dans la durée des trajets par chemin de fer. Un avenir plus ou moins prochain lui fera, nous l'espérons, un sort meilleur encore.

Mais il est un avantage que personne n'a pu mettre en doute ni lui disputer depuis que Vauban a proclamé Cherbourg l'*auberge de la Manche,* c'est celui qui résulte de sa situation avancée sur les grandes routes de navigation partant des ports du Nord de l'Europe.

De tout temps port de relâche d'un accès facile, d'un séjour sûr pendant les mauvais temps persistants de l'hiver et les tempêtes accidentelles en toute saison, il est devenu un point d'escale incomparable pour les paquebots de navigation transatlantique.

C'est cet avantage qu'il convient de développer pour assurer l'accroissement de sa prospérité en réclamant une rapidité toujours plus grande dans les communications par voies ferrées, et en exécutant des travaux d'amélioration assez considérables pour en rendre l'accès possible aux navires de fort tonnage. Alors, ce ne seront plus seulement les passagers, mais aussi les marchandises dont il deviendra un port recherché de transit.

Jusque vers le milieu du XVIII° siècle, le port de Cherbourg est resté à l'état de nature, suivant le lit de la rivière Divette, mais s'étendant à l'Est, au Sud et à l'Ouest, bien au delà de ses limites actuelles.

En 1739 quelques travaux furent entrepris, mais détruits en 1758 par les Anglais avant d'avoir été achevés. Les ouvrages recommencés en 1764 ont été continués, et il s'en est ajouté d'autres, conduits avec plus ou moins d'activité, à des intervalles plus ou moins grands, et pendant des périodes dont on peut fixer les principales à 1766-1769, 1778-1789, 1801-1803, 1820-1825, 1827-1833, 1842-1872.

Jusqu'en 1880, les travaux du port ont été faits uniquement aux frais de l'État. A partir de cette époque commença pour Cherbourg l'application du principe de la participation aux dépenses de cette nature des collectivités qui en profitent, d'abord les villes, puis, conjointement, par une extension d'attributions qui n'ont été précisées que par la loi du 9 avril 1898, les chambres de commerce dans l'étendue de leur circonscription.

C'est ainsi que, dans la période des travaux exécutés à Cherbourg de 1881 à 1896, 450.000 francs ont été fournis par la Chambre de commerce au moyen de taxes prélevées sur les navires, en garantie de l'emprunt de 1.300.000 fr. réalisé par elle pour faire face aux dépenses au fur et à mesure de l'avancement des travaux.

De leur côté, la ville de Cherbourg et le département de

la Manche y ont contribué chacun pour 150.000 francs; l'État a fourni le reste au moyen d'annuités.

En 1902, les chances devenant de moins en moins grandes d'obtenir de l'État, du département et de la ville un concours financier, la Chambre de commerce fut obligée de souscrire seule les engagements nécessaires pour la construction d'appontements en ciment armé dans l'avant-port, et la création d'un outillage dont le coût total s'élèvera à 270.000 francs.

Deux autres projets, l'un de quais dans le bassin, l'autre de dragages, nécessiteront encore une dépense de 350.000 francs environ. Un troisième, d'un avenir plus lointain, comprend la création d'un avant-port en eau profonde et une dépense de six millions. La réalisation de ce dernier projet dépend surtout de l'intérêt qu'y portera l'administration de la Marine en raison de la nécessité pour elle d'assurer la sécurité du port qu'elle va construire au Hommet.

L'utilité publique, l'urgence même de ces travaux, ont trouvé leur cause évidente dans l'insuffisance du port, reconnue au fur et à mesure de l'extension du mouvement maritime, de l'accroissement du tonnage des navires, et, par la substitution des vapeurs aux voiliers, de l'activité apportée dans leurs opérations.

Quelles en ont été les conséquences pour le trafic du port, pour la population et pour le commerce en général?

Navigation. — Sans remonter jusqu'au premier tiers du dernier siècle, et nous attarder dans le détail de statistiques instructives mais trop arides pour une étude aussi sommaire que celle-ci, nous nous bornerons à dire qu'en 1837, par exemple, les mouvements généraux de la navigation, tant à l'entrée qu'à la sortie, comprenaient 1.725 navires d'un tonnage total de 90.136 tonnes, soit une moyenne de 52 tonneaux 25/100 de jauge par navire. En 1900, le nombre des navires s'est élevé à 3.697, et le tonnage à 3.648.155 tonnes : ce qui placerait Cherbourg au 5e rang des ports de France; mais il faut reconnaître qu'en cela sont compris les paquebots à gros tonnage venant des deux Amériques ou y allant, et dont on ne saurait tenir compte pour l'établissement des moyennes. Quoi qu'il en soit, l'augmentation est considérable.

Quant au mouvement commercial maritime de la même année 1900, il se décomposait comme suit :

Importations (marchandises diverses)	70.042	tonnes,
Exportations (marchandises diverses)	127.688	—
Cabotage et mutations d'entrepôt.....	88.403	—
Soit au total......	286.133	tonnes.

Enfin la petite pêche occupe dans le quartier de Cherbourg 250 bateaux et plus de 600 hommes d'équipage et donne des produits dépassant une valeur de 450.000 francs.

Population. — Mais un des premiers effets des travaux d'amélioration du port de commerce et de création du port militaire a été de contribuer dans une grande mesure, par l'arrivée d'ingénieurs et d'ouvriers nombreux avec leurs familles, à l'accroissement de la population de Cherbourg, qui jusque-là était restée à peu près stationnaire.

D'ailleurs, la tendance de plus en plus marquée à une concentration vers les centres les plus importants peut être considérée comme ayant aussi apporté son appoint à cet accroissement.

C'est ainsi qu'en 1773, la population n'était que d'environ 7.000 habitants, tandis qu'en 1805, c'est-à-dire après une assez longue période de travaux, elle s'était presque doublée pour atteindre

en 1840.........	20.665	habitants,
— 1851.........	28.030	—
— 1866.........	37.215	—
— 1900.........	42.950	—

Par suite de ces augmentations successives de la population, l'importance et l'étendue de la ville se sont accrues; de nouveaux quartiers ont été créés et couverts de maisons, et la consommation générale, en suivant une marche ascendante corrélative, a ouvert au commerce une source d'affaires et de profits qui ont aidé à l'extension de la richesse publique.

Ce mouvement fut sensible dès le commencement du XIXe siècle, et le commerce de la ville paraissait déjà assez intéressant, puisqu'il donnait lieu à l'ouverture en 1801 d'une Bourse de commerce à Cherbourg.

Il ne faut pas se dissimuler toutefois que la création de certains établissements est parfois impuissante à favoriser l'ensemble des opérations qui leur sont spéciales et que le seul désir de les voir fonctionner est insuffisant pour en justifier l'utilité.

En ce qui concerne cette Bourse de commerce, elle semble avoir peu servi ; il n'est pas un Cherbourgeois qui se rappelle l'avoir vue ouverte, et son droit même à l'existence est certainement inconnu de la presque totalité des commerçants de Cherbourg.

Est-ce à dire qu'elle ne pourrait avec avantage être maintenant rouverte et utilisée? La question serait à étudier.

Tribunal de commerce. — Le nombre des litiges commerciaux dans l'arrondissement de Cherbourg était aussi jugé assez important pour motiver la création d'un Tribunal de commerce quelques années plus tard.

Celui de Cherbourg fut compris dans le nombre de ceux établis par le décret du 6 octobre 1809, c'est-à-dire deux ans après l'époque où le Code de commerce fut promulgué et au moment même de l'organisation de la justice consulaire.

Aussi longtemps que prospéra la Marine marchande, les causes maritimes portées devant le Tribunal, et qui le spécialisaient en quelque sorte, furent nombreuses et souvent importantes; la sagesse et l'expérience de ses magistrats ont toujours fait apprécier leur juridiction.

Le nombre de ses membres est de neuf.

Chambre de commerce. — Enfin, par décret du 15 décembre 1836 fut établie une Chambre de commerce dont la circonscription s'étend sur les deux arrondissements de Cherbourg et de Valognes.

Composée de neuf membres d'abord, et plus tard de douze, elle réunit, dès son origine, les notabilités du commerce et de l'industrie, et eut pour premier président, jusqu'en 1847, M. Fontenilliat, qui avait créé au Vast une filature de coton longtemps prospère, et dont le gendre et le petit-fils, MM. de la Germonière père et fils, ont continué les travaux jusque vers 1884 où ils durent cesser la lutte.

Suivant en cela les changements de la législation, notamment en 1851 et en 1898, la Chambre de commerce, de simple corps consultatif est devenue un établissement public. Ses attributions se sont étendues par la faculté, laissée plus spécialement aux chambres de commerce des ports de mer, de poursuivre l'étude et la réalisation de travaux d'amélioration de ces ports et de création d'outillages, en fournissant à l'État leur concours financier, dont elles se récupèrent par la perception de taxes sur les navires, les marchandises et les passagers.

C'est ainsi qu'elle est intervenue pour l'exécution de travaux de cette nature, comme nous l'avons dit plus haut.

Son siège, transféré au Palais de justice en 1853, avait été établi primitivement à l'Hôtel de Ville.

INDUSTRIE. — Pendant la période séculaire de 1800 à 1900, l'industrie et le commerce de Cherbourg et de la région ont ressenti le contre-coup des événements politiques ou économiques qui se sont succédé, tantôt pour en recueillir les avantages, tantôt pour en subir les conséquences fâcheuses.

Les modifications des conditions du travail, les progrès et les découvertes réalisées dans les sciences appliquées à l'industrie, la substitution aussi complète que possible de l'outillage mécanique au travail manuel, de la navigation à vapeur à la navigation à voiles, les traités de commerce, les relations plus fréquentes et les transactions plus nombreuses et plus importantes avec les pays étrangers ont changé profondément les moyens d'action en général, ainsi que les procédés de fabrication de l'industrie, augmenté considérablement la production et nécessité la recherche de débouchés nouveaux.

La petite industrie fait de plus en plus place à la grande.

A Cherbourg florissaient jadis les diverses industries du navire : les chantiers de construction, de galvanisation du fer, les corderies, les voileries, forges, etc., étaient occupés par un nombreux personnel qui ne s'est pas renouvelé depuis longtemps ; il en reste à peine quelques représentants.

Une usine de produits chimiques, concurrencée par les

importations américaines, a dû se transformer en stéarinerie, puis fermer ses portes; des filatures de coton, de laine, quelques scieries ont aussi disparu.

Mais la seconde moitié du siècle, par compensation, a vu se créer dans notre région quelques industries qui ont assez promptement obtenu des résultats importants.

Carrières. — L'exploitation des carrières de quartzite de Cherbourg a atteint un dé[illegible]pement remarquable et fourni à la navigation un ali[illegible]nt considérable à destination des ports français, et surtout de l'Angleterre. Le trafic de ces matériaux, qui, en 1889, n'était que de 958 tonnes, s'est élevé progressivement depuis lors jusqu'à 89.000 tonnes en 1899 et à 119.000 tonnes en 1903, à l'exportation.

Cette industrie est exercée par plusieurs sociétés commerciales : la plus importante, la Société des Carrières de l'Ouest, dont le siège social est à Paris, a pour principal acheteur la « Road Maintenance and Stone Supply C° », compagnie anglaise qui exporte sur les ports de la côte Sud-Est de l'Angleterre et de la Tamise un tonnage considérable.

Une autre compagnie anglaise (Quartzite C°) de Londres expédie aussi de gros tonnages qu'elle extrait et fait concasser elle-même. Deux ou trois autres industriels font également des expéditions sérieuses, quoique de moindre importance.

Le nombre d'ouvriers occupés par cette industrie est en moyenne de 500.

Usines. — Une spécialité des plus intéressantes et bien située dans un pays comme le département de la Manche, la construction des machines agricoles et des instruments de fabrication du cidre, auxquels se sont ajoutés ceux de la fabrication du vin, a pris, sous l'intelligente et active impulsion de MM. Simon frères, un développement considérable et acquis un perfectionnement constaté par de nombreuses récompenses, notamment par deux grands prix à l'Exposition universelle de 1900. L'extension de cette fabrication a d'ailleurs été telle que MM. Simon frères ont dû étudier et sont sur le point de réaliser le déplacement de leur usine pour la transférer sur un terrain beaucoup plus vaste et mieux approprié aux exigences d'un transport économique des matériaux bruts et des produits fabriqués.

Un grand atelier de constructions en fer, créé il y a environ dix ans par deux jeunes ingénieurs, qui y exécutèrent quelques travaux assez importants pour la Marine militaire et pour les colonies, dut être fermé au bout de quelques années sous la pression de circonstances peu favorables, Racheté et réorganisé par un constructeur de la place, M. Le Sénéchal, qui trouva là une occasion avantageuse d'augmenter ses moyens d'action en profitant d'un emplacement plus vaste que celui qu'il occupait déjà, et d'un outillage plus complet, il a pris une nouvelle activité. L'obtention d'un marché important de construction de chalands passé avec l'administration de la Marine, l'heureuse réussite d'une première opération font espérer que le nouveau propriétaire pourra développer ce genre de travaux, nouveau pour notre ville, et l'étendre à la construction de navires de commerce, remplaçant ainsi les chantiers disparus.

Un autre atelier, spécial aux gros travaux de forge ainsi qu'aux réparations des coques et des machines de navires à vapeur, a pris également une certaine importance. Les besoins de la navigation dans un excellent port de relâche comme l'est Cherbourg rendaient en effet indispensable une création de ce genre. M. J. Hamel, qui dirige cet atelier, a su l'organiser avec une parfaite intelligence de ses besoins et retenir ainsi des travaux que les grands ports français, ou même les ports étrangers du voisinage, lui auraient autrement et nécessairement enlevés.

L'atelier de construction de chaudières à vapeur, créé sur un pied modeste, il y a environ vingt-cinq ans, par M. du Temple, capitaine de frégate en retraite, pour y construire des appareils de son invention, a pu aussi avec le temps, et grâce aux avantages du système de l'inventeur, décupler son importance. L'atelier du début est devenu une belle usine, et la société anonyme qui lui a succédé est venue apporter à la réalisation du programme de son fondateur les ressources d'une organisation parfaite soutenue par des capitaux importants. Les chaudières du Temple font l'objet de commandes régulières de l'Etat français et sont montées sur un grand nombre de navires des États étrangers. Cette usine emploie environ 250 ouvriers.

Une belle fabrique de meubles et de menuiserie d'art, augmentée depuis quelques années par l'addition d'un atelier de meubles en fer, ou bois et fer, qui forment maintenant le mobilier des navires de guerre, fonctionne avec le meilleur succès sous la direction de M. J. Noyon, qui a suivi avec activité et hardiesse le mouvement industriel, et, en créant l'outillage nécessaire, s'est mis à la hauteur des maisons du dehors les plus importantes dans ce genre de travail.

La préparation du beurre pour l'expédition à l'intérieur et pour l'exportation, a pris aussi depuis trente ans une grande extension. L'usine de MM. Bretel frères, à Valognes, est un modèle du genre, et le chiffre de ses expéditions, par le port de Cherbourg notamment, se chiffre par millions.

L'industrie du bâtiment n'a pas trouvé depuis longtemps

SOCIÉTÉ ANONYME DU TEMPLE.

Chaudière de 130 ^{m2} de surface de chauffe (type du Temple).

à faire valoir d'une façon notable son savoir-faire. A l'exception de deux églises et d'un hôpital-hospice, d'une architecture peu ornementale, édifiés il y a environ quarante ou cinquante ans, et du théâtre municipal élevé en 1884, aucun bâtiment public n'a été construit; mais il n'est pas douteux que si le goût s'en manifestait, soutenu par les moyens financiers indispensables pour le satisfaire, les entrepreneurs sauraient se montrer à la hauteur de leur tâche, et doter notre ville des monuments qui lui manquent: un hôtel de ville, un musée, etc.

Trois minoteries existent à Cherbourg ou dans ses environs immédiats; l'une exclusivement à la vapeur, les deux autres à la fois hydrauliques et à vapeur, fournissent de la farine et du son pour la consommation de la contrée et aussi pour l'étranger (Angleterre et Danemark).

Enfin la fabrication, puis la distillerie du cidre, qui, il y a quelques années, se faisaient par petites quantités et chez les cultivateurs isolément, sont venues se concentrer à Cherbourg entre les mains d'une maison importante (M. Jeanne) qui a mis en usage les procédés de travail des grandes usines et est parvenue à un résultat des plus intéressants au point de vue de la quantité et de la qualité de ses produits.

Outre les industriels qui viennent d'être désignés et se sont créé une situation prépondérante, chacun dans sa spécialité, il existe d'autres chefs d'atelier honorables et méritants; mais il ne rentre pas dans le cadre de cette courte notice d'en relater les noms et les moyens de travail qui ne ressortissent pas à proprement parler à l'industrie et sont plutôt l'accessoire du commerce de détail qu'ils exercent.

Commerce. — Si des états de situation et du détail des

opérations des succursales de la Banque de France, rapprochés d'autres sources d'information, on peut tirer une indication sérieuse du mouvement général du commerce dans les villes où elles sont établies, il ne faudrait pas évaluer à moins de 120.000.000 de francs le chiffre des affaires traitées annuellement à Cherbourg. La somme est respectable et dépasse celle que beaucoup de Cherbourgeois se sont imaginée représenter l'activité commerciale de leur ville.

Avec la succursale de la Banque de France, la banque est représentée à Cherbourg par des agences de la Société Générale et du Crédit Lyonnais, et par une maison vieille déjà de plus de cinquante ans.

La branche de commerce la plus importante, celle des bois du Nord (Suède et Norvège, Russie) et de l'Amérique (Canada, Florides) est exploitée par cinq maisons dont la vente s'étend jusqu'aux ports de la côte de Bretagne d'un côté, et aux villes frontières de l'Est, de l'autre côté.

Les charbons anglais, employés à l'exclusion de ceux de toute autre provenance, n'ont pas un courant d'affaires aussi étendu que permettrait de le supposer la situation favorable du port de Cherbourg comme point de pénétration. Caen, à l'Est, et Saint-Malo, à l'Ouest, barrent le chemin et desservent exclusivement les départements limitrophes de la Manche, et, pour une trop grande partie, la Manche elle-même.

Les liquides, vins, cidres, eaux-de-vie, épiceries, répartis dans des entrepôts relativement nombreux et bien achalandés, font l'objet de transactions importantes et fructueuses. Après les comestibles, ils sont la plus abondante source de revenus pour l'octroi de Cherbourg, qui trouve ensuite dans les combustibles, puis dans les matériaux, les fourrages et les objets divers, un produit annuel total d'environ 840.000 francs pour le budget municipal.

Quelques maisons de mercerie en gros alimentent les marchands des communes et des bourgs de la région.

Le commerce de détail est exercé par environ 1.200 patentés, nombre trop élevé peut-être pour laisser à tous des chances de réussite, mais que ne sont pas pour diminuer les besoins de la vie, l'attraction d'une existence présumée plus indépendante et plus facile, et l'espoir toujours caressé d'un repos mérité après fortune promptement faite.

Les foires ou assemblées de l'arrondissement de Cherbourg, peu nombreuses et peu importantes, ne peuvent guère être considérées que comme de forts marchés; cependant elles provoquent toujours une certaine activité commerciale dans les localités où elles se tiennent.

Les voies de communication : route nationale de Paris, routes départementales conduisant aux chefs-lieux de canton, s'étendent en éventail autour de Cherbourg, reçoivent, comme des affluents, les chemins vicinaux, et, en s'améliorant, facilitent et, par suite, multiplient les relations d'un point à l'autre de l'arrondissement.

Le chemin de fer de Cherbourg à Paris, inauguré en 1858, et la ligne de Sottevast-Coutances construite en 1883 par la Compagnie de l'Ouest, le tronçon départemental de Valognes à Saint-Vaast et Barfleur, enfin la ligne départementale projetée de Cherbourg à Saint-Pierre-Église et Barfleur, où elle rejoindra la précédente, contribuent pour une énorme part, comme le font partout les voies ferrées, à l'extension du commerce et la circulation des voyageurs.

III.

INDUSTRIE

PAR

M. GUILLON,

Ingénieur civil.

L'industrie proprement dite est peu développée dans la région cherbourgeoise. L'activité locale absorbée par la Marine lui a voué la plus grande partie de ses efforts, tandis que l'équilibre climatologique merveilleux du haut Cotentin en plaçait la campagne au premier rang des pays d'élevage.

Il restait donc bien peu de place pour l'exercice des industries diverses ; d'ailleurs les initiatives locales non plus que les capitaux ne sont attirés vers les spéculations techniques.

Il est cependant de brillantes exceptions à cette tendance atavique ; nous nous efforcerons, dans le cadre restreint de cette note, de leur donner la place qu'elles méritent.

La diversité des quelques industries régionales, surgies toutes de circonstances spéciales, nous obligent à en faire une classification arbitraire. Nous traiterons :

1° les Industries relevant de la métallurgie et de la construction ;

2° les Industries agricoles ou se rattachant à l'agriculture ;

3° les Exploitations du sous-sol et ses richesses.

I.

INDUSTRIES RELEVANT DE LA MÉTALLURGIE ET DE LA CONSTRUCTION.

Il n'en existe des exemples qu'à Cherbourg même. Sans parler des chantiers de la Marine de guerre, qu'il ne nous appartient pas de décrire, on trouve dans notre cité quelques chantiers de constructions et réparations navales. Citons :

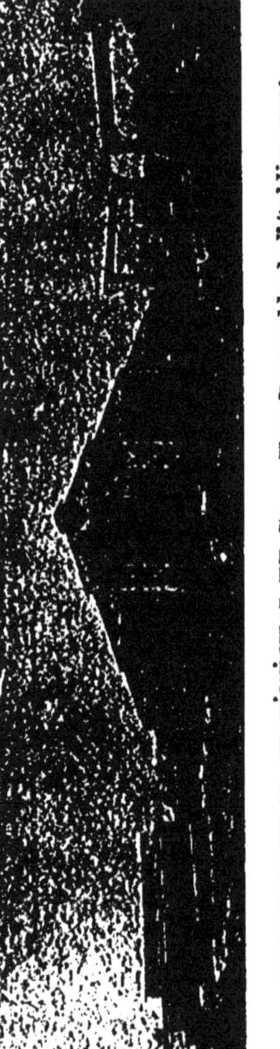

ATELIERS DE M. LE SÉNÉCHAL ET Cie. — *Vue d'ensemble de l'établissement.*

M. J. Le Sénéchal et Cie qui construisent, outre la charpente en fer et la chaudronnerie en général, des chalands pour la Marine de guerre, les Ponts-et-Chaussées, la Marine de commerce, etc. Leurs chantiers sont fort bien installés. D'importants travaux témoignent de la vitalité de cet établissement dont le développement serait un bienfait pour la population ouvrière métallurgique de Cherbourg. Ces ateliers possèdent une cale de lancement.

M. Hamel constructeur-mécanicien, dont les débuts modestes comme forgeron de marine sont encore récents, doit à une équipe peu commune et une activité infatigable une prospérité rapide. Spécialisés dans la réparation des bâtiments qu'une avarie jette à Cherbourg, les ateliers Hamel excellent à multiplier les tours de force d'exécution prompte, si précieuse en navigation. Par une communauté d'idées remarquables, M. Hamel et son personnel, sans règlement d'atelier, sans contrats, par sympathies mutuelles, ont réalisé spontanément à leur façon, qui n'est pas sans valeur, un coin de la question sociale. Le patron a su se faire aimer de son personnel, le personnel apprécie les sentiments du patron et lui est dévoué.

M. Bienvenu est à Cherbourg le dernier représentant du classique charpentier de navires en bois ; si la construction neuve en ce genre a émigré vers des ports où la consommation en était plus suivie, la Marine marchande et la pêche côtière doivent à M. Bienvenu leurs réparations journalières.

La Société anonyme du Temple, dont le nom évoque le souvenir de l'officier de marine qui s'immortalisa par l'idée de diviser la lame d'eau pour la faire circuler simultanément dans un grand nombre de tubes de petit diamètre, construit les générateurs du nom.

Cette spécialité prospère procure du travail à plusieurs centaines d'ouvriers.

Les chaudières à petits tubes d'eau peuvent s'appliquer à tous les navires, et sont sans rivales pour les torpilleurs et les contre-torpilleurs. Leur élasticité est remarquable.

La meilleure preuve de la valeur des chaudières du Temple réside dans les nombreuses licences que la Société a accordées et dans le grand nombre d'imitations qui en ont été faites.

Cette Maison, supérieurement dirigée par MM. Milcent, administrateur; Soudé, directeur technique; Cantineau, ingénieur, sous-directeur, et Brun, ingénieur, doit coopé-

ATELIERS HAMEL.

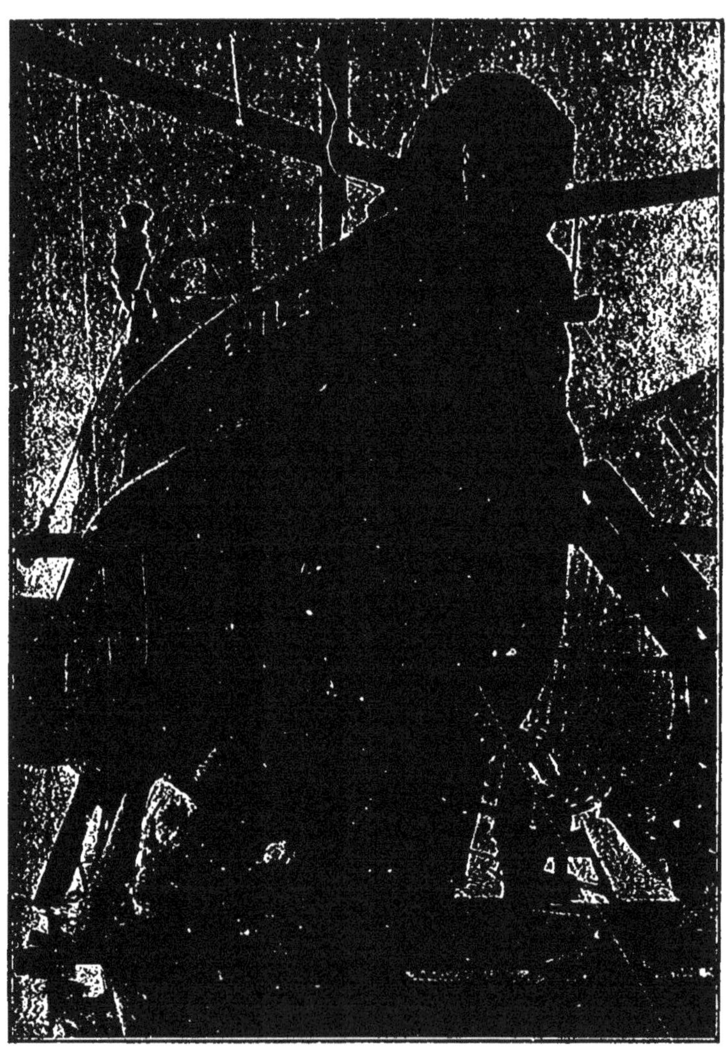

Réparation au remorqueur Emile *du port de Cherbourg (février 1904).*

ATELIERS HAMEL.

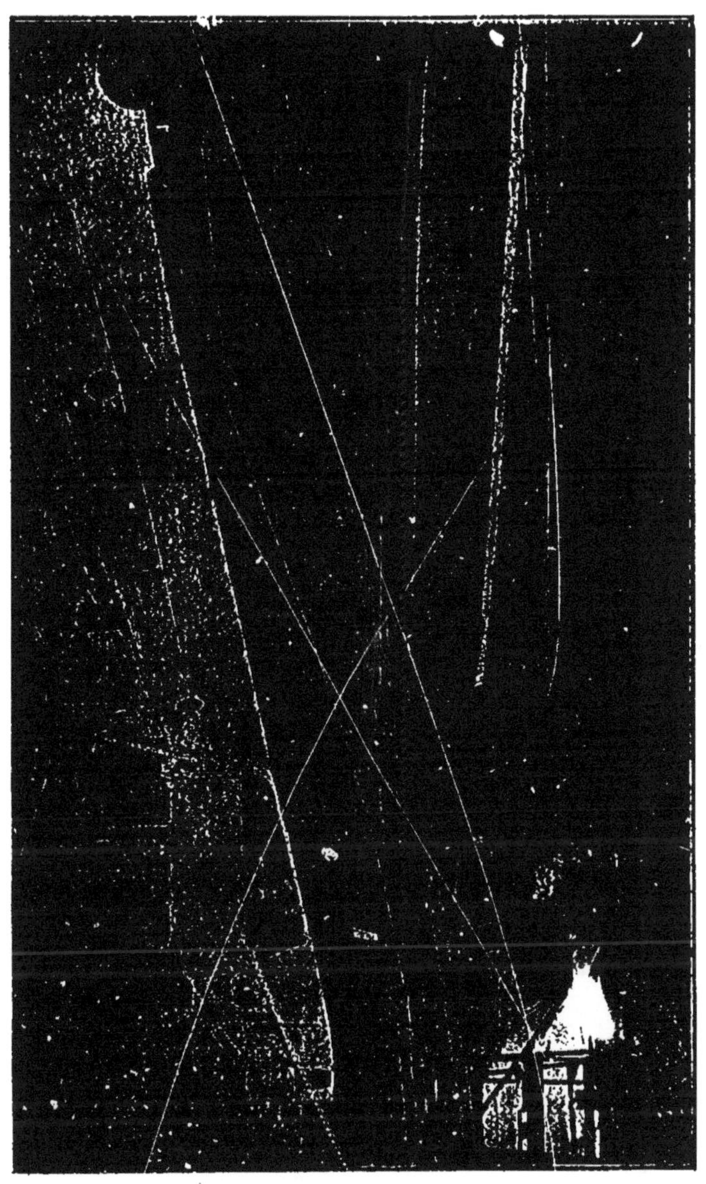

Réparation au steamer B. F. du port de Cherbourg en mai 1905.

rer puissamment à l'avenir industriel de Cherbourg. Elle est paternellement administrée ; les membres de son personnel

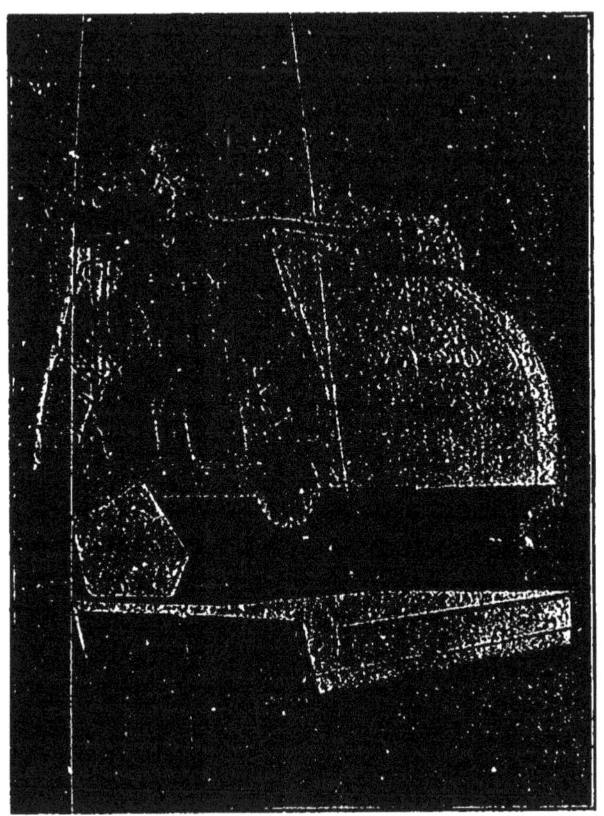

SOCIÉTÉ ANONYME DU TEMPLE.

Chaudière de 180$^{m^2}$ de surface de chauffe.

sont unanimes à reconnaître le sentiment de sécurité qu'ils y éprouvent.

Les Établissements Noyon sont spécialisés dans la

construction des meubles de navires. M. Joseph Noyon, le fondateur, aujourd'hui président du Tribunal de com-

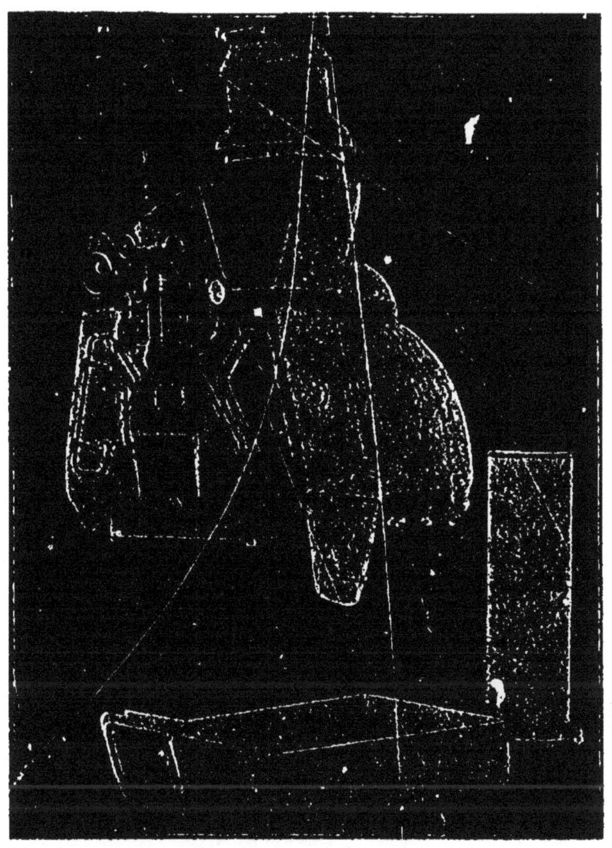

SOCIÉTÉ ANONYME DU TEMPLE.

(*Chaudière de 34 $^{m^2}$ de surface de chauffe* (type DU TEMPLE-GUYOT) *destinée aux torpilleurs à embarquer.*

merce de notre ville. a su suivre avec une merveilleuse souplesse les progrès du mobilier maritime et répondre en

ÉTABLISSEMENTS J. NOYON.

ÉTABLISSEMENTS J. NOYON.

Amendements du Jules Ferry. — Salle à manger de l'amiral.

tout temps au désideratum du jour, par la présentation du modèle convenable.

Tout en conservant le plus grand souci des formes décoratives, M. Noyon a successivement étudié et construit le meuble en bois massif que nous retrouvons encore dans les ameublements de la Marine; le meuble en fer plus léger, à l'abri de l'incendie, si intéressant à construire, mais si difficile à orner; enfin le meuble mixte moderne, plus rigide et plus meublant quoique aussi léger que le meuble entièrement en fer.

Les deux fils de M. Noyon qui, depuis plusieurs années, sont ses actifs collaborateurs et ses successeurs désignés sont les gages certains de l'avenir des Établissements Noyon.

Dans un tout autre ordre d'idées que les précédentes se trouve placée la Maison Simon frères. Créés par le père des associés actuels et primitivement dans le but de construire la mécanique générale, les ateliers Simon orientèrent de plus en plus leur construction vers la clientèle agricole régionale.

D'industries agricoles rurales très disséminées MM. Simon frères surent obtenir, par la création de machines parfaitement adaptées, des éléments d'affaires importants.

La laiterie, la cidrerie, la beurrerie et plus tard la vinification profitèrent simultanément des bienfaits des machines Simon.

Actuellement le rayon d'affaires de cette maison, qui compte parmi les plus importantes du genre en France et occupe plusieurs centaines d'ouvriers, n'est plus limité au Cotentin; il s'est, avec une étonnante progressivité, étendu d'abord sur la Normandie, ensuite sur la France entière; il déborde maintenant en exportations déjà denses sur le monde entier.

MM. Simon frères ont fondé dans leurs ateliers une Société de secours mutuels et de retraite, une société d'épargne, une caisse de prévoyance contre le chômage, et

ÉTABLISSEMENTS SIMON FRÈRES A CHERBOURG.

QUELQUES TYPES DES INSTRUMENTS AGRICOLES CONSTRUITS PAR LES ÉTABLISSEMENTS.

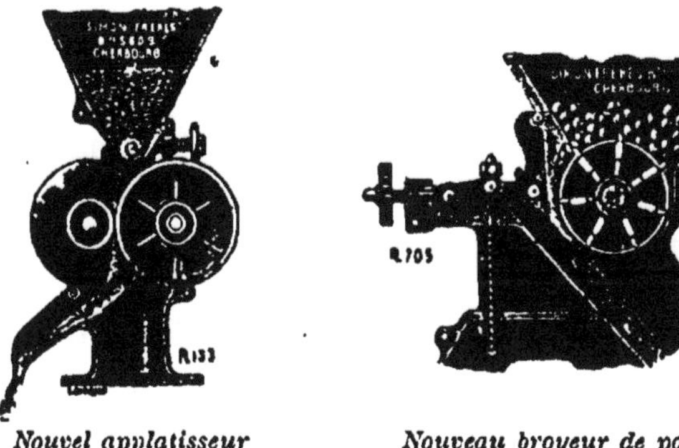

Nouvel applatisseur de grains.

Nouveau broyeur de pommes « le Polylame ».

Le malaxeur de beurres « le Fuseau ».

une caisse fraternelle pour les secours immédiats ou non prévus dans les autres institutions.

Malheureusement là se borne l'énumération que nous pouvons faire des industries relevant de la métallurgie ou de la construction dans la région de Cherbourg. Mais il se dégage de cette rapide étude une caractéristique qui dénote bien que l'industrie cherbourgeoise n'est encore qu'embryonnaire et n'a pas trouvé sa voie ou ses voies.

De toutes les industries citées, pas une ne fait une concurrence déclarée à l'une des autres. Toutes exercent pour ainsi dire des spécialités différentes. Parfois dans l'étendue du terrain commercial un semblant de conflit se manifeste, rapidement résolu au bénéfice de celui des adversaires le plus clairement qualifié par ses moyens spéciaux pour vaincre.

Cette situation transitoire est-elle favorable au développement de l'industrie locale? Non! elle est seulement étroitement et momentanément profitable aux industriels, dans la zone commerciale localisée qu'ils exploitent.

Nous voulons dire que l'Industrie se développe avec plus d'intensité dans une ville ou une région lorsque la même spécialité y prospère et détermine un marché; ainsi Lyon, pour ses soies; Saint-Étienne, pour sa métallurgie et ses armes; Besançon, ou sa région, pour l'horlogerie; Charleville, pour sa ferronnerie; Clermont, pour le caoutchouc; Thiers, Langres, etc., pour la coutellerie; Albert, Maubeuge, pour les machines-outils, etc. Elles sont innombrables les villes avec lesquelles on correspond à coup sûr pour y trouver un article désiré; elles sont nombreuses aussi celles que rien ne désignait plus particulièrement à telle ou telle production que l'initiative de quelques-uns. Il n'y avait en effet, à l'origine, pas plus de raison pour faire du couteau à Thiers, de l'horlogerie à la Chaux-de-Fonds, du caoutchouc à Clermont, que tous ces produits à Cherbourg. Il a suffi pour assurer la prédominance de ces villes productives que des gens veuillent et sachent produire, et que des essaims se créent.

Le drainage par la Marine des intelligences techniques, grâce aux sécurités d'avenir qu'elle offre, n'est pas non plus une bonne condition d'extension industrielle du pays. A cause de ce drainage : il n'y a pas pléthore d'ingénieurs, de contre-maîtres et de personnel dirigeant ; il ne peut donc y avoir d'essaims, et par conséquent, pas de sollicitations de capitaux vers l'industrie.

La main-d'œuvre locale en souffre et les capitaux eux-mêmes n'obtiennent pas en général la rémunération que trouve leur emploi dans la plupart des villes industrielles.

Il semble que la création projetée d'une école industrielle, en mettant à la disposition de tous la connaissance des ressources de la construction et de la fabrication modernes, serait d'un précieux concours pour l'extension industrielle de Cherbourg.

Chantiers de M. Cousin. — Comme annexe à ce chapitre, et comme industrie relevant de la métallurgie, on peut en citer une bien couleur locale, celle de la démolition des vieux navires.

Dans le « Cimetière » de M. Cousin sont remorqués et hâlés indifféremment les vieux paquebots hors de service, les navires de guerre démodés de toutes dimensions pour être démolis et exploités dans leurs éléments constitutifs.

Le fer, l'acier, la fonte, le bronze, le cuivre reprennent en sens inverse le chemin des forges et des fonderies pour s'y allier avec les minerais, et reformer des métaux neufs.

Les bois sont débités sur place et utilisés au mieux. Les objets d'ameublement, certaines machines trouvent leur emploi après une réparation.

Le chantier de démolition de M. Cousin occupe un nombreux personnel et doit être considéré comme une ressource pour la main-d'œuvre sans spécialité (les journaliers) que le voisinage de notre grand port militaire a trop fait fleurir à Cherbourg.

Scieries. — Citons, pour mémoire, les scieries, qui malheureusement n'ont comme débouchés que la consommation locale :

M. Launay, avec force hydraulique et machine à vapeur, au Roule.

M. Ringard, scierie à vapeur, avenue Carnot.

M. Berteaux, scierie hydraulique et machine à vapeur à Tourlaville.

II.

INDUSTRIES AGRICOLES OU SE RATTACHANT A L'AGRICULTURE.

Les industries agricoles, proprement dites, n'occupent pas dans la Manche la place prépondérante qu'avait paru leur assigner la nature.

Distillerie agricole. — La distillerie agricole, dans ce pays où la production du cidre atteint parfois trois et quatre fois la quantité annuellement consommable, n'existe pour ainsi dire pas.

Laiterie. — La laiterie, ou beurrerie agricole, ne figure le plus souvent que sous la forme ancestrale. On fait actuellement le beurre en Normandie, comme on le faisait il y a cent ans, et telles sont les merveilleuses conditions climatologiques et géologiques du pays pour cette fonction, que les beurres les plus fins et les plus réputés du marché du monde sont encore ceux d'Isigny.

Est-ce à dire que l'on ne peut faire mieux? loin de là ; la région d'Isigny, pour être unique, n'en est pas moins extensible ; les environs, dans un grand rayon, jouissent du même privilège, à un degré peut-être moins constant, mais que la science pourrait régulariser.

En dehors de cette question de qualité, il y a celle de la quantité, qui n'est pas négligeable. Avec les moyens perfectionnés, employés actuellement pour extraire du lait sa matière grasse ou beurre, nos propriétaires manchois réaliseraient, sans nuire à la qualité et même en la rendant plus assurée, une augmentation de 15 à 20 pour 100. En se tenant en dehors du progrès, ils abandonnent bénévolement ce profit, dont bénéficient depuis longtemps sur un produit de moindre valeur les fermiers belges, suédois, norvégiens, danois, canadiens, australiens, etc.

Un courant salutaire est cependant à noter : sous l'impulsion de personnalités locales, dont l'initiative est particulièrement louable, des coopératives, imitées de celles fondées en Belgique, en Danemark, en France dans les Deux-Sèvres, commencent à voir le jour. La production beurrière du pays ne peut qu'y gagner en quantité et en qualité. On ne saurait donc trop préconiser et favoriser de telles entreprises.

Cidrerie agricole. — La cidrerie agricole n'est pas non plus dans une situation de progrès bien nette. Le cidre est cependant la boisson normande par excellence, mais il est fabriqué par les cultivateurs dans l'hypothèse d'être absorbé sur place par des consommateurs adaptés, tandis que le vin des provinces méridionales ou centrales est non-seulement la boisson du pays, mais l'objet d'un commerce d'expédition et d'exportation important.

L'indifférence que le commerce, ce grand émulateur,

manifeste à l'égard du trafic des cidres, n'est-elle pas un peu cause de la stagnation régionale dans laquelle ils végètent? Nous croyons fermement que si. Beaucoup de cidres sont préférables à certains vins et à la plupart des bières de table, leur valeur marchande n'est moindre que parce que personne ne s'emploie à leur faire franchir les limites des pays de production.

Il serait à désirer que le cidre s'exportât ; pour cela il faudrait qu'on le fît connaître.

A côté des industries agricoles proprement dites, et pour combler la regrettable lacune de leur absence, de véritables industries ont été établies. Dans ce nouvel ordre d'idées nous citerons les usines de MM. Edwards, Hainneville à Cherbourg, et Le Marchand à Rauville-la-Bigot, pour la laiterie ; Bretel frères à Valognes, Lepelletier à Carentan, Fenard à Cherbourg pour la beurrerie ; M. Jeanne à Cherbourg, pour les cidres et eaux-de-vie de cidre.

LAITERIE. — *Usine Edwards.* — Due à l'initiative d'un de nos concitoyens, la laiterie appartenant maintenant à M. Edwards est une vaste entreprise qui a pour but d'exporter en Angleterre les produits laitiers frais. Son chiffre d'affaires est considérable ; la population agricole des environs de Cherbourg, un peu ennemie de la mécanique et des soins de fabrication, préfère se défaire du lait à l'état brut.

L'outillage, d'origine universelle, est des plus perfectionnés. La direction est entre les mains d'un spécialiste éprouvé, M. Sorensen, elle utilise les procédés les plus nouveaux et les plus scientifiques à mesure qu'ils paraissent dans tous les pays.

Usine Hainneville. — De moindre envergure que la précédente, elle est cependant remarquablement organisée. Elle est pourvue d'une force motrice hydraulique qui fournit gratuitement le froid nécessaire aux soins du beurre fabriqué.

La situation de cette usine, dans la jolie vallée de Quincampoix à l'entrée de Cherbourg, lui permet de s'approvisionner de lait, pour ainsi dire à sa porte, et de livrer à la consommation des produits d'une grande finesse.

Laiterie Le Marchand. — De création récente à Rauville-la-Bigot, dans ce pays où rien de semblable n'existait, elle se pose comme exemple par les soins et l'intelligence qui ont présidé à son installation, ainsi que par les services qu'elle est appelée à rendre en servant de débouchés à la région avoisinante.

Beurrerie. — L'industrie des beurres ou beurrerie est plutôt de l'ordre des exploitations commerciales; aucune manipulation, autre qu'un classement par qualités, n'y est pratiquée.

Les beurres sont acquis sur les marchés par des acheteurs expérimentés; ils sont expédiés par les voies les plus rapides et arrivent à l'usine en mottes informes emballées dans des paniers, le jour même ou la nuit qui suit l'acquisition.

Mis en monceaux sur d'immenses tables, les beurres sont classés en catégories par des employés dont c'est l'unique fonction. Ils sont ensuite façonnés en pains et mis en caisses ou dans des boîtes en fer blanc, pour l'exportation, ou enfin emballés en mottes suivant les désirs des clients.

Les beurreries rendent d'énormes services à l'agriculture régionale par leurs expéditions en Angleterre, à Paris et dans l'Amérique du Sud. Grâce à leur influence, le prix du beurre normand s'est équilibré dans la région avec les cours de Paris et de Londres. Les résultats que cette industrie obtenait autrefois et dont profitait le pays étaient plus importants, mais la concurrence outrée que sont venus faire sur le marché de Londres les beurres étrangers, a obligé nos exportateurs à vendre moins cher et à payer moins cher. Il en est résulté un malaise général que nos agriculteurs ne répareront qu'en augmentant la quantité de leurs produits beurriers et si possible la qualité.

L'exploitation de *MM. Bretel frères* de Valognes occupe un nombreux personnel; le bien-être que cette usine procure à la région est proverbial. MM. Bretel frères exportent dans le monde entier, où ils ont fait connaître et apprécier nos beurres.

A peu près analogues à celle de MM. Bretel frères, les exploitations de *MM. Lepelletier* à Carentan et Fenard à Cherbourg déterminent sur les marchés une concurrence heureuse.

Cidrerie et distillerie industrielles. — Une seule maison importante à citer dans le Cotentin : M. *C. Jeanne* à Cherbourg.

Possédant les moyens de broyage et de pression les plus perfectionnés, un matériel de logement immense, M. Jeanne, dont l'usine est relativement récente (elle a été fondée en 1894), a su chaque année apporter une amélioration, pour arriver à l'importante maison modèle qu'il possède. Sept à huit wagons de pommes peuvent s'engouffrer en une journée dans les formidables broyeurs de l'usine et en traverser les presses.

Les wagons pénètrent remplis de pommes, ils en ressortent chargés de cidres d'expédition.

L'an dernier, une distillerie à vapeur de cidre a été adjointe à la cidrerie, ses produits obtenus avec des cidres frais, exempts de tout mauvais goût ou de pertes d'éther sont remarquablement parfumés. Ils sont loin de mériter la réprobation dont ont été frappés certains « Calvados » obtenus par la distillation de cidres avariés, réprobation qui a malheureusement rejailli sur les eaux-de-vie de cidre en général ; ils sont au contraire la démonstration que l'eau-de-vie de cidre, obtenue de façon normale, est d'une finesse et d'un parfum remarquables.

La distillerie, ainsi que la cidrerie et les magasins de M. Jeanne, sont éclairés par l'électricité produite dans l'usine.

M. Jeanne, puissamment secondé par ses deux fils aînés, MM. Désiré et Édouard Jeanne, ainsi que par son ingénieur, M. Gassier, est certes qualifié pour réaliser le problème de l'exportation et des perfectionnements dans la fermentation du cidre, ainsi que celui de l'utilisation des marcs de pommes.

Les services qu'il a rendus à l'agriculture normande par le mouvement d'affaires créé par ses acquisitions de pommes sont incalculables.

III.

EXPLOITATIONS DU SOUS-SOL ET SES RICHESSES.

La carte géologique du Cotentin indique, au premier examen, que ce pays doit être prodigieusement riche en carrières.

Des affleurements des étages inférieurs primaires s'y manifestent avec prodigalité ; sous un grand nombre d'aspects utilisables, on y trouve les schistes à séricite sur presque toute la surface de l'arrondissement de Cherbourg, les granits porphyroïdes gris avec taches chair de Flamanville, les granits roses à grands cristaux de Fermanville, les quartzites de Cherbourg et de Quinéville, le poudingue de Sainte-Croix, les leptynolites de Siouville, etc.

A des étages supérieurs nous trouvons les calcaires coquilliers de Valognes, les pierres à chaux de Montebourg, Valognes, etc., le kaolin des Pieux, les phosphates fossiles de Carentan, etc.

Enfin les mines de fer de Diélette, dont le magnifique minerai, mélange de magnétite (54,50 pour 100) et d'oligiste (23 pour 100) correspondant à une teneur moyenne de 55,27 pour 100 (on a donné 57,36 et on a trouvé 72), gît dans les couches métamorphiques qui bordent le granit de Flamanville (M. Bigot).

Le cadre régional du Congrès nous interdit de descendre au Sud du parallèle de Diélette, où la région est cependant encore extrêmement intéressante.

De toutes ces richesses, une infime partie est exploitée, bien que la plupart s'offrent aux convoitises des hommes sur le littoral même et pourraient donner lieu à des transports remarquablement économiques. Mais il semble en cela que l'Administration, qu'elle s'appelle état ou département, n'a pas fait tout son devoir, car de tous côtés : à l'Ouest, Flamanville, Diélette, Siouville ; au Nord, Fermanville ; à l'Est, Quinéville, Carentan, l'abord du Cotentin par un navire de plus de 200 tonneaux est impossible en tous temps.

Le seul port réellement utilisable dans l'esprit de notre étude, est celui de Cherbourg ; aussi sa présence a-t-elle déterminé aux environs de la ville une sape vigoureuse de l'ossature de la côte.

Carrières de Cherbourg. — Les carrières de quartzite de Cherbourg, presque toutes collées au flanc Nord de la Montagne du Roule, alimentent de cailloutis, en plus de quelques travaux locaux, tout le Sud de l'Angleterre. Le prix du frêt anglais se ressent, à l'égard des charbons, de l'avantage d'un chargement de retour.

Parmi les exploitations des carrières du Roule, citons : la Société anonyme des Carrières de l'Ouest, The Quartzite C°, M. Bourget, M. Lockardt, Madame Pignot.

La *Société anonyme des Carrières de l'Ouest* mérite une mention spéciale.

Elle a son siège social à Paris et possède diverses carrières à Caen, en Bretagne, toutes répondant à des desiderata commerciaux spéciaux. L'exploitation de Cherbourg, très avantageuse par sa disposition naturelle, est aménagée avec un soin et une intelligence remarquables des conditions économiques de la gestion.

Par une convention spéciale avec les tramways de Cherbourg, la Société des Carrières peut amener au quai d'embarquement les wagons chargés dans la carrière, par les moyens les plus perfectionnés et les plus rapides. Les Carrières de l'Ouest sont aussi reliées par un raccordement à voie normale avec la ligne de l'Ouest, ainsi que par une ligne spéciale avec le port des Flamands.

Grâce à cette suppression des *reprises*, ainsi que la haute valeur commerciale de son produit, la Société anonyme des Carrières de l'Ouest est assurée pour une longue durée de bonnes conditions de lutte contre la concurrence étrangère sur le marché anglais.

Les travaux de défense du Havre, ainsi que les forts de protection des défenses de Cherbourg, ont été effectués au moyen des énormes blocs obtenus dans la carrière de la Société, et dont quelques-uns se sont élevés jusqu'à 35 tonnes.

Elle doit l'ensemble de ses avantages à la bonne administration de son haut personnel, représenté par MM. Pottier, directeur-général ; Dufresnoy, secrétaire-général, ancien directeur de l'exploitation de Cherbourg ; Husson, l'actif directeur actuel.

Revenons maintenant aux points déshérités :

SOCIÉTÉ ANONYME DES CARRIÈRES DE L'OUEST.

Chantier d'extraction de blocs.

Groupe de Flamanville. — Carrières de Flamanville (Diélette). Les carrières de Flamanville ou de Diélette bordent la côte sur une longueur de plusieurs kilomètres ; la hauteur de la falaise varie de dix à trente mètres. Le beau granit qu'on en extrait est gris, à grain fin, avec taches de quartz couleur chair. Ce granit peut convenir à une foule d'usages, il sert surtout à faire des bordures de trottoirs,

SOCIÉTÉ ANONYME DES CARRIÈRES DE L'OUEST.

Usine de criblage.

des monuments funéraires et des constructions locales. La succursale de la Banque de France, en construction à Cherbourg à l'époque où se rédige cette note, comprend un fort cube de granit de Diélette de bel aspect.

Malheureusement pour l'avenir de ce pays, il est privé de toutes voies de communication. Pas un chemin de fer du côté de la terre (la gare la plus proche est à 15 kilomè-

SOCIÉTÉ ANONYME DES CARRIÈRES DE L'OUEST.

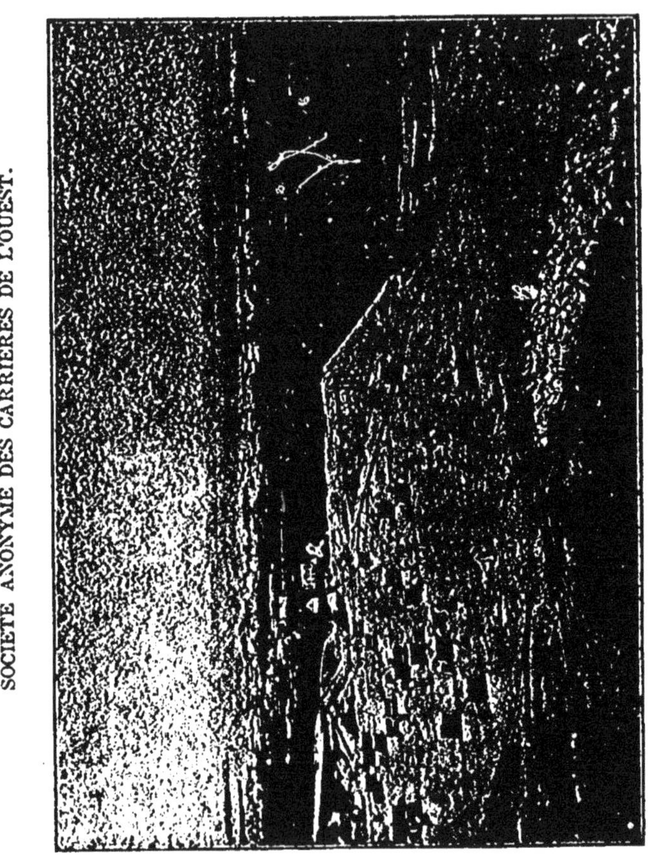

Un chantier de cassage.

tres) ; un po t impra 'cable pour les ' 'anspo .s par mer.

Mine de Diélette. — On se demande pourquoi la mine, qui peut fournir un m inerai d'une richesse comparable aux meilleures sortes connues, n'a pas été maintenue en état d'exploitation.

Il existe diverses causes.

SOCIÉTÉ ANONYME DES CARRIÈRES DE L'OUEST.

Chargement d'un train d'enrochements.

En premier lieu il faut placer la difficulté des transports. Les minerais de Diélette sont comme les granits du même pays, ils resteront inexploitables tant que des moyens de transport adaptés à leur fonction ne seront pas mis à leur disposition. Il faut à Diélette une voie de chemin de fer le réunissant à la grande ligne et un port utilisable par vapeurs de moyen tonnage.

En second lieu une certaine difficulté est née de la quantité d'infiltrations provenant de la mer ; mais on sait que la difficulté n'est pas insurmontable puisqu'une exploitation consistant en un puits de 100^m avec traverse barre de 250^m a pu être poursuivie et n'a été suspendue que par l'arrêt des capitaux.

Il existe une troisième cause d'abandon : la teneur en phosphore. A l'époque où l'abandon de la mine a eu lieu, elle était une cause de difficulté de traitement telle que certains industriels anglais savaient seuls le pratiquer, d'où la nécessité de passer par leurs mains.

Le minerai de Diélette contiendrait en effet, suivant des opinions autorisées, trop de phosphore pour être traité par le procédé acide et pas assez pour être utilisé par le procédé basique. Mais tout porte à croire que nous savons aujourd'hui ce qui était le privilège de quelques Anglais il y a quinze ans. La métallurgie française ne s'est jamais laissé distancer pour longtemps ; et nous croyons que l'état actuel de ses connaissances permet d'assigner au minerai de Diélette toute sa valeur et de le classer au premier rang des minerais connus, avec ceux de Bilbao, de Marbella, de Gellivare et de l'île d'Elbe.

Il nous est permis d'ailleurs de relater ici le jugement du regretté M. Hersent, le célèbre entrepreneur, qui nous disait dans une des conversations que nous avons eues avec lui à son château de Nacqueville : « Nous avons abandonné Diélette, parce que nous n'avions pas le loisir de nous en occuper nous-mêmes ».

Carrière de Siouville. — Celle-ci est d'un autre ordre

CARRIÈRES DE FLAMANVILLE.

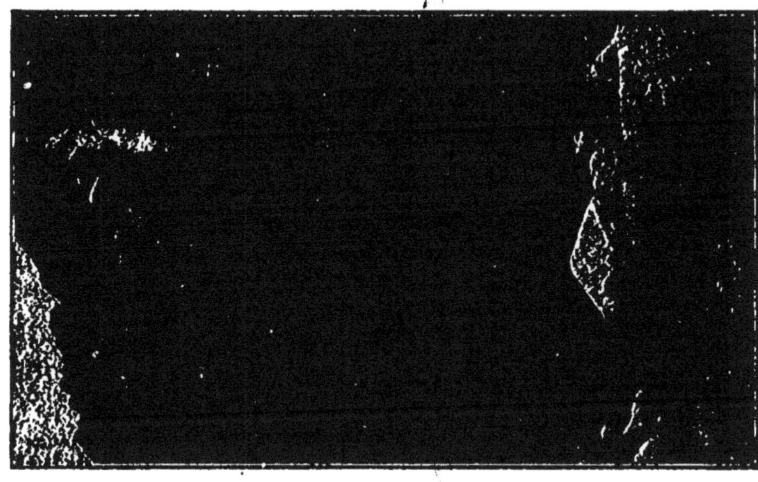

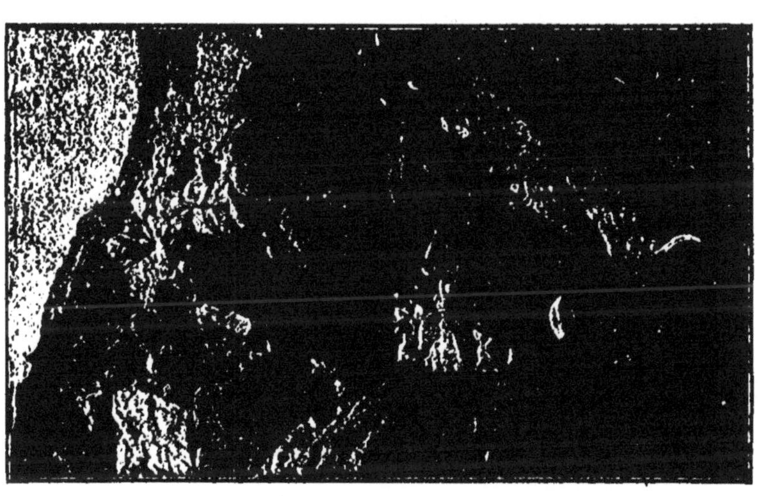

Vue d'un gisement. — Le trou Baligand à marée basse.

que les précédentes. Appartenant à M. Bonamy, ancien maire des Pieux et conseiller général, elle est constituée par le leptynolite (schiste silicisé).

La pierre à cailloutis qu'on en extrait, de teinte ardoise foncé, est d'une dureté sans égale ; le volume à extraire est considérable. Son exploitation est, comme celle des carrières de granit et celle de la mine, subordonnée à l'existence de moyens de communications pratiques et rapides.

Fermanville. — Superbes carrières de granit rose pour architectures somptueuses ; exploitation facile et rémunératrice... Pas de moyens de communication avec l'intérieur. Moyens précaires par la mer.

Quinéville. — Magnifiques carrières de pavés et cailloux ; sont pour ainsi dire inexploitées faute de moyens de communication.

La mer est cependant peu agitée dans ces parages. Un projet de port utilisant l'estuaire de la Sinope, et d'un prix peu élevé, avait été dressé avec l'approbation de M. le maire de Quinéville. Le projet est resté en suspens faute de capitaux.

Puisse cette modeste note servir la pensée de son auteur : déterminer quelques transactions, stimuler quelques initiatives ; en un mot, être utile.

IV.

NAVIGATION

ET

CONSIDÉRATIONS SUR LE RÉGIME DES PORTS

PAR

M. E. LEPONT,

Armateur.

Bien que le port de Cherbourg soit, au point de vue de la jauge des navires entrés et sortis, le troisième port de France, son commerce est loin de lui réserver un rang aussi honorable.

Il n'y a guère à Cherbourg, en effet, de commerce ni d'industries à proprement parler.

Le commerce le plus important est celui de consommation, attendu qu'une population agglomérée de plus de 70.000 habitants doit faire venir, par fer ou par eau, toutes les denrées nécessaires à son alimentation, à son chauffage, logement, habillement, etc. Comme la campagne environnant Cherbourg ne fournit, en effet, que les viandes et volailles, les légumes, beurres, lait, œufs et cidre, il faut faire venir du dehors tous les autres produits indispensables.

Les charbons, les bois de construction et les engrais

forment la base la plus importante du commerce d'importation. Les pierres cassées, macadam, et les denrées agricoles, constituent à elles seules l'exportation proprement dite de Cherbourg.

Malheureusement ces articles d'importation ou d'exportation se transportent presque tous par navires de pavillon étranger, et la proportion du pavillon national, dans ce commerce, est presque nulle.

Il est vrai de dire, pour justifier cette absence de commerce général à Cherbourg, que, jusqu'ici, rien n'a été fait pour l'encourager.

Cherbourg, placé à l'extrémité d'une presqu'île, au bout du monde, ne peut avoir de pénétrations à l'intérieur que par la voie ferrée. Or, les transports par fer coûtent cher, très cher même, surtout lorsque les compagnies n'ont rien à craindre de la concurrence de la navigation de cabotage ou des canaux. Car, dans ce cas, les compagnies savent faire homologuer des tarifs spéciaux dont le résultat est toujours la ruine de la navigation, et il est difficile de comprendre que le ministère des Travaux publics consente toujours à homologuer ces tarifs spéciaux, sans considérer leurs autres conséquences, ne s'occupant que du point de vue augmentation de recettes brutes du kilomètre voie ferrée exploité, et sans constater peut-être que dans certains cas le prix de transport par tonne kilométrique est inférieur au coût d'exploitation théorique de la ligne.

Pour faire de Cherbourg un port de commerce, il faudrait d'abord y attirer du commerce et, en second lieu, assurer un écoulement facile et des moyens de pénétration économiques aux marchandises embarquées ou débarquées.

La question de situation des ports de commerce a été, de tout temps, l'objet de longues discussions; certains veulent des ports le plus loin possible dans l'intérieur des terres, d'autres envisagent de préférence les ports sur le bord même de l'Océan.

Les deux théories ont du vrai, il s'agit seulement de s'entendre sur le but que doit remplir chaque port.

A notre avis les ports doivent être divisés en deux grandes catégories distinctes : ports de transit et de répartition, ports de consommation et de production.

Parmi les ports de transit et de répartition, nous citerons en première ligne l'Angleterre qui, avec son nombre considérable de ports, n'est en réalité qu'un vaste entrepôt sur lequel se dirigent les marchandises du monde entier, et d'où ces marchandises sont réparties et transbordées pour leur destination future.

Nous ne voulons pas dire que l'Angleterre ne soit pas un pays de consommation et de production ; certains de ses ports, comme celui de Manchester, bien plus que Liverpool même, est au premier chef un port de consommation des cotons et des laines que les navires y débarquent, et aussi un port de production de tissus et d'objets manufacturés.

Ces ports de consommation, même dans les pays de transit, doivent être le plus à l'intérieur possible des terres ; mais les ports de transit ou d'entrepôt doivent être sur le bord de la mer, du moment que leur situation géographique leur laisse un *hinterland* suffisant pour offrir des communications économiques à leurs marchandises destinées à l'intérieur du pays ou en provenant.

C'est ainsi que l'Angleterre, placée à l'extrémité de l'Europe, sur la route de toutes les lignes de navigation, jouissant de l'Europe entière comme *hinterland* et ayant avec elle des communications économiques grâce à ses nombreuses flottes commerciales, a pu devenir le port de transit du monde entier.

En France, nous n'avons guère que trois ports de consommation et de production : Dunkerque, admirablement relié, par les canaux existants ou en projet, avec toute la région du Nord et des Ardennes ; Rouen ou mieux Paris, lorsque la Seine sera navigable jusqu'à Paris, peut, par la Seine, la Marne et le canal du Rhin, recevoir tous les produits de l'Est et de Strasbourg, tous les produits du Centre par les canaux de Bourgogne, du Nivernais, de Briare et d'Orléans ; Marseille enfin peut, par le Rhône et le canal du Rhône au Rhin, communiquer jusqu'à Bâle, Colmar et Strasbourg.

Ces trois ports situés, les deux premiers surtout, dans des régions industrielles, méritent réellement le titre de ports de consommation et de production. Après eux, peuvent se ranger, dans la même catégorie, les ports de Nantes, Bordeaux et Cette ; mais peut-on leur assimiler les ports du Havre, de Saint-Nazaire et de la Palice ou de Pauillac ? Il est bien évident que non ; ces derniers ports sont uniquement des ports de transit. Placés à des points extrêmes, ils reçoivent des marchandises par chemin de fer ou par eau et les embarquent pour leur destination future. Ces ports ne consomment pas, ne produisent pas et n'ont pas su créer autour d'eux de grands centres industriels manipulant les matières premières et en faisant des produits manufacturés. Leur rôle est de servir d'entrepôt et de port transitaire.

Cherbourg ne peut avoir la prétention de devenir un port de consommation et de production, mais il peut prétendre au titre de port de transit. Sa situation extrême le prépare à ce rôle et l'obligera à le remplir.

Un port de transit ne peut prospérer qu'à condition d'être sur le passage de toutes les lignes de navigation ; d'offrir aux navires un accès facile, de leur assurer une manutention aisée et rapide, sans retards ni chômages dus aux marées ; d'avoir des tarifs abordables et surtout des communications pratiques.

Cherbourg peut avoir tout cela.

Nous n'insisterons pas sur les facilités d'accès de sa rade. Cherbourg a mérité le nom d'*auberge de la Manche*, et c'est dans cette auberge que viennent se réfugier tous les navires dès que la violence des tempêtes les oblige à entrer en relâche. Depuis que les lignes transatlantiques touchent Cherbourg, jamais ces navires n'ont subi de retard, ni à l'entrée, ni à la sortie, et les brouilards, qui forment le danger le plus grand dans les atterrissages, sont assez rares pour ne présenter que de faibles inconvénients. Du reste, la sonde suffit à reconnaître les approches de Cherbourg et peu de navires ont eu à souffrir de la brume. Notre côte est bien plus privilégiée sous ce rapport que les autres côtes françaises, et surtout que les côtes anglaises. C'est probablement sous prétexte de la rareté des brouillards que, malgré les réclamations du commerce, Cherbourg attend encore l'établissement d'une corne de brume sur le musoir Ouest de la Digue.

C'est probablement aussi pour le même motif, et à cause de la clarté ordinaire des nuits et des connaissances que les navigateurs doivent avoir de la rade, que jusqu'à ce jour on a négligé de mettre un feu sur le musoir Est de la jetée de Querqueville. S'il en était autrement, on comprendrait difficilement qu'une digue s'avance de 1.200 mètres en mer sans qu'aucun feu signale son extrémité.

Si, malgré ces inconvénients, l'accès de la rade est facile, la manutention n'y offre aucune difficulté.

Quelle que soit la violence des tempêtes, le chargement et le déchargement des marchandises sur allèges, l'embarquement des voyageurs et des dépêches sont toujours aisés et il n'est pas d'exemple que ces opérations n'aient pu êtres menées à bonne fin.

Le navire mouillé sur rade peut toujours, aussitôt arrivé, commencer son chargement ou son déchargement et, dès que ces opérations sont terminées, il peut reprendre la mer sans attendre la marée, comme cela se pratique dans la plupart des ports.

Il y a donc à Cherbourg facilité d'accès, sécurité et rapidité de travail, économie de temps.

Il est vrai que le port de commerce ne présente pas actuellement les facilités nécessaires pour recevoir les marchandises ; les quais sont trop petits et toujours encombrés ; mais, le fait projeté par la ville, de créer en pleine rade un nouveau quartier de vingt-quatre hectares, et un avant-port en eau profonde de près de neuf hectares, devra combler cette lacune.

Lorsqu'on aura réussi à décider quelques Compagnies à débarquer des marchandises à Cherbourg, il sera facile de créer des communications économiques. Pour cela, il suffira de faire arrêter à Cherbourg les nombreuses lignes côtières qui vont de Dunkerque jusqu'à Bayonne, les lignes de caboteurs qui vont de la Baltique à la mer Noire, et il n'y aura que peu à s'inquiéter des tarifs de chemin de fer.

Les navires côtiers et les caboteurs, jouissant des mêmes avantages de rapidité, de manutention et de facilité d'accès que les long-courriers, n'hésiteront pas à toucher Cherbourg lorsqu'il y aura des marchandises à y prendre.

Nous croyons devoir, à l'appui de notre thèse, répéter ce que nous disions, en 1899, dans notre « Etude sur le Port de Cherbourg ».

Après avoir considéré comme entrepôt les ports anglais, nous disions, prenant Southampton comme exemple :

« Croyez-vous que ce soit l'industrie et le commerce local qui, s'étant énormément développés, absorbent toutes les marchandises arrivant à Southampton ? Non, Southampton est seulement un grand entrepôt où les marchandises arrivent et rayonnent dans toutes les directions, soit par fer, soit par mer.

» Cela est si vrai que, si nous consultons la liste de la flotte de commerce anglaise, nous y trouvons un tonnage considérable de long-courriers, mais un tonnage plus considérable encore de grands et de petits caboteurs.

» En considérant ces grands ports, nous sommes obligés de constater qu'ils ne sont généralement pas des ports de pénétration mais uniquement des entrepôts, et, examinant avec soin le nombre et le tonnage des différentes sortes de navires qui les fréquentent, nous sommes obligés d'arriver à cette constatation qu'à chaque long-courrier, quel que soit son tonnage, correspond une flottille de caboteurs qui forment le même tonnage que lui et réexportent à leur destination définitive les marchandises qu'il a apportées ».

Comme complément à notre exposé sur l'avenir possible du port de Cherbourg, nous nous permettrons d'indiquer notre manière de voir sur la façon dont les ports devraient être administrés.

Pour cela, nous citons ci-après la première partie de la conclusion du rapport que nous avons fait en 1901, après notre retour du voyage d'études de la Commission parlementaire du Canal des Deux-Mers, en Angleterre, en Hollande et en Allemagne.

Dans cette première partie de notre conclusion, nous avons examiné les enseignements que l'on peut tirer de l'inspection des ports étrangers.

Quand on étudie le régime auquel ils sont soumis, l'étonnement doit être grand pour des personnes habituées à voir en France l'État contribuer à l'établissement de chaque port, le Conseil supérieur des Ponts-et-Chaussées s'occuper des moindres détails de construction, tous les divers corps constitués solliciter l'État pour en obtenir des subventions.

En Angleterre, à Rotterdam et en Allemagne, les ports appartiennent à des compagnies privées ou à des villes, souveraines maîtresses chez elles, ne s'inspirant que des besoins du commerce et de leur propre initiative pour faire telle modification ou telle création nouvelle qu'elles jugent nécessaires.

Dans ces pays à décentralisation profonde, chaque port compte sur ses propres ressources pour vivre et prospérer, chaque autorité est responsable de ses actes, et comme la responsabilité est grande, le salaire est élevé et les plus intelligents, qui ont conscience de leur valeur, délaissent les positions de l'Etat pour rechercher un emploi dans les ports. La supériorité de ce recrutement commercial, autant que technique, ne tarde pas à se faire sentir, et comme plus le trafic est considérable, plus fortes sont les recettes des ports, et aussi par conséquent plus forts sont les salaires, les directeurs ne ménagent aucune peine ni aucune démarche pour attirer le navire, prévenir ses besoins et satisfaire à tous ses désirs.

Mais la situation devient délicate lorsque l'augmentation du trafic nécessite de nouveaux travaux. Comme ces travaux sont exécutés aux frais des Compagnies, il faut qu'ils soient économiques, qu'ils satisfassent à tous les besoins, et il ne faut pas faire d'erreurs, car l'erreur c'est le blâme et peut-être la perte de la position. Aussi il faut voir comme les travaux sont étudiés et avec quelle rapidité ils sont exécutés ! Et, en effet, tout temps gagné, toute économie réalisée sur les devis, est sinon toujours une prime immédiate, du moins un avancement certain pour celui qui les aura conçus et qui aura ordonné et surveillé leur exécution.

C'est en donnant la responsabilité, mais aussi la plus grande liberté d'action, et en accordant une confiance absolue aux directeurs qui se recommandent par leur valeur technique et commerciale, que les ports étrangers sont arrivés à être ce qu'ils sont aujourd'hui.

Southampton qui, jusqu'en 1893, était à peine connu, est aujourd'hui un des premiers ports de l'Angleterre.

Le port de Manchester n'existe que depuis sept années et déjà son développement porte ombrage à Liverpool. L'historique des ports de Rotterdam, de Brême et de Hambourg donne des preuves plus que suffisantes de ce que nous avançons.

Si nous examinons ce qui se passe en France, nous verrons généralement les Chambres de commerce dans l'obligation de demander aux départements ou à l'État les fonds qui leur manquent pour exécuter leurs travaux. Les Chambres de commerce ont-elles les moyens de faire leurs travaux elles-mêmes sans le secours de l'État? il leur faut encore obtenir les autorisations nécessaires et passer sous le contrôle du Conseil supérieur des Ponts-et-Chaussées. Les autorisations sont longues à obtenir et les Ponts-et-Chaussées n'apportent pas toujours une grande diligence à étudier les travaux : il est vrai qu'avec la centralisation dont nous jouissons ils sont tellement encombrés de projets qu'ils ne peuvent suffire à tout.

S'agit-il d'obtenir une subvention de l'État, celui-ci fait souvent réponse, si la ville n'est pas très fortement appuyée, que son budget ne lui permet de disposer d'aucun crédit; mais si, au contraire, l'État consent à participer à la dépense, on voit aussitôt les ports voisins ou rivaux mettre toutes leurs influences en mouvement et user de tous les moyens pour faire échouer l'obtention du crédit. Ils considèrent que toute subvention donnée à un autre port est autant qui leur est retiré, et que toute facilité donnée au port voisin lui permettra de concurrencer plus sûrement le leur, le seul que, d'après eux, la France doive prendre en considération. Il y aurait un moyen extrêmement simple de supprimer toutes ces rivalités, de dégrever le budget et d'augmenter le trafic des ports en leur donnant plus de liberté : ce serait le suivant.

L'État ne doit donner de subvention à aucun port et ne doit participer pécuniairement à aucun travail qui y est entrepris, mais il doit rendre à chaque port ce qui lui appartient en propre et que l'État détient indûment : le produit des droits de quai et des droits fiscaux dits sanitaires. C'est par cet abandon que l'État doit prouver sa sympathie au commerce et concourir aux travaux d'amélioration des ports.

En abandonnant le produit des droits sanitaires aux Chambres de commerce, l'État devrait mettre à leur charge les appointements, fixés par lui, du médecin sanitaire qu'il aurait nommé dans l'intérêt général du pays. Mais comme le montant des taxes sanitaires est toujours beaucoup plus élevé que les honoraires de ce médecin, il en résulterait un boni considérable pouvant servir à faire un emprunt pour exécuter des travaux.

Les droits de quai serviraient à payer l'ingénieur choisi par la Chambre de commerce pour être mis à la tête de son port, et le supplément, joint aux taxes diverses de péage, suffirait à exécuter tous les travaux et à rembourser tous les emprunts. L'État pourrait exiger que l'ingénieur du port présente certaines garanties, qu'il soit choisi parmi les ingénieurs sortant de certaines écoles, comme il invite les villes importantes à prendre un architecte sortant de l'École des Beaux-Arts ; mais il serait assez étrange qu'alors que les villes choisissent leurs architectes, l'État imposât tel ou tel ingénieur aux Chambres de commerce.

Il faudrait encore que l'État laissât les Chambres de commerce exécuter leurs travaux comme bon leur semble, qu'il leur permît de prélever directement, sans recourir à aucune loi, telles taxes qu'elles jugeraient bon d'appliquer, et ce jusqu'à un chiffre maximum au moins égal au chiffre de 2,50 fixé par la loi du 19 mai 1866. Qu'en fait d'emprunts, les Chambres de commerce puissent, avec l'agrément du Conseil municipal, en contracter jusqu'à 1 million pour 10.000 habitants, par exemple, dans le centre maritime commercial où le travail doit être exécuté et avec l'approbation du Conseil général ; 1 million par 50.000 habitants dans le ressort de la Chambre de commerce, et ce par simple décret, sans loi préalable. De cette façon l'État garderait un contrôle suffisant, puisque les dépenses excessives ne sauraient être exécutées qu'après le vote d'une loi, et que les dépenses normales, en grevant peu le commerce maritime et les habitants, ne pourraient l'être également qu'après un décret.

Mais en compensation, les Chambres de commerce auraient leur initiative et leur liberté. Responsables devant leurs électeurs, elles ménageraient leurs deniers. Chacun saurait que le trafic qui l'attire dans un port profitera à ce port même, que le produit des diverses taxes servira uniquement à son amélioration et à sa prospérité, que les droits de quai et les droits sanitaires payés à Cherbourg ne seraient pas dépensés à améliorer un port dans les Alpes-Maritimes, à l'autre extrémité de la France, par exemple.

L'étranger procède d'une façon à peu près identique. Nous voyons bien le Parlement anglais intervenir pour autoriser la création de docks à Londres et à Liverpool ou pour permettre à la ville de Douvres de faire plus de 40 millions de travaux afin d'attirer tout le trafic d'escales de l'Angleterre et du continent, de Cherbourg en particulier; mais jamais ce Parlement n'intervient financièrement.

Si le système législatif français, celui surtout qui est relatif aux ports et Chambres de commerce, est suranné et même nuisible ; si nous languissons et mourons d'une pléthore de restrictions juridiques et de fonctionnaires chargés de veiller à leur application, il est aisé de reconnaître franchement d'où vient le mal et d'y remédier en toute hâte. Un peu moins de temps perdu en questions ou en interpellations souvent oiseuses, et plus de réformes économiques : le pays ne s'en plaindra pas et saura prouver sa reconnaissance à ceux qui auront démoli le vieil arsenal de lois peut-être bonnes du temps des diligences et de la navigation à voiles, mais surannées et préjudiciables avec la vapeur et l'électricité.

Si l'État rendait à chaque port les droits de quai et les droits sanitaires qui lui appartiennent en propre, on ne tarderait pas à voir quels sont les vrais points commerciaux de notre pays, quels sont les ports qui, par leur position et par l'initiative de leurs habitants, savent attirer le commerce maritime et prospérer pour le plus grand bien du pays. Il n'est pas admissible d'endetter perpétuellement le budget des travaux publics par des dépenses considérables dans des ports appelés à disparaître par suite de changement économique ; il n'est pas moins injuste de prélever une partie des recettes des ports qui cherchent à se développer sans le secours de personne, pour en entretenir d'autres jadis prospères, mais qui, par suite de leur position ou de leur réputation à l'étranger, sont en pleine décadence.

En rendant à chacun selon ses œuvres, l'État se libérerait d'une responsabilité morale, et chaque ville pourrait, à ses frais et risques, s'offrir un port comme elle s'offre un hôtel de ville, un théâtre ou un musée.

Les ports mal placés, les ports électoraux qui, ne faisant aucun commerce, ne sont pas dignes de vivre, disparaîtront, à moins que les habitants, reprenant une nouvelle vigueur et sachant qu'ils ne doivent compter que sur eux-mêmes, ne développent leur initiative et ne s'imposent de gros sacrifices pour continuer ce que, jusqu'ici, l'État aura commencé.

Le résultat sera avantageux pour tous, car lorsque les Français auront bien compris que, pour faire du commerce, il faut aller le chercher ; qu'il faut travailler pour le maintenir, le faire prospérer ; qu'il faut enfin satisfaire l'acheteur et l'étranger. Comme ils sont au moins aussi intelligents que leurs concurrents étrangers, lorsque ces principes seront bien ancrés en eux, et que, pressés par le besoin, ils seront obligés de les appliquer, la France ne tardera pas à donner des signes d'une nouvelle vitalité.

Nos ports, notre commerce et notre industrie souffrent et languissent, parce que nous sommes trop indolents ; notre pays si riche nous donne, presque sans travail, plus que ne réclament nos besoins matériels, et nous n'éprouvons pas le besoin de travailler. L'élite de notre jeunesse est hypnotisée par le désir d'entrer dans une administration pour gagner peu mais ne rien faire ; et, devenue fonctionnaire, elle ne comprend pas que les commerçants puissent songer à créer des ports et puissent développer leur commerce sans passer par les approbations et les contrôles actuellement réglementaires. Aussi abuse-t-elle souvent des délais pour les contrôles ; les dossiers moisissent dans les cartons et, lorsqu'ils en sortent avec les approbations nécessaires, les temps ont passé, les besoins ont changé et nous faisons des ports qui auraient été parfaits au moment de l'élaboration des projets, mais qui, actuellement, sont insuffisants.

La ruine de nos ports, de notre commerce et de notre

marine est due en grande partie à la faute des intéressés, qui ne savent pas travailler et qui ne pensent qu'à obtenir des secours de l'État. Mais elle est due aussi à une législation mal faite, ne répondant plus aux besoins actuels, et enfin à ce que la plupart des intelligences délaissent le commerce, qu'elles méprisent, pour tenter de devenir fonctionnaires ou obtenir une position dite libérale.

Il faudrait que l'État fît comprendre aux élèves des lycées et collèges que le commerce est une des plus nobles situations ; qu'il est une lutte de tous les instants, développant l'initiative et l'énergie ; qu'un bon commerçant est un bon diplomate et un bon économiste et peut faire un bon officier. Mais nous nous demandons comment le professeur, qui est un fonctionnaire, pourrait exercer assez d'influence sur ses élèves pour leur apprendre que le fonctionnarisme n'est pas l'idéal, et que chacun doit, au contraire, chercher son avenir en s'appuyant sur ses seules forces et sur sa seule initiative.

Nous serons obligés de conclure, en terminant, que les ports étrangers prospèrent parce qu'ils sont autonomes, et que les ports français périclitent parce qu'ils sont sous le contrôle de l'État. Les ingénieurs français valent bien les ingénieurs étrangers, et les travaux sont conduits à l'étranger, au point de vue technique, comme ils le sont en France ; mais, au point de vue pratique, l'étranger les fait commercialement et nous les faisons administrativement...

La seule différence entre les ports étrangers et les ports français consiste dans le régime auquel ils sont soumis : d'un côté la liberté absolue, de l'autre les entraves. Le régime des ports influe sur le caractère des commerçants : avec la liberté se développe l'initiative ; avec les entraves et le contrôle de l'État on ne rencontre que la timidité commerciale, des gens soi-disant commerçants qui n'osent pas se lancer dans les affaires, qui estiment que leurs pères ayant vécu et prospéré avec telle ou telle manière d'agir, il n'y a pas lieu de la changer. Si les bénéfices sont moindres, on restreindra les dépenses, mais il serait trop pénible de tenter un effort pour améliorer la situation ou pour changer les anciens errements.

Aussi, ne craindrons-nous pas de proposer qu'il soit fait en France un essai afin de s'assurer de l'exactitude de nos dires.

Donnez à Cherbourg le produit des droits de quai et des droits sanitaires; permettez à la Chambre de commerce de frapper les navires d'une taxe ne dépassant pas 2 fr. 50 par tonne ou par passager, comme le permettait la loi du 19 mai 1866; laissez cette Chambre de commerce traiter de gré à gré avec les compagnies ou avec les armateurs qui font des services réguliers; permettez-lui d'emprunter la somme qui lui est nécessaire pour faire ses travaux, sans aucune contribution de la part de l'État que l'abandon des droits de quai et des droits sanitaires; mettez le port de Cherbourg, et tous les ports de France en général, sur le même pied d'égalité, en donnant à Cherbourg des tarifs de pilotage qui ne soient pas inférieurs à ceux de Boulogne ni supérieurs à ceux de Brest, ou en donnant à la Chambre de commerce le pouvoir de payer les pilotes au mois et d'encaisser leurs taxes, dont le surplus servirait à l'accomplissement des travaux urgents; en accordant les mêmes tarifs spéciaux d'importation et d'exportation, aussi bien pour les marchandises que pour les passagers comme les tarifs d'émigrants, vous verrez dans cinq années ce que sera devenu le port de Cherbourg avec un régime de liberté. Si l'essai réussit, on pourra le généraliser; mais l'État ne peut se refuser à le faire.

On pourra nous faire le reproche, dans cet exposé du commerce maritime de Cherbourg, d'avoir parlé des ports en général mais très peu de Cherbourg : nous l'avons fait intentionnellement. Nous estimons, en effet, qu'il importe peu de savoir que Cherbourg reçoit ou expédie annuellement par mer une moyenne de 45 à 50.000 passagers ; que son port est, pour la jauge, le troisième port de France et qu'il est relié, par des services réguliers, avec les Amériques du Nord et du Sud et la côte occidentale d'Afrique. Ce qui importe, à notre avis, étant donné le caractère des personnes qui liront le compte rendu du Congrès de l'Association française pour l'avancement des Sciences à Cherbourg, c'est uniquement de montrer aux lecteurs que, seules, notre apathie et les entraves d'une législation surannée sur les ports et la navigation, sont responsables de la décadence du commerce maritime français.

Aussi longtemps que l'État décrétera que tel port a droit à ses faveurs, que tel port doit être établi port franc plutôt que tel autre ; aussi longtemps que les dossiers urgents moisiront dans les cartons ; aussi longtemps enfin que les populations attendront que la manne gouvernementale leur donne des subsides, qu'elles ne prendront pas elles-mêmes l'initiative de supporter à elles seules la responsabilité de leurs actes, il n'y aura rien à faire, le commerce disparaîtra peu à peu. Si ces errements devaient continuer, nous pourrions nous réveiller un jour réduits au rang d'une nation de troisième ordre, et, égarés que nous serions dans le dédale des réglementations et des formules administratives, nous n'aurions plus ni la force ni la possibilité de nous ressaisir et de réagir.

LA CULTURE MARAICHÈRE

DE

TOURLAVILLE

PAR

M. F. POINT,

Président du Syndicat maraîcher de Tourlaville.

HISTORIQUE.

L'initiative de la culture maraîchère à Tourlaville revient sans contredit aux frères Lemoigne de la Moignerie, Basile-Charles (dit La Vallée) et Jean-Baptiste, qui commencèrent, vers 1845 à 1850, à cultiver les choux-fleurs.

Mon grand-père, M. François Ribet, ancien facteur des Messageries, racontait qu'ayant un jour invité à dîner chez lui des conducteurs de diligences qui faisaient alors le service de Cherbourg à Paris, il leur offrit, pendant le mois de janvier, des choux-fleurs qui lui avaient été donnés par la famille Lemoigne, de Tourlaville.

Les conducteurs, émerveillés de la beauté et de la rareté du produit, lui demandèrent où ils pourraient s'en procurer pour emporter à Paris, ce légume y étant tout à fait inconnu en hiver. Depuis, à chaque voyage, les conducteurs ne manquaient pas de prendre des choux-fleurs, et l'un d'eux, M. Baudouin, en emporta ainsi une assez grande quantité.

Ce trafic prenant de l'importance, les diligences ne suffirent plus, car elles vinrent aussi à transporter des artichauts et du persil ; ce dernier fut une fois vendu 100 fr. le panier de 25 à 30 kilos.

Voyant les résultats obtenus, les frères Lemoigne agrandirent leurs cultures et commencèrent à expédier par le bateau du Havre. M. La Vallée-Lemoigne fut à Paris se rendre compte de la vente, puis en Bretagne voir la culture des choux-fleurs et y puiser d'utiles renseignements. Il dut sentir l'utilité de ces voyages, car, dans la suite, il les continua et ne s'occupa plus que du placement de sa marchandise.

Pendant ce temps, MM. Basile et Jean-Baptiste Lemoigne se livraient activement à la culture ; ils se chargeaient aussi de la correspondance et des expéditions.

La création du chemin de fer de Cherbourg à Paris en 1858 vint faciliter leur tâche ; la beauté des produits qu'ils obtenaient, le soin apporté dans les expéditions firent connaître avantageusement la marque Lemoigne frères ; leur maison prospéra très vite et acquit une fortune et un renom bien mérités.

Quelques cultivateurs de Tourlaville imitèrent leur exemple et abandonnèrent peu à peu la culture des céréales ; des pièces en herbe furent mises en labour. Mon père m'a dit bien des fois combien il eut de peine à développer cette culture : il lui fallait se procurer de la graine de choux-fleurs au prix de mille difficultés, en donner gratis à des cultivateurs, avec du fumier, en leur louant une pièce de terre.

Les fils Chaumont, Le Blond, Hébert, entre autres, y

gagnèrent beaucoup d'argent les premières années, de 1872 à 1875. Je me rappelle très bien mon père engageant fortement Jean-Baptiste Chaumont à prendre à loyer une pièce de terre d'un hectare, triage de la Croix-Morel ; il lui donnait la graine de choux-fleurs tardifs et le fumier. L'hiver suivant, il gela assez fort pour détruire tous les choux-fleurs précoces, et avec sa seule récolte de tardifs, le jeune fermier gagna, d'un seul coup, les neuf ans du bail.

En même temps que la culture des choux-fleurs, celle des pommes de terre prit une très grande extension. Chaque cultivateur envoyait, dans des caisses marquées à son nom, ses produits divisés en trois catégories : grosses, moyennes et petites, ce qui facilitait beaucoup la vente. A cette époque on cultivait les pommes de terre *fluke* ou *fluxe* avoribles et tardives, la *savonnette*, l'*infernale*, etc. ; depuis une dizaine d'années on a généralement adopté une autre variété plus précoce qu'un nommé Jumelin, maçon, avait rapportée de Jersey, vers 1876. On a aussi essayé la *Princesse de Galles*, la *Mazuriette*, la *saucisse rouge*, puis, comme tardives, on continue en ce moment la *Magnum-Bonum*, la *Tomasse* (obtenue par M. *Thomas* Lelong), la *bleue jaune*, la *fluke tardive*, etc.

Enfin vers 1867, nos maraîchers ont essayé de cultiver en grand une espèce de choux-pommes venant de Lingreville, près de Coutances ; ils ont, à force de sélections, modifié cette race de choux, de façon à en former une variété type connue dans les catalogues de Vilmorin et autres sous le nom de « chou de Tourlaville », et ici sous celui de « chou prompt ». On cultive aussi à Tourlaville le chou grappé, le persil, les poireaux, carottes, navets, laitues, artichauts, etc. ; mais on expédie relativement peu de ces légumes qui sont plutôt destinés à alimenter, le lundi et le jeudi, les marchés de Cherbourg ; néanmoins l'Angleterre commence à demander quelques-uns de ces légumes.

Pour donner une idée du changement apporté à Tourlaville par l'extension des cultures maraîchères, je dirai que cette commune était desservie autrefois par le bureau de poste de Cherbourg et qu'un seul facteur faisait le service. En 1881, sur la proposition de M. le Sous-Préfet, le Conseil municipal décida la création d'un bureau de poste à Tourlaville. Il y a maintenant cinq facteurs et deux distributions par jour dans l'agglomération.

Jusqu'en 1888, les télégrammes nous venaient aussi de Cherbourg par un exprès qu'il nous fallait payer 1 à 2 fr. de supplément (0 fr. 50 par kilomètre) en plus de la dépêche, sans compter les retards occasionnés par un aussi long parcours. Les cultivateurs ayant besoin de connaître chaque soir les cours des marchés de la journée afin de régler leurs expéditions du lendemain, souffraient de cet état de choses ; ils demandèrent plusieurs fois au Conseil municipal de voter la création d'un bureau télégraphique, mais leur demande était ajournée chaque fois faute de fonds. Une souscription fut alors faite parmi les habitants et monta vite à plus de 1.000 francs. Dès lors il n'y avait plus de motifs de retard, et par une délibération du 22 novembre 1887, le Conseil municipal vota enfin l'installation tant désirée. Aujourd'hui, les cultivateurs reçoivent toutes leurs commandes télégraphiquement, et il passe plus de 6.000 dépêches par an au bureau de Tourlaville.

La culture des légumes a donné un essor considérable à notre contrée. Il n'y avait pas de routes praticables, on en a créé. Tout le monde s'y est mis ; la plupart des propriétaires ont donné leur terrain pour élargir les chemins qui étaient très étroits ; on a fait un travail de géant il y a quelques années, sans qu'il en coûtât autre chose à la commune que le temps de son cantonnier. Les cultivateurs fournissaient gratis leurs voitures et leurs journaliers. Mon père y a coopéré pour une large part ; il était toujours des premiers dans le mouvement, avec les fils Chaumont, Le Blond, Fournel, Hébert, Lelong, etc. ; il allait trouver chez eux les cultivateurs, on fixait un jour de corvée et personne n'y manquait. Les routes de la Place à Bourbourg, de Bourbourg à la mer, du Becquet à Cherbourg, par les Flamands, etc., ont été créées de cette facon ; j'ai vu faire celle du Capelain et de la Croix-Morel, la rue Canron, la Froide-Rue, la Grande-Rue, etc. On faisait des souscriptions pour avoir du cailloutis, que les cultivateurs allaient chercher au Roule dans leurs grandes charrettes.

La création des routes a favorisé les petits fermiers qui, n'ayant qu'un cheval, ne pouvaient auparavant porter les engrais et tirer leurs récoltes. La culture s'est étendue au fur et à mesure que les routes ont été créées ; aujourd'hui, nous avons environ 300 hectares de terre en plein rapport.

CLIMAT ET SOL.

Ce qui fait que Tourlaville est le pays par excellence pour la culture des légumes, c'est qu'avec un terrain très fertile, nous jouissons ici d'un climat très favorable. Il fait rarement très chaud et il ne gèle que peu relativement aux autres pays placés sous la même latitude ; la neige dure rarement plus de trois à quatre jours ; la température est comprise entre 25° centigrades à l'ombre en été et 6° au-dessous de zéro en hiver. Nous avons en pleine terre des figuiers, des lauriers, des dracœnas, des camellias, etc. ; j'ai eu dans mon jardin un olivier qui était assez fort, mais qui est mort l'hiver exceptionnel de 1890.

Les terrains en culture de Tourlaville peuvent se diviser en trois zones distinctes d'après leur nature géologique :

1° La contrée qui s'étend de la lande Saint-Maur à l'Église, les Câtelets, la Froide-Rue est formée de terre noire légère avec sous-sol de roches ;

2° Une bande de terre partant de la lande Saint-Gabriel, embrassant le Château, l'Église, Penesme, la Place, Bourbourg jusqu'au Becquet, est formée de terrains argileux avec sous-sol perméable ; longue de 3 kilomètres environ et large de 400 mètres en moyenne, elle est comprise entre les landes et la zone n° 1 d'une part et les prairies de l'autre ;

3° Enfin la région comprise entre Cherbourg et la mare de Tourlaville, au Nord de la rue Thiers, est formée de sable et constituait ce que l'on appelait autrefois les Mielles de Tourlaville. Une grande partie de ces terrains a été améliorée avec les sables ou tangues provenant des travaux de la Marine, lorsque cette administration creusa la mare actuelle pour la conservation des bois destinés aux constructions navales.

ENGRAIS, LABOURS ET ASSOLEMENTS.

La proximité de la ville de Cherbourg, des casernes d'artillerie et du bord de la mer donne de grands avantages à nos cultivateurs pour le fumier de ville et celui de cheval, pour le varech et le sable destiné aux amendements.

Ils se servaient autrefois de vidanges, mais ils ne les emploient plus aujourd'hui que sur les prairies : on a reconnu que cet engrais faisait pousser des mauvaises herbes en quantité tellement considérable qu'elles étouffaient et faisaient pourrir les choux.

Le varech est aussi presque complètement abandonné pour la culture de la pomme de terre. Depuis sept ou huit ans, l'engrais chimique a remplacé le goëmon et les vidanges pour les pommes de terre et les choux. On n'emploie plus maintenant que le fumier des casernes et celui de la ville; on les dépose, au fur et à mesure qu'on les apporte dans le champ même, par couches alternatives de façon à mélanger les deux sortes. Quinze ou vingt jours avant de labourer, on recoupe le tout en épluchant les pierres et débris inutiles, puis on le charrie dans le champ et on le dispose ainsi qu'il va être expliqué ci-après pour les choux-pommes, le système étant le même pour toutes les espèces de légumes cultivées ici.

La terre étant constamment occupée exige une fumure abondante, sans laquelle on ne pourrait obtenir de beaux produits. Le fumier seul coûte au cultivateur annuellement 500 francs l'hectare, à raison de 5 francs le mètre cube, et l'engrais chimique 300 francs, à 17 francs les 100 kg.; soit annuellement 800 francs d'engrais par hectare.

Je ne m'attarderai pas aux labours et amendements à donner aux terres suivant leur nature: cette question est traitée dans tous les ouvrages d'Agriculture. Je dirai seulement que, chez nous, chaque champ est divisé par petites bandes de 6 à 8 tournants de charrue appelées « cants », laissant entre elles une « raie » de 0m50 de largeur sur 0m20 à 0m50 de profondeur suivant l'état d'humidité du sol, destinée à maintenir toujours en hiver l'eau au-dessous de la racine des plantes, ce qui est essentiel.

La culture maraîchère de Tourlaville comprend, ainsi que nous l'avons vu plus haut, trois espèces principales de légumes: les choux-fleurs, les choux-pommes et les pommes de terre.

Les assolements sont donc presque toujours :

1° choux-fleurs et pommes de terre précoces ;

2° choux-pommes et pommes de terre tardives, chaque assolement alternant chaque année indéfiniment dans le même champ.

Nous allons essayer d'exposer brièvement la culture de chacun de ces légumes.

PROCÉDÉS DE CULTURE.

Choux-fleurs. — Les choux-fleurs, ou brocolis, suivant la saison, se divisent en quatre variétés appelées ici : les Automniers, les Avoribles, les Seconds et les Tardifs.

On les sème vers le 15 mai, dans un terrain sablonneux autant que possible et bien fumé, en rayons distants de 0m15. Aussitôt que la 3e feuille apparaît, on les bine en passant une ratissoire entre les rangs, pour détruire les mauvaises herbes, et permettre aux jeunes plantes de pousser avec vigueur afin de lutter contre un insecte qui les attaque presque toujours au début. Cet insecte, nommé « altise » ou « puce de terre », cause parfois un grand préjudice aux cultivateurs.

Vers la mi-juin, on sarcle et on éclaircit la jeune plante à la distance de quatre doigts ; ce travail est fait par des femmes qui passent des journées entières, à genoux, sous un soleil brûlant. Vers le 20 juillet, on arrache les choux-fleurs de la pépinière, et on les repique dans les champs, à la place des pommes de terre précoces. On donne simplement un coup de herse quinze jours avant la plantation ; quelquefois on laboure sans mettre de fumier, et l'on passe une planche pour unir la terre avant de planter ; on se sert souvent de l'une des bannes de la voiture : un homme, debout sur ce traîneau improvisé, tient une corde dont l'autre bout est attaché aux harnais du cheval ; de l'autre main, il tient les rênes.

La distance des plants est de 0m80 environ; un homme fait des fossettes avec la bêche, et un enfant place les choux, ce qui va assez vite. Mais il y a des années où la sécheresse est telle qu'on est obligé de charrier de l'eau dans de grands tonneaux. Cette eau est ensuite reprise dans une « tine » (barrique défoncée, avec deux anneaux dans lesquels on passe de forts bâtons) et transportée au bout du champ; elle est versée avec des seaux sur le pied de chaque chou pour en assurer la reprise. Ce travail est très pénible par les fortes chaleurs, mais il est nécessaire, car il évite le passage répété des voitures sur la terre.

Au bout d'une huitaine de jours, quand les choux commencent à se redresser, on remplace les manquants, puis on donne un bon coup de ratissoire pour unir la terre et combler les fossettes que l'on avait laissées à moitié remplies de terre lors de l'arrosage; ensuite, on bine de nouveau pour tenir la terre propre. On buttait autrefois les choux-fleurs, mais un de nos bons cultivateurs, M. Hébert, ayant observé que dans les choux buttés, l'eau était plus exposée à séjourner sur la terre en hiver et que la récolte venait tout aussi bien sans cela, cette opération est depuis quelques années abandonnée presque partout.

A partir du mois d'octobre, on n'a plus d'autre soin que de tenir les « raies » bien propres et bien curées à une grande profondeur, car le chou-fleur craint, avant tout, l'eau séjournant à la racine.

Suivant les années et la température, le chou-fleur d'automne est bon à couper vers le mois de novembre; le précoce ou avorible du pays, en décembre et janvier; le second en février et mars, et le tardif, en avril et mai.

Pendant la culture du chou-fleur, les cultivateurs ont à lutter contre des ennemis redoutables. Outre les altises, il y a, dans les années de sécheresse, des chenilles (particulièrement les larves de la piéride du chou) qui dévorent des champs entiers de jeunes plants, au point de les réduire à l'état de dentelle; après la plantation, les vers blancs les attaquent souvent, surtout si le temps est sec. Enfin une maladie nommée dans le pays « la bosse du chou » cause régulièrement à Tourlaville un préjudice annuel de plus de cinquante mille francs! Il y a une quinzaine d'années, j'avais envoyé des racines malades à M. Gaston Tissandier. Il m'a répondu que cette maladie existait aussi aux environs de Paris, et que jusqu'ici on n'avait pas trouvé de moyen efficace pour la combattre. Elle débute par quelques petites nodosités qui se forment sur le *chevelu de la racine* peu de temps après la plantation; la racine entre en putréfaction à l'approche de l'hiver, et le choux reste tout petit. Quand on l'arrache, on trouve au pied une masse informe d'une odeur repoussante et envahie par de petites larves blanches d'environ $1^m/^m$ de longueur sur 1/10 de millimètre de grosseur. Quelle que soit la cause de cette maladie, elle est propre au chou et ne se développe pas pendant l'hiver; il y a des champs qui en sont infestés et d'autres indemnes à côté, bien que le plant vienne de la même pépinière. Quand elle commence à paraître, on voit, la première année, une ou deux places rondes de quelques mètres de diamètre; l'année suivante, le champ est tellement envahi qu'on est obligé d'y abandonner la culture du chou-fleur. Nous avons remarqué que si l'on est quelques années sans planter de choux-fleurs dans un champ infesté et que l'on engraisse fortement la terre avec du fumier provenant des balayures de la ville, la bosse disparaît très souvent, pour recommencer plus tard quand on y cultivera des choux plusieurs années de suite. Cette maladie est plus fréquente dans la terre noire que dans la terre argileuse, et pour ainsi dire nulle dans la terre sablonneuse du bord de la mer.

CHOUX-PROMPTS. — Le chou-prompt se sème du 24 juillet au 4 août. La terre, préparée à l'avance, est reposée de quelque temps ; on la fume convenablement, puis on laboure à la charrue, par « cants » de 4 mètres environ de largeur, comme pour les choux-fleurs.

Lorsque l'époque est arrivée, on donne un coup de herse pour détruire les mauvaises herbes qui ont commencé à pousser, puis avec le « rangueux » (espèce de lourd rateau portant seulement trois dents en fer de lance espacées de 0m15) on fait, en le traînant à la surface du sol, des rayons d'une profondeur de 0m05 environ, pour recevoir les graines. Le cultivateur profite autant que possible d'un temps pluvieux, mais il ne peut attendre longtemps, car il faut semer à jour fixe. Bien que cela paraisse étonnant, l'expérience a démontré que les choux semés avant le 20 juillet montent en grande partie et ne pomment pas si le temps est doux pendant le renouveau, les autres sont sujets à se gâter sur pied au moment où la pomme commence à se former. Semée après le 6 août, la plante est trop petite et n'a pas acquis assez de force pour passer l'hiver, surtout si celui-ci est rigoureux ; d'un autre côté, les choux ne pomment pas assez tôt pour la vente. Néanmoins, quand on se sert de graines récoltées dans l'année, on peut semer jusqu'au 8 août, dernier délai ; les plants lèvent plus vite, mais par contre, on est exposé à avoir des choux dégénérés, qui ne pomment pas. Il est donc préférable de semer de la graine d'un an dans les limites les plus convenables, c'est à dire du 24 au 30 juillet. Lorsque la terre est trop sèche, ce qui arrive souvent, on est obligé de charrier de l'eau et d'en répandre en abondance dans les rayons avant de semer ; il est très rare qu'on arrose après. Quand la terre n'est pas trop sèche, on sème le soir pour rabattre le lendemain matin, afin que la rosée fasse gonfler les graines.

Aussitôt que les choux commencent à lever, on passe la lame d'une ratissoire entre les rangs, de façon à détruire immédiatement les mauvaises herbes ; on renouvelle cette opération plusieurs fois, et lorsque les plants ont acquis leur 4e feuille, on les sarcle et éclaircit à la main. Trois femmes ordinairement font ce travail ; une sur le milieu du « cant » met les mauvaises herbes et les plantes inutiles dans un panier ; les deux autres, de chaque côté, jettent leur poignée dans la « raie » et vident le panier de leur camarade de temps en temps. Ce sarclage n'est fait qu'une seule fois, mais très soigneusement. Les choux ne sont éclaircis qu'une seule fois aussi ; pour avoir de beau plant, il faut que l'on puisse passer quatre doigts entre ceux qu'on laisse. Un léger binage est nécessaire une quinzaine de jours après, puis la plante arrive à son développement normal à la mi-septembre.

A partir du mois d'août, par un temps sec, on charrie le fumier sur la terre destinée à la plantation. Avec de grands tombereaux et une fourche recourbée, appelée « havet » dans le pays, on dispose le fumier par tas d'un demi-mètre cube environ, espacés de 5 à 6 mètres sur le milieu de chaque « cant » ; on laisse ce fumier s'échauffer ainsi une huitaine de jours, puis vers la mi-septembre on l'épand et on laboure immédiatement à la charrue par « cants » de 4 mètres environ ; les « raies » sont ensuite soigneusement « parées » et bordées à la bêche. Vers le 1er octobre on donne un coup de râteau ou de herse pour détruire les mauvaises herbes qui ont commencé à germer, puis on plante les choux. Ceux-ci sont apportés à la barrière du clos dans des paniers ou des caisses par des charrettes venant de la pépinière, puis charriés à bras avec une civière, de façon que les paniers soient disposés de place en place et qu'on n'ait qu'à prendre la plante. Un homme avec sa bêche fait des fossettes de 0^m10 à 0^m15 de profondeur, espacées de 0^m30 environ dans la largeur du « cant » (ce qui fait 12 à 15 choux au rang), puis un enfant place dans chaque fossette un chou, en ayant soin que l'œil ne soit pas enterré ; l'homme, en faisant les fossettes du rang suivant, à environ 0^m40 du premier, jette la terre dans les fossettes correspondantes et recouvre la racine des choux déjà posés. Cette opération se fait très vite, un homme peut planter environ 4.000 choux par jour ; on compte de 45 à 50.000 choux à l'hectare. Dans la journée, un homme, souvent le fermier, serre fortement la terre sur la racine de chaque chou avec le pied pour assurer la reprise. Une quizaine de jours après, par un temps sec, lorsque les choux commencent à reprendre, des hommes armés de ratissoires binent énergiquement la terre ; cette opération efface les pas, redresse la terre, et surtout détruit les mauvaises herbes. Elle se renouvelle souvent, et dans un champ d'une certaine étendue, quand elle est finie par un bout, il est grand temps de recommencer par l'autre.

En décembre et en janvier, les choux ne demandent aucuns soins, si ce n'est de veiller à ce que l'eau s'écoule toujours librement, et dans les hivers rigoureux, de défendre ces légumes contre les allouettes affamées, qui les dévorent en très peu de temps.

A la fin de février, aussitôt que la terre recommence à pousser, la ratissoire reprend son office ; en mars, on fait avec cet instrument une petite pochette immédiatement au-dessus de la racine de chaque chou, en ayant bien soin toutefois d'y laisser au moins un centimètre ou deux de terre ; on dépose dans chaque pochette une petite quantité d'engrais chimique (une bonne poignée pour 3 choux, ce qui fait environ 50 grammes par plante), puis on butte à la houe. Ce dernier travail se fait ordinairement à la tâche, et se paie environ 5 francs les 20 ares. Vers la fin d'avril, les choux commencent à pommer ; comme ils sont très rares à cette saison, les premiers sont vendus au marché de Cherbourg avec ceux qui menacent de monter. A la mi-mai, l'expédition commence.

Pommes de terre. — La culture de la pomme de terre à Tourlaville comprend deux variétés bien distinctes : les précoces et les tardives.

Dès le mois de février, aussitôt que la pluie a cessé depuis quelques jours, on s'empresse de charrier le fumier dans les champs, qu'on laboure à la charrue dans la deuxième quinzaine du mois. Les premiers jours de mars, on commence à planter les pommes de terre sur les coteaux à l'abri des vents d'Est ; vers la mi-mars, on attaque les champs en plaine, pour finir par les Mielles, où il gèle un peu plus tard.

Les pommes de terre précoces se plantent germées d'après les procédés ordinaires, à la fossette, en ayant soin de ne laisser autant que possible qu'un beau germe à chaque tubercule, qui est recouvert de 2 à 3 c/m de terre.

Huit ou dix jours après la plantation, on rabat en promenant sur la terre un râteau qui brise les mottes, égalise la terre et contrarie la poussée des mauvaises herbes. Souvent on profite de cette opération pour répandre sur la terre l'engrais chimique (2.500 à 3.000 kilos à l'hectare) qui est enterré en même temps par le râteau. Certains cultivateurs préfèrent mettre l'engrais dans les fossettes, d'autres au pied de la pomme de terre avant de la buter.

Quand les pommes de terre sont toutes bien levées, on les ratisse avec soin, en épluchant à la main les mauvaises herbes qui se trouvent contre les tiges. Enfin, un mois environ après, on bute à la houe ; ce travail se fait ordinairement à la tâche et se paie 25 fr. l'hectare comme pour les choux.

Vers la mi-mai, on commence à arracher les pommes de terre sur les coteaux, puis dans les autres champs.

CHOIX DES TYPES DESTINÉS A LA REPRODUCTION.

CHOUX-FLEURS. — Les choux-fleurs d'automne et de Naples gelant très facilement, leurs graines ne peuvent être récoltées dans le pays. Celles des avoribles sont déjà très difficiles à obtenir et même impossibles dans certaines années rigoureuses ; elles valent quelquefois 150 à 200 fr. le kilo, et encore il est assez difficile de s'en procurer.

Pour les porte-graines, on choisit les choux-fleurs les mieux faits, à pomme serrée, bien unie, bien arrondie, en pomme d'arrosoir, sans poils ni feuilles à la surface, au ragot court et trapu, aux feuilles serrées à la base. On jette une poignée de terre dessus pour les marquer et on les laisse en place. Plus tard, quand vient le moment de labourer, ils sont enlevés soigneusement en mottes et portés dans la raie, entre chaque « cant » ; on les accote de chaque côté avec la charrue en adossant.

Les porte-graines se coupent un peu avant la maturité des graines et sont empilés avec précaution les uns sur les autres par un temps sec ; on recouvre le tout de mauvaises herbes provenant des sarclages, etc., et de vieux sacs sur lesquels on met quelques gros cailloux ; ils sont, de cette façon, à l'abri de l'eau, du vent et des oiseaux. Vers la mi-août, par un beau soleil, on bat la graine sur une toile, et quand elle est bien vannée et bien séchée, on la conserve au grenier dans des sacs en toile bien étiquetés.

CHOUX-PROMPTS. — On ne choisit pas, pour la reproduction, les choux qui pomment les premiers, ni les plus gros; l'expérience a prouvé qu'il vaut mieux attendre ceux qui pomment une quinzaine de jours après, au moment de la pleine récolte.

On coupe le chou au-dessus des trois feuilles du bas et on arrache immédiatement le ragot qui est seul conservé; rapporté à la maison, il est planté dans le jardin, à part et loin de toute autre variété de chou qui, en fleurissant, modifierait l'espèce. On plante les ragots à la suite les uns des autres, à 0m50 de distance, et on en forme un carré. Ce n'est que vers le 20 juillet de l'année suivante que la graine est bonne à récolter; on y procède ainsi qu'il a été expliqué pour les choux-fleurs. Les graines de choux conservent leur faculté germinative pendant trois années.

POMMES DE TERRE. — Lors de l'arrachage des pommes de terre précoces, on choisit des tubercules moyens et bien faits, en excluant soigneusement ceux des autres variétés qui peuvent s'y trouver mêlés par hasard. On transporte « la semence » dans les greniers où elle est étalée sur le plancher, à raison de deux pommes de terre au plus l'une sur l'autre; elles restent ainsi à germer jusqu'à la mi-février. A cette époque, elles sont transportées aux champs en évitant soigneusement de briser les germes.

Il y a une douzaine d'années, j'entrepris avec quelques cultivateurs du village une excursion à Jersey. Nous remarquâmes que les habitants de l'île se servaient, pour faire germer les pommes de terre, de boîtes en bois de 0m60 × 0m35 et 0m15 de hauteur, dans lesquelles les pomme de terre sont rangées debout, le côté des yeux en haut; elles restent ainsi dans leurs boîtes jusqu'à ce qu'on les mette en terre. Ce système est bien préférable : les germes poussent plus droit, sont plus robustes et ne risquent pas d'être brisés. D'un autre côté on peut superposer les boîtes les unes sur les autres, ce qui permet de loger plus de semence sur un même espace. L'usage de ces boîtes tend à se généraliser de plus en plus à Tourlaville.

RÉCOLTE DES LÉGUMES.

CHOUX. — Les choux-fleurs et choux-pommes se récoltent et s'emballent exactement de la même manière.

Ce sont ordinairement les femmes des cultivateurs qui coupent les choux ; ce rude travail se fait de 3 à 8 heures du matin, afin de profiter de la rosée pour que les légumes arrivent frais sur le lieu de l'expédition. Deux hommes portant des hottes sur le dos reçoivent les choux, qu'ils vont alternativement porter à la barrière du clos où se fait l'emballage ; en arrivant, ils font une très grande révérence et tout le contenu de la hotte tombe à terre en leur passant par dessus la tête.

Deux personnes sont occupées à l'emballage, un enfant donne et compte les choux et un homme les tasse dans une « harasse », sorte de grande cage en bois longue d'un mètre, large de 0m80 et haute de 0m90.

Sur un lit de « glui » placé au fond, l'homme range les choux en les serrant légèrement les uns contre les autres et par lits bien réguliers, la « coupe » en dehors correspondant entre deux « fissiaux », c'est-à-dire deux barreaux.

Arrivé à la partie supérieure de la harasse, il continue à tasser en pyramide en tournant et diminuant de largeur à chaque tour ; il termine donc par un chou placé au sommet ; cette pyramide est à elle seule plus haute que la harasse elle-même.

Il peut environ 100 choux-fleurs ou 200 choux-pommes dans chaque harasse. On procède ensuite au ficelage qui se pratique de la manière suivante :

Après avoir attaché trois bouts de forte ficelle à l'un des barreaux supérieurs du côté le plus large, on les jette par dessus les choux pour se rendre compte s'ils sont assez longs pour être attachés de l'autre côté, puis on les coupe. On apporte ensuite une brassée de glui que l'on place sur le dessus, on attache les ficelles provisoirement puis on étale le glui en nappe de façon à recouvrir le dessus des choux, enfin on serre les ficelles. Pendant cette opération un homme se couche à plat ventre sur le haut pour aider au serrage ; la hauteur de la pyramide est ainsi réduite de moitié. Enfin on noue deux ficelles à chacun des bouts et l'on relie le tout ensemble après avoir placé une petite poignée de glui de chaque côté.

Les harasses, pesant environ de 2 à 400 kilos, sont chargées à bras, dans de grandes voitures, où il en peut cinq ou six ; elles sont ensuite transportées, soit à la gare de Cherbourg, soit au bateau de Southampton.

Pommes de terre. — Les pommes de terre sont expédiées dans des caisses en bois, pesant pleines environ 55 kilos et appartenant à des marchands qui viennent sur place. Quelques-uns font leurs expéditions dans de petits barils, pour leur compte en Angleterre.

PRIX MOYEN, EXPÉDITION ET TRANSPORT.

Autrefois les produits de Tourlaville étaient très rémunérateurs ; il n'en est pas toujours de même aujourd'hui. Une énorme concurrence s'est établie, et dans les années mêmes où la récolte est abondante, la vente ne paie guère que les frais de culture. Cette année encore, j'ai vu mettre la charrue dans des clos de choux magnifiques, faute de débouchés pour les vendre ! Le cultivateur compte qu'en engrais, travail et loyer, chaque chou lui revient à 0 fr. 05

Lorsque l'hiver est un peu rude, sans être trop rigoureux, les légumes rapportent, déduction faite des frais de transport et de vente : les choux-fleurs de 15 à 20 francs le cent, suivant grosseur et blancheur, les petits de 6 à 7 fr. ; les choux-pommes de 12 à 14 francs le cent au début, pour finir à 6 francs; enfin les pommes de terre précoces 0 fr. 25 à 0 fr. 30 le kilo au début, pour finir à 0 fr. 07.

Malheureusement il est survenu quelques années désastreuses par suite de fortes gelées tardives : tous les choux-fleurs ont été perdus; les pommes de terre qui commençaient à lever ont été très abîmées et il a fallu à beaucoup de nos cultivateurs les secours du gouvernement pour les aider à se relever.

Les produits maraîchers de Tourlaville sont expédiés principalement sur Paris et Londres, puis sur Rouen, Le Havre, Caen, Lisieux et beaucoup de villes du réseau de l'Ouest; mais notre commerce est surtout gêné par le prix beaucoup trop élevé des transports et par les restrictions apportées dans les tarifs des chemins de fer.

Nous avons déjà bien des fois réclamé; mais la Compagnie a de la peine à comprendre que son intérêt serait de transporter beaucoup plus, en réalisant un bénéfice un peu moindre.

La première réforme serait pour la Compagnie de l'Ouest d'appliquer aux choux-pommes, choux-fleurs et pommes de terre pour des quantités de 200 kilogrammes par exemple, les prix portés dans ses tarifs pour des quantités de 2.500 et 4.000 kilogrammes, que nos cultivateurs ne peuvent atteindre car il leur faut expédier leurs produits tous les jours, au fur et à mesure de leur arrivée à maturité. Il n'en est pas des légumes comme des autres marchandises, bois, charbon, etc., qui peuvent attendre plusieurs jours jusqu'à ce que le wagon soit complet. Et pourtant, nos cultivateurs font gagner à la Compagnie bien plus que n'importe quel négociant! J'estime à 80.000 francs en moyenne la somme versée annuellement par les cultivateurs de Tourlaville à la Compagnie de l'Ouest. Il y a des moments où il part de Cherbourg deux trains entiers de légumes, sans compter une quantité égale et même plus forte qui se dirige en même temps sur l'Angleterre par le bateau de Southampton.

SYNDICAT MARAICHER.

Avec l'aide de M. Fasquelle, professeur départemental d'Agriculture, nous venons de former un Syndicat dans le but de perfectionner encore notre culture ; de nous procurer dans les meilleures conditions possibles ce qui nous est nécessaire (graines, engrais, outils, etc.) ; de créer une marque spéciale pour la vente de nos produits en France et à l'étranger, etc. En un mot, nous désirons étendre nos relations commerciales et tirer tout le parti possible de la situation particulièrement avantageuse que Tourlaville doit à son sol et à son climat.

DÉMOGRAPHIE

DE LA

VILLE DE CHERBOURG

PAR

M. le Dr L. THÉRAULT,

Médecin major de l'Armée.

Le touriste de notre époque, servi par les moyens de locomotion modernes, a la curiosité des sites pittoresques et réputés ; il s'intéresse aux particularités matérielles qui caractérisent une région rapidement traversée ; il visite les merveilles de la nature, et admire celles qu'ont produites le génie de l'artiste et le talent de l'ingénieur ; il parcourt en peu de temps des espaces aussi variés par leur aspect que par la population qui s'y meut et y vit ; mais il passe indifférent à ces agglomérations humaines, à leurs caractères et à leur évolution. Il n'en est pas ainsi du voyageur attentif pour lequel l'étude de l'homme dans son état et ses variations a l'attrait d'un problème de haute portée ; et lorsque ce voyageur étranger vient demander à une région ou à une ville de l'initier à la connaissance des éléments qui la constituent, l'histoire des conditions qui régissent le mouvement de sa population sollicite vivement son intérêt.

La démographie, qui s'occupe des phénomènes d'activité intime des collectivités, est la source où il puisera ses renseignements. Elle a pour base et pour moyen d'investigation la statistique.

En conséquence, c'est d'abord aux chiffres comparatifs que nous allons nous adresser pour étudier la population de Cherbourg dans ses éléments principaux.

Nous essayerons ensuite, au cours de ces recherches, de formuler des conclusions dont les termes permettront aux habitants de connaître un peu plus d'eux-mêmes, en même temps qu'elles autoriseront le visiteur à les connaître aussi.

I. — POPULATION.

Le tableau suivant met sous les yeux du lecteur la progression du chiffre de la population de Cherbourg. Les

TABLEAU A.

ANNÉES	POPULATION			ANNÉES	POPULATION		
	fixe	flottante	totale		fixe	flottante	totale
1657	»	»	4 200	1856	27 159	5 664	32 823
1758	»	»	6 000	1861	27 997	12 942	40 939
1786	»	»	7 000	1866	27 404	8 786	36 190
1797	»	»	11 362	1872	26 144	8 641	34 785
1826	»	»	17 066	1876	26 755	10 431	37 186
1831	18 377	2 743	21 120	1881	27 439	8 375	35 814
1835	19 315	»	22 058	1886	28 515	8 498	37 013
1840	20 665	»	23 408	1891	31 139	7 415	38 554
1842	»	»	24 326	1896	32 494	8 289	40 783
1847	»	»	26 949	1901 - 04	34 361	8 577	42 938

nombres correspondant aux années des XVII° et XVIII° siècles n'ont qu'un attrait historique et sont approximatifs. La colonne dont les données présentent un intérêt statistique est celle de la population fixe. Celle-ci n'a cessé de s'accroître depuis 1830, sauf dans la période 1866-1881.

Nous nous efforcerons de déterminer les causes de cette augmentation presque régulière, lorsque nous aurons étudié la natalité et la mortalité. En effet, l'accroissement de la population dans un centre donné reconnaît deux facteurs principaux :

1° l'excès des naissances sur les décès ;

2° l'excès de l'immigration sur l'émigration.

La population flottante a beaucoup varié et d'une allure irrégulière. Comptant 2.743 individus en 1831, elle s'est élevée en 1861 à 12.942, pour redescendre en 1866 à 8.786, se relever à 10.431 en 1876, et osciller ensuite jusqu'en 1904 autour de 8.000.

II. — NATALITÉ.

Le nombre des naissances est présenté dans le tableau ci-après par rapport à 1.000 habitants. Cette proportion permet de comparer la natalité de Cherbourg avec celle des villes de même catégorie (villes de 30.000 à 100.000 habitants).

Le nombre proportionnel des naissances a donc diminué depuis cinquante ans de 7 pour 1.000; ce mouvement de descente existe aussi pour les villes de même catégorie, mais il paraît y avoir commencé plus tard.

TABLEAU B.

Nombre de naissances pour 1.000 habitants.

ANNÉES	Cherbourg	Villes du 3e groupe	ANNÉES	Cherbourg	Villes du 3e groupe
1851 - 56	27.	»	1894	21.3	22.5
1856 - 61	28.4	»	1895	21.6	22.
1861 - 66	22.6	»	1896	22.4	22.6
1866 - 71	22.5	»	1897	21.1	22.7
1871 - 76	21.6	»	1898	22.9	22.7
1876 - 81	19.3	»	1899	23.1	22.6
1881 - 86	22.6	»	1900	22.1	22.5
1886 - 91	21.8	23.6	1901	21.1	21.5
1892	23.1	22.9	1902	21.3	»
1893	23.6	23.	1903	20.4	»

A Cherbourg, dès 1860, le taux des naissances est brusquement tombé à 22,6 pour 1.000, et lorsqu'il s'est relevé en 1892, 1893 et 1899, c'est dans une faible mesure ; en moyenne il reste inférieur à celui des villes qui nous servent de comparaison.

La natalité générale, somme de la natalité légitime et des naissances illégitimes, doit être étudiée dans ces deux modalités.

La natalité légitime est fonction du chiffre de la nuptialité multiplié par celui de la fécondité des mariages. Considérons d'abord la nuptialité.

III. — NUPTIALITÉ.

Le tableau suivant nous fait connaître quelle est la proportion des mariages pour 1.000 habitants pendant la même période. Il est complété par les renseignements comparatifs établis sur la même base, concernant les divorces.

TABLEAU C.

Nombre de mariages et de divorces pour 1.000 habitants.

ANNÉES	MARIAGES		DIVORCES		ANNÉES	MARIAGES		DIVORCES	
	Cherbourg	Villes du 3e groupe	Cherbourg	Villes du 3e groupe		Cherbourg	Villes du 3e groupe	Cherbourg	Villes du 3e groupe
1851 - 56	6.5	»	»	»	1893	7.9	7.2	0.28	0.29
1856 - 61	8.1	»	»	»	1894	7.1	7.4	0.41	0.29
1861 - 66	5.8	»	»	»	1895	7.2	7.2	0.33	0.32
1866 - 71	6.5	»	»	»	1896	7.5	7.6	0.33	0.31
1871 - 76	7.4	»	»	»	1897	8.1	7.8	0.34	0.33
1876 - 81	7.	7.	»	»	1898	7.7	7.7	0.39	0.34
1881 - 86	7.1	7.	»	»	1899	8.8	7.8	0.29	0.31
1886 - 89	7.5	7.	0.10	0.24	1900	7.1	8.	0.29	0.33
1890	6.6	7.	0.13	0.24	1901	7.7	7.	0.39	0.34
1891	7.	7.3	0.17	0.26	1902	7.7	»	0.43	»
1892	7.2	7.3	0.15	0.28	1903	8.2	»	0.43	»

La proportion des mariages n'a presque jamais été inférieure à celle des villes de 3e catégorie, et elle tend plutôt à s'accroître qu'à diminuer. Ce n'est donc pas à cet élément de la natalité qu'il y a lieu d'attribuer la décroissance de celle-ci, mais bien à celui qui lui est connexe, la fécondité des unions légitimes.

Voici d'ailleurs le tableau qui met en évidence la régression du nombre des naissances légitimes en raison du nombre des mariages.

TABLEAU D.

Nombre de naissances pour un mariage.

ANNÉES		ANNÉES	
1850 - 56	3.7	1892	2.9
1856 - 61	3.4	1893	2.7
1861 - 66	3.5	1894	2.7
1866 - 71	3.2	1895	2.7
1871 - 76	2.7	1896	2.7
1876 - 81	2.6	1897	2.3
1881 - 86	2.7	1898	2.6
1887	2.6	1899	2.3
1888	3.	1900	2.8
1889	3.2	1901	2.5
1890	3.1	1902	2.5
1891	2.9	1903	2.1

Ainsi la fécondité des mariages a diminué depuis cinquante ans et c'est à cette circonstance qu'est due l'amoindrissement de la natalité dans la population cherbourgeoise. Au lieu de suivre une marche ascensionnelle et parallèle, les mariages et les naissances suivent des voies divergentes.

Le tracé ci-dessous constitue une synthèse des tableaux précédents et fait ressortir cette situation.

GRAPHIQUE I.

Marche comparée de la nuptialité et de la natalité.

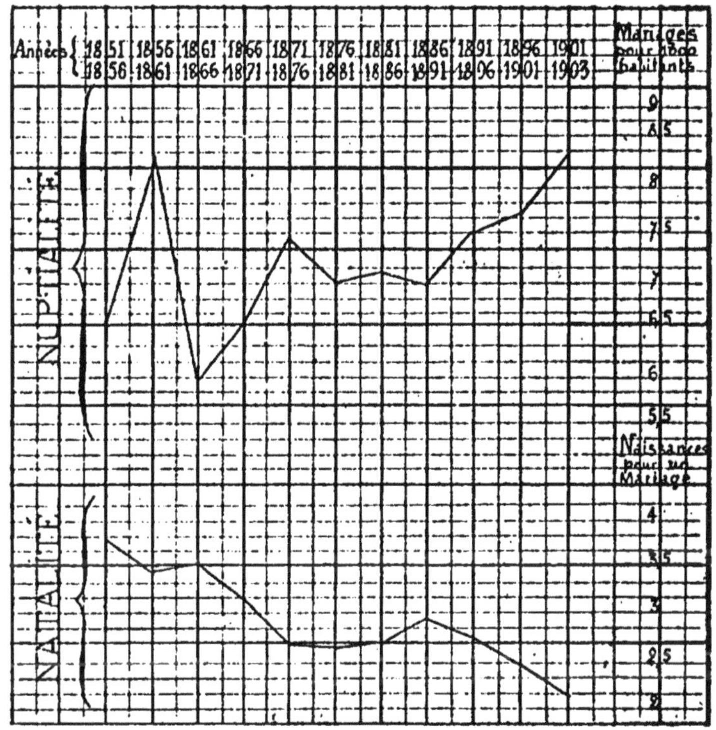

Il n'entre pas dans le programme de ce travail de rechercher si une incursion minutieuse dans la morbidité de la population donnerait la solution de cette inégalité. Nous rappellerons seulement les réflexions d'un démographe, A. Dumont, qui a scrupuleusement étudié la Normandie et en particulier le canton de Beaumont, si voisin de Cherbourg. Constatant que depuis le commencement du siècle la natalité y est très faible ; ayant interrogé les statistiques et fait le bilan des ressources matérielles et morales, il a conclu que « le développement de la race en nombre y est en raison inverse de l'effort de l'individu vers son développement personnel ».

Nous venons d'envisager la natalité de la ville en nous basant sur ses rapports avec le mariage, c'est-à-dire les naissances légitimes. Deux autres catégories de naissances doivent en être rapprochées ; l'une, celle des enfants naturels, parce qu'elle apporte à la population son contingent d'existences et de vitalité ; l'autre, celle des mort-nés, parce qu'elle est un élément dans la déchéance de la natalité.

Le tableau suivant indique la proportion, pour 1.000 habitants, des naissances illégitimes, depuis 1887. Nous n'avons pas manqué de mettre en regard la même proportion concernant les villes du 3e groupe.

TABLEAU E.

Naissances illégitimes pour 1.000 habitants.

ANNÉES	Cherbourg	Villes du 3e groupe	ANNÉES	Cherbourg	Villes du 3e groupe	ANNÉES	Cherbourg	Villes du 3e groupe
1887-90	1.5	3.3	1895	2.	3.2	1900	2.	3.4
1891	1.5	3.3	1896	1.8	3.3	1901	1.9	3.4
1892	2.4	3.3	1897	2.1	3.3	1902	1.8	3.4
1893	1.5	3.4	1898	2.1	3.2	1903	1.6	»
1894	1.3	3.3	1899	2.	3.4			

La différence entre ces deux séries de chiffres est assez accentuée pour être l'objet d'une attention spéciale. Les conditions morales et sociales qui constituent les causes réelles des naissances illégitimes ne peuvent être ici l'objet d'investigations approfondies. Il paraît ressortir cependant de leur examen que, d'une part, les associations d'existences fréquentes dans les populations industrielles ne trouvent pas à Cherbourg des éléments suffisants pour se former nombreuses ; et que, d'autre part, les chiffres statistiques montrent que les légitimations par le mariage sont loin d'être rares.

TABLEAU F.

Nombre de mort-nés pour 1.000 habitants.

ANNÉES	Cherbourg	Villes du 3e groupe	ANNÉES	Cherbourg	Villes du 3e groupe
1887	1.30	»	1896	1.35	1.43
1888	2.10	»	1897	1.83	1.40
1889	2.22	»	1898	1.61	1.28
1890	1.34	1.45	1899	1.44	1.35
1891	1.51	1.47	1900	1.60	1.31
1892	1.17	1.48	1901	1.52	1.30
1893	1.19	1.41	1902	1.33	»
1894	0.93	1.50	1903	1.60	»
1895	1.34	1.50			

IV. — MORTALITÉ.

Nous avons présenté dans les tableaux précédents le mouvement de la natalité ; le tableau G contient la proportion des décès pour 1.000 habitants pendant la même période; en regard figurent les chiffres concernant les villes de même groupe depuis 1887.

TABLEAU G.

Nombre de décès pour 1.000 habitants.

ANNÉES	Cherbourg	Villes du 3e groupe	ANNÉES	Cherbourg	Villes du 3e groupe
1851 - 56	32.5	»	1892	28.8	23.7
1856 - 61	30.3	»	1893	26.	26.5
1861 - 66	25.7	»	1894	31.3	23.
1866 - 71	33.2	»	1895	29.	24.
1871 - 76	34.6	»	1896	25.7	22.4
1876 - 81	24.8	»	1897	23.	21.4
1881 - 86	29.4	»	1898	24.2	22.7
1887	27.9	26.2	1899	29.1	23.1
1888	27.9	25.3	1900	29.3	24.5
1889	27.8	23.1	1901	23.	21.2
1890	25.5	27.3	1902	23.	»
1891	28.7	26.7	1903	23.4	»

Dans la première partie de la période qui nous occupe la mortalité générale a été très élevée à Cherbourg. A cette époque la mortalité générale en France était de 24 pour 1.000, et celle du canton de Beaumont-Hague de 20.3 pour 1.000. Ce coefficient élevé s'est maintenu jusqu'en 1886. De 1887 à 1903 nous observons que, tout en s'abaissant un peu, surtout en 1897 et depuis trois ans, il reste encore notablement supérieur à celui des villes du 3e groupe.

Si l'on considère la mortalité de la ville aux différents âges de ses habitants, on constate que la mortalité des nouveau-nés, soit de 0 à 1 an, a été en moyenne depuis 1887 de 174 pour 1.000, et ne s'écarte beaucoup ni de la mortalité infantile urbaine ni de celle des campagnes environnantes.

Le tableau H donne les chiffres des décès de 0 à 1 an pour 1.000 naissances depuis 1887.

TABLEAU H.

Mortalité infantile.

Nombre des décès de 0 à 1 an pour 1.000 enfants.

ANNÉES	Cherbourg	ANNÉES	Cherbourg	ANNÉES	Cherbourg
1887	178	1893	161	1899	195
1888	184	1894	212	1900	217
1889	156	1895	198	1901	162
1890	172	1896	144	1902	157
1891	175	1897	150	1903	190
1892	165	1898	148		

D'autre part le coefficient de la mortalité de 1 à 20 ans est de 0.0118 ; c'est donc la population adulte qui élève le taux général. Les morts accidentelles ne présentent pas de fréquence particulière et c'est dans le cadre total de la pathologie qu'il y aurait lieu de rechercher les causes les plus certaines de léthalité. Les renseignements incomplets contenus dans la statistique urbaine officielle ne nous permettent pas de déterminer avec quelque précision la part proportionnelle qui revient à plusieurs maladies graves, et notamment à la tuberculose, si répandue et rapidement meurtrière dans la région et dans les départements voisins.

Les déclarations qui concernent les décès par fièvre typhoïde montrent que, comme partout ailleurs, elle a surtout frappé les individus entre 20 et 30 ans, et le relevé suivant (tableau I) des décès qu'elle a causés depuis 1887, permet de comparer son intensité numérique à celle qu'elle revêt dans les villes du 3e groupe. Les années 1888 et 1889 ont été particulièrement sombres; 1897, 1898 et 1899 ont vu une recrudescence; désormais elle s'atténue progressivement. Mais le nombre des morts qui lui sont dues reste encore plus élevé que dans les milieux de même composition. Remarquons aussi que les chiffres du tableau I sont établis d'après les déclarations authentiques et officielles des cas et constituent par conséquent un minimum.

TABLEAU I.

MORTALITÉ PAR FIÈVRE TYPHOÏDE.

Nombre de décès par 1.000 habitants.

ANNÉES	Cherbourg	Villes du 3e groupe	ANNÉES	Cherbourg	Villes du 3e groupe	ANNÉES	Cherbourg	Villes du 3e groupe
1887	1.52	0.62	1893	0.77	0.42	1899	1.79	0.46
1888	2.13	0.62	1894	0.62	0.32	1900	0.90	0.37
1889	2.56	0.62	1895	0.65	0.34	1901	1.07	0.27
1890	1.10	0.62	1896	0.95	0.36	1902	0.72	»
1891	1.37	0.43	1897	1.22	0.31	1903	0.35	»
1892	0.34	0.47	1898	1.57	0.35			

CONCLUSIONS.

Nous avons établi par la statistique la nature des mouvements partiels de la population : elle ne cesse de s'accroître, et tandis que la nuptialité augmente, la natalité diminue, et la mortalité est constamment supérieure à celle-ci.

Le graphique suivant met en relief la marche relative de ces trois éléments.

GRAPHIQUE II.

Population_Natalité_Mortalité

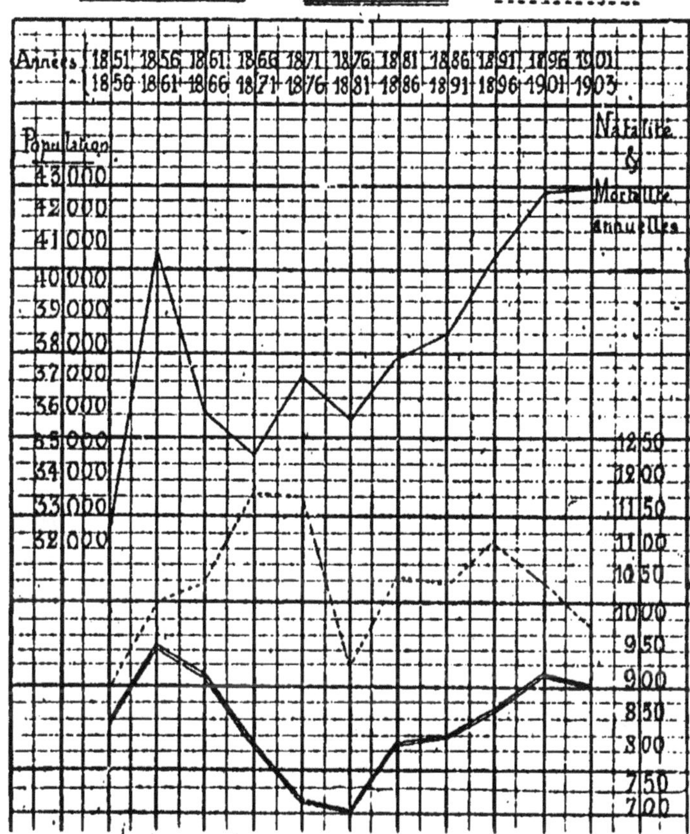

Il n'existe aucun parallélisme entre la marche de la population et celles des décès et des naissances. Depuis 1851, la courbe des premiers a toujours été au-dessus de celle des secondes; de 1866 à 1876, il y eut même un écart considérable.

Dans ce tracé se trouve la solution de l'augmentation du nombre des habitants: il est uniquement dû à l'immigration. De 1850 à 1903, l'excès total des décès sur les naissances a été de 10.112; d'autre part la population s'est accrue dans le même temps d'environ 15.000 habitants; c'est donc, même en ne tenant pas compte de l'émigration, plus de 25.000 personnes qui sont venues de l'extérieur se fixer à la ville.

Des motifs applicables à toutes les régions expliquent une partie de ce mouvement de concentration. L'abandon des campagnes au profit des villes relève de l'effort de l'individu vers un sort meilleur, des conditions d'existence plus douces, et vers l'association. Le canton de Beaumont, à la démographie duquel nous avons déjà emprunté plusieurs termes de comparaison, a perdu par émigration, de 1831 à 1891, environ 3.800 habitants; nul doute que le plus grand nombre ne se soit arrêté au centre populeux le plus proche.

Le développement de la Marine de guerre et des travaux qu'elle nécessite a attiré et retenu définitivement et les travailleurs isolés et ceux déjà pourvus d'une famille. Ils constituent les principaux facteurs de l'accroissement de la population. A celui-ci viennent encore contribuer le mouvement de la Marine commerciale et quelques entreprises récentes, que leur prospérité rend progressives.

PRATIQUE DE LA CHIRURGIE

A

CHERBOURG

PAR

M. le Dr P. ARDOUIN,

Ancien Interne des hôpitaux de Paris,

Chirurgien du dispensaire de la Croix Rouge et de l'Hôpital civil.

I.

MAISON DE SANTÉ CHIRURGICALE.

Depuis le 1er janvier 1903 fonctionne, au n° 56, rue de la Bucaille, une maison de santé, pourvue du confort et de l'hygiène modernes, qui permet de soigner et d'opérer dans d'excellentes conditions les malades atteints d'affections chirurgicales. La description en a été donnée dans les Archives provinciales de Chirurgie de mars 1904.

La salle d'opérations mesure 6m sur 5m et a 4m10 de hauteur; elle est éclairée par une large baie vitrée qui occupe entièrement l'une des faces et par un double plafond vitré de 3m sur 3m. La nuit, l'éclairage est assuré par une forte lampe à gaz, mobile et démontable, bec renversé à manchon incandescent avec globe en cristal et abat-jour.

Tous les angles sont soigneusement arrondis; les murs et le plafond sont peints en blanc au ripolin et ne portent que les accessoires indispensables: les portes d'une étuve à linge chaud scellée dans l'épaisseur du mur, une tablette en verre, une autre en lave émaillée de Volvic et deux lavabos à pédales, le tout installé par la maison Flicoteau de Paris.

Les pédales des mélangeurs d'eau chaude et eau froide sont du modèle installé à la Maternité de Paris, dans le service du docteur Porak, c'est-à-dire traversent le mur et sont faciles à nettoyer, au lieu de traverser le carrelage et d'être des nids à poussière.

Les portes de la salle d'opérations n'ont absolument aucune moulure et sont également peintes en blanc au ripolin.

Le sol est recouvert d'un carrelage en grès cérame noir et blanc, et des gorges de même grès unissent le sol aux murs; une vidange automatique assure l'écoulement des liquides employés au lavage du sol.

La salle, comme d'ailleurs le reste de la maison, est chauffée par un calorifère à vapeur à basse pression, avec radiateurs peints en blanc et faciles à nettoyer dans chaque pièce.

Les appareils de stérilisation de l'eau (filtres Chamberland, bouilleur de Flicoteau), des instruments (étuve de Poupinel et appareil à ébullition), des objets de pansement (autoclave) sont placés dans une salle voisine de la salle d'opérations. De l'autre côté de cette dernière, faisant pendant à la salle de stérilisation, se trouve une pièce qui remplit le rôle de pharmacie et de salle d'anesthésie. On peut d'ailleurs aller de l'une dans l'autre de ces deux salles annexes sans passer par la salle d'opérations, grâce à un couloir ménagé *ad hoc* en arrière de celle-ci, les portes de la salle d'opérations devant rester fermées à clef en dehors du temps nécessaire aux opérations.

Les chirurgiens ne doivent pénétrer dans la salle d'opérations que munis de chaussures spéciales (caoutchoucs bien lavés et jamais utilisés au dehors), de la blouse, de la calotte de toile blanche et du plastron stérilisés. Les vêtements sont transportés par le personnel au vestiaire placé assez loin pour être sans danger.

Le mobilier est d'une extrême simplicité ; il comprend :

1° Une table ordinaire d'opérations composée de deux parties égales (deux petites tables) longues de 0m90, larges de 0m50, hautes de 0m85, en bois blanc ripoliné.

2° Une table à renversement pour obtenir la position de Trendelenbourg, en bois blanc ripoliné. Elle se compose d'une table ordinaire basse, longue au total de 2m, large de 0m60, sur laquelle se meut, au moyen de charnières placées au voisinage de la tête, le plan incliné. Elle est excessivement simple, facile à manœuvrer et à nettoyer et d'un prix extrêmement modique.

3° Une table à spéculum, ou mieux à opérations vaginales. C'est une table ordinaire munie d'un nouveau système d'étriers et de porte-jambes, pouvant fixer solidement les jambes et les tenir écartées sans jamais provoquer de douleur ou de trouble de compression. Les étriers sont mobiles dans tous les sens, peuvent glisser en dedans, en dehors, être plus ou moins inclinés, plus ou moins éloignés de la table. Sur la tige horizontale qui les maintient peut aussi se mouvoir, à la façon d'un curseur, une tige verticale qui sert d'écarteur des jambes et grâce à laquelle on peut immobiliser complètement les genoux, au moyen d'une serviette par exemple ; de sorte que les aides n'ont aucunement à se préoccuper de tenir les jambes des malades, d'où fatigue moindre et assistance plus efficace.

4° Deux tables en bois blanc ripoliné destinées aux instruments, cuvettes, compresses, tampons, etc., une pour le chirurgien, l'autre pour son aide. Toutes ces tables sont du même type : pas de rebord et angles arrondis.

5° Enfin un chariot léger à roues caoutchoutées, en métal ripoliné pour le transport des malades. Le cadre horizontal de ce chariot, n'étant que posé sur des supports, est facile à démonter, il sert alors de brancard.

Les chambres de malades sont au nombre de sept ; l'intérieur de chacune d'elles est aménagé dans le même ordre d'idées que la salle d'opérations : le luxe dans l'hygiène. Les murs sont peints de couleurs claires variées dans les teintes douces à la vue, les angles sont arrondis. La lumière et le soleil pénètrent largement en raison de l'exposition. Les chambres et vestibules sont chauffés par les radiateurs du calorifère. Le mobilier est simple, pour la plus grande partie en métal peint ; une armoire et une table de pitchpin le complètent. On voit ainsi que la désinfection est facile à réaliser.

Le logement du personnel et les annexes (bureau de réception ou salon, lingerie, cuisine, etc.), rien ne laisse à désirer ; tout est hygiénique, simple et confortable.

Le personnel a été choisi de façon à donner toutes les garanties désirables ; il est comparable à ce que nous pouvons voir en Amérique et en Angleterre où les nurses, que l'on cite toujours comme modèles dans nos pays, ont de l'éducation, de l'intelligence, de l'instruction, du dévouement.

La Directrice de la maison de santé est pourvue du Brevet supérieur français et du diplôme d'infirmière de la

Croix Rouge ; deux sous-directrices sont également munies de ce dernier diplôme. Ce n'est pas ici le lieu de faire l'éloge de ces nurses françaises. J'ajouterai seulement que la maison de santé chirurgicale n'a rien à envier sous ce rapport à nos voisins d'outre-Manche.

II.

DISPENSAIRE-ÉCOLE

DE LA SOCIÉTÉ FRANÇAISE DE SECOURS AUX BLESSÉS MILITAIRES DES ARMÉES DE TERRE ET DE MER.

La Société française de Secours aux blessés militaires a fondé à Cherbourg, le 21 mai 1900, un dispensaire de chirurgie destiné à l'instruction des dames infirmières pour le temps de guerre aussi bien qu'au soulagement des malades en temps de paix.

Actuellement il existe dans plusieurs villes des établissements de ce genre, mais ce fut le Comité de Cherbourg qui, le premier, fonda le sien en province.

Ces dispensaires sont exclusivement réservés aux membres de la Société de la Croix Rouge en vue de leur procurer l'instruction qui serait nécessaire en temps de guerre pour prêter un concours efficace aux médecins et aux chirurgiens. Ils portent, pour cette raison, le nom de dispensaires-écoles. Les soins sont donnés gratuitement aux malades et aux blessés reçus à la consultation. Les indigents seuls peuvent être admis.

Le dispensaire de la Croix Rouge est situé rue Tour-Carrée, 28 ; il comprend trois pièces. Les consultations, gratuites, ont lieu les mardis et vendredis à 3 heures de l'après-midi, dans une salle très grande, carrée (7m de côté), facile à aérer, très bien éclairée par quatre larges fenêtres et par un plafond vitré, et dont les murs sont peints en blanc. Les autres jours, les pansements ordonnés par le chirurgien sont exécutés par les dames infirmières et revus par lui-même s'il y a lieu. Le fonctionnement régulier du dispensaire est assuré à chaque séance et à tour de rôle par deux dames, l'une responsable de la tenue matérielle et de la surveillance du dispensaire, la seconde l'auxiliaire de la première. Les autres dames font les pansements sous leur direction et acceptent le rôle de responsable chacune à leur tour.

Tous, chirurgien, aides, infirmières volontaires sont porteurs de la blouse blanche ou grise : la propreté la plus minutieuse et l'antisepsie sont de rigueur.

Les dames infirmières préparent elles-mêmes les solutions antiseptiques qu'elles emploient et les pansements qu'elles appliquent. Elles se chargent de nettoyer, stériliser les instruments et les objets de pansement. A chaque séance, une dame est spécialement chargée de l'inscription des malades et des prescriptions du chirurgien. Le dispensaire est ainsi une véritable école d'infirmières pour le temps de guerre, tout en rendant de grands services à la population pauvre de Cherbourg.

L'enseignement est consacré par un examen qui confère le droit au diplôme d'infirmière de la Croix Rouge. Il y a chaque année une période d'instruction et d'exercices pratiques pour la préparation au diplôme simple. Les personnes qui ont déjà obtenu ce diplôme peuvent aspirer au diplôme supérieur à la suite d'une période d'instruction de deux nouvelles années. Ce diplôme supérieur est exigé pour obtenir le grade de surveillante dans les établissements hospitaliers de la Société en temps de guerre.

Pour obtenir le diplôme simple d'infirmière, il faut justifier d'un stage régulièrement constaté de quatre mois au dispensaire et autant que possible de deux autres mois dans les hôpitaux. Il faut en outre avoir subi avec succès devant le jury (désigné par la commission de surveillance) un examen portant sur les matières d'enseignement théorique et pratique.

Le diplôme supérieur ne peut être accordé qu'après que, munie du diplôme simple d'infirmière et ayant justifié d'un nouveau stage d'une durée de deux années, tant au dispensaire de la Société que dans les services des hôpitaux, la dame aspirante au diplôme supérieur aura passé avec succès devant le jury un examen beaucoup plus complet, en rapport avec le degré d'instruction et les aptitudes spéciales qu'exigent la fonction et les responsabilités d'une infirmière surveillante.

Les exercices pratiques commencent le 1er octobre pour se terminer au 1er juillet; les cours théoriques ont lieu en mars-avril-mai, à un moment où l'instruction pratique, déjà un peu débrouillée, peut permettre de comprendre et de retenir les notions théoriques.

Le jury d'examen délivre aux dames ayant passé avec succès leurs examens des certificats de capacité pour le diplôme simple ou le supérieur. C'est sur le vu de ces certificats que le Conseil central seul, siégeant à Paris, délivre les diplômes correspondants.

Toute dame infirmière reçoit en même temps que son diplôme un livret portant le même numéro que le diplôme et doit en outre signer un engagement de remplir en cas de guerre les fonctions de dame infirmière dans les hôpitaux auxiliaires de la Société.

Cet engagement doit être déposé entre les mains du Président ou de la Présidente du Conseil central ou du Comité local.

Voici la formule de cet engagement :

Société française de Secours aux blessés militaires des Armées de terre et de mer

PLACÉE SOUS LE HAUT PATRONAGE DU PRÉSIDENT DE LA RÉPUBLIQUE.

(Croix Rouge Française).

Siège central : Paris, rue Matignon 19.

Je soussignée, diplômée de la Société française de Secours aux blessés militaires, m'engage à remplir en temps de guerre les fonctions de dame infirmière, dans un des hôpitaux auxiliaires du territoire de la Société. (Cet engagement peut être restreint à l'hôpital auxiliaire de la localité habitée par la dame infirmière).

Fait à , le 190

Nom

Adresse

En plus du dispensaire, la *Société française de Secours aux blessés militaires* organise pour le temps de guerre un hôpital temporaire auxiliaire pour vingt blessés. Elle possède le matériel pour coucher et soigner vingt blessés dès le commencement des hostilités.

Le personnel médical serait secondé par les Dames infirmières dont dix-huit sont actuellement munies du diplôme simple.

III.

UNION DES FEMMES DE FRANCE.

Le Comité de l'Union des femmes de France organise également pour le temps de guerre un hôpital temporaire auxiliaire du territoire pour blessés et malades. Il possède un matériel important, utilisable à bref delai.

IV.

HOPITAL CIVIL.

L'Hôpital civil, situé rue du Val-de-Saire, comprend trois services de chirurgie, deux d'adultes et un d'enfants.

Les deux services de chirurgie d'adultes, placés au rez-de-chaussée, comportent chacun une salle de seize lits pour les hommes et autant pour les femmes. Ils se divisent en :

a) Service de chirurgie d'urgence dans lequel entrent tous les blessés ou malades chirurgicaux admis à l'hôpital en dehors de la consultation ;

b) Service de chirurgie générale.

Les salles du service de chirurgie d'urgence sont divisées par des cloisons en petites salles de deux à huit lits, ce qui facilite l'isolement relatif et le calme des grands blessés. D'ailleurs, quand cela est nécessaire, les opérés ou malades graves peuvent être isolés complètement dans des chambres particulières, voisines des salles d'opérations.

Le service de chirurgie infantile, placé au premier étage, comprend deux salles de huit lits pour les garçons et deux salles de huit lits pour les filles. Il est exposé au midi et reçoit largement les rayons du soleil.

Le mobilier se réduit aux lits en métal peint avec sommier également métallique, matelas laine et crin et petite table de nuit en bois peint. Les salles ne contiennent pas d'armoire ; aucun autre meuble qu'une table sur laquelle sont placés les objets nécessaires aux pansements pendant les visites du matin. En dehors de ces moments, la table est libre, toutes les solutions antiseptiques, plateaux, etc., sont enfermés hors des salles de malades, précaution doublement nécessaire dans un service d'enfants. A ce service est annexée une petite pièce dans laquelle il est possible, à l'occasion, de se réfugier pour la confection des grands appareils plâtrés et de quelques pansements importants. Et cet isolement est indispensable ; il faut en effet se rappeler que l'esprit des enfants est particulièrement facile à impressionner et que la vue d'un camarade blessé ou poussant même sans motif des cris de terreur suffit à mettre en émoi toute la bande.

Devant les salles sont installées des galeries exposées aussi au midi, où l'on peut, dès que le temps le permet, faire vivre tous les enfants ; et cela est surtout précieux pour ceux qui, toujours nombreux, sont retenus au lit par des tuberculoses articulaires. Munis de bons appareils inamovibles, ils jouissent de l'air et de la lumière si nécessaires à leur guérison, reposant sur des lits de camp.

Lorsque la température est propice et que leur état le réclame, les petits malades sont transportés au bord de la mer, où des baraquements ont été établis pour les recevoir. Ils passent la journée entière dans cette annexe et, le soir, reviennent à leurs services respectifs, bénéficiant ainsi au maximum du traitement par l'air marin.

Toutes les salles des services de chirurgie sont vastes, larges, hautes de plafond, bien éclairées et aérées, chauffées par un calorifère à air chaud ; les murs sont peints à l'huile dans les tons clairs.

Les salles d'opérations sont au nombre de deux, l'une

pour les hommes, l'autre pour les femmes. La visite des malades et les opérations ont lieu de 9 heures à midi.

Les blessés entrent à l'hôpital soit par le service d'urgence, soit par la consultation. Le service d'urgence est organisé sous le nom de : *Service municipal d'urgence.* Il est confié à trois médecins de la ville pendant une semaine à tour de rôle. En cas d'accident sur la voie publique par exemple, la police prévenue mande le médecin de semaine qui statue : fait un pansement, donne des soins ou envoie le malade à l'hôpital. Le transport se fait, soit à l'aide de brancards roulants bien suspendus, à roues caoutchoutées, appartenant à la ville et à l'hôpital, soit à l'aide d'une voiture d'ambulance bien construite appartenant à un particulier.

Les consultations de chirurgie ont lieu tous les jours, sauf le dimanche, de 9 heures à midi, dans un petit pavillon situé à l'entrée de l'hôpital. Ce petit pavillon est divisé en deux parties : une salle d'attente et une salle de consultation et de pansements. Ces petites salles sont suffisamment éclairées et les murs lavables sont peints à l'huile en tons clairs.

Aux services de chirurgie peuvent encore être rattachés :

1° Le service des spécialités (yeux, nez, larynx, oreilles), dont la partie la plus importante est la consultation externe très suivie, où se recrutent les malades à opérer dont l'état nécessite quelques jours de soins à l'hôpital ; des salles spéciales leur sont affectées.

2° Le laboratoire qui comprend, dans un grand local très bien installé : bactériologie, électrothérapie, radiographie et radiothérapie, photothérapie.

V.

HOPITAL MARITIME.

L'Hôpital maritime, situé rue de l'Abbaye, ne reçoit que des hommes adultes ; il comprend plusieurs grandes salles de chirurgie et une salle d'opérations.

En raison des règlements, nous n'avons pu visiter complètement les services de chirurgie ni obtenir les renseignements suffisants pour en faire une description plus détaillée.

VI.

INSTRUMENTS DE CHIRURGIE.

Les fabricants d'instruments de chirurgie et bandagistes sont au nombre de trois : rue de la Fontaine, rue du Bassin, rue au Blé.

L'ASSISTANCE PUBLIQUE

A

CHERBOURG

PAR

M. Adrien LE GRIN,

Avocat.

Sur un budget primitif de 1.185.645 francs pour 1905 la ville consacre 183.238 francs à des œuvres d'assistance proprement dites, car je n'entends pas ici parler des subventions aux sociétés de secours mutuels, ni des subventions aux écoles qui profitent à tous les enfants qui les fréquentent, ni même du bureau municipal de placement à qui ne s'adressent pas nécessairement les pauvres seuls. Les secours accordés par la ville vont aux malheureux de tous les âges de la vie, depuis l'enfance jusqu'à la mort et même au delà.

Les tout petits, les enfants des écoles maternelles reçoivent depuis longtemps le repas du midi.

Les cantines scolaires, de création récente, ne sont pas encore installées dans toutes les écoles publiques ; il n'en existe qu'une, à l'école des filles du quai de l'Entrepôt, où soixante enfants reçoivent, à midi, un repas composé, un jour, d'une soupe et de confitures ; le bœuf qui a servi à la confection du bouillon est le lendemain mis en ragoût ; un autre jour ils auront de la soupe et des haricots, et toujours pour boisson un verre de cidre. La cantine est ouverte à tous les enfants de l'école ; ceux qui le peuvent paient le repas 0 fr. 15. Les enfants des autres écoles vont manger, les uns au fourneau économique (cent environ), les autres à l'hospice (soixante-dix environ) où le même menu est préparé.

La ville assure les fournitures scolaires à tous les enfants fréquentant les écoles publiques, procure des vêtements aux nécessiteux, ainsi que la caisse des écoles qui leur donne surtout de bonnes galoches munies de clous pour l'hiver.

Le département a créé il y a quelques années la caisse de la dotation des enfants assistés, afin d'amasser pour chacun d'eux une petite somme qui leur permettra de ne pas se trouver, en arrivant à l'âge d'homme, sans un sou, et de faire face aux premiers besoins de leur installation, si modeste qu'elle soit ; la ville s'est inscrite pour 120 francs.

Une somme de 7.000 francs, destinée à l'assistance des travailleurs, a permis de créer un commencement d'assistance par le travail : principalement pendant l'hiver, une quinzaine d'hommes sont employés journellement à divers travaux, tels que l'entretien du cimetière et du jardin public, le cassage des cailloux, des terrassements ; ils sont payés à raison de 0 fr. 35 de l'heure et ne travaillent qu'une demi-journée de quatre heures à la fois, l'autre demi-journée devant être employée à chercher du travail ; en principe chaque ouvrier ne doit pas faire plus de quatre demi-journées consécutives, et, en cas de concurrence, la préférence est accordée aux pères de familles nombreuses. L'ouvrier est payé aussitôt son travail effectué par le bureau municipal d'Assistance, sur un bon délivré par le surveillant.

Pendant l'hiver, cinquante-six femmes sont employées

le jeudi au lavage des écoles, quelques-unes sont employées les autres jours au nettoiement de l'Hôtel de Ville.

La confection des vêtements des enfants pauvres des écoles permet de donner du travail à des mères de famille qui ne peuvent pas quitter leur maison pour aller travailler au dehors.

Afin de vêtir les malheureux, deux employés portant un brassard tricolore avec ces mots : « Œuvre des vêtements », s'en vont à travers les rues, poussant une petite voiture, et sonnent aux portes pour demander de vieux vêtements, qui, après avoir été lavés et désinfectés, sont distribués par les soins du bureau de l'Assistance publique ; la récolte est souvent abondante, et l'été il est créé soigneusement une réserve pour l'hiver.

Tous les indigents ne sont pas en permanence dans la ville, il y en a qui sont de passage et même de passage forcé. Les Anglais des îles anglo-normandes ont un moyen fort simple de se débarrasser des étrangers sans ressources, ils les embarquent sur le premier bateau partant pour leur pays ; aussi il n'est pas rare de voir le *Courrier* de Guernesey débarquer, le mardi, sur nos quais, une famille de quatre ou cinq personnes, sans argent et sans asile ; le bureau de l'Assistance publique pourvoit aux premiers besoins et s'occupe d'obtenir des passeports qui permettent de rapatrier, en ne payant que le demi-tarif sur le chemin de fer, la famille dans son pays d'origine ou au lieu qu'elle indique.

Les caisses de chômage des syndicats adhérents à la Bourse du travail reçoivent une subvention de 2.000 fr. ; 2.500 fr. sont affectés aux secours des familles des soldats soutiens de famille, armée active et réserves ; la femme reçoit 1 franc par jour et chaque enfant 0 fr. 50. Quatre-vingts familles ont pu être secourues l'année dernière.

Deux sociétés de secours aux marins naufragés reçoivent 500 fr., dont 400 fr. à la société locale, qui vient aussi en aide en cas d'avaries aux navires et de pertes d'engins, et 100 fr. à la Société centrale de Paris.

Les troupes coloniales renferment beaucoup d'engagés volontaires ; aussi la ville voulant venir, dans la mesure de ses ressources, en aide à la société de protection, lui a voté une subvention de 100 fr.

Il arrive parfois que des employés de la ville décèdent sans avoir acquis de droits à la retraite ou en laissant des femmes qu'ils ont épousées trop tard pour qu'elles puissent bénéficier d'une partie de leur pension, ou bien ce sont des orphelins dont la pension est trop faible vu leur nombre : la ville leur vient en aide, et une somme de 1.598 fr. se trouve en ce moment inscrite au budget à cette fin.

L'asile de nuit, installé quai du Vieil-Arsenal, dans d'anciens ateliers de la Marine, comprend deux grandes salles, une pour chaque sexe, garnies de lits de camp et munies de water-closets. L'hiver des couvertures sont données. La population moyenne pendant cette saison est de 45 hommes, de 10 femmes et de 3 enfants, pour descendre pendant l'été à 30 hommes et à 8 femmes mais sans enfants. En entrant on donne son nom, car, en principe, on ne peut pas être admis plus de quatre nuits consécutives ; malheureusement il y a des gens sans feu ni lieu qui en font leur domicile habituel et qu'il serait inhumain d'expulser. Il y a deux autres salles contenant des lits pour les indigents de passage, tels que ceux rejetés par l'étranger, ou des ouvriers qui arrivent pour chercher du travail et n'en ont pas trouvé.

Les salles communes sont chaque matin nettoyées à fond, aérées et souvent désinfectées ; elles remplissent autant que faire se peut toutes les prescriptions de l'hygiène.

Quand l'indigent est mort, la ville lui assure, sur un bon fourni par le bureau de l'Assistance publique, le cercueil, le convoi par les soins de la Compagnie des Pompes funèbres et la fosse. Si le décès a été causé par une maladie contagieuse, le logement est désinfecté.

BUREAU DE BIENFAISANCE.

Le Bureau de bienfaisance, dont les locaux sont rue Gibert, a modifié depuis le commencement de l'année son fonctionnement ; la caractéristique de cette modification est la substitution des dons en argent aux dons en nature pour les familles ayant un passé honorable.

Le Bureau de bienfaisance a pour 1905 un budget de 86.826 francs, dans lequel la subvention municipale entre pour 45.000 francs ; il possède 10.000 francs de rentes sur l'État ; les droits sur les spectacles sont prévus pour 4.000 francs. Chaque année une collecte est faite dans la ville à l'occasion du 1er janvier et rapporte plus de 2.000 francs ; des dons arrivent parfois, plus ou moins importants, soit manuellement, soit par testaments. Une loterie est émise dont le produit, prévu pour 5.000 francs, est destiné à permettre de distribuer cette année des secours extraordinaires.

Le principe pour être admis aux secours permanents est de séjourner dans la ville depuis un an au moins et d'avoir moins de 0 fr. 50 de ressources journalières par tête ; deux employées, dames visiteuses, ont pour mission de s'assurer de la situation des familles, tant au début que pendant la durée de l'assistance. Le Bureau ne borne cependant pas ses secours aux personnes remplissant exactement les conditions d'admission ; il admet parfois à titre provisoire, vu leur extrême misère, des indigents n'ayant pas le temps de séjour réglementaire, ou des ouvriers de passage, ou bien des familles atteintes par un chômage momentané.

Il n'est pas accordé de secours en nature dans les locaux du Bureau de bienfaisance ; aux familles dont le passé honorable est une garantie, les secours sont distribués en argent, si elles le désirent ; aux autres, qui peuvent être d'une aussi grande honorabilité, mais dont le passé est moins connu, il est remis des bons de pain, fagot, paille, lait, à prendre chez divers fournisseurs établis dans les différents quartiers de la ville, et des bons de bouillon à prendre au fourneau économique. La quantité des secours est fixée, selon les ressources et la composition de la famille, par la Commission administrative qui se réunit chaque semaine ; de plus un de ses membres se tient chaque jour pendant quelque temps à la disposition des intéressés pour écouter les demandes.

Deux médecins alternent pour les consultations journalières données au Bureau, le dimanche excepté, et pour la visite des malades ; la vaccination des enfants a lieu tous les mois.

En cas d'accouchement, le service d'une sage-femme est assuré et il est accordé un secours variant de 5 à 10 fr. ; des mois de nourrice de 3 à 5 fr., selon la situation de la famille, sont alloués pendant un an. Des secours d'apprentissage, 3 francs par mois pendant deux ans, incitent les familles à faire apprendre un métier à leurs enfants. Des secours pour loyers sont donnés chaque trimestre pour éviter les expulsions. Le Bureau remet à ses assistés des bons pour des bains et douches à prendre à l'hospice ; il leur fournit des draps et du linge de corps qui est blanchi et raccommodé aussi à l'hospice. Des secours spéciaux sont accordés aux convalescents sortant de cet établissement, secours qui, tout en désencombrant l'hospice, permettent aux indigents de ne pas reprendre immédiatement leur travail dans son entier ou de se procurer une meilleure nourriture afin de ne pas s'exposer à une rechute par des fatigues excessives. Le nombre des assistés était au 30 avril 1905 de 2.685 personnes formant 537 familles.

Le fourneau économique est une annexe du Bureau de bienfaisance, il est installé rue du Faubourg, dans un immeuble appartenant à la ville ; il délivre à tout venant des portions à 0 fr. 05 et à 0 fr. 10, soupe ou viande ou haricots ; les portions, sauf le bouillon, peuvent être emportées ; il n'est pas délivré de boisson. Cet établissement est d'un grand secours pour les ouvriers, surtout pour ceux des quais, sujets à de fréquents chômages pendant l'hiver ; le fourneau, en cette saison, reçoit onze cents visiteurs par semaine.

Le Bureau de bienfaisance délivre au prix de 0 fr. 10 et de 0 fr. 05 des bons de denrées à prendre au fourneau économique ; beaucoup de personnes charitables les achètent pour donner aux pauvres.

HOPITAL-HOSPICE.

L'Hôpital-hospice a un budget pour 1905 de 235.981 fr., dont 107.000 francs de subvention municipale ; il possède 42.500 francs de rentes sur l'État et quelques rentes sur particuliers ; des immeubles à Cherbourg, Hainneville, Siouville, Tourlaville et Tréauville, lui provenant de legs récents. Ses autres ressources proviennent notamment des frais d'hospitalisation payés par le département pour ses enfants assistés, par les communes voisines pour leurs malades, et par les particuliers, par exemple par les patrons, à cause des accidents du travail.

La Commission administrative se réunit tous les vendredis, un de ses membres vient tous les jours et est à la disposition des intéressés. Le service administratif est dirigé par un secrétaire général assisté d'un adjoint. Le service médical est assuré par huit médecins et deux internes, ces derniers logés dans l'établissement ; le service hospitalier est confié aux sœurs de Saint-Paul de Chartres au nombre de vingt-trois, ayant pour les seconder des infirmiers et des infirmières. L'Hôpital sera laïcisé comme l'a été le Bureau de bienfaisance, non qu'il y ait le moindre reproche à faire aux religieuses, dont le maire tout récemment encore, en rendant compte de son mandat, s'est plu à reconnaître la valeur et le dévouement, comme il avait reconnu ceux des religieuses du couvent de la Bucaille qui, avant le 1er janvier, desservaient le Bureau de bienfaisance ; mais par l'application d'un principe. Le service religieux est assuré par le clergé de la paroisse voisine, Saint-Clément.

La population de l'établissement, non compris le personnel de service, est à l'heure actuelle de 604 personnes, dont 218 à l'hôpital et 386 à l'hospice ; 40 enfants du premier âge sont, à 13 ans, placés à la campagne ; les enfants demeurant à l'hospice sont conduits, lorsqu'ils ont l'âge voulu, aux écoles publiques ; 70 en suivent les cours.

La nourriture des malades est donnée selon les prescriptions des médecins ; les hospitalisés ont de la viande quatre fois par semaine, les autres jours ils ont du poisson ou des légumes et du fromage.

Les hospitalisés peuvent sortir tous les jours après midi ; leurs parents et ceux des malades peuvent venir les visiter le dimanche et le jeudi, de 3 heures à 4 heures. Les hospitalisés encore valides travaillent dans l'établissement comme maçons, peintres, etc. ; ils aident les ouvriers permanents et reçoivent une gratification trimestrielle.

Les hospitalisés ne sont pas regardés comme des vaincus de la vie à qui on donne un morceau de pain : la musique militaire vient donner un concert dans le jardin tous les mercredis ; quelquefois des sociétés locales en donnent un le dimanche ; des forains envoient parfois des billets de spectacle ; le casino, la société des courses en envoient pour leurs fêtes.

A côté de l'hospitalisation, un service journalier de consultations gratuites et de petits pansements est établi pour les cas ne nécessitant pas l'entrée à l'hôpital.

Une école d'infirmiers a été créée dans l'établissement ; elle est suivie par 41 élèves, dont les infirmiers et les infirmières de la maison, des personnes de la ville, des religieuses de l'établissement et du dehors ; les cours théoriques et pratiques durent six mois et se terminent par un examen donnant droit à un diplôme ; le premier examen va avoir lieu incessamment.

Un cabinet de radiographie, radioscopie et électrothérapie rend des services considérables ; il a été créé par M. Caré, qui obtient des résultats remarquables dans le traitement de différentes affections, telles que le cancer, la teigne, le rhumatisme ; ce cabinet reçoit la visite de nombreux malades du dehors. M. Caré s'occupe aussi de l'analyse des comestibles, du lait, de celle des urines, des crachats. Les services rendus par lui, non-seulement à la population hospitalisée mais encore à celle de la ville et des environs, sont d'autant plus importants qu'il n'existe pas dans la région d'établissements similaires. Beaucoup de personnes ont ainsi la faculté de se faire soigner sur place au lieu d'être obligées d'aller s'installer à grands frais loin de leurs familles.

De nouveaux locaux ont été récemment aménagés en transformant des salles d'école en salles de malades pour les enfants, en aménageant et meublant les étages mansardés. Un service de lait stérilisé va être prochainement organisé.

L'hôpital possède comme annexes une crèche, rue Delaville, où vingt-cinq enfants sont reçus dans la journée, ce qui permet aux mères de travailler en dehors de leur maison, et un baraquement, édifié sur le bord de la mer, pour le traitement marin des enfants chétifs qui, pendant la belle saison, vont y passer leur journée.

LES ENFANTS ASSISTÉS DU DÉPARTEMENT.

Il m'a paru utile, bien qu'il ne ressorte pas de la ville, de parler du service des enfants assistés du département.

300 enfants, originaires de l'hospice dépositaire de Cherbourg et entièrement au compte du département, sont placés jusqu'à 13 ans en nourrice à la campagne ; il y en a actuellement 160. Les nourrices reçoivent jusqu'à ce que l'enfant ait atteint l'âge de 2 ans, 20 francs par mois et une layette chaque année ; pour les enfants de 2 à 13 ans, une rétribution mensuelle de 14 francs et chaque année des vêtements pour les enfants. Ceux-ci ont droit à l'assistance médicale et aux médicaments. Ils sont envoyés à l'école ; les instituteurs veillent à leur assiduité, ils y sont encouragés par une allocation de 1 franc par mois et par enfant; de plus, lorsqu'un enfant obtient son certificat d'études primaires, une gratification est remise tant à l'instituteur qu'à la nourrice.

A partir de 13 ans, les enfants sont placés comme domestiques, autant que possible à la campagne : il leur est ouvert à la Caisse d'épargne un livret sur lequel est versé le quart de leurs gages. Les jeunes gens laborieux et économes qui ajoutent des versements volontaires peuvent arriver à avoir 5 à 600 francs à leur disposition à leur majorité ; de plus, à 25 ans ou auparavant s'ils se marient, ils reçoivent leur part de la dotation des enfants assistés, part proportionnée à leur bonne conduite et à leur travail et qui peut atteindre plusieurs centaines de francs.

En terminant cette courte notice, qui n'a pas la prétention de faire connaître en détail l'organisation de l'assistance publique à Cherbourg, mais seulement d'en donner un simple aperçu, je tiens à remercier MM. Barbe, chef de bureau de l'Assistance publique à la Mairie ; Beaugrand, receveur de l'Hospice et du Bureau de bienfaisance ; Buhot, économe de cet établissement ; Desrez et Gohel, secrétaire général et secrétaire adjoint de l'hospice ; Chevalier, préposé au service des enfants assistés du département, pour les renseignements qu'ils ont bien voulu me donner avec la plus grande obligeance.

L'ASSISTANCE JUDICIAIRE.

Bien que ne faisant pas partie de l'assistance publique au même titre que les organisations qui précèdent, car pour l'obtenir il n'est pas nécessaire d'être indigent, mais seulement d'être dans une situation qui ne permette pas de faire les frais d'un procès, il m'a paru bon de dire un mot de l'assistance judiciaire.

L'assistance judiciaire est accordée, soit de plein droit sur le visa des pièces par le Procureur de la République (accidents du travail), soit par un Bureau où sont représentés l'État, le Trésor, les avocats, les avoués et les notaires. Le Bureau se réunit tous les mois ; en cas d'urgence son président peut accorder une autorisation provisoire. Le Procureur général près la Cour d'appel peut seul appeler des décisions du Bureau.

La moyenne des admissions accordées par le Bureau de

Cherbourg a été pour chacune des trois dernières années de cent treize; la grande majorité des affaires sont des demandes de divorce, puis viennent les pensions alimentaires et des demandes de dommages-intérêts.

Le nombre des affaires d'accidents de travail, dans le même temps, a été en moyenne de trente-neuf par an; quelques-unes s'arrangent en conciliation devant le président du Tribunal, surtout depuis que la jurisprudence a fixé certains points de droit soulevés à propos de l'application de la loi du 9 avril 1898. L'examen des affaires d'assistance judiciaire est soumis au Tribunal, aussi rapidement que celui des affaires ordinaires.

A côté de cette assistance judiciaire civile se place l'assistance judiciaire criminelle par les avocats; soit à l'instruction, une moyenne de trente et une affaires pour chacune des trois dernières années; au conseil de guerre maritime dix-sept affaires, auxquelles il faut ajouter les défenses d'office devant le tribunal correctionnel pour les affaires non soumises à l'instruction.

Ainsi en France, en matière civile toute personne ayant une cause soutenable et ne possédant pas de ressources suffisantes pour faire face aux frais obtient le bénéfice de l'assistance judiciaire : avocat, avoué, huissier, et même, s'il est besoin, un notaire lui sont commis d'office; elle peut plaider gratis, soit en demandant, soit en défendant. Au criminel, tout inculpé, quel qu'il soit, quelle que soit l'accusation qui pèse sur lui, a le droit d'avoir un défenseur.

LA PRESSE & LE THÉATRE

PAR

M. G. FÉRON,

Conseiller municipal.

I.

LES JOURNAUX.

La Presse cherbourgeoise a des origines relativement anciennes.

Son histoire est celle des journaux actuels réunie à celle des feuilles assez nombreuses que, depuis deux tiers de siècle, les intérêts ou les passions du moment ont fait éclore et qui n'existent plus qu'à l'état d'archives. Toute la vie de la cité se trouve consignée, pour ainsi dire minute par minute, dans ces publications. Il serait d'un haut intérêt de rechercher, au long de leurs pages, les événements et les faits qui constituent notre histoire privée, comme aussi de suivre, à travers leurs polémiques, nos conceptions municipales et l'évolution de nos idées politiques. Mais une telle étude ne saurait tenir dans le cadre étroit d'une rapide monographie.

Pendant le premier tiers du XIXe siècle, Cherbourg n'eut pas de journal local. Ce fut seulement au commencement de l'année 1833 qu'apparut le premier périodique, rédigé et imprimé dans la ville; il avait pour titre : *Journal de Cherbourg.*

Plus de vingt journaux sont nés depuis, principalement dans la période comprise entre 1882 et 1898, et, après une existence parfois mouvementée, ont fini par disparaître.

Les uns, comme la *Revue de Cherbourg* (1840-1842), le *Commerce* (1850-1851), le *Républicain* (1884), la *Petite Manche* (1888-1889), la *Dépêche de Cherbourg* (1893), le *Moniteur de la Manche* (1889), *Cherbourg-Revue* (1891), le *Socialiste de la Manche* (1894-1895), le *Droit du Peuple* (1895), le *Petit Cherbourgeois* (1896), ont vécu de six mois à un an.

D'autres ont eu seulement quelques numéros, tels : l'*Écho du Club démocratique de Cherbourg* (1848), le *Courrier* (1862), le *Ponton* (1871), l'*Électeur Cherbourgeois* (1884), le *Falot* (1884), le *Prolo* (1885), la *Gazette Agricole* (1896), le *Travailleur* (1898).

L'un de ceux-ci, le *Ponton,* est manuscrit et compte six numéros; il porte ce sous-titre suggestif : « Journal des détenus politiques en rade de Cherbourg, vaisseau la *Ville de Nantes,* batterie haute, 1871 ».

D'autres enfin, plus sérieusement dirigés ou plus heureux, ont pu parcourir un cycle plus long. Ainsi : la *Digue* (1869-1872), l'*Impartial* (1883-1888), l'*Indépendant* (1883-1890), l'*Avenir* (1885-1887), le *Progrès* (1889-1894), l'*Information* (1896-1898), le *Rappel* (1893-1895), le *Nouvelliste* (1880-1895).

Quatre journaux se partagent aujourd'hui les lecteurs de l'arrondissement de Cherbourg. Ce sont : le *Phare,* la *Vigie,* le *Réveil de la Manche* et la *Croix.*

Mais, avant de parler d'eux, il convient de dire quelques mots de leur premier ancêtre, le *Journal de Cherbourg.* Le *Journal* portait en manchette ces deux mots : *non po-*

litique. Il ne voulait être que commercial, maritime, agricole, judiciaire et littéraire, et il en donnait la raison avec une certaine candeur.

« Pour nous, Bas-Normands, disait-il, qui préférons le positif et un bien réel à toutes les plus belles utopies, la Presse politique, en province, est le plus souvent superflue, quand elle ne sert pas à alimenter l'esprit de parti. Or, nous croirions manquer à nos devoirs de citoyens si, au moment où les passions politiques semblent près de s'éteindre, nous nous exposions à ce qu'il s'échappe de notre plume une seule ligne qui les fît revivre ou se ranimer, ne fût-ce que pour quelques instants ».

Il devint politique en 1838, mais il fit de la politique sans conviction. On l'avait obligé à déposer un cautionnement, et, « puisque cela ne devait pas lui coûter plus cher, » il entendait profiter de tous ses avantages ».

Il apparut plus ardent en 1848. Il s'intitula alors fièrement l'*Organe des vœux et des intérêts du peuple*, et combattit avec énergie la candidature du prince Napoléon à la présidence de la République. Il ne voulait pas de Napoléon, disait-il, « parce que Napoléon n'est qu'un nom, » qu'un nom n'est pas un homme et qu'il faut un homme » à la France ».

Il avait sans doute une certaine influence, car, en dépit de l'énorme pression officielle et des efforts du *Phare*, ce fut son candidat, Cavaignac, qui triompha dans l'arrondissement.

Le vieux champion des idées républicaines eut 4.465 voix, et le Prince 2.325.

Le Journal de Cherbourg continua sa lutte pour la Liberté jusqu'à l'avènement de l'Empire. Mais les préfets d'alors avaient des moyens à eux de s'assurer au moins la neutralité de la Presse ; le Journal de Cherbourg redevint une simple feuille d'information, puis, tracassé par l'Administration qui lui gardait rancune, concurrencé par le Phare et la Vigie, il s'éteignit doucement en 1862.

LE PHARE.

Le *Phare* est le doyen de nos journaux locaux.

A l'origine il s'était dénommé « Gazette de Cherbourg ».

La *Gazette,* fondée sous le patronage des avoués, devait être tout d'abord une simple feuille d'annonces. Mais on pensa qu'il y avait place dans la contrée pour deux journaux et qu'il était possible de créer une concurrence au *Journal de Cherbourg.* La feuille d'annonces devint une feuille politique et « l'organe des intérêts locaux ». Son premier numéro porte la date du 20 novembre 1836. Elle déclarait bien haut « qu'elle se ferait toujours un point d'honneur de respecter, en tout et partout, les différents corps sociaux et le caractère privé des individus. Ces personnalités offensantes, ajoutait-elle, qui ont souvent de déplorables résultats, ne trouveront jamais place dans nos colonnes ».

Le 1er janvier 1837 elle modifiait son format et profitait de l'occasion pour insister sur ses déclarations premières. « La Gazette sera toujours une œuvre de conscience. La critique haineuse sera exclue de ses colonnes. Les actes de l'administration y seront approuvés avec impartialité ou seront combattus avec modération et sans personnalités ».

A la fin de la même année elle modifiait son entête et prenait le titre de *Phare de la Manche.* Le journal était imprimé chez Noblet, rue de la Fontaine. Il contenait une chronique politique, coupée dans une des feuilles de la capitale, d'assez nombreuses informations et, au hasard des élections qui se présentaient, quelques articles de polémique. Encore ces articles avaient-ils pour auteurs, la plupart du temps, les intéressés, c'est-à-dire les candidats eux-mêmes.

Le Phare a toujours soutenu les idées républicaines. En 1848, il se fit, sans succès dans l'arrondissement, le défenseur de la candidature du Prince Napoléon. Toutefois il n'aimait pas le pouvoir absolu et il fronda l'Empire. Il le fit avec la mesure qu'imposaient le temps et les circonstances. Mais en 1869 il entreprit hardiment une active campagne pour la propagation de quelques idées que les programmes radicaux ont recueillies depuis :

Diminution au profit des campagnes du contingent démesurément grossi de l'armée permanente. Décentralisation du capital. Fondation de Caisses de retraites cantonales et de banques du peuple, comme en Allemagne. Abolition des octrois. Organisation de l'assistance pour les travailleurs agricoles. Autonomie communale.

En 1869 il se fit le champion, aux élections législatives, de M. Daru, candidat d'opposition, qui triompha après une lutte ardente.

La guerre de 1870 le trouva fervent patriote. Les défaites successives de nos armes le rendirent nerveux, agressif et violent. Il s'en prit aux autorités et fut supprimé par un arrêté du préfet maritime le 28 août. Il reparaissait le 8 septembre pour annoncer la chute de l'Empire et l'avènement de la République. Son propriétaire d'alors, M. Mouchel, mort conseiller municipal et chevalier de la Légion d'honneur, écrivait à cette occasion : « Nous n'a- » vons jamais cru à l'éternité des dynasties. Nous avons » toujours proclamé dans ce journal que pour nous la sou- » veraineté nationale était la base de l'ordre politique. Or » la République est l'expression complète de la souverai- » neté ».

Parmi les journalistes qui ont écrit dans le Phare on doit citer un écrivain de beaucoup d'érudition et de talent qui signait du pseudonyme de « Vérusmor », dont le nom véritable était Gehyn et qui était originaire des Vosges. Après lui vinrent, sans parler de M. Mouchel qui maniait fort bien la plume à ses heures, M. Salomon et M. Ferré, ce dernier, à l'heure actuelle, rédacteur en chef de l'Écho du Nord.

Depuis plusieurs années, le Phare est la propriété de M. L'hotellier. Il a pour principal rédacteur M. Paul Yger et compte dans la partie intellectuelle de la population des collaborateurs divers, dont l'anonymat ne voile en général qu'insuffisamment la personnalité. Il appartient au centre gauche et soutient les idées de la fraction modérée du parti républicain. La remarquable netteté de son impression et la clarté de ses dispositions typographiques sont dus à l'habileté de deux chefs d'atelier expérimentés, MM. Tison et Legendre. Fort bien rédigé, il est répandu surtout dans la classe bourgeoise et commerçante et compte de nombreux abonnés dans les campagnes.

LA VIGIE.

La *Vigie* mit en vente son premier numéro le 2 juin 1861 ; elle en a conservé le format et les dispositions. Elle avait pour rédacteur en chef un professionnel du journalisme, M. Glorieux, mort en 1885, et dont notre génération se rappelle encore la haute stature et la figure énergique.

La Vigie n'avait pas jugé à propos d'adresser à ses futurs lecteurs le salut d'usage et de faire une profession de foi. Mais elle indiquait dans ses articles, avec une vigoureuse netteté, ce qu'elle était et ce qu'elle voulait être. « Un gouvernement qui a son origine et sa consécration dans le suffrage universel, écrivait M. Glorieux, est par là même essentiellement démocratique et il se trouve dans cette situation que l'amélioration du sort de la classe la plus nombreuse est la condition de son existence ».

A côté de ces principes démocratiques, la *Vigie* en émettait d'autres, avec non moins de franchise. Elle n'était pas cléricale, elle n'aimait ni le Pape ni l'Eglise et prêchait volontiers la suprématie de l'État laïque. Elle conserva longtemps cette ligne de conduite. M. Glorieux était un polémiste de tempérament et ne reculait devant aucune des conséquences de ses idées. Toutefois, en 1869, il se montra favorable à l'Empire et soutint, avec une énergie violente, la candidature officielle de M. de Tocqueville aux élections législatives. Au lendemain du 4 septembre 1870, son journal faisait cette profession de foi : « Ni vains regrets, ni vaines récriminations, ni vains scrupules. L'Empire a failli nous perdre. La République qui se lève doit sauver la France. Serrons-nous autour d'elle et soyons avant tout citoyens ».

La *Vigie* passa, vers 1879, des mains de son fondateur, M. Bedelfontaine, dans celles de MM. Syffert, puis devint la propriété du député Lavieille, et fut enfin achetée, en 1886, par M. Gosse, aujourd'hui président du Conseil d'arrondissement.

Elle fut dès lors moins démocratique, tout en restant républicaine.

M. Gosse comptait des amis dans tous les partis et n'aimait pas qu'on leur dît de trop nettes vérités. Il proscrivait impitoyablement les polémiques hardies et sabrait d'un trait décidé, au grand désespoir de son rédacteur en chef, M. Selles, les épithètes aiguës, les phrases insidieuses et les alinéas turbulents.

La *Vigie* d'aujourd'hui a pour propriétaire M. Loseul. Elle suit une ligne politique parallèle à celle du *Phare*,

Elle défend les mêmes hommes et en général les mêmes idées. Les intérêts financiers et agricoles de l'arrondissement y sont exposés et discutés par des plumes compétentes et sans parti-pris.

LE NOUVELLISTE. — LA CROIX DE LA MANCHE.

La *Croix* a eu pour précurseur le *Nouvelliste.*

Le Nouvelliste avait été fondé, il y a vingt-cinq ans; son premier numéro porte la date du 15 janvier 1880. Il appartenait à M. Th. Fenard, ancien négociant, mort il y a quelques mois.

M. Fenard ne se contentait pas de diriger son journal au point de vue politique, il prenait une part active à la rédaction. C'était un de ces hommes devant lesquels tous les partis s'inclinent, à cause de la sincérité de leurs convictions, de la belle bravoure avec laquelle ils les soutiennent, de leur désintéressement absolu et de la sereine dignité de leur vie. Il était admirablement secondé par des rédacteurs qui furent successivement : M. Selles, M. Chastel et M. Lamapet. Il suivit pendant quinze ans, avec une probité scrupuleuse et une rare énergie, la ligne de conduite qu'il s'était tracée : défendre les intérêts catholiques, la cause religieuse et le droit monarchique. Le courant des idées actuelles devait emporter le Nouvelliste et il l'emporta, malgré le talent de ses rédacteurs, la probité de leurs polémiques, le vivant intérêt qu'ils savaient donner à leurs discussions. Le vaillant journal se décida, vers la fin de 1895, à disparaître, et le 28 novembre il faisait mélancoliquement ses adieux à ses lecteurs. Il expliquait qu'il avait combattu de son mieux, mais qu'il était las, las surtout de ne pouvoir atteindre cette victoire de ses idées, sur laquelle il avait tant compté. « On dit, écrivait-il, qu'il y a en France trois partis et trois républiques.

Dans le dernier expédient ministériel, on a éliminé l'une, la république modérée, pour installer l'autre, la république avancée, jusqu'à ce qu'on arrive à la troisième, la république radicale ». Mais M. Fenard, en se retirant ne désespérait pas et il exprimait une foi robuste dans un autre avenir.

Le *Nouvelliste* avait un imprimeur aussi consciencieux qu'érudit, M. Emile Le Maout, éditeur de ce volume dont l'impression a été dirigée par l'ancien et habile prote du journal, M. Charles Feuardent.

Six ans avant cette fin, la *Chronique cherbourgeoise,* supplément de la *Croix de Paris*, avait pris rang dans notre presse locale. Elle défendait les mêmes idées que le Nouvelliste, mais avec plus d'âpreté.

Le 19 janvier 1893, elle devenait la *Croix de la Manche*. Elle est, et son titre dispense d'explications plus amples, l'organe des revendications catholiques, l'irréductible adversaire des idées directrices de la politique actuelle. Le propriétaire de la Croix est M. Cadic.

LE RÉVEIL DE LA MANCHE.

Le *Réveil de la Manche* n'est pas le premier journal qu'ait créé son propriétaire actuel, M. J.-B. Biard. En 1885, M. Biard, qui était alors simple ouvrier typographe, d'accord avec M. Eugène Feuardent, imprimeur, fonda l'*Avenir cherbourgeois*. Cette petite feuille donna d'abord quelque inquiétude à ceux qui la lançaient dans la circulation. Ni l'un ni l'autre n'étaient journalistes et ils n'avaient pas les moyens de faire les frais d'un rédacteur. Ils tournèrent la difficulté en prenant pour rédacteur M. Tout-Le-Monde, et ils annoncèrent que l'Avenir ne serait autre-chose qu'une Tribune libre, où chacun, pourvu qu'il le fît avec modération, pourrait exposer ses idées et discuter celles des autres. MM. Biard et Feuardent s'y réservaient toutefois une petite place. Ils n'aimaient pas la politique et se proposaient surtout d'étudier les questions pouvant intéresser la ville et l'arrondissement. « Nous n'avons aucun parti, disaient-ils, ou plutôt aucun parti-pris. La vérité, la raison, l'intérêt du public seront nos seuls guides. Nous ne soutiendrons personne et nous soutiendrons tout le monde ».

L'idée était ingénieuse, elle devait réussir et elle réussit; d'autant que le journal se vendait 0 fr. 05, ce qui fut à l'époque une innovation.

L'Avenir exposait ainsi son programme dans son premier numéro :

« Signaler les réformes utiles désirées par tout le monde; — découvrir les abus qui s'introduisent et vivent si facilement dans les administrations; — juger toujours fermement, mais sans parti-pris, les hommes et les actes publics; — défendre enfin résolûment les intérêts du public, des électeurs et des contribuables, en s'inspirant des avis et des communications de ses lecteurs: telle sera, disait-il la tâche du journal ».

L'Avenir reçut plus de copie qu'il n'en pouvait contenir et trouva de nombreux lecteurs. Au bout de deux ans ses fondateurs le cédaient à quelques hommes politiques, qui en firent ce que font assez souvent les hommes politiques des journaux qu'ils prétendent diriger, un cadavre,... L'Avenir mourut d'anémie en 1889.

A cette époque M. Biard reprit l'idée qui lui avait si bien réussi. Création d'un journal bi-hebdomadaire à un sou, qui serait surtout un journal d'informations. Il fonda le *Réveil de la Manche, Tribune libre.* Les débuts furent difficiles. Mais le Réveil ne tarda pas à se faire une clientèle. La population ouvrière l'accueillit avec faveur. Elle y trouvait ce qu'elle voulait surtout : des nouvelles. Dès lors le succès du Réveil était assuré. Les circonstances, et notamment les nombreuses élections qui se sont succédé depuis 1890, le servirent à merveille. L'activité et la grande puissance de travail de son propriétaire firent le reste.

Le Réveil a aujourd'hui un tirage justifié de 21.800 numéros. Il est répandu dans tout le département. L'imprimerie est organisée d'une façon toute moderne ; elle comprend quinze ouvriers. Les ramettes sont clichées, puis fixées sur les rouleaux d'une machine rotative Derriey qui donne à l'heure 12.000 exemplaires pliés et numérotés. Un fil téléphonique et un fil télégraphique spéciaux le relient aux agences Havas et Fournier. Il a en outre un correspondant particulier pour les questions militaires et maritimes et les événements importants. Il a pour rédacteur en chef M. Charles Lecrest et pour secrétaire M. A. Morel.

Une édition spéciale paraît tous les soirs dans la ville sous le titre de *Cherbourg-Éclair*. Cette édition contient les nouvelle télégraphiées ou téléphonées dans la journée. Elle est surtout appréciée par les officiers et les fonctionnaires, qui y trouvent des nouvelles des cinq ports militaires, les listes d'embarquements et les nominations que l'*Officiel* apporte seulement le lendemain. Le Réveil est l'organe de la concentration républicaine dans l'arrondissement, des revendications ainsi que et des intérêts des travailleurs.

Les quatre journaux de Cherbourg sont bi-hebdomadaires. Le Réveil et le Pharo sont distribués dans l'après-midi, le mardi et le vendredi ; la Vigie et la Croix, le mercredi et le samedi ; les uns et les autres avec la date du lendemain.

La Presse cherbourgeoise s'occupe peu de politique générale. Elle traite surtout les questions locales. Elle est indépendante. Les journaux qui la composent, à quelque opinion qu'ils appartiennent, ont toujours repoussé les équivoques et les compromissions avec une dignité hautaine.

II.

LE THÉATRE.

Les habitants de Cherbourg se sont contentés longtemps du modeste théâtre qui profile, entre les numéros 9 et 15 de la rue de l'Alma, sa façade pseudo-grecque et qu'on appelle aujourd'hui l'Ancien Théâtre.

On s'avisa, il y a trente ans, que cet édifice ne répondait plus aux aspirations d'une ville dont la population augmentait rapidement et qui se préparait à devenir une grande ville. La salle était étroite, dépourvue de tout confort, de pauvre apparence et sommairement décorée. La scène était petite, et les dégagements insuffisants donnaient à chaque représentation de vives inquiétudes pour la sécurité des spectateurs. Après de longues discussions et de vives polémiques, car l'affaire était grosse pour le budget municipal, la construction d'un nouveau théâtre fut décidée.

Ce théâtre qui est le Grand Théâtre actuel, — la ville n'en a pas d'autre, — fut complètement terminé à la fin de l'année 1881. M. Pierre Giffard, du *Figaro,* en fit à l'époque l'impartiale description suivante :

Ce matin j'ai pu examiner à l'aise le théâtre et le visiter en détail. Il a été construit sur les plans de M. Delalande, l'architecte habile à qui on doit l'érection à Paris des théâtres de la Renaissance et des Nouveautés ; le même qui, l'an dernier, a restauré le Gymnase.

Le théâtre s'élève sur l'emplacement des anciennes halles de Cherbourg. M. Delalande en a même utilisé les fondations et une partie des murs. Il est d'une architecture élégante et gracieuse et bien appropriée au monument qu'elle représente.

Le style en est emprunté tout entier à l'époque de Louis XVI ; la façade en est particulièrement d'une harmonie délicate et fine et d'une grande légèreté ; elle est précédée d'un perron sur lequel s'ouvrent cinq arcades donnant accès dans l'intérieur.

Entre les portes soutenant le balcon du premier étage se trouvent placées des cariatides. Ce sont des torses de femmes reposant sur des gaines ornementées d'attributs de musique. Elles sont l'œuvre de M. Lefèvre. C'est encore de lui que sont les enfants à la Lyre sculptés au-dessus de l'entablement formant acrotère et le fronton qui couronne l'édifice. A l'écusson qui porte les armes de la ville de Cherbourg, l'artiste a accoté deux figures nues, dont l'une représente la Comédie et l'autre la Tragédie. Les figures sont un peu lourdes et sans grande originalité, des amours jouent autour d'elles. De son poignard levé la Tragédie semble menacer l'un d'eux qui ne parait pas, à vrai dire, se soucier beaucoup de la menace.

Au-dessus du balcon que soutiennent les cariatides du rez-de-chaussée se dressent six colonnes d'ordre corinthien. Entre ces six colonnes sont placées trois croisées que surmontent les bustes de Molière, de Corneille et de Boïeldieu. Ces bustes sont placés dans des sortes d'œils de bœuf qui rappellent un peu trop ceux que Garnier a pratiqués dans la façade de l'Opéra, où ils font d'ailleurs assez mauvais effet.

Le corps principal du théâtre est flanqué de deux pavillons annexes, avec terrasses et balustrades au centre de chacun desquels s'élève une façon de cartouche sur lequel M. Roger a placé d'excellentes figures de jeunes filles, enguirlandées de fleurs. Ai-je dit que les bustes de Corneille, de Molière et de Boïeldieu, exécutés simplement d'après les modèles connus, sont de M. Alasseur. Voilà pour l'extérieur.

A l'intérieur une vaste salle des Pas-Perdus contient les bureaux des billets et le vestibule du contrôle. Deux escaliers sont placés sur les côtés de ce vestibule et mènent au premier étage. C'est là que le Foyer se trouve situé.

Sa disposition et son ornement relève du style Louis XVI ;

des ors et des blancs, des couleurs tendres. La tonalité générale en est souriante et claire. La décoration en a été confiée à MM. Richomme, G. Clairin et Haquette. M. Richomme était chargé de peindre le plafond ; il l'a fait avec goût, mais sans s'appliquer à trouver quelque chose de nouveau ou d'inédit ; ses muses et ses enfants, qui volent au travers d'un ciel en fleurs, ont de l'élégance et de la grâce, mais sentent le banal et le convenu. Pour M. Haquette, qui était chargé de brosser les dessus de portes, même histoire, son effort n'a pas été plus loin que de mettre au goût et au ton de la pièce les panneaux qu'il avait à faire.

Pour ses motifs, ils appartiennent aux décorateurs du siècle passé ; même quelques morceaux de détail paraissent avoir été directement empruntés à Boucher.

Les deux morceaux vraiment intéressants que ce foyer contient sont les deux panneaux que Georges Clairin y a fait placer. L'un représente la Campagne et l'autre la Digue. Ils caractérisent bien à eux deux l'habitant de ce coin de terre sur lequel le théâtre est planté. Ils nous le montrent dans sa double fonction de paysan attaché au sol, vivant de lui, et de défenseur de ce sol qu'il a mission de garder contre l'avidité des ces deux terribles envahisseurs, l'homme et la mer.

La Campagne, c'est la fille de Normandie, avec ses bras puissants, ses fortes hanches, sa poitrine pleine, la rude travailleuse de la terre, qui fait suer au sol tout ce qu'il peut suer et dont la chair robuste et saine est mûre de bonne heure pour la maternité ; avec sa cotte grossière de paysanne, sa chemise de toile bise qui baille au soleil, ses bas bleus et ses sabots, la voilà qui s'avance portant à son cou les produits de la basse-cour et des champs.

La Digue, c'est la fille de la plage. Brûlée par le hâle, vêtue de la veste et du tricot du marin, trempée par la vague, échevelée par le vent, elle salue, debout sur la jetée, sa hache d'abordage à la main, l'escadre qui s'en va vers la pleine mer.

Ces deux figures, excellemment conçues, sont d'une exécution franche et large. Les vêtements des deux femmes, traités à grands coups, s'harmonisent fort bien, malgré leur rudesse, avec les tons tendres de la salle. Les enfants groupés autour d'elles sont bien dessinés, pleins de bravoure et de jeunesse.

Dans l'avant-foyer, à chacune de ses extrémités, MM. Rubé et Chaperon, les maîtres du décor, ont représenté, avec leur talent habituel, la décoration du premier acte de Guillaume Tell et celle du premier acte du Pardon de Ploërmel.

La salle est charmante ; par sa disposition elle rappelle beaucoup celle de la Renaissance. Même style que le foyer, même décoration claire et fraiche. Des verts tendres, des roses tendres, des blancs crémeux relevés d'ornements dorés. Le théâtre m'a paru bien ordonné. Tout y respire le confort. Les modèles de cariatides qui encadrent les loges d'avant-scène ont été exécutés avec un rare bonheur par M. Gautherin.

Georges Clairin a peint encore le plafond de la salle. Les sujets, vous les devinez. Ils sont traditionnels. C'est assavoir : la Comédie, le Drame, la Musique et la Danse. Clairin les a dessinés spécialement pour nous et vous les avez sous les yeux.

La Comédie, tons roses, rouges et jaune orange. Elle est vue de face, vêtue d'une tunique courte, les jambes nues, la tête renversée, les cheveux en désordre, d'une main brandissant au-dessus de sa tête un instrument qui ressemble à une marotte et dont elle semble prête à frapper quelqu'un, appuyant de l'autre le masque comique sur son épaule nue.

A ses pieds se tient le satyre, jambes croisées, tête rejetée et la regardant d'en bas, comme pour l'entretenir et lui signaler quelque sottise nouvelle à flageller. Des amours se tiennent auprès d'elle et l'un d'eux brandit un miroir.

La Musique est à droite de la Comédie, tons gris, vert clair et bleu tendre. Tonalité générale extrêmement légère et d'une grande douceur, une jeune muse tient ouvert devant la Musique un papyrus sur lequel des caractères sont tracés. Tandis qu'elle chante, marquant la mesure avec le bâton qu'elle tient à la main, une de leurs compagnes, assise à leurs pieds, promène rêveusement son archet sur les cordes de son violon. Derrière elle un jeune musicien souffle dans une flûte. Des amours voltigent dans le ciel ; l'un d'eux, à demi caché dans les fleurs, prête au Conseil une oreille attentive.

Composition charmante, d'une grâce et d'une fraicheur exquises ; des quatre c'est celle qui me plait le plus. L'attitude de la jeune violoniste, une jambe repliée sur l'autre, comme on dit à la Grande Arsène, est d'une jeunesse et d'une séduction vraiment incomparable.

Dans un décor de ballet, sur le ton bleu d'une apothéose, une ballerine en jupe bouffante, la tête renversée, s'est arrêtée sur ses pointes. Elle se dresse au-dessus de deux de ses compagnes, que l'ardeur de la danse emporte. Un faune, qu'on aperçoit de dos, cueille des plantes qu'il enguirlande à leurs bras nus. Voilà la Danse.

Pour le Drame il est représenté par une femme qui tient une épée nue et dont la bouche vomit la colère. Un cadavre gît à ses pieds et derrière elle le ciel s'embrase des lueurs sinistres de l'incendie.

Toutes ces compositions sont reliées entre elles par des ornements d'or, rehaussées par des couleurs vives et par des œils de bœuf qui permettent d'aérer la salle.

Enfin de jolies peintures en camaïeu de M. Wauquier rattachent les avant-scènes au plafond. J'oubliais de vous dire que le rideau a été brossé par Rubé et Chaperon ».

L'inauguration eut lieu le 28 janvier 1882; M. Alfred Mahieu était alors maire de Cherbourg. On attendait deux ministres. Mais il arriva que ce jour-là la France n'avait pas de ministère. Le Cabinet Gambetta, dont faisaient partie nos invités, MM. Gougeard et Antonin Proust, était tombé, et le cabinet Freycinet, où devaient figurer leurs successeurs, l'amiral Jauréguiberry et M. Jules Simon, n'existait encore qu'à l'état d'incertaine combinaison. Il n'y eut donc point de ministres ou de sénateurs, à peine un député, M. Lavieille.

La fête eut néanmoins un très grand éclat. Elle débuta par l'ouverture de la Muette. Mademoiselle Barotta, avec le charme exquis de son harmonieux talent, récita un à-propos de Madame Henry Gréville :

... O Poésie, accours, viens chanter ou pleurer.
Drame, apparais; la torche au poing, viens éclairer
Les monstrueux forfaits, les trames ténébreuses !

Riante Comédie, aux belles amoureuses,
Viens à ton tour. O Danse, apaise nos ennuis
Et fais devant nos yeux dans les songes des nuits
Défiler, sous le ciel rayonnant des féeries,
Des groupes élégants...
Soyez les bienvenus, nobles Arts; le Palais
Elevé par nos soins est à vous désormais.
Poètes et héros, nous vous livrons nos âmes.

Puis elle dit le Chevalier Printemps, la Fiancée du timbalier. M. Coquelin détailla plusieurs monologues, et tous deux jouèrent, pour la plus grande joie de la salle, « la Soupière de M. d'Hervilly ».

On entendit enfin M. Mouliérat et Mademoiselle Richard de l'Opéra, une Cherbourgeoise, alors dans tout l'éclat de sa jeunesse et de son talent. Ils chantèrent le duo de Crucifixus et le quatrième acte de la Favorite.

Entre temps la troupe ordinaire avait interprété les Amoureux de Catherine, un petit opéra-comique de Maréchal.

Tous les artistes furent couverts de fleurs; les belles fleurs ne sont pas rares, même en hiver, à Cherbourg, la Nice du Nord. Et le public s'accorda à déclarer que ce théâtre, dont on avait dit tant de mal, était un merveilleux théâtre.

La véritable inauguration pour le tout Cherbourg eut lieu les 29, 30 et 31 janvier, avec la Mascotte et l'Étincelle.

Le théâtre de Cherbourg, depuis cette époque, a eu les fortunes les plus diverses et nul programme n'a été plus troublé par des remaniements et des raccords de circonstance que celui qui a réglé jusqu'ici les rapports de son exploitation et de la municipalité.

Jusqu'en 1903, on a admis le principe de deux troupes

permanentes, l'une dite d'hiver, jouant l'*opérette*, la *comédie*, le *vaudeville* et le *drame*, l'autre, dite d'été, réunie pour représenter des ouvrages lyriques : *opéras-comiques*, *traductions*, *opéras*. La saison d'hiver commençait avec le mois d'octobre et prenait fin quinze jours environ avant Pâques. La saison d'opéra commençait à Pâques et comprenait dix-huit à vingt représentations. Mais cette disposition, par suite de circonstances diverses et de quelques faillites, n'a pas été constamment observée.

Les frais étaient élevés et, dès le début, la ville se trouva dans la nécessité de subventionner les directeurs de son théâtre. Cette subvention a été de 27.000 francs ; puis de 24.000, puis de 24.600 francs. Elle est aujourd'hui de 16.600. Mais depuis deux ans, il n'y a plus de saison d'opéra.

La saison d'hiver commence le 9 octobre et finit le 15 mars. Elle comprend, et c'est une louable innovation, trois représentations entièrement gratuites. On joue l'opérette, la comédie et le drame, et le dernier mois on donne huit représentations d'opéra-comique ou d'opéra dans des conditions plutôt fâcheuses. Cette combinaison, issue d'embarras budgétaires, est l'objet de légitimes critiques. L'ancien système d'exploitation donnait satisfaction à tout le monde ; il est à désirer qu'il soit repris.

Le théâtre de Cherbourg contient 1.100 places ; il produit au prix ordinaire, déduction faite des places gratuites réservées pour les divers services, environ 1.800 fr.

Il a coûté, dit-on, 1.300.000 francs. Les adversaires de la municipalité d'alors ont prétendu que ce chiffre avait été largement dépassé.

SOCIÉTÉS LITTÉRAIRES OU SCIENTIFIQUES

I.

LA SOCIÉTÉ NATIONALE ACADÉMIQUE

PAR

M. Adrien LE GRIN,

Avocat, Directeur de la Société.

« L'an 1755, le 14ᵉ jour de janvier, quelques amis des » sciences, de littératures et des beaux-arts désirant se com- » muniquer mutuellement les connaissances qu'ils possè- » dent et celles qu'ils pourront acquérir, et, dans cette vue, » ayant résolu d'ériger en cette ville une assemblée philo- » sophique, sous le titre de Société Académique, ont par le » présent acte formé l'établissement ».

C'est par ces mots que commence la première page du cahier des procès verbaux de la Société nationale Académique de Cherbourg, la troisième par ordre d'ancienneté des sociétés de Normandie.

Ils étaient six fondateurs : l'abbé Pierre Anquetil, qui fut le premier directeur ; Jean Voisin, professeur d'hydrographie, auteur d'une histoire de Cherbourg ; Jean Delaville, docteur-médecin; Thomas Groult, procureur du roi en l'Amirauté, dont les ouvrages sur le droit maritime ont longtemps fait autorité; Pierre Fréret, sculpteur, l'auteur de la chaire de notre église Sainte-Trinité et du tombeau du Bienheureux Thomas Hélye à Biville, classé comme monument historique; Gilles Avoine de Chantereyne, inspecteur des fortifications et receveur de l'Amiral, qui a laissé une histoire manuscrite de la ville (Bibliothèque municipale). Les séances de la Société se tenaient chaque semaine, de 5 heures à 7 heures, chez le secrétaire, M. Voisin; les statuts prescrivent de respecter la Religion, d'honorer le Roi et l'État, d'éviter toutes cabales. Le nombre des membres fut fixé à vingt-quatre; chacun devait fournir au moins un travail chaque année et les nouveaux élus faire l'éloge de leur prédécesseur; les étrangers étaient admis comme surnuméraires. Sous peine d'exclusion, on s'engageait à garder le secret des délibérations, qui n'avaient pourtant rien de mystérieux.

Les séances se tinrent régulièrement les premières années, puis tous les mois seulement; l'histoire locale, la philosophie et les sciences les remplissaient. En 1767 la Société avait admis dans son sein M. de Caligny-Gruningue, l'un des créateurs du port militaire; en 1768 elle admit l'abbé de Beauvais, originaire de Cherbourg, alors vicaire-général de Noyon, l'un des prédicateurs les plus célèbres de l'époque, celui qui osa reprocher à Louis XV ses débordements. Il assista à la séance du 23 septembre 1776, et y prononça un discours dicté, dit le procès-verbal, par l'amour de la Religion, de la Patrie et de l'Honneur, devise de la Société.

En 1773 le roi autorisa la Société à tenir deux séances publiques chaque année. La première eut lieu à l'Hôtel de Ville le 6 septembre; elle s'ouvrit par l'éloge du roi que prononça le Directeur en exercice, M. Denis de l'Aubépine; MM. Groult, Delaville, les abbés Vastel, Bisson et Postel parlèrent de leurs travaux et la séance se termina par la lecture d'une ode latine en l'honneur de la Société, composée par dom Blanchard, bénédictin.

Chaque année, la Société Académique distribuait des prix aux élèves des classes de latin et de l'école d'hydrographie. Elle avait obtenu en 1774 un privilège particulier : l'élève de cette dernière école qui avait mérité le premier prix était dispensé d'une campagne au service du roi ou d'une année de navigation au commerce ou d'une année d'âge pour devenir capitaine; ses archives renferment plusieurs brevets de dispenses signés du roi.

Le 2 décembre 1779 la Société admit au nombre de ses membres titulaires, Dumouriez, alors colonel commandant la place; il en devint le Directeur en 1781 et anima les séances par de nombreuses lectures, notamment sur la position de Cherbourg comme port militaire, sur les mœurs des Espagnols, sur la guerre d'Amérique, etc. Malgré l'activité de son Directeur, la Société périclita; en 1782, elle ne tint que deux séances, puis, sans que les procès-verbaux en indiquent les motifs, elle disparut pour quelque temps.

Le 24 août 1807 l'empereur faisait communiquer au Corps législatif un exposé de la situation de l'Empire dans lequel il exprimait le désir de voir renaître les sociétés littéraires; aussitôt cinq anciens membres de la Société Académique, MM. Groult, Postel, Lambert, Noël et Vastel, entreprirent de la faire revivre. Ils se réunirent le 9 septembre, décidèrent de reprendre leurs anciens travaux et de se compléter jusqu'au nombre fixé par le règlement. M. Groult fut élu président; la Société se hâta d'admettre les amis des sciences et des lettres que possédait la ville, et parmi eux :

le maire, M. Delaville; l'antiquaire Duchevreuil; le baron Cachin, inspecteur général des Ponts-et-Chaussées; l'abbé Demons, auteur d'une histoire de la ville et d'une histoire de l'abbaye; Augustin Asselin; le docteur Fleury, médecin en chef de la Marine; Javain, lieutenant-colonel du Génie; Cauchy, le futur membre de l'Académie des sciences, alors ingénieur des Ponts-et-Chaussées. Des statuts furent élaborés; il devait y avoir deux séances par mois, mais en fait il n'y en eut généralement qu'une tous les deux ou trois mois. M. de Gerville y lut un mémoire sur le pays des Unelli; M. Demons, son histoire de l'Abbaye du Vœu; M. Vastel, proviseur du lycée de Caen, ses fables; M. Geoffroy, de Valognes, ses études d'histoire naturelle; M. Asselin, sa préface des Vaux-de-Vire.

La Société, autorisée en 1817 à prendre le titre de Société royale, cessa de se réunir de 1821 à 1829, et, en 1832 seulement, elle tint une séance publique dans laquelle l'histoire de Normandie tint la plus grande place. En 1833, elle publia son premier volume de Mémoires, grâce à une subvention annuelle de 300 francs votée par le Conseil général du département. La Société a publié, à l'heure actuelle dix-sept volumes, dont le dernier vient de paraître. De 1879 à 1890, elle resta sans rien publier: le Conseil général, assailli par des demandes de subventions des sociétés nouvelles, avait pris le parti radical, non-seulement de les refuser toutes, mais encore de supprimer celles existantes. Les sociétaires décidèrent alors le paiement d'une cotisation qui a permis de reprendre à des intervalles, malheureusement trop espacés, la publication des Mémoires.

Ne pouvant dans cette courte notice analyser ni même citer tous les articles publiés, je me bornerai à mentionner ceux qui m'ont paru les plus importants, présentant d'avance mes excuses à ceux de nos collègues, vivants ou morts, que j'aurais eu le tort d'oublier.

En histoire : les études de MM. Bertrand-Lachênée et Rouxel sur la galerie couverte de Bretteville-en-Saire ; la recherche de l'emplacement de Coriallum par MM. Ternisien et Jouan ; les notes de M. Jouan sur les sépultures franques de Tourlaville ; celles de M. Asselin sur une habitation romaine dans les mielles de Cherbourg et sur la grande cheminée de Quinéville ; de M. Denis-Lagarde sur les médailles recueillies dans le département ; les recherches de MM. Couppey, Gilbert, Léopold Delisle et Lepelley sur le bienheureux Thomas Hélye de Biville ; celles de MM. de Pontaumont, les abbés Leroux et Le Roy, Lesens, Houivet, Menant, Drouet, Digard de Lousta, de Caligny, Lesdos, Noël sur l'histoire locale avant la Révolution ; celles de MM. Vérusmor, Noël, Galland et Adrien Le Grin sur la période du Directoire, du Consulat et de l'Empire ; les études de M. Victor Lesens sur le blason de la ville, de M. Amiot sur la grande cheminée de l'abbaye ; les biographies du bienheureux Barthélémy Picquerey par M. Lesdos, et de Mgr de Beauvais par M. Moulin ; l'étude de M. de Pontaumont sur Mangon du Houguet, historiographe du Cotentin au XVIIe siècle, celle de M. Henri Leroux sur un épisode de la Révolution dans le pays de Coutances, celle de M. A. Drouet sur la sorcière Marie Bucaille.

La Société ne s'est pas cantonnée dans l'histoire locale : M. Carlet s'est occupé de l'invasion des barbares dans la seconde Lyonnaise et de la marine des pirates saxons ; M. l'abbé Adam, de l'ancienne forêt de Brix ; M. Louis Drouet a édité et complété une histoire de Barfleur ; M. Féron a écrit le récit de l'aventure du baron de Rullecourt, qui essaya de s'emparer de Jersey en 1781 ; M. Jouan a raconté les aventures de Jean Mocquet, voyageur au XVIIe siècle, et l'expédition de Corée en 1866, et M. Adrien Le Grin, les fêtes du bi-centenaire de la fondation de Saint-Pétersbourg en 1903.

La géographie et les voyages débutent par un voyage en Grèce et dans l'archipel de M. Laurent de Choisy, au lendemain des massacres faits par les Turcs; l'amiral Bouet-Willaumez et le docteur Dufour étudient les mêmes parages; M. de Barmon va à Tunis, l'abbé Cléret chez les Canaques, M. Jardin sur les bords du rio Nunez et à travers l'archipel Mendana, M. Picquenot à Tahiti; M. Jouan montre ce qu'était le Dahomey en 1843, et nous ramène en Portugal, en Provence puis dans le Cotentin, après que M. Digard de Lousta nous a promenés dans la Hague. M. l'abbé Le Roy nous a décrit la Suisse et le nord de l'Italie, M. Féron les lacs anglais, M. l'abbé Lefèvre nous a fait pèleriner au Mont Cassin et dans les catacombes de Rome, et avec M. Henri de la Chapelle nous avons parcouru les îles anglo-normandes.

La littérature, dont la place était peu importante dans les premiers volumes, tend à en prendre une plus large dans les derniers. Ce sont: les légendes de MM. Ragonde et Digard de Lousta sur la Hague; les études de M. Edouard de la Chapelle sur Horace et sur La Fontaine; celles de M. Buchner sur Byron, de MM. Thierry et Dalidan sur Molière, de M. Alexandre Adam sur Octave Feuillet; celles de M. Digard de Lousta sur Michel Legoupil, un poète local; de M. Jean Fleury sur Hippolyte Vallée, l'éducateur des idiots; de M. Favier sur la Farce de Pathelin; des nouvelles de MM. Albert Le Grin et Maurice Le Grin, enfin les recherches de M. Jouan sur la littérature orale des Polynésiens, et de M. Jean Fleury sur le patois de la Hague et des îles anglo-normandes.

La poésie est dignement représentée par les traductions

d'Homère de M. Édouard de la Chapelle, les sonnets de M. Julien Travers et ceux de M. Frigoult ; une pièce de Marie Ravenel, « la Tempête » ; la légende de Tombelaine et le Robert Guiscart de M. Étienne Dupont ; les poésies religieuses et champêtres de M. Louis Sallé, celles de M. Marseille et de M. Coupard ; des pièces de M. le docteur Cahon et de MM. Halley et Gohé.

Les beaux-arts n'ont fourni qu'une étude : la jeunesse de Millet, par M. Jean Fleury.

Dans les sciences économiques : M. Couppey a étudié l'ancien Droit criminel normand ; M. Joachim Menant, les lois de Manou ; M. Vérusmor, l'état des anciens Hébreux ; M. Edouard de la Chapelle, l'influence de la philosophie sur le Droit français moderne ; M. Courtois, l'esprit nouveau dans les lois pénitentiaires ; M. Auguste Le Jolis a fait des recherches sur nos anciennes fabriques de draps.

Les sciences pures sont un peu délaissées, ce qui s'explique par l'existence à côté de nous de la florissante Société des Sciences naturelles et mathématiques. Je citerai cependant : de M. Paul Delachapelle, le catalogue des mousses et celui des lichens de l'arrondissement ; de M. Le Jolis, l'origine des plantes cultivées ; de M. Corbière, la flore littorale du département de la Manche. M. Théodose du Moncel a donné une théorie de la perspective apparente, et M. Emmanuel Liais, une théorie mathématique des oscillations du baromètre ; enfin la médecine a fourni deux mémoires dus à M. Besnou.

La Société Académique compte aujourd'hui trente-trois membres titulaires ; elle a un directeur honoraire, M. le commandant Jouan, qui, après l'avoir présidée pendant vingt-cinq ans, a dû se retirer à cause de son grand âge et de ses infirmités, mais est toujours resté le savant aimable et le causeur charmant que connaissent tous les vieux

Cherbourgeois; et c'est un grand plaisir pour nous, ses amis, d'aller nous asseoir auprès de son fauteuil et de l'entendre raconter ses souvenirs de jeunesse : « Quand j'étais aspirant sur la *Belle-Poule* qui allait chercher les cendres de Napoléon Ier... ».

La Société a trois officiers : MM. Adrien Le Grin, avocat, directeur; Louis Sallé, avocat, secrétaire; Georges Rouxel, sous-agent administratif de la Marine, archiviste-trésorier.

Elle n'a plus de séances publiques depuis 1852, mais elle tient régulièrement à l'Hôtel de Ville le premier mercredi du mois, ses séances, le plus souvent remplies par des lectures sur l'histoire locale, des récits de voyages, des analyses d'ouvrages, des poésies; puis ce sont des causeries amicales, et parfois des discussions sérieuses, toujours courtoises.

II.

LA SOCIÉTÉ NATIONALE

DES SCIENCES NATURELLES ET MATHÉMATIQUES

ET

SA BIBLIOTHÈQUE

PAR

M. L. CORBIÈRE,

Secrétaire perpétuel de la Société.

Cette Société fut fondée le 30 décembre 1851 par trois jeunes gens de Cherbourg, également épris de recherches scientifiques : le comte Théodose du Moncel, physicien, devenu membre de l'Institut, décédé à Paris le 16 février 1884 ; Emmanuel Liais, astronome, qui, après avoir été directeur de l'Observatoire de Rio-Janeiro, est mort le 5 mars 1900 maire de sa ville natale ; enfin le botaniste Auguste Le Jolis, dont l'existence s'est écoulée tout entière à Cherbourg et qui, par suite, est resté jusqu'à son dernier jour (20 août 1904), c'est-à-dire pendant plus de cinquante ans, le Directeur, l'âme même de la Société.

L'origine et le but de la Société ont été indiqués, lors

du 25e anniversaire de sa fondation, le 30 décembre 1876, par M. Le Jolis lui-même de telle sorte que nous ne pouvons mieux faire que de reproduire ici les principaux passages de sa notice[1]. Nous nous permettrons seulement d'y faire quelques légères retouches pour la mise au point d'aujourd'hui.

« L'histoire de la plupart des anciennes académies nous apprend que presque toujours elles ont dû naissance à des réunions privées de quelques amis des sciences et des lettres. Il en fut de même pour notre Société, et son premier point de départ pourrait à la rigueur être reporté à une dizaine d'années avant sa constitution officielle. La génération cherbourgeoise qui, vers 1840, quittait les bancs des écoles, semble avoir été en général plus portée vers les études intellectuelles qu'il n'est de mode de nos jours : nos jeunes concitoyens ont sans doute maintenant quelque chose de mieux à faire. Mais, il y a une quarantaine d'années, nombreux étaient les jeunes gens qui s'occupaient avec ardeur, les uns de littérature, d'histoire locale et d'antiquités, les autres de physique ou d'histoire naturelle ; et entre eux s'établissaient facilement des relations intimes basées sur un commun désir d'apprendre. Alors avaient lieu de longues excursions dans nos campagnes et des causeries animées sur les merveilles qui surprenaient nos yeux ; et ce fut le principe d'une première association dite de « Conférences sur l'histoire naturelle », provoquée en 1842 par un de ces jeunes gens[2] qui, venant d'être nommé membre de la Société Linnéenne de Normandie, désirait établir dans notre ville une sorte de succursale de cette Compagnie savante, et pour ce projet avait reçu l'appro-

[1] *Mém. Soc. Sc. nat. Cherbourg*, t. XX, pp. 353-361.
[2] M. Le Jolis (L. C.).

bation et les encouragements de MM. de Caumont et Eudes-Deslongchamps.

» Le cadre de cette première association était cependant trop restreint ; et par suite il s'en forma une autre, réunissant aux éléments de la première ceux que fournissaient les amateurs d'histoire locale et d'archéologie. Mais on reconnut encore que celle-ci n'avait pas une raison d'être suffisamment motivée, puisqu'elle embrassait à peu près le même champ d'études que la Société Académique de Cherbourg. C'est alors que MM. Théodose du Moncel, Emmanuel Liais et Auguste Le Jolis résolurent de fonder, sur des bases entièrement distinctes, une société vraiment scientifique. Leur plan fut longuement médité ; et ne voulant, pour sa réalisation, rien laisser aux hasards et aux entraînements d'une réunion nombreuse où chacun aurait pu arriver sans idées bien arrêtées ou avec des idées contradictoires, ils rédigèrent d'abord des statuts délimitant nettement le but de la nouvelle société et conçus de manière à la maintenir dans une voie fermement tracée. Ce sont ces mêmes statuts qui, consacrés plus tard par le Conseil d'Etat, nous régissent encore.

» Les statuts, ainsi arrêtés par les fondateurs, furent offerts à l'adhésion de ceux de leurs collègues des anciennes Sociétés qui s'occupaient plus spécialement d'études scientifiques, ainsi qu'à d'autres personnes partageant les mêmes goûts ; et lorsqu'un nombre suffisant d'adhérents eut été réuni, ils furent convoqués pour procéder à la constitution définitive de la nouvelle association. Cette première assemblée eut lieu le 30 décembre 1851, à l'Hôtel de Ville, en présence de M. Alfred Liais, alors premier adjoint faisant fonctions de maire.

» Une demande à l'autorité supérieure, aux fins d'obtenir l'autorisation nécessaire pour les futures réunions, fut rédigée par les fondateurs et signée par les personnes présentes à cette première séance; puis l'on s'ajourna jusqu'au moment où cette autorisation serait accordée. Elle se faisait cependant bien longtemps attendre. Une visite aux bureaux du Ministère de l'Instruction publique nous apprit que notre requête, égarée en route dans quelque carton administratif, n'y était jamais parvenue. Une nouvelle demande fut aussitôt déposée, et par suite, sur l'avis favorable du Préfet de la Manche, le Ministre de l'Instruction publique prenait, à la date du 17 août 1852, un arrêté par lequel la Société des Sciences naturelles de Cherbourg était autorisée à se constituer conformément aux dispositions de son réglement.

» Une réunion préparatoire fut aussitôt convoquée, le 24 août 1852, pour l'élection des membres du bureau, et à la séance suivante, avant de commencer nos travaux, notre premier acte était de voter une adresse à la Société Académique de Cherbourg, pour réclamer ses sympathies et expliquer les motifs de l'institution nouvelle.

» Le titre choisi par les fondateurs répondait bien à l'ensemble des études qu'ils désiraient voir embrasser, à la condition pourtant que ce titre soit compris dans son sens le plus large, et non dans l'acception trop restreinte qu'on est porté à lui donner en France. De fait, les sciences naturelles embrassent toutes les sciences de la Nature, c'est-à-dire les sciences exactes et d'observation, en un mot la Science proprement dite, à l'exclusion de ce que l'on appelle les «sciences morales et politiques». Et si l'on consulte nos travaux, on verra qu'en effet presque toutes les branches des sciences pures et appliquées ont attiré nos recherches et alimenté nos études. Il devait du reste en être ainsi d'après la composition de nos quatre sections, qui sont intitulées : Sciences médicales, Histoire naturelle et agriculture, Géographie et navigation, Sciences physiques et mathématiques[1]. A l'origine le nombre des membres titulaires dans chacune de ces sections avait été limité à six; il fut plus tard porté à douze, en vertu d'un arrêté du Ministre de l'Instruction publique en date du 27 juillet 1860, puis à quinze (décret du 10 juillet 1878).

» Dès nos premières séances, les communications affluèrent de telle sorte qu'il fallut aussitôt entreprendre la publication de nos Mémoires. A la fin d'octobre 1852, paraissait une première livraison, promptement suivie de trois autres, qui complétaient un volume dans l'espace de moins d'une année. Les volumes suivants se succédèrent sans trop d'interruption, et si, après 53 ans, nous ne sommes encore parvenus qu'à notre 34e volume, la faute en est, non pas au manque de matériaux scientifiques, mais bien à l'exiguité de nos ressources pécuniaires, qui, malgré les lourdes charges que nous nous sommes longtemps imposées, ne nous a pas permis d'éditer un volume régulièrement chaque année. Dans ces volumes figurent nonseulement les travaux des membres titulaires, mais aussi ceux de nos correspondants français et étrangers; car nos publications acquirent bientôt une telle notoriété scientfiique, que des savants éminents ne dédaignèrent pas de demander l'insertion dans notre recueil de quelques-uns de leurs ouvrages, qui parfois même ont été imprimés par nous dans leur propre idiome, en anglais et en italien.

» Ce succès inespéré de nos publications a beaucoup dé-

[1] Toutefois et pour répondre à la demande de plusieurs membres qui désiraient que le but de la Société fût défini aussi clairement que possible par son titre, un décret du Président de la République, en date du 10 juillet 1878, ordonna que désormais le nom de notre Société serait « Société nationale des Sciences naturelles *et mathématiques* de Cherbourg ». (L. C.).

pendu, il faut le dire, d'une résolution prise tout d'abord : c'était de n'admettre, dans la composition d'un volume, que des mémoires scientifiques inédits, et de ne pas le laisser envahir par ces discours d'apparat, rapports de commissions, comptes de trésorier, procès verbaux solennels, etc., tous actes de la vie intime d'une société, qui n'offrent qu'un intérêt bien médiocre aux lecteurs étrangers, et cependant encombrent les volumes de la plupart de nos académies provinciales, où dominent ensuite les dissertations littéraires. C'était donc chose rare, vers 1850, de rencontrer un volume académique annuel consacré uniquement à la science ; aussi nos mémoires furent-ils accueillis avec une faveur marquée, surtout à l'étranger, où l'on n'avait guère non plus l'habitude de recevoir les publications des sociétés françaises, qui, rarement alors, dépassaient la frontière. Pour nous, dès le principe, nous adressâmes nos Mémoires aux académies et aux établissements scientifiques les plus renommés d'Europe et d'Amérique, qui tout aussitôt répondirent à nos avances avec un généreux empressement et nous accordèrent en retour le don de leurs précieuses publications. Et c'était là un des plus importants résultats qu'avaient eu en vue les fondateurs de la Société. Au début de leurs études, ils avaient trop souffert du manque de livres, ces outils indispensables au travailleur naturaliste, pour ne pas désirer que leurs successeurs fussent plus heureux qu'eux sous ce rapport ; ils s'étaient donc proposé la création à Cherbourg d'une bibliothèque spéciale, devant renfermer surtout les œuvres des académies étrangères, dont le prix élevé ne permet pas l'acquisition à de simples particuliers, qui d'ailleurs se rencontrent rarement dans le commerce de la librairie, et n'existent que dans un petit nombre de grandes bibliothèques.

» Telle est l'origine de notre riche bibliothèque, et nous

pouvons vraiment la qualifier de riche, car on y trouve réunies les collections les plus rares et les plus précieuses, venues des divers points du globe où la science est cultivée. Nous possédons, au 1er juin 1905, 77.588 numéros catalogués, tant volumes que livraisons et brochures, dont l'ensemble représente la valeur d'au moins 30.000 volumes compacts. Il serait certes trop long d'énumérer même les plus importantes de ces collections, et je dois me borner à citer seulement quelques-unes de celles dont les premiers volumes datent déjà de un ou deux siècles ; telles sont : l'Histoire de l'Académie des sciences de Paris depuis son établissement en 1666, les Éphémérides et les Actes de l'Académie des Curieux de la Nature de 1670 jusqu'à nos jours, le Journal de l'Ecole polytechnique de Paris depuis 1794, les *Acta eruditorum Lipsiensia* de 1682 à 1781, les Commentaires et les Mémoires de l'Académie des sciences de Saint-Pétersbourg depuis son origine en 1726, les Mémoires de l'Académie de Bologne à partir de 1731, de Harlem depuis 1754, d'Utrecht depuis 1781, de Caen depuis 1754, de Rouen depuis 1744, de Toulouse depuis 1782, de Boston depuis 1785, de Naples depuis 1779, de l'Observatoire Royal de Greenwich depuis 1765, de Dublin depuis 1787, etc., etc. Ajoutons-y les publications plus récentes de presque toutes les sociétés savantes d'Europe et des Deux-Amériques, d'Asie, d'Afrique et d'Océanie, les publications officielles des Gouvernements de divers pays, les ouvrages offerts par nos nombreux membres correspondants, enfin les legs ou dons de plusieurs membres titulaires de notre Société, MM. le Dr Monnoye, Emm. Liais, Lucien Fleury, Le Jolis, Jacques-Le Seigneur, Treboul, etc., et l'on pourra se faire une idée de la valeur d'une pareille bibliothèque, dont l'importance va en croissant chaque jour. Aussi la Société s'est-elle vivement préoccu-

pée d'en assurer l'avenir contre toutes les éventualités possibles afin qu'elle demeure à toujours dans notre ville un établissement de premier ordre destiné à venir en aide aux travailleurs sérieux. C'est dans ce but que, par un acte authentique en date du 20 mai 1874, intervenu entre le Directeur de la Société, dûment autorisé par ses collègues, et le Maire de Cherbourg, agissant en vertu d'une délibération du Conseil municipal visée par le Préfet de la Manche, la Société nationale des siences naturelles a cédé à la Ville la propriété de sa bibliothèque, dans le cas où la Société viendrait à cesser d'exister légalement, — et ce, à la condition expresse que cette bibliothéque sera toujours conservée comme un fonds distinct et inaliénable, que chacun des volumes qui la composent continuera à porter une étiquette indiquant son origine, — à la condition enfin que la Ville fournira chaque année une subvention convenable, affectée exclusivement aux frais de reliure des volumes. Cette dernière condition était en effet indispensable pour la conservation matérielle de ces ouvrages, dont une grande partie nous arrivent en livraisons détachées et qui dans un tel état ne peuvent être confiés aux mains des lecteurs ».

Jusqu'aujourd'hui, et en vertu de l'accord précité, la bibliothèque de la Société a été installée, tant bien que mal, et à titre provisoire, dans diverses dépendances de l'Hôtel de Ville, actuellement encore dans un bâtiment peu accessible et beaucoup trop exigu.

Mais le moment est proche enfin où, grâce à la générosité de M. Emmanuel Liais, elle pourra être logée confortablement. En effet, par le testament qui lègue à sa ville natale toute sa fortune immobilière, l'ancien maire de Cherbourg n'a point oublié la Société dont il fut l'un des fondateurs et l'un des présidents. Voici textuellement ce qu'il dit à ce sujet dans son testament :

« La maison rue de l'Abbaye, n° 9, sera mise à la disposition de la Société des Sciences naturelles et mathématiques de Cherbourg pour y loger sa bibliothèque et y tenir ses séances, et il est entendu que la ville lui fournira un bibliothécaire et qu'elle accastillera la maison *ad hoc* ».

Puis : « Ma bibliothèque sera jointe à celle de la Société des Sciences naturelles et mathématiques de Cherbourg par les soins de mon exécuteur testamentaire ».

Une circonstance particulière a retardé de plusieurs années et quelque peu modifié l'exécution des dispositions testamentaires de M. Liais. La Ville ayant conçu le projet d'élever un musée sur l'emplacement du n° 9 de la rue de l'Abbaye et de quelques maisons voisines à acquérir, demanda à la Société (10 juillet 1901) d'échanger la maison qui lui avait été léguée, contre un immeuble, destiné à sa bibliothèque, qui serait construit dans le parc Emmanuel Liais, en bordure de la rue Bonhomme. La Société y a consenti, et le contrat à cet égard, dûment signé par le Maire et par le Président de la Société, et approuvé par l'autorité préfectorale, est du 28 juillet 1903.

La nouvelle municipalité s'occupe actuellement de réaliser les engagements antérieurs, et très prochainement notre riche bibliothèque recevra un logement à la fois digne d'elle et de la ville de Cherbourg, et elle pourra dès lors, selon le désir de la Société, être largement ouverte au public laborieux.

Sans entrer dans le détail, qui serait long, des récompenses et des précieux encouragements qui, depuis plus d'un demi-siècle, ont couronné les efforts des membres de la Société et ont attesté le mérite de la plupart de leurs travaux, contentons-nous de mentionner le décret du 26 août 1865 qui, en reconnaissant la Société des Sciences naturelles de Cherbourg comme Etablissement d'utilité publique, lui donnait une place enviée parmi les rares académies de province qui ont l'honneur et le privilège d'être un Etablissement national.

Le 29 décembre 1901, la Société a fêté le cinquantenaire de sa fondation, en même temps que le jubilé de M. Le Jolis, son fondateur [1], et elle s'est acheminée vers une nouvelle période de son existence, qui semble ne pas devoir être inférieure, comme activité intellectuelle et résultats scientifiques, au demi-siècle écoulé.

[1] Voir le compte rendu de cette double solennité dans *Mém. Soc. Sc. nat. et math. de Cherbourg*, t. XXXIII, pp. 1-96.

III.

LA SOCIÉTÉ D'HORTICULTURE

ET

L'HORTICULTURE A CHERBOURG

PAR

M. A. DUTOT,

Vice-Président de la Société d'Horticulture.

I.

LE CLIMAT.

Par sa position à l'extrémité de la presqu'île du Cotentin, entourée de trois côtés par la mer de la Manche, l'arrondissement de Cherbourg jouit d'une température exceptionnelle et quasi-insulaire, encore adoucie par le grand courant d'eaux chaudes, connu sous le nom de Gulf Stream, qui, partant du Golfe du Mexique, vient baigner les côtes occidentales de la France et notamment celles de notre département. Cette influence du voisinage de la mer est tellement évidente que souvent il gèle dans l'intérieur des terres, à une lieue du rivage par exemple, pendant qu'au bord de la mer il fait un temps assez doux.

La température moyenne des hivers est de 6° à 7° au-dessus de zéro ; elle est donc, sinon à peu près égale, du moins légèrement inférieure à celle du midi de la France; mais, fait à considérer, dans les hivers ordinaires elle s'abaisse rarement au-dessous de zéro; certaines années même se passent sans que le thermomètre descende jusque-là. On cite comme absolument extraordinaires les hivers où le minimum de — 8° a été atteint. Ce fait ne s'est produit que deux ou trois fois dans un demi-siècle et cela pendant quelques heures seulement.

Aussi, grâce à ce climat exceptionnel, les Cherbourgeois ont vu de tout temps, même avant les essais d'acclimatation tentés par les amateurs et horticulteurs de la localité, vivre à l'air libre dans notre ville et sans qu'ils souffrent sérieusement des rigueurs de l'hiver, certains végétaux que l'on retrouve dans les mêmes conditions que dans le midi de la France et sur les bords de la Méditerranée. Les figuiers notamment y atteignent dans notre arrondissement un développement considérable et donnent en abondance des fruits comestibles. Les lauriers d'Apollon (*Laurus nobilis*) acquièrent également une hauteur et des proportions remarquables. Dans deux ou trois hivers seulement depuis cinquante ans, certains d'entre eux ont perdu leurs tiges, mais il ont repoussé ensuite avec vigueur. Les myrtes, les arbousiers, les lauriers-tins font également depuis longtemps l'ornement de nos jardins où ils fleurissent abondamment. Je ne parle pas d'ailleurs pour le moment des plantes acclimatées chez nous depuis une soixantaine d'années, telles que les *Camellia* qui forment des massifs atteignant 3^{m}50 à 4^{m} de hauteur.

La douceur de notre climat, permettant de conserver à l'air libre des végétaux qu'ailleurs on est obligé de cultiver en serre, a depuis longtemps engagé les amateurs à tenter l'acclimatation dans notre pays des plantes exotiques; mais c'est surtout depuis 1840 que se manifesta dans notre ville ce goût pour l'horticulture, qui depuis n'a fait que s'accroître, encouragé surtout par la fondation, à cette époque, de la Société d'Horticulture de Cherbourg, la première en date parmi celles du département.

II.

LA SOCIÉTÉ D'HORTICULTURE.

Au commencement de l'été de 1844 un certain nombre d'amateurs, dont quelques-uns furent aussi des botanistes distingués, MM. Auguste Le Jolis, Pierre-Adrien de la Chapelle, Chevrel, se réunirent à quelques praticiens, tels que MM. Cavron et Le Tellier, pour jeter les bases d'une association ayant pour but « le développement de l'horticulture dans l'arrondissement de Cherbourg et le perfectionnement de ses pratiques ».

Après une première réunion préparatoire, tenue à l'Hôtel de Ville le 5 juillet 1844 sous la présidence de M. Noël-Agnès, maire de Cherbourg, la Société fut définitivement constituée le 29 du même mois. Dans la première quinzaine de juin 1845 eut lieu la première exposition florale, à laquelle prirent part vingt horticulteurs. Ce fut une véritable fête pour la ville, et une foule nombreuse visita la salle où étaient exposés les divers produits de nos jardiniers, témoignant ainsi de l'intérêt qu'elle portait à la nouvelle Société. Jusqu'alors le président de la Société était de droit le maire de Cherbourg; mais en vertu des nouveaux statuts la Société se donna en 1846 un président électif; ce premier président fut M. Duprey, professeur de rhétorique au Collège, qui resta pendant dix-sept ans à la tête de la Société. Il sut donner à l'association une vigoureuse impulsion. Dès 1846, les 15, 16 et 17 mai, une seconde exposition ouvre ses portes et eut encore plus de succès que la première. Deux commissions permanentes furent établies (cultures d'utilité et cultures d'agrément) qui eurent pour mission de visiter tant les établissements horticoles de nos jardiniers que les propriétés des amateurs, pour se rendre compte de l'état des cultures, signaler les perfectionnements à apporter aux méthodes employées et faire de leurs observations des procès-verbaux lus ensuite aux séances. Une bibliothèque est créée; le premier bulletin paraît. Des relations s'établissent entre la Société et les directions du Jardin des Plantes de Paris et de certains Jardins des colonies. Comme conséquence de ces relations nous voyons, dès ces premières années, s'introduire ou se vulgariser dans nos cultures de plein air, soit des plantes nouvelles pour la région, soit des végétaux que jusqu'à ce moment on cultivait en serre: le *Phormium tenax* ou lin de la Nouvelle-Zélande, les *Chamærops excelsa* et *humilis*, le Camellia, le Rododendron, l'Azalée, le *Clianthus*, les *Aralia*, les Cistes, les Lauriers-roses, les Oliviers, les *Erica*, les *Fabiana*, les Cèdres, les *Pittosporum*, etc.

En 1863, M. Duprey ayant demandé qu'on lui donnât un successeur fut remplacé dans ses fonctions par M. Gervaise, également professeur au Collège. Le nouveau président fut un des plus ardents partisans de la création à Cherbourg d'un jardin public, création qu'il demanda au Conseil municipal, dont il faisait partie, et qu'il sut faire adopter en principe. La réalisation de son projet ne devait avoir lieu qu'une vingtaine d'années plus tard. Sous la présidence de M. Gervaise, les expositions de notre Société horticole prirent une importance qu'elles n'avaient pas encore eue jusqu'alors. Celle de 1864 eut un succès considérable. Sous l'habile direction d'un jardinier émérite, M. Le Tullier père, notre vieille halle au blé se transforma en un véritable jardin paysager avec pelouses, massifs et rocailles, et toute la population afflua pour admirer cette exhibition des produits de l'horticulture dans un cadre nouveau. Le nombre des sociétaires augmenta d'une façon considérable, et comme succès oblige, les années suivantes, c'est-à-dire en 1865, 1866 et 1867, la Société dut organiser encore de nouvelles expositions.

A M. Gervaise succéda en 1868, comme président de la Société, M. Frédéric Dalidan. C'est de son administration que date la réapparition du Bulletin qui, depuis 1848, avait cessé sa publication et qui parut désormais régulièrement une fois chaque année. C'est aussi vers cette époque que se place l'acclimatation dans notre contrée d'une plante qui a pris dans nos cultures une place considérable. Je veux parler du *Dracœna* ou plutôt *Cordyline indivisa*, qui semble avoir trouvé chez nous un habitat de prédilection, atteint dans nos jardins des hauteurs de près de 5 mètres et a supporté depuis son introduction les rigueurs de tous les hivers, à l'exception d'un seul pendant lequel la plupart des exemplaires ont perdu seulement leur partie aérienne.

Au décès de M. Dalidan, survenu en 1871, M. Emmanuel Liais, qui, directeur alors de l'Observatoire de Rio de Janeiro, était venu passer quelque temps à Cherbourg, fut élu président de la Société et occupa ces fonctions pendant deux années. Il retourna ensuite au Brésil, et en 1873 fut remplacé à la présidence par M. le docteur Renault qui, à son tour, dirigea l'association pendant vingt-sept ans, c'est-à-dire jusqu'en 1900. A cette époque son élévation à la mairie l'amena à se démettre de ses fonctions de président de la Société.

LE JARDIN DE LA RUE MONTEBELLO. — C'est de l'administration de M. Renault que date véritablement la création du jardin de la rue Montebello. Depuis longtemps la Société réclamait un jardin, école d'arboriculture et d'expérimentation horticole, et dans sa séance du 2 juillet 1871 elle avait chargé une commission de la recherche d'un établissement où ce jardin pourrait être établi. Cette commission ayant appris qu'un terrain appartenant à la ville, situé entre les rues Montebello et Loysel et destiné primitivement à l'édification d'un groupe scolaire, devenait disponible par suite de l'affectation à cet usage de l'ancienne poudrière cédée à la Ville par l'Administration de la guerre, adressa au Conseil municipal une pétition tendant à obtenir pour la Société la location de ce terrain. Dans sa séance du 13 novembre 1871, le Conseil accepta cette proposition, et le 1er janvier 1872, la Société d'Horticulture entra en possession de son jardin.

Les premiers travaux de clôture et d'aménagement furent poussés activement, et le 18 mai le nouveau jardin était inauguré par l'ouverture de la 20e Exposition horticole qui, dans la seule journée du dimanche 19 mai, fut visitée par plus de dix mille personnes. L'exposition terminée, l'emplacement parut bien nu ; car ce n'est pas du jour au lendemain que l'on crée un jardin, surtout quand on ne dispose que de ressources restreintes. Aussi ce n'est que par des améliorations successives qu'il est parvenu à son état actuel. Primitivement divisé en deux parties, la partie du fond étant réservée à l'arboriculture, il n'est entièrement consacré à l'horticulture ornementale que depuis quelques années seulement, un autre jardin ayant été loué par la Société, passage des Jardins, pour servir de champ d'expériences et de démonstrations au dévoué et savant professeur d'arboriculture, M. Levesque.

Le jardin de la rue Montebello, qui renferme une construction servant au rez-de-chaussée d'habitation au concierge, et au premier étage de salle des séances pour la Société, offre dès l'entrée un séduisant aspect. Des pelouses bien entretenues, dont la première est traversée par un petit ruisseau sortant d'une rocaille construite avec beaucoup de goût et surmontée d'un groupe d'arbres et d'arbustes d'un effet pittoresque, occupent toute la partie centrale. Plus loin un terre-plein est réservé pour les concerts qui de temps à autre se donnent dans le jardin. De beaux massifs de rhododendrons et de camellias donnent à l'étranger une idée de la douceur de notre climat. Une jolie collection de bambous attire aussi les regards. Çà et là de fortes touffes de *Phormium tenax*, type et var. *atropurpureum* et *variegatum*, de *Phormium Weitchii*, de *Gunnera scabra*, certaines plantes isolées telles que les *Yucca pendula*, *gloriosa* et *aloifolia variegata*, *Chamærops excelsa* et *humilis*, *Araucaria imbricata*, *Thuiopsis dolabrata variegata*, *Taxus pyramidalis*, etc., rompent agréablement l'uniformité des gazons. Dans le fond du jardin toute une série d'arbres de choix forment un épais rideau de verdure. Parmi ceux-ci sont à citer : les *Quercus Cerris* et *Ilex*, *Populus Bolleana*, *Betula urticifolia*, *Pirus salicifolia pendula*, les *Acer striatum*, *saccharinum*, *Schwedleri*, *Negundo foliis variegatis*, *Fagus sylvatica purpurea*, les *Ulmus unbraculifera*, *urticifolia* et *scabra lutescens*, *Xanthoceras sorbifolia*, les *Malus floribunda*, *atropurpurea* et *baccata*, *Prunus Pissardi*, *Cerasus Japonica flore roseo pleno*, *Catalpa speciosa*, *Idesia polycarpa*, *Cercis siliquastrum*, *Diospyros virginiana*, les *Magnolia grandiflora* et *Yulani*, *Buddleia globosa*, *Arbutus Unedo*, *Sorbus domestica*, etc.

Dans son ensemble ce joli jardin, auquel on ne peut reprocher que son peu d'étendue, offre pour les sociétaires un agréable lieu de promenade et donne aux visiteurs étrangers une idée de la prospérité de la Société d'Horticulture de Cherbourg qui, sous la direction de son distingué et savant président actuel, M. L. Corbière, est plus florissante que jamais.

III.

LE JARDIN PUBLIC.

Depuis longtemps se faisait sentir à Cherbourg la nécessité de la création d'un jardin public, à l'absence duquel ne suppléait pas le petit jardin de la rue Montebello, exclusivement réservé d'ailleurs aux sociétaires et à leurs familles. Dès le 5 janvier 1846, la Société d'Horticulture réclamait de l'administration municipale un jardin botanique et d'expérimentation. Son président, M. Duprey, demandait alors la concession à cette fin d'une partie du jardin de l'hôpital que l'on devait construire dans les terrains dits de Tivoli, s'étendant alors de la route des Pieux à la rue Montebello et maintenant occupés par cette rue et la rue Loysel. Nous trouvons trace dans les différents bulletins de la Société de nombreuses délibérations réclamant cette création, soit sur ces mêmes terrains de Tivoli, soit sur l'emplacement de l'ancien Ermitage de Bas.

En 1868, M. Gervaise, conseiller municipal, fut assez heureux pour faire adopter par ses collègues le principe de l'établissement d'un jardin public à Cherbourg, comme en possédaient déjà des villes voisines de moindre importance, telles que Coutances et Avranches.

Le décès de M. Gervaise, arrivé peu après, arrêta pour un temps la réalisation de sa proposition; mais l'idée était lancée, et l'architecte de la ville, M. Geufroy, dressa méme un projet pour l'établissement de ce jardin sur l'emplacement ou du moins sur partie de l'emplacement actuel. Au pied de la Montagne du Roule existait alors un terrain vague, borné par la rue de Paris, le Trottebec, l'ancien Ermitage de Bas et les rampes de la montagne. Ce terrain, appartenant à M. Lair, pouvait être acheté dans des conditions favorables et plus tard on pourrait y adjoindre les bosquets de l'Ermitage, lorsque l'école qui en occupait les locaux aurait été transférée dans de nouvelles constructions à édifier sur le quartier du Roule.

Le dossier dormit quelques années dans les cartons municipaux, malgré les pétitions de la Société d'Horticulture ; puis un projet définitif fut soumis avec un rapport favorable de M. d'Ingremard au Conseil municipal d'alors, qui n'y donna pas suite.

Survint, en 1876, une nouvelle proposition ou plutôt deux nouvelles propositions. L'une, à laquelle la Société d'Horticulture donna son adhésion, consistait à acquérir les terrains Vrac occupant tout le coteau de Beau-Séjour qui domine la gare, avec l'ancienne propriété y attenant du consul anglais M. Hamond, et d'y créer le jardin si réclamé par la population. Ce jardin aurait eu assurément l'avantage d'offrir au touriste et au promeneur un magnifique panorama sur la ville, le port, la rade et la pleine mer. Le second projet visait l'acquisition de terrains situés rue de la Bucaille prolongée, derrière l'Hôpital Maritime.

Un rapport de M. Mouchel au Conseil municipal proposa l'adoption du premier de ces projets ; mais devant l'hostilité de la population, à qui certaine presse avait fait craindre l'énormité de la dépense, le Conseil municipal repoussa les conclusions de ce rapport.

La question paraissait donc enterrée quand, faute de mieux, certains conseillers proposèrent de revenir aux terrains du pied de la Montagne. Le terrain Lair fut acheté, et enfin en 1887, le jour de la Trinité, eut lieu l'inauguration du nouveau jardin public. Depuis on y a adjoint, conformément du reste au projet primitif, l'emplacement de l'ancien Ermitage de Bas, dont les grands arbres, précieusement conservés, forment la partie la plus agréable et la plus ombragée.

Dans son état actuel, fermé en partie par des murs, en partie par des grilles, le jardin du Roule occupe une superficie de plus d'un hectare. En bordure de l'avenue Carnot, sur laquelle s'ouvre une porte monumentale, flanquée de deux pavillons, l'un à l'usage du concierge, l'autre servant de poste de police, il est borné au fond par le magnifique rocher de quartzite, connu sous le nom de Montagne du Roule, qui le domine de sa masse imposante et dont la couleur sombre tranche sur les fonds de verdure formés par les grands arbres.

A l'entrée, un bassin avec jets d'eau forme le centre d'une esplanade d'où partent deux allées-maîtresses convergeant toutes les deux vers le rond-point où le dimanche les musiques militaires donnent leurs concerts habituels, sous un kiosque rustique en chêne pelé recouvert d'une toiture de chaume et de plantes grimpantes.

Plus loin une mare assez vaste avec ilot est égayée par les ébats de quelques cygnes et canards. Cette mare, dominée par les ruines, transportées en cet endroit, de l'ancien portail de l'antique abbaye du Vœu, est entourée d'une ceinture d'ormes et de hêtres centenaires.

Derrière ces bosquets, une allée en pente douce bordée d'une double rangée de palmiers *(Chamaerops excelsa)*, qui réussissent ici parfaitement, et de beaux massifs de rhododendrons, conduit à une dernière pelouse au milieu de laquelle serpente un cours d'eau sortant d'une rocaille formée de blocs de grès du Roule et surmontée de conifères variés. Derrière cette pelouse la statue de notre grand peintre J.-F. Millet, œuvre de Chapu et de Bouteiller, se dresse dans un cadre d'ormes verdoyants.

Quoique de création relativement récente, ce jardin offre des coins charmants, et si au point de vue horticole il ne renferme pas de végétaux véritablement remarquables, on y trouve cependant quelques groupes intéressants de bambous, de camellias, d'azalées, de dracœnas et de conifères. C'est en tout cas un lieu de promenade agréable, à proximité de la ville et sur le chemin obligé des étrangers qui se dirigent vers la Montagne du Roule pour y jouir du magnifique panorama que l'on y découvre sur la ville, sur la rade et sur la campagne.

IV.

SERRES ET PARC EMMANUEL LIAIS.

Si le jardin de la Société d'Horticulture, si le jardin public offrent de l'intérêt aux amateurs, la véritable curiosité horticole de Cherbourg est le parc Emmanuel Liais, que ce savant, devenu maire de Cherbourg, a par son testament légué à sa ville natale avec les serres et les collections qu'il renferme.

Cette magnifique propriété de plus d'un hectare a été pour ainsi dire formée de toutes pièces par son propriétaire. Au cours de ses voyages à travers l'Amérique du Sud et de ses explorations dans les régions tropicales, M. Liais avait conçu le projet de se créer pour lui, dans son pays d'origine, un ensemble de jardins et de serres qui lui rappelleraient l'aspect des forêts vierges qu'il avait parcourues. A cette fin, en 1873, avant de repartir pour le Brésil, où il avait fait déjà un premier séjour, il se mit en relations avec

M. Cavron père, un horticulteur de mérite, dont il avait pu apprécier les connaissances et l'habileté professionnelle. Il s'entendit avec lui pour lui expédier, au cours des voyages qu'il allait entreprendre de nouveau dans des régions pour ainsi dire inexplorées, les végétaux qui lui paraîtraient dignes de figurer dans l'établissement horticole qu'il avait rêvé. Quand il revint définitivement à Cherbourg pour se fixer parmi nous, il s'appliqua à rechercher pour toutes ces plantes, qu'il avait recueillies et rapportées au prix des plus grands soins, les conditions d'habitat qui leur convenaient le mieux. Il fit construire ces serres aux vastes proportions que nous admirons aujourd'hui et les fit aménager de façon à placer chaque espèce végétale dans les conditions les plus favorables à son développement.

Le parc Emmanuel Liais a deux entrées principales, l'une rue de la Bucaille, l'autre rue de l'Abbaye. Si l'on y pénètre par la première, on traverse d'abord une allée d'arbres verts, puis on se trouve devant une succession de pelouses ornées de massifs de conifères et de rhododendrons du plus bel effet. Parmi les Conifères les plus remarquables, nous pouvons citer de beaux exemplaires de *Pinus insignis* et *Pinaster, Cedrus Deodara* et *atlantica, Cupressus Lambertiana, Araucaria imbricata, Cryptomeria japonica* et *elegans, Thuya,* etc.

Plus loin, au milieu d'un cadre de verdure, formé par des chênes verts, la statue de l'astronome, par Marcel Jacques, se dresse sur son socle de granit poli. Deux groupes de *Chamærops excelsa,* un autre de *Dracœna indivisa* contribuent également à l'ornementation de ces pelouses, sur lesquelles les magnolias, camellias, rhododendrons et azalées, tous croissant à l'air libre, viennent au moment de la floraison jeter les notes gaies de leur parure de toutes couleurs.

Au pied d'une tour que M. Liais avait fait construire dans l'intention d'y établir plus tard un observatoire, et le long de laquelle les passiflores et autres plantes grimpantes étendent leurs rameaux flexueux, un joli bassin présente une belle collection de Nymphéas de toutes nuances, jaunes, blancs, roses. A côté une haie de *Mimosa dealbata* qui, bien que passant l'hiver dehors, sont très vigoureux, et fleurissent abondamment au printemps, donne à ce moment de l'année l'illusion d'un jardin de Cannes ou de Nice.

Un chemin bordé de bambous de diverses espèces contourne ce massif et ramène en passant derrière la tour à la maison d'habitation, que l'on est en train de convertir en musée d'histoire naturelle. Çà et là, le long des murs, au milieu des arbres verts qui forment rideau autour de la propriété, des rosiers en arbres étendent leurs rameaux couverts de fleurs. De belles touffes de différents *Phormium*, de *Gunnera scabra*, de beaux *Yucca* et *Beschorneria yuccoïdes*, des massifs d'hortensias et de fuchsias, des groupes d'agaves que l'on recouvre seulement l'hiver, de forts échantillons de *Myrtus communis*, *Eugenia Ugni* et *apiculata*, *Clerodendron* et *Eucalyptus*, etc., se signalent également à l'attention du visiteur.

Les serres, au nombre de treize, renferment une magnifique collection de plantes exotiques de grande rareté. Certaines même de ces plantes sont uniques en France. Dans une première serre, près de la maison, de magnifiques bananiers dressent à près de dix mètres de hauteur leurs tiges portant à la saison de beaux régimes de bananes. Dans les suivantes nous trouvons toute une série de palmiers du plus bel effet, tels que *Areca sapida*, *Chamærops humilis*, *Phœnix dactylifera*, *Elæis guinensis*, *Jubæa spectabilis*, *Livistonia sinensis*, *Corypha australis*, *Caryota urens* et *sobolifera*, *Oreodoxa*, *Carludovica pal-*

mata, Rhapis flabelliformis, etc.; des fougères arborescentes, telles que *Cyathea medullaris* et *dealbata, Alsophila armata;* des Cycadées nombreuses, telles que *Cycas revoluta, tonkinensis, siamensis, circinalis, neo-caledoniensis, madagascariensis, poulo-condorensis; Zamia villosa, horrida, Lehmani, muricata,* etc.

Les murs de ces serres sont tapissés de végétaux de toutes espèces poussant là comme à l'aventure, de plantes parasites et épiphytes, telles que broméliacées et orchidées. Des lianes relient toutes ces plantes les unes aux autres: on pourrait se croire dans les forêts du Brésil, et la température de ces serres, maintenue à une forte chaleur, contribue encore à nous en donner l'illusion. Une collection de *Nepenthes,* ces plantes curieuses dont les urnes qui terminent les feuilles sont remplies d'un liquide où les insectes viennent se prendre, retiendra particulièrement l'attention.

Toutes les plantes cultivées dans ces serres mériteraient d'être citées. Signalons seulement encore *Artocarpus incisa,* les *Dracæna umbraculifera* et *fragrans, Ravenala madagascariensis,* des *Dieffenbachia* et *Philodendron* nombreux, *Ixora coccinea,* des *Plumeria, Medillina magnifica, Mammea americana, Melia sempervirens, Alpinia nutans, Hedychium Gardnerianum, Eugenia Jambos, Macrozamia spiralis, Encephalartos Altensteinii* et *caffra,* des *Ficus,* des Caféiers.

De l'autre côté de la maison d'habitation, une autre grande serre nous offre une collection de *Camellia* aux fleurs les plus variées, et de beaux exemplaires de différents palmiers et araucarias.

En résumé le parc Liais, dont la direction est confiée à M. Corbière, constitue au point de vue scientifique tant par les végétaux que l'on y cultive à l'air libre que par la magnifique collection des plantes renfermées dans ses serres, un ensemble vraiment remarquable que viendront compléter prochainement le musée d'histoire naturelle, que l'on y transfère actuellement, et l'importante bibliothèque de la Société des Sciences naturelles et mathématiques de Cherbourg, pour laquelle la ville doit prochainement édifier un bâtiment spécial.

V.

L'HORTICULTURE MARCHANDE.

Je ne puis, ce me semble, terminer cette notice sans dire quelques mots de l'état actuel de l'horticulture marchande à Cherbourg. Il me suffira de rappeler que notre ville compte des établissements de premier ordre, qui peuvent rivaliser, par leurs produits, avec les plus importants. Je ne veux citer aucuns noms propres, mais je puis dire que la réputation de certains de nos horticulteurs n'est plus à faire, connus qu'ils sont par les nombreuses récompenses obtenues par eux dans les expositions à Paris et ailleurs.

Une culture spéciale a surtout, depuis quelques années, pris à Cherbourg, comme partout du reste, une grande extension, celle des chrysanthèmes. Certains de nos concitoyens sont passés maîtres en la matière; notre dernière exposition est venue l'attester.

D'autres horticulteurs sont parvenus dans ces derniers temps à créer à Cherbourg une nouvelle branche de commerce ; il s'agit de l'exportation en grand des fleurs coupées, comme cela se pratique depuis longtemps dans le midi de la France. A Cherbourg, Octeville et Martinvast, des champs entiers sont consacrés à la culture des narcisses et des anémones, et, à la saison, de grandes quantités de ces fleurs sont expédiées journellement sur l'Angleterre et sur la capitale.

Une autre culture a pris aussi à Cherbourg un grand développement, celle des primeurs. De vastes espaces ont été couverts de serres où chaque année on cultive avec succès, outre la vigne, la pomme de terre, la tomate, les melons, etc.

Par ces innovations nos horticulteurs ont montré que leur esprit d'initiative était à la hauteur de leur habileté professionnelle et ils ont créé de nouvelles industries profitables à la région.

LE CABINET DES MÉDAILLES

ET

LA BIBLIOTHÈQUE MUNICIPALE

PAR

M. François EMANUELLI,

Archiviste-Paléographe, Bibliothécaire-Archiviste de la Ville.

I.

CABINET DES MÉDAILLES.

En 1866, l'Annuaire de la Société française de Numismatique et d'Archéologie appréciait ainsi le musée archéologique de Cherbourg, administré alors par M. Henry : « Il n'y aurait que très peu de choses à dire sur la partie numismatique du musée d'Archéologie de Cherbourg, s'il ne possédait une collection, *unique en France,* celle des monnaies et médailles de l'empire de Chine, depuis les temps les plus reculés jusqu'à nos jours. Cette intéressante collection lui a été donnée par M. l'amiral d'Aboville, qui, chargé par l'Empereur (Napoléon III) d'une mission spéciale pour la recherche des antiquités chinoises, et notamment des médailles, en rapporta un nombre suffisant pour pouvoir faire cet hommage à sa ville natale. Les autres pièces que possède le musée sont quelques médailles commémoratives du règne actuel (de Napoléon III) et quelques monnaies françaises et romaines n'offrant rien de remarquable, si ce n'est que parmi ces dernières, il existe six pièces d'or, d'une parfaite conservation, à l'effigie de Titus, provenant d'une trouvaille de 1.200 pièces d'or de la même époque, faite près de Cherbourg par les ouvriers occupés au chemin de fer. La partie archéologique comprend quelques vases étrusques, des urnes lacrymatoires et des débris gallo-romains trouvés dans la localité ».

A cette époque, le musée archéologique de Cherbourg était, on le voit, très pauvre, et assez peu digne d'une ville aussi importante. Mais depuis vingt ans, des acquisitions heureuses, et surtout des legs d'une grande valeur, en ont accru à ce point la richesse, qu'on a pu en détacher successivement un musée de Céramiques, et, il y a trois mois, un musée de Numismatique.

Le Cabinet des médailles de la ville de Cherbourg occupe le premier étage de l'Annexe du musée, dans le parc Liais, 9, rue de l'Abbaye. Il comprend un fonds ancien existant déjà en 1866, et les collections Conseil du Mesnil, Fauvel et Bertrand. On a vu plus haut quelle était la constitution de l'ancien Cabinet de la ville : quelques monnaies grecques et romaines, dont les six *aurei,* à fleur de coin, dits de Titus, et qui sont en réalité d'Auguste et de Tibère, et la collection chinoise d'Aboville. La collection Fauvel consistait surtout en Impériales romaines, trouvées dans le pays et particulièrement dans les mielles. La collection Bertrand, mise généreusement par son propriétaire à la disposition du conservateur, qui pourra en retirer toutes les pièces que le Musée ne possède pas encore, est formée de pièces étrangères des XVIIIe et XIXe siècles. Mais c'est surtout le legs splendide de M. Conseil du Mesnil qui constitue la grande richesse du Cabinet, et lui donne un caractère à part parmi les autres Musées numismatiques de France. M. Conseil du Mesnil (1819-1887) était un collectionneur éclairé, qui s'attachait surtout à posséder des séries bien complètes. Ce caractère d'homogénéité, l'absence de vides dans les suites, augmente encore la valeur marchande de la collection, mais a cet autre avantage, plus grand encore, de permettre à l'administration du musée, d'accord avec l'administration municipale, de lui donner toute sa valeur éducative, et faire ainsi mieux pénétrer l'esprit de notre histoire nationale.

La collection française Conseil du Mesnil comprenait deux parties : une série de monnaies royales, près de 1.600 pièces, dont 100 d'or, admirablement conservées, des Gaulois à nos jours, très homogène, avec les essais, les coins, les piéforts, les médailles commémoratives, les monnaies du sacre, les monnaies obsidionales, les monnaies frappées par nos rois comme souverains de pays étrangers, les jetons et méreaux de la cour et de la ville, les médailles des prétendants Charles X de Bourbon, roi de la Ligue, Napoléon II, Henri V, le Comte de Paris, — et une série de 900 monnaies provinciales, dont 27 d'or, frappées par les barons, par les évêques, par les communes, et qui, complétée par les jetons des Etats provinciaux, nous retrace l'histoire féodale de la France, seigneurie par seigneurie, province par province. Là encore, on doit louer M. Conseil du Mesnil de s'être attaché à ce que chaque prince des dynasties féodales fût représenté par les plus importantes de ses monnaies.

Les collections n'en comprennent pas moins des unités d'une très grande valeur. Dans la série royale, Philippe VI de Valois est représenté par onze monnaies d'or sur douze qu'il en fit frapper, pour ne pas parler des monnaies d'argent, assez communes. Mais je recommanderai surtout aux numismates deux tiers de sou d'or mérovingiens, de la *Civitas Aurelianorum*, de la plus grande rareté, puisqu'ils ne sont pas cités dans le traité des monnaies mérovingiennes de M. Prou. Voici leurs caractéristiques.

La première porte :

Recto : IACOT III MONETA. Buste diadémé à droite.

Verso : AVRILIANIS FITVR. Croix ancrée attachée à un globule, le pied pometté. Tiers de sou d'or, 1 gr. 22.

La deuxième porte :

Recto : AVRILIANI. Buste au diadème perlé à droite.

Verso : LEVDO MON. Croix ancrée fichée à un globule. Tiers de sou d'or, 1 gr. 22.

Voici le détail des collections du Cabinet :

Monnaies gauloises	58
— grecques	53
— romaines : consulaires, impériales et byzantines	371
— françaises : royales, 1589 ; coins monétaires, 30 ; féodales, 884	2.503
— étrangères : XVIIIe et XIXe siècle, 527 ; pontificales, 66 ; ordre de Malte, 30 ; chinoises, 173	796
Jetons et méreaux de personnages et d'offices	264
Médaillons	50
Sceaux-matrices	50
TOTAL	4.145

Et un très grand nombre d'empreintes en soufre et en plâtre.

II.

BIBLIOTHÈQUE MUNICIPALE.

Par suite de l'application du décret du 8 pluviose an II, les livres confisqués sur les émigrés du district de Cherbourg formèrent le premier fonds de la Bibliothèque actuelle, qui comprit alors 1.850 volumes auxquels vinrent s'ajouter trois caisses d'ouvrages en feuilles, provenant du navire *Holmen*, capturé en brumaire an IV. M. Pépin, prêtre assermenté, fut nommé bibliothécaire.

La majeure partie de la collection ne se composant que d'ouvrages de théologie, et la population ne montrant que peu d'empressement à fréquenter la salle de lecture, celle-ci disparut lors de la suppression des districts. Les livres furent remisés dans la Maison commune et oubliés jusqu'en 1812, époque où l'on songea de nouveau à reformer une bibliothèque avec les collections primitives, qui se trouvèrent sans importance par suite de nombreuses restitutions faites aux anciens propriétaires.

Mais, en 1831, la ville de Cherbourg acheta aux héritiers de M. Duchevreuil sa bibliothèque particulière, composée d'environ 1.600 volumes que l'on ajouta aux 700 qui restaient de l'ancienne bibliothèque du district; deux pièces du 2e étage de la Mairie servirent au logement de la Bibliothèque ainsi qu'à celui des collections d'antiquités et d'histoire naturelle.

L'État commença alors à doter cet établissement et jusqu'à nos jours n'a cessé de l'encourager en le favorisant par des envois d'ouvrages importants et de réelle valeur.

En 1845, M. Augustin Asselin, né à Cherbourg, en 1756, ancien maire de la ville, Membre du Conseil des Cinq-Cents, mourut en léguant ses riches collections à sa ville natale.

En 1857, la reconstruction de l'aile de l'Hôtel de Ville longeant la rue de la Paix étant terminée, on y installa la Bibliothèque. Depuis, celle-ci n'ayant cessé de s'enrichir par les libéralités de généreux donateurs, et les locaux étant devenus trop exigus, on transféra, en 1896, les collections au 1er étage de l'École Maternelle, rue Thiers.

Parmi les principaux bienfaiteurs de notre Bibliothèque citons : MM. Augustin Asselin, Avoyne de Chantereyne, Madame vve Bonnissent, MM. de Béranger, Sellier, Letellier, Bignon du Rozel, Madame vve Lepetit, MM. Henri Moulin, Mabire, Léopold Delisle, Madame vve Conseil du Mesnil, M. Jean Fleury et enfin M. Émile Altemer.

Les collections comprennent à l'heure actuelle 32.547 volumes se répartissant comme il suit :

Théologie	1.239
Jurisprudence	1.112
Sciences et Arts	7.309
Belles-Lettres	7.602
Histoire	15.285

Parmi les quelques ouvrages rares, citons : 319 planches gravées par ordre du roy (1676-1701), 3 vol. in-f°, maroquin rouge, aux armes royales surmontées de cette inscription : « Donné par le roy à M. Bignon, 1773 ».

« Les Liliacées », par Redouté, 8 vol. in-f°.

« Les Roses », par Redouté, avec le texte par Thory, 3 vol. in-4°. Exemplaire enrichi d'autographes des auteurs ; celui de M. Thory est ainsi conçu : « Il n'existe que cinq exemplaires de l'ouvrage des Roses tiré sur ce papier ; mon ami M. Redouté m'a fait présent de celui-ci ».

« Les Mistères », imprimés en 1539 et 1540.

« Recueil de ce qui a esté faict à la joyeuse et triumphante entrée du très puissant Charles IX dans sa bonne ville et cité de Paris ». (Ouvrage dont un exemplaire, aux armes de de Thou, a été adjugé à Berlin 10.200 fr. plus les frais).

Un « Daphnis et Chloé », édition du régent, dite « aux quatre pieds ».

Le dépôt possède en outre : 7 incunables ; de très nombreux ouvrages du XVIe siècle dont 180 datent de 1500 à 1550, et 60 de ceux-ci imprimés en caractères gothiques ; 4 éditions Aldines, 20 des Estienne, 53 des Elzévier, trois livres d'heures imprimés sur vélin, une bible allemande remarquable par la beauté de sa reliure à fermoirs en cuivre ciselé ; plusieurs belles reliures anciennes en vélin ou en veau estampé et quelques autres signées : Pasdeloup, Derosne jeune, etc. ; 60 volumes armoriés et enfin deux ouvrages japonais dans leurs ingénieux étuis.

Le fonds des manuscrits comporte 339 numéros, parmi lesquels nous citerons trois livres d'heures, richement enluminés, mais remarquables surtout par un grand nombre d'admirables miniatures, qui les auraient rendus dignes de figurer à l'Exposition des primitifs de 1905. On remarque encore plusieurs histoires manuscrites de Cherbourg, encore inédites, dont l'une, par Chantereyne, est très remarquable, supérieure même à beaucoup de productions postérieures.

Après différents changements dans la réglementation des heures d'ouverture publique de la salle de lecture, le service est organisé comme il suit depuis le 5 mai 1904 : 1° du 1er octobre au 30 avril, la Bibliothèque est ouverte au public tous les jours de la semaine, de 2 à 4 heures et de 5 à 9 heures du soir ; le dimanche, de 10 heures du matin à midi et de 2 à 6 heures du soir ; elle est fermée le lundi ; — 2° du 1er Mai au 30 septembre, mêmes heures d'ouverture que ci-dessus, mais elle est fermée le dimanche et ouverte le lundi.

Grâce au réel intérêt de ses collections et au grand nombre de périodiques qu'elle reçoit : Revue des Deux-Mondes, Revue Bleue, Annales politiques et littéraires, Lectures pour tous, Génie civil, Journal des Savants, Revue maritime, Agriculture pratique, l'Art, Art et Décoration, etc., etc., et toutes les revues scientifiques dont le service est fait par l'Etat, la Bibliothèque est très fréquentée. Elle a vu plus de 12.000 lecteurs et emprunteurs depuis le 1er janvier dernier.

Sa prospérité s'est encore accrue depuis la fondation de la Société des Amis de la Bibliothèque, en février dernier.

La Société des Amis de la Bibliothèque a pour but de répandre dans le public le goût de la lecture, en offrant aux personnes qui fréquentent la Bibliothèque les livres de tous genres susceptibles de les intéresser.

Il n'était autrefois possible d'emprunter des livres de la Bibliothèque qu'à la condition de verser un dépôt de vingt francs. Grâce à une mesure bienveillante de l'Administration municipale, les membres de la Société peuvent jouir du même droit sans dépôt de garantie.

De plus, les fonds de la Société sont exclusivement employés à l'achat des livres nouveaux ou des œuvres de premier ordre qui ne figurent pas dans les collections.

Cette société, fondée par M. Renault, adjoint au maire, et M. Quoniam, armateur, son président actuel, compte aujourd'hui plus de 300 membres : elle a enrichi la Bibliothèque de plus de 150 volumes d'auteurs contemporains. Son action, qui s'étendra de plus en plus avec ses ressources, permettra à la Bibliothèque de rendre dans un jour prochain les services qu'une grande ville comme Cherbourg peut attendre d'elle.

VALOGNES

PAR

M. l'Abbé J.-L. ADAM.

I.

VALOGNES PHYSIQUE ET HISTORIQUE.

TOPOGRAPHIE.

La ville de Valognes, autrefois capitale de la presqu'île du Cotentin et, de nos jours, chef-lieu d'arrondissement du département de la Manche (postes, télégraphe, téléphone, stations de chemin de fer), est située au centre de cette péninsule, à 20 km. de Cherbourg, au N. ; à 30 km. de Carentan, à 55 km. de Coutances, au S. ; à 24 km. des Pieux, à l'O. ; à 13 km. de Quinéville, à l'E., et à 324 km. de Paris, au S. Sa position astronomique est, à la tour de l'église Saint-Malo, par 4° 20′ 30″ de longitude W. au méridien de Paris, et 49° 30′ 70″ de latitude N. Sa population (comme paroisse) était au 1er janvier 1878 de 5.831 habitants, dont plus de 550 appartenaient aux congrégations religieuses. Aujourd'hui elle n'est plus que de 4.655. En 1771, elle s'élevait à près de 12.000 âmes, sans les troupes qui, en temps de guerre, se montaient à 3 et 4.000 hommes, tant infanterie que cavalerie, et se composaient en temps de paix de deux ou trois bataillons, avec l'état-major (le reste du régiment étant à Cherbourg) [1]. Cette ville est arrosée par plusieurs cours d'eau dont le principal est le Merderet (Merderel, en 1437, *Matrologe*, fol. 31, v°), qui prend sa source à la fontaine du Canada, au hameau Siquet, à Tamerville, et se jette dans l'Ouve, à Picauville, au-dessous de l'Isle-Marie, au village de l'Homme, après un cours de 23 km. 200, dont 5 km. navigables.

« Elle prend son nom, dit R. de Hesseln, de sa situation dans un vallon près les ruines d'une ancienne ville d'Allonne (Alleaume), qui, quoique peu connue dans l'histoire, était considérable du temps des Romains. Après l'incendie qui paraît avoir détruit cette première ville (IIIe siècle de notre ère), ceux de ses habitants qui évitèrent les flammes en rebâtirent une autre dans le vallon qui était au bas... De là viendrait (?) l'étymologie du nom de la ville de Valognes : *Vallonia in valle Alloniæ ou Loniæ* ». Voici quelques-unes des vieilles formes de ce nom, prises parmi les plus anciennes : *Curtis quæ appellatur* VALANGIAS, 1.027. *Dotal. Adelæ ; — In comitatu Constantino, villa* VALONGIA, v. 1.060. Baluze, *Miscell.*, fol. III, 45 ; — VALUIGNES et VALUINES. Wace, *Roman de Rou*, v. 384 et 5.204 ; — VALONES, Benoît de Peterb., a. 1.175 ; — WALONIÆ, 1.198, *Rot. scac.*, 471 ; — WALOIGNES, 1320, *T. des ch. reg.*, 61, n. 125 ; — VALOGNIÆ, v. 1.320, *Cart. de Saint-Sauv.*, p. 173 ; — VALOIGNEZ, v. 1.400, *Cout. des forêts de Norm.*, f. 705 ; — VALONGES

[1] Robert DE HESSELN, *Dictionnaire universel de la France*, t. VI, p. 445, in-12. Paris, Desaint, 1771.

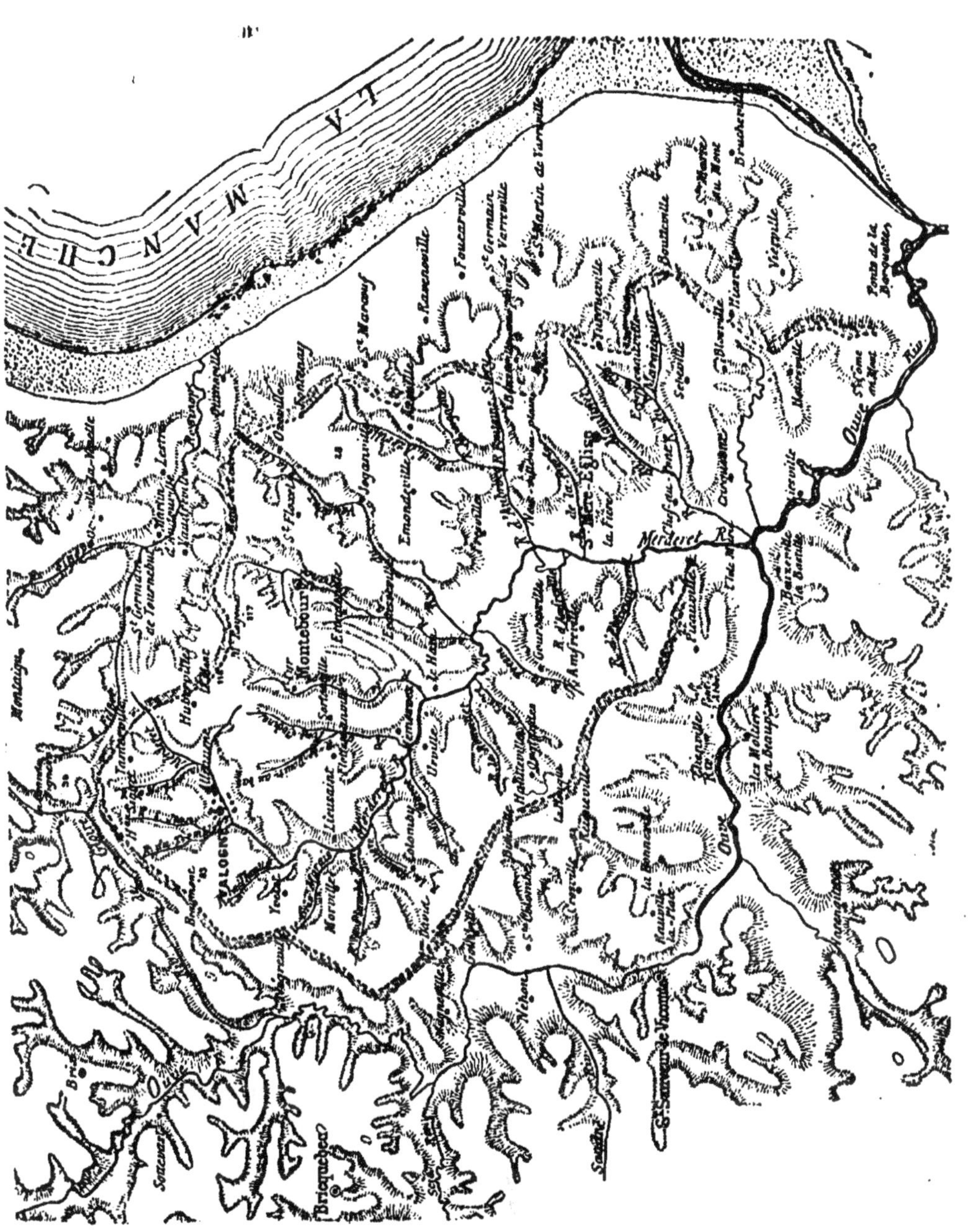

LE BASSIN DU MERDERET
(d'après M. F. de Fierville).

et VALLONGNES, 1.400, *Matrologe de la Confrérie du Saint-Sacrement*, f. 28, v° et *passim* [1].

GÉOLOGIE.

Les terrains de Valognes appartiennent à l'époque ou ère secondaire, série jurassique, période liasique, étage hettangien (infra-lias de Bonnissent et des auteurs de la Carte Géologique de France). L'hettangien de Valognes comprend deux assises : 1° à la base, les marnes à *Mytilus minutus*, puissantes de 7 à 8 mètres et contenant *Corbula Ludovicæ, Avicula infraliasina, Ostræa anomala, Diademopsis serialis ;* — 2° au-dessus, le calcaire gréseux à cardinies, dit aussi Calcaire de Valognes ou Calcaire d'Osmanville, dont la puissance varie de 10 à 15 mètres. Ce calcaire est constitué par des couches successives de calcaire gréseux, variant du blanc jaunâtre au gris, quelquefois séparées par des lits minces d'argiles. Les bancs inférieurs, plus cristallins, contiennent des galets et des polypiers roulés, et passent souvent à un vrai poudingue à cailloux quartzeux ou granitiques. Les principaux fossiles sont : *Cardinia concinna*, *Pecten valoniensis, Plagiostoma valoniensis, Lima valoniensis* [2]. Les carrières de Valognes n'offrent pas toujours le même nombre de lits. On en compte ordinairement de 10 à 12. Voici le détail d'une coupe prise au Bourg-Neuf, telle que l'a publiée Bonnissent [3].

« 1° Argile diluvienne, 1m50. — 2° Petits bancs employés

[1] Voyez L. DELISLE, *Rapport sur le plan d'un dictionnaire géographique de la France ancienne et moderne*, p. 14. Paris, Paul Dupont, 1859.

[2] A. DE LAPPARENT, *Traité de Géologie*, p. 926. Paris, Savy, 1885.

[3] BONNISSENT, *Essai géologique sur le département de la Manche*, p. 276. Cherbourg, Feuardent, 1870.

à faire du pavage pour les appartements et à la cuisson de la chaux. Le 1er est nommé par les carriers *savate de haut*. Il est suivi par une couche de glaise blanche et de glaise verte, 0m70. Le 2e porte le nom de *corne de ran* (bélier) 1m; le 3e le *moulage*, 0m66; le 4e le *lit fin*, 0m15; le 5e le *lit gris*, 0m50. — 3° *Banc Féron*, contenant des pierres de taille, avec fossiles assez bien conservés. — 4° Glaise noirâtre et jaunâtre, en petits lits de 0m10. — 5° Banc de *savate de bas*, 0m25. — 6° Assise argileuse avec très petits lits de calcaire, 0m60. — 7° Gros lit ou banc de calcaire arénacé, 0m60. — 8° Lit *pouillard*, ainsi nommé à cause de la grande quantité de fossiles qu'il renferme, 0m72. — 9° Petits lits de pierre à chaux, séparés par des sables argileux peu épais, 0m80. — 10° Lits de *crasse*, 0m20. — 11° Lits de *clou*, 0m30. — 12° Marnes et argiles noirâtres. — 13° *Marlière* », reposant immédiatement sur les couches de l'étage tyrolien (ancien keupérien).

BOTANIQUE.

Parmi les plantes rares pour le département de la Manche, que l'on trouve à Valognes, M. L. Corbière cite : « 1° *Draba muralis* L. ; n'est pas rare à Valognes où M. de Gerville l'a trouvée il y a longtemps. Si je la mentionne, dit le savant naturaliste cherbourgeois, c'est que M. Besnou, dans le catalogue qu'il a intitulé *Flore de la Manche* (p. 37), semble douter de son existence. Elle est particulièrement abondante à la sortie de la ville, sur un vieux mur et les talus de la route de Saint-Sauveur ». — 2° *Aspidium æmulum* Sw. (*Lastræa æmula* Brak.), à Valognes, coteau au bord de la Gloire »[1].

[1] L. Corbière, *Nouvelles Herborisations aux environs de Cherbourg*, pp. 17 et 22, Caen, Delesques, 1887.

RUES, PLACES, CHASSES.

Il y a à Valognes 5 places, 43 rues et 18 passages ou chasses.

On trouve à l'Hôtel de Ville un Registre donnant l'état des rues de Valognes avec les différents noms qu'elles ont successivement porté. Voici, à titre de simple indication, les renseignements sur ce sujet que j'ai recueillis dans le *Matrologe de la Confrérie du Saint-Sacrement* et qui me paraissent offrir quelque intérêt pour la Géographie locale : Rue *Levêque,* en 1427, fol. 14 ; rue *de la Poterie*, en 1362, fol. 33, v° ; rue *Auber* (rue des Religieuses depuis le pont Sainte-Marie) jouxte le grant douit de Valoingnes, 1427, fol. 16 v° ; la *Foulerie* ; le *quemin qui va au Casteller ;* la *cache allant de l'ostel Symon Guille au hamel ès Grives* (Miquelets actuels) ; le *quemin de la planque Marcheul allant à la croix Varin,* le *quemin allant à Montebourg passant parmy,* en 1430, fol. 21, v° ; — les *preys du Roi*, en 1436, fol. 25, r° ; — *hamel ès Onffrois* à Valoingnes, en 1400, fol. 28, r° ; — rue *de la Court de l'Evesque ;* la *grant rue* de Valognes près le pont ; l'eau qui vient du *pont Secouret* et tend au *pont à la Sartre* (pont Sainte-Marie), en 1438, fol. 29, r° ; — la *cache au Prael,* en 1440, fol. 29, v° ; — chemin de devant l'*ostel au Prael* allant à la porte de *Mons. l'Évesque* de Coustances, vers la forêt, en 1440, fol. 32, v° ; — Eau de *Merderel*, en 1437, fol. 31, r° ; — Hostel sis à Valoingnes au hamel ès Grives, jouxte la voye allant du pont Secouret au *grant quemin de Carenten*, butant sur le *quemin allant aux camps du Casteller,* en 1427, fol. 38, v° ; — le quemin allant de la Foulerie aux *tours du Casteller* ; voye qui va de l'*ourme du Casteler* à l'église Sainte-Marie-Aleaume ; les *essarts du Casteller*, en 1428, fol. 69, r° ; — Mesnage assis à la *porte Tribes* (?), jouxte les *camps de la Cousture* et la voye allant au hamel ès Grives partant de la dicte porte, en 1429, fol. 69, v° ; — *Fonteine* devant le grant moulin de

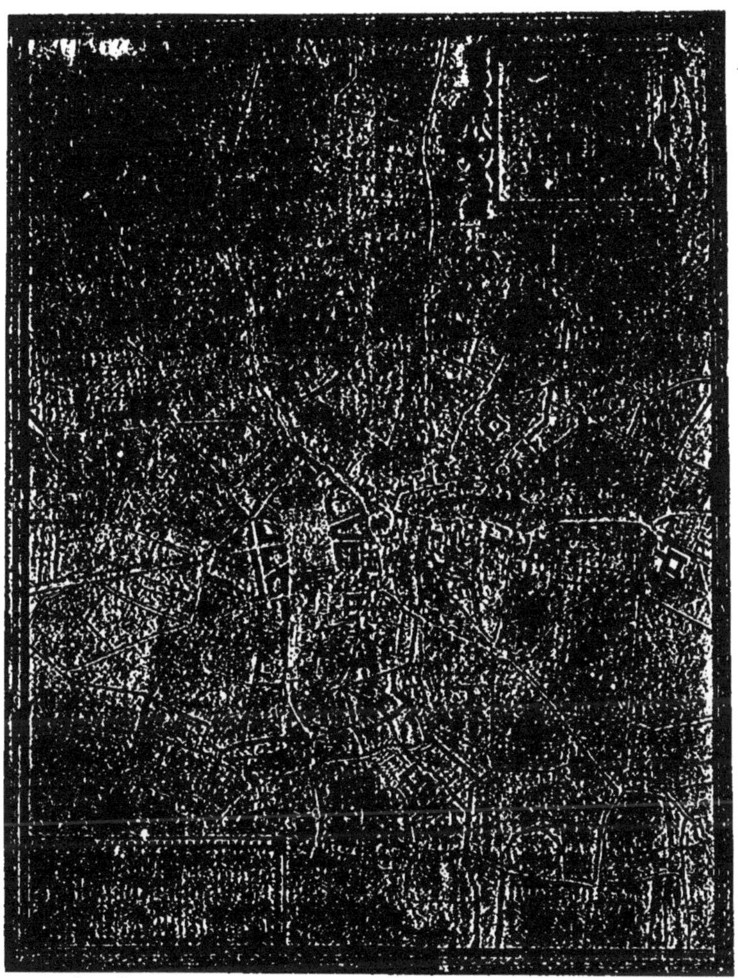

Cliché de M. Charles Clément.

Valōn̄, en 1430, fol. 71, v° ; — Les *croix Bellicent*, en 1414, fol. 71, v° ; — le *lieu des Sablonières* à Valoignes, en

1424, fol. 88, v° ; — *Ville de Valoignes*, en 1395, fol. 95, v° ; — Le *marché de Bourse,* en 1395, fol. 20, v° ; — La *plederesse Mons. de Coutances,* en 1400, fol. 28 ; — La *Croix-Morville,* en 1373 ; — *Saint-Lin,* en 1439, fol. 142, r° ; — Rue *des Halles*, en 1413, fol. 3, r° ; — *Moulin de Coueffes ; moulin de la commune* (terrains vagues) *de Heymet* (moulin sur le Merderet entre ceux de Coöffe et d'Alleaume), en 1323 et 1449, fol. 101, v° ; — Le *hamel ès Henris*, en 1362, fol. 143, r° ; — Le *Quesney,* en 1421, fol. 146, r° ; — Le *Petit Marest*, en 1453, fol. 147, r° ; — la rue *devant le Pilory,* en 1376, fol. 60, r° ; — Carrefour *devant le Pilory ;* la rue par laquelle l'on va du *Moustier* (église) de Valognes à Sainte-Marie-Alleaume, en 1299, fol. 60, v° ; — la rue à *Beaurepaire*, en 1427, fol. 62, v° ; — Quemin allant de Valoingnes à la *Maladrerie*, en 1427, fol. 46, v° ; — rue qui tend du *quarrefour au Chastel*, en 1437, fol. 54, r° ; rue *à la Pie*, non loin de la rue l'Evesque, en 1395, fol. 27, r° ; — Hostel sis jouxte la grant rue de Valōñ, devant le *gardin à porée du prebitaire,* en 1441, fol. 58, r° ; — Hostel assis en la grant rue venant de la rue Lévesque à l'endroit du *prebitaire* dudit lieu, en 1427, fol. 15, r°.

Notons encore que la rue Burnouf est l'ancienne chasse *Hantonne;* la rue Pelouze, l'ancienne rue des *Trois-Tisons ;* la rue Alexis de Tocqueville, l'ancienne rue des *Magnens,* et rue *Notre-Dame du Bon-Secours* (de la place du Château à la rue de Cherbourg) ; la rue Mauquest de la Motte, l'ancienne rue des *Portes-l'Evêque,* puis du *Pasnage* (droit de conduire les porcs manger des glands dans la forêt) ; la rue des Religieuses, l'ancienne rue *à la Sarde* (de l'Eglise au pont Sainte-Marie) et la rue *Auber;* la rue de Poterie, l'ancienne rue de ce nom et la rue *du Gravier*. La *place de l'Islet* (Vicq d'Azir), encore couverte de maisons en 1840, était bornée au Nord par la rue *de Venise,* au N.-W. par la rue des *Barricades,* au Sud par la rue *du Château;* elle était traversée par la rue *de Judas.* On lit dans la chasse *Pinel,* qui va de la Croix Morville à l'Hos-

La place de l'Islet en 1840
(par M. Jean Buhot, d'après une lithographie ancienne).

pice, l'inscription suivante au-dessous d'une petite statue de la Sainte Vierge :

« Si le nom de Marie
» Dans ton cœur est gravé
» En passant ne t'oublie
» De luy dire un *Ave.* 1760 ».

HISTOIRE.

Domaine du Roi. — A la chute de l'empire romain, la ville de Valognes passa avec toute la contrée voisine sous la domination des Francs, et quelques siècles plus tard sous le gouvernement des ducs de Normandie, pour se rattacher enfin à la couronne de France.

Les rois francs, premiers maîtres de la jeune ville de Valognes, n'y ont laissé aucune trace, à moins qu'on ne veuille admettre, avec un historien, que l'ancien château de Valognes, qui a été démoli en 1689, remontait à Clovis.

Les ducs de Normandie reçurent de Charles le Simple, en 912, tous les droits des rois de France, et, pendant près de trois siècles, disposèrent en souverains des biens et privilèges de la ville de Valognes et des forêts environnantes. Ainsi, on voit Henri II, roi d'Angleterre, et l'un des successeurs de Guillaume le Conquérant, donner à l'hôpital de Rouen, par sa charte de 1184, la moitié des décimes qu'il prélevait sur Valognes : « *medietatem decimarum præpositurœ meæ de Valoignes* » ; décimes auxquels il ajoutait une portion des décimes de sa forêt de Brix.

Dans le siècle précédent, l'évêché de Coutances avait eu une large part aux privilèges accordés par le duc Guillaume dans sa charte de 1056. « *Dux Willelmus, illustris Roberti illustrissimus filius, Constantiensem Ecclesiam beatæ Dei genitrici Mariæ suo tempore dedicatam ... sua parte munificentissime augmentavit...*

» *In Valloniis duæ partes decimæ totius parochiæ ; in Yvetot et in Hubertivilla similiter* ».

Outre ces privilèges, Geoffroy de Montbray reçut ou acheta à Valognes une terre dans laquelle il sema un taillis et bâtit un beau manoir et une chapelle qu'il attacha à sa cathédrale.

Quand les rois de France reprirent en 1204 possession

de la Normandie, ils recouvrèrent par là même leurs anciens droits de seigneurs de Valognes. Outre leurs droits de souveraineté sur la ville entière, ils se réservèrent un domaine spécial, avec manoir et chapelle. Le Gisors faisait partie du domaine royal[1].

Guerre de Cent-Ans. — Edouard III, descendu à la Hougue, vint coucher à Valognes[2] le 18 juillet 1346 ; il quitta cette ville le lendemain, mais une partie de son armée, qui était allée pour s'emparer par surprise de Cherbourg, et qui n'avait pas réussi, pilla Valognes en revenant et y brûla plusieurs maisons.

Charles le Mauvais, roi de Navarre et comte de Mortain, qui venait d'assassiner le connétable de la Cerda à Laigle, entretenait la guerre dans la presqu'île ; Jean le Bon, roi de France, pour donner quelque tranquillité à ce malheureux pays si ravagé par les guerres depuis dix ans, conclut avec lui, le 10 septembre 1355, un traité qui lui assurait la possession de toute la presqu'île : c'est ce traité que M. de Chateaubriand appelle « le honteux traité de Valognes ». On en trouve le texte dans le Corps diplomatique de Dumont.

L'exécution du comte d'Harcourt à Rouen, en 1356, ralluma de nouveau la guerre dans le Cotentin ; elle continua après la mort de Geoffroy d'Harcourt et la paix conclue entre le Régent et le roi de Navarre, parce que Philippe de Navarre, qui avait refusé de traiter avec le Régent, vint l'y entretenir.

Si le traité de Brétigny (1360) fit cesser les hostilités entre l'Angleterre et la France, il ne rendit pas le calme à

[1] Voy. MANGON DU HOUGUET, ms. 1.401 de Grenoble, fol. 161. *Domaine de Valognes.*

[2] Jean sans Terre avait séjourné à Valognes en 1202 et 1204. Saint Louis y vint en 1256.

notre pays ; le Cotentin était toujours rempli d'Anglais et de Navarrais, qui rançonnaient et pillaient ses malheureux habitants. Charles V, qui venait de monter sur le trône, y envoya Duguesclin après la bataille de Cocherel (16 mai 1364).

Le connétable donna le commandement d'une partie de son armée à Guillaume Broussel, qui tua deux cent cinquante Anglais auprès de Valognes, le reste se réfugia dans la ville qui fut aussitôt investie. Masseville dit que le siège fut conduit par Olivier de Mauny, duquel descendent, par les femmes, les Grimaldi, princes de Monaco. Duguesclin somma le gouverneur de se rendre ; après quelques hésitations, il abandonna la ville et se retira dans le château, qui passait pour être imprenable. On en fit le siège en règle, après avoir d'abord occupé la ville ; l'emploi des pierriers que Duguesclin avait fait venir de Saint-Lô ne produisit aucun effet ; il en fut de même de la mine ; les assiégés essuyaient avec un linge les endroits frappés par les pierriers et blâmaient en riant les assiégeants de « gaster » leurs belles murailles : malgré cela, après plusieurs sommations, le gouverneur se rendit ; il sortait avec la garnison quand les Français insultèrent les vaincus par des huées ; huit chevaliers anglais, indignés de cet affront[1], rentrèrent dans le château, s'y barricadèrent de nouveau et forcèrent Duguesclin à recommencer le siège ; la place fut prise d'assaut et les huit Anglais y périrent (10 juillet 1364).

[1] « Mons. Bertran vinst mettre le siége devant Vailloignes (en 1364), et prinst le Chastel et Magneville et Barfleu et le Pont l'Abbé et Néauhou ». *Chronique*, ms. fonds fr. Bibl. nation., n° 11.900. *Ann. de la Manche*, 1895, p. 17. — Le regretté Siméon LUCE a consacré des pages très intéressantes à ce curieux épisode de la lutte engagée par Charles V contre les partisans du roi de Navarre. Voy. *Le Siège et la Prise de Valognes*, dans la *Revue des questions historiques*, 1er avril 1893 ; *ibid.*, nouv. série, t. IX, p. 392 et suiv.

Le traité de Guérande, conclu le 12 avril 1365, remit Valognes entre les mains du roi de Navarre, qui le posséda jusqu'en 1378.

Un nouveau complot de ce perpétuel conspirateur fit recommencer la guerre; il livra Cherbourg aux Anglais. Duguesclin vint en faire le siège; forcé de le lever, il mit des garnisons à Valognes et dans les environs, pour protéger le pays et empêcher les courses de l'ennemi.

Valognes, commandé par Guillaume de la Haie, se soumit le 26 avril 1378 à du Guesclin, à Charles de Navarre et au duc de Bourgogne; la garde en fut confiée à Jean de Siffrevast.

Le 4 juillet 1379, une rencontre eut lieu au Prestor-des-Bois[1], entre les Français, commandés par Guillaume des Bordes, gouverneur du Cotentin, et les Anglais, conduits par Jean Harleston, gouverneur de Cherbourg. On se battit à coups de hache et d'épée: « la bataille, dit Froissard, fut longuement et moult fort fu combattue, et bien continuée tant d'un costé comme d'autre ». Les Français furent vaincus, Guillaume des Bordes y fut tué, et le sire de Bremailles, qui lui succéda, abandonna Valognes, se retira d'abord à Montebourg, puis sur la rive droite de l'Ouve.

En 1386, un traité rendit Valognes à Charles le Noble, roi de Navarre; Charles le Mauvais, son père, mourut tragiquement, le 1er janvier 1387; on sait qu'il s'était fait envelopper le corps de linges imbibés d'alcool; le feu y prit, il mourut brûlé.

[1] FROISSART dit: La rencontre eut lieu dans les bois, « en une plache que on dist Pestor » (Prestor, suivant plusieurs manuscrits). On n'a point encore déterminé la localité dont il est ici question (peut-être La Boissaie). La chronique du Mont Saint-Michel et celle de la Bibl. nat., fonds fr., no 11.900, sont seules à donner à cette escarmouche la dénomination de « Bataille de la Hogue ». Voy. FROISSART, édit. de la Soc. de l'Histoire de France, t. IX, p. 138, et les notes de M. Gaston RAYNAUD, *ibid.*, p. LXVII et LXVIII.

En 1404, Charles le Noble céda à Charles VI, roi de France, tous les droits qu'il avait sur cette ville.

En 1418, Henri V, roi d'Angleterre, s'empara de la Normandie. Valognes resta sous la domination anglaise jusqu'au mois de septembre 1449. Le duc de Bretagne et Dunois vinrent l'assiéger. Le sire de Rothelin était gouverneur de la ville; le sieur de Carbonnel commandait le château; ils cédèrent aux conseils du sieur de Chiffrevast et rendirent la place.

Au mois de mars 1450, Thomas Kiriel, débarqué à Cherbourg, qui appartenait aux Anglais, avec 3.000 soldats, vint assiéger Valognes; cette ville était défendue par Abel Rouault, gentilhomme du Poitou; après trois semaines de siège, il fut forcé de se rendre (12 avril). Quand le comte de Clermont, qui venait à son secours, apprit cette nouvelle, il se retira dans le Bessin; Thomas Kiriel, après la prise de Valognes, alla se faire battre à Formigny, le 15 avril, par le connétable de Richemont et le comte de Clermont. Le temps qu'il passa à faire le siège de Valognes contribua puissamment au gain de la bataille, parce qu'il permit aux Français d'empêcher la jonction des deux armées anglaises.

Valognes ne tint pas longtemps après la bataille de Formigny; le comte de Dunois s'en empara presque sans coup férir, et les cent cinquante Anglais qui formaient sa garnison se retirèrent à Cherbourg, qui fut pris lui-même le 12 août de la même année.

Sans doute ces guerres, qui firent du Cotentin, pendant cent ans, un continuel champ de bataille, furent désastreuses pour tout le pays; mais au moins elles avaient une noble cause, car elles avaient pour but de rompre les liens qui attachaient la Normandie à l'Angleterre, son ancienne conquête, et de la faire rentrer dans la grande nationalité française ; mais, on ne peut en dire autant des horreurs de la guerre civile qui, plus tard, vint ensanglanter, par ses massacres, les rues de Valognes.

En 1451, le roi de France envoya Jean Robin à Valognes, pour licencier les troupes qui y étaient en excès à l'ordonnance.

Louis XI, en 1470, assigna Valognes et Saint-Lô aux comtes de Warwick et de Clarence, jusqu'à ce qu'il pût leur prêter des secours contre Edouard IV.

Le même roi de France, en mariant sa fille naturelle Jeanne, légitimée de France, à Louis, bâtard de Bourbon, lui donna la seigneurie de Valognes et la baronnie de la Hougue. Celui-ci prenait, en 1479, le titre de bâtard de Bourbon, comte de Roussillon, seigneur de Valognes et d'Usson, amiral de France. Il avait été nommé amiral de France, en 1466 ; il mourut en 1486, laissant un fils et une fille ; son fils étant mort sans postérité, la seigneurie de Valognes fit retour à la couronne.

La vicomté de Valognes fut détachée de la couronne en faveur de Claude de Savoie, comte de Tende[1], le 12 juillet 1528, et, en octobre 1570, au profit de François d'Alençon.

Guerres de Religion. — Le protestantisme avait fait, dans le Cotentin, un assez grand nombre de prosélytes ; ils refusèrent d'abord d'obéir aux levées ordonnées par la cour. François Le Geay, sieur de Cartot, nommé gouverneur de Valognes, parvint à vaincre leur résistance.

Le 11 juin 1562, une émeute éclata dans Valognes ; une troupe d'exaltés se porta au manoir du Quesnay, où se réunissaient ceux de la religion prétendue réformée,

[1] Au nombre des membres inscrits en 1555 sur le registre de la Confrérie du Saint-Sacrement, figure noble homme Henry, fils de haut et puissant seigneur le comte de Tende, seigneur de Valognes.

comme on les nommait alors, et y massacra les sieurs d'Houesville et de Cosqueville, et un bourgeois nommé Jean Giffard.

Le duc de Bouillon envoya un de ses officiers, nommé La Coste, pour réprimer la sédition, son autorité fut méconnue. Le duc de Bouillon appela à son aide les chefs du protestantisme ; le sieur de Sainte-Marie vint assiéger Valognes avec l'aide du fameux capitaine François Leclerc, dit Jambe-de-Bois, de Réville. Il avait envoyé chercher du canon à Tatihou, pour battre la place, quand Matignon intervint ; le château de Valognes fut remis au duc de Bouillon, il en nomma gouverneur le sieur de Moussy, et il permit aux protestants le libre exercice de leur culte ; cette concession les enhardit : d'opprimés qu'ils avaient été ils devinrent oppresseurs ; ils se soulevèrent, dévastèrent le couvent des Cordeliers, firent un corps de garde et une écurie de l'église, et massacrèrent dans le sanctuaire le père Guillaume Cervoisier, vicaire du couvent, qui avait consommé toutes les hosties qui étaient dans le tabernacle et caché les vases sacrés pour les dérober à leurs profanations. Ils empêchèrent dans Valognes l'exercice du culte catholique.

Un autre siège du château de Valognes, auquel les protestants de Carentan prirent une part assez active, eut lieu en 1574. Il dura du 24 mars au 8 avril. Le capitaine du château était alors Guillaume d'Anneville de Chiffrevast[1].

Masseville dit que Valognes prit parti pour la Ligue avec son gouverneur Garaby Pierrepont d'Étienville. Odet de Matignon, lieutenant général du Roi pour la Basse-Normandie, aidé de Michel de Montreuil, gouverneur de Cherbourg, vint assiéger Valognes et obligea le gouverneur de la place de se rendre. Il lui laissa néanmoins son

[1] *Les deux Sièges de Valognes*, en 1562 et 1574, par L. Delisle, *Annuaire de la Manche*, 1898, pp. 34-36.

titre de gouverneur de la ville et du château après lui avoir fait prêter serment de fidélité au Roi. Ces troubles durèrent près de quatre ans, car on lit dans un registre de la Fabrique de Saint-Malo, de 1590, que le curé Guillaume Le Saché s'absenta de Valognes « pour les troubles advenus au pays, et pour ce, fust réfugié l'espace de 3 ans 4 moys, depuis décembre 1590 jusques à Pâques en 1594, après la

réduction de Paris au Roi ». Le tribunal de Valognes dut aussi chercher un asile provisoire à Cherbourg.

Guerres de la Fronde. — Démolition du château. — Le dernier siège du célèbre château de Valognes — d'où était parti Guillaume le Bâtard pour gagner son château-fort de Falaise, avant la bataille de Val-ès-Dunes, 10 août 1047, — dura dix-huit jours. Il eut lieu pendant les troubles de la minorité de Louis XIV ; d'Harcourt et Matignon étaient avec les révoltés ; de la Luthumière, gouverneur de Cherbourg, leur envoya cinq grosses pièces de canon, parmi lesquelles était le Gros-Robin, dont le nom n'est pas encore oublié. Bernardin Gigault, marquis de Bellefonds, gouverneur du château de Valognes au nom du roi, capitula le mardi de Pâques, 6 avril 1649, et fut conduit à Saint-Pierre-Église[1].

Huit jours après la capitulation du château, on entreprit sa démolition, qui fut bientôt interrompue par un ordre du Roi. Le 18 janvier 1689, 300 hommes envoyés par Vauban, sur l'ordre du Roi, achevèrent la démolition commencée, ne conservant du château que la maison du gouverneur et la chapelle. Il existait encore à cette époque un grand donjon, des courtines, cinq grosses tours avec des fossés de soixante pieds de profondeur, tels à peu près qu'ils étaient au XVe siècle[2]. Robert de Hesseln[3] écrivait en 1771 : « Actuellement on achève de détruire toutes ces ruines; on comble et l'on applanit tous ces fossés pour y faire une belle et grande place qui sera toute plantée d'arbres au pourtour... On perce un grand chemin droit pour aller à Cherbourg... et un autre pour aller en ligne droite à Montebourg. Valognes et tous les environs sont remplis de souterrains bien voûtés, mais effondrés en plusieurs endroits : ils servaient sans doute de communication au château, dans les temps de guerre ».

[1] Voy. la relation de ce siège dans le Registre des actes de baptême de la paroisse Saint-Malo de Valognes, année 1649. Elle se termine par ces mots : « Dieu préserve Vallogne de pareils malheurs que ceux qu'il a soufferts pendant le siège ! ». Le château de Valognes, dont la démolition avait déjà été ordonnée en 1597, servait en 1649 de lieu d'internement à trois cents prisonniers espagnols de la guerre de Trente Ans.

[2] Voy. *Démolition du Château* dans le Registre des actes de mariage et sépulture de la paroisse Saint-Malo de Valognes, 1689.

[3] *Dictionnaire*, etc., t. VI, p. 454. On voit à la Bibliothèque publique de Valognes un plan par terre du château de Valognes, et à la Bibliothèque de Pont-Audemer, une autre vue de ce château-fort.

Quelques gouverneurs du château. — « Valognes a toujours eu des gouverneurs dans les temps les plus reculés », dit de Hesseln (p. 446). On trouve comme gouverneurs ou capitaines du château : en 1378, Jean de Siffrevast ; en 1400, Jean Piquet, général des finances en Normandie ; en 1449, le sieur de Carbonnel ; en 1550 et 1559, Thomas Laguette ; en 1562, le sieur de Moussy ; en 1574, Guillaume d'Anneville, de Chiffrevast ; de 1570 à 1583 au moins, François Le Geay, sieur de Cartot, chevalier de l'Ordre du Roi ; en 1594, Garaby Pierrepont d'Etienville ; en 1635, Mre Henry-Robert Gigault, sieur de l'Isle-Marie, gouverneur du chasteau et bourg de Vallongnes ; en 1649, Bernardin Gigault, marquis de Bellefonds, gentilhomme de la Chambre du Roi [1]. « Le célèbre François-César de Tourville, aussi maréchal de France et colonel des gentilshommes de l'élection de Valognes, résidait volontiers au château de Valognes autant que ses devoirs et ses emplois importants le lui permettaient ». (DE HESSELN, p. 446). En 1708, Adrien Morel de Courcy était gouverneur des ville et château de Valognes, où il naquit, dans l'hôtel de Courcy-de Grandval, rue des Religieuses, n° 34, le 26 avril 1670.

RESSORTS.

Ce sont les administrations civile, judiciaire et religieuse dont dépendait autrefois la ville.

Administration civile. — Valognes était, avant la Révolution, le siège d'un grand nombre de juridictions

[1] Cette noble famille, qui existe encore et porte *d'azur au chevron d'or, accompagné de 3 losanges, 2 en chef et 1 en pointe*, a donné à l'armée un maréchal de France, chevalier de l'Ordre du Saint-Esprit, et à l'Église de Paris, un archevêque qui fut d'abord évêque de Bayonne et archevêque d'Arles.

administratives : *a)* Une « vicomté ». Avant l'organisation des généralités, le subordonné du Grand Bailli en matière purement administrative était le vicomte, sorte de sous-préfet. Comme il va être dit, il avait aussi un tribunal judiciaire à côté du bailliage. Vicomté et bailliage venaient d'être réunis lors de la Révolution[1]. — *b)* Une « élection », circonscription d'abord purement fiscale, adoptée comme administration à la création des généralités. A titre administratif elle comportait un subdélégué de l'intendant qui, pendant de longues années, fut, au XVIIIe siècle, Gisles René Le Fèvre, écuyer, sieur Deslondes, seigneur et patron de Virandeville et Baudretot. Cette organisation, parallèle à la vicomté, finit par l'absorber. Sous le nom de département de Valognes, elle fut, en 1787, comme les autres élections, dotée d'une commission administrative : un conseil d'arrondissement. L'élection de Valognes, rele-

[1] VICOMTES de Valognes dont les noms nous sont parvenus : Robert d'Aubergenville, 1269 ; Pierre de Bailleus, 1283 ; Robert Blondel, 1390 et 1403 ; Jehan Morel, 1405 ; Pierres de la Roque, 1414 ; Guillaume Girot, 1426 (il avait été nommé vicomte de Cherbourg le 8 mai 1419) ; Jehan Letessier, 1453 ; Guillaume Osber, 1446 (mort en 1455) ; Pierre Osber, v.1470 ; Michel Corbin, 1491 ; Thomas Laguette, 1559 (vicomte et capitaine de Valognes) ; Michel Corbin, 1566 ; noble homme Guillaume Vaultier porté, en 1583, sur le registre de la Confrérie du Saint-Sépulcre comme ayant été en son vivant vicomte de Valognes ; Pierre Basan, 1601, 1621 et 1627 ; duc de Beauvillers, comte de Saint-Aignan et vicomte de Valognes, octobre 1627 ; Guillaume Basan, 1641 et 1644 ; Pierre Mangon du Houguet, 1662 (mort en 1705, ayant cessé de remplir ses fonctions de vicomte depuis plusieurs années) ; Jacques Lamache, se dit vicomte de Valognes dans un acte de son ministère, en 1694 ; le feu sieur Guerey de Venoix, propriétaire à Quettehou, est qualifié d'ancien vicomte de Valognes dans un acte de 1765. (Voy. nos *Recherches sur les rentes de l'église de Valognes au Moyen-Age*, p. 38, note 1). Au ms. 1.398 de Mangon du Houguet, conservé à Grenoble, est annexé un cahier qui contient la copie du compte de la vicomté de Valognes, au terme de Pâques 1353.

vant de la Généralité de Caen, s'étendait sur cent soixante-seize paroisses. Comme rouage fiscal, elle était chargée de la répartition de l'impôt et du jugement des contestations qui s'y rattachaient. Elle comprenait un président, un lieutenant et des conseillers; un receveur des tailles (impôts directs) et un receveur des aides (impôts indirects) étaient établis auprès de l'élection. — *c)* Un « tribunal des traites », dont la compétence s'étendait sur les difficultés en matière de douanes et où siégeaient un juge et un procureur du Roi. — *d)* Une « maîtrise des eaux et forêts » pour l'administration et la répression des délits, composée d'un maître particulier, d'un lieutenant, d'un procureur du Roi et d'un garde-marteau. — *e)* Une « verderie » ou gruerie pour les délits forestiers moins graves, comprenant un bailli, verdier ou gruyer, un lieutenant, un avocat et un procureur fiscal. D'après un mémoire de 1666 (Archives de l'évêché de Coutances, liasse 110), cette verderie comprenait huit gardes ou cantons : la haye de Valognes, les bois de Montebourg, de Montbavent, de Hetemembosq, de Digoville, de Blanqueville, de Boutron et du Rabet. — *f)* Il y avait en outre à Valognes les magistrats d'un bailliage et d'une vicomté s'étendant sur dix-huit paroisses dépendantes du duché d'Alençon, qui se trouvaient enclavées dans le Cotentin.

Administration judiciaire. — *a)* Un « bailliage »[1]

[1] Voyez : *Les derniers jours du Bailliage de Valognes*, par M. J. GUIMOND, dans Mém. Soc. Arch. de Valognes, t. IV, p. 55 à 83. Les noms des officiers du bailliage en 1641 se trouvent dans nos *Notices sur le culte de la Sainte Eucharistie dans le diocèse de Coutances et notamment à Valognes*, pp. 34 et 35, Paris, 1897, in-12, et *Sur la Confrérie du Saint-Sépulcre de Valognes*, pp. 21 à 27, Evreux, 1897, in-8; liste des membres de cette confrérie, de 1532 à 1643. — En 1641, le lieutenant-général civil et criminel au bailliage du Cotentin

ou tribunal de la justice royale, qui était à peu près l'équivalent de notre tribunal de 1re instance, et s'étendait sur cent trente et une paroisses, pour les personnes, les terres nobles et les cas roturiers en appel. Le bailliage de Valognes comptait environ douze magistrats. — *b)* Une « vicomté », autre juridiction royale, pour les personnes et les terres de roture. Nous la trouvons mentionnée dès l'année 1287 (*T. des ch.*, reg. 74, n° 342). Peu de temps avant la Révolution, bailliage et vicomté se trouvèrent fusionnés sous le titre de bailliage-vicomté[1]. — *c)* Une « sénéchaussée » (noble homme Hervieu Poisson était sénéchal en 1633). — *d)* Une « sergenterie », mentionnée en 1320 (*ibid.*, reg. 59, n° 476). — *e*) Des « juges des traites ». — *f*) Une « vicairie », si dans le *Dotalitium Judithæ*, il faut lire : *Vicaria quæ vocatur Valgenas,* comme l'a conjecturé M. Stapleton (*Rot. scac.*, I, LXXXI). « Cette multitude de tribunaux, dit Hesseln, entretenait à Vallogne un grand nombre d'avocats, de procureurs et de jeunes praticiens qui se formaient pour le Barreau ». — La justice royale se reconnaissait au gibet qui devait se trouver au « carrefour des Pendus », près de la « lande du Gibet » actuelle, et au pilori dressé au milieu de la ville, près de l'église[2]. — Valognes était aussi la résidence d'une bri-

pour le vicomte de Valognes, était Louis Dumoustier, écuyer, seigneur et patron de Sainte-Marie d'Audouville, Etoupeville et Flottemanville à la Hague, conseiller du Roi.

[1] En 1641, Jean La Fournière, écuyer, sieur de la Bonneville, conseiller du Roi, était lieutenant-général civil et criminel de la vicomté de Valognes.

[2] Je lis au *Matrologe de la Confrérie du Saint-Sacrement*, f° 60, v°, « carrefour devant le Pilory », en 1299 ; f° 60, r° : « Rue devant le Pilory », en 1376. En mai 1575, le corps de François de la Cour, dit Le Tourp, d'Anneville, et de Jean Gohier, de Gouberville, furent posés sur deux roues aux principales avenues de Cherbourg et de Valognes. Pierre Le Prevost, dit la Couture, d'Urville, et Jean Go-

gade de la « maréchaussée », commandée par un exempt. Il y avait également un lieutenant des maréchaux de France pour les villes de Valognes, Carentan et Saint-Sauveur-le-Vicomte.

Administration religieuse. — Le doyenné de Valognes faisait partie de l'« Archidiaconé de Coutantin ». Il comprenait trente-huit paroisses. Le Livre noir (XIIIe siècle), et le Livre blanc (XIVe siècle) de l'évêché de Coutances nous font connaître les droits respectifs du Roi, patron de l'église de Valognes, de l'évêque de Coutances et du curé de Valognes, qui possédait un manoir presbytéral, un pré voisin du séminaire, le « Clos au Curé » près du Haut-Gallion, une « terre d'aumône » située à Alleaume, triage de la Croix Varin et un enclos important occupant tout l'espace compris entre la rue actuelle du Tribunal et l'ancienne voie conduisant du marché de Thurin (place dite le Pestil) à la place du Château, la place du Château et la rue de l'Officialité [1]. Valognes était le siège d'une officialité, un des trois tribunaux ecclésiastiques du diocèse de Coutances, composé d'un juge nommé par l'évêque, d'un promoteur, sorte de ministère public, et d'un greffier. Le curé percevait seulement les oblations dans la chapelle du manoir de l'Official [2], qui devait être située à l'angle de la rue de Saint-Sauveur et de l'Officialité, n° 55.

del, de Gouberville, furent pendus et étranglés à la roue dressée devant l'Auditoire de Valognes, en vertu d'une sentence prononcée le 6 mai 1595 à Valognes, par Jacques Pœrier, écuyer, sieur du Theil, président au siège présidial de Coutances ». MANGON DU HOUGUET, ms., 1400, de Grenoble, part. I, fol. 113-115.

[1] Voir J.-L. ADAM, *Les Curés du vieux Valognes*, in-12 de 212 pp. Valognes, Martin, 1896.

[2] Me Jehan Anquetil, curé de Tourlaville, était official de Valognes en 1495, *Matrologe*, fo 103, vo. Dans ce même *Matrologe*, je trouve mentionnée à l'année 1350, fo 36, vo « la *pledéresse* de la

NOBLESSE.

« Il n'y a point de ville dans toute la généralité de Caen, dit R. de Hesseln (p. 453), où tant de gentilshommes fassent leur demeure. On y compte plus de cent familles de noblesse distinguée [1], qui au défaut de murailles et de fortifications sont prêtes à lui servir de remparts en cas d'attaque. Leur dévouement au Roi est légendaire... Cette noblesse, à la tête de laquelle est la branche aînée de l'illustre maison de Harcourt, répand l'abondance dans cette ville, et en fait la magnificence par le nombre des équipages et les fêtes qui s'y donnent tour à tour. La bourgeoisie, qui est aisée et en grand nombre, les officiers des troupes et jusqu'aux soldats mêlés avec le peuple, tout donne à cette ville une activité peu commune dans cette province.

court de l'Eglise », et, à l'année 1400, f° 28, v° « la *plederesse* Mons. de Coutances ». — OFFICIAUX CONNUS : Bertin Mangon, curé, 1567; Charles Marchand, 20 décembre 1638; François de la Luthumière, 30 juin 1659; Pierre de Blanger, archidiacre du Val-de-Vire, vicaire gén., 1er mars 1675; Jullien de Laillier, curé de Valognes, 27 juillet 1681; Baudin, vic. à Valognes en l'absence de l'official ordinaire (M. de Bernières, curé), 22 juin 1739; Claude de Fretel, curé de Saint-Floxel, vice-gérant de l'Officialité, 9 avril 1773; Gravé de la Rive, curé, 20 mai 1773. — PROMOTEURS : Fr. Legalloys († en 1613); René Laillier, curé de Hautmoitier, 20 janvier 1613; Guil. Burnel, janvier 1675; J.-Thom. Froland, 26 janvier 1701; J.-B. Groult, 9 février 1732; Guillaume Adam, curé du Vast, 21 mars 1732; Guil. Bellet, 26 janvier 1764; P.-L.-Fr. Gréard, 27 septembre 1744; J.-Pierre du Saulx, d'Alleaume, 24 juillet 1786. — GREFFIERS : Robert Hallot résigne sa charge en 1583; Etienne Langlois, diacre, 7 février 1583; Thomas Le Gouppil, 1er janvier 1605; René Boudier, 31 janvier 1722; Fr. du Parcq, 6 décembre 1735. — AUDIENCIERS OU APPARITEURS de la cour ecclésiastique de Valognes : Guill. du Praël résigne son office qui est confié à Isaac Gohier, clerc, 19 avril 1542.

[1] Les noms des familles nobles existantes à Valognes en 1698 sont indiqués dans un manuscrit de MANGON DU HOUGUET (Bibliothèque Sainte-Geneviève, n° 2.033, fol. 130 à 193), publié par M. de Marsy dans la *Revue nobiliaire* de 1863).

Mais les modes de la capitale du royaume, ainsi que son luxe, s'y introduisent peu à peu, et il est à craindre que ce luxe, porté au delà des richesses des habitants, n'y fasse bientôt sentir ses funestes effets, en détruisant l'aisance qui fait encore trouver à Vallogne des plaisirs qu'on croirait inconnus dans cette extrémité de la province ».

Un petit Paris. — Aussi dans la pièce bien connue de Lesage, dont plusieurs scènes se passent à Valognes (14 février 1709), Madame Turcaret dit-elle :

« J'y suis toujours à l'affût des modes... et je puis me vanter d'être la première qui ait porté des prétentailles dans la ville de Valognes. Je l'ai mise sur un pied ! J'en ai fait un petit Paris... — Comment un petit Paris, s'écrie le marquis. Savez-vous bien qu'il faut trois mois de Valognes pour achever un homme de cour ? — Ma maison est une école de politesse et de galanterie pour les jeunes gens — une façon de collège pour toute la Basse-Normandie. — On joue chez moi, on s'y rassemble pour médire ; on y lit tous les ouvrages d'esprit qui se font à Cherbourg, à Saint-Lô, à Coutances, et qui valent bien les ouvrages de Vire et de Caen. J'y donne aussi des fêtes galantes, des soupers collations. Nous avons des cuisiniers qui ne savent faire aucun ragoût, à la vérité ; mais ils tirent les viandes si à propos, qu'un tour de broche de plus ou de moins, elles seraient gâtées. — Ma foi, vive Valognes pour le rôti ! — Et pour les bals nous en donnons souvent. Que l'on s'y divertit ! Cela est d'une propreté ! Les dames de Valognes sont les premières dames du monde pour savoir bien l'art de se masquer... » (Acte V, scène VI).

Un petit hôtel de Rambouillet. — Les armoiries de la ville de Valognes, suivant le langage héraldique, portent : « d'azur à un lynx courant et d'argent surmonté de deux épis de bled d'or mis en sautoir et de deux épis du même mis en pal ». Le blé est le symbole de la richesse, tandis que le lynx est l'emblème de la sagacité, de la finesse et de la pénétration d'esprit que les habitants de Valognes avaient la réputation de posséder au XVIIe et XVIIIe siècle. « Valognes, écrivait Toustain de Billy, vers 1788, est la ville la plus polie, la plus spirituelle de la Basse-Normandie, c'est la Cour du Cotentin ». — « Ses beaux esprits, dit Jean Oursel, de Rouen, 1700, ont fait le proverbe : « Ils sont Italiens de Valognes ». Et dès 1587, le triomphe de l'abbaye des Conards de Rouen parle du costume des Italiennes de Valognes. Mais comme il arrive souvent en province, les intelligences réduites à s'exercer dans un cercle restreint deviennent étroites, et le goût s'altère par la subtilité et la préciosité.

En 1643, le V. P. Eudes fit à Valognes une mission demeurée célèbre. Pendant cette mission, dit-il dans son Mémorial, « la multitude du monde estoit si grande que j'estois obligé de prescher tous les jours hors de la ville, derrière le chasteau, et l'on croyoit qu'il y avoit 40.000 personnes aux dimanches et aux festes ».

« L'Apôtre de la Normandie » fit brûler un grand nombre de livres qu'on découvrit dans cette ville « qui était alors remplie d'esprits curieux, semblables à ceux que saint Paul trouva à Athènes lorsqu'il y voulut prêcher l'Évangile », dit le P. Costil. Il y avait en outre à Valognes une troupe de demoiselles qui composaient une académie française d'un genre tout nouveau. Ces « Précieuses ridicules » de Valognes s'arrogeaient le droit de décider du mérite des prédicateurs, de les critiquer, de les tourner en ridicule, et de prononcer en dernier ressort sur ce qui s'appelle œuvre d'esprit. Les choses étaient arrivées au point que les prêtres refusaient de paraître dans la chaire de Valognes.

« Les personnes les plus sensées de la ville qui avaient procuré la mission et en faisaient la dépense, entre lesquelles se trouvait M. Bertault, d'Alleaume, si connu dans l'étude de la théologie, M. Jobart et M. de la Chesnée, indignées de ce désordre auquel on n'avait pu encore trouver de remède efficace et craignant qu'il n'apportât quelque préjudice à la mission, vinrent trouver le V. P. Eudes dès les premiers jours, pour le supplier de le faire cesser. Il le leur promit et les en délivra bientôt par le ministère de M. Manchon, l'un de ses meilleurs ouvriers. Comme ce missionnaire était fort éloquent, il invita dès le lendemain toute la ville au sermon qu'il devait faire à un jour qu'il désigna, ce qui obligea la troupe des Précieuses à y assister. Il commença son discours par l'éloge de la ville de Valognes, qu'il releva par tous les lieux communs de la rhétorique ; puis, après cet exorde insinuant, il poursuivit :

« Tout le monde sait en quelle réputation est votre ville, Messieurs, ville qui renferme dans son enceinte une infinité de personnes si distinguées par leur noblesse, leur politesse et la délicatesse de leur esprit, auquel rien n'échappe de ce qui regarde la littérature et le bon goût ; mais elle a encore quelque chose qui me paraît plus singulier et plus extraordinaire : c'est que le sexe même a part à cette distinction, et qu'on voit, parmi les personnes qui s'appliquent à l'étude des beaux-arts, une compagnie de filles qui font profession d'un grand discernement. Il leur manque cependant une chose, c'est qu'elles n'ont point de chef pour présider à leurs assemblées. C'est ce qui m'a donné la pensée de leur en choisir un qui leur convienne. Mais je n'en trouve pas qui y soit plus propre en toute manière que... l'ânesse de Balaam ».

» Tout le monde applaudit à l'adresse de l'orateur qui confondit ces filles de telle sorte qu'elles n'osèrent lever les yeux pendant le reste du discours, ni se rassembler depuis [1] ». Ainsi finit la prétendue Académie des Savantes de Valognes.

UNE VILLE MORTE.

Voici avec quelle tristesse et quelle amertume J. Barbey d'Aurevilly parle de Valognes, cette petite ville grise, basse, déserte, silencieuse, fouettée de pluie et de vent, qui a tout l'air de garder au coin de chaque mur, à la porte de chaque vieil hôtel, un de ces secrets domestiques et sociaux que Balzac a su deviner.

« La ville que j'habite en ces contrées de l'Ouest, dit l'auteur d'*Une Page d'histoire*, — veuve de tout ce qui la fit si brillante dans ma prime jeunesse, — mais vide et triste maintenant comme un sarcophage abandonné, je l'ai, depuis bien longtemps, appelée « la ville de mes spectres » pour justifier un amour incompréhensible au regard de mes amis qui me reprochent de l'habiter et qui s'en étonnent... C'est eux, en effet, les spectres de mon passé évanoui, qui m'attachent si étrangement à elle. Sans ses revenants je n'y reviendrais pas !

» Que de fois de rares passants m'ont rencontré faisant ma mélancolique randonnée dans les rues mortes de cette ville morte qui a la beauté blême des sépulcres et m'ont cru seul quand je ne l'étais pas !... ».

— « De nos jours, écrivait naguère le peintre-graveur va-

[1] COSTIL, *Annales de la Congrégation de Jésus et Marie*, ms., 1722, t. I, pp. 76 et 77.

lognais, Félix Buhot, la sous-préfecture de Valognes est le type de ce que l'on appelle une ville morte. C'est à ce caractère mélancolique de ville morte qu'elle doit son charme, bien plus encore qu'à sa situation pittoresque et assez étrange au fond d'une presqu'île boisée et marécageuse, ce qui fait que de trois côtés elle se trouve à quatre ou cinq lieues de la mer. Presque à chaque pas, aux environs, on rencontre des paysages de l'anglais Constable ou de notre Jules Dupré. Mais son grand charme, c'est qu'elle est une ville morte, c'est à dire une ville qui a été jadis prospère, vivante, riche, et qui ne l'est plus ;... une ville qui ne bâtit pas de maisons neuves, qui s'abrite sous de vieux toits, qui n'a que des rues à l'ancienne mode et des hôtels de seigneurs trop vastes et trop beaux. Les habitants sont, pour la plupart, des rentiers partageant leur temps entre la lecture et la culture de leur jardin ; quelques savants même, naturalistes, archéologues ou collectionneurs ; il y en a toujours eu à Valognes.

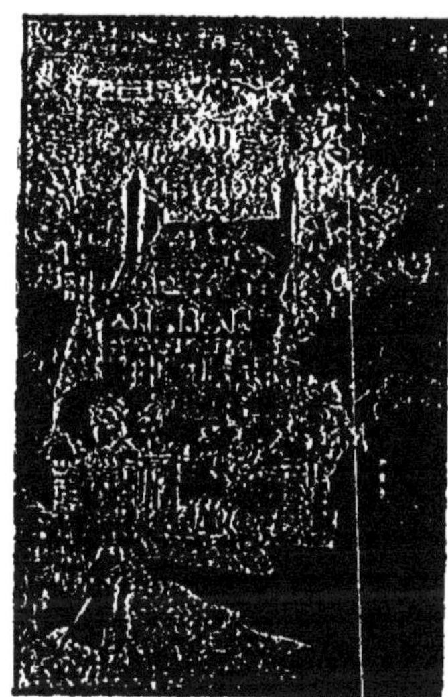

Maison Dorléans-Thézard, place du Château, n° 22, (d'après une eau-forte de Félix Buhot).

» D'aristocrate qu'elle était autrefois, la petite ville est devenue contemplative et recueillie. Elle est demeurée croyante et c'est encore une forme d'aristocratie par le temps où nous vivons ».

II.

VALOGNES ARCHÉOLOGIQUE ET MONUMENTAL.

ÉDIFICES RELIGIEUX.

Eglise Saint-Malo. — L'église paroissiale de Saint-Malo de Valognes est sans contredit le principal monument de cette ville. Ce curieux édifice a été reconstruit, dans son ensemble, dans le courant du XVe siécle ; et, dans ce travail, on a eu soin d'utiliser les constructions antérieures. Les deux tours se marient bien l'une avec l'autre et offrent de tous côtés un aspect des plus agréables ; sans être aussi élancées que celles du XIVe siècle, elles sont plus chargées d'ornements.

La tour carrée qui s'élève au-dessus du collatéral septentrional est la plus ancienne. Elle rappelle la seconde moitié du XVIe siècle. La partie supérieure de la flèche octogonale qui la surmonte a été refaite en 1866. Elle ne manque pas de hardiesse. Sa hauteur est exactement de 47 mètres[1]. Dès l'an 1574, cette tour possédait cinq cloches qui furent refondues en 1712. « Ces cloches, disait de Hesseln (p. 447), sont le chef-d'œuvre du sieur Jonchon, de Villedieu. Elles sont parfaitement d'accord, et le carillon passe pour être ce qu'il y a de plus parfait en ce genre dans toute la province ». La grosse cloche, qui existe encore, pèse au moins 2.250 kilogr. Ses deux compagnes, fondues par M. Havard en 1869, pèsent, l'une 1.890 kilogr., et l'autre, 1.374 kilogr.

La lanterne qui s'élève sur le milieu de l'église fut commencée en 1604 et terminée vers 1615, par Hamon

[1] Mesures intérieures de l'église Saint-Malo : hauteur sous voûte du chœur, 14[m]60 ; de la nef, 16[m]80 ; de la lanterne, 23[m]40 ; longueur de l'église, 45[m] ; largeur des nefs, 10[m]50 ; largeur totale du transept, 29[m].

Drouet, « maistre masson de la tour », d'après le plan d'un maçon d'Amblie près de Caen, sous l'habile direction de Robert Gourrault, avocat à Valognes, allié à la famille Abaquesné de Parfouru, auquel la charge de premier marguillier fut confiée jusqu'à l'achèvement de la tour. D'après l'antiquaire anglais Parker, cette tour, dite tour Goron, qui

Église Saint-Malo de Valognes.

a la forme d'une poire, serait peut-être la partie la plus curieuse de l'église. « Les dômes gothiques du XVe siècle en Italie, dit-il, sont des monuments des plus remarquables, et l'architecte du Cotentin, qui a eu le courage d'en bâtir un à Valognes, mérite toute notre approbation ». A l'extérieur, cette coupole de style Renaissance n'est pas en harmonie avec le style général de l'église. Mais, à l'intérieur, le dôme garde le style du monument, malgré la diversité des détails. Les piliers des grandes arcades, sur

PORTAIL OCCIDENTAL DE L'ÉGLISE SAINT-MALO
(d'après une photographie de M. Charles Clément.)

lesquels il repose, présentent des faisceaux sans chapiteaux et des lignes prismatiques au sommet comme à la base. On y retrouve des chapiteaux qui supportent les nervures de la voûte, et qui sont une réminiscense du XIVe siècle, tandis que leur foliation est une imitation qui dénote le savoir faire du XVe. Cette élégante lanterne, établie dans de belles proportions, est, croyons-nous, unique en France en son genre.

Le portail situé à l'Ouest est remarquable avec ses colonnes annelées, son accolade, ses figures d'animaux, ses ciselures, ses festons et ses beaux feuillages. Il est certainement du XVe siècle. Ce beau porche est décoré de vantaux sculptés de la Renaissance qui représentent la Transfiguration et l'Ascension de Notre Seigneur. On voit dans un manuscrit de Guillaume Lapierre de Lacour, de 1705, le plan de ce portail. Dans la légende explicative, il est dit : « 1° Sur la frise en esculture gothique sont représentés dans un paysage deux éléphans portant deux châteaux, l'arbre généalogique de la Sainte-Vierge : le tout si détruit et fracassé par les gens de religion, — les Huguenots — qu'il n'en est pas resté un morceau dans son entier ; 2° dans un angle enfoncé à droite de la grande porte, du côté de l'épitre, se voit la place et la reproduction grossière de la statue de l'architecte Hally Berghot, lequel, tenant un plom en sa main, tomba du haut d'une des tours et se cassa le col ; en mémoire de quoy, son compagnon, qui acheva l'édifice, luy fit et plaça cette estatue ».

A l'extérieur de l'église, les contreforts sont tantôt simplement adossés aux murailles et tantôt surmontés de clochetons ; ils supportent des arcs-boutants et donnent naissance à des gargouilles. Au-dessus de la nef et des bas-côtés, règnent des balustrades formées de lignes ondulées et ornées, à la partie inférieure, d'une guirlande de feuillages que terminent, en général, des figures d'animaux plus ou moins grotesques, surtout au midi. Les fenêtres du chœur avec accolades et ornées de choux frisés, les crosses végétales des pinacles et la balustrade qui entoure les combles, indiquent partout le XVe siècle.

La petite porte latérale au nord-ouest, près du portail, mérite une mention spéciale. Ses pilastres cannelés, son fronton semi-circulaire orné de gracieuses cornes d'abondance indiquent suffisamment qu'elle remonte à l'époque de la Renaissance.

Pénétrons dans l'intérieur de l'église. La nef est tout entière de la dernière partie du XVe siècle. Ses colonnes sans chapiteaux ressemblent à celles de Saint-Pierre et de Saint-Nicolas de Coutances, et sa balustrade rappelle le style prismatique du Mont Saint-Michel. Les colonnettes, les arcades et les arêtes des fenêtres rappellent aussi la fin du XVe siècle.

Le transept, le chœur et ses collatéraux remontent à une époque plus reculée. La chapelle du sud fut fondée avant 1380, par Jean de La Haye, écuyer, sieur de Sotteville; les retombées des voûtes reposent sur les symboles des quatre évangélistes; celle du nord fut fondée par Raoul Ozouf, en 1362 : jolies figurines d'anges (XVe siècle) à la retombée des voûtes; beaux vitraux, au chevet de ces deux chapelles, par Lorin, de Chartres.

Il paraît hors de doute que ce fut par le chœur que l'on commença la reconstruction de l'église actuelle. Néanmoins cette partie de l'église a reçu des retouches si considérables au XVe siècle, — ou plus tard dans le goût du XVe siècle, — que l'on serait tenté, à première vue, de la croire tout entière de cette dernière époque. Les bases prismatiques des colonnes, la foliation des chapiteaux, les nervures angulaires, les balustrades flamboyantes encorbellées, moins élevées que celles de la nef, les feuilles de chou, de chardon, de houx remplaçant la magnifique corbeille du chapiteau des XIIIe et XIVe siècles, les clefs de voûte allongées en cul-de-lampe, les meneaux et les tym-

INTÉRIEUR DE L'ÉGLISE SAINT-MALO
(d'après une photographie de M. l'abbé de Bonnay).

pans des fenêtres, ainsi que la saillie du pourtour, tout annonce le XVe siècle.

Les boiseries de l'église de Valognes sont fort remarquables. La grille en bois sculpté, ornée de panneaux à sujets d'ornement et qui sépare le chœur des collatéraux, est

Boiserie du chœur de l'église Saint-Malo
(d'après une photographie de M. l'abbé de Bonnay).

du XVIe siècle, probablement de 1506, époque à laquelle

Richard Peschard donnait à l'église : « 50 livres tournois pour faire une librairie, et 24 volumes de livres, le lutrin et les *formes* de la dite église, avec deux volumes de la Bible en parchemin, une vitre au chœur de la dite église et plusieurs autres dons ». Cette boiserie a sans doute le double défaut d'être sans aucun rapport avec le style ogival de l'église, et de manquer de tout caractère religieux ; mais, considérée en elle-même et au point de vue de l'art, elle a beaucoup de mérite, et, malgré les nombreuses détériorations que le temps et la Révolution lui ont fait subir, elle est fort appréciée par les connaisseurs.

La grande boiserie du sanctuaire, derrière le maître-autel, est du XVIIIe siècle. Elle porte avec elle sa date et le nom de ses auteurs. On lit, en effet, sur l'un des rayons de la gloire, à gauche : « En 1720 Les Gendres *me fecerunt* ». Ces artistes valognais ont représenté dans la partie supérieure le mystère de la Sainte-Trinité. Détail curieux : le triangle a la pointe en bas ! Au-dessous, à droite et à gauche, on voit les instruments de la passion du Sauveur, les symboles eucharistiques et les divers instruments de musique religieuse. Les deux L enlacées et en regard l'une de l'autre rappellent que le Roi était patron de l'église Saint-Malo. Malgré la supériorité relative des sculptures de la boiserie du chœur, la boiserie du sanctuaire ne laisse pas que d'être très digne d'intérêt pour son caractère religieux, son importance et son aspect vraiment monumental.

A voir encore dans l'église, bas-côté gauche ou nord, chapelle de la 2e travée (chapelle du Saint-Sacrement) : sur l'autel, *Cène* peinte en 1809, d'après Ph. de Champaigne, par L. Goubert, de Valognes ; *Vierge miséricordieuse* grande toile par Laynaud, 1853 (don de l'Empereur). Le beau vitrail de l'autel du Sacré-Cœur, près la porte de la sacristie, par Champigneulle, représente un miracle arrivé sur la place du Château, lorsque le V. P. Eudes prêchait la mission de 1643, pendant un orage d'une violence inouïe[1].

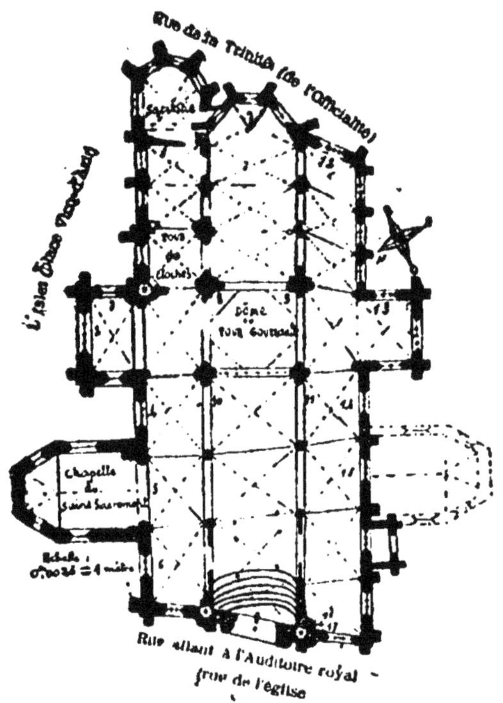

PLAN DE L'ÉGLISE SAINT-MALO.

LÉGENDE. — 1. Autel Saint-Sébastien. — 2. Autel Saint-Jean-Baptiste, 1364 à 1699. — 3. Autel Saint-Michel; Saint-Vincent; Saint-Laurent et Saint-Eloi. — 4. Autel Saint-Pierre jusqu'en 1727. — 5. Autel du Saint-Sacrement dès 1478. La chapelle fut construite de 1698 à 1730. — 6. Autel Saint-Etienne dès 1591. — 7. Maître-autel dédié à Saint Malo et primitivement peut-être à la Sainte-Trinité. — 8. Autel Saint-Nicolas jusqu'en 1794. — 9. Autel Notre-Notre-Dame jusqu'en 1794. — 10. Autel Saint-Siméon dès 1530 à 1727. — 11. Autel Sainte-Cécile jusqu'en 1727. — 12. Autel de Notre-Dame de Pitié, puis de Notre-Dame du Rosaire depuis 1607, enfin de Saint-François d'Assise depuis 1840. — 13. Autel de l'Annonciation, dès avant 1434; autel Saint-Gabriel,

[1] MARTINE, *Vie du R. P. Jean Eudes*, édition Le Cointe, t. I, p. 146. Caen, Le Blanc-Hardel, 1880.

Ecce homo, du Sacré-Cœur, puis de la Sainte-Vierge. — 14. Autel Saint-Cosme et Saint-Damien jusqu'en 1727. — 15. Autel Sainte-Anne. La chapelle voisine dédiée à la Sainte Vierge avait été construite en 1734; elle fut démolie en 1842. — 16. Autel Saint-Adrien jusqu'en 1727. — 17. Autel du Saint-Sépulcre de 1532 à 1718, au moins.

Au-dessous de l'arc triomphal actuel, sculpté par Fréret et datant de 1812, il y eut autrefois, de 1605 à 1727, un jubé ou « pupitre sur la porte du chœur », sur lequel montaient les ecclésiastiques chargés de chanter les leçons de l'Office et l'Évangile.

« Le 11 juillet 1846, M. de Bernières, curé, fit placer dans le chœur un leutrin donné par M. Atyer, seigneur de Mémons, qui lui avait cousté pour matière de fer et façon 315 livres; leutrin fait par Jean-Baptiste Choisnel, demeurant à Valognes, rue de Poterie ». Ce magnifique lutrin, malheureusement mis au rancart, porte encore la date de 1746.

Le sanctuaire et le chœur furent pavés, le premier en marbre, le second en pierre d'Échaillon en 1868, sous la direction de M. Barthélemy, architecte de Rouen.

En 1727, Mgr de Matignon visita l'église Saint-Malo, du 7 au 19 mai, en présence des 40 prêtres et des 15 diacres, sous-diacres et acolytes du lieu. Il ordonna le nivellement et le pavage des nefs. Une quittance, faite le 18 février 1757 pour une partie de la fourniture du pavé et de la pose, nous apprend que les cent pieds de carreau se payaient alors 17 livres, plus 3 livres pour le placement. Ce pavé fut fourni par un nommé Thomas Fenard et posé par François Gallet, l'un et l'autre d'Yvetot. S'ils travaillaient aujourd'hui, feraient-ils la même besogne pour 20 livres?

La chaire fut confectionnée et sculptée, en 1829, par les sieurs Caillet et Fréret, de Cherbourg, moyennant la somme de 3.000 francs.

L'orgue, fourni en 1844 par la maison Doublaine-Collin, coûta 19.000 francs. Il a été restauré avec une perfection absolue, par M. Debierre, de Nantes, en 1896, moyennant une somme de 15.600 francs. Le nombre des jeux a été porté de 21 à 26, et celui des tuyaux de 950 à 1508. L'étendue du clavier de récit a été augmentée et portée de 37 notes à 54 pour une certaine partie des jeux et à 42 pour les autres jeux. L'étendue du clavier de pédales a été également portée de 18 notes à 30, et les pédales de combinaisons mises en rapport avec la nouvelle combinaison des jeux.

La sacristie basse, avec son pilier unique supportant les arceaux de la voûte sous le maître-autel, mérite une visite.

Autrefois, avant l'édit royal de 1776, beaucoup de personnes recherchaient le privilège de se faire enterrer dans l'église. On voit aux archives de l'Hôtel de Ville un plan général de l'intérieur de l'église paroissiale, dressé en 1760, avec le tracé des allées et des deux cent soixante-douze tombes qui devaient servir pour les inhumations futures. On voit encore dans l'église quelques inscriptions funéraires. La plus curieuse est en majeure partie cachée par le dossier du trop modeste banc d'œuvre actuel, confectionné vers 1810 par le menuisier Surcouf. Voici la traduction littérale de cette inscription gothique (conservée par Mangon du Houguet), gravée en l'honneur du vénérable M. Binguet qui fut, pendant quarante ans, vicaire à Valognes et qui mérita par ses vertus et ses bienfaits de donner son nom à une des rues de la ville.

« Maître Guillaume Binguet, prêtre, ayant bien mérité de tout ce qui touche au ministère ecclésiastique, éminent par la sagesse de sa vie et la gravité de ses mœurs, se conciliant la faveur universelle, ayant, pendant quarante ans, rempli religieusement les fonctions de vicaire dans cette église, préoccupé même des intérêts de l'avenir, a donné une custode d'argent doré. Il a fondé XVIII sermons, aux jours solennels. Il a disposé les choses de manière à ce qu'on fasse perpétuellement, tous les ans, l'office du Saint Nom de Jésus, et beaucoup d'autres œuvres pieuses concernant la gloire d'un si grand Nom et l'honneur de la maison de Dieu. Mort dans une heureuse vieillesse, devant vivre à tout jamais dans nos souvenirs, il a été inhumé là, le VIII (lisez : le 6) des ides d'avril, l'année MDLXX ».

A l'entrée de la chapelle des fonts (dite du Saint-Sépulcre depuis 1532 jusque vers 1720, et depuis lors chapelle Saint-Adrien) l'inscription suivante sur une pierre gravée dans la muraille : « Ci-devant gisent les corps de honnestes personnes Johan Abacquesné, bourgoys de Vallōn̄ et de Agnès Gamas, sa femme. Le dict Abacquesné est décédé le dix-neufvième jour d'apvril mil cinq centz iiii vingts et ung (1581) et la dicte Agnès décéda le VIe jour de octobre l'an mil cinq centz iiii vingts et dix-sept (1597). Dictes *Pater noster* et *Ave Maria* pour leurs âmes que avecqs Dieu soit ». Dans la chapelle du transept sud (chapelle de l'Annonciation, de Saint-Gabriel, de l'*Ecce homo*, du Sacré-Cœur et enfin de la Sainte-Vierge), on lit sur le mur près de la piscine :

« Cy-dessoubs prez et joignant ce banquet et lavataire (banquette et piscine) gisent honorables personnes Rogier Dumaresc, escuier, et la Damoiselle sa femme et aultres leurs prédécesseurs. Lequel escuier décéda le XVIIIe jour de may l'an de grace mil iiii cc iiii XX XIII (1493) et la dite femme le XXIIIe jour d'avril mil iiii cc iiii XX huit (1488). D. L. F. P. A. (Dieu leur fasse pardon. Amen) ».

Dans la chapelle Saint-François (de Notre-Dame de Pitié, jusqu'en 1605, et de Notre-Dame du Rosaire jusqu'en 1840), on lit, 1° sur une pierre du mur : « Cy devant gisent les corps d'honorables personnes Giles Jouaudin... »; 2° sur une pierre tumulaire : « Cy-gist..., conseiller du Roy, lieutenant général civil et criminel du baillage d'Alençon ... »; 3° sur une autre pierre : « Cy-gist le corps... Con. du Roy... esleu en l'eslection de Vallongnes, décédé le 11 may... Priez Dieu pour son âme » ; 4° enfin, autour d'une autre pierre tumulaire est gravée l'inscription suivante : « Cy est inhumé honorable homme maistre Jean Barbou, vivant advocat sieur de Laruenie, père de maistre François Barbou, sieur du Vivier, conseiller du Roy, elleu à Vallon. Lequel décéda le 12 novembre 1637. Priez Dieu pour luy ».

Jusqu'en 1768, l'église s'élevait entre deux cimetières : le petit cimetière, au midi, et le grand cimetière, au nord. Ce fut dans ce dernier, près de la porte située au pied de la tour des cloches, que fut inhumé, le 2 avril 1733, Louis Le Vavasseur de Masseville, de Montebourg (?), l'auteur de l'*Etat géographique* et de l'*Histoire de la Normandie*.

En 1680, l'église Saint-Malo de Valognes fut érigée en Collégiale, c'est-à-dire qu'elle reçut le privilège d'avoir un chapitre ayant les mêmes honneurs et les mêmes charges que les chapitres des cathédrales, composé du curé, de douze chanoines et de deux maîtres d'école également chanoines. Cent dix-sept ans après, il s'éleva des difficultés sur des questions de cérémonial entre le chapitre de la collégiale et l'évêque de Coutances ; l'affaire fut portée devant le Parlement de Rouen, qui, par arrêt du 21 janvier 1698, supprima la collégiale de Valognes[1].

[1] Voyez sur l'église Saint-Malo : Abbé TOLLEMER, *Recherches sur l'état de l'église de Valognes* de 1600 à 1727, dans le *Journal de Valognes*, années 1862 à 1865. — Abbé LEROY, *Notice sur l'église de Valognes*, dans les Mém. de la Soc. Archéol. de Valognes, t. I, pp. 59 à 156. — DE FOLLEVILLE, *Réminiscences historiques*. — MANGON DU HOUGUET, ms. de la Bibliothèque de Valognes. — *La Nor-*

Eglise Notre-Dame d'Alleaume. — L'église Notre-Dame d'Alleaume (XIe, XVe et XVIIIe siècle) est cruciforme; elle se compose du chœur, d'une nef et de deux chapelles formant transept. Une petite nef latérale a été ajou-

EGLISE NOTRE-DAME D'ALLEAUME
(d'après une photographie de M. Henri Dennebouy).

tée le long du chœur, vers le côté nord : c'est l'ancienne chapelle des cloches, devenue chapelle de Notre-Dame de

mandie monumentale et pittoresque (Manche), I, p. 203. Havre, Lemale, 1899. — J.-L. ADAM, *Les Curés du vieux Valognes*. Martin, 1896.

Les Registres des collations, conservés aux Archives de l'Evêché, nous permettent d'ajouter trois noms nouveaux à notre liste des curés du vieux Valognes : 1° Me Jacques Vallin, de 1498 à 1511 ; — 2° Jean Proutheau, de 1511 ou 1512 à 1518 ; — 3° Bertrand Magdaillan, depuis une époque inconnue jusqu'au 15 décembre 1555, année où il résigna sa cure et permuta avec Bertin Mangon, curé dans le diocèse de Rouen. (Communiqué par M. Leroux, vicaire-général de Coutances).

la Victoire depuis 1828. Cette église a subi des retouches successives. Sa fondation remonte au XIe ou XIIe siècle, si l'on en juge par quelques restes d'architecture romane qu'elle offre encore aujourd'hui. Ainsi le mur méridional du chœur est percé d'une porte romane dont le cintre est couvert d'un double zigzag, et dont la retombée se fait sur des colonnes. Dans le mur sud de la nef s'ouvre aussi une porte romane dont un zigzag, qui ornait le cintre, est en partie détruit ; mais les colonnes qui le recevaient existent encore. On remarque aux murs des modillons romans à figure.

M. Dumoncel fait remonter au XIe siècle [1] le curieux bas-relief qui a été placé accidentellement à l'extérieur de l'église, au-dessus d'une porte murée contre la croisée du Sud-Est. Cette pierre offre en relief deux hommes drapés, assis dans des fauteuils. L'un d'eux est saint Pierre tenant deux clefs; l'autre saint Jean l'évangéliste, avec une colombe perchée sur son siège ; un agneau portant une croix est aussi grossièrement figuré en relief et représente Jésus, l'agneau de Dieu, qui est né, comme naissent les petits agneaux, dans une étable, sur de la paille, et qui a effacé les péchés des hommes en mourant pour eux sur la croix. La clef de la voûte de cette partie de la croisée est décorée d'un agneau à peu près semblable.

La tour, placée au Nord, à l'extérieur, est adossée au chœur et se termine par un toit en bâtière. Comme la sacristie, le portail et presque toute la nef, elle est, d'après M. de Gerville [2], du XVIIIe siècle. La voûte en pierre du premier étage est soutenue par des arceaux croisés.

[1] *Revue archéologique du département de la Manche*, p. 146. Valognes, Carette-Bondessein, 1843.

[2] DE GERVILLE, *Notes manuscrites sur les églises du département de* la *Manche*, 18 novembre 1818.

Les voûtes du chœur, de la nef et des deux chapelles sont en pierre et ont dû être refaites dans le XVe siècle.

MAITRE-AUTEL DE L'ÉGLISE NOTRE-DAME D'ALLEAUME
(d'après une photographie de M. l'abbé de Bonnay).

Dans la chapelle du transept nord, les arceaux à nervures prismatiques de la voûte sont supportés par des culs-de-lampe sculptés, qui doivent remonter à la période romane ; ils représentent l'ange, le bœuf, le lion et l'aigle, qui symbolisent les quatre évangélistes.

Les fenêtres bi-parties, à meneau fourché, du chœur et d'une partie de la croisée ou transept, sont du XIIIe siècle. Le maître-autel, que nous avons essayé de reproduire, mé-

STATUE DE NOTRE-DAME DE LA VICTOIRE
(d'après une photographie de M. le chanoine Douville, en 1891).

rite de fixer l'attention du visiteur. Il est de forme ovale ; on voit sur la cuve de cet autel un gracieux bas-relief en bois, imité du tableau de l'Albane, conservé à Florence, aux Uffizi, et représentant l'Enfant Jésus couché sur la croix. Les statues monumentales qui ornent le rétable sont assez remarquables : celle de saint Joseph et surtout celle de sainte Marie-Madeleine, qui a été transportée depuis peu dans la chapelle de Notre-Dame des Sept Douleurs, dans le transept sud, méritent une mention spéciale ; elles sont en kaolin des Pieux, lavé et moulé aux Cordeliers de Valognes, par Moreau, en 1806.

L'ancienne chapelle des Cloches, située à gauche du sanctuaire, possède depuis le commencement du XIXe siècle la statue miraculeuse de Notre-Dame de la Victoire, vénérée de temps immémorial, avant la Révolution, dans la chapelle du Castelley, au hameau de la Victoire, à un kilomètre de l'église paroissiale. Le regretté Siméon Luce, de l'Institut, nous écrivait, le 4 novembre 1891, au sujet de cette statue : « Elle m'apparaît comme un des plus précieux monuments de la sculpture normande au Moyen-Age. La vierge d'Alleaume n'est pas autre chose que la femme normande, la femme du Cotentin et du Val-de-Saire idéalisée... Le jour où une œuvre de cette valeur sera connue des critiques d'art, la vierge de Notre-Dame de la Victoire, que j'aime mieux appeler la vierge normande, deviendra aussi célèbre que les vierges d'Ombrie immortalisées par le Pérugin, que les vierges du Transtévère divinisées par le pinceau de Raphaël ».

L'église Notre-Dame d'Alleaume dépendait de l'archidiaconé du Cotentin et du doyenné de Valognes. Avant 1722, elle avait le Roi pour patron ; mais le comte de Toulouse, devenu, vers cette époque, engagiste du domaine du Cotentin, eut le patronage de l'église d'Alleaume et nomma à la cure qui valait alors 2.000 livres. De Hesseln (p. 448) dit que « le clergé des deux paroisses montoit, en 1741, à plus de cent ecclésiastiques ». Aujourd'hui la population de la paroisse Notre-Dame d'Alleaume est de 1.125 habitants.

Roissy, en 1598, trouva noble à Alleaume une famille de la Haie. En 1666, Chamillart inscrivit parmi les anciens nobles, dans cette paroisse, Tanneguy de Fortescu, sieur du Taillis (famille très répandue en Angleterre, dans le Devonshire, — voir Burke's *Peerage*, p. 486 et *passim)*; Robert Le Fort accompagnait Guillaume le Conquérant, qu'il préserva de la mort à Hastings en le protégeant avec un grand bouclier ou écu : de là son nom de Fortescu et sa devise *Forte scutum salus ducum;* au nombre des annoblis, Thomas Virey, sieur du Gravier, dont l'aïeul avait été annobli en 1582, et Georges Julien, sieur d'Arpentigny, dont le père avait obtenu la noblesse en 1597.

COMMUNAUTÉS ANCIENNES ET MODERNES.

Valognes dut sa prospérité passée en grande partie à ses couvents d'hommes et de femmes. Au XVIe et surtout au XVIIe siècle des poussées de sève monastique couvrirent cette ville d'une floraison de monastères et de clochers[1].

Les *Capucins,* de 1630 à la Révolution. Leur couvent (occupé aujourd'hui par les Bénédictines, rue des Capucins), fut bâti en 1633 dans le Beaurepaire. La chapelle fut consacrée le 27 août 1684 par Mgr de Loménie de Brienne; elle possédait naguère un tableau fort remarquable, l'*Adoration des Bergers,* par La Hire, frère d'un des gardiens du couvent.

[1] Le ms. de Mangon du Houguet, conservé à la Bibliothèque de Valognes, contient beaucoup de pièces très précieuses pour l'histoire des anciennes communautés de Valognes et de l'église Saint-Malo. Voyez aussi son ms. 1.401 de Grenoble, fol. 114, *Commanderie de Valognes, Hôtel-Dieu*; fol. 116, *Séminaire;* ms. 1.402 de Grenoble, fol. 10, 39 et 272, *Cordeliers de Valognes;* fol. 22, *Capucins de Valognes.*

Les *Cordeliers* ou *Franciscains*, de 1469 à la Révolution. Venus de Jersey aux îles Saint-Marcouf, au commencement du XVe siècle, ils s'installèrent en 1469 à Valognes, dans le Jardin Piquet (aujourd'hui Notre-Dame de Charité du Refuge) et eurent pour puissants protecteurs : Guillaume Le Tellier, baron de la Luthumière ; Louis de Bourbon († 1486), seigneur de Valognes, et Jehanne de France, sa femme ; Pierre Mangon du Houguet († 1705), vicomte de Valognes. Dans leur chapelle dédiée au roi Saint-Louis et consacrée par Geoffroy II Herbert, évêque de Coutances (1478-1510), le bienheureux Guillaume Cervoisier, fut massacré par les Huguenots, le 18 juin 1562[1].

Les *Frères des Ecoles Chrétiennes*, du 3 juin 1826 à juillet 1904.

L'*Hôtel-Dieu* (actuellement Haras), dépendant du grand hôpital du Saint-Esprit, fondé à Rome, fut établi en 1499 à Valognes, au Gisors, en la rue l'Evêque, chemin d'Yvetot, par Mre Jean Le Nepveu, prêtre et bourgeois, ancien vicaire dudit lieu de Valognes, chapelain de Jehanne de France, comtesse de Valognes. Il fut gouverné par des

[1] Le ms. de MANGON DU HOUGUET, de la Bibl. de Valognes, donne (fol. 331 et suiv.), de très curieux détails sur les dommages causés aux Cordeliers par les Huguenots, à cette date, ainsi que les noms des trente Cordeliers de Valognes, au 28 janvier 1586. — Voy. sur les Cordeliers de Valognes (1477 à 1790), l'art. de M. BENOIST dans Mém. Soc. Arch. de Valognes, t. IV, pp. 37 à 54. — Sur le B[x] Cervoisier, voy. WADDING, *Annales franciscaines*; *martyrologium franciscanum*, fol. 265, 14 vol., *junii*; DE THOU, *Hist. univers.*, l. XXX, et J.-L. ADAM, *Notice sur le culte de la Sainte Eucharistie à Valognes*, pp. 27 à 33. — Aux Cordeliers de Valognes se rattache aussi la très curieuse histoire de Marie Benoit, dite la Bucaille, de Cherbourg (1657 à 1704) ,qui eut la langue percée d'un fer rouge sur la place du Marché de Valognes et fut guérie de sa blessure par MAUQUEST DE LA MOTTE, ainsi qu'il le raconte lui-même dans son *Traité complet de Chirurgie*, t. II, p. 271, édit. 1722.

prêtres séculiers, puis, à partir de 1673, par les Chevaliers de Notre-Dame du Mont-Carmel et de Saint-Lazare.

L'*Hôpital général* (aujourd'hui Palais de Justice et Hôtel de Ville), fondé en 1682 par M. de Laillier, curé de Valognes, et par les Pères Chaurand et Dunod, jésuites, a subsisté pendant 120 ans. La première pierre fut bénite seulement le 17 juillet 1687 par Mgr de Loménie de Brienne et posée par haut et puissant seigneur Bernardin Gigault de Bellefonds, maréchal de France (dans un terrain acheté par la ville à M. Darcy de Bray, procureur du Roi). La chapelle fut bénite le 23 octobre 1707 par M. de Laillier.

Hospice actuel. — Ce fut en 1803 que l'hôpital fut transféré dans l'ancienne abbaye des Bénédictines, au haut de la rue des Religieuses.

Le *Séminaire,* fondé en 1654 par M. l'abbé de la Luthumière, fut dirigé par les Pères Eudistes de 1730 à 1790 et de 1855 à juillet 1903.

Les *Bénédictines* (institutrices et hospitalières), venues de Cherbourg, fuyant devant la peste, s'établirent au manoir l'Evêque (séminaire) le 15 décembre 1626, puis le 5 octobre 1631 au haut de la rue Aubert (appelée depuis rue des Religieuses, mais assez tard, pas avant 1757, époque à laquelle fut fondé le Bureau de Charité [2]). Leur monastère, dit de Notre-Dame de Protection, fut érigé en abbaye royale par lettres-patentes de 1646. L'église, commencée le 23 mai 1635, fut consacrée le 22 août 1648 par Mgr Claude Auvry, évêque de Coutances, le héros du Lu-

[1] Voy. MANGON DU HOUGUET, ms. 1.401 de Grenoble, fol. 114, 115 et 175 à 179.

[2] Voy. J.-L. ADAM, *Les Curés du vieux Valognes*, p. 169.

trin de Boileau. Les Bénédictines furent expulsées en 1792. Elles s'installèrent en 1810 dans l'ancien couvent des Capucins.

La *Congrégation de Notre-Dame* ou *Augustines*. Institutrices, venues du couvent de Carentan, s'établirent, en 1795, chasse Gréville; puis, de 1801 à 1806, route de Fantaisie (de Cherbourg), dans l'hôtel de Louvières (général Meslin); de 1806 à 1810, rue Saint-Nicolas, n° 4, dans la maison habitée depuis par M. de Gerville; enfin, en 1810, dans l'hôtel de Réville, rue de Poterie, d'où elles ont été chassées par la loi du 7 juillet 1904, malgré leurs bienfaits sans nombre. La chapelle date de 1820.

Les *Filles de la Charité* ou de Saint-Vincent de Paul (ouvroir, orphelinat, bureau de bienfaisance, visite des pauvres), de 1726 au 23 avril 1793, puis, de 1803 à 1812, au manoir presbytéral; de 1812 à 1845 à la caserne actuelle de gendarmerie à cheval, rue Pelouze (ancienne rue des Trois-Tisons); depuis 1845, à l'hôtel Saint-Rémi, acheté de Mme de Bleny, rue des Religieuses. La chapelle fut construite en 1865.

Les *Filles de la Sagesse* dirigèrent l'Hôpital général de Valognes, de 1758 à 1761. Elles furent remplacées par les Filles de la Charité, de 1761 à 1793. Les administrateurs les rappelèrent en 1797. Leur nombre fut élevé de 4 à 6 en 1812.

Notre-Dame de Charité du Refuge. Essaim venu de Caen, établi à Valognes le 15 juin 1868 dans l'hôtel de Chantore, rue des Capucins, vis à vis les Bénédictines, là même où avait habité la Vénérable Julie Postel, de 1813 à 1814.

La Communauté des *Carmélites* anglaises, installées à

Valognes depuis 1830, étant retournée en Angleterre en 1870, les Sœurs du Refuge acquirent et occupèrent leur monastère (ancien hôtel Sivard de Beaulieu, près la gare), en 1871, ainsi que l'ancien Couvent des Cordeliers [1] en 1875.

Les *Sœurs du Sacré-Cœur* (gardes-malades), depuis 1865.

Enfin, les *Sœurs des Écoles chrétiennes de la Miséricorde,* rue de Poterie, de 1856 à 1903.

ANCIENNES CHAPELLES ET CROIX.

Outre les chapelles des Augustines, des Bénédictines, de l'Hôpital général (jusqu'en 1803), de l'Hospice actuel et des Filles de la Charité, il y a (ou il y avait) encore à Valognes les chapelles : 1° du *Château,* réservée au gouverneur et aux habitants du château, démolie en 1752 ; — 2° du *Haut-Gallion,* dédiée à saint Joseph avant 1631 ; démolie depuis longtemps, il n'en reste qu'un tronçon de bénitier ; — 3° du *Manoir du Roi* (?), citée en 1231, dans le Livre noir de l'évêché de Coutances ; — 4° de *Marendé,* peu ancienne, peut-être bâtie par le propriétaire du lieu, qui était en 1663 Messire Charles de Marendé, écuyer, sieur de Maisonneuve, conseiller et maistre d'hôtel de Mgr le duc d'Orléans, frère unique du Roy ; — 5° de *Notre-Dame de Gloire,* au Pont-à-la-Vieille, construite à partir de 1652 et dotée de 248 livres de rentes par M. Pierre Le Roux, chanoine et bourgeois de Valognes ; on y a dit la messe le dimanche jusqu'au jour où la nouvelle église Saint-Joseph fut ouverte au culte, en 1857 ; — 6° du *manoir de l'Official,* mentionnée par le Livre blanc de l'évêché (XIVe siècle) ; — 7°

[1] En 1837, la charrue acheva de détruire les derniers vestiges du couvent des Cordeliers, le plus beau de l'Ordre en Normandie, disait de Hesseln en 1771.

de la *Prison,* tant à la prison actuelle qu'à l'ancienne « conciergerie et prison de Valognes », située dans l'ancienne rue de la Trinité, au-dessous de l'Auditoire royal (poissonnerie actuelle) où sont aujourd'hui déposées les pompes à incendie ; — 8° du *Quesnay,* mentionnée dans le Livre blanc, sous le vocable de saint Étienne et de saint Marc, convertie au XVIe siècle en temple par les Huguenots [1] ; — 9° de la *Victoire,* ainsi appelée depuis 1643 et mentionnée dans le Livre blanc sous le nom de chapelle du Castelley. — La chapelle *Saint-Lin* relevait de l'église d'Yvetot. — La chapelle des *Catéchismes* fut construite en 1876.

Le *Calvaire* en granit, sur la place de ce nom, œuvre de M. Hernot, de Lannion, a coûté 8.620 francs et a remplacé en 1876 le calvaire de la mission de 1820, donnée par les Missionnaires de France [2].

On peut voir sur l'ancien plan de Valognes [3], dressé par Lerouge en 1767, qu'il y avait alors dans notre ville une quantité de croix : celle d'Alleaume, restaurée en 1825 ; les croix Bellissem (curieuses croix jumelles citées dès 1414 dans le *Matrologe de la Confrérie du Saint-Sacrement de Valognes,* fol. 74, 70) ; les croix du Bois, Cassot, des Fols, de l'Hôtel-Dieu, de la Mellière (maison Pontus, route de Sauxmesnil), Morville, Pottier (non loin du Quesnay),

[1] Au-dessus de la porte d'entrée de la cour du manoir du Quesnay, est gravé ce curieux vers hexamètre : *Nulli fas castum scelerato insistere limen.*

[2] En 1795, l'échafaud était encore dressé en permanence sur la place des Capucins (ancienne place des Halles, aujourd'hui du Calvaire). Le Conseil municipal résolut alors de le faire démonter « vu qu'il se détériorait sous l'action de la pluie et qu'il effrayait les passants », et le fit remiser dans l'ancienne grange de dîmes du presbytère.

[3] Page 537.

Raoul Nicolle (route d'Yvetot, près le pont du chemin de fer), Saint-Jacques (à peu de distance du Vieux-Château), Varin (entre l'hospice et la Victoire), du Vey aux Prêtres (au Broc), de la Victoire et de la Ville. Seules les trois premières subsistent encore ; les douze autres ont disparu.

ÉDIFICES CIVILS.

Alauna. — Alleaume, l'antique Alauna, qui fut le chef-lieu des Unelles, est le seul endroit du département de la Manche qui offre des restes de construction bien apparents du temps des Romains.

En 1695, M. de Foucault, conseiller d'État, intendant de la généralité de Caen, vint à Alleaume, accompagné du P. Dunod, jésuite de Besançon, et du marquis de Longaunay, gouverneur de Carentan. Il employa longtemps 200 ouvriers à pratiquer des fouilles au Théâtre et au Balnéaire. Le P. Dunod étudia le terrain avec beaucoup de soin et assura que l'étendue de cette cité n'était pas moins grande que celle de Rouen[1]. Presque toutes les habitations n'y étaient que des rez-de-chaussée bâtis en bois et en torchis (*criticium opus*) sur des fondations en pierres et souvent sans mortier. Comme les moins anciennes médailles trouvées au Câtelet sont de Maximus Magnus, on attribue la destruction d'Alauna à Victor, fils de Maxime, gouverneur de la Grande-Bretagne, battu et tué par Théodose le Grand à Aquilée en 388. Le fils du vaincu, regagnant la Grande-Bretagne, aurait exercé sa vengeance sur la dernière ville romaine du continent en la dévastant par le fer et le feu. Les habitants d'Alauna échappés à l'incendie et au massacre se retirèrent vraisemblablement au bas de la colline

[1] Journal des Savants, 1695, p. 449 ; *Nouvelle recherche de la France*, t. 2, pp. 329 et suiv.

dans un vallon situé à l'ouest, habité par des potiers (rue de Poterie)[1].

Aujourd'hui Alleaume n'existe plus comme commune. Il est annexé à Valognes depuis 1867 et n'est plus qu'une « expression géographique ».

PLAN
des terrains qui comprennent les débris
d'ALAUNA

LÉGENDE

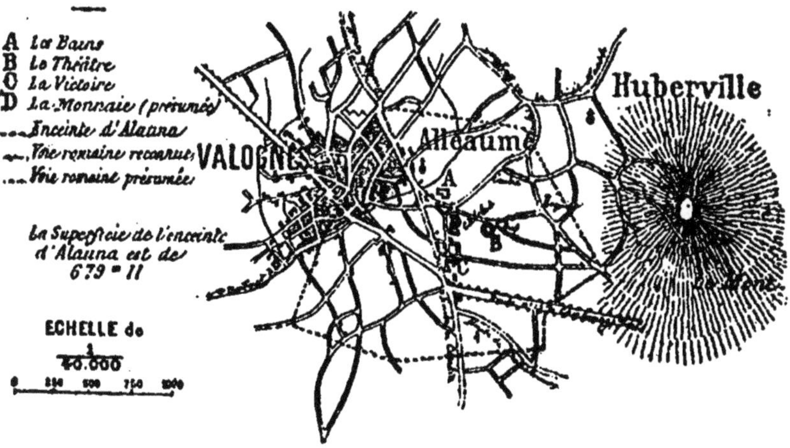

Pauvre Alauna ! tu n'es plus même un nom de lieu.
Courbe la tête et dis : A la grâce de Dieu !
De toi que s'en va-t-il rester ?... Un balnéaire !...
Un modèle ébréché du dessin linéaire.

Image de la vie humaine
Qui vient aboutir au tombeau,

[1] Voy. sur Alauna : article de l'abbé LALMAND dans la Revue Archéologique du départ. de la Manche, p. 184, et art. de M. FAGART sur *La Victoire*, dans les Mém. de la Soc. Arch., Art. et Litt. de l'arr. de Valognes, t. III, pp. 115 à 123. — DE GERVILLE, *Monuments romains d'Alleaume*, Valognes, 1844, in-8°, 19 pp., et Journal de l'arr. de Valognes, 1838. — DE GERVILLE, *Plan d'Alauna*, dans l'Atlas de la Soc. des Antiq. de Norm., pl. x, année 1829.

Autrefois station romaine,
Aujourd'hui modeste hameau,
Lorsqu'un Temple de la Victoire
Devait éterniser sa gloire,
Son origine et sa splendeur,
Alleaume montre à l'antiquaire
Les ruines de son Balnéaire,
Témoin déchu de sa grandeur.

(8 mai 1855).

Outre le balnéaire, on trouve encore sur l'ancien territoire d'Alleaume les restes d'un théâtre, d'un hôtel de la Monnaie et d'un ancien temple. Ces monuments publics, situés à égale distance les uns des autres, étaient construits en pierre : voilà pourquoi on en voit encore des ruines. Les autres constructions, qui étaient en bois, furent brûlées.

« En 1695, dit de Hesseln (p. 456), plus de 20 personnes attestèrent à M. de Foucault et à ceux qui l'accompagnaient que toutes les terres de plus d'un quart de lieue à l'entour avaient été engraissées des cendres tirées de ce circuit pendant les vingt dernières années, et que le nommé Le Parmentier, encore vivant alors, avait, le premier, fait la découverte de ces cendres dans une pièce de terre qui lui appartenait ; et que depuis le sieur de Boismarêts en avait fait tirer lui seul plus de 2.000 charretées ; qu'enfin cette mine de cendres était presque épuisée : cependant il en reste encore assez (en 1771) pour la satisfaction des curieux ».

Balnéaire. — Le Balnéaire, aujourd'hui appelé le Vieux-Château des Bains, était encore bien conservé en 1695. M. de Foucault en fit lever le plan : il avait 270 pieds ou 45 toises de long sur 23 environ de large. Il y avait trois chambres de bains : chambre froide *(frigidarium)*, chambre tiède (*tepidarium*), chambre à suer (*sudarium*). En outre, un bassin circulaire de 22 pieds de diamètre était placé sur 12 petits fourneaux (*hypocauste*) servant à chauf-

RUINES DU BALNÉAIRE (*Vieux Château*), état actuel
(d'après une photographie de M. Charles Clément).

fer l'eau amenée de la fontaine du Bus au Bas-Catelet par un petit aqueduc souterrain dont on a découvert deux regards vers 1840 en plantant des pommiers. En 1773, le propriétaire des Bains fit briser la piscine des Baigneurs et les petits fourneaux. Il employa la sape et la mine pour tout détruire. Il n'y put réussir. « Les murs ont encore 35 à 40 pieds de hauteur et depuis 3 à 6 pieds d'épaisseur. L'intérieur de ces murs est fait de petites pierres posées par lits, taillées carrément sur 4 ou 6 pouces de face exté-

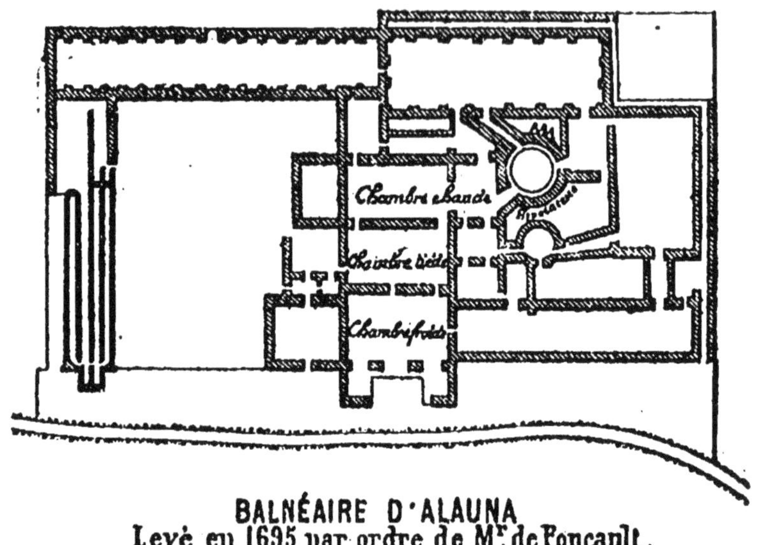

BALNÉAIRE D'ALAUNA
Levé en 1695 par ordre de Mr. de Foucault.

rieure et 4 ou 5 pouces de cube. Toutes les ouvertures étaient en plein cintre. On a employé dans les arcs de la brique alternativement posée avec de petites pierres pour maintenir les bandeaux des cintres »[1].

Pour se rendre au Balnéaire, il faut prendre, entre

[1] Voy. DE CAYLUS, *Recueil des Antiquités*, planche XC, supplém. Plan géométrique de la piscine levé en 1765 par M. Cérés, ingénieur des Ponts-et-Chaussées. — Dom Bernard DE MONTFAUCON, *L'Antiquité expliquée*, édit. 1722, t. III, IIe part., chap. 1, p. 202, et planche CXXII, donnant le grand plan du Balnéaire levé en 1695 et reproduit par M. Folliot de Fierville sur sa carte de Valognes en 1880. — de HESSELN, *Dictionnaire*, VI, p. 455, — et J.-L. ADAM, *Notice historique sur la chapelle de Notre-Dame de la Victoire*, p. 15.

les n°s 57 et 59 de la rue des Religieuses, un chemin (dit du Vieux-Château) qu'on suit sur 500 mètres environ; on voit les ruines à gauche (après avoir croisé deux autres chemins) un peu au-delà de la ferme des Miquelets.

Le Théâtre. — Le Théâtre (ou Cirque) était situé au Bas-Câtelet (en suivant la route du Vieux-Château pendant

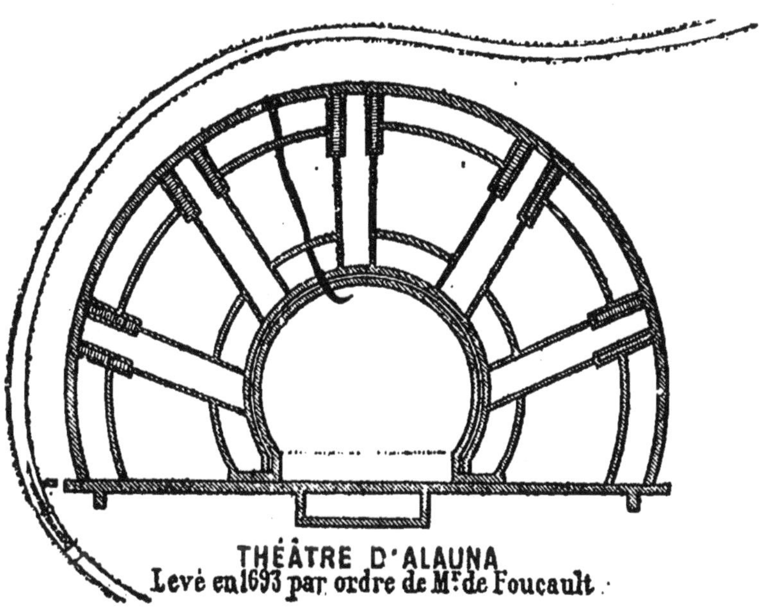

THÉÂTRE D'ALAUNA
Levé en 1693 par ordre de Mr de Foucault.

800 mètres, au delà du réservoir des eaux de la Ville), dans un endroit nommé « les Buttes », où l'on voit encore les restes du mur d'enceinte dans une haie, près de la Dingouvillerie. Il fut détruit par le nommé Jean Cardine, propriétaire des Buttes, de 1825 à 1835. C'était, après ceux de Rome, l'un des plus vastes et des plus curieux dont le plan et le dessin aient été conservés. Montfaucon dit qu'il était plus grand que ceux de Sagonte, Pola et Pompée. Il

donne un dessin des ruines de ce monument, qui étaient encore bien conservées en 1695. Au lieu d'être un simple hémicycle, comme la plupart des théâtres romains, il était en forme de fer à cheval. Son diamètre était de 34 toises ou 204 pieds, et la ligne qui le terminait n'était que de 32 toises ou 192 pieds. L'orchestre avait 12 toises 1/2 de diamètre (75 pieds) et la ligne qui le terminait n'avait que 9 toises 1/2 (57 pieds). — Le *proscenium* avait de même 57 pieds de long sur 12 de large. — Le *pulpitre* avait 43 pieds de long sur 12 de large. Il y avait 2 précinctions, sans compter celles qui le terminaient, et 10 escaliers rangés 2 à 2 et allant de haut en bas [1].

On a découvert, au commencement du XIXe siècle, la trace de 2 vomitoires ou couloirs, des médailles de Lucile, des 2 Faustine, d'Antonin, de Marc-Aurèle, et une grande contre-marque, portant d'un côté le n° 1 et de l'autre 9 points arrondis, citée par Magnin *(Origines du théâtre)*, et soumise à l'Académie des inscriptions par Ampère. M. Magnin dit que c'est une pièce unique en France et que c'était probablement le *tessera* ou contre-marque de la 9me place de la 1re banquette. On en a rencontré depuis une semblable près de la villa de Chelma, dans la province de Constantine. Elle est gravée dans le grand ouvrage de M. Berburger, ancien bibliothécaire à Alger.

L'Hôtel de la Monnaie. — En allant du Balnéaire à la Victoire, dans le deuxième champ à gauche, après l'avenue de la Dingouvillerie, au Câtelet, on voit dans la haie, sur une longueur d'environ 35 mètres, des ruines romaines assez considérables que le P. Dunod prit en 1695 pour les

[1] Voy. DE CAYLUS, t. III, II° p., p. 248, et MONTFAUCON, t. III, pp. 233, 248 et 249 (ch. V), pl. CLXV, reproduite sur la carte de Valognes en 1880.

restes d'un ancien Hôtel de la Monnaie, à cause des nombreuses médailles qu'il y trouva. D'après M. Liger, l'archéologue bien connu, cette opinion serait insoutenable. « Ces murs de 1m67 d'épaisseur, — nous écrivait-il du château de Courmenant près Sillé-le-Guillaume (Sarthe), le 8 novembre 1895, — sont les restes du *castrum* de la cité qui avait, paraît-il, une centaine de mètres de côté et qui englobait même peut-être la ferme du Castelet. Dans l'herbage où ils sont placés, près du chemin, du côté du Castelet, on retrouve un tronçon de ces murs, en retour. Vous avez donc la main sur le castrum ; le *castellum* devait être au milieu. Le *forum,* duquel partaient toutes les voies, devait être au devant du Temple (chapelle de la Victoire), au lieu où sont toutes les maisons ; la basilique devait être en face du Temple, près de la route de Valognes à Paris ». Des études approfondies et méthodiques de ces terrains pourraient seules convertir ces hypothèses en quasi-certitude.

Le Temple. — Bien que la chapelle de la Victoire s'appelât toujours chapelle du Castelet avant 1643, époque à laquelle le V. P. Eudes lui donna sa dénomination actuelle[1], on prétend communément qu'elle aurait été bâtie sur l'emplacement d'un temple romain de la Victoire, de même que l'église Notre-Dame d'Alleaume aurait remplacé un temple de Jupiter Custos.

Voies romaines. — Les voies romaines qui aboutissaient à la Victoire et au Château des Bains étaient celles d'Alauna à Crociatonum (Saint-Cosme ?), à Cosediæ (Coutances), Coriallum (le Becquet, près Cherbourg ?). D'autres se dirigeaient aussi vers la Hougue, Barfleur et Pierrepont.

[1] Voy. J.-L. Adam, *Notice sur la chapelle de Notre-Dame de la Victoire*, pp. 19 et suiv.

On les a reconnues à l'aide des tuiles (*tegulæ* et *imbrices*), des meules, des pavés ou chaussées, des anciennes clôtures et des médailles[1].

L'inscription gallo-romaine de Chiffrevast. — On a découvert en 1837, près de l'Arche de Chiffrevast, à la limite de Valognes et de Tamerville, une dalle en pierre calcaire, aujourd'hui au Musée de Cherbourg, mesurant 0m33 de hauteur sur 0m305 de largeur et portant l'inscription gallo-romaine suivante[2] :

P(io) V(oto) S(oluto)
C(aius) HORTENSIVS
METELLVS SVAE
PIISSIMAE FILIAE
METELLAE
P(osuit)

Anciennes maisons, anciens hôtels. — L'architecture civile de la Renaissance est représentée à Valognes par

[1] Voy. *Itinéraire d'Antonin. Carte de Peutinger, de Mariette, apud* Dom BOUQUET, *Rerum gall. collect.* t. I, p. 112. — DE GERVILLE, *Recherches sur les voies romaines du Cotentin*, dans les Mém. de la Soc. des Antiq. de Norm., 1829, t. V, pp. 1-60; *Itinéraire romain*, ms., t. I, 55°; t. VII, 3 et 7; t. IX, 17 et 19; t. X, 2; *Lettre de M. de Gerville au baron Walknaer sur Alauna*, fol. XIV. Ces manuscrits sont la propriété de M. Dolbet, archiviste du département. — Voy. encore sur Alauna : DE CAUMONT, *Cours d'antiquités monumentales*, IIIe part., p. 38; l'*Abécédaire* du même auteur (ère gallo-romaine), p. 38. — *Congrès archéologique de France*, t. XXIV, pp. 331 à 345. — Un rapport de M. DELALANDE dans les Mém. Soc. Ant. Norm., t. XIV, p. 317 ; — Louis DUBOIS, *Archives de la Normandie*, t. II, p. 225. — A. VOISIN, *Inventaire des découvertes archéologiques du département de la Manche*, pp. 101 et 102, Cherbourg, Le Maout, 1901.

[2] Voy. J.-L. ADAM, *Notice* sur cette curieuse pierre gravée (Mém. Soc. Arch. de Valognes), t. VI, pp. 85 à 93.

plusieurs maisons. Rue de l'Officialité, n° 55, ancien manoir de l'Official, ainsi désigné au *Matrologe de la Confrérie du Saint-Sacrement* de Saint-Malo de Valognes, année 1427, fol. 24, r°, et année 1430, fol. 23, v°. « 5 sous tournois de rente par la main de Guil. de la Haulle à faire justice sur son hostel (au lieu où se trouve actuellement l'hôtel Viel, ce semble), assis auprès du Manoir servant à l'Official dudit lieu, jouxte le Quemin allant au vey (gué) Psalmon (pont Saint-Georges, près l'hôtel de Beaumont) venant de la rue Levesque » (rues Mauquest de la Motte et du Tribunal). Même rue, plusieurs très anciennes maisons, par exemple, n° 1 (maison Pasquet), curieuse cour intérieure avec galeries mettant en communication les 4 étages de la maison d'habitation actuelle avec une très vieille maison située en arrière ; n° 11, vieille maison ; n° 19, petite porte en pierre sculptée, XVIe siècle ; n° 27, grand porche voûté du XVe siècle ; vis à vis le n° 35, ancienne maison avec cave dont la voûte est supportée par un pilier unique, comme la sacristie basse de l'église Saint-Malo. Dans la rue de Poterie, à gauche en quittant l'église, on voit une porte cintrée surmontée d'un élégant fronton en accolade couronnée d'un panache ; située sur une voie partant des fossés du château, cette porte devait être l'entrée des cours de l'hôtel de l'amiral de Bourbon († 1486), bâti au XVe siècle et comprenant une partie du couvent des Augustines, les jardins actuels de la sous-préfecture et les bâtiments n°s 23 et 26 de la rue Carnot. L'entrée principale devait être par la porte n° 26. Elle est en plein cintre et surmontée d'une simple accolade où l'on remarque au point de jonction de l'arc un écusson effacé, mais qui représentait les armes du prince, « d'azur à trois fleurs de lys avec traverse ou bâton posé en barre de gueules ». Sous cette porte était l'entrée des appartements, qui est aujourd'hui bouchée ; mais on remarque encore dans la muraille une gracieuse accolade ornée de trois grands écussons effacés. Dans la cour intérieure on trouve une grande fenêtre de même style, ainsi qu'une tour dont est flanqué le bâtiment et qui contient un escalier de pierre sur lequel s'ouvrent plusieurs portes surmontées d'arcs Tudor avec des ornements se rapprochant de la Renaissance. Dans la rue Carnot, n° 23, est une autre grande porte du même style appartenant à l'hôtel de Bourbon ; mais il faut surtout remarquer auprès de l'entrée principale n° 26 une petite fenêtre au rez-de-chaussée coupée par une barre de pierre encadrée d'élégantes nervures et surmontée d'une accolade se terminant en feuillage. Une cheminée de forme octogonale surmonte l'hôtel. On voit aussi une *Mater dolorosa* du XVe siècle ornant une maison à l'angle de la rue Saint-Malo (ancienne rue Notre-Dame) et de la rue du Pavillon, près la Croix d'Alleaume Dans la cour de l'hôtel Saint-Michel, vieille tour à pans coupés et porte avec accolade et écussons vis à vis le portail de l'église Saint-Malo.

Parmi les édifices du XVIIe et du XVIIIe siècle nous aurions à mentionner la plupart de ces beaux hôtels qui sont encore, dans nos rues recueillies et silencieuses, des témoins du goût architectural de cette époque et des splendeurs passées du petit Versailles de la Basse-Normandie. De tous ces hôtels, le plus somptueux est incontestablement l'hôtel de Beaumont, à l'angle des rues de Saint-Sauveur et Pelouze (ancienne rue des Trois-Tisons), vis à vis le Grand-Quartier, curieuse maison du XVe siècle, caserne jusque vers 1830. Le bâtiment principal de l'hôtel, construit en pierre de taille de Valognes par Pierre Jallot de Beaumont, avant 1753, n'a pas moins de 50 mètres de façade. Le perron central est surmonté d'un balcon supporté par 4 colonnes engagées, d'ordre ionique ; elles soutiennent une architrave de facture fort gracieuse dans sa simplicité. Le tympan du fronton triangulaire, qui couronne le péristyle en saillie, porte deux écussons accolés,

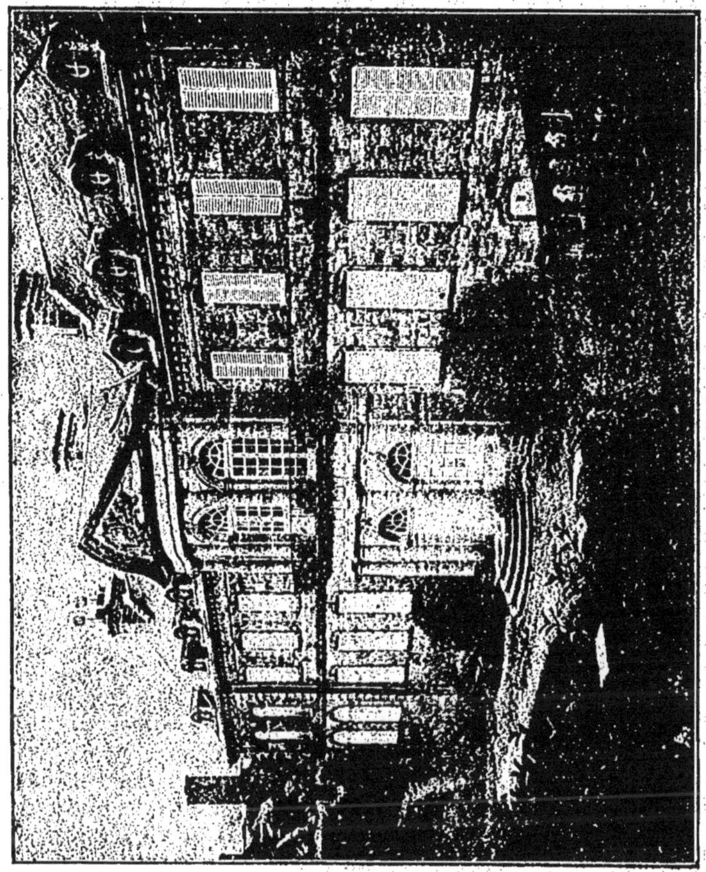

HOTEL DE BEAUMONT (côté Ouest)
(d'après une photographie de M. Charles Clément).

soignement grattés pendant la période révolutionnaire. Escalier monumental. Maison d'arrêt pendant la Révolution, aujourd'hui propriété de M. le comte de Froidefond de Florian, ministre plénipotentiaire.

Citons en outre, un peu au hasard :

Rue de Poterie, les hôtels : Dutourp - Ernault d'Orval, n° 21 ; Lebel - M. A. Bretel, n° 29 ; Prémont - de Parfouru, n° 10 ; « du Grand Turc », Lecompte, n° 16 ; de Vauquelin-du Mesnildot d'Anneville - M. E. Bretel, n° 32 ; de Bascardon - M. Delangle, n° 36 ; de Briges dit Sainte-Suzanne[1] - de Foucault - M. de la Bretonnière, n° 57 (Ecole laïque des filles) ; du Plessis de Grenedan, n° 59 ; Pellée de Varennes - Mme Gallemand et M. du Parc, n° 38 ; de Parfouru - Mme Dagoury, n° 69 ; de Crosville - d'Octevillle - M. le vicomte M. de Blangy, n° 79, dans lequel dîna S. A. R. le duc de Berry, le jeudi 14 avril 1814[2] ; du Poerier de Portbail - Mme Bertin de la Hautière, n° 72, où mourut Mme Alexis de Tocqueville en 1864.

Rue des Religieuses, les hôtels : du Mesnildot de la Grille - M. le comte de Maquillé (École libre des filles), n° 22, où déjeuna l'impératrice Marie-Louise, le 1er septembre 1813[3], et où résida le roi Charles X, partant pour

[1] Le 14 avril 1814, la municipalité « réquisitionna cet hôtel pour y recevoir S. M. Louis-Stanislas-Xavier, roi des Français », pour le cas où Sa Majesté viendrait à Valognes. Louis XVIII ne vint pas. Louis-Philippe Ier, venant de Cherbourg, passa à Valognes le jeudi 5 septembre 1833, et la reine Amélie le vendredi 6, vers 10 heures du matin.

[2] Le duc de Berry venait de Jersey. On alla au devant de lui jusque sur le territoire de Brix. *Te Deum* à l'église Saint-Malo. Un repas fut préparé par les soins de la ville à l'hôtel de Madame d'Octeville, « l'hôtel de la Mairie n'offrant pas un local assez commode pour recevoir dignement Son Altesse ». Arrivée à 3 h. du soir, S. A. fut conduite à 6 h. 45 par le maire et tout le corps municipal jusqu'à la sortie de la ville, à travers les diverses rues, dans sa calèche découverte, aux cris mille fois répétés de : « Vive le Roi ! vive le duc de Berry ! vivent les Bourbons ! » (Registre des arrêtés du maire de Valognes).

[3] « L'auguste compagne du héros qui nous gouverne », comme disent nos archives municipales, « l'auguste et bienfaisante épouse du plus grand des monarques » venait de Cherbourg. Elle arriva à Valognes à midi un quart. « Dès 8 heures du matin, les officiers de

l'exil, les 14, 15 et 16 août 1830; Morel de Courcy - Hüe de Caligny - Bauquest de Granval, n° 34, où habita souvent Barbey d'Aurevilly; de Saint-Rémy, n° 38; de Couville - de Bouillon - M. Travert, n° 61; d'Aboville, n° 76.

Rue de Wéléat, les hôtels: de la Grimonnière - Le Courtois de Sainte-Colombe - M. de Lempdes, n° 15; de Chivré - Mme Humbert du Parc, n° 13; de Touffreville - Salles - M. Brafin, n° 11; de Gouberville, n° 9.

Rue de l'Officialité, les hôtels: de Mme Viel; Pontas du Méril - M. J. Goubaux, n° 51; Danneville - du Pœrier de Franqueville - M. Oury, n° 47; d'Ourville, n° 23 (Ecole laïque des garçons).

Rue Carnot, les hôtels: de Thieuville - de Thiboutot - Breby Sainte-Croix - M. G. Lepetit, n° 25; de la Cour - M. l'abbé Poret, n° 47.

Rue Saint-Malo, les hôtels: Gigault de Bellefonds - Le Roy du Campgrain - M. de la Moissonnière, n° 21; du Mesnildot Sainte-Colombe - Le Gardeur de Croisilles - M. Fabre, n° 36 (un cadran solaire porte la date 1760).

Rue des Capucins, les hôtels: d'Harcourt - du Mesnildot, n° 12 (Ecole libre des garçons); Dursus - M. Boistard, n° 14; de Baudreville, n° 5; Ernault de Chantore, n° 17, où se passent plusieurs scènes du « Chevalier Destouches ».

Rue Alexis-de Tocqueville, l'hôtel Prémère, n° 11.

Rue Thiers, les hôtels: de Carmesnil, n° 46; de Tro-

bouche de S. M. étaient venus chez M. du Mesnildot père, conseiller général et conseiller municipal, pour préparer le repas. Après le déjeuner, M. d'Hiesville offrit une superbe vache à la souveraine qui daigna la recevoir et remit au donateur une bague enrichie de diamants. A un quart moins de deux heures, S. M. quitta Valognes en voiture, et monta la rue des Religieuses au petit pas, au milieu d'une foule immense, aux cris mille fois répétés de « Vive l'Impératrice ! ».

briant - d'Espinose, n° 37 ; de Quiecqueville - Ganilh[1] - M. Lefèvre, n° 33.

RUE DE L'ÉGLISE
(d'après un dessin de M. Félix Buhot).

[1] Voy. Mém. Soc. Arch. de Valognes, t. VII, pp. 19 à 31, *La maison Ganilh*, par M. LEMARQUAND, président de la Société.

Rue de Cherbourg, n° 25, l'hôtel de Louvières, bâti en 1774 et acheté en 1824 par le général Meslin, n° 23.

C'est donc avec raison que l'auteur de la *Vieille France*

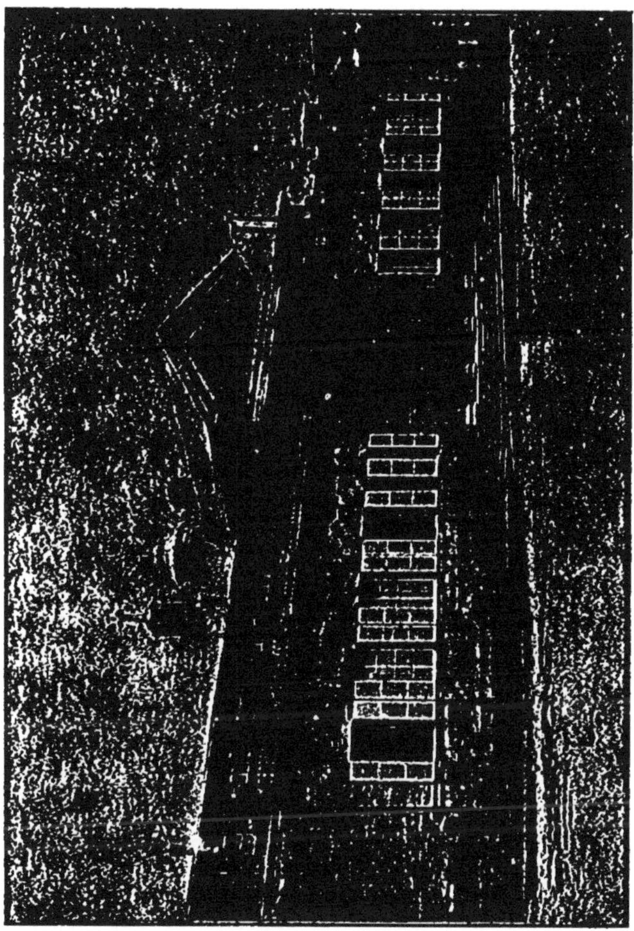

PALAIS DE JUSTICE
(cliché communiqué par M. Charles Clément).

(Normandie)[1], a écrit que « Valognes a conservé de grands hôtels des derniers siècles, à mine imposante et digne,

[1] ROBIDA, p. 74. Paris, Librairie illustrée.

ayant gardé quelque chose des perruques du grand siècle. De hautes murailles, des portes-cochères magistrales, qui sont des espèces de portes Saint-Martin particulières, de nobles frontons, des balustrades, d'immenses fenêtres, des balcons ventrus en fer forgé, tout est ample et solennel d'aspect dans ces demeures de noblesse, d'épée ou de robe ».

Le XIXe siècle a doté notre ville du *Palais de Justice*, commencé en 1834, sur l'emplacement de l'ancien Hôpital général, et ayant coûté 107.474 francs ; l'*Hôtel de la Sous-Préfecture*, rue Carnot, n° 9, depuis 1840 (hôtel du Trésor-Clamorgan ; la Sous-Préfecture était auparavant dans l'hôtel de Thieuville ou de Thiboutot de 1829 à 1840, et dans l'hôtel de Bascardon, avant 1829). L'*Hôtel de Ville*, déjà indiqué sur le plan cadastral de 1812, faisait sans doute partie de l'ancien Hôpital général avant la Révolution. Le 26 août 1810, le Conseil municipal ordonna la démolition « des bâtiments formant en grande partie la clôture de l'Hôtel de Ville du côté de la rue Binguet ». Il est hors de doute que le plan projeté d'un hôtel de ville, place du Château, côté sud-est, mentionné sur la carte de Valognes en 1767, n'a jamais été mis à exécution.

ANCIENNE ADMINISTRATION MUNICIPALE.

Nous avons trouvé dans l'acte de fondation de la Bibliothèque de Valognes par M. de Laillier, curé, en 1719, des détails assez curieux sur l'ancienne administration municipale. C'est ainsi que nous apprenons, par cet acte rédigé le 10 novembre » dans la chambre de l'Hôtel de Ville de Valognes », que : 1° « Jean-Charles Le Pigeon, escuyer, seigneur chastellain et patron de Magneville, conseiller du Roy, lieutenant ancien civil et criminel au bailliage de Costentin, pour le siège de Valognes, était maire de la ville de Vallogne et lieutenant-général de police des villes et vicomtés de Vallogne, Cherbourg et dépendances; 2° du Mesnildot était premier échevin de la ville; 3° Georges Vautier, sieur du Vaux-Bourg, était second échevin; 3° Michel des Rosiers, capitaine de la milice bourgeoise, était troisième échevin; 4° Jean Dubois, sieur de Vallemont, était quatrième échevin; 5° enfin le sieur Jullien Hainneville est qualifié de « cy-devant maire alternatif de la dite ville et capitaine de la milice bourgeoise », (créée, on le sait, en 1698 et appelée depuis garde nationale). M. de Montaigu-Basan était maire de Valognes en 1699, lorsque mourut l'abbé de la Luthumière. M. Gravé de la Rive, nommé curé de Valognes en 1759, fut élu officier municipal la même année et réélu au même titre par le suffrage de ses concitoyens dans le mois de février 1790. Le maire était alors M. Sivard de Beaulieu, lieutenant-général au bailliage. Il eut pour successeurs MM. Revel, 1791; Guérin, 1793; Hourtevent, 1794; Le Bienvenu-Dutourp, 21 avril 1800; Pontas du Méril, 31 mai 1808; Gallis de Mesnilgrand, 10 juin 1813; L. du Mesnildot, nommé par le roi le 25 février 1816; P. du Méril, novembre 1817; Clamorgan, 1828. A partir de 1828, on trouve les autres maires de Valognes dans l'Annuaire de la Manche, fondé, à cette date, par M. Julien Travers, de Valognes.

III.

VALOGNES ÉCONOMIQUE.

ANCIENS PRIVILÈGES.

Dès les temps anciens, Valognes avait obtenu, pour le développement de son commerce, un privilège considérable. Ses habitants pouvaient dans toutes les foires et marchés du duché de Normandie acheter ou vendre des marchandises, « francs, quittes et exempts de payer au Roy aucuns travers, coustumes, passages et redevances » à cause de ces marchandises et denrées.

Des difficultés s'étant élevées au sujet de cette exemption, une enquête judiciaire fut ouverte le 6 avril 1618. Les habitants produisirent en leur faveur de nombreux titres, dont le plus ancien émanait de Charles VI, en 1410 ; le lieutenant-général du bailliage de Coutances reconnut, par un arrêt du 6 avril 1618, l'existence de ces privilèges et ordonna que leurs titres seraient déposés dans le coffre du trésor de l'église de Valognes. L'original de ces pièces a été perdu, mais on en a retrouvé la copie dans le manuscrit de Mangon du Houguet, conservé à la Bibliothèque Sainte-Geneviève de Paris.

Ces « beaux droits, privilèges, libertez, franchises et exemptions de villes, foires et marchez du duché de Normandie », comme dit la lettre de confirmation accordée par Louis XIII en mars 1621, furent la cause la plus puissante de la prospérité du commerce de notre ville dans les siècles passés.

ANCIENNES INDUSTRIES.

En 1494, « Jean Lenepveu, prestre, donna à l'église Saint-Malo une rente de 70 sols, à prendre sur le moulin à papier et sur la terre y joignant, héritages qu'en 1425, il fieffa au sieur Hanouel, à charge de payer la dite rente, héritages qui passèrent plus tard aux mains d'un sieur Desrosiers, qui, en 1586 le remit à Pierre et Georges Hanouel, lesquels firent du moulin à papier des moulins à grains ».

« En 1494, Messire Jean Lenepveu fonda un office solennel de sainte Elisabeth, le 2 juillet, et donna 3 livres 10 sols à prendre sur un moulin à papier, sis sur la rivière de Gloire, jouxte la forêt de Brix ».

En 1670, « Claude Gauvain ou Germain, marchand sellier, bourgeois à Vallognes, constituait sur tous ses biens, à la confrairie de M. Saint-Eloy, en l'église Saint-Malo, une rente de 40 sols, pour la somme de 36 livres qui lui furent présentement comptés par Richard Bourdon, Jacques Lefebvre, Guillaume Noel, Michel Bourget, gardiens-jurés du mestier de sellier ».

En 1740, le journal des fondations dit que « des réserves des quêtes de saint Sébastien, on avait constitué 2.452 livres, 14 sols ». Parmi les personnes qui avaient perçu ces sommes partielles, on remarque une corporation dont l'industrie est maintenant à peine soupçonnée à Valognes, « celle de MM. les Estamiers ». Ils figurent pour une somme de 237 livres.

Est-ce que la rue aux Magnens (rue Alexis-de Tocqueville) n'évoque pas le souvenir d'une autre corporation d'ouvriers travaillant le cuivre et tous groupés dans cette même rue ?

En 1771, de Hesseln écrivait (p. 453) : « Le commerce de Valognes consiste en sa manufacture de draps et droguets : quoique beaucoup moins considérable qu'autrefois, elle est cependant très estimée. Tous les draps qui se fabriquent dans la presqu'île et même au delà sont ordinairement vendus au loin sous le nom de draps de Valognes. Les tanneurs de cette ville, qui occupent une rue isolée, nommée la rue du Grand Moulin (rue de l'Abattoir), font un assez bon commerce de cuirs qu'ils apprêtent. Il y a de plus une fabrique de gants, dont le débit est aussi considérable. Il se tient par an dans cette ville, deux foires de peu de conséquence. Il y a un marché à bled considérable tous les mardis[1], et un à beurre tous les vendredis ».

Le Guide pittoresque du voyageur en France (Paris, Didot, 1836) dit, en parlant de Valognes, p. 43 : « Ses fabriques de draps ont disparu ; elle fait peu de commerce, et a peu de branches d'industrie : on y fabrique des chapeaux solides pour les hommes de la campagne, des dentelles et des blondes (dentelles de soie) estimées qui ont obtenu des médailles aux expositions. Le nombre des ouvrières employées à la dentelle est d'environ 150, dont 50 à l'hospice et 100 au bureau de Charité ».

LA PORCELAINE DE VALOGNES.

M. R. de Brébisson a publié, dans les Mémoires de la Société Archéologique de Valognes, t. V, pp. 101 à 148, une intéressante *Histoire de la Porcelaine de Valognes,*

[1] Les anciennes halles étaient situées à l'ouest de la place actuelle du Calvaire, encore appelée place des Halles sur le plan de Valognes en 1767. Les halles actuelles «à blé et à boucherie avec maisons et terrains y attenant, appartenant à Mme de Thiboutot, ensemble tous les étaux tant fixes que mobiles qui servent à l'usage du marché de Thurin» furent achetés 19.000 fr. par la ville le 26 août 1810. Par lettres patentes de novembre 1563, Charles IX avait accordé à François Le Jay, escr, sieur de Cartot et père de Louise, veuve de Dancel, sieur de Barneville, la création «de 4 foires par an audit lieu de Thurin à Vallongnes, la 1re le 1er jeudi après le mercredi des cendres ; la 2e, le 1er jour de may ; la 3e, le 15 juillet, et la 4e, le 7 octobre, avec 2 marchez les jours de mardi et jeudi de chaque semaine ». Mangon du Houguet, ms. bibl. Sainte-Geneviève.

qu'il faut lire intégralement. Cette manufacture fut installée à Valognes en 1792. Le premier directeur fut M. Le Tellier de la Bertinière. Le second fut M. Le Masson des Pieux. Il obtint du Directoire, vers 1795, la concession du Couvent des Cordeliers pour y établir sa manufacture, dans laquelle il n'employait que le kaolin des Pieux (formant de la porcelaine qui avait l'avantage d'aller au feu). Le troisième directeur fut Edme-Louis Pelouze, de Paris (devenu plus tard secrétaire de la Sous-Préfecture de Valognes, et père du célèbre chimiste Théophile-Jules Pelouze). Il fut remplacé, en 1802, par M. Joachim Langlois qui ne tarda pas à avoir à son service douze peintres et doreurs, dont quelques-uns avaient travaillé à Sèvres et étaient de véritables artistes. Les deux plus habiles décorateurs dont on a conservé les noms étaient MM. Zwinger et Camus. Outre le personnel artistique, la manufacture employait quatre-vingt-six ouvriers et deux fours étaient en activité. Mais la vente devint trop peu rémunératrice et M. Langlois dut fermer les portes de la manufacture de Valognes, en 1812. Il alla s'établir à Bayeux, dans l'ancien couvent des Bénédictines où il fonda la manufacture actuelle de porcelaine de Bayeux, qui n'est, à vrai dire, que la continuation de celle de Valognes.

Parmi les produits encore existants de la manufacture de Valognes, citons les sept statues conservées dans l'église Notre-Dame d'Alleaume. Elles ont été exécutées en kaolin des Pieux par Moreau en 1806. Elles sont de deux morceaux, sauf celle de saint Pierre qui est de trois pièces. Au maître-autel[1] se trouvent les statues de saint Martin et saint Joseph (remarquable), hauteur 1^{m}50 chacune; puis celles de sainte Geneviève et de saint Pierre, 1^{m}45 de haut chacune. Sous la retombée de l'arc triomphal, côté de

[1] Voir page 575.

l'épitre, statue de Notre-Dame d'Alleaume ; dans le transept sud, la belle statue de sainte Madeleine pleurant ses péchés. Enfin la statue de saint Maur vient d'être gracieusement offerte au Musée de notre ville.

On voit en outre dans ce même musée : un joli médaillon de Louis XVI, de 0m06 de diamètre et un magnifique plat sur lequel on présenta les clefs de la ville à Napoléon Ier lors de son passage à Valognes, le 26 mai 1811.

En haut, on lit cette devise : « Rien ne résiste à ses armées, tout cède à son génie » ; et dans le marli : « Manufacture de porcelaine de Valognes ». Tout le décor est en or. Diamètre 0m29. M. de Brébisson cite enfin les collections de porcelaine de Valognes de M. Le Cavelier, de Caen ; de M. Villers, de Bayeux ; de Mmes Clamorgan et Gallemand, de Valognes ; de M. Rochette de Lempdes, de Valognes ; de M. le baron de Montrond, de Versailles.

LES PAUVRES AUTREFOIS ET AUJOURD'HUI.

La situation matérielle des gens du peuple n'était pas mauvaise à Valognes dans les siècles passés : il y avait moins de pauvres qu'aujourd'hui. Cela s'explique par un ensemble de faits, qui, chez nous, combattaient la pauvreté en concentrant dans la localité la dépense et le travail : d'abord une multitude de familles riches dont les serviteurs étaient très nombreux et dont les grandes fortunes se consommaient sur place ; relations extrêmement difficiles avec les autres villes, auxquelles on demandait à peine les matières premières pour les diverses industries ; de là, un très grand nombre d'ouvriers dans tous les genres, depuis la tête jusqu'aux pieds, occupés à façonner tous les objets de luxe ou de nécessité, concernant les vêtements (toiles, draps, droguets, gants, tanneries et mégisseries), l'orfèvrerie, la carrosserie, les ameublements, la construction avec les belles pierres de Valognes et d'Yvetot, et autres industries, même la fabrication du papier. Le travail, sous tant de formes, présentait trop de facilité et d'excitations à l'ouvrier pour laisser grande place à la fainéantise et à la misère qu'elle engendre. Les sources locales du travail abondant sur place, celles de la pauvreté s'y tarissaient dans une proportion inverse. Si donc, dans un avenir plus ou moins éloigné, les populations peuvent être, par bonheur, détournées de la centralisation industrielle, et qu'elles puissent, chacune chez elle, produire, vendre, ou au moins acheter et confectionner les objets de la consommation générale, les campagnes et les villes ne feront que reproduire l'œuvre de nos devanciers et probablement n'en seront pas plus à plaindre.

Maintenant notre ville, et généralement toutes les petites villes de province, notre ville surtout, n'est plus qu'une suite de maisons, posées les unes auprès des autres. Le lien qui les unissait autrefois par la production et la vente, le travail et le salaire, n'existe presque plus aujourd'hui. Le pain nous viendra bientôt du dehors, comme la chaussure et les chapeaux ; et c'est précisément pour cela qu'il faut que la moitié de la population nourrisse l'autre moitié, à laquelle on serait, vu l'état des choses, bien embarassé de procurer la ressource du travail, en dehors de l'industrie beurrière, puisque les carrières, autrefois si nombreuses, n'occupent plus qu'un nombre très restreint d'ouvriers.

INDUSTRIE BEURRIÈRE.

Il y a à Valognes, rue de Poterie, n° 24, une des plus importantes beurreries de France, fondée en 1865 par MM. Adolphe et Eugène Bretel, les propriétaires actuels, dans le but de se livrer à la préparation des beurres d'Isigny, de

Normandie et autres lieux, pour l'exportation, sur une très grande échelle, dans les colonies françaises et dans le monde entier. Cette maison a obtenu de nombreuses récompenses dans les diverses expositions de Paris (1878, 1889, 1900), de Dublin (1881), de Moscou (1891), de Chicago (1893) et d'Hanoï (1902).

Au début l'industrie beurrière, toute nouvelle en France, n'était pas encore connue ; aussi, la maison Bretel frères n'expédiait-elle que quelques milliers de colis dans le cours d'une année ; aujourd'hui elle produit une moyenne journalière de 40.000 kilogr. de beurre, soit plus de 13 millions de kilogr. par an, et elle expédie annuellement 900.000 colis, représentant plus de 29 millions de francs, dont 24 millions de francs pour l'exportation.

Les magasins sont aménagés avec les derniers perfectionnements et suivant les besoins des divers pays d'exportation. Des ateliers spéciaux sont installés pour la préparation du beurre et la mise en boîtes en fer blanc, — ou « tins » comme disent les Anglais, — pour les beurres destinés à l'exportation dans les pays d'outre-mer. Ces ateliers et tous les bâtiments sont éclairés à l'électricité obtenue par l'usine elle-même, ce qui du reste n'offre aucune difficulté avec une force motrice de 350 chevaux-vapeur produisant 20.000 wats électriques. L'outillage, approprié aux besoins de l'industrie, est tout moderne et se renouvelle sans cesse à chaque perfectionnement. Les ouvriers et ouvrières employés dans l'établissement sont au nombre de 260.

La maison Bretel frères possède un service de wagons frigorifiques pour le transport de ses beurres par les voies ferrées, et deux steamers destinés au cabotage et au transport de ses beurres aux ports du Havre et de Dunkerque pour le transit avec les grandes lignes de navigation. Ajoutons qu'elle est admirablement située, au centre des pays de production du meilleur beurre et à proximité des ports de Cherbourg et de Saint-Vaast-la-Hougue, lui donnant la facilité de faire l'exportation de ses produits dans d'excellentes conditions et avec un minimum de frais qui lui permet de lutter victorieusement contre la concurrence étrangère[1], pourtant déjà si formidable et de jour en jour plus menaçante.

MARCHÉS ET FOIRES.

En 1903, les marchés du mardi se sont bien maintenus, quoique le marché aux grains ait toujours une tendance à diminuer. Ceux du vendredi ont été très fréquentés et bien approvisionnés, surtout en beurre, achetés par la maison Bretel frères de Valognes et par la maison Lepelletier, de Carentan[2]. L'importance des foires, maintenant au nombre de neuf, y compris la foire franche du mardi de Pâques, n'a pas diminué. Aux foires des 15 février, 4 juin, 12 juillet, 9 septembre[3], 1er mardi d'octobre, 9 et 31 décembre 1901, on a amené sur la place du Château 938 génisses,

[1] Voyez dans *Le Monde industriel*, 16 février 1903, p. 62, l'article de M. Paul VIBERT, que nous reproduisons ici à peu près textuellement, en laissant à l'auteur la responsabilité de ses assertions.

[2] Déjà la surproduction a causé une baisse notable dans les prix de vente du beurre et du bétail, au grand désappointement des cultivateurs et des éleveurs. Dieu veuille que nos populations rurales n'aient pas à se repentir, dans un avenir assez peu éloigné, d'avoir presque entièrement abandonné la culture, et transformé en herbages leurs terres de labour !

[3] La foire de la Nativité Notre-Dame à Valognes est citée dans un compte de 1304 *(Livre de l'Obiterie de Saint-Sauveur le Vicomte*, ms. des Archives de la Manche, f° 41, v°). Sous les Plantagenets une foire faisait partie, à Valognes, du domaine ducal *(Rotuli scaccarii Normanniæ*, t. I, p. 274 ; t. II, pp. 471 et 573). En 1334, on travailla à établir une rue allant au marché de Valognes (Archives nationales, carton J, 222, Valognes, n° 11).

1.856 bêtes aumailles, 1.992 porcs, 3.046 cochons de lait, et 5.124 moutons. Les recettes du terrage se sont élevées pour l'année 1903 à 15.434 francs (augmentation de 393 francs sur l'exercice précédent, se répartissant principalement sur les marchés du vendredi). Les recettes ordinaires de l'octroi se sont élevées en 1903 à 52.590 francs (augmentation de 4.160 francs sur l'année 1902).

Foires de Saint-Floxel et de Brix. — Tout près de Valognes se tiennent deux des foires les plus importantes de France : la Saint-Floxel, le 17 septembre, et la Saint-Denis à Brix, le 8 et le 9 octobre. Le nombre des chevaux amenés sur le champ de foire Saint-Denis s'élève à une moyenne annuelle de 3.000, se répartissant comme il suit pour l'année 1904 : 875 antenais, 1.250 laiterons et 825 chevaux d'âge.

Le nombre des juments et des chevaux présentés à la montre de Saint-Floxel en 1901 est de 1.032, et celui des poulains de 583. Juments présentées pour la prime : suitées, 150 ; non suitées, 30.

LES ANCIENS HARAS DE LA HAGUE ET DE LA FORÊT DE BRIX.

« Pendant tout le Moyen-Age, nous écrivait, le 9 juin 1892, le regretté Siméon Luce, de l'Institut, la forêt de Brix fut ce qu'on appelle encore en Allemagne un haras sauvage, où l'on mettait à bandon étalons et juments qui s'y reproduisaient en toute liberté. Dans tous les pays qui n'ont pas eu la sagesse de conserver de tels haras, la race chevaline, soumise à un régime de domestication continu, s'abâtardit et s'amollit fatalement. Mes parents, les Siméon-Luce, les « Sémions », comme on les appelait en patois, qui furent pendant trois siècles les fermiers, à Bretteville-sur-Ay, des barons de La Haye-du-Puits, ne voulaient acheter de pouliches ou de juments qu'aux foires de Brix, parce que la vieille race haguaise, la race des « haguenées » ou « haquenées » était considérée par eux comme la plus solide des races chevalines au point de vue de l'endurance et de l'aptitude à supporter la fatigue et les privations. La jument « Chérie », sur laquelle on me portait en hottes au séminaire de Muneville, pouvait marcher un jour presque entier sans se reposer... Elle était de petite taille comme toutes les « haguenées », mais bien prise dans sa corpulence, vive et rondelette comme un « videcoq[1] » de la forêt de Brix. Telle était l'admirable race que nous avait faite le haras sauvage de la forêt de Brix, encore subsistant au XVIe siècle, au temps de Gilles Picot de Gouberville, qui a décrit les luttes, les combats, les poursuites, les assauts auxquels donnait lieu la prise d'un poulain ou d'une « poutre », née et élevée « à la sauvage » dans cette magnifique forêt, qui s'étendait comme une tonnelle gigantesque de verdure entre les deux châteaux-forts de Valognes et de Cherbourg. M. le baron de Schickler soutient seul aujourd'hui, avec ses chevaux pur sang, la gloire séculaire des haras de la Hague et de la forêt royale de Brix ».

[1] Videcoq (en anglais *wood-cock*), sorte de grosse bécasse qui se trouvait dans la forêt de Brix en si grand nombre que « le plus célèbre marché de videcoqs de toute la France se tenait à Brix » (Siméon LUCE). — Voyez J.-L. ADAM, *La Forêt de Brix*, pp. 18 et 19, et *Le Prieuré de Saint-Pierre de la Luthumière*, p. 34, note 1.

IV.

VALOGNES SCIENTIFIQUE.

PETITES ÉCOLES.

Dans les siècles passés, les écoles rurales étaient plus multipliées qu'on ne le pense généralement. Ce n'est pas seulement au XIXe siècle que l'on a fondé des écoles dans les campagnes[1]. L'idée de cette institution remonte au Moyen-Age. Pour ne parler que de Valognes, il est hors de doute que cette ville a possédé dès les temps les plus reculés des institutions chargées d'apprendre aux enfants des petites écoles à lire et à écrire. D'après les registres de l'Echiquier[2], depuis 1207 jusqu'en 1243, il résulte que « les écoles de grammaire de Valognes étaient tenues par la commission de maistre Pierre de Chasteau Pers, maistre d'écolle au diocèse de Coutances ». Maître Jehan André, prêtre, était recteur des écoles de la ville en 1528; il eut pour successeur, en 1530, maître Simon Le Febvre, prêtre. On lit sur le registre de la Confrérie du Saint-Sépulcre le nom de plusieurs maîtres de la petite école en 1614 : « Messire Philippe Baron, maistre d'escole pour les petits enfants »; en 1622, « Messire Thomas, jeune prestre, recteur des petits enfants ». En 1684, Mlle Marie Collas d'Isamberville donna 65 livres de rente à M. de Laillier, curé de Valognes, « pour des institutrices de son choix et du choix de ses successeurs ». En 1713, M. de Laillier fit lui-même cession par contrat de 400 livres de rente qu'il possédait à l'Hôpital général de Valognes (qu'il avait fondé en 1687), « à charge de donner perpétuellement entre-

[1] Voy. DELISLE, *Etudes sur la condition de la classe agricole en Normandie au Moyen-Age*, Evreux, 1851, p. 175.

[2] T. XLVI, f. 328, v°, Bibliot. de Rouen.

tien, subsistance et logement aux sœurs qui tiennent l'école des jeunes filles de la ville »[1].

Sans parler de l'enseignement primaire actuel, public et privé, il nous reste à signaler un curieux document conservé aux archives de la Manche, et publié par M. W. Marie-Cardine[2]. Il nous apprend que « dans le département de la Manche, les maisons d'éducation pour les jeunes filles, autres que les écoles primaires, étaient au nombre de 49. Il y en avait 1 à Thorigny, 1 à Mortain, 1 à Saint-Hilaire-du-Harcouet, 2 à Coutances, 6 à Avranches, 7 à Cherbourg, 10 à Saint-Lô et 21 à Valognes.

Ces 21 écoles de filles, de Valognes, étaient toutes civiles. Elles étaient dirigées : 1° par M. du Mesnildot (Antoine-Ambroise), qui enseignait la lecture, l'écriture, l'arithmétique, le dessin, la grammaire, la géographie, l'histoire, la danse et la musique à 10 pensionnaires et à 20 externes ; 2° par Mme Duhecquet-Duranville (Marie-Jeanne), qui donnait le même enseignement que le précédent, et enseignait de plus la langue anglaise à 13 pensionnaires et à 7 externes ; 3° par Mme d'Aboville (Marie-Anne), qui enseignait la lecture, l'écriture, le catéchisme, l'arithmétique, le dessin, la grammaire, la géographie, l'histoire, la danse et la musique à 16 pensionnaires et à 12 externes ; 4° par Mme Fleury (Marie-Louise), qui enseignait la lecture à 45 externes ; 5° par Mme Lequertier (Louise), qui enseignait la lecture, l'écriture et l'arithmétique à 30 externes ; 6° par Mme Godefroy (Euphrosine), qui enseignait la lecture, l'écriture et l'arithmétique à 4 pensionnaires et à

[1] DE HESSELN disait, en 1771, dans son *Dictionnaire*, p. 453 : « On entretient à Valognes depuis très longtemps, mais sans établissement fixe, deux sœurs de la Providence qui apprennent à lire et écrire aux jeunes filles de la ville ».

[2] *Histoire de l'enseignement dans le département de la Manche*, de 1789 à 1808, t. II, p. 505. — Archives de la Manche, t. 10, liasse I.

48 externes; 7° par Mme Le Saché (Marie-Anne), qui enseignait la lecture à 26 externes; 8° par Mme Bigot (Jeanne), qui apprenait à lire à 16 externes; 9° par Mme Bonhomme (Marie-Jeanne), qui enseignait la lecture à 10 externes; 10° par Mme Lesdos (Jeanne-Françoise-Victoire), qui enseignait la lecture, l'écriture et l'arithmétique à 18 externes; 11° par Mme Hamon (Bonne), qui apprenait à lire à 12 externes; 12° par Mme Anquetil, qui enseignait la lecture à 25 externes; 13° par Mme Le Révérend, vve Condrieux, qui apprenait à lire à 25 externes; 14° par Mme Blaisot (Anne), qui enseignait la lecture à 2 pensionnaires et à 28 externes; 15° par Mme Le Pelletier (Marguerite), qui apprenait à lire à 25 externes; 16° par Mme Quentin (Marie-Françoise), qui enseignait la lecture, l'écriture et l'arithmétique à 30 externes; 17° par Mme Goupillot (Marie-Madeleine), qui avait 22 élèves externes; 18° par Mme Le Maire, vve Langevin, qui en avait 10; 19° par Mme Monesser (Eulalie), qui en avait 10; 20° par Mme Pondurand (Rose), qui en avait 10; 21° par Mme Nicole (Rose), qui en avait 30 ». Cela nous donne pour les écoles de filles de Valognes en 1807, un total d'au moins 45 pensionnaires et de 460 externes.

En 1828, le nombre de ces écoles était réduit à neuf:

	Payantes	Gratuites	TOTAL
Le couvent des Bénédictines.....	8	55	63
Le couvent des Augustines.......	41	130	171
Les Sœurs de Charité..........	»	65	65
Mlle Sanson....................	38	6	44
Mlle Quertier....................	20	10	30
Mlle F. Godefroy................	30	1	31
Mlle Boucher....................	20	»	20
Mlle Josse......................	12	»	12
Mlle Quertier (au Pont à la Vieille).	20	20	40
TOTAL GÉNÉRAL.....	189	287	476

Nous extrayons ce tableau des Archives de l'Inspection primaire de Valognes[1].

GRANDES ÉCOLES OU COLLÈGE.

Il est certain que Valognes a possédé, de temps immémorial, un Collège (ou Grandes Écoles), avec des maîtres chargés d'enseigner aux jeunes gens « le latin, la doctrine et instruction des mœurs, et sciences de musique, grandmaire, rhétorique, logique, et autres jouxte l'exigence du lieu ». Ce « collège d'escolles » fut longtemps sans résidence fixe. Le 7 juin 1534, Nicolas Le Poitevin, sieur du Moustier, donna au trésor de l'église Saint-Malo pour l'usage des maîtres et de leurs écoliers « une maison et mesnage, et boelle et jardin, jusques à la rivière du Merderet », qui avait appartenu à Jean Pottier (et qui devait être située aux environs de la maison n° 49 rue des Religieuses, à l'angle de cette rue et de la « rue des Écoles »).

D'après l'acte de donation, il y avait dans ce « collège d'escolles, plusieurs et grand nombre d'enfants, journellement étudiant et profitant ». D'après le diplôme d'érection de la collégiale de Valognes, en 1580, l'évêque de Coutances soumit au contrôle du chantre et du grand-maître de la cathédrale de Coutances le choix de deux chanoines qui seraient chargés de diriger la grande et la petite école de Valognes ». En 1654, Messire de Virey, sieur du Gravier, bachelier en théologie de la Faculté de Paris, fut élu « par les ecclésiastiques, officiers et bourgeois, principal et recteur du collège (auquel il avait donné 103 livres de rente

[1] Voy. J.-L. ADAM, *Histoire du monastère de la Congrégation de Notre-Dame dit des Augustines de Valognes*, pp. 14 et 15, Nancy, 1900. — Pour les écoles de garçons, voyez, entre autres brochures, la remarquable étude de M. le chanoine ROTHE sur l'*Ecole des Frères de Valognes*, Cherbourg, 1896, in-8° de 160 pp.

perpétuelle), avec charge d'enseigner, gratuitement et en personne dans une des classes, les pauvres de Vallongnes, d'Alleaume et de la campaigne ». En 1656, Jean de Virey fit représenter par ses écoliers, sur le théâtre du Collège de Valognes, une tragédie de *David* (qui fut dédiée au marquis Gigault de Bellefonds, gouverneur de Valognes)[1], puis une autre d'*Absalon,* le 12 juillet 1657, pour la distribution des prix.

Jean de Virey n'était pas le premier de ce nom qui s'adonnât à Valognes au culte des Muses. Son homonyme, qui devait être son oncle, peut-être même son père, avait composé les trois tragédies suivantes : La *Machabée,* en 1596 ; la *Divine et heureuse victoire des Machabées sur le roy Anthiochus,* en 1600 ; *Jeanne d'Arques,* en 1600, petit vol. in-12 de 48 pp.[2]. C'est là un des premiers essais dramatiques dont l'héroïne d'Orléans ait fourni la matière ; et, comme la pièce a été certainement composée à Valognes (où du reste se trouvaient des descendants de Pierre d'Arc, frère de la Pucelle), nous devons être fiers que l'hommage ainsi rendu à la vénérable Jehanne soit l'œuvre d'un de nos compatriotes. Un acte de baptême du 10 octobre 1599, où figurent plusieurs acteurs qui avaient pris part à la représentation de la « Machabée », nous donne la certitude que cette pièce fut bien jouée au Collège. Serait-il téméraire de supposer que Jean de Virey a voulu donner à ses concitoyens la primeur de sa Jeanne d'Arc, comme il l'a fait pour la Machabée? Si cette hypothèse pouvait être admise, si l'une des premières glorifications de la Pucelle, sur le théâtre moderne, avait eu lieu à Valognes, ce serait un grand honneur pour notre ville.

[1] Voy. Delisle, *Le Théâtre au collège de Valognes*, dans l'Annuaire du départ. de la Manche, 1896, pp. 11 et suiv.
[2] Réserve de la Bibliothèque nationale, sous la cote Yf, 3.954.

Séminaire. — Il fut fondé en 1654, dans le Manoir-l'Evêque, par l'abbé de la Luthumière, le dernier de cette illustre maison (dont descendent par les femmes les princes de Monaco). Au dire de Toustain de Billy, ce séminaire devint « le plus bel ornement de la ville de Valognes, mais aussi de toute la Basse-Normandie, moins par la beauté de ses bâtiments et de ses jardins, de sa riche bibliothèque et

PETIT SEMINAIRE ET COLLEGE DIOCESAIN DE VALOGNES (Manche)

autres choses semblables, que par les grands biens que l'on y faisait et les avantages publics qui en provenaient ». De son côté, de Hesseln dit (p. 451) : « Le Séminaire est le plus bel édifice qui soit à Valognes... Les jardins sont vastes et vraiment magnifiques. Autour du premier jardin règne une terrasse en fer à cheval comme celle du palais du Luxembourg à Paris. Sur cette terrasse était ci-devant le plus beau berceau qu'on ait peut-être vu en Normandie.

» M. de la Luthumière, dit encore le même auteur, était

un prêtre d'une éminente piété, qui y passa la plus grande partie de sa vie, et qui y est inhumé ; il est mort le 15 septembre 1699. Son établissement fut extrêmement traversé par l'envie. La calomnie, à laquelle fait allusion le célèbre Sauteuil dans les vers qu'il a consacrés à la gloire de ce séminaire, lui enleva ses élèves en 1672 et surtout en 1685. Ce bel établissement fut rouvert en 1702 et dirigé par des prêtres séculiers jusqu'en 1730, époque à laquelle l'évêque de Coutances le confia aux fils du V. P. Eudes, frère de l'historien Eudes de Mézeray, et surnommé par M. Olier « l'Apôtre de la Normandie ». « Depuis que les Missionnaires Eudistes possèdent cette maison, dit de Hesseln (p. 452), on y tient toujours les classes d'humanités, le Collège de Valognes y ayant été annexé (en 1731, 26 septembre). Il y a aussi une chaire de philosophie et une de théologie : celle-ci est remplie par un Eudiste. Les autres ne peuvent l'être par des professeurs de cette Congrégation, mais par des externes, qui ordinairement les obtiennent par la voie du concours ou par le choix de la ville ». Les élèves affluèrent. Au dire du P. Costil, « la jeunesse du collège se composait alors de 300 enfants ».

En 1774, le Collège renfermait près de 600 élèves et faisait une concurrence redoutable à l'école de latin de Cherbourg qui était en ce moment-là en pleine décadence[1]. L'élève Constant Demons, de Cherbourg, raconte dans un de ses manuscrits qu'ils étaient 101 dans la classe de philosophie en 1772 et que le Collège comptait jusqu'à la rhétorique inclusivement 377 élèves en 1778, 270 en 1786 et 264 en 1788.

[1] Abbés LAVEILLE et LEROUX, *Les Ecoles de Cherbourg avant la Révolution*, p. 29, Avranches, 1896. — Voy. J.-L. ADAM, *Le Collège de Valognes*, lu au XXXVIIe Congrès des Sociétés savantes, à la Sorbonne, en 1900. Evreux, imprimerie de l'Eure.

En 1789, alors que la politique était partout à l'ordre du jour, un élève de philosophie, Mariette de Wauville élabora une constitution pour le plus grand bonheur du peuple : le fruit de ses veilles reçut les honneurs de l'impression. L'année suivante le gouvernement s'empara de toute la propriété du Séminaire-Collège de Valognes ; puis il en fit deux parts, l'une qu'il vendit moyennant la somme de 28.180 francs à Laurent Lapierre-Jacquelin, de Valognes, le 25 septembre 1796 ; l'autre qu'il céda à la ville pour y établir un Collège ; la chapelle fut convertie en salle d'armes et plus tard en bibliothèque. Ouvert de nouveau et réorganisé en 1810, il reprit les glorieuses traditions des vieilles fondations faites en 1534 et en 1654 par deux des plus nobles familles de la Basse-Normandie, et devint Petit-Séminaire et Collège diocésain, en 1853. Comme dans les siècles passés, il a donné de nos jours à l'Église et à la France une pléiade d'hommes de grande valeur, parmi lesquels brille au tout premier rang M. Léopold Delisle, le vénéré doyen de l'Institut, l'éminent administrateur général honoraire de la Bibliothèque nationale, la gloire de Valognes et de son vieux Collège.

OBSERVATOIRE MÉTÉOROLOGIQUE.

Grâce au zèle éclairé de M. l'abbé Lenesley, professeur de sciences, le Collège diocésain de Valognes possède depuis le mois de février 1904 un observatoire météorologique relevant du Bureau central de Paris.

BIBLIOTHÈQUE.

Le curé de Valognes qui fonda l'Hôpital général en 1687 ne fut pas seulement l'ami des pauvres, il fut aussi l'ami passionné des Belles-Lettres. Il y a deux cents ans, les livres étaient rares et chers, et pourtant on lisait, autant qu'on le pouvait, de solides in-f° (plus riches d'hébreu, de grec et de latin que de français). Ce fut pour répondre aux besoins et au goût de son entourage que Mre Jullien de Laillier conçut et réalisa le projet de créer une bibliothèque publique à Valognes. L'acte de fondation, conservé dans les minutes de Mre Dénel et à la fin d'un registre de 1740 intitulé : « Journal des fondations de l'église Saint-Malo de Valognes », est du 10 novembre 1719. « Considérant ledit sieur de Laillier que la lecture des bons livres est non-seulement utile, mais encore nécessaire aux personnes qui veulent se perfectionner dans les sciences, et désirant la faciliter dans la ville de Valogne, a déclaré donner et par ces présentes donne volontairement tous ses livres qui se consistent maintenant en 2.000 volumes de différentes matières, grandeurs et tomes, ceux dont il pourra faire l'achat dans la suite, audit Séminaire de Vallogne, pour en composer une bibliothèque où le public ait la liberté de venir, entrer et lire tous les jours ci-après désignés... Et pour satisfaire aux salaires du bibliotéquère et entretien de la bibliothèque, ledit sieur de Laillier a, de sa franche et libre volonté, donné et par ces présentes donne, cède et délaisse à perpétuité, le nombre de 100 livres de rente audit séminaire », (et à la ville ainsi que les livres, dans le cas où le Séminaire serait supprimé).

La bibliothèque de Valognes, installée dans la chapelle du Séminaire vers 1806 par les soins de l'ex-bénédictin Dom Le Maur et du savant M. Geoffroy, bibliothécaire, fut ouverte en 1817. Elle fut transférée en 1853 dans l'ancienne Salle des Fêtes, au-dessus des Halles, rue Thiers, n° 25. Elle possède environ 20.000 volumes, provenant en majeure partie de la bibliothèque de M. de Laillier et des établissements religieux supprimés à la Révolution (Cordeliers, Capucins, Eudistes), environ 250 incunables, 220 manuscrits dont

146 cahiers de cours de rhétorique, de philosophie et de théologie des XVIIe et XVIIIe siècles[1]. Elle est ouverte le dimanche, le mardi et le jeudi, de 1 h. 1/2 à 4 h. 1/2.

Musée. — Il a été installé d'abord dans l'hôtel Grandval, puis dans le même local que la Bibliothèque par les soins de la Société Archéologique, Artistique, Littéraire et Scientifique de l'arrondissement de Valognes, fondée le 7 septembre 1878. Ce musée en voie de formation renferme déjà nombre d'objets de valeur : collections d'histoire naturelle (collections Fouché et Courtois), de géologie et paléontologie (curieux échantillons de Trilobites recueillis au moulin de Brix), d'objets d'arts et d'antiquités (520 monnaies et médailles, eaux-fortes de Buhot, Portement de la Croix [école allemande, XVIe siècle], Diane au bain surprise par Actéon [grande toile dont l'ensemble et le groupement des personnages sont d'une belle exécution comme exquisse, malgré son défaut de richesse dans le coloris], portraits de M. l'abbé de la Luthumière et de M. l'abbé de Laillier, fondateur de la bibliothèque), etc.

Au bas de l'escalier, en entrant, on voit :

1° un sarcophage mérovingien provenant de Saint-Floxel (IVe ou Ve siècle) ; 2° le couvercle du tombeau de Richard de Reviers († en 1108), avec l'inscription : *Ric. de Reviers fvndator* (don de M. de Gerville) ; 3° un sarcophage mérovingien de Lieusaint, dont voici l'histoire. Au mois de février 1833, en faisant une fosse dans le terrain acheté par la famille Desprez, au bout oriental du chœur de l'é-

[1] Nous avons relevé la liste de 70 ouvrages imprimés avant 1500 et de près de 200 imprimés avant 1520. Mentionnons : le *Manuale Constantiense*, Rouen, Lebourgeois, 1494, et le *Coutumier du pays de Normandie*, suivi du *Tractatus consanguinitatis Johannis Andreæ*, édition fort rare, selon Brunet, et la première impression faite en Normandie.

glise, dit M. de Gerville[1], on trouva, à cinq pieds de profondeur, un sarcophage en pierre poreuse et friable, appelée tuf ou travertin, couvert d'une dalle en deux morceaux offrant une arête légèrement prismatique; à la tête était placée la moitié d'une base de colonne retournée, du poids de 120 kilos environ. Sur le bord de ce cylindre, utilisé pour le titulus, on lit les lettres onciales en caractères romains très nets : SVNNOVIRA HADR. Les 4 dernières lettres indiquées par M. de Gerville se lisent difficilement. L'inscription était en dessous. Il y avait une autre pierre vers le nord, qu'on n'enleva pas parce qu'elle était très pesante. Nous en signalons la place et la profondeur, parce qu'elle pourrait être importante. La régularité des caractères et les débris de tuiles romaines qui étaient déposés autour de notre sarcophage ne laissent aucun doute sur son antiquité. M. de Gerville le rapporte au temps de Chilpéric Ier (561 à 584), ainsi que les deux inscriptions qui se voient encore à l'extérieur du mur du chœur de l'église de Lieusaint (côté de l'épître, vers la route) concernant les deux Saxons Frule et le prêtre Hermer.

L'AUTEL DE SAINT-PIERRE DU HAM.

C'est le plus beau joyau du petit Musée de Valognes et peut-être le plus précieux trésor de sa Bibliothèque. Il provient de l'église d'une abbaye de femmes fondée au VIIe siècle par saint Fromond et brûlée par Hasting, chef

[1] DE GERVILLE, *Etudes géographiques et historiques sur le dép. de la Manche*, p. 156, Cherbourg, Feuardent, 1854, et *Notice sur quelques antiquités mérovingiennes découvertes près de Valognes*, p. 6, Valognes, Carette-Bondessein, 1834. — L'église de Lieusaint dont une des clefs de la voûte du chœur porte cette inscription : « le an MCCCXXII fut cest autel faict tout neuf » n'a pas le chœur tourné vers l'orient, mais bien vers le nord.

des Normands. Le chanoine Wace dit à ce sujet dans le *Roman de Rou* (t. I, p. 20) :

A li Ham avoit riche abéie
E bien assise è bien guernie :
Hastainz li terres essilla (ravagea)
L'aveir emprist, paiz l'aluma.

Mais, par une sorte de miracle, l'autel consacré par saint Fromond échappa seul au désastre et il fut remis en place dans l'église actuelle du Ham, bâtie vers 1080 par Arefast, frère de Gonnor, duchesse de Normandie. Il fut découvert « en 1690 dans l'église du Ham, au pignon du chœur, du costé de l'épitre »[1]. On en fit alors une sorte de crédence isolée que l'on plaça au bas de l'église sur un socle de pierre. La fabrique de l'église du Ham le vendit moyennant 230 francs, en 1833, à l'administration départementale qui le fit installer le 17 mai de la même année dans la Bibliothèque de Valognes, où il est conservé précieusement.

C'est une table en pierre d'un seul morceau, mesurant 1ᵐ055 de long sur 0ᵐ98 de large, bordée d'une moulure saillante d'environ 0ᵐ06 de large qui s'élève à 0ᵐ01 environ au dessus du fond plat de la dalle. Une croix ancrée gravée au trait orne le centre de la table ; des croix nimbées occupent chaque angle de la partie concave de cette table. A gauche du spectateur on voit en outre le monogramme du Christ, XPE, près duquel se trouvent quelques *graffiti* peu importants *(Episquopus pr)*.

L'autel du Ham porte une inscription de douze lignes (une ligne sur chaque face de la partie supérieure, et deux lignes sur chaque tranche de l'autel) qui a été étudiée par le savant Mabillon au XVIIᵉ siècle, puis par le P. de

[1] MANGON DU HOUGUET, ms. 1.394 de Grenoble, f° 5, v°.

Longueval, par Toustain de Billy, Trigan, Lechaudé d'A-

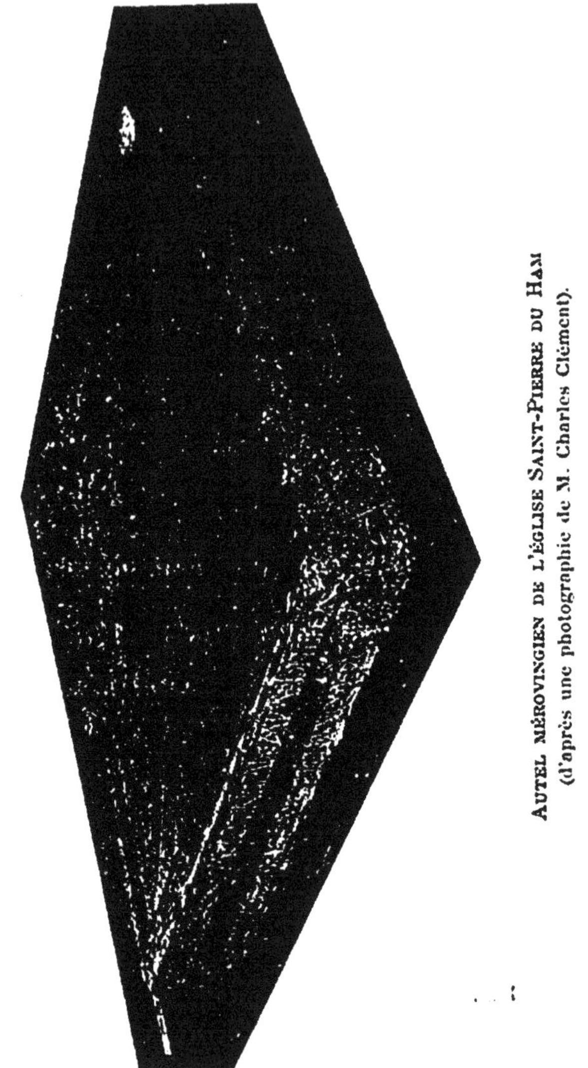

AUTEL MÉROVINGIEN DE L'ÉGLISE SAINT-PIERRE DU HAM
(d'après une photographie de M. Charles Clément).

nisy, de Caumont, de Gerville, Raymond Bordeaux, Le Canu, Lebiez, Pigeon, Le Blant, enfin par Mgr Duchesne, de l'Institut, directeur de l'École française de Rome. Ayant eu la bonne fortune de passer la matinée du 27 mai 1897 dans la basilique vaticane aux côtés du docte prélat, qui assistait lui aussi à la canonisation des saints Fourier et Zaccaria, il m'entretint de notre rarissime autel de Saint-Pierre du Ham et voulut bien me faire connaître l'article qu'il avait publié, onze ans auparavant, dans le *Bulletin de la Société des Antiquaires de France* [1]. Dans cet article, l'auteur établit, le premier, que l'inscription qui nous occupe est en vers, non prosodiques, mais rythmiques. Dans deux endroits, il est vrai, au commencement (au 1er et au 9e vers) le texte versifié a été retouché au moment de la gravure, de sorte que l'on est obligé de recourir à la conjecture pour reconstituer la rédaction du « poète » ; mais, à part ces deux retouches, le mètre se reconnaît partout et avec la plus grande évidence. Nous avons ici des tétramètres trochaïques catalectiques, c'est-à-dire des vers faits sur le même modèle que ceux du *Pange lingua gloriosi lauream certaminis* de Fortunat. Cette particularité peut servir de guide dans certains cas pour la restitution de l'inscription que Mgr Duchesne lirait ainsi qu'il suit [2] :

† [HUIUS [3]] URBIS *RECTUR* DOMNUS
FRODOMUNDUS PONTIFEX
IN HONORE *ALME MARIA* [4]
GENETRICIS DOMINI
HOC TEMPLUM *HOCQUAE* ALTARE

[1] Pages 285 et suiv., année 1886. — Pour les autres références et les reproductions photographiques de l'autel, voy. l'art. de J.-L. ADAM dans la Normandie monumentale et pittoresque, Manche, pp. 213 à 219.

[2] Les mots d'une orthographe défectueuse sont mis en *italique*. Il va de soi que les suppléments entre crochets sont très hypothétiques pour la forme ; on a voulu seulement indiquer le sens probable aux endroits mutilés.

[3] Ici la pierre porte *Constantininsis* ; c'est un des deux changements introduits quand on a gravé le petit poème.

[4] *Maria (e)*.

CONSTRUXSIT FIDILITER,
ADQUAE DIGNE DEDICAVIT
MINSE AGUSTO MEDIO;
ET HIC FESTUS CELEBRATUS [1]
SIT *PER ANNU SINGOLUS* [2].
† ANNO SEXTO IAM REGNANTE
THEODORICO REGE
IN FRANCIA, HOC *CINUBIUM*
CHINGXIT MU[RIS VALIDIS]
[EPISCOPUS FRODOMUNDUS]
[NUNC VIVENS FELI] CITER
. . . .
ABENS CURAM *PASTURALEM*
IN AMORE DOMINI;
SUARUM OVIUM PATRAVIT
CAULAS QUAM *PULCHERREME*
NEC A *MORSEBU*[S LUPOR]UM
ET VOR[ACI GUTTURE]
[TULIT EAS LECERARI]
[SED CURAVIT PROVIDE]
[UT AD CHRISTI DIRI[GANT]UR]
. . . .
PASCUA PERTETUA
CHORO NEXAS [3] *VIRGENALE* [4]
CUM MARIA *ALMISSEMA*
CUM IPSA VIVANT ET EXULTENT
IN ETERNA *SECOLA.*
DOM[NUS THEODORICUS REX]
. . . .
N. . . . .
. . . .
[ITE]M LOCUM REX CONCESSIT
AD ISTUM *CENUBIUM*
IPSI [5] *ETENE*[M] PRIMUS *CIPIT*
STRUERE *HIC MONISTIRIUM*
DEMUM PONTIFEX [ERE]CTUS
. . . .
[*LARGIS*] *SEMI* [6] . . . .

[1] Ici la pierre ajoute *dies*, seconde retouche.

[2] *Annu (s) singolus*, pour *annos singulos*.

[3] Ce mot au féminin pluriel indique qu'il y avait au Ham un monastère de femmes et non d'hommes.

[4] *Virginali*.

[5] *Ipse*.

[6] *Largissime plurimos* ? Faute d'avoir sous les yeux une repro-

. . . .
. . . .[P]*LUREMUS* .
ADQU[E C]*ITERAS* PARN . . . .
[S]*EPTINARI NOMERO* †
† SIC B[ASILICA FUNDATA]
[IN NOMINE DOMINI].

A raison de l'absence de certaines syllables dans les endroits où la pierre a été endommagée et à cause de la perte des neuf lignes verticales gravées sur les quatre pieds-droits qui supportaient évidemment l'autel, il est malaisé de donner une traduction définitive. Comme M. Lechaudé d'Anisy, nous prions le lecteur de voir simplement dans celle-ci, — que nous donnons d'après M. E. Le Blant, — « une tentative destinée à mettre sur la voie les savants dont la sagacité et la patience s'exerceront après nous sur ce précieux monument ».

Face supérieure : « † Le seigneur et maître Fromond, pontife de la ville de Coutances, en l'honneur de la bienfaisante Marie, mère de Dieu, a élevé ce temple et cet autel, et les a pieusement et dignement dédiés au milieu du mois d'août ; que cet anniversaire soit célébré tous les ans par une fête.

Faces latérales : « † L'année sixième du règne de Thierry, roi de France, il entoura ce monastère de murs... heureusement... accomplissant ses fonctions de pasteur, en l'amour de N.-S., il établit la bergerie de ses ouailles avec la plus grande sollicitude. Ni les morsures des loups, ni la voracité... éternels pâturages... *unies* au chœur des vierges avec la bienfaisante, l'incomparable Marie, puissent vivre et jouir avec elle du bonheur céleste dans l'éternité des siècles. Le seigneur... De plus, le roi a concédé le terrain de ce monastère ; en effet... [Fromond] a commencé le premier à élever ce monastère; enfin nommé pontife... toujours... plusieurs et d'autres (prairies) au nombre de sept. †
† Ainsi... »

Les inscriptions du VIIe siècle sont rares, les autels de ce temps le sont bien davantage. « Le monument que la

duction exacte de cette quatrième face de notre autel, qui est plus particulièrement détériorée, Mgr Duchesne s'est trompé en cet endroit: comme on le voit sur notre photographie à gauche, *sem* est le commencement d'une ligne gravée verticalement sur un pied-droit et, par suite, ce mot ne peut être suivi immédiatement de *pluremus*, qui commence la ligne suivante gravée horizontalement sur la quatrième face.

ville de Valognes vient d'acquérir, écrivait M. de Gerville en 1834, offre une réunion complète et probablement unique de ces deux raretés ». Il est signé et daté : il a une importance capitale au point de vue philologique, paléographique, historique et liturgique. Nous y trouvons : la forme des autels mérovingiens ; leurs dimensions ; une inscription de 12 lignes, de un mètre de longueur environ chacune, portant une date certaine, le jour du mois de la consécration de l'autel « en l'honneur de la bienfaisante Marie, Mère de Dieu », le 15 août ; le nom du prince qui régnait sur une partie de la France : « l'année sixième du règne de Thierry III », c'est-à-dire que, d'après les nouvelles recherches de MM. Krush et J. Havet, l'abbaye du Ham fut fondée en 680-681 (l'église et l'autel furent évidemment consacrés quelques années plus tard, le 15 août) ; le nom du saint personnage qui gouvernait alors le diocèse de Coutances, saint Fromond, qui fonda le monastère, consacra l'église du Ham ainsi que l'autel que nous possédons, qui ordonna de célébrer chaque année, à la mi-août, le jour anniversaire de cette dédicace, et obtint du roi Thierry III la concession du terrain *(fiscus)* où fut bâti le monastère ; on y voit enfin la dégénérescence de l'écriture à cette époque et plus encore celle de l'orthographe (une trentaine de fautes).

« Cette inscription est probablement, dit encore M. de Gerville[1], le modèle le plus complet qui existe en France des caractères mérovingiens, composés de lettres romaines dégradées, où commencent à s'introduire les caractères tudesques qui suivaient en France le cours de la population allemande dans le pays ».

[1] *Etudes géographiques*, etc., p. 144, et surtout *Notice sur quelques antiquités mérovingiennes*, pp. 14 à 25. — Voyez aussi Mgr DUCHESNE, *Origines du culte chrétien*, p. 273, note 1, Paris, Fontemoing, 1903.

V.

HOMMES CÉLÈBRES

QUI ONT ILLUSTRÉ LA VILLE DE VALOGNES OU Y SONT NÉS.

Anneville (Thomas-François Le Torp d'). Né à Anneville-en-Saire en 1742, mort à Valognes en 1828. Conseiller au Parlement de Normandie. *Éloge historique du Parlement de Normandie,* Paris, 1778, in-8°; *Diverses lettres et remontrances du Parlement de Normandie; Le Val-de-Saire,* poème.

Anquetil (Antoine-François-Prosper). Né à Alleaume le 16 septembre 1809, mort à Versailles en décembre 1894. Inspecteur d'académie. *Œuvres d'Horace* traduites en vers français, 3 vol. in-12, Paris, Hachette, 1875.

Jules Barbey d'Aurevilly.

J. Bérot, phot.

Barbey d'Aurevilly (Jules). Né à Saint-Sauveur-le-Vicomte le 1er novembre 1808, mort à Paris le 23 avril 1889. Ce « Templier de la plume », ce « Walter Scott de la Normandie », vint à Valognes pendant longtemps, à chaque automne, — car, disait-il, « la pluie est le fard de ma presqu'île » — jusqu'au 6 décembre 1887. Il habitait un appartement de quatre vastes chambres dans l'ancien et superbe hôtel de Grandval-Caligny, rue des Religieuses, n° 34. Il couchait dans le lit de son père. Sur la cheminée monumentale, il avait placé un magnifique buste de sa grand'tante (une des femmes les plus remarquées de la cour de Louis XV, qui lui a inspiré quelques-unes de ses plus belles strophes : *Le Buste-Jaune*). Des lampes en cuivre du travail le plus précieux, ayant appartenu, dit-on, à Charles-Quint, attiraient aussi l'attention du visiteur que le maître daignait recevoir.

Bertault (Bertin[1], sieur du Parc). [1581 à 1658]. Curé de Notre-Dame d'Alleaume de 1627 à 1633. Il fut inhumé le 28 septembre 1658 à Alleaume, « proche le grant autel du costé de l'évangile contre la muraille du cœur » *(sic)*. Prédicateur et casuiste fameux. Il a publié en 1634 le *Directeur des confesseurs*. Ce vol. in-12 de 324 p. était à sa 27e édition en 1675. Le sieur du Parc « assistait les pauvres malades de son conseil de médecine et de médicaments, suivant la permission qu'il avait du Pape ».

Bertrand (François-Gabriel). Né à Valognes, rue Alexis-de-Tocqueville, n° 20, le 15 décembre 1797 ; mort dans sa maison de campagne de Beaumont (Orne) le 24 avril 1875. Ancien doyen de la Faculté des lettres de Caen, maire de

[1] On trouve à la Bibliot. de Cherbourg des notices manuscrites sur : Bertault, Le Tourneur, Froland, Frigot, Gardin du Mesnil, de Flamanville, Mauquest de la Motte et Vicq d'Azir.

cette ville de 1848 à 1870, ancien député du Calvados, ancien régent au Collège de Valognes et en même temps conservateur de la Bibliothèque publique[1].

Boulatignier (Sébastien-Joseph). Né à Valognes, rue de Poterie, n° 19, le 11 janvier 1805 ; mort dans son château de Pise (Jura) le 15 mars 1895. Homme politique, conseiller d'État. *De la Fortune publique en France et de son administration,* Paris, 1838-1841, 3 vol. in-8, en collaboration avec M. Macarel ; *Traité sur les conflits,* etc.[2].

Buhot (Félix). Né à Valognes le 9 juillet 1847, route de Cherbourg, n° 23 (et non 26) ; mort à Paris le 26 avril 1898. Artiste peintre, graveur et publiciste. La brillante exposition de *Buhotisme,* qui s'ouvrit à New-York le 15 février 1888 et qui eut un succès si retentissant, se composait de 370 pièces (esquisses, croquis, dessins, eaux-fortes)[3].

Burnouf (Émile-Louis). Né à Valognes, le 25 août 1821. Littérateur et orientaliste, directeur honoraire de l'École française d'Athènes. *Des principes de l'art,* d'après la méthode et les doctrines de Platon, 1850, in-8 ; *Méthode pour étudier la langue sanscrite sur le plan et les méthodes de Jean-Louis Burnouf* (son oncle), 1859 à 1861, in-8 ; *Dictionnaire classique sanscrit-français,* 1863 à 1865, in-8, en collaboration avec M. Leupol ; *Histoire de la littérature grecque,* 2 vol. in-8, 1869 et 1886 ; *Les chants*

[1] Voy. Annuaire de la Manche, année 1877, pp. 20 à 40.

[2] Voy. Mém. Soc. Arch. de Valognes, V, pp. 149 à 182, et Annuaire de la Manche, année 1872, pp. 49 à 66.

[3] Voy. BOURCARD, *Catalogue descriptif de l'œuvre gravé de Buhot,* Paris, Floury, 1899, et J.-L. ADAM, *Notice sur la vie et l'œuvre de Félix Buhot,* gr. in-8 de 26 pp., Evreux, impr. de l'Eure, 1900.

de l'Église latine, restitution de la mesure et du rythme, 1887, in-8, etc.

Caligny (Anatole-François Hüe, marquis de). Né à Valo-

Félix Buhot dans son atelier.
Cliché communiqué par M. Fr. Enault.

gnes, rue des Religieuses, n° 34, le 31 mai 1811, mort à Versailles en 1891. Membre correspondant de l'Institut (Académie des sciences). *Recherches théoriques et expérimentales sur les oscillations de l'eau et les machines hy-*

drauliques à colonnes liquides oscillantes, avec 8 planches, 2 vol. in-8, Paris, Baudry, 1883; *Fondations de l'ancien port de Cherbourg,* 1686, 1739 à 1743, 1758, 1 vol. in-8, Paris, Dumoulin, en collaboration avec M. Bertin.

Canivet (Charles). Né à Valognes le 10 février 1839. A publié de nombreux volumes de poésies, de romans et de nouvelles. Citons : *Enfant de la mer* et *Contes de la mer et des grèves,* couronnés par l'Académie française.

Cervoisier (le bienheureux Guillaume). Né à Villedieu (?) en 1527. Vicaire du couvent des Cordeliers de Valognes où il fut martyrisé par les Huguenots, après avoir consommé les Saintes Hosties, le 18 juin 1562, la 13e année de sa profession et la 35e de son âge. (Bibl. nation., ms. fr. 4.901).

Chilard (Bernardin-Louis), curé de Saint-Sébastien (Eure), chanoine honoraire d'Évreux et d'Avignon, chevalier de la Légion d'honneur, ancien aumônier militaire des armées de Crimée et d'Italie, ancien aumônier en chef de l'armée du Rhin. Né à Valognes, rue Saint-Malo, n° 33, en 1809; décédé à Saint-Sébastien le 26 mai 1898.

Clamorgan (Louis-Pierre-Charles). Né à Valognes, rue de l'Officialité, n° 51, le 22 septembre 1845, d'une des familles les plus anciennes et les plus honorables du pays. Général de brigade le 26 août 1900; mort à Hanoï (Tonkin) le 13 septembre 1904.

Dacier (Bon-Joseph, baron) [1er avril 1742 — 4 février 1833]. Naquit rue des Religieuses, n° 111, dans la maison où se trouve une petite statue de Notre-Dame de la Paix. Un des hommes les plus savants du XVIIIe et du XIXe siècles; secrétaire perpétuel de l'Académie des inscriptions et belles lettres, pendant quarante ans; membre de l'Académie française, dont il devint le doyen; conservateur-administrateur de la Bibliothèque royale. *Traduction d'Elien*, 1772, et *de la Cyropédie*, 1777. Nombreuses dissertations dans les Mém. de l'Acad. des inscriptions [1].

Dancel (Mgr Jean-Charles-Richard). Né à Cherbourg le 20 octobre 1761; curé de Valognes et archidiacre de toute la presqu'île pendant vingt-deux ans (1805 à 1827); évêque de Bayeux de 1827 à 1836.

Daru (Napoléon, comte). Homme politique, né et mort à Paris (1807-1890). Propriétaire du domaine de Chiffrevast. Historien, membre de l'Académie des sciences morales et politiques, député de Valognes en 1848, puis de 1869 à 1873; sénateur de 1876 à 1879; ministre des affaires étrangères dans le cabinet Emile Ollivier, en 1870.

Delalande (Arsène). Né à Valognes en 1811, mort juge de paix de Montebourg en 1862. *Histoire des guerres de Religion dans la Manche*, Valognes, 1844, in-8. Bon, mais incomplet; à refaire à l'aide des manuscrits de Mangon du Houguet conservés à Grenoble.

Delamare (Mgr François-Augustin). Né à Valognes, route de Cherbourg, le 9 septembre 1800. Vicaire général de Coutances, évêque de Luçon, mort archevêque d'Auch le 26 juillet 1871. *Essai sar la véritable origine* (au XIe siècle) *et les vicissitudes de la cathédrale de Coutances; Vie de la Vén. Mère Marie Madeleine (Julie Postel)* [2].

[1] Voy. Mém. Soc. Arch. de Valognes, IV, pp. 17 à 22, et Annuaire de la Manche, 1835, pp. 220 à 223.

[2] Voy. Annuaire de la Manche, année 1875, pp. 36 à 41.

Delisle (Léopold-Victor). Né à Valognes, rue des Religieuses, n° 51, le 24 octobre 1826. Historien et paléographe, administrateur général honoraire de la Bibliothèque nationale, membre de l'Institut (Académie des inscriptions et belles-lettres), grand-officier de la Légion d'honneur. La bibliographie des travaux de M. Delisle, publiée par

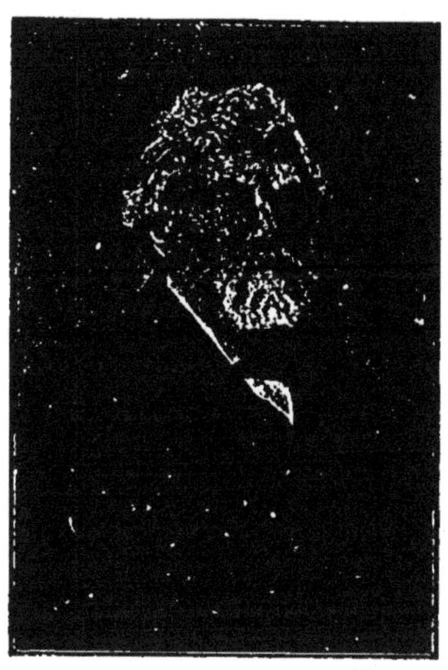

M. LÉOPOLD DELISLE.
Pierre Petit, phot.

M. Lacombe en 1902, Impr. nation., comprend 1.889 n[os] et forme un gros vol. in-8 de 500 pages.

Duval (Georges-Louis-Jacques) [1773-1853]. Historien, vaudevilliste[1]. Il a composé seul ou en société plus de 70 pièces, parmi lesquelles on cite: *Clément Marot* (1799); *Monsieur Vautour* (1805); *Une journée à Versailles* (1814). On lui doit aussi deux ouvrages qui

[1] Voy. Annuaire de la Manche, année 1855, pp. 109 à 115.

abondent en anecdotes piquantes : *Souvenirs de la Terreur de 1788 à 1793* (1841) ; *Souvenirs thermidoriens* (1843).

Flamanville (Jean-Hervé Basan de). « Ce respectable ecclésiastique, écrit de Hesseln (p. 458), exerçait l'humble fonction de catéchiste à Vallogne, lorsque Louis XIV lui envoya sa nomination à l'évêché de Perpignan, où il est mort en odeur de sainteté », le 5 janvier 1721, après vingt-cinq ans d'épiscopat, à l'âge de 61 ans.

Frigot, conseiller au Bailliage de Valognes. *Coutume de Normandie avec commentaires,* Coutances, 1772, 2 vol. in-4°.

Froland (Louis). Né à Valognes en 1656, mort en 1746. Avocat au Parlement de Rouen et de Paris. Au nombre de ses clients, il compta le trop fameux John Law. Sept volumes in-4°, jadis très réputés, sur la *Jurisprudence et sur des points particuliers de la législation de la Normandie.*

Gardin du Mesnil (Jean-Baptiste). Né à Saint-Cyr le 13 août 1720 ; mort à Valognes en 1802 et inhumé à Saint-Cyr. Chanoine de Paris, professeur de rhétorique à l'Université de Paris, principal du Collège Louis-le-Grand à la suppression des Jésuites. Auteur des *Préceptes de rhétorique,* tirés de Quintilien, Paris, 1762, in-12, et du *Dictionnaire des synonymes latins,* 1777, in-12. Ouvrages excellents et souvent réédités. L'abbé G. du Mesnil fut le premier maître du célèbre grammairien Jean-Louis Burnouf (1775-1844), d'Urville-Bocage, près Montebourg.

Geoffroy (Jean-Nicolas-Césaire). Né le 28 août 1758 à Valognes, où il mourut le 21 janvier 1821. Avocat au Barreau de Paris, bibliothécaire de la ville de Valognes, savant naturaliste. A laissé 71 volumes manuscrits, dont un vaste *Dictionnaire d'histoire naturelle* en 19 volumes, in-8. Voy. l'Annuaire de la Manche, année 1838, *Notice sur Geoffroy*, par Louis Ragonde, pp. 213 à 221.

Gerville (Alexis-Adrien Duhérissier de). Né à Gerville le 19 septembre 1769, mort à Valognes, aux Cinq-Chemins, à l'extrémité de la rue Saint-Nicolas (aujourd'hui rue de Gerville), n° 1, le 26 juillet 1853. Archéologue fameux, auteur de nombreux mémoires, notices et monographies. Il faut lire la *Notice sur sa vie et ses ouvrages imprimés et manuscrits*, par M. Léopold Delisle, Valognes, v[ve] Gomont, 1853, in-8 de 54 pages.

Guiffard (Pierre). Né à Valognes en 1597, mort en 1658. Médecin distingué. Auteur de plusieurs ouvrages très recherchés quand ils parurent (en latin), de 1650 à 1660. Né protestant, il se convertit au catholicisme et fit même imprimer à Rouen en 1666 un ouvrage sur sa conversion qui contribua beaucoup, paraît-il, à celle de la reine Christine de Suède.

Guilbert (Aimé-Victor-François, cardinal). Né en 1812 à Cerisy-la-Forêt. Supérieur de notre Collège de 1853 à 1855, curé de Valognes de 1855 à 1867, évêque de Gap en 1867, archevêque d'Amiens en 1879, archevêque de Bordeaux en 1884, cardinal en 1889. Il composa à Valognes la 1re partie d'un ouvrage de haute théologie : *La divine Synthèse*, Valognes, Martin, 1864, in-8.

Hervieu de Vaudival (Noël-Augustin). Né à Valognes, mort à Paris en 1724. Rendit de grands services à sa ville natale en 1705, de concert avec M. Pinel, son beau-frère, dont il est fait mention ci-dessous. Auteur d'une excellente *Notice abrégée sur Valognes,* insérée dans les Nouvelles Recherches de la France, t. II, 1766, et reproduite textuellement dans le Dictionnaire de Hesseln que nous avons souvent cité.

Houguet (Pierre Mangon du). Né à Réville vers 1631, mort à Valognes le 16 novembre 1705. « Ecuyer, conseiller du roi, vicomte et capitaine de Valognes (jusque vers 1694), sénéchal royal et juge politique en la dite ville et vicomté et anciens ressorts d'icelle », dit-il de lui-même (ms. 1.397 de Grenoble, fol. 302). A laissé plus de 20 volumes manuscrits de copies de titres sur le Cotentin. Les seuls que l'on connaisse aujourd'hui sont : 1° 13 volumes conservés à la Bibliothèque de Grenoble (ms. 1.390 à 1.402) ; 2° *Mémoires sur la ville de Valognes*, in-4 de 430 feuillets, à la Bibliothèque de cette ville ; 3° *Recherches généalogiques et héraldiques sur les familles de l'élection de Valognes*, vol. in-4 de 277 feuillets, à la bibliothèque de Sainte-Geneviève à Paris (L. fr. 37, 2) ; 4° *Etat des fiefs de l'élection de Valognes*, petit in-4 appartenant à M. Lepelletier, commissaire-priseur à Valognes [1].

Laillier (Jules de). Né à Valognes le 12 février 1641. Curé de Saint-Malo de Valognes pendant quarante-huit ans, de 1677 à 1725, second supérieur du Séminaire de cette ville du 12 septembre 1702 au 30 avril 1728, fondateur de l'Hôpital général en 1687 et de la Bibliothèque publique de Valognes, le 10 novembre 1719 (où se voit encore son portrait).

Launoy (Jean de). Prêtre, né au Val-de-Sye en 1683 ;

[1] Voy. Annuaire de la Manche, année 1861, pp. 73 à 76, et surtout année 1891, pp. 11 à 43. — Aux vicomtes de Valognes mentionnés ci-dessus, p. 550, il faut ajouter : Girard du Crépon, 1361 ; Thomas de Clamorgan, 1433 ; feu Guillaume Poisson, 1445. *Ibid.*, année 1898, pp. 14 à 17.

mort à Paris en 1678. R. de Hesseln (p. 459) dit qu'il fut élevé à Valognes et par suite le range parmi les célébrités (?) valognaises. Launoy, on le sait, a été surnommé le « dénicheur de saints ». L'abbé Granet a publié ses œuvres qui forment 5 gros vol. in-fol.

Lebel (Dr Jacques-Louis). Né à Carentan en 1801, mort à Valognes, rue de Poterie, n° 29, le 11 octobre 1878. S'établit comme médecin à Valognes en 1828. « Il se livra avec ardeur à l'étude de la botanique transcendante. Il entreprit des excursions scientifiques dans presque toute la France, fit des découvertes importantes et acquit par ses publications une grande notoriété parmi les botanistes les plus célèbres de l'Europe »[1]. *Recherches et observations sur quelques plantes nouvelles, rares ou peu connues de la presqu'île de la Manche*, Valognes, 1848.

Le Bourgeois (Louis). Né à Héauville (canton des Pieux). Abbé de Chantemerle (diocèse de Troyes), grand doyen d'Avranches en 1662, se retira au Séminaire de Valognes avec M. de la Luthumière ; c'est là qu'il composa en vers (assez remarquables) son ouvrage sur *Les plus importantes vérités de la Religion en forme de cantiques*[2].

Le Porcher (Jean). Né à Valognes et mort à Paris, chapelain de la Métropole. « A mérité la reconnaissance de sa patrie, dit de Hesseln (p. 459), par les nombreuses fondations pieuses qu'il a faites ». Oncle maternel de M. Pinel, dont il est question ci-dessous.

Le Tourneur (Pierre). Né à Valognes en 1736, dans une maison adossée à la partie nord de la sacristie de l'église Saint-Malo (maison démolie en 1772) ; mort à Paris le

[1] Voy. Annuaire de la Manche, année 1888, p. 40.
[2] Voy. DE GERVILLE, *Etudes géographiques*, etc., p. 236.

24 janvier 1788. Littérateur très renommé. A traduit les œuvres d'Ossian, de Jennings, de l'Arioste, de Pennant, de Harvey, de Richardson et surtout : les *Nuits d'Young*, les *Œuvres de Shakespeare*, traduction qui souleva de terribles orages, mais eut le mérite de rendre à ce génie anglais, alors si méconnu chez nous, la place qui lui est due [1].

L'Œuvre (Jacques de). Né à Valognes en 1621. Professeur au Collège d'Harçourt. Plusieurs oraisons funèbres ; édita 20 comédies de Plaute avec fragments *ad usum Delphini,* Paris, 1679, 2 vol. in-4° ; la *Vie de Saint-Yves*, Paris, 1695, in-12.

Luthumière (François Le Tellier, abbé de). Né à la Haye d'Ectot (canton de Barneville), le 19 décembre 1617. Fondateur du Séminaire de Valognes en 1654 ; il y mourut le 15 septembre 1699 et fut inhumé le lendemain dans le caveau sous le chœur de la chapelle. Son portrait, gravé par Vasse, à Paris, est devenu fort rare. Celui que possède la Bibliothèque publique de Valognes remonte au temps même du fondateur. « Il est fort beau, dit M. de Gerville [2] et mériterait bien d'être conservé avec plus de soin ! ».

Marie (Jean). Né à Alleaume le 4 décembre 1841, à la Borderie ; mort à Caen le 21 novembre 1899. Avocat, professeur de droit. Nombreuses publications : *Eléments de droit administratif à l'usage des facultés de droit.* Paris, Larose et Forcel, 1890 ; *Traité du régime légal des paroisses,* in-8 de 588 pages, Rennes, Fougeray, 1892 ; *La législation ouvrière et l'initiative individuelle*, in-8, Caen, Delesques, 1896, etc. [3].

[1] Voy. Mém. Soc. Arch. de Valognes, III, pp. 49 à 59.
[2] Voy. de Gerville, *Etudes géographiques*, p. 272.
[3] Voy. Mém. Soc. Arch. de Valognes, VI, pp. 1 à 26.

Mariette de Wauville (Jean-Victor-Gabriel-Benjamin). *Essai du patriotisme,* dédié et adressé à la nation assemblée à Versailles par M. de W..., jeune citoyen de Valognes, en Normandie, ci-devant élève de mathématiques et de physique au Collège de cette ville (âgé de 19 ans); Paris, Buisson, 1789; *Traité analytique de l'homme,* Paris, impr. rue de Grenelle, n° 321, an VII de la R. F.

Masseville (Louis Le Vavasseur de). Né à Montebourg (?) en 1648, curé de Joganville (?), mort à Valognes le 1er avril 1733. Il composa, au Séminaire de Valognes où il vivait dans la retraite avec M. de la Luthumière, une *Histoire de Normandie* (la moins mauvaise que nous ayons), en 6 vol. in-12, auxquels on joint ordinairement sa *Géographie* de la province en 2 vol., même format.

Mauquest de la Motte (Guillaume). Né à Valognes, à l'octroi actuel des Cinq-Chemins, en 1655, mort en 1737. Chirurgien de Paris, très célèbre accoucheur. A publié en 1715 un *Traité complet sur les accouchements naturels et contre nature,* 2 vol. in-8, traduit en allemand et publié à Strasbourg en 1734, et un *Traité complet de Chirurgie,* Paris, 1722, 6 vol. in-12, plusieurs éditions.

Méril (Édelestand Pontas du). Né à Valognes en 1798, sans doute dans la maison n° 51, rue de l'Officialité, mort à Paris en 1860. Érudit, folkloriste. A étudié les peuples du Nord, leur écriture, leurs idiomes et leurs mœurs. Traduction de la *Volu-Spa;* étude sur les *Runes; Histoire de la poésie scandinave; Mélanges archéologiques;* trois romans inédits du Moyen-Age, dont deux de la branche dite des Loherains; trois recueils de poésies, sacrées et profanes.

Méril (Alfred-Louis Pontas du). Frère du précédent, né à Valognes en 1799, mort au château de Marcolet, près de Caen, en 1856. Auteur en partie du *Dictionnaire du patois normand* et d'articles d'archéologie et de législation dans le Journal des Savants de Normandie et les Mémoires de la Société des Antiquaires de Normandie [1].

Merville (Pierre de). Né à Valognes, avocat au Parlement de Paris. *Coutume de Normandie réduite en maximes,* Paris, 1767, in-4; *Décisions sur chaque article de la coutume de Normandie,* Rouen, 1731, in-f°.

Meslin (Jacques-Félix). Né à Bricquebec le 1er mars 1785, mort à Valognes le 25 avril 1872. Maire de cette ville de 1852 à 1869; ancien député de la circonscription de Cherbourg, sénateur en 1869, général de division, grand-officier de la Légion d'honneur, officier de la Légion d'honneur à 27 ans. Prit part à 6 grandes batailles et à plus de 40 combats. A Leipzig (1813), il eut deux chevaux tués sous lui, fut blessé de trois coups de feu et reçut dans la cuisse une balle qu'il emporta dans la tombe [2].

Michel (Jean-André). Né à Valognes en 1749. Curé de Saint-Symphorien près la Haye-du-Puits, vicaire épiscopal de Bécherel. *L'art de traduire,* Coutances, 1778, in-8, deux éditions; sermons et discours; *Union de la religion avec la constitution civile du clergé.*

Pelouze (Théophile-Jules). Né à Valognes le 26 février 1807, rue de Poterie, n° 40; mort à Paris en 1867. Naturaliste célèbre, membre de l'Académie des sciences en 1837, professeur au Collège de France. En chimie minérale Pelouze a découvert les nitrosulfates, le cyanure vert de fer; il a amélioré les procédés de fabrication du verre par l'utilisation du sulfate de soude, etc. La chimie orga-

[1] Voy. Annuaire de la Manche, année 1874, pp. 65 et suiv.
[2] Voy. Annuaire de la Manche, année 1877, pp. 43 à 46.

nique lui doit la découverte de la loi des acides pyrogénés et un procédé pour la fabrication du tannin. C'est à lui que l'on doit les premières recherches concluantes sur le sucre de betterave. Outre un grand nombre de mémoires, il a publié à part : *Traité de chimie analytique,* avec Frémy (1847 à 1850) ; *Notions générales de chimie* (1853) ; *Abrégé de chimie* (1848).

Pezet (Romain-Auguste-Laurent). Né à Valognes en 1790 ; mort en 1860 à Bayeux. Président du Tribunal de cette ville. *Études historiques sur les barons de Crevilly,* Bayeux, 1854, in-8° ; *Études historiques sur Bayeux à la fin du XVIIe siècle,* Bayeux, 1857, in-8°.

Pinel de la Martelière (Jean)[1]. Né à Valognes le 17 février 1671, mort à Paris le 14 novembre 1751. Archiprêtre de Paris et curé de Saint-Séverin pendant près de quarante-sept ans. Parent du célèbre P. Michel Le Tellier (originaire du Vast), confesseur de Louis XIV. Refusa l'évêché d'Evreux. Rendit, en 1705, un immense service à la ville de Valognes (alors accablée d'impôts et sur le point de se voir anéantie par la désertion de ses habitants) en obtenant de Louis XIV le privilège de l'abonnement de la taille et l'établissement d'un tarif qui produisit plus que la taille sans être sujet aux mêmes inconvénients.

Piquenet (Thomas), dit le P. Archange. Né à Valognes en 1565, mort à Coutances en 1651. Gardien des Capucins de Coutances. *Conférences avec le ministre Soler,* Caen, 1624, in-12 ; *Réfutation du faux narré de Soler,* Caen, in-12 ; *Le Directeur fidèle,* Rouen, 1637, in-12, plusieurs éditions.

[1] R. DE HESSELN, *Dictionnaire,* etc., VI, pp. 445 et 458.

Poisson d'Auville (Robert). Né à Alleaume ; littérateur, partisan de la réforme de l'orthographe !.... *Alfabet nouveau de la vrée et pure ortografe françoize et modele sur icelui en forme de dixionère,* par Robert Poisson, équier au vile de Valonnes, proqureur du Roi, notre sire au baillage, vigomté et maîtrise des eaues et forès d'Alenson en Qotentin. Paris, 1609.

Poittevin (Alfred-Léon LE). Né à Valognes le 16 septembre 1854, professeur à la Faculté de droit de Paris. *Des droits de la fille ou du mariage avenant dans la coutume de Normandie,* Paris, Larose et Forcel, 1889, in-8°, etc.

Poittevin (Le P. Hervé LE). Né à Valognes en 1665. Eudiste. — Divers traités ascétiques remplis d'onction.

Quesnoy (Jacques LE FÈVRE DU). Né à Valognes en 1707, dit de Hesseln, p. 458 — d'autres disent à Golleville en 1694 — de la branche cadette de l'illustre maison de Le Fèvre de Montaigu-la-Brisette. Évêque de Coutances. Mort le 9 septembre 1764 dans son abbaye de Saint-Sauveur-le-Vicomte.

Questier (Georges). Né à Valognes. Médecin. *De causis naturalibus quæ matrimonium impediunt,* Rouen, 1860, in-8.

Salles (Marie-Charles). Né à Valognes, sans doute dans la maison n° 11, rue du Gisors (de Wéléat). *Traité de la variole et de la vaccine,* Valognes, 1821, in-12.

Tocqueville (Alexis de). Né à Paris le 29 juillet 1805, mort à Cannes le 16 avril 1859. Membre de l'Académie française et de l'Académie des sciences morales et politiques ; ancien ministre des Affaires étrangères en 1848, fut député de l'arrondissement de Valognes; a donné son nom aux anciennes rues aux Magnens et Notre-Dame de Bon-Secours. Sa femme, Marie Mottley, est décédée à Valognes, rue de Poterie, n° 72, le 22 décembre 1864.

Tollemer (Jean-François-Alexandre). Né le 19 décembre 1802 à Valognes, où il mourut le 19 janvier 1892. Prêtre, professeur au Collège de Valognes (principal de 1834 à 1840), eut pour élève M. Léopold Delisle; officier de l'Université. *Origines de la charité catholique,* Paris, 1863, gros in-8; *Le Journal manuscrit d'un sire de Gouberville,* Rennes, Oberthur, 1880, in-12, 2e édition, et nombreux articles très curieux (aujourd'hui presque introuvables) sur le vieux Valognes, dans le Journal de Valognes, de 1862 à 1865.

Travers (Julien-Gilles). Né à Valognes le 31 janvier 1802, mort à Caen le 9 avril 1888. Professeur, littérateur, poète. Fondateur de l'Annuaire de la Manche en 1828. *Les Vaux-de-Vire, édités ou inédits d'Olivier Basselin et de Jean Le Houx* (1833); *Gerbes glanées,* poésies; 10 vol., 1859 à 1869. — Voy. pour la bibliographie complète l'Annuaire de la Manche de 1889, p. 9, et de 1890 pp. 9 à 29.

Vicq d'Azir (Félix). Né à Valognes le 28 avril 1748, mort à Paris le 20 juin 1794. Médecin de la reine Marie-Antoinette, anatomiste célèbre, membre de l'Académie des sciences en 1774. Il fonda avec Lassone la Société royale de médecine (1776), dont il devint le secrétaire-perpétuel. En 1788 il remplaça Buffon à l'Académie française (septième fauteuil)[1]. Ses travaux embrassent des sujets divers

[1] Voy. Mém. Soc. Arch. de Valognes, III, pp. 5 à 17. — Vicq d'Azir fut le premier médecin appelé au sein de l'Académie française par le suffrage de l'Académie elle-même, qui n'en avait compté aucun

de médecine, d'art vétérinaire et surtout d'anatomie, tant humaine qne comparée. Nombreux mémoires et éloges de médecins. Ses œuvres complètes ont été publiées en 1805 par Moreau de la Sarthe, en 6 gros vol. in-8, et un vol. de planches gr. in-4. « On ne peut trop recommander la lecture de ces œuvres qui réunissent au plus haut degré l'utile à l'agréable », dit M. de Gerville. Nous avons toujours regretté de ne pas les trouver dans la bibliothèque d'une ville à laquelle Vicq d'Azir, Dacier, Le Tourneur, Mauquest de la Motte, Pelouze et M. Léopold Delisle font le plus grand honneur.

parmi ses membres depuis M. de la Chambre, compris dans la désignation des premiers académiciens. — La ferme d'Azir, qui a fourni le surnom de Félix Vicq, est située à Yvetot.

ÉTABLISSEMENT DU BON-SAUVEUR

DE PONT-L'ABBÉ-PICAUVILLE

PAR

M. le Dr VIEL,

Médecin en Chef de l'Établissement.

FONDATION, DÉVELOPPEMENT DES ŒUVRES, TRANSFORMATIONS SUBIES, ÉTAT ACTUEL.

Une ordonnance royale du 15 mai 1831 avait autorisé la fondation d'une communauté du Bon-Sauveur à Pont-l'Abbé-Picauville. Les premières religieuses, venues de Caen, s'établirent dans cette petite localité le 1er mars 1837.

En fondant le Bon-Sauveur, Madame Feuillye de Riou, née d'Aigneaux (Marguerite-Marie-Louise-Sophie), n'avait en vue que l'installation d'un petit hospice pour douze pauvres de la commune de Picauville. Le soin de ces vieillards, hommes et femmes, fut tout d'abord l'œuvre unique de la maison naissante. On y adjoignit, dès 1838, un petit pensionnat qui se recruta parmi les enfants et les jeunes filles de Pont-l'Abbé-Picauville et des communes voisines. Cette œuvre s'est maintenue jusqu'à ce jour, et nombreuses sont les enfants ou les jeunes filles qui y ont obtenu, à la fin de leurs études, soit le certificat d'études primaires, soit le brevet élémentaire de capacité. Actuellement le nombre des élèves pensionnaires et externes est d'une cinquantaine environ.

Pour répondre aux besoins du département et aux désirs de l'administration préfectorale, les sœurs établirent en 1842 un institut de sourds et muets. Il subsiste toujours, et depuis 1884 la méthode orale y est exclusivement suivie. Le nombre des enfants varie, selon les années, de 10 à 20 pour chacun des sexes : cette année, 12 garçons et 19 filles.

Un autre besoin, également pressant, se faisait sentir : on désirait vivement la création d'un ouvroir pour les jeunes filles de Pont-l'Abbé et des environs. Cet ouvroir fut fondé en 1849. Il y a une douzaine d'années, un petit orphelinat, qui est plutôt une sorte d'annexe au pensionnat, fut créé ; on y reçoit des orphelines indigentes qui devenues grandes passent à l'ouvroir et sont placées ensuite dans les familles.

Mais l'œuvre la plus importante de la maison est à l'heure actuelle l'asile d'aliénés. La Communauté fut autorisée à recevoir ce genre de pensionnaires par décision préfectorale en date du 21 décembre 1853. La constitution définitive de l'asile se fit par une nouvelle intervention de la Préfecture le 9 mai 1856.

Le nombre des aliénés traités chaque année dans la maison fut d'abord très minime, ainsi qu'il résulte de l'examen du tableau I ci-après, mais il augmenta au fur et à mesure que l'établissement prit de l'importance par l'adjonction de constructions nouvelles.

Actuellement l'établissement d'aliénés de Pont-l'Abbé-Picauville est un asile privé pour les deux sexes, placé sous la direction générale de la Supérieure de la Communauté du Bon-Sauveur, — le médecin en chef ne faisant que d'assurer le service médical, — et où non-seulement sont traités les malades que lui confient les familles du département et d'ailleurs, mais qui fait encore fonctions d'asile public, puisqu'il a traité moyennant un prix de journée fixe avec le département pour le traitement d'une partie des aliénés indigents de la Manche : des arrondissements de Cherbourg, Valognes, Saint-Lô et Coutances pour les hommes ; Cherbourg et Valognes seulement pour les femmes. Les malades des autres arrondissements sont reçus dans les asiles de Saint-Lô et de Pontorson. La maison reçoit encore, outre quelques malades des départements voisins, une grande partie de ses pensionnaires du département de la Seine, qui chaque année déverse le trop plein de ses asiles dans les établissements de province ayant des places libres.

L'asile comprend donc deux quartiers : un pour les hommes, l'autre pour les femmes.

Le quartier des hommes, qui date de 1856, mais a subi déjà diverses modifications et améliorations, comprend une série de 7 sections, dont une pour les malades des familles, les autres réservées pour les indigents traités au compte des départements de la Manche et de la Seine et comprenant une section de tranquilles et de travailleurs, une section de turbulents, une section d'agités et de dangereux, une d'épileptiques, une de déments et gâteux, et enfin une infirmerie à laquelle est annexée la salle de bains et d'hydrothérapie. Dans chaque section : une salle de réunion, un réfectoire, un dortoir et une vaste cour avec préaux et jardins. Le total des malades traités en 1903 était de 357.

Fait digne de remarque : outre le personnel d'infirmières spécialement affecté à la garde des malades et aux soins à donner, ce sont les religieuses qui président tant à la direction générale du quartier qu'à la surveillance de l'infirmerie et à la distribution des aliments, aussi bien que du linge et des vêtements, dont le soin et l'entretien sont assurés, bien entendu, par ces religieuses.

L'établissement des femmes comprend :

1° un pavillon pour les pensionnaires de familles payant des pensions élevées ; dans ces dernières années, on y a adjoint deux sections pour les agitées et pour les démentes, infirmes et gâteuses qui de la sorte ne troublent pas le repos et la tranquillité de leurs compagnes plus tranquilles logées dans la partie principale du pavillon très amélioré et aménagé à la façon d'un hôtel, avec chambres isolées plus ou moins confortables, ou luxueuses même, selon le prix de la pension.

2° Les aliénées de la dernière pension des familles, ainsi que les malades indigentes traitées au compte des départements, sont logées dans l'autre partie de l'établissement des femmes, actuellement en réfection. Depuis une douzaine d'années, en effet, de nouvelles constructions se sont élevées successivement à la place des constructions primitives, de sorte que d'ici quelques années ce sera un établissement complètement neuf, et d'un plan mieux compris, qui aura remplacé l'ancien ; il sera composé d'une série de pavillons entièrement séparés et indépendants. Il comprend dès maintenant deux pavillons de tranquilles, un de démentes, un d'agitées, un d'épileptiques et un de gâteuses. Le pavillon de l'infirmerie, en construction actuellement, est déjà très avancé ; celui qui est réservé aux bains et à l'hydrothérapie est placé au centre de ces diverses sections. Dans ces nouvelles constructions la maison apporte toute son attention à réaliser, au point de vue de l'hygiène et du confortable, les desiderata de l'administration et des familles. Le nombre total des femmes en traitement actuellement s'élève au chiffre de 550 environ. Le service des malades est assuré complètement par les religieuses aidées seulement de quelques filles de service.

Tel est, en un résumé bien succinct et bien incomplet, l'établissement d'aliénés du Bon-Sauveur, autour duquel existent de vastes jardins d'agrément et des jardins maraîchers, avec serres, plantations d'arbres fruitiers, etc...

En outre des bâtiments réservés à la Communauté et aux divers pensionnats, de la chapelle, des habitations du médecin et des chapelains, des constructions importantes sont destinées également aux services généraux : cuisines, boulangerie, caves, pressoir, buanderie, séchoir, écuries, remises, et les bâtiments de la ferme sont des mieux compris et des mieux aménagés, comprenant vacherie, porcherie, basse-cour, etc., où les malades hommes peuvent être occupés aux travaux les plus divers, ainsi que dans les champs dépendant de la propriété de la maison. Quant au travail chez les femmes, il est assuré non-seulement à la buanderie, mais encore dans des ateliers de couture, de confection et de raccommodage, établis, chose à noter, non pas en dehors des quartiers de séjour des aliénés, mais dans chaque pavillon, même chez les agitées, et cela dans le but que la contagion de l'exemple puisse ainsi s'exercer sur toutes les malades ; et très fréquemment elle s'exerce heureusement, je dois le dire, pour le plus grand profit de la santé de ces malheureuses.

Ci-joint deux petits tableaux indiquant : le premier, pour chaque année depuis sa fondation, le nombre d'aliénés existant dans l'établissement au 31 décembre. Le second, depuis 1890, le nombre d'entrées de malades *de la Manche seulement*, et la proportion d'alcooliques sur ces entrées.

TABLEAU I.

NOMBRE D'ALIÉNÉS EXISTANT LE 31 DÉCEMBRE

Années	Hommes	Femmes	Total	Années	Hommes	Femmes	Total
1852	»	13	13	1878	336	349	685
53	24	36	60	79	346	366	712
54	24	53	77	1880	322	361	683
55	23	57	80	81	352	379	731
56	43	81	124	82	321	372	693
57	42	74	116	83	372	363	735
58	41	96	137	84	388	336	724
59	45	104	149	85	390	365	755
1860	104	189	293	86	362	346	708
61	131	202	333	87	339	368	707
62	131	199	330	88	336	385	721
63	129	201	330	89	318	444	762
64	257	229	486	1890	383	464	847
65	276	227	503	91	361	457	818
66	287	256	543	92	370	451	821
67	267	256	523	93	367	425	792
68	265	284	549	94	357	439	796
69	271	269	540	95	352	463	815
1870	321	286	607	96	351	486	837
71	314	279	593	97	345	509	854
72	280	274	554	98	351	527	878
73	266	296	562	99	357	520	877
74	299	292	591	1900	358	500	858
75	292	300	592	01	361	532	893
76	281	330	611	02	361	518	879
77	314	353	667	03	357	552	909

TABLEAU II.

CHIFFRE DES ALIÉNÉS DE LA MANCHE

admis dans l'asile du Bon-Sauveur de Pont-l'Abbé-Picauville (1890-1903)

COMPARÉ AU NOMBRE DE CEUX CHEZ LESQUELS L'ALCOOLISME

entre comme cause déterminante ou adjuvante.

Années	Entrées	Alcooliques			
		Hommes	Femmes	Total	Pourcentage
1890	55	5	1	6	10
1891	42	13	1	14	33.3
1892	60	18	1	19	31.6
1893	55	13	2	15	27
1894	60	16	»	16	26.6
1895	92	24	1	25	27.1
1896	79	13	»	13	16.6
1897	76	8	1	9	11.8
1898	76	7	2	9	11.8
1899	70	12	3	15	21.2
1900	80	17	10	27	33.7
1901	83	17	5	22	26.5
1902	70	11	1	12	17.
1903	65	11	3	14	21.2

Les faits suivants semblent ressortir de l'étude du tableau II.

1° De 10 °/₀ en 1890, la proportion des alcooliques, relativement aux autres aliénés, monte à 33 °/₀ en 1891, se maintient élevée pendant quatre années encore, puis baisse en 1896, 1897, 1898, pour remonter en 1899 et atteindre le chiffre le plus élevé en 1900, soit près de 34 °/₀. Il n'y a donc pas eu de progression constante; l'influence alcoolique semble plutôt se manifester d'une façon intermittente et serait peut-être en rapport — c'est une simple hypothèse que j'émets — avec la plus ou moins grande abondance de la récolte des pommes dans la région. Il serait en tout cas intéressant d'en rechercher et établir la relation, si elle existe.

2° L'alcoolisme joue un rôle prédominant chez l'homme, puisque les cas d'alcoolisme observés chez la femme ont été très rares, sauf toutefois dans les années 1900 et 1901, où ils ont augmenté.

3° La proportion moyenne des alcooliques aliénés, relativement aux autres malades entrés dans l'établissement est, pour les quatorze dernières années, de 22.4 %.

A côté de cette action funeste de l'alcool sur l'individu même qui s'y livre, il en est une autre, indirecte et non moins grave, celle qui peut atteindre sa descendance; il n'est pas douteux que parmi nos aliénés non alcooliques, bon nombre d'entre eux, idiots, épileptiques, dégénérés, doivent leur état de dégénérescence à l'alcoolisme des parents. Le manque de renseignements sur les antécédents héréditaires des malades ne permet pas d'établir dans quelle mesure cette action néfaste s'exerce, mais elle est probablement plus importante qu'on ne pense; et au chiffre de nos aliénés alcooliques, constaté d'une façon certaine, doit s'ajouter un nombre indéterminé, peut-être considérable, d'aliénés dont la maladie relève également, quoique d'une façon indirecte, de l'alcoolisme.

SAINT-VAAST-LA-HOUGUE

PAR

M. D***.

Un des plus jolis coins de la presqu'île du Cotentin est sans contredit Saint-Vaast-la-Hougue.

Le touriste qui arrive sur le haut des landes de La Pernelle est surpris de voir se dérouler à ses pieds un immense panorama. Plus de quarante kilomètres de côtes, de la pointe de Barfleur aux rivages lointains du Calvados, servent de cadre au tableau. Au premier plan, entre les deux baies de Réville et de Morsalines, la petite ville de Saint-Vaast s'étend comme un triangle avancé dans la mer et terminé par un éperon : la Hougue. Une tour ronde, à la fière silhouette, se dresse sur cet éperon ; une autre semblable, quoique plus petite, décèle l'île de Tatihou, qui défend le port contre la lame du large. A côté, l'Islet profile son lazaret carré aux arcades murées, laissant entre Tatihou et lui un étroit canal. A gauche, la pointe de Réville et enfin, bien au large, les deux ilots déserts de Saint-Marcouf.

Cet ensemble se revêt aux rayons du soleil couchant de couleurs harmonieuses ; l'azur du ciel s'unit aux tons chauds des vieilles murailles : la mer n'est qu'une moire aux teintes changeantes, où la marée trace des courants sinueux aux reflets métalliques. Çà et là une voile. On resterait des heures à contempler ce spectable ; et devant ces témoins de l'invasion normande, devant cette mer qu'ont sillonnée les vaisseaux de Guillaume le Conquérant, de Tourville, on se prend à aimer ce coin de notre France. Tel, venu là par hasard, y est revenu planter sa tente, séduit par la beauté du site.

HISTORIQUE.

L'origine de Saint-Vaast-la-Hougue est assez obscure. Tout au plus sait-on que la presqu'île, appelée Hougue, tire son nom d'un vieux mot scandinave, *Oga,* qui voudrait dire promontoire. Bien avant l'invasion normande ce point servait de port de relâche à des Scandinaves dans leurs fréquentes incursions.

La première donnée certaine remonte à 896, année où Rollon, chef des Normands, choisit Saint-Vaast comme quartier général et fit don à l'église des reliques d'un saint qu'il avait prises en Flandre : d'où le nom de Saint-Vaast, que l'on trouve du reste dans plusieurs endroits du Pas-de-Calais.

Cent ans après, en 1003, Néel de Saint-Sauveur, vicomte du Cotentin, partit de Saint-Vaast pour jeter à la mer les Anglais qui avaient débarqué à Barfleur. En 1137, débarquement à Saint-Vaast d'Étienne de Blois, petit-fils de Guillaume le Conquérant, revenant d'Angleterre où il était allé pour s'emparer du trône, à la mort du roi Henri Ier. En 1292, première descente des Anglais avec Édouard Ier. Une autre eut lieu en 1346, avec Édouard III, qui arma chevalier sur le rivage son fils, le prince Noir. De là il envahit la Normandie et la Picardie, et défit l'armée du roi de France à la funeste bataille de Crécy. La ville de Caen racheta Saint-Vaast en 1361 pour 8.000 écus.

Les Anglais firent encore d'autres descentes à Saint-Vaast. En 1408, ils pillèrent la ville et s'y établirent pendant la première moitié du XVe siècle.

En 1465, la baronnie de la Hougue Saint-Vaast fut donnée à Louis de Bourbon, comte de Roussillon, fils de Charles Ier, duc de Bourbon, par le roi Louis XI, comme dot de sa fille naturelle légitimée, Jeanne. Elle fut revendue en 1498 à Geoffroy Herbert, évêque de Coutances.

Peu de temps après, en 1510, Louis d'Estouteville, grand sénéchal de Normandie, convoqua à Saint-Vaast, par ordre du Roi, le ban et l'arrière-ban de la noblesse du Cotentin. En 1573, le comte de Montgomery y descendit à la tête d'une flotte de 53 vaisseaux, et d'une armée de 5.000 Anglais et protestants français, envoyés par Elisabeth d'Angleterre pour rétablir les affaires du parti protestant. Cette armée fut anéantie par le maréchal de Matignon.

En 1589, un arrêt du parlement de Normandie fit défense aux moines de Saint-Vaast de ravitailler les ports de mer appartenant aux Ligueurs. Le commencement du XVIIe siècle se passa sans incidents. En 1664, Colbert donna ordre de fortifier la rade et de l'occuper militairement. Vauban vint visiter ces parages en 1687, et les forts de la Hougue et de Tatihou furent commencés en 1689.

Le roi d'Angleterre, Jacques II, ayant été obligé, à la suite de l'invasion du prince d'Orange, de s'enfuir d'Angleterre et de se retirer en France, le roi Louis XIV conçut le projet de le replacer sur le trône de ses ancêtres ; à cette fin, l'on commença, dès 1689, à rassembler des troupes dans le Cotentin en vue d'une descente en Angleterre. Cette même année furent commencées les fortifications de la presqu'île de la Hougue, de l'île de Tatihou et de l'Islet. L'année suivante quelques galères de

Rochefort vinrent à la Hougue, puis allèrent brûler quelques maisons en Angleterre, à Torbay, sans aucun résultat. En 1691, le roi Jacques II vint s'établir à Quettehou, avec une armée de 12.000 Irlandais et 9.000 Français, mais les troupes restèrent inactives jusqu'au mois d'avril 1692. A ce moment, le roi transféra son quartier général à Quinéville, de façon à surveiller tous les mouvements qui pouvaient se faire dans la baie. Environ 400 chaloupes avaient été rassemblées pour embarquer les soldats à bord des vaisseaux de ligne. Ceux-ci, conduits par le maréchal de Tourville, subirent une première défaite au droit de Torbay, perdirent encore 2 navires à Cherbourg et vinrent jeter l'ancre au nombre de 12, 5 à Saint-Vaast et 7 à la Hougue, le 1er juin 1692.

Depuis quelques jours, la flotte ennemie croisait dans les environs, forte de 120 navires. Ne pouvant tenter aucune entreprise on tira des vaisseaux français tout ce qu'on put descendre de matériel, de provisions, pensant les conserver ; mais le soir même, les Anglais envoyèrent une multitude de chaloupes et de brûlots qui incendièrent les navires mouillés sous Tatihou.

Le 3, ils débarquèrent à la Hougue et mirent le feu aux 7 autres navires sans qu'on fît grand chose pour les en empêcher : ce qui est d'autant plus étonnant qu'il y avait au moins 20.000 hommes dans les environs. La flotte détruite, les troupes furent dispersées, et le roi d'Angleterre s'en retourna à Paris.

Rien d'important n'eut lieu à Saint-Vaast pendant la première moitié du XVIIIe siècle. En 1756, lorsque le Gouvernement voulut réaliser l'idée de créer dans la Manche un établissement pour la Marine militaire, la commission chargée de rechercher l'emplacement le plus convenable à la fondation d'un port de guerre, arrêta ses vues sur la Hougue. Mais vers 1780, une autre commission, composée en particulier de l'astronome Méchain et de Dumouriez, fut d'avis d'abandonner la Hougue pour Cherbourg, en conservant les défenses déjà faites pour parer à un débarquement. On oublia cependant de fortifier suffisamment les îles Saint-Marcouf, dont les Anglais s'emparèrent en 1793. On essaya en vain de les reprendre; elles ne furent rendues à la France qu'en 1802, au traité d'Amiens.

Au XIXe siècle, les événements dont Saint-Vaast fut le théâtre sont très clairsemés. En 1810, on note la perte de deux frégates françaises l'*Elisa* et l'*Amazone,* sous les yeux de la flotte anglaise, la première entre Réville et Tatihou, la seconde à Barfleur.

Il n'y a plus à signaler que la présence en 1870 de 3.000 mobilisés bordelais et mobiles de la Manche. Quelques fédérés y furent cantonnés à la suite de la Commune, puis Saint-Vaast redevint calme.

Le fort de la Hougue, depuis cette époque, a été successivement réarmé et désarmé. En 1898, au moment des événements de Fachoda, la garnison a été rétablie : une compagnie d'infanterie et une batterie d'artillerie occupent la Hougue, Tatihou et le fort de Grenneville, mettant ainsi la baie à l'abri d'un hardi coup de main. On n'a pas réarmé les îles Saint-Marcouf, malgré la funeste expérience de 1793; il est probable qu'avec les progrès de l'armement moderne ces deux îles seraient rapidement rendues intenables à l'ennemi assez audacieux pour oser s'y installer. Leurs fortifications sont du reste démodées; elles sont complètement abandonnées et dernièrement le gardien de phare a été supprimé et remplacé par un feu automatique.

LE PORT.

Saint-Vaast-la-Hougue est situé sur la côte Est du Cotentin, environ à dix kilomètres au Sud de Barfleur, à proximité de la pointe de la Hougue. La rade foraine est très étendue et se compose de la Grande rade et de la Petite rade. La première, limitée au large par des bancs de sable, sur lesquels on trouve toujours 5 à 6 mètres d'eau à marée basse, peut recevoir les plus grands navires ; la tenue des ancres y est excellente. L'escadre du Nord et la division des garde-côtes de Cherbourg y viennent très fréquemment exécuter des tirs, des attaques de torpilleurs et de sous-marins.

L'entrée du port se compose d'une passe au Sud de l'île Tatihou, entre cette île et la grande jetée ; cette passe a 500 mètres de large pour les fonds de 5^{m}50 en hautes eaux et de 3^{m}50 en pleine mer de morte eau. Il y a une autre passe, entre l'île Tatihou et la pointe de Saire ; mais cette passe est dangereuse par suite de la présence du banc de sable de l'Alouette et de rochers nombreux ; néanmoins elle peut être utilisée par des bateaux calant moins de 3^{m}50.

L'avant-port consiste en un échouage naturel le long d'une grande jetée en maçonnerie de granit de 400 mètres de longueur. Cet avant-port s'assèche complètement dans les basses mers de grande marée.

Le port proprement dit forme un bassin complètement clos, sauf une passe de 40 mètres. Il est entouré au Sud et à l'Ouest par de beaux quais en granit. En 1889, on a creusé dans sa partie la plus basse une fosse profonde de trois mètres sur trente mètres de long, destinée au logement des torpilleurs qui ne peuvent échouer à sec. On a également bâti des magasins de charbon et un poste de rechargement de torpilles. Malheureusement depuis cette époque le tout estresté stationnaire. Le bassin s'envase de plus en plus, au point que bientôt les torpilleurs ne pourront plus y échouer sans avaries. Les plus grands n'y peuvent déjà plus venir, car leur longueur dépasse la portion draguée et leur coque fatigue énormément à l'échouage. Il est fâcheux qu'on n'ait pas donné suite aux projets de M. Locroy, ministre de la Marine en 1898. Au moment du réarmement de la Hougue, on avait décidé de faire de Saint-Vaast le centre de la défense mobile. Le port devait être transformé en bassin à flot par l'adjonction de portes et d'écluses, l'avant-port dragué suffisamment pour conserver 3 mètres d'eau à basse mer. Un crédit de 700.000 francs avait, paraît-il, été attribué à ces travaux. Mais M. Lockroy ne resta pas ministre et ses successeurs laissèrent la défense mobile à Cherbourg.

Il convient de dire cependant que le poste actuel de torpilleurs ne rend pas grand service, tel qu'il est installé, car il est inabordable, autrement qu'à marée haute. Or, il est peu probable qu'en temps de guerre on ait le temps d'attendre pendant des heures que la marée soit propice pour refaire des approvisionnements ou se réfugier à l'abri de la mer. Il n'y a pourtant, depuis Caen jusqu'à Cherbourg, que Saint-Vaast où un bateau de faible tonnage relatif puisse se réfugier, car pendant les fortes tempêtes d'Ouest le raz de Barfleur est impraticable et souvent la grande rade même est assez dure à tenir.

Il faut espérer qu'il n'en sera pas toujours ainsi et qu'un jour ou l'autre Saint-Vaast reprendra le rôle auquel sa position géographique et hydrographique le destine.

INDUSTRIES ET COMMERCE.

Dès l'époque médiévale, Saint-Vaast fut un point maritime bien plus important que de nos jours. Dans ces temps reculés, les moyens de communications terrestres étaient fort peu développés. Les routes n'existaient pas ou n'étaient que des sentiers peu entretenus.

Presque tous les transports se faisaient à dos de cheval ou de mulet et les voitures étaient fort rares, pour ne pas dire inconnues. On s'explique aisément que, dans ces conditions, chaque port desservît une partie du territoire situé dans son rayon d'activité. Malgré ses fréquentes colères, la mer est un merveilleux moyen de commerce et les barques de huit ou dix tonneaux des pirates normands ne le cédaient guère aux bateaux de même tonnage actuel, comme vitesse et capacité de transport.

On a la preuve de cette prépondérance de Saint-Vaast en consultant les vieux manuscrits de l'époque. Ainsi, dès 1348, une flotte française avait été équipée pour combattre les Anglais; elle fut du reste battue au combat de l'Ecluse en Hollande. Or sur 140 vaisseaux fournis par la Normandie entière, Saint-Vaast en avait donné 10, alors que Caen n'en fournissait que 14 et Cherbourg 9.

On a vu que vers la fin du XVIIe siècle, la baie de la Hougue avait été le siège d'événements importants. De nombreuses troupes avaient occupé le pays à diverses reprises. Vers le milieu du XVIIIe siècle Saint-Vaast comprenait environ 2.000 habitants; il relevait de la bannière de Quettehou et avait pour seigneurs le Roi, l'abbesse de Caen et l'abbaye de Fécamp; ce qui était beaucoup pour une seule bourgade. Il y avait encore Mgr l'Amiral qui avait le rapport du Domaine du Roy, affermé 15.000 livres. Chaque habitant voyait donc le quart de ses revenus passer en dîmes diverses, sans compter la gabelle, sur les salines que le pays possédait par privilège particulier. Cet impôt était du quart de la quantité de sel permise, fixée à un demi-boisseau par an et par personne.

Il y avait un bailli dépendant de l'abbaye de Fécamp et une juridiction maritime dépendant de l'Amirauté.

A cette époque Saint-Vaast comptait 29 bateaux de pêche de 3 à 10 tonneaux se livrant à la petite pêche et au pilotage. Le poisson pêché était vendu dans les environs et salé pour une partie. On draguait déjà de nombreuses huîtres, et les parcs étaient installés dans plusieurs points de la baie. Ce commerce prit de plus en plus d'importance, et en 1815 nous voyons la population atteindre le chiffre de 3.200 habitants.

Une digue d'une lieue de longueur, commencée en 1730, est enfin terminée; elle avait été faite pour garantir la commune contre les inondations en hautes marées. Cet ouvrage protège 33 communes, qui contribuent à son entretien. Une autre digue relie la ville au fort de la Hougue sur 1.200 mètres de long.

Des chantiers de construction s'ouvrent; on construit des caboteurs et des bateaux de long-cours. Le nombre des bateaux de pêche s'accroît de jour en jour. A ce moment la municipalité demande en vain le transfèrement du chef-lieu de canton, de Quettehou à Saint-Vaast.

Cet état de prospérité augmente sans cesse. De 1850 à 1870, c'est l'apogée de Saint-Vaast-la-Hougue. Le port est devenu tout à fait important. Plus de 150 navires y sont attachés, sans compter les bateaux de pêche; ils importent plus de 10.000 tonnes de bois de construction, du goudron, de la houille, du fer, du zinc, et, par dessus tout, des huîtres. La baie fourmillait de ces mollusques, aujourd'hui bien clairsemés; on en pêchait plusieurs dizaines de millions par an, et toute une flottille était destinée à leur commerce. La plus grande partie des huîtres consommées à Courseulles et dans le Nord-Ouest de la France provenait de Saint-Vaast-la-Hougue. Les huîtres pêchées dans la baie, et celles, presque aussi nombreuses, apportées de Cancale et du banc de Dives, étaient parquées dans de nombreux parcs occupant dans la baie plus de 100 hectares. Après un séjour prolongé dans ces parcs, elles étaient expédiées dans toutes les directions et formaient une grande partie du fret de retour des navires. Des industries annexes s'étaient installées : une huilerie, deux scieries, de nombreux chantiers de construction sur lesquels se voya[illegible] fréquemment des navires de 300 tonneaux. La population s'éleva jusqu'à plus de 4.209 habitants, en 1866. Tout ce monde gagnait de l'or et vivait dans l'aisance.

La pêche était tellement abondante, qu'en 1860 plus de 90 bateaux jersiais vinrent s'établir à Saint-Vaast, presque à poste fixe, faisant le trafic des pommes de terre l'été et la pêche aux huîtres l'hiver. Leur séjour à Saint-Vaast marqua une ère de prospérité considérable, l'argent circulait à flots, et une grande partie des fortunes qui se sont gagnées dans le pays datent de ce moment-là.

Malheureusement ce beau temps ne devait pas durer. A force d'être draguées, les huîtres devinrent plus rares. Des bateaux vieillissant ne furent pas remplacés. Une maison disparut et avec elle 40 bateaux. Ce fut la première atteinte mortelle au commerce de Saint-Vaast. La construction diminua peu à peu, puis les chantiers se fermèrent les uns après les autres.

L'avènement de la navigation à vapeur porta le dernier coup à la construction en supprimant les petits voiliers de 300 à 400 tonneaux. Maintenant tout le cabotage est fait par des vapeurs, qui en un voyage transportent l'équivalent de trois navires, partent et arrivent à jour fixe, tout en n'ayant pas plus d'équipage à bord, sinon moins.

La population est tombée à 2.500 habitants; il n'y a plus que deux usines, occupant au total une quarantaine d'ouvriers. Un seul chantier de construction demeure, se bornant aux barques de pêche. Il y a une cinquantaine de ces dernières au lieu de plus de cent cinquante; le tonnage du port a décru dans les mêmes proportions; il est tombé à moins de 10.000 tonnes, en y comprenant la sortie des marchandises.

On s'est ému de cette décroissance rapide et, dès 1875, on tenta d'y remédier. En 1886, une ligne de chemin de fer fut construite qui mit Saint-Vaast en rapport avec la grande ligne de Paris à Cherbourg aux gares de Valognes et de Montebourg.

Un service hebdomadaire de vapeurs fut organisé sur le Havre; le port, en partie creusé pour admettre les bateaux de plus grand tonnage. Au lieu de parquer des huîtres de drague, devenues trop rares, on fit venir d'Arcachon de petites huîtres par millions pour les mettre dans les parcs et les y engraisser jusqu'à consommation. Quelques éleveurs acclimatèrent des huîtres de Portugal, non sans succès, et ce commerce est le seul qui ait gardé à Saint-Vaast quelque importance, bien que la concurrence le rende tous les jours plus précaire. Actuellement il n'y a que trois ostréiculteurs et la décadence commerciale de Saint-Vaast s'accentue de plus en plus.

Cependant il ne faut pas désespérer de l'avenir. Il y a beaucoup à faire à Saint-Vaast : à défaut de commerce, on peut tirer parti des beautés de ce pays si pittoresque, mais si difficile d'accès. Ce n'est pas que la distance de Paris soit bien grande (355 km.); seulement les arrêts forcés par les changements de ligne font que l'on met au moins dix heures et demie, alors que sept suffiraient amplement. Un syndicat d'initiative s'est fondé pour faire connaître Saint-Vaast et ses environs : on tâchera d'obtenir des horaires de chemin de fer plus commodes et de rendre le séjour de cette ville plus agréable par tous les moyens possibles : adduction d'eau potable, éclairage public, fêtes, renseignements sur toutes les questions pouvant intéresser l'étranger.

Il faut espérer que les projets de creusement et d'agrandissement du port seront repris, et qu'un jour les vapeurs de 5m de tirant d'eau pourront accoster les quais, surtout si l'on construit un bassin à flot. Les enseignements des guerres actuelles démontreront certainement la nécessité de points de refuge pour les petites unités, telles que torpilleurs et sous-marins. Que tous ces desiderata deviennent des réalités, que quelques bonnes campagnes de pêche rendent la confiance à nos marins, qu'une industrie, attirée par le bas prix de la main-d'œuvre, vienne s'installer dans le pays, la prospérité ancienne renaîtra rapidement, et Saint-Vaast, cette petite ville au climat si doux, avec ses souvenirs historiques et ses environs charmants, son port, sa marine et sa garnison, redeviendra la perle du Val-de-Saire !

LE

LABORATOIRE MARITIME DU MUSÉUM

A

L'ILE TATIHOU

PAR

M. A.-E. MALARD,

Sous-Directeur du Laboratoire.

Jusqu'au commencement du siècle dernier, l'étude des organismes marins et les recherches des naturalistes sur les animaux inférieurs furent regardées comme de simples objets de curiosité, sans aucune portée pour la science.

Lorsque Georges Cuvier, préludant sur nos côtes aux grands travaux dont il a depuis étonné le monde, et déjà maître des grandes idées qui ont dominé si longtemps les sciences naturelles, eut en 1795 annoncé que la classe des Vers de Linné contient des animaux de trois types différents et qu'il eut ainsi posé la base de la classification d'après laquelle, depuis un siècle, notre enseignement élémentaire n'a cessé de répartir les formes animales ; quand un peu plus tard il crut pouvoir affirmer [1] que l'on devait

[1] Cuvier, *Recherches sur les ossements fossiles*, 2, p. 14.

regarder la connaissance des espèces comme la première base de l'histoire naturelle, toutes les recherches, toutes les ardeurs, tous les efforts se tournèrent vers l'étude des êtres marins si longtemps laissés dans l'oubli.

Un peu plus tard, quand les vues élevées de Gœthe en Allemagne, de Lamarck en France, de Darwin en Angleterre, firent concevoir que peut-être un jour, de l'étude de ces êtres jaillirait un peu de lumière sur le mécanisme de l'évolution, l'ardeur scientifique des explorateurs du littoral de la mer s'accrut encore du désir d'explorer ses profondeurs au moyen de la drague. En France, tout rempli de cette ardeur, épris de découvertes, deux jeunes ménages vinrent s'établir sur nos côtes du Cotentin, à Granville en 1826, à Chausey en 1828, à Saint-Vaast en 1831 [1] : je veux parler de M. et Mme Henri Milne Edwards, M. et Mme Audoin.

Les naturalistes d'alors n'avaient point l'outillage, les installations perfectionnées de ceux de nos jours : il fallait étudier, disséquer, se servir du microscope dans des chambres d'auberge ou chez des pêcheurs.

Tandis qu'en France les naturalistes, malgré les difficultés de toutes sortes, portent leurs études sur les êtres marins, un mouvement semblable se produit un peu partout. Bengt Fries et Sars en Suède, P. J. Van Beneden [2] en Belgique, Johannes Müller en Allemagne, enfin toute une phalange de pionniers de la Zoologie et de la Botanique maritimes se mettent au travail sur les côtes d'Europe.

A ces noms illustres, il convient d'ajouter les travailleurs modestes, les chercheurs isolés et laborieux qui sous

[1] *Recherches pour servir à l'histoire naturelle du littoral de la France*, Paris, 1832.

[2] *Recherches sur la Faune littorale de la Belgique*, Mém. des Membres de l'Acad. de Belgique, 1850-1866.

le nom d'amateurs, avec des talents bien divers mais une ardeur égale, entreprirent la publication de catalogues régionaux, de listes locales, et dont notre département peut à juste titre s'enorgueillir, tant pour le zèle déployé que pour la valeur de la plupart des travaux. Qu'il nous suffise de citer les noms de Gerville [1], Macé [2], Sivard de Beaulieu [3], Guidelou [4], Le Jolis [5], Jouan [6], etc.

Qu'il nous soit permis à ce sujet de faire une remarque et d'exprimer un vœu. Que cette catégorie de spécialistes sans diplômes de parchemin, sans attaches officielles, dont nous rencontrons chez nos voisins d'outre-Manche de si nombreux exemples, continue également à se former chez nous ; nos portes lui seront largement ouvertes. La moisson à recueillir est tellement riche que jamais les travailleurs ne seront assez nombreux, et comme le fait justement remarquer M. le professeur Giard [7], les laboratoires maritimes semblent des établissements merveilleusement propres à provoquer l'éclosion de vocations souvent latentes.

[1] GERVILLE, *Catalogue des coquilles trouvées sur les côte du départ. de la Manches* Soc. Linn. du Calvados, 14 mars 1825, p. 169.

[2] J.-A. MACÉ, *Essai d'un catalogue des mollusques marins... des environs de Cherbourg et de Valognes*, Congrès scientifique de Cherbourg, 27e session, 5 septembre 1860, p. 241.

[3] SIVARD DE BEAULIEU, *Tableau des espèces de poissons observées sur les côtes du départ. de la Manche.*

[4] GUIDELOU, *Notice sur la ville de Granville*, pp. 134 à 167, Granville, Maël Got, 1858.

[5] LE JOLIS, *Liste des algues marines de Cherbourg*, Paris, Baillière, 1880.

[6] H. JOUAN, *Poissons de mer observés à Cherbourg en 1858-1859*, Mém. Soc. impér. Sc. nat. de Cherbourg, t. VII, 1859 ; *Additions*, id., t. XVIII. — *Époque et mode d'apparition des différentes espèces de poissons sur les côtes des environs de Cherbourg*, Soc. Linn. de Norm., séance publique, Havre, juillet 1890.

[7] GIARD, *Le laboratoire de Wimereux en 1889, recherches fauniques*, Bull. scient., t. XXII, p. 258, Paris, 1890.

et à créer sur les divers points de notre littoral des centres permanents d'études éthologiques ou bionomiques qui pourraient servir très utilement au progrès des sciences naturelles.

Si l'on examine les conditions dans lesquelles les savants de la première moitié du siècle dernier devaient faire leurs recherches au bord de la mer, on ne tarde pas à être pénétré des avantages que doit procurer une installation fixe dans un local approprié.

Engins de pêche, livres de détermination, outillage, verrerie, réactifs pour la conservation des animaux capturés, voilà tout un bagage bien encombrant quand on est réduit à la vie d'hôtel et à ses ressources personnelles ; et ce n'est pas là encore qu'est la difficulté la plus insurmontable ; beaucoup de recherches, en effet, ne sont possibles qu'à la condition de pouvoir disposer d'aquariums traversés continuellement par des courants d'eau et d'air injecté.

Voilà pour les moyens d'études ; mais pour la récolte des matériaux eux-mêmes il en est encore de même : ce n'est pas tout, en effet, de savoir que telle plante, tel animal, se trouve dans telle localité, il faut encore connaître à quelle époque il fait son apparition, quand a lieu sa reproduction, quelles sont ses stations favorites ; cela on ne l'acquiert que par des observations suivies, et une connaissance exacte de la localité et de ses environs, de ses fonds ; et cela sous toutes les faces, en toutes les saisons.

Frappé par ces considérations, P.-J. Van Beneden fonda à Ostende en 1843 le premier laboratoire maritime permanent.

Le premier laboratoire français fut édifié à Concarneau par Coste en 1857, il passa ensuite sous la direction de Robin et Georges Pouchet pour être définitivement rattaché au Collège de France. Dix ans plus tard (en 1867) une société privée fonda la station d'Arcachon, plus spécialement tournée vers la physiologie par suite des recherches de Paul Bert.

Les stations fondées en France, à Roscoff en 1872, à Banyuls en 1888 par M. de Lacaze-Duthiers sont universellement connues ; il en est de même du laboratoire que M. Girard établit à ses frais à Wimereux, dès 1873, et d'où sont sortis tant et de si intéressants travaux publiés dans le Bulletin scientifique du nord de la France et de la Belgique.

Il serait fastidieux de donner ici l'énumération de tous les établissements similaires étrangers ; qu'il nous suffise de rappeler que, vers la fin du XIXe siècle, tous les États, presque toutes les Universités, possédaient leur laboratoire maritime, dont le nombre dépasse aujourd'hui certainement cinquante.

La nature géologique du rivage a, on le sait depuis longtemps, une influence considérable sur la richesse de la faune et de la flore d'une localité ; cette richesse est en raison directe de l'âge des roches qui la composent, comme aussi elle est d'ailleurs en raison directe de la dureté et de la structure plus ou moins compacte de leurs éléments minéralogiques. Personne n'ignore, par exemple, combien les roches granitiques de Brest et de la Bretagne, l'île Chausey, certains fjords de la Suède et de la Norvège, sont de longue date cités comme des localités privilégiées, tant au point de vue de la richesse de leur flore algologique que par l'abondance de leur faune. C'est ainsi que Bengt Fries et après lui de nombreux naturalistes suédois furent attirés à Kristineberg par l'exceptionnelle richesse du Gullmar Fjord, où Loven devait plus tard fonder la seule station zoologique suédoise. Edw. Forbes, John et Harry Goodsir, Mac Intosh et d'autres avaient consacré la réputation de Saint-Andrews, bien avant la fondation d'un laboratoire maritime sur sa plage.

Il en fut encore de même pour Saint-Vaast. Depuis Audouin et Henri Milne Edwards (1831), de nombreux naturalistes avaient visité cette station, attirés par son incomparable richesse : Alphonse Milne Edwards, Nordmann, Keferstein, Claparède, Grube, Brandt, Quatrefages, Edmond Perrier, Vaillant, Giard, Jourdain, Barrois, Baudelot, etc. Aussi Saint-Vaast était-il désigné presque d'avance lorsque l'idée d'un laboratoire maritime du Muséum fut adoptée, sur l'initiative persévérante et dévouée de son promoteur M. Edmond Perrier, qui, depuis déjà longtemps, réclamait chaque année une station maritime, dont seul le Jardin des Plantes était dépourvu, alors que partout, tant en France qu'à l'étranger, le moindre établissement scientifique en sentait le besoin.

En 1881, l'Assemblée des professeurs du Muséum demandait donc au ministère de l'Instruction publique la création d'un laboratoire maritime digne de cet établissement. Grâce à l'inépuisable sollicitude que M. Liard, alors directeur de l'Enseignement supérieur, portait à nos institutions scientifiques, et dont il avait déjà donné tant de preuves au Muséum, le vœu du Muséum fut enfin exaucé, et le laboratoire établi dans l'enceinte et en se servant des anciens bâtiments d'un lazaret désaffecté.

Par une simple coïncidence, digne cependant de remarque, cette origine d'un laboratoire maritime dans les dépendances d'un ancien lazaret n'est pas un fait unique. Le laboratoire écossais de Saint-Andrews fut aménagé en 1884 dans un lazaret en bois, sans étage, assez semblable à notre salle des collections ; et Fol établit en 1880, de même dans un lazaret inoccupé, le laboratoire de Villefranche.

Comme pour un lazaret, en effet, le premier point pour un laboratoire maritime est la situation à proximité de la mer, il est nécessaire qu'il soit aussi près que possible du bord de la mer; de plus, pour que l'eau de mer soit pure, il faut qu'il soit autant que possible éloigné du voisinage immédiat d'une grande ville et de la proximité d'un estuaire.

Le laboratoire de l'île Tatihou, comme l'indique son nom, est situé dans une île (presqu'île à basse mer), le bras de mer qui la sépare de terre découvrant à mer basse pour devenir un passage praticable à pied ou en voiture.

A droite et à gauche de ce passage, appelé Rhun, se trouvent des parcs à huîtres[1], entourés de murailles construites de blocs de granits, d'argile et de paille, qui forment ainsi de véritables viviers artificiels, qu'il est loisible de tenir pleins ou de vider à volonté. Entre ces parcs, coulent à basse mer de véritables rivières marines, d'une richesse exceptionnelle tant au point de vue de la flore que de la faune.

Comme le fait a été depuis longtemps signalé dans les anciens portulans et par les pilotes des côtes de France, le courant qui s'établit lors du changement de la presqu'île en île porte toujours vers le Nord; cela provient de ce que cette langue de terre se change en une sorte de déversoir, où l'eau du large se précipite avec un courant violent, tant à la marée montante qu'à la marée descendante. De cette particularité résulte que, pour se procurer une eau exceptionnellement pure, il suffit, au moment où le courant est suffisamment établi, d'ouvrir une vanne pour l'emmagasiner dans une vaste citerne.

[1] S. JOURDAIN, *Les parcs à huîtres de Saint-Vaast-la-Hougue* (Manche), Revue des Sc. nat. appliquées, publiée par la Soc. nat. d'Acclimatation; (5 avril 1891) Mém. Soc. des Antiq. de Normandie, t. VI, p. 398.

Reposée et épurée dans cette citerne, l'eau y est puisée par un moulin à vent, ou, par temps calme, au moyen de pompes rotatives actionnées par un moteur à air chaud. Un château-d'eau en granit suffisamment élevé, lui donne alors la pression pour alimenter les aquariums et redescendre ensuite dans les divers services.

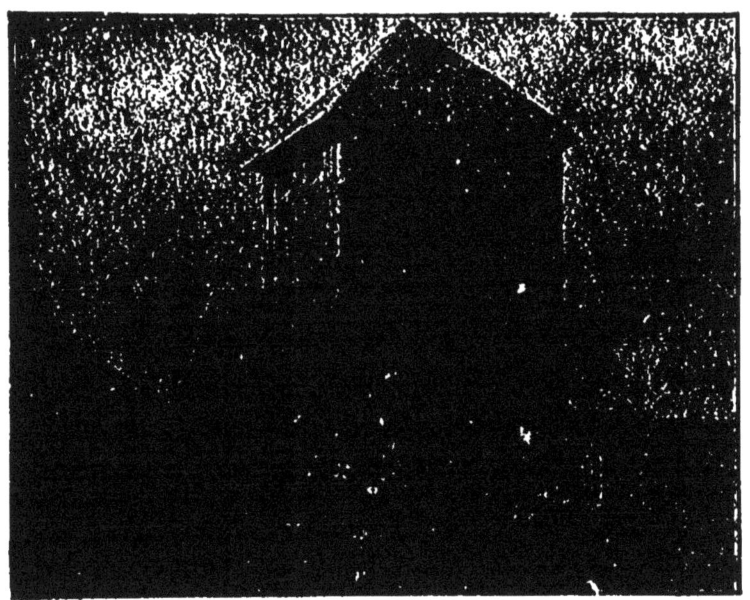

CHATEAU-D'EAU.

Il n'entre pas dans mon plan de donner une description complète du laboratoire et de ses annexes, à cause même de l'étendue du terrain et de l'aménagement de constructions antérieurement construites pour une tout autre affectation. Les divers bâtiments sont disséminés dans de grandes prairies aménagées en parcs, chaque pavillon ayant reçu son adaptation propre.

Logement du directeur, du sous-directeur, des marins;

réfectoire et cuisine pour les travailleurs qui demeurent complètement au laboratoire et y prennent pension ; machines, écurie, remise, communs, tout est situé dans des construction spéciales.

De ces diverses installations, cinq seulement doivent retenir notre attention et nous allons rapidement les passer en revue, ce sont :

1° Le grand laboratoire commun, dit salle des dragages, où s'effectue le tri et la préparation des récoltes ;

2° Le bâtiment comprenant la salle des aquariums et les laboratoires de recherches ;

3° L'établissement pour les recherches de pisciculture, comprenant les bassins et une salle d'éclosion ;

4° La bibliothèque et la salle d'agrès de pêche ;

5° La salle des collections.

Le grand laboratoire, ou salle des dragages, est une vaste pièce dallée, largement éclairée au nord par cinq baies vitrées permettant l'emploi du microscope.

Dans cette salle, les pierres ou les coquilles rongées ramenées par la drague, les algues et les hydraires souillées de sable et de vase dans la poche des chaluts sont, sous un robinet d'eau de mer, soigneusement lavées dans une cuvette à renversement placée elle-même sut un tamis d'une finesse appropriée à la petitesse des êtres qu'il s'agit de récolter. Ces pierres, ces coquilles, sont alors rangées dans une table en fer à cheval, creusée en bassin ou cuvette, à parois inclinées et largement baignées d'eau de mer. C'est là qu'il sera possible de recueillir, au moyen d'une pipette ou d'un pinceau grimpant le long des parois, tout un monde d'annélides, de némertiens, de petits crustacés, qui échapperaient sans ce moyen à toute recherche.

Outre cette table en maçonnerie sur voûtes de brique, qui présente ainsi une cuvette de 6^m de long sur 1^m de large, d'autres tables plus petites, également en maçonnerie, sont destinées à recevoir et à préparer les algues.

Des séchoirs, des presses de papier feutre pour les botanistes; des instruments pour l'océanographie, baromètre enregistreur, densimètres, etc.; d'autres tables, dont une en verre pouvant s'éclairer en dessous au moyen d'un miroir incliné, pour l'examen des pêches pélagiques; diverses armoires pleines ou vitrées contenant les cuvettes de porcelaine, la verrerie, les réactifs, les loupes montées et les instruments, complètent l'aménagement de ce laboratoire où le travail se fait en commun et où le sous-directeur se tient en permanence à la disposition de tous les travailleurs. A la suite, et comme annexes de cette salle, sont un cabinet noir pour la photographie, une pièce pour la chimie, une relaverie et un magasin de verrerie.

Le bâtiment principal comprend uniquement la salle des aquariums et les laboratoires de recherches.

La salle des aquariums, de 13^{m} sur 4^{m}, est entièrement garnie sur trois côtés de vastes bacs éclairés par l'extérieur et le haut, et dont la capacité varie de 1/2 à 3^{m3}. Le quatrième côté contient treize bacs, les uns destinés aux animaux soumis aux alternances des marées, et qui, au moyen d'un siphon agissant automatiquement, se trouvent dans des conditions semblables; enfin une autre série de bacs avec des fonds variés de sable, zostères, etc., pour les animaux s'ensablant ou se tenant dans la vase. Le milieu de la salle est occupé par une table en granit abondamment pourvue d'une canalisation d'eau de mer et à tétines permettant d'y installer une série de cristallisoirs ou de vases de verre.

Le rez-de-chaussée, outre la salle des aquariums, contient quatre grands laboratoires, s'ouvrant sur un vestibule d'où part également un bel escalier hélicoïdal en granit, véritable merveille stéréotomique conduisant au 1er étage. Là sont les chambres-laboratoires, les unes à deux lits, les autres à un seul lit, destinées aux travailleurs. Un mobilier non luxueux, mais suffisant, des tables à dissection en ardoise, une table en lave émaillée pour les réactions chimiques, une double canalisation d'eau de mer et d'eau douce, des éviers, enfin un excellent éclairage : voilà tout ce qu'il faut pour satisfaire des savants zélés et travailleurs que la solitude n'effraie pas, bien au contraire. Il y a place en tout pour une vingtaine de naturalistes.

LABORATOIRES ET AQUARIUMS.

Les conditions de multiplication d'habitat des divers animaux comestibles (turbots, morues, crustacés, huîtres) sont en relation étroite avec la nature du milieu, et par là les études océanographiques deviennent pour les peuples maritimes d'un intérêt vital. Aux États-Unis, en Norvège, en Hollande, en Angleterre, en Écosse, au Danemark, il a été constitué un important service des pêches, à la fois scientifique et industriel. Dès 1894, à la réunion du Congrès pour l'AFAS de Caen, M. Edmond Perrier signalait déjà ce grand progrès qu'il s'agissait d'accomplir chez nous. Lui-même y a consacré tout son soin, tous ses efforts, et a adjoint dans ce but à notre laboratoire une installation complète destinée à l'étude des questions piscicoles.

La piscifacture a une origine essentiellement française. Sans parler d'une note publiée dans notre département même par G. Sivard de Beaulieu[1] sur la multiplication du poisson de mer, est-il besoin de rappeler que le 28 octobre 1848 M. de Quatrefages, dans une note à l'Académie des sciences, attirait l'attention sur les immenses ressources alimentaires que peut fournir l'élevage raisonné du poisson, aidé de la fécondation artificielle ? Des expériences en grand eurent lieu à la Rochelle à la suite de cette communication, notamment sur l'élevage des huîtres et des crevettes. Cela, il est vrai, valut à de Quatrefages l'honneur d'être caricaturé ; on le représenta en jardinier, un arrosoir à la main, cultivant des plates-bandes de brochets et de carpes. Coste lui-même, s'il a eu ses illusions, ses déceptions même, n'en a pas moins porté la science française dans le monde entier avec la pisciculture[2].

En 1895, à la demande de mon cher et savant maître M. Edmond Perrier, et de mon ami Georges Roché, alors

[1] G. Sivard de Beaulieu, *Multiplication des poissons de mer sur les côtes du département de la Manche*, Cherbourg, imprimerie de Thoumine, 1852.

[2] Chabot-Karlen, *La Pisciculture à Tatihou*, Journal de l'Agriculture, 22 septembre 1894, p. 456.

inspecteur général des pêches maritimes, j'allais étudier sur place, à Dunbar, les procédés de pisciculture norvégiens que Dannevig, qui avait tenté les premières recherches couronnées de succès et qu'il continuait d'appliquer et de perfectionner à l'établissement de Flödevig, venait également, sur la demande du Fishery board d'Écosse, d'introduire dans la piscifacture écossaise.

Comme dans cet établissement se trouvaient réalisés tous les progrès successivement apportés aux procédés techniques de pisciculture marine, nous n'avions pour ainsi dire qu'à le copier pour pouvoir nous mettre au niveau des données acquises ailleurs, en évitant ainsi les écueils et les mécomptes rencontrés par les hommes qui s'étaient consacrés sans préparation à ce genre de recherches.

Le réservoir ou vivier de ponte, où sont réunis les reproducteurs, est, comme à Dunbar, un vaste bassin profond de plus de 4 mètres et couvert; il était destiné, dans notre idée première, à recevoir un plancher à claire-voie à quelques décimètres du fond. Les plaies ulcéreuses causées aux pondeurs par le frottement sur le bois nous firent chercher un autre mode de nettoyage que le nettoyage automatique utilisé à Dunbar au moyen d'une chasse produite par l'ouverture d'une vanne au-dessous du plancher ainsi construit: une muraille peu élevée formant saillie sur le fond, et primitivement destinée dans notre idée à soutenir ce double fond mobile, nous permit, en 1899 et 1900, d'obtenir pour la première fois la reproduction en captivité des turbots[1], comme quelques coquilles négligemment jetées sur le sable d'un aquarium permirent à Ply-

[1] A.-Eugène MALARD, *Sur le développement et la pisciculture du turbot*, C. R. Ac. Sc. Paris, 17 juillet 1899. — Déjà je le pressentais en 1898 quand j'eus fait mes premières recherches sur les Pleuronectes (*Bullet. des Pêches marit.*, août 1898, p. 274).

mouth d'obtenir la ponte de la sole et cela dans les mêmes conditions.

Il est en effet nécessaire à la femelle des Pleuronectes pour effectuer sa ponte qu'elle rencontre sur le fond quelque surface saillante, quelque arête vive où, aidée par la pression du corps du mâle, elle puisse pour ainsi dire se passer au laminoir et évacuer ses œufs. Ces œufs flottants à la surface après la fécondation du mâle, il ne reste qu'à les recueillir, à les nettoyer et à les transporter dans la hatchery ou salle des incubations. Celle-ci est formée par une construction solide à double paroi de bois, munie de larges fenêtres vitrées fournissant en abondance la lumière qui est nécessaire au développement des œufs[1].

Dans cette salle ont été disposés les appareils de Dannevig, Mac Donald, Chester, Garstang et enfin ceux dans lesquels j'ai moi-même obtenu le développement des œufs de turbot jusqu'au stade de la migration de l'œil. Tous ces appareils reçoivent l'eau de mer très pure filtrée sur des filtres analogues à ceux de Dildo.

Depuis, M. Dantan, préparateur au Muséum et chargé de recherches par le ministère de la Marine, y a également installé les appareils inventés par Fabre Domergue et Biétrix, où le mouvement de l'eau est obtenu par un disque de verre mu par un petit moteur à pétrole.

Harald Dannevig en nourrissant les alevins de la plie avec les organismes flottants du Plancton, Fabre Domergue ceux de la sole, ont pu, on le sait, conserver ces alevins jusqu'après le stade de la migration de l'œil et les amener à l'état asymétrique. Cette expérience toutefois, on le conçoit, n'a pu être faite qu'avec un petit nombre d'animaux. Pour le turbot, personne jusqu'à présent n'a encore dépassé ce stade. Il n'en reste pas moins acquis que la pro-

[1] Georges ROCHE, *La Culture des mers*, p. 103, Bibl. scient. intern.

pagation artificielle des espèces marines, si elle ressort uniquement jusqu'à l'heure actuelle de la science pure, est appelée dans un avenir plus ou moins éloigné à une aussi grande application industrielle que sa sœur aînée l'ostréiculture.

Les deux bâtiments de la deuxième cour sont deux vastes constructions (de 24^{m} de long sur 8^{m} de large) en bois, couvertes de larges et lourdes toitures de schiste du pays; celle de l'ouest contient une bibliothèque de détermination assez riche et la salle des agrès de pêche celle de l'est est la salle des collections où sont réunis les spécimens des organismes qui peuplent notre mer et vivent sur ses rivages.

SALLE DES COLLECTIONS.

Nous n'avons pas, cela va sans dire, la prétention de dresser ici un catalogue ou même de donner un aperçu de la faune ou de la flore de cette côte normande si remarquablement riche. Une simple liste toute sèche dépasserait et bien au delà les limites de cet article et cela sans grand intérêt; il suffit d'ouvrir au hasard le magistral traité de zoologie publié par M. Edmond Perrier pour se rendre compte du nombre considérable de genres qui y ont été observés par l'auteur. Il nous a semblé préférable d'attirer l'attention, groupe par groupe, sur les travaux déjà nombreux que notre flore et notre faune ont fait surgir, et qui mieux que tout le reste pourront donner une idée de sa richesse et de sa variété.

Les algues inférieures, les Cyanophycées, sont très nombreuses et ont été étudiées d'une façon spéciale par M. Maurice Gomont, dans plusieurs séjours qu'il fit à notre laboratoire. Au point de vue de la richesse algologique, la réputation de notre côte n'est plus à faire, du reste : les recherches de Pelvet, de Thuret[1], de Bornet[2], de Rosanoff, la liste et l'Exsiccata de Le Jolis[3] l'ont rendue classique; mais combien encore de trouvailles restent à faire! M. Sauvageau[4], sur quelques algues adressées au hasard; mon excellent ami le savant botaniste de la station d'Heligoland, M. Kuckuck[5], dans un trop court séjour de quelques jours à notre station, ont augmenté nos récoltes de quelques bonnes espèces non encore récoltées auparavant; moi-même j'en remarque assez souvent de nouvelles[6], et une observation attentive amènera certainement encore bien des découvertes. Le Phytoplancton, peu étudié jusqu'à ces

[1] G. THURET, *Etudes phycologiques.*

[2] BORNET et THURET, *Notes algologiques*, in-4°.

[3] LE JOLIS, *Liste des algues marines de Cherbourg*, Paris, Baillière, 1880.

[4] *Quelques Myrionémacées*, Ann. Sc. nat., 8e série, 5e vol.

[5] Jean CHALON, *Liste des algues marines*, Anvers, février 1905.

[6] A. MALARD, *Florule de Tatihou*, p. 213.

dernières années[1], offre une ample moisson de formes intéressantes, dont les travaux de M. le professeur P.-T. Cleve[2] et quelques courtes notes que j'ai publiées moi-même laissent à peine entrevoir l'extrême variabilité suivant les saisons, et même quelquefois les heures du jour.

Delesse[3] donne une liste des Foraminifères récoltés dans les fonds de la mer, près de la baie de Tatihou.

Nos Spongiaires, dont Topsent, qui a si bien décrit les faunes de Roscoff et de Luc, doit entreprendre l'étude, sont infiniment variés, et Barrois a étudié ici même le développement et fait connaître l'embryologie de plusieurs formes.

Aux Echinodermes plus ou moins communs sur nos autres côtes (Palmipes, Solaster, Cribrella, Ophiures diverses), nous avons pu ajouter un certain nombre d'Holothuries intéressantes, grâce aux déterminations du Dr Ostergren d'Upsal : *Pseudocucumis mixta* (Ostergren), *Thione fusus* (O.-F. Müller), *T. Rescovita* (Hér.), *Cucumaria Montagui* (Fleming), *Cucumaria (Ocnus) brunnea* (Forbes), *Cucumaria (Ocnus) lactea* (Forbes), etc.

Les Hydraires sont nombreux comme formes et comme individus ; ils ont été récemment étudiés par Hartlaub[4]. Je

[1] L'importance de l'étude du *Phytoplancton* pour les pêches maritimes n'est plus à faire. M. Edmond Perrier, au Congrès international des Pêches maritimes, tenu à Dieppe en 1898, a montré comment, dans le tourbillon vital des mers, les algues microscopiques ou diatomées donnent le branle dans cette course à l'aliment qui entraîne le déplacement des poissons migrateurs (*Bullet. Soc. cent. d'Agric.*, t. X, 1898, p. 196).

[2] P.-T. Cleve, *The Plankton of the North sea, the English Channel in 1899* Congl. Svenska Vetenskaps-Akademiens Handlingar, XXXIV, n° 2, 11 avril 1900.

[3] Delesse, *Lithologie du fond des mers*, Paris, 1871.

[4] Cl. Hartlaub, *Bericht über eine zoologische Studienreise nach Frankreich, Grossbritannien und Norwegen*. Oldenbourg, 1904.

ne puis mieux faire que de renvoyer pour leur étude au travail récent de M. Billard[1].

L'Échiure de Pallas, les Siponcles étudiés par Keferstein[2] parmi les Géphyriens ; les Fécampia, ces curieuses Planaires à cocons ; les Convoluta, ces intéressants Tubellariés vivant en symbiose avec des algues du groupe des Zoochlorelles, nous font passer au groupe si important des Vers, que les travaux de Grube, Quatrefages, Fauvel, Gravier, Caullery, Mesnil, le baron de Saint-Joseph ont en particulier si puissamment aidé à mieux connaître.

Les Nématodes libres formant une transition naturelle entre les Vers et les Arthopodes, je ne puis passer sous silence les travaux de M. S.-S. de Man auxquels ils ont donné lieu. Ne citant que pour mémoire les recherches que sont venus faire à Saint-Vaast : Schimkiewitch sur les Pycnogonides, de Zograf sur les Crustacés inférieurs, Grunel sur les Cirrhipèdes, Saint-Remy sur la Sacculine, etc., il me tarde d'arriver aux nombreuses notes de Bouvier, de Bohn, de Keeble et Gamble, etc., sur les Crustacés supérieurs.

Sans nous étendre longuement sur les Mollusques, plus étudiés ces dernières années au point de vue anatomique qu'à celui de la spécification, qu'il nous suffise de rappeler que, tout dernièrement encore, nous avons signalé dans ce groupe[3], non pas seulement une espèce, mais un genre entièrement nouveau (lamellibranche parasite des Synaptes), et n'ayant son analogue que dans de curieux

[1] A. Billard, *Contribution à l'étude des Hydroïdes*, Ann. Sc. nat. Zool., VIIIe série, t. XX, art. 1.

[2] W. Keferstein, *Beiträge zur anatomischen und systematischen Kentlniss der Sipunculiden*, Zeitschr, für Wiss. Zool., vol. XV, 1865, p. 404.

[3] A.-E. Malard, *Sur un lamellibranche nouveau, parasite des Synaptes*, Bull. du Muséum d'hist. natur., 1903, p. 342.

animaux imparfaitement décrits du Zanzibar. Bien entendu nous ne parlons ici que des travaux de spécification, négligeant à dessein les travaux trop nombreux d'anatomie et de physiologie publiés dans ces dernières années, à la suite de recherches entreprises au laboratoire.

Les travaux de Milne Edwards [1], de Giard, de Pizon [2] ont depuis longtemps montré l'exceptionnelle richesse de nos ascidies simples et composées; ici encore mon ami et collègue M. W. Garstang [3] du laboratoire de Plymouth a pu remettre la main sur un genre qu'il venait récemment de décrire de l'autre côte de la Manche (1902).

Aux listes des Poissons de M. le commandant Jouan, à celle que j'ai moi-même donnée [4], chaque année apporte des observations nouvelles, des passages nouveaux : ainsi il me suffira de signaler la capture toute récente d'un baliste, parfaitement vivant.

Un catalogue des Oiseaux observés dans notre région a été publié par M. Le Ménicier en 1878; il comprenait 246 espèces; mais rien que l'examen des spécimens, provenant de notre région, des collections de MM. le Dr Marmottan (au Muséum de Paris) et Goubault (Saint-Vaast-la-Hougue), permettrait d'augmenter considérablement ce chiffre.

Les plus grands des animaux marins, les Cétacés eux-

[1] MILNE-EDWARDS, *Observations sur les Ascidies composées des côtes de la Manche*, Paris, 1841; *Histoire de la blastogénèse chez les Botryllidés*, Ann. Sc. nat., 7e série, t. XIV, 1892, art. n° 1.

[2] PIZON, *Etudes biologiques sur les Tuniciers coloniaux fixes*, Bull. Soc. Sc. nat. de l'Ouest de la France, 1899 et 1900.

[3] W. GARSTANG, *Archidistoma aggregatum, Note on a new and primitive type of compound Ascidian*, Ann. nat. hist., 6e série t. VIII, p. 265.

[4] A.-E. MALARD, *Catalogue des poissons des côtes de la Manche dans les environs de Saint-Vaast*, Bull. Soc. Phil. de Paris, 8e sér., t. II, n° 2, pp. 60-102.

mêmes[1], viennnent à des intervalles presque réguliers s'offrir, sinon sous les murs de notre laboratoire, du moins à portée des scalpels de nos anatomistes[2].

De nos jours, nous assistons à une évolution générale des sciences physiques, chimiques et naturelles vers les mathématiques. Partout s'introduit et domine bientôt la notion du chiffre, la méthode synthétique d'expérimentation, la méthode statistique de comparaison, dont les anthropologistes, depuis Quetelet et Dalton, font un si fréquent et si fructueux usage. J'ai pensé qu'il serait utile de recueillir à cet effet pour nos animaux possédant des pièces squelettiques ou des coquilles, des séries nombreuses de formes appartenant aux espèces sédentaires prises en des points nettement différents, soit par l'habitat, soit par l'intensité des courants, etc.[3]. Les spécimens ainsi recueillis au hasard et en nombre donné dans chaque localité (en tenant compte, quand il y a lieu, des différences d'âge et de sexe) sont alors mesurés aussi exactement que possible dans leurs principaux caractères, et seront conservés comme spécimens types dans les tiroirs de notre salle des collections, où il sera toujours possible de se référer pour les comparaisons et les études ultérieures.

Une observation en terminant.

La station de Naples possède le *Johannes Müller*, celle de Plymouth le *Busy Bee*, la station du Helder le *Zuydersée*. Banyuls, grâce à la libéralité du prince Roland Bona-

[1] H. JOUAN, *La Baleine de Morsalines*, Mém. Soc. Sc. nat. et math. de Cherbourg, t. XXVIII, 1893, p. 37.

[2] BOUVIER, *Observations anatomiques sur l'Hyperodon rostratus* (Lilljeborg), Ann. Sc. nat. Zool., 7e série, t. XIII, 1892, art. 5, p. 257.

[3] A.-E. MALARD, *Les méthodes statistiques appliquées à l'étude des animaux marins*, Bull. Muséum d'hist. natur., 1903, n° 6, p. 267. — *Les méthodes statistiques appliquées à l'étude de la variation des Patelles*, ibid., p. 271.

parte, possède également un bateau à vapeur, spécialement aménagé pour les pêches pélagiques. L'Association française pour l'avancement des sciences n'a-t-elle pas donné un bateau demi-ponté, le *Dentale,* à la station de Roscoff? Évidemment nous ne sommes pas jaloux de ces stations : en sciences l'émulation existe, non la jalousie. Mais il nous est bien permis de penser avec Carl Vogt, le savant zoologiste suisse, qu'« une embarcation à vapeur est absolument indispensable partout... ».

Avec mon excellent maître, M. Edmond Perrier, nous demandions au Congrès international de Cambridge, en 1896, que des relations suivies soient établies entre les différents laboratoires maritimes pour faciliter l'étude de certaines questions de biologie générale des êtres marins. Ces relations, nous avons eu le bonheur de les voir s'établir de plus en plus cordiales avec Plymouth, Heligoland, Le Helder, la Commission hydrographique suédoise, etc. Nous ne demandons qu'une chose, nous entr'aider mutuellement.

Entre Français, bien que ne dépendant pas du même ministère, nous pouvons tous les jours nous rendre des services signalés. L'administration des Ponts-et-Chaussées de Cherbourg nous l'a prouvé, depuis plus de dix ans, en nous permettant de faire les trouvailles les plus intéressantes lors de la relève des crapauds des bouées par son baliseur ; l'administration des Douanes nous est constamment d'un grand secours, de même que l'administration de la Marine qui nous permet de visiter la coque de certains de ses navires revenant des mers lointaines. Tous nous comprenons ce vers de notre grand Lafontaine :

Il se faut entr'aider, c'est la loi de nature !

Plus encore que par le passé, qu'il nous soit permis de compter sur cette aide dans l'avenir.

En terminant, je répéterai ici les paroles que je prononçais déjà il y a dix ans, au nom des fondateurs du laboratoire qui ont bien voulu me préposer à la direction des recherches scientifiques de cet admirable établissement : je me fais un devoir d'y appeler de tout cœur les savants français et étrangers qui voudraient profiter de ses ressources, et je mets personnellement à leur disposition tout le dévouement dont je suis capable, certain en les servant de suivre les aspirations de mes maîtres, certain aussi de servir utilement la science et par là mon pays.

TABLE DES MATIÈRES.

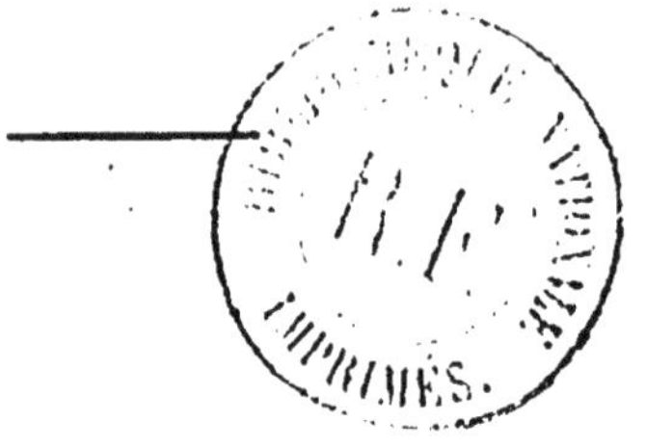

TABLE DES GRAVURES.

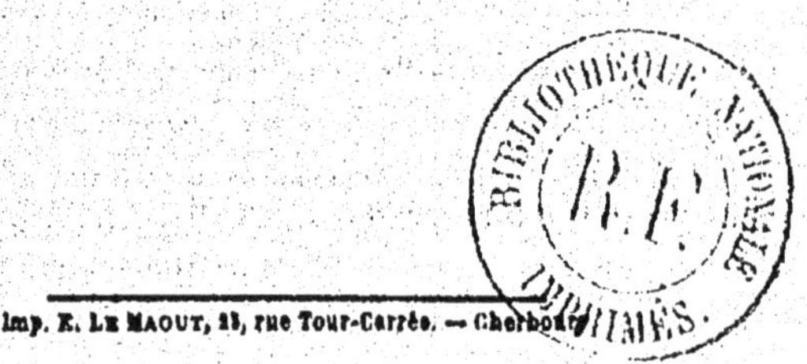

Imp. E. Le Maout, 23, rue Tour-Carrée. — Cherbourg

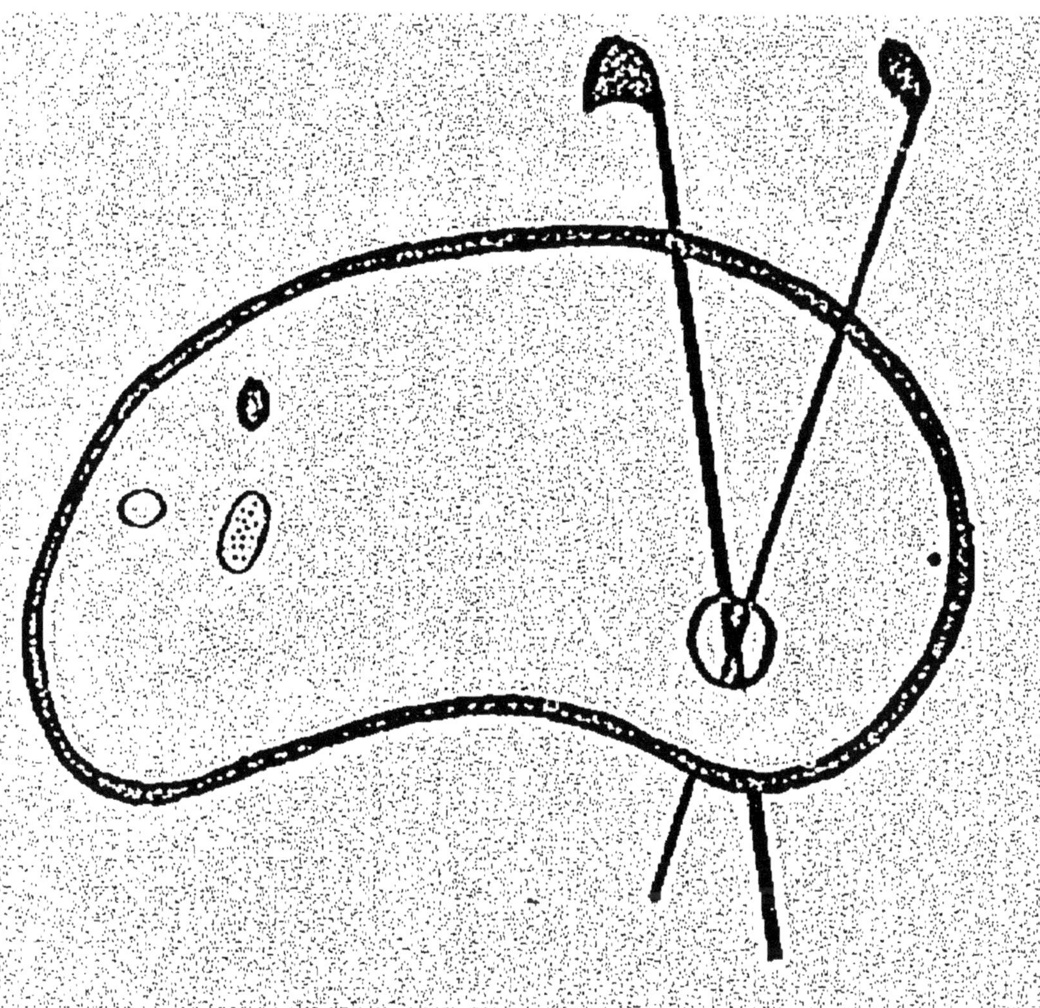

www.ingramcontent.com/pod-product-compliance
Ingram Content Group UK Ltd.
Pitfield, Milton Keynes, MK11 3LW, UK
UKHW012139240726
13966UKWH00001B/58